Elektronen im Kristall

Rudolf Herrmann
Uwe Preppernau

Springer-Verlag
Wien New York

Professor Dr. sc. Rudolf Herrmann
Ordentlicher Professor an der Humboldt-Universität zu Berlin

Dr. rer. nat. Uwe Preppernau
Wissenschaftlicher Assistent an der Humboldt-Universität zu Berlin

Mit 179 Abbildungen und 14 Tabellen

CIP-Kurztitelaufnahme der Deutschen Bibliothek

Herrmann, Rudolf:
Elektronen im Kristall / Rudolf Herrmann ; Uwe Preppernau. – Wien, New York: Springer, 1979.
ISBN-13:978-3-7091-8521-6 e-ISBN-13:978-3-7091-8520-9
DOI: 10.1007/978-3-7091-8520-9

NE: Preppernau, Uwe:

Softcover reprint of the hardcover 1st edition 1979

ISBN-13:978-3-7091-8521-6

M. S. Chaikin gewidmet

Vorwort

Die schnelle Entwicklung, die die Festkörperphysik in den letzten Jahrzehnten genommen hat, ist vor allem auf die stark gestiegene und noch immer steigende Bedeutung ihrer Ergebnisse für wesentliche Bereiche der Technik zurückzuführen. So hat die Halbleiterphysik besonders die Entwicklung der Elektronik beeinflußt, während die Metallphysik vorwiegend der Technologie der Werkstoffe und damit der gesamten modernen Werkstofforschung Impulse gab. Aus der Technik heraus resultierten andererseits immer wieder neue und interessante festkörperphysikalische Fragestellungen, insbesondere auch zur Festkörpertheorie. Aus diesen Gründen sind die Grundlagen der Festkörperphysik zu einem festen Bestandteil in der Ausbildung unserer Physikstudenten geworden.

Schon bald nach der allgemeinen Formulierung der Quantenmechanik legten A. Sommerfeld und H. Bethe im Handbuch der Physik XXIV/2 (1928) eine erste geschlossene Theorie des festen Körpers vor. Inzwischen haben die auf der Einteilchen-Näherung basierenden festkörpertheoretischen Modellvorstellungen eine gewisse Abrundung erfahren. Dabei hat sich herausgestellt, daß die Einteilchen-Konzeption trotz ihrer groben Näherungen viele Festkörpereigenschaften und -phänomene (vor allem metallphysikalische) recht gut beschreibt.

Infolge der Herstellung immer perfekterer Festkörper sowie der Vervollkommnung der experimentellen Technik und der damit verbundenen Realisierbarkeit extremer Bedingungen wie tiefer Temperaturen, starker Magnetfelder und hoher Drucke konnte die experimentelle Festkörperphysik in ihrer Entwicklung schnell voranschreiten. Von besonderer Bedeutung ist die Erzeugung tiefer Temperaturen, weil eine ganze Reihe von Erscheinungen, die für die Klärung elektronischer Eigenschaften von Festkörpern wesentlich sind, nur unter diesen Bedingungen beobachtet werden können. Hierzu gehören insbesondere die auf der Quantisierung der Ladungsträgerbewegung im Magnetfeld beruhenden Effekte wie beispielsweise die Zyklotronresonanz und die Oszillationen der Zustandsdichte der Ladungsträger, auf die wir genauer eingehen werden.

Wir haben das Buch „Elektronen im Kristall“ genannt, um von vornherein darauf hinzuweisen, daß wir unsere Darlegungen auf die elektronischen Eigenschaften kristalliner Festkörper beschränken. Dabei gehen wir von einem annähernd idealen kristallinen Festkörper aus und berücksichtigen Erscheinungen der Realstruktur (Oberfläche, Gitterdefekte, Verunreinigungen u. a.) nur dann, wenn es für das Verständnis notwendig ist.

In erster Linie ist das Buch ein Grundlagenbuch, das in seiner Funktion als Lehrbuch dem Lernenden den Weg zur Erarbeitung wichtiger festkörperphysikalischer

Grundlagen zeigen und ihn an die Lösung bestimmter Probleme heranführen soll. Daher kann es natürlich im Detail nicht so tief gehen wie ein entsprechendes Fachbuch. Wir beschränken uns vielmehr auf die prinzipielle Darstellung bestimmter Sachverhalte, zeigen das allgemeine Vorgehen und geben bewußt ausführliche Erläuterungen anhand einfacher Fälle. Komplizierte Spezialfälle diskutieren wir nur dann, wenn der physikalische Sachverhalt sonst nicht hinreichend verständlich wird. Wir haben uns bemüht, alle Probleme leicht faßlich aus der Sicht des Experimentators darzustellen, ohne dabei jedoch die notwendige enge Wechselbeziehung zwischen Theorie und Experiment aus den Augen zu verlieren.

Von der Anlage her läßt sich das Buch im wesentlichen in zwei Teile gliedern, einen Grundlagenteil und einen Spezialteil. Im ersten Teil (Kapitel 1—5) werden einige für das Gesamtverständnis wesentliche allgemeine Grundlagen der Festkörperphysik vermittelt. Wir gehen von sehr einfachen, aber grundlegenden Modellvorstellungen über Metalle und Halbleiter aus, die sukzessive verfeinert und erweitert werden. Im Rahmen solcher einfachen Modelle ist es zweckmäßig, zunächst das Verhalten eines Gases quasifreier Ladungsträger zu untersuchen (Kapitel 1), wobei Fragen der Statistik im Mittelpunkt stehen. Danach folgt eine Darstellung der Gitterschwingungen (Kapitel 2), die bis zum Phononenbild geführt wird. Ergänzend und in gewissem Maße zur Anwendung dieser Darlegungen gehen wir auf Probleme ein, die sich bei der Berechnung des Gitteranteils zur Wärmekapazität von Festkörpern ergeben. Nach ausführlichen Betrachtungen zu praktisch bedeutsamen Gittern und Kristallstrukturen sowie zu deren zweckmäßiger Beschreibung (Kapitel 3) nehmen wir Elektronen und Phononen in die von den Kristallbausteinen gebildete räumlich periodische Struktur hinein und behandeln das Verhalten der Elektronen (Bloch-Elektronen) unter dem Einfluß des Gitterpotentials (Kapitel 4).

Während wir in den ersten vier Kapiteln von allen äußeren Einwirkungen absehen und nur Gleichgewichtsprobleme betrachten, lassen wir hiernach äußere Felder und damit verbunden äußere Kräfte zu. Wie wir sehen werden, ist innerhalb gewisser Grenzen eine quasiklassische Beschreibung der Dynamik der Kristallelektronen möglich (Kapitel 5).

Auf den so geschaffenen Grundlagen aufbauend, behandeln wir im zweiten Teil (Kapitel 6—10) spezielle Festkörpereigenschaften und -phänomene wie die elektrische Leitfähigkeit und galvanomagnetische Effekte (Kapitel 6), das Verhalten der Ladungsträger im Magnetfeld, insbesondere die sogenannte Landau-Quantisierung und die auf ihr beruhenden Oszillationen der Zustandsdichte (Kapitel 7), Hochfrequenzeigenschaften (Kapitel 8), Resonanzphänomene (Kapitel 9) sowie Fragen der Ausbreitung elektromagnetischer Wellen im Festkörperplasma (Kapitel 10).

Das Buch ist so verfaßt, daß man (bei entsprechenden Vorkenntnissen) das Studium mühelos mit jedem beliebigen Kapitel beginnen kann. Die Symbole werden stets von neuem erläutert; auf Bezugsstellen in vorangegangenen Kapiteln wird laufend verwiesen. Tabellen, Hervorhebungen, eingerahmte Formeln sowie kurzgefaßte Zusammenfassungen innerhalb des Textes sollen in gewissem Maße wissenspeichernde Funktion übernehmen. Dem Charakter als Lehrbuch entsprechend, zitieren wir nur wenig Originalliteratur, und die am Ende jedes Kapitels angegebenen Literaturhinweise sollen dem Leser beim weiteren Studium behilflich sein, können aber keinen Anspruch auf Vollständigkeit erheben.

Grundkenntnisse in Mathematik und Quantenphysik werden vorausgesetzt, so daß sich das Buch an Studenten höherer Semester wendet. Wegen seiner Zweiteilung ist es sowohl für die Studenten geeignet, die sich mit den Grundlagen der Festkörperphysik befassen wollen, als auch für jene, die sich auf dem Gebiet der Festkörperphysik gewisse Spezialkenntnisse aneignen möchten. Überdies wendet es sich an Wissenschaftler (Physiker, Elektroniker), die sich mit Grundlagen der Hochfrequenzeigenschaften fester Körper sowie der Wellenausbreitung in Festkörpern vertraut machen wollen.

Wir möchten allen, die direkt oder indirekt zum Zustandekommen des Buches beigetragen haben, herzlich danken, insbesondere den Herren Dr. H. Eschrig und Dozent Dr. habil. D. Schulze für die Durchsicht des Manuskriptes sowie für zahlreiche wertvolle Hinweise, Herrn Dr. G. Jäniche für die umfangreiche technische Unterstützung und Frau G. Weider, die uns mit viel Sorgfalt und Umsicht bei der Anfertigung des Manuskriptes half. Ebenso möchten wir Frau R. Trautmann vom Akademie-Verlag für die uns entgegengebrachte Geduld sowie für die verständnisvollen Beratungen bei der Manuskriptherstellung unseren aufrichtigen Dank aussprechen.

Berlin, im Juni 1976

R. Herrmann
U. Preppernau

Rauchquarz (SiO_2)
Aus der Sammlung von J. Bautsch;
Fundort: St. Gotthard-Massiv; Schweiz

Inhaltsverzeichnis

Verzeichnis der wichtigsten Symbole

a	Gitterkonstante
$\boldsymbol{a}$	Translationsvektor
A	(Querschnitts-) Fläche
$\boldsymbol{B}$	Vektor der magnetischen Induktion
c	Lichtgeschwindigkeit im Vakuum
C	Molare Wärmekapazität
d	Gitterebenenabstand
$\boldsymbol{D}$	Vektor der dielektrischen Verschiebung
$D(\boldsymbol{B})$	Magnetowiderstand
e	Elementarladung
$\boldsymbol{e}$	Einheitsvektor
$\mathfrak{e}$	Einheitstensor
$\boldsymbol{E}$	Vektor der elektrischen Feldstärke
f	Verteilungsfunktion
$\boldsymbol{F}$	Kraft
$g(\varepsilon)$	Zustandsdichte
$\boldsymbol{g}$	Vektor des reziproken Gitters
h	Plancksche Konstante
$\hat{H}$	Hamilton-Operator
$\boldsymbol{H}$	Vektor der magnetischen Feldstärke
i	Imaginäre Einheit
$\boldsymbol{j}$	Vektor der Stromdichte
k_B	Boltzmann-Konstante
$\boldsymbol{k}$	Wellenvektor
l	Mittlere freie Weglänge
l	Nebenquantenzahl
L	Loschmidt-Zahl
m	Masse
m_l	Magnetische Quantenzahl
m_s	Spinquantenzahl
n	Elektronenkonzentration
$\boldsymbol{n}$	Normaleneinheitsvektor
$n^{(\boldsymbol{k})}$	Zustandsdichte im reziproken Raum
n	Hauptquantenzahl
n	Reeller Brechungsindex
$\boldsymbol{0}$	Nullvektor
$\boldsymbol{p}$	Impulsvektor
$\boldsymbol{q}$	Wellenvektor
Q	Wärmemenge
r	Restwiderstandsverhältnis
$\boldsymbol{r}$	Ortsvektor
r_c	Zyklotronradius
R	Radius
R_H	Hall-Koeffizient
R	Realteil der Oberflächenimpedanz
R	Reflexionskoeffizient
R	Gaskonstante
S	Oberfläche
t	Zeit
T	Temperatur
$u_{\boldsymbol{k}}(\boldsymbol{r})$	Bloch-Faktor
U	Potential
U_H	Hall-Spannung
$\boldsymbol{v}$	Geschwindigkeitsvektor
V	Potential
V	Volumen
W	Übergangswahrscheinlichkeit
W	Arbeit
x	Ortskoordinate
x	Konzentration
X	Imaginärteil der Oberflächenimpedanz
y	Ortskoordinate
z	Ortskoordinate
Z_0	Ordnungszahl
Z	Oberflächenimpedanz

α Koeffizient der quasielastischen Kraft
β Absorptionskoeffizient
Γ Mittelpunkt der Brillouin-Zone
δ δ-Funktion
δ Kronecker-Symbol
δ Skintiefe
ε Energie
$\boldsymbol{\epsilon}$ Dielektrische Funktion
ζ Chemisches Potential
ϑ Winkel
Θ_H Hall-Winkel
Θ_D Debye-Temperatur
$\varkappa$ Extinktionskoeffizient
λ Wellenlänge
μ Beweglichkeit
μ Permeabilität
ν Frequenz
$\boldsymbol{\rho}$ Tensor des spezifischen Widerstandes
$\boldsymbol{\sigma}$ Tensor der elektrischen Leitfähigkeit
σ_0 Gleichstromleitfähigkeit
τ Relaxationszeit
φ Wellenfunktion
Φ Volumen im reziproken Raum
ψ Wellenfunktion
ω Kreisfrequenz
ω_c Zyklotronfrequenz
Ω Volumen einer Elementarzelle

1. Statistik der Ladungsträger im Festkörper

Zur Beschreibung kristalliner Festkörper ist es notwendig und zweckmäßig, bestimmte idealisierende Modelle zugrunde zu legen. Wir gehen in diesem Kapitel von ganz einfachen Modellvorstellungen über Metalle und Halbleiter aus, die noch keine Kenntnisse über den speziellen kristallographischen Aufbau kristalliner Festkörper voraussetzen. Die Ausführungen sollen zeigen, daß man in jedem Fall das Verhalten eines Ensembles von Ladungsträgern untersuchen muß. Daher ist es sinnvoll, sich zuerst mit der Statistik freier Ladungsträger zu beschäftigen. Wir werden später (Kapitel 4) sehen, daß sich die Ladungsträger im Festkörper in bestimmtem Maße von den freien unterscheiden. Dennoch bleiben wesentliche Aussagen des Modells in guter Näherung gültig.

Im Mittelpunkt des Abschnitts 1.1. steht das Fermi-Gas quasifreier Elektronen. Nach Vorgabe eines simplen Modells für Metalle interessieren uns besonders die Verteilung der Elektronen auf die Energieniveaus des Fermi-Gases bei den Temperaturen $T = 0$ K und $T > 0$ K sowie der Beitrag der quasifreien Elektronen zur Wärmekapazität eines Metalls.

Nach einigen kurzen Ausführungen zu Halbmetallen in Abschnitt 1.2. führen wir in Abschnitt 1.3. analog zu den Metallen eine erste Modellvorstellung für Halbleiter (Isolatoren) ein. Schwerpunkte sind dabei die Frage nach der Anwendbarkeit der klassschen Statistik und hiermit verbundene Probleme der Eigen- und Störstellenleitung.

1.1. Elektronen im Metall

1.1.1. Einfache Modellvorstellung für ein Metall

Ein Metall besteht aus einem System positiv geladener Ionen und einem System von Elektronen, die nicht mehr an ein bestimmtes Ion gebunden sind, folglich dem Metall als Ganzem angehören und sich somit innerhalb des Metalls nahezu frei (*quasifrei*) bewegen können.

Zu einer solchen Vorstellung vom Metall gelangt man, da im Festkörper die Abstände benachbarter Atome etwa von der Größenordnung der Abmessungen eines Atoms selbst sind und damit die Wechselwirkung zwischen benachbarten Atomen nicht mehr vernachlässigbar ist.

Bei der Bildung eines Metalls werden die ohnehin schwach gebundenen äußeren Elektronen, die Valenzelektronen, infolge der Herabsetzung ihrer Bindungsenergie völlig von ihren Atomen getrennt. Es verbleiben somit positiv geladene Atomrümpfe (Ionen) und dem Metall als Ganzem angehörende quasifreie Elektronen. Diese quasifreien Elektronen bezeichnet man als *Leitungselektronen* und die Gesamtheit der Leitungselektronen als *Elektronengas* beziehungsweise bei Berücksichtigung ihrer Wechselwirkung untereinander als *Elektronenflüssigkeit*. Die Eigenschaften der Leitungselektronen unterscheiden sich von Metall zu Metall mitunter stark.

Vernachlässigt man nun näherungsweise die Wechselwirkung der Leitungselektronen untereinander sowie mit den Atomrümpfen, so kann man sich ein Metall in einfacher Weise als einen „Behälter" (Potentialtopf) vorstellen, der ein Gas freier Elektronen einschließt. „Behälter" deshalb, weil das System positiv geladener Ionen erst gemeinsam mit dem gesamten Elektronengas ein nach außen elektrisch neutrales Metall bildet und zur Ablösung von Elektronen aus dem Metallverband dementsprechend eine große Energie (einige eV)[1] aufgebracht werden muß.

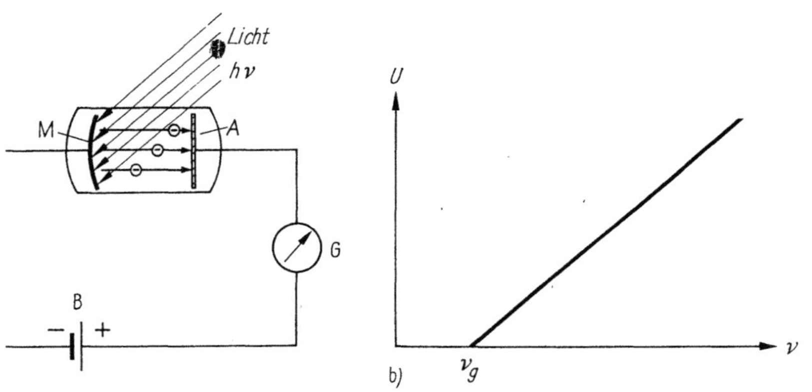

Abb. 1.1.
Zur Bestimmung der „Tiefe" des Potentialtopfes
a) Schematische Darstellung des Meßprinzips
A: Anode; B: Batterie; G: Galvanometer; M: Metallprobe als Katode
b) Zur Bestimmung der Ablösearbeit $W = h\nu_g$
U: Spannung; ν: Frequenz des eingestrahlten Lichtes; ν_g: Grenzfrequenz

Die „Tiefe" des Potentialtopfes läßt sich experimentell bestimmen; und zwar unter Ausnutzung des lichtelektrischen Effektes.[2] Das Meßprinzip ist in Abbildung 1.1a dargestellt. Die zu untersuchende Metallprobe (M) wird in eine hochevakuierbare Glasröhre gebracht und als Katode mit dem negativen Pol einer Batterie verbunden. Der Metallprobe gegenüber befindet sich eine Anode (A), die über ein Galvanometer an den positiven Pol der Batterie angeschlossen ist. Fällt nun Licht auf die Metallprobe, so werden aus ihr genau dann Elektronen ausgelöst, wenn die Frequenz des Lichtes größer als eine für das entsprechende Metall charakteristische Grenzfrequenz ν_g ist (ν_g liegt im ultravioletten Spektralbereich). Der Zusammenhang der dann am Galvanometer ablesbaren Spannung mit der Frequenz des Lichtes ist in Abbildung 1.1b qualitativ angegeben.

Die Energie $W = h\nu_g$ (h: Plancksches Wirkungsquantum), die aufgebracht werden muß, um überhaupt Elektronen aus dem Metall herauszulösen, nennt man *Ablösearbeit*. Sie gibt die „Tiefe" des Potentialtopfes an, in dem die Elektronen „eingeschlossen" sind.

[1] Vergleichsweise beträgt die thermische Energie bei Zimmertemperatur nur etwa $2{,}5 \cdot 10^{-2}$ eV (1 eV $= 1{,}6021 \cdot 10^{-19}$ J).

[2] A. Einstein (1879—1955); 1921 Nobelpreis für Arbeiten zum lichtelektrischen Effekt.

Aus dem Energiesatz folgt sofort: $U|e| = h\nu - W$ (e: Elementarladung).

Ebenso kann man die „Tiefe" des Potentialtopfes bei Metallen auch experimentell durch thermische Auslösung der Elektronen (Glühemission) ermitteln.

Von den reinen Metallen besitzen die Alkalimetalle die kleinsten Ablösearbeiten und damit die „flachsten" Potentialtöpfe (z. B.: K: 2,25 eV; Rb: 2,13 eV; Cs: 1,8 eV), während bei den Edelmetallen die Ablösesarbeit sehr groß und demzufolge die Potentialtöpfe sehr „tief" sind (z. B.: Ag: 4,70 eV; Au: 4,05 eV; Pt: 5,32 eV).

Experimentell ist überdies nachgewiesen worden, daß die mittlere freie Weglänge[1]) der Elektronen in sehr reinen Metallen und bei tiefen Temperaturen bis zu 10^7 Atomabständen (≈ 1 mm) betragen kann. Gerade auch dieser Sachverhalt rechtfertigt es, die quasifreien Elektronen als ein Gas aufzufassen, das aus nicht miteinander wechselwirkenden Teilchen besteht.

Die Leitungselektronen des Metalls sind entsprechend den vorangegangenen Ausführungen die ehemaligen Valenzelektronen der isolierten neutralen Atome.

Vom isolierten neutralen Atom wissen wir, daß die Zahl seiner Elektronen gleich der Ordnungszahl Z_0 des betreffenden Elementes im Periodensystem ist. Die Elektronen, deren Gesamtladung bis auf das Vorzeichen mit der Kernladung übereinstimmt, sind im Zentralfeld des Kerns auf diskreten Energieniveaus angeordnet. Die Energieniveaus werden durch die vier Quantenzahlen

$$\left.\begin{array}{ll} \text{Hauptquantenzahl} & n = 1, 2, 3, \ldots \\ \text{Drehimpulsquantenzahl (Nebenquantenzahl)} & l = 0, 1, 2, \ldots, (n-1) \\ \text{Magnetische Quantenzahl} & m_l = 0, \pm 1, \pm 2, \ldots, \pm l \\ \text{Spinquantenzahl} & m_s = +1/2, -1/2 \end{array}\right\} \tag{1.1}$$

charakterisiert, wobei entsprechend dem Pauli-Prinzip niemals zwei Elektronen in allen Quantenzahlen übereinstimmen dürfen.

Tabelle 1.1 zeigt die Elektronenkonfigurationen einiger isolierter Atome. Die unterstrichenen Quantenzahlen kennzeichnen die Valenzelektronen. Aus der Tabelle geht hervor, daß die Zahl der Valenzelektronen im allgemeinen klein gegen die Gesamtzahl der zum Atom gehörenden Elektronen ist. Deshalb ist auch die Zahl der in einem Metall vorhandenen quasifreien Elektronen klein gegen die Gesamtzahl aller im Metall enthaltenen Elektronen; sie ist größenordnungsmäßig nur etwa gleich der Anzahl der das Metall bildenden Atomrümpfe (also $\approx 10^{22}$ cm^{-3} = 10^{28} m^{-3}).

Wir wollen die Modellvorstellung für ein Metall noch etwas präzisieren. Das Modell, das ein Gas freier Elektronen zur Grundlage hat, geht davon aus, daß sich die Elektronen völlig frei innerhalb des Festkörpers bewegen können. Von den Kräften zwischen den Elektronen und Ionenrümpfen wird abgesehen; die Elektronen besitzen nur kinetische Energie, ihre potentielle Energie wird vernachlässigt.

Im realen Festkörper bewegen sich aber die Elektronen im Kraftfeld aller Atomrümpfe; sie bewegen sich also nur quasifrei. Wir wollen daher im weiteren ein Gas quasifreier Elektronen betrachten. Den Übergang vom Gas freier Elektronen zum Gas quasifreier Elektronen werden wir dadurch vollziehen, daß wir den Elektronen formal eine *effektive*, von der Ruhmasse m_0 des freien Elektrons durchaus verschiedene

[1]) Die *mittlere freie Weglänge* ist die Wegstrecke, die die Elektronen im Mittel ungehindert zwischen zwei Stößen zurücklegen (vgl. auch Kapitel 6).

Tabelle 1.1. Elektronenkonfiguration einiger isolierter neutraler Metallatome*). Die unterstrichenen Quantenzahlen kennzeichnen die Valenzelektronen.
(Die vorgestellten Ziffern sind die Hauptquantenzahlen; die Buchstaben die Nebenquantenzahlen gemäß der üblichen Bezeichnungsweise $s \equiv 0$, $p \equiv 1$, $d \equiv 2, f \equiv 3, \ldots$; die hochgestellten Ziffern geben die Gesamtzahl der Elektronen an, die bei der betreffenden Haupt- und Nebenquantenzahl auf der entsprechenden Schale untergebracht sind.)

Ordnungszahl Z_0	Atom	Elektronenkonfiguration
3	Li	$1s^2\ \underline{2s^1}$
4	Be	⋮ $\underline{2s^2}$
5	B	$2s^2\ \underline{2p^1}$
11	Na	$2s^2\ 2p^6\ \underline{3s^1}$
12	Mg	$2s^2\ 2p^6\ \underline{3s^2}$
13	Al	⋮ ⋮ $3s^2\ \underline{3p^1}$
19	K	$3s^2\ 3p^6\ \underline{4s^1}$
20	Ca	$3s^2\ 3p^6\ \underline{4s^2}$
23	V	$3s^2\ 3p^6\ \underline{3d^3\ 4s^2}$
24	Cr	$3s^2\ 3p^6\ \underline{3d^5\ 4s^1}$
25	Mn	$3s^2\ 3p^6\ \underline{3d^5\ 4s^2}$
26	Fe	$3s^2\ 3p^6\ \underline{3d^6\ 4s^2}$
27	Co	$3s^2\ 3p^6\ \underline{3d^7\ 4s^2}$
28	Ni	$3s^2\ 3p^6\ \underline{3d^8\ 4s^2}$
29	Cu	$3s^2\ 3p^6\ 3d^{10}\ \underline{4s^1}$
30	Zn	⋮ ⋮ ⋮ $\underline{4s^2}$
31	Ga	$4s^2\ \underline{4p^1}$
33	As	$4s^2\ \underline{4p^3}$
37	Rb	$4s^2\ 4p^6\ \underline{5s^1}$
38	Sr	$4s^2\ 4p^6\ \underline{5s^2}$
41	Nb	$4s^2\ 4p^6\ \underline{4d^4\ 5s^1}$
42	Mo	$4s^2\ 4p^6\ \underline{4d^5\ 5s^1}$
46	Pd	$4s^2\ 4p^6\ \underline{4d^{10}}$
47	Ag	$4s^2\ 4p^6\ 4d^{10}\ \underline{5s^1}$
48	Cd	$4s^2\ 4p^6\ 4d^{10}\ \underline{5s^2}$
49	In	⋮ ⋮ ⋮ $\underline{5s^2\ 5p^1}$
50	Sn	$\underline{5s^2\ 5p^2}$
51	Sb	$\underline{5s^2\ 5p^3}$
55	Cs	$5s^2\ 5p^6\ \underline{6s^1}$
56	Ba	$5s^2\ 5p^6\ \underline{6s^2}$
73	Ta	$5s^2\ 5p^6\ \underline{5d^3\ 6s^2}$
74	W	$5s^2\ 5p^6\ \underline{5d^4\ 6s^2}$

Tabelle 1.1. Fortsetzung

Ordnungszahl Z_0	Atom	Elektronenkonfiguration
77	Ir	$1s^2\ 2s^2\ 2p^6\ 3s^2\ 3p^6\ 3d^{10}\ 4s^2\ 4p^6\ 4d^{10}\ 5s^2\ 5p^6\ 5d^7\ 6s^2$
78	Pt	$\vdots\ \vdots\ \vdots\ \vdots\ \vdots\ \vdots\ \vdots\ \vdots\ 5s^2\ 5p^6\ 5d^9\ 6s^1$
79	Au	$5s^2\ 5p^6\ 5d^{10}\ 6s^1$
80	Hg	$\vdots\ \vdots\ \vdots\ 6s^2$
81	Tl	$6s^2\ 6p^1$
82	Pb	$6s^2\ 6p^2$
83	Bi	$6s^2\ 6p^3$

*) Es sind nur die Metalle angeführt, die in irgendeinem Zusammenhang im Buch erscheinen.

Masse m^* zuordnen.[1]) In der Abweichung der Masse m^* von m_0 drückt sich in diesem Modell die Beeinflussung der Elektronen durch die Potentiale der Atomrümpfe aus. Das Gas quasifreier Elektronen hat somit folgende Eigenschaften:

1. Wegen des halbzahligen Spins der Elektronen ist es ein *Fermi-Gas*, das dem *Pauli-Prinzip* und der *Fermi-Statistik* unterliegt.
2. Es ist ein Gas nicht miteinander wechselwirkender Elektronen der effektiven Masse m^*. Die Gesamtenergie des Gases ergibt sich als Summe der Energien der einzelnen Teilchen. Bei Hinzu- oder Fortnahme eines Elektrons ändert sich somit die Gesamtenergie nur um den Energiebetrag dieses einen Elektrons.
3. Bei „guten" Metallen ist seine Dichte etwa 10^3mal größer als die eines „normalen" Gases (vgl. Tab. 1.2).

Das angegebene Modell liefert immer dann brauchbare Ergebnisse, wenn die kinematischen Eigenschaften der Elektronen die entscheidende Rolle spielen.

1.1.2. Energiezustände eines Gases quasifreier Elektronen

Wir wollen jetzt die Energieniveaus des im Metall enthaltenen Elektronengases quantitativ beschreiben. Ausgangspunkt hierfür ist die Schrödinger-Gleichung für ein quasifreies Elektron

$$-\frac{\hbar^2}{2m^*}\nabla^2\,\psi(\boldsymbol{r}) = \varepsilon\psi(\boldsymbol{r})\,, \tag{1.2}$$

deren Lösung die Wellenfunktion

$$\psi(\boldsymbol{r}) = C\,\mathrm{e}^{i\boldsymbol{k}\cdot\boldsymbol{r}}$$

ist.

[1]) Exakt kann die effektive Masse m^* erst im Zusammenhang mit der Dynamik der Kristallelektronen (Abschnitt 5.1.) eingeführt werden. Solange nicht ausdrücklich etwas anderes gesagt wird, wollen wir m^* bis dahin als skalare Größe annehmen, wobei jedoch durchaus $m^* \neq m_0$ sein kann.

m^*: effektive Masse; $\hbar = \frac{h}{2\pi}$; h: Plancksches Wirkungsquantum; ε: Energie; $\boldsymbol{r}$: Ortsvektor[1]); $\nabla = \frac{\partial}{\partial x}\boldsymbol{e}_x + \frac{\partial}{\partial y}\boldsymbol{e}_y + \frac{\partial}{\partial z}\boldsymbol{e}_z$ (Nabla-Operator), $\boldsymbol{e}_x, \boldsymbol{e}_y, \boldsymbol{e}_z$: Einheitsvektoren in einem cartesischen Koordinatensystem; $\boldsymbol{k} = (k_x, k_y, k_z)$: Wellenvektor ($|\boldsymbol{k}| = \frac{2\pi}{\lambda}$, λ: Wellenlänge).

Die noch unbekannte Konstante C läßt sich aus der Normierungsbedingung berechnen. Wir wollen dazu voraussetzen, daß in einem quaderförmigen Metallvolumen V mit den Kantenlängen l_x, l_y, l_z gerade N_0 quasifreie Elektronen vorhanden seien. Die Wahrscheinlichkeit dafür, jedes beliebige dieser N_0 Elektronen im Volumen $\mathsf{V} = l_x l_y l_z$ anzutreffen, muß gleich 1 sein; also

$$\int_{\mathsf{V}} \psi(\boldsymbol{r})\, \psi^*(\boldsymbol{r})\, \mathrm{d}\boldsymbol{r} = 1 \tag{1.3}$$

($\psi^*(\boldsymbol{r})$ ist die zu $\psi(\boldsymbol{r})$ konjugiert komplexe Wellenfunktion).

Die Forderung (1.3) wird für $C = \mathsf{V}^{-1/2}$ erfüllt, so daß die Wellenfunktion (1.2) die Form

$$\psi(\boldsymbol{r}) = \mathsf{V}^{-1/2}\, \mathrm{e}^{i\boldsymbol{k}\cdot\boldsymbol{r}} \tag{1.4}$$

hat. $\psi(\boldsymbol{r})$ stellt eine fortschreitende ebene Welle dar. (1.4) in die Schrödinger-Gleichung (1.2) eingesetzt, ergibt

$$\varepsilon = \varepsilon(\boldsymbol{k}) = \frac{\hbar^2 \boldsymbol{k}^2}{2m^*}\,. \tag{1.5}$$

Allgemein bezeichnet man den Zusammenhang zwischen der Energie ε und dem Wellenvektor $\boldsymbol{k}$ als *Dispersionsbeziehung*. Da hier im Falle eines quasifreien Elektrons ε quadratisch von $\boldsymbol{k}$ abhängt, spricht man von *quadratischer* Dispersion.

Die Berücksichtigung der endlichen Ausdehnung des Metallvolumens führt zu speziellen Aussagen über den $\boldsymbol{k}$-Vektor.

Wir wollen als Randbedingungen annehmen, daß die Wellenfunktion auf den jeweils gegenüberliegenden Oberflächen des Volumens V dieselben Werte annimmt:

$$\left.\begin{aligned} \psi(x + l_x, y, z) &= \psi(x, y, z)\,,\\ \psi(x, y + l_y, z) &= \psi(x, y, z)\,,\\ \psi(x, y, z + l_z) &= \psi(x, y, z)\,. \end{aligned}\right\} \tag{1.6}$$

Derartige Randbedingungen nennt man *zyklisch*[2]). Geht man hiermit in (1.4) ein, so erhält man

$$\begin{aligned} \psi(x + l_x, y, z) &= \mathsf{V}^{-1/2}\, \mathrm{e}^{i[k_x(x+l_x) + k_y y + k_z z]}\\ &= \mathsf{V}^{-1/2}\, \mathrm{e}^{i(k_x x + k_y y + k_z z)}\, \mathrm{e}^{ik_x l_x}\,, \end{aligned}$$

$$\psi(x + l_x, y, z) = \psi(x, y, z)\, \mathrm{e}^{ik_x l_x}$$

und analog

$$\begin{aligned} \psi(x, y + l_y, z) &= \psi(x, y, z)\, \mathrm{e}^{ik_y l_y}\,,\\ \psi(x, y, z + l_z) &= \psi(x, y, z)\, \mathrm{e}^{ik_z l_z}\,. \end{aligned} \tag{1.7}$$

[1]) Der *Ortsraum* (*direkte* Raum) wird durch die Koordinatenachsen (x, y, z) aufgespannt; die Einheitsvektoren sind $\boldsymbol{e}_x$, $\boldsymbol{e}_y$, und $\boldsymbol{e}_z$.

[2]) Wir werden noch öfter auf zyklische Randbedingungen zurückkommen. Ihr Vorteil wird erst im weiteren klar.

Die Randbedingungen (1.6) sind also nur dann erfüllt, wenn

$$\left.\begin{aligned} e^{ik_x l_x} &= 1\,, \\ e^{ik_y l_y} &= 1\,, \\ e^{ik_z l_z} &= 1 \end{aligned}\right\} \tag{1.8}$$

gilt, das heißt, wenn die Koordinaten des Wellenvektors die Werte

$$\left.\begin{aligned} k_x &= \frac{2\pi}{l_x}\, n_x\,, \qquad & n_x &= 0, \pm 1, \pm 2, \dots, \\ k_y &= \frac{2\pi}{l_y}\, n_y\,, \qquad & n_y &= 0, \pm 1, \pm 2, \dots, \\ k_z &= \frac{2\pi}{l_z}\, n_z\,, \qquad & n_z &= 0, \pm 1, \pm 2, \dots \end{aligned}\right\} \tag{1.9}$$

besitzen.

Wir haben hiermit ein wichtiges Ergebnis erhalten:

> Der Wellenvektor $\boldsymbol{k}$ kann nicht beliebige Werte annehmen, sondern nur die durch (1.9) gegebenen diskreten.

Die diskreten k_x, k_y, k_z charakterisieren die Bahnbewegung eines Elektrons im Elektronengas und übernehmen somit die Rolle von Quantenzahlen.

Während ein Elektronenzustand im isolierten neutralen Atom durch die vier Quantenzahlen (1.1) bestimmt ist, wird er im Gas quasifreier Elektronen durch die drei Koordinaten des Wellenvektors und die Spinquantenzahl

$$k_x,\ k_y,\ k_z,\ m_s \tag{1.10}$$

charakterisiert.

Als Energieniveaus für ein quasifreies Elektron des Elektronengases ergeben sich nach (1.5)

$$\boxed{\varepsilon(\boldsymbol{k}) = \varepsilon_{k_x, k_y, k_z} = \frac{\hbar^2}{2m^*}\,(k_x^2 + k_y^2 + k_z^2)} \tag{1.11}$$

mit k_x, k_y, k_z gemäß (1.9)
beziehungsweise

$$\varepsilon_{n_x, n_y, n_z} = \frac{(2\pi\hbar)^2}{2m^*}\left[\left(\frac{n_x}{l_x}\right)^2 + \left(\frac{n_y}{l_y}\right)^2 + \left(\frac{n_z}{l_z}\right)^2\right], \tag{1.12}$$

wobei n_x, n_y, n_z ganze Zahlen sind.

Ein Vergleich von (1.11) und (1.12) ergibt, daß die vier Zahlen

$$n_x,\ n_y,\ n_z,\ m_s \tag{1.13}$$

völlig äquivalent zu (1.10) die Energieniveaus bestimmen.

Zur Illustration zeigt Abbildung 1.2 die durch (1.11) gegebene Funktion $\varepsilon = \varepsilon(\boldsymbol{k})$ für den eindimensionalen Fall. Deutlich sind die diskreten Energieniveaus erkennbar.

Bisher haben wir alle Betrachtungen für ein einziges (allerdings beliebig aus dem Elektronengas herausgegriffenes) quasifreies Elektron angestellt; haben also bisher ein Einelektronenproblem behandelt. Dieses Vorgehen ist gerechtfertigt, da die quasi-

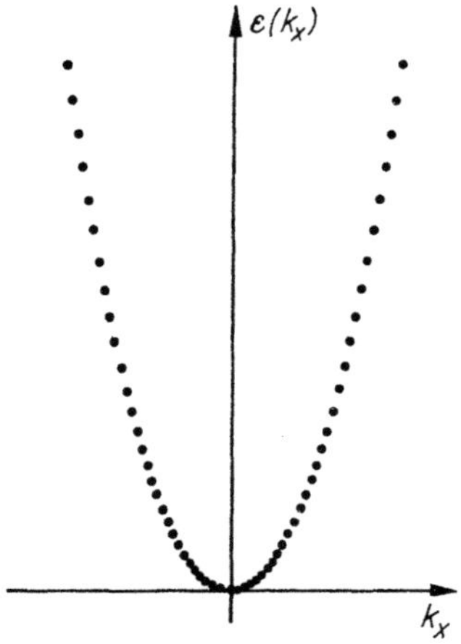

Abb. 1.2.
Darstellung (eindimensional) der Funktion $\varepsilon = \varepsilon(\boldsymbol{k})$ gemäß (1.11)

freien Elektronen im betrachteten Modell als nichtwechselwirkende Teilchen aufgefaßt werden. Den Übergang zur Beschreibung des gesamten Elektronengases vollziehen wir im nächsten Abschnitt. Er besteht nicht in einer Berücksichtigung der Wechselwirkung der Elektronen, sondern lediglich in einer Besetzung der möglichen Energieniveaus (1.11) mit sämtlichen N_0 Elektronen entsprechend dem Pauli-Prinzip und der Fermi-Statistik.

Die Verteilung der Elektronen muß demgemäß so erfolgen, daß niemals zwei Elektronen in allen Quantenzahlen übereinstimmen.

1.1.3. Elektronen im Metall bei $T = 0$ K

Wir wollen in diesem Abschnitt ein Gas von N_0 quasifreien Elektronen betrachten, das sich im Grundzustand befindet. Diese Situation liegt bei der Temperatur $T = 0$ K vor.[1])

Nach den vorangegangenen Ausführungen sind nun die N_0 quasifreien Elektronen derart auf die durch (1.11) gegebenen Energieniveaus aufzuteilen, daß sie einerseits die energetisch tiefsten dieser Niveaus besetzen und daß andererseits gemäß dem Pauli-Prinzip nur jeweils zwei Elektronen mit entgegengesetztem Spin ($m_s = +\frac{1}{2}$, $m_s = -\frac{1}{2}$) ein solches Niveau einnehmen. Das in der Rangreihe zunehmender Energie niedrigste Niveau ist durch $\boldsymbol{k} = \boldsymbol{0}$ (also $k_x = 0$, $k_y = 0$, $k_z = 0$) charakterisiert, denn in diesem Fall ist gemäß (1.11) $\varepsilon(\boldsymbol{k}) = 0$.

Spannt man einen Vektorraum durch die Koordinatenachsen (k_x, k_y, k_z) auf,[2]) so liegen alle diejenigen Punkte dieses Raumes, denen besetzte Energieniveaus entsprechen, innerhalb einer Kugel, der sogenannten *Fermi-Kugel* (s. Abb. 1.3). Da 1 cm³ eines normalen Metalls im allgemeinen größenordnungsmäßig $N_0 \approx 10^{22}$ quasifreie Elektronen enthält, liegen die energetisch höchsten besetzten Niveaus (größte k_x, k_y, k_z) quasikontinuierlich auf der Kugeloberfläche.

[1]) Von äußeren Kräften und Feldern wollen wir im gesamten vorliegenden Kapitel absehen.

[2]) Man nennt diesen Vektorraum *Wellenvektorraum* oder ***k**-Raum* sowie (aus später noch ersichtlichen Gründen) *reziproken Raum*.

Der Radius der Fermi-Kugel sei $|\boldsymbol{k}_F|$. Ihm entspricht die Energie der höchsten besetzten Energiezustände

$$\varepsilon_F = \frac{\hbar^2 \boldsymbol{k}_F^2}{2m^*}. \tag{1.14}$$

Diese Grenzenergie ε_F nennt man *Fermi-Energie.*

Alle Energieniveaus $\varepsilon(\boldsymbol{k}) > \varepsilon_F$ sind unbesetzt; alle energetisch unterhalb ε_F liegenden Niveaus sind besetzt. Wir wollen daher als Ergebnis festhalten:
Die Fermi-Energie trennt bei $T = 0$ K scharf die besetzten von den unbesetzten Energieniveaus.

Den hier beschriebenen Sachverhalt kann man durch folgende Verteilungsfunktion für die quasifreien Elektronen auf die Energieniveaus formulieren:

$$\boxed{\begin{array}{l} f_0(\varepsilon) = 1 \quad \text{für} \quad \varepsilon \leqq \varepsilon_F \\ f_0(\varepsilon) = 0 \quad \text{für} \quad \varepsilon > \varepsilon_F \end{array}}\,. \tag{1.15}$$

Die Verteilungsfunktion ist also eine Stufenfunktion (s. Abb. 1.4).

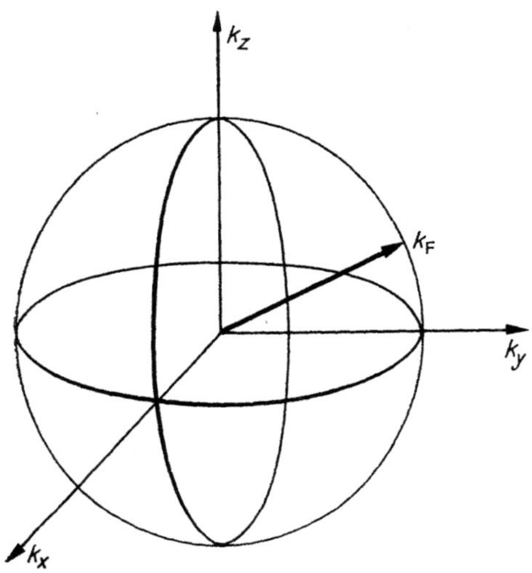

Abb. 1.3.
Fermi-Kugel
Besetzte Energieniveaus im $\boldsymbol{k}$-Raum
für $T = 0$ K

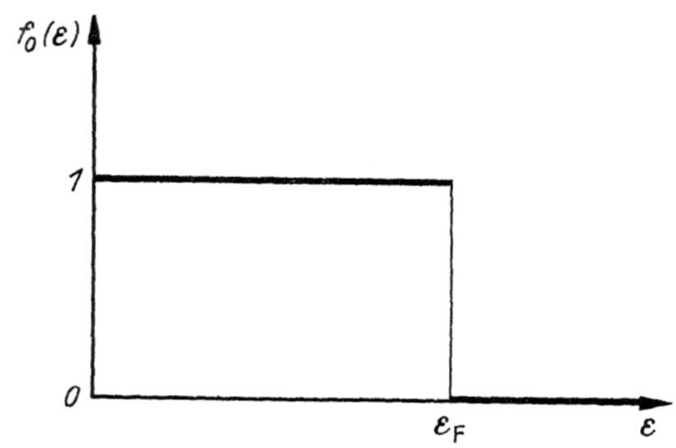

Abb. 1.4.
Verteilungsfunktion der Elektronen
für $T = 0$ K

Übertragen wir diese Gedanken auf den $\boldsymbol{k}$-Raum, so sind alle Energieniveaus besetzt, die durch $|\boldsymbol{k}| < |\boldsymbol{k}_F|$ charakterisiert sind; dagegen sind alle, für die $|\boldsymbol{k}| > |\boldsymbol{k}_F|$ gilt, unbesetzt. Die N_0 quasifreien Elektronen sind also innerhalb der Fermi-Kugel kondensiert.

Wie aus Abbildung 1.3 hervorgeht, ist $|\boldsymbol{k}_F| = k_F$ natürlich von der Anzahl N_0 der auf die möglichen Niveaus zu verteilenden quasifreien Elektronen abhängig. Dementsprechend muß auch die Fermi-Energie eine Funktion von N_0 sein. Um diese funktionelle Abhängigkeit angeben zu können, überlegt man sich zunächst, welches Volumen im $\boldsymbol{k}$-Raum einem einzigen Energieniveau entspricht.

Nach (1.9) beträgt der gegenseitige Abstand benachbarter Niveaus in k_x-, k_y-, bzw. k_z-Richtung

$$\Delta k_x = \frac{2\pi}{l_x}; \qquad \Delta k_y = \frac{2\pi}{l_y}; \qquad \Delta k_z = \frac{2\pi}{l_z}. \tag{1.16}$$

Da die Abstände äquidistant sind, entspricht einem einzigen Energieniveau im $\boldsymbol{k}$-Raum das Volumen

$$\Phi_1 = \frac{(2\pi)^3}{l_x l_y l_z} = \frac{(2\pi)^3}{\mathsf{V}}. \tag{1.17}$$

Dann beanspruchen die von allen N_0 quasifreien Elektronen eingenommenen Energieniveaus im $\boldsymbol{k}$-Raum das Volumen

$$\Phi_{N_0} = \frac{N_0}{2} \frac{(2\pi)^3}{\mathsf{V}}. \tag{1.18}$$

Hier steht $\frac{N_0}{2}$, weil die Energieniveaus jeweils durch zwei Elektronen mit entgegengesetztem Spin besetzt werden.

Wir hatten weiter oben gesehen, daß die besetzten Energieniveaus im $\boldsymbol{k}$-Raum eine Kugel (die Fermi-Kugel) mit dem Radius k_F und daher dem Volumen $\frac{4\pi}{3} k_F^3$ erfüllen, so daß sich k_F mit (1.18) aus

$$\frac{4\pi}{3} k_F^3 = \frac{N_0}{2} \frac{(2\pi)^3}{\mathsf{V}} \tag{1.19}$$

zu

$$k_F = \left(3\pi^2 \frac{N_0}{\mathsf{V}}\right)^{1/3} \tag{1.20}$$

berechnen läßt.

Die Fermi-Energie ε_F kann man nun nach (1.14) ermitteln, wenn man für k_F den Ausdruck (1.20) einsetzt:

$$\varepsilon_F = \frac{\hbar^2}{2m^*} \left(3\pi^2 \frac{N_0}{\mathsf{V}}\right)^{2/3}. \tag{1.21}$$

Das ist der gesuchte Zusammenhang zwischen der Fermi-Energie ε_F und der Anzahl N_0 der Elektronen, die das Elektronengas bilden. Gleichzeitig ist hiermit die Abhängigkeit der Fermi-Energie von der effektiven Masse der Elektronen gegeben.

Im allgemeinen bezieht man sich nicht auf die Gesamtzahl N_0 der Elektronen, sondern geht von der Anzahl n der in der Volumeneinheit enthaltenen Elektronen aus:

$$n = \frac{N_0}{\mathsf{V}}. \tag{1.22}$$

n nennt man *Elektronenkonzentration*; ihre Maßeinheit ist

$$[n] = \mathrm{m}^{-3} \quad \text{oder} \quad \mathrm{cm}^{-3}.$$

Mit (1.22) nehmen (1.20) und (1.21) die Formen

$$k_F = (3\pi^2 n)^{1/3} \tag{1.23}$$

und

$$\boxed{\varepsilon_F = \frac{\hbar^2}{2m^*} (3\pi^2 n)^{2/3}} \tag{1.24}$$

an.

Die Fermi-Energie nimmt monoton mit der Elektronenkonzentration zu. Das ist klar, denn je größer die Elektronenkonzentration ist, desto mehr Elektronen müssen auch eingeordnet werden. Somit müssen immer weiter außen liegende (energetisch höhere) Elektronenzustände besetzt werden. Da ε_F aber gerade die besetzten von den unbesetzten Elektronenzuständen trennt, muß ε_F zwangsläufig mit zunehmender Elektronenkonzentration größer werden.

Tabelle 1.2.
Elektronenkonzentration n, Fermi-Energie ε_F, Fermi-Geschwindigkeit v_F, Fermi-Temperatur T_F und (mittlere) effektive Masse m^* einiger Alkali- und Edelmetalle

Metall	n/cm^{-3} *)	$\varepsilon_F/\mathrm{eV}$ *)	v_F/ms^{-1} *)	T_F/K *)	m^*/m_0
Na	$2{,}65 \cdot 10^{22}$	3,23	$1{,}07 \cdot 10^{6}$	$3{,}75 \cdot 10^{4}$	0,98 **)
K	$1{,}40 \cdot 10^{22}$	2,12	$0{,}86 \cdot 10^{6}$	$2{,}46 \cdot 10^{4}$	0,94 **)
Rb	$1{,}15 \cdot 10^{22}$	1,85	$0{,}81 \cdot 10^{6}$	$2{,}15 \cdot 10^{4}$	0,87 **)
Cs	$0{,}91 \cdot 10^{22}$	1,58	$0{,}75 \cdot 10^{6}$	$0{,}75 \cdot 10^{4}$	0,83 **)
Cu	$8{,}45 \cdot 10^{22}$	7,00	$1{,}57 \cdot 10^{6}$	$8{,}12 \cdot 10^{4}$	1,37 ***)
Ag	$5{,}85 \cdot 10^{22}$	5,48	$1{,}39 \cdot 10^{6}$	$6{,}36 \cdot 10^{4}$	1,00 ****)
Au	$5{,}90 \cdot 10^{22}$	5,51	$1{,}39 \cdot 10^{6}$	$6{,}39 \cdot 10^{4}$	1,19 ****)

„normales“ Gas: $n \approx 10^{19}\,\mathrm{cm}^{-3}$
$m_0 = 9{,}11 \cdot 10^{-31}\,\mathrm{kg}$

*) nach: C. Kittel [22].
**) nach: C. Kittel [21], russische Übersetzung.
***) nach: P. Goy, G. Weisbuch [79].
****) nach: N. E. Christensen [63].

Wir wollen ε_F für normale Metalle abschätzen. Normale Metalle sind beispielsweise die in der Tabelle 1.2 aufgeführten Alkali- und Edelmetalle. Ein typischer Wert für die Elektronenkonzentration ist hier $n \approx 5 \cdot 10^{22}\,\mathrm{cm}^{-3} = 5 \cdot 10^{28}\,\mathrm{m}^{-3}$. Nehmen wir für die Abschätzung $m^* \approx m_0 = 9{,}1 \cdot 10^{-28}\,\mathrm{g} = 9{,}1 \cdot 10^{-31}\,\mathrm{kg}$ an (m_0: Ruhmasse des freien Elektrons), so ergibt sich nach (1.24) mit $\hbar = 1{,}05 \cdot 10^{-34}\,\mathrm{Js}$

$$\varepsilon_F \approx 8 \cdot 10^{-19}\,\mathrm{J} \approx 5\,\mathrm{eV}\,.$$

Dieses Ergebnis stimmt größenordnungsmäßig mit den in Tabelle 1.2 angegebenen Werten überein. Wir können uns also merken, daß normale Metalle durch eine hohe Elektronenkonzentration ($n \approx 5 \cdot 10^{22}\,\mathrm{cm}^{-3}$) und durch Fermi-Energien von einigen eV gekennzeichnet sind.

Bei sogenannten Halbmetallen[1]) (z. B. Wismut) ist ε_F wegen der geringeren Elektronenkonzentration um mehr als zwei Größenordnungen kleiner als bei normalen Metallen.

Neben der Elektronenkonzentration n wollen wir noch eine weitere wichtige physikalische Größe betrachten; und zwar die *Zustandsdichte* $g(\varepsilon)$. Sie gibt die Zahl der Niveaus pro Volumen- und Energieeinheit an. Ihre Maßeinheit ist also

$$[g(\varepsilon)] = \mathrm{J^{-1}m^{-3}} \quad \text{oder} \quad \mathrm{erg^{-1}cm^{-3}} \quad \text{oder} \quad \mathrm{(eV)^{-1}m^{-3}}\,.$$

$g(\varepsilon)\,\mathrm{d}\varepsilon$ ist dementsprechend die Zahl der im Energieintervall von ε bis $\varepsilon + \mathrm{d}\varepsilon$ gelegenen Energieniveaus, bezogen auf die Volumeneinheit.

Wir können $g(\varepsilon)$ aus

$$g(\varepsilon) = \frac{1}{\mathsf{V}}\frac{\mathrm{d}N}{\mathrm{d}\varepsilon} \tag{1.25}$$

berechnen, wobei N die Anzahl der Energieniveaus mit Energien kleiner oder gleich ε ist. $\mathrm{d}N/\mathrm{d}\varepsilon$ kann man mit Hilfe der Dispersionsbeziehung und der Anzahl der Niveaus ermitteln, die innerhalb eines bestimmten Volumens im $\boldsymbol{k}$-Raum liegen, denn es ist

$$\frac{\mathrm{d}N}{\mathrm{d}\varepsilon} = \frac{\mathrm{d}N}{\mathrm{d}k}\left(\frac{\mathrm{d}\varepsilon}{\mathrm{d}k}\right)^{-1}. \tag{1.26}$$

Mit (1.17) erhält man die Anzahl der möglichen Energieniveaus innerhalb einer Kugel mit dem Radius k im $\boldsymbol{k}$-Raum zu

$$N = \frac{\mathsf{V}}{6\pi^2}\,k^3\,. \tag{1.27}$$

Berechnet man hiermit (1.26) unter Berücksichtigung der Dispersionsbeziehung (1.5) und setzt dann (1.26) in (1.25) ein, so erhält man für die Zustandsdichte

$$\boxed{g(\varepsilon) = \frac{1}{4\pi^2}\left(\frac{2m^*}{\hbar^2}\right)^{3/2}\varepsilon^{1/2}}\,. \tag{1.28}$$

Wegen der Verwendung von (1.5) gilt dieser Ausdruck für die Zustandsdichte nur, wenn quadratische Dispersion vorliegt.

Zur Anwendung wollen wir abschließend mit Hilfe der Zustandsdichte $g(\varepsilon)$ die Fermi-Energie ε_F als Funktion der Elektronenkonzentration n berechnen.

Integriert man die Zustandsdichte über alle Energiewerte von 0 bis ε_F, so bekommt man offenbar die Gesamtzahl der (wegen der zwei unterschiedlichen Spinorientierungen) doppelt besetzten Niveaus, bezogen auf die Volumeneinheit. Da aber die Elektronenkonzentration n gerade die Anzahl der Elektronen pro Volumeneinheit darstellt, gilt

$$n = 2\int_0^{\varepsilon_F} g(\varepsilon)\,\mathrm{d}\varepsilon = 2\cdot\frac{1}{4\pi^2}\left(\frac{2m^*}{\hbar^2}\right)^{3/2}\cdot\int_0^{\varepsilon_F}\varepsilon^{1/2}\,\mathrm{d}\varepsilon\,,$$

$$n = \frac{1}{3\pi^2}\cdot\left(\frac{2m^*}{\hbar^2}\right)^{3/2}\varepsilon_F^{3/2}\,. \tag{1.29}$$

[1]) S. Abschnitt 1.2.

Hieraus ergibt sich schließlich

$$\varepsilon_F = \frac{\hbar^2}{2m^*} (3\pi^2 n)^{2/3}$$

in völliger Übereinstimmung mit dem vorher erhaltenen Ergebnis (1.24).
ε_F wächst nicht proportional zu n. Der Grund dafür ist, daß die Zustandsdichte ebenfalls mit der Energie zunimmt (s. (1.28)).

1.1.4. Elektronen im Metall bei $T > 0$ K

Wir wollen die bisher angestellten Überlegungen auf den Temperaturbereich $T > 0$ K erweitern. Mit steigender Temperatur nimmt die kinetische Energie des Gases quasifreier Elektronen zu. Man darf daher nicht mehr voraussetzen, daß die N_0 quasifreien Elektronen gerade die $N_0/2$ energetisch tiefsten Energieniveaus $\varepsilon(\boldsymbol{k}) \leqq \varepsilon_F$ einnehmen. Infolge ihrer thermischen Energie können alle die Elektronen, die bei $T = 0$ K die Energieniveaus innerhalb der energetischen Zone $k_B T$[1]) (k_B: Boltzmann-Konstante) unterhalb der Fermi-Energie besetzen, auf freie Energieniveaus oberhalb der Fermi-Energie angeregt werden. Abbildung 1.5 veranschaulicht dies anhand der Fermi-Kugel im $\boldsymbol{k}$-Raum. Die Energieniveaus der Zone $k_B T$ unterhalb der Fermi-Energie

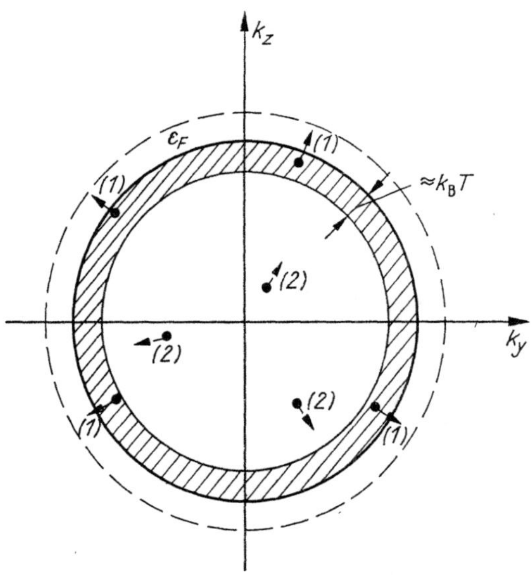

Abb. 1.5.
Fermi-Kugel in der (k_y, k_z)-Ebene
Elektronen (1), die Energieniveaus aus der Zone $k_B T$ unterhalb der Fermi-Energie besetzen, können bei $T > 0$ K angeregt werden
Elektronen (2), die tiefer liegende Energieniveaus besetzen, können nicht angeregt werden

bilden das schraffierte Gebiet. Elektronen (1), die diese Niveaus besetzen, können auf freie außerhalb der Fermi-Kugel gelegene Energieniveaus angeregt werden. Gleichzeitig erkennt man aber auch, daß die Elektronen (2), die energetisch tiefer liegende (dem Kugelmittelpunkt näher gelegene) Energieniveaus einnehmen, thermisch nicht angeregt werden können, da sie keine freien Niveaus vorfinden.

[1]) Bei $T = 1$ K beträgt $k_B T = 1{,}38 \cdot 10^{-23}$ J $= 1{,}38 \cdot 10^{-16}$ erg $= 0{,}086$ meV.

Da nun bei $T > 0$ K immer einige Energieniveaus, die bei $T = 0$ K besetzt waren, frei sind, während vorher unbesetzte Niveaus jetzt von Elektronen eingenommen werden, muß man bei endlichen Temperaturen neben den Energieniveaus selbst auch deren Besetzungsgrad kennen. Der gesuchte Besetzungsgrad (die Wahrscheinlichkeit dafür, daß im thermodynamischen Gleichgewicht ein Niveau der Energie ε bei der Temperatur T durch ein Elektron besetzt ist) liefert für ein Gas quasifreier Elektronen, das als Fermi-Gas der Fermi-Statistik unterliegt, die Fermi-Dirac-Verteilungsfunktion[1])

$$\boxed{f_0(\varepsilon) = \frac{1}{e^{(\varepsilon-\zeta)/k_B T} + 1}}. \tag{1.30}$$

$\zeta = \zeta(T)$ ist das chemische Potential, eine das Elektronengas charakterisierende temperaturabhängige Energie. Das chemische Potential wird so bestimmt, daß für alle Temperaturen

$$\Sigma f_0(\varepsilon_i) = N_0 \tag{1.31}$$

erfüllt ist. Die Summation erfolgt dabei über alle möglichen Energieniveaus des Elektronengases.

Aus (1.30) folgt sofort

$$f_0(\varepsilon = \zeta) = \tfrac{1}{2} \tag{1.32}$$

für alle Temperaturen.

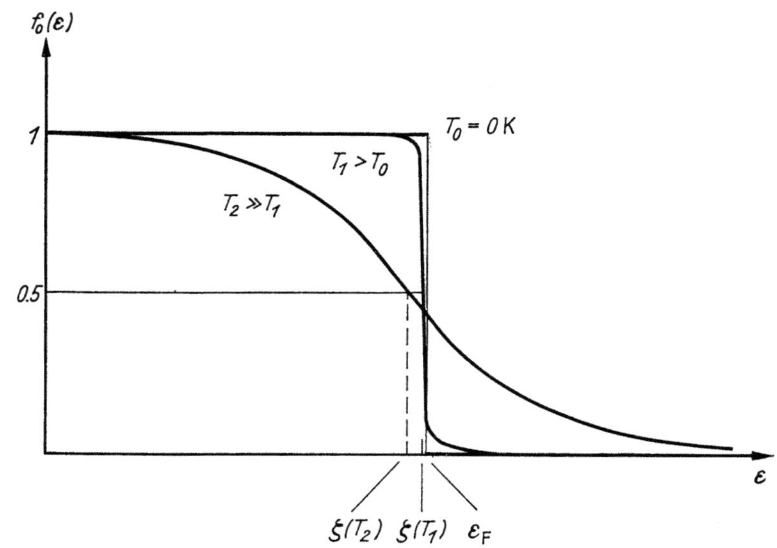

Abb. 1.6.
Fermi-Dirac-Verteilungsfunktion $f_0(\varepsilon)$ für $T_0 = 0$ K, $T_1 > T_0$ und $T_2 \gg T_1$

[1]) Herleitung s. z. B. L. D. Landau, E. M. Lifschitz [28].

Die Fermi-Dirac-Verteilungsfunktion (1.30) ist in Abbildung 1.6 für verschiedene Temperaturen graphisch dargestellt. Im Grenzfall $T \to 0$ K erhält man

$$\text{für} \qquad \varepsilon < \zeta(0): \lim_{T \to 0\,\mathrm{K}} f_0(\varepsilon) = \frac{1}{e^{-\infty} + 1} = 1\,,$$

$$\text{für} \qquad \varepsilon > \zeta(0): \lim_{T \to 0\,\mathrm{K}} f_0(\varepsilon) = \frac{1}{e^{+\infty} + 1} = 0\,.$$

Durch Vergleich mit (1.15) stellt man fest, daß

$$\boxed{\zeta(0) \equiv \varepsilon_F} \tag{1.33}$$

gilt. Die Fermi-Energie ε_F stellt somit das chemische Potential des Elektronengases im Falle $T = 0$ K dar.

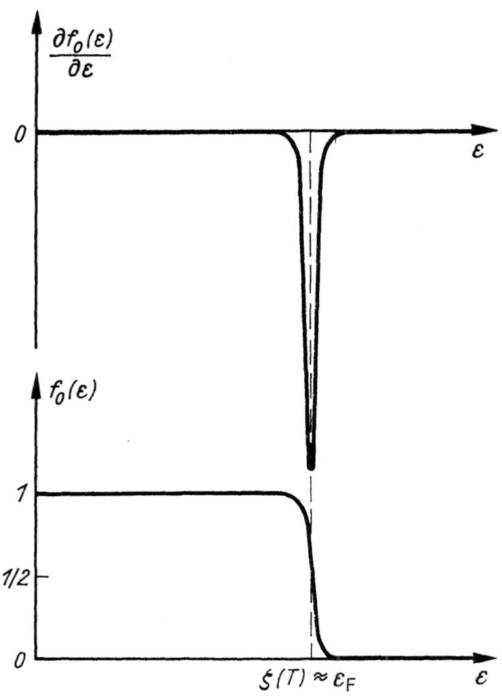

Abb. 1.7. $f_0(\varepsilon)$ und $\frac{\partial f_0(\varepsilon)}{\partial \varepsilon}$ für $T > 0$ K

Bei $T > 0$ K äußert sich der oben beschriebene Übergang eines Teils der Elektronen auf höhere Niveaus infolge ihrer thermischen Anregung in einer „Abrundung der Ecken" beziehungsweise „Abflachung" der für $T = 0$ K erhaltenen Stufenfunktion.

Abbildung 1.7 zeigt neben der Fermi-Dirac-Verteilungsfunktion $f_0(\varepsilon)$ für $T > 0$ K auch die Ableitung

$$\frac{\partial f_0(\varepsilon)}{\partial \varepsilon} = -\frac{e^{(\varepsilon - \zeta)/k_B T}}{k_B T (e^{-(\varepsilon - \zeta)/k_B T} + 1)^2} \leqq 0\,, \tag{1.34}$$

die die Form einer Glockenkurve hat. Nur in einem energetischen Intervall von der Größenordnung $k_B T$ ist $\frac{\partial f_0(\varepsilon)}{\partial \varepsilon} \neq 0$. Im Grenzfall für $T = 0$ K nimmt $\frac{\partial f_0(\varepsilon)}{\partial \varepsilon}$ die

Form einer Deltafunktion an:

$$\left.\frac{\partial f_0(\varepsilon)}{\partial \varepsilon}\right|_{T=0\,\mathrm{K}} = -\delta(\varepsilon - \varepsilon_F)\,. \tag{1.35}$$

Dieser Ausdruck ist auch für $T > 0$ K in guter Näherung anwendbar, solange $k_B T \ll \varepsilon_F$ erfüllt ist.

Für die weitere Betrachtung ist es zweckmäßig, den gesamten Temperaturbereich in zwei Teilbereiche zu unterteilen. Die Temperatur, die die beiden Teilbereiche voneinander trennt, sei die durch

$$T_F = \frac{\varepsilon_F}{k_B} \tag{1.36}$$

definierte *Fermi-Temperatur*. Im Abschnitt 1.2.3. hatten wir für normale Metalle $\varepsilon_F \approx 5$ eV abgeschätzt (vgl. auch Tab. 1.2), so daß $T_F \approx 5 \cdot 10^4$ K beträgt und damit die Schmelztemperaturen aller Metalle weit übertrifft. Aus diesem Grund können wir uns auf den Bereich

$$T \ll T_F \approx 5 \cdot 10^4\ \mathrm{K} \tag{1.37}$$

beschränken und mit (1.36) bei allen Metallen stets voraussetzen, daß

$$k_B T \ll \varepsilon_F \tag{1.38}$$

erfüllt ist. Diese wichtige Beziehung werden wir noch häufig verwenden.

In dem hier nicht interessierenden Fall $T \gg T_F$ ($k_B T \gg \varepsilon_F$) geht die Verteilungsfunktion (1.30) in die klassische Maxwell-Boltzmann-Verteilung über.

Es soll nun die Abhängigkeit des chemischen Potentials $\zeta(T)$ von der Elektronenkonzentration n, der Temperatur T und der effektiven Masse m^* berechnet werden. Dazu geht man folgenden Weg:

Die Elektronenkonzentration n ergibt sich für $T > 0$ K aus der Zustandsdichte $g(\varepsilon)$ zu

$$n = 2 \int_0^\infty f_0(\varepsilon)\, g(\varepsilon)\, \mathrm{d}\varepsilon\,. \tag{1.39}$$

Der Integrand gibt gerade die Dichte der doppelt besetzten Energieniveaus an. Der Verlauf der Funktion $f_0(\varepsilon)\, g(\varepsilon)$ ist in Abbildung 1.8 dargestellt.

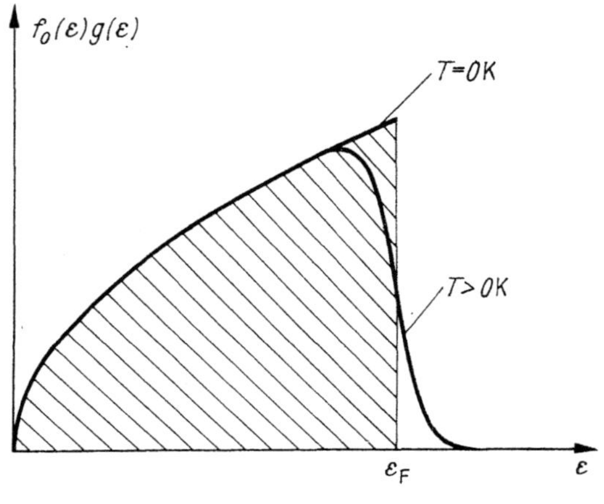

Abb. 1.8.
Dichte der doppelt besetzten Energieniveaus für $T = 0$ K und $T > 0$ K (aber $k_B T \ll \varepsilon_F$)

Mit $g(\varepsilon)$ nach (1.28) wird (1.39)

$$n = 2 \cdot \frac{1}{4\pi^2} \left(\frac{2m^*}{\hbar^2}\right)^{3/2} \int\limits_0^\infty \frac{\varepsilon^{1/2}}{e^{(\varepsilon - \zeta(T))/k_B T} + 1} \, d\varepsilon \,. \tag{1.40}$$

Das Integral ist nicht elementar lösbar; man findet es jedoch tabelliert [97]. Unter Berücksichtigung der Voraussetzung $k_B T \ll \varepsilon_F$ erhält man nach einiger Rechnung[1]) aus (1.40) für die Elektronenkonzentration

$$\boxed{n = \frac{1}{3\pi^2} \left(\frac{2m^*}{\hbar^2}\right)^{3/2} \zeta(T)^{3/2} \left\{1 + \frac{\pi^2}{8} \left(\frac{k_B T}{\zeta(T)}\right)^2\right\}} \,. \tag{1.41}$$

Für $T \to 0$ K geht dieser Ausdruck in (1.29) über.

Unter der Voraussetzung, daß man in der geschweiften Klammer im Nenner $\zeta(T) \approx \varepsilon_F$ setzen darf, erhält man aus (1.41)

$$\zeta(T) = \frac{\hbar^2}{2m^*} (3\pi^2 n)^{2/3} \left\{1 + \frac{\pi^2}{8} \left(\frac{k_B T}{\varepsilon_F}\right)^2\right\}^{-2/3} \,. \tag{1.42}$$

Der Faktor vor der Klammer ist gerade ε_F (s. (1.24)). Entwickelt man nun die Klammer nach Potenzen von $k_B T/\varepsilon_F$ und bricht die Reihe nach dem quadratischen Glied ab, so ergibt sich

$$\left.\begin{aligned} &\boxed{\zeta(T) = \varepsilon_F \cdot \left\{1 - \frac{\pi^2}{12} \left(\frac{k_B T}{\varepsilon_F}\right)^2\right\}} \\ &\text{mit} \quad \varepsilon_F = \frac{\hbar^2}{2m^*} (3\pi^2 n)^{2/3} \,. \end{aligned}\right\} \tag{1.43}$$

Damit ist die Abhängigkeit des chemischen Potentials ζ(T) von n, T und m^* gefunden. Hieraus folgt allgemein

$$\zeta(T) < \varepsilon_F \,. \tag{1.44}$$

Für Zimmertemperatur beträgt $k_B T = k_B T_Z \approx 0{,}025$ eV. Mit $\varepsilon_F \approx 5$ eV (typischer Wert für normale Metalle) gibt der zweite Term in der Klammer von (1.43) eine Korrektur von wenigen Zehnteln eines Prozentes zu ε_F. Daher kann man in den meisten praktischen Fällen in guter Näherung für Metalle $\zeta(T) \approx \varepsilon_F$ setzen.

Liegt die Bedingung $k_B T \ll \varepsilon_F$ vor, so spricht man von einem *entarteten Elektronengas* beziehungsweise kurz von *Entartung*. Genauer formuliert, lautet die Entartungsbedingung

$$e^{\zeta/k_B T} \gg 1 \,. \tag{1.45}$$

Diese Ungleichung ist für

$$\frac{\zeta}{k_B T} \gg 1 \tag{1.46}$$

[1]) S. z. B.: A. I. Anselm [3], F. J. Blatt [7].

sicher erfüllt. Setzt man hier $\zeta \approx \varepsilon_F$, so kann man mit (1.43) die Entartungsbedingung (1.46) auch in der Form

$$\frac{\zeta}{k_B T} \approx \frac{\varepsilon_F}{k_B T} = \frac{\hbar^2}{2m^*} \frac{(3\pi^2 n)}{k_B T} \gg 1 \tag{1.47}$$

schreiben. Hieraus ersieht man sofort, daß tiefe Temperaturen T, große Elektronenkonzentrationen n beziehungsweise kleine effektive Massen m^* Entartung hervorrufen können. Entartung bezeichnet immer die Situation, in der die Elektronen innerhalb der Fermi-Kugel kondensiert sind.

Die Temperatur

$$T_E = \frac{\zeta}{k_B} \tag{1.48}$$

nennt man *Entartungstemperatur*; sie stimmt für Metalle etwa mit der Fermi-Temperatur (1.36) überein ($T_E \approx T_F$).

Entartung liegt gemäß (1.48) und (1.46) für alle Temperaturen $T \ll T_E$ vor. So bleibt das Gas quasifreier Elektronen bei normalen Metallen ($n \approx 10^{22}$ cm^{-3}) bis zur Schmelztemperatur stark entartet. Beispielsweise ist bei Zimmertemperatur und $m^* \approx m_0$ noch immer $\frac{\varepsilon_F}{k_B T} \approx 100$. Bei der Temperatur des flüssigen Heliums ($T = 4{,}2$ K) ist das Gas quasifreier Elektronen stets entartet, wenn seine Konzentration $n \gtrapprox 10^{17}$ cm^{-3} beträgt ($m^* \approx m_0$).

1.1.5. Beitrag der Elektronen zur Wärmekapazität eines Metalls

In den vorangegangenen Abschnitten hatten wir gesehen, daß sich ein Gas quasifreier Elektronen doch erheblich von einem klassischen Gas unterscheidet. Nach der klassischen Theorie würde man beispielsweise erwarten, daß bei $T = 0$ K die Elektronen derart kondensiert wären, daß die Gesamtenergie des Gases verschwinden würde. Demgegenüber sind beim Gas quasifreier Elektronen jedoch auch bei $T = 0$ K alle Energieniveaus bis zur Fermi-Energie ε_F aufgefüllt. Hieraus ergeben sich natürlich viele (teilweise sehr markante) Unterschiede in den physikalischen Eigenschaften, insbesondere in den thermischen Eigenschaften beider Gase. Ein solcher Unterschied besteht auch im Beitrag der Elektronen zur Wärmekapazität, auf den wir jetzt näher eingehen wollen. Dabei ist zu beachten, daß für uns nicht die Betrachtung der Wärmekapazität im Vordergrund steht (hierzu s. Abschnitt 2.3.). Vielmehr wollen wir in diesem Abschnitt das Verhalten des Gases quasifreier Elektronen an einem konkreten Beispiel erläutern.

Wir betrachten zunächst 1 Mol eines beliebigen idealen Gases. Erwärmt man dieses Gas auf die Temperatur T, so hat es nach der klassischen Theorie eine innere Energie [1])

$$\varepsilon^{(\mathrm{kl})} = \tfrac{3}{2} k_B T L = \tfrac{3}{2} R T\,. \tag{1.49}$$

Hierbei sind k_B die Boltzmann-Konstante, T die absolute Temperatur, L die Loschmidt-Zahl (Anzahl der Teilchen pro mol) und R die universelle Gaskonstante.

[1]) Die innere Energie ist hier gleich der kinetischen, da ein ideales Gas keine potentielle Energie besitzt.

Der Wert für $\varepsilon^{(\mathrm{kl})}$ ergibt sich daraus, daß gemäß dem Gleichverteilungssatz der klassischen Statistik die mittlere kinetische Energie pro Freiheitsgrad des Gases bei der Temperatur T gerade $\frac{1}{2}\, k_{\mathrm{B}}T$ ist und die L Teilchen $3L$ Freiheitsgrade besitzen.

Für die molare Wärmekapazität des Gases erhält man aus (1.49)

$$\left.\begin{aligned} C_{\mathsf{V}}^{(\mathrm{kl})} &= \left(\frac{\partial \varepsilon^{(\mathrm{kl})}}{\partial T}\right)_{\mathsf{V}} = \frac{3}{2}\, k_{\mathrm{B}}L = \frac{3}{2}\, \mathsf{R}, \\ C_{\mathsf{V}}^{(\mathrm{kl})} &\approx 12{,}5 \text{ J mol}^{-1}\text{ K}^{-1} \approx 3 \text{ cal mol}^{-1}\text{ grd}^{-1} \end{aligned}\right\} \tag{1.50}$$

unabhängig von der Temperatur.

Experimentell ermittelt man nun für ein Gas quasifreier Elektronen im Festkörper einen um Größenordnungen geringeren Wert für die molare Wärmekapazität als den durch (1.50) gegebenen. Die Ursache liegt darin, daß beim Gas quasifreier Elektronen nicht alle Elektronen thermisch angeregt werden können, sondern nur diejenigen, die die Energieniveaus innerhalb der energetischen Zone der Größenordnung $k_{\mathrm{B}}T$ unterhalb der Fermi-Energie besetzen. Es kann also nur ein im Vergleich zum klassischen Gas geringer Bruchteil quasifreier Elektronen thermische Energie absorbieren. In grober Näherung können von den L quasifreien Elektronen nur $\frac{k_{\mathrm{B}}T}{\varepsilon_{\mathrm{F}}}\, L$ Elektronen eine Energiemenge von jeweils $k_{\mathrm{B}}T$ aus der Umgebung aufnehmen. Die innere Energie eines solchen auf die Temperatur T erwärmten Gases beträgt somit nur

$$\varepsilon \approx \frac{k_{\mathrm{B}}T}{\varepsilon_{\mathrm{F}}}\, Lk_{\mathrm{B}}T = \frac{k_{\mathrm{B}}^2 L}{\varepsilon_{\mathrm{F}}}\, T^2\,. \tag{1.51}$$

Hieraus ergibt sich der Beitrag der in 1 Mol enthaltenen quasifreien Elektronen zur Wärmekapazität zu

$$C_{\mathsf{V}} \approx 2\, \frac{k_{\mathrm{B}}^2 L}{\varepsilon_{\mathrm{F}}}\, T\,. \tag{1.52}$$

Die molare Wärmekapazität des Elektronengases steigt folglich proportional mit der Temperatur.

Trotz der groben Abschätzung liefert (1.52) einen erstaunlich guten Näherungswert. Eine exakte Berechnung[1]) mit Hilfe der Zustandsdichte $g(\varepsilon)$ gibt (für quadratische Dispersion)

$$\boxed{C_{\mathsf{V}} = \frac{\pi^2}{3}\, \frac{k_{\mathrm{B}}^2 L}{\varepsilon_{\mathrm{F}}}\, T}\,. \tag{1.53}$$

Setzt man (1.53) und (1.50) ins Verhältnis, erhält man

$$\frac{C_{\mathsf{V}}}{C_{\mathsf{V}}^{(\mathrm{kl})}} \approx 2\, \frac{k_{\mathrm{B}}T}{\varepsilon_{\mathrm{F}}}\,. \tag{1.54}$$

Da für normale Metalle bis zur Schmelztemperatur $k_{\mathrm{B}}T \ll \varepsilon_{\mathrm{F}}$ ist, folgt hieraus in Übereinstimmung mit dem Experiment, daß der Beitrag des Gases quasifreier Elektronen wesentlich kleiner als der nach der klassischen Theorie berechnete ist; also

$$C_{\mathsf{V}} \ll C_{\mathsf{V}}^{(\mathrm{kl})}\,. \tag{1.55}$$

[1]) S. z. B. F. J. Blatt [7].

Bei einem normalen Metall ($\varepsilon_F \approx 5$ eV) ist beispielsweise bei Zimmertemperatur ($k_B T_Z \approx 0{,}025$ eV) der Beitrag des Elektronengases zur Wärmekapazität noch immer etwa 100mal geringer als der klassisch zu erwartende.

Wir wollen an dieser Stelle noch eine wichtige Schlußfolgerung für die experimentelle Physik treffen: Mißt man die Wärmekapazität in Abhängigkeit von der Temperatur, so kann man nach (1.53) die Fermi-Energie ε_F und aus dieser nach (1.28) die Zustandsdichte an der Fermi-Kante $g(\varepsilon_F)$ bestimmen. Zu beachten ist, daß in (1.28) und damit auch in (1.53) die quadratische Dispersionsbeziehung eingeht.

Setzt man eine beliebige Dispersionsbeziehung voraus, so erhält man für die molare Wärmekapazität eines Gases quasifreier Elektronen den allgemeineren Ausdruck

$$C_V = \tfrac{2}{3} \pi^2 k_B^2 T g(\varepsilon_F) . \qquad (1.56)$$

1.2. Halbmetalle

Neben den bisher betrachteten gibt es eine Anzahl von Metallen, deren Elektronenkonzentration wesentlich kleiner als die normaler Metalle ist ($n \ll 10^{22}$ cm^{-3}). Hierzu gehören beispielsweise Wismut (Bi), Antimon (Sb), Arsen (As) sowie Graphit (C) und graues Zinn (Sn). Wegen der geringen Elektronenkonzentration ist bei diesen sogenannten *Halbmetallen* auch die Fermi-Energie klein (s. Tabelle 1.3). Aus demselben Grund ist das Elektronengas nur noch bei tiefen Temperaturen entartet.

Tabelle 1.3.
Elektronenkonzentration n und Fermi-Energie ε_F einiger Halbmetalle

Halbmetall	n/cm^{-3}	ε_F/meV
Bi	$3{,}015 \cdot 10^{17}$ *)	$\approx$ 30
Sb	$5{,}49 \cdot 10^{19}$ **)	$\approx$ 200
As	$1{,}74 \cdot 10^{20}$ ***)	$\approx$ 180

*) nach: W. S. Edelman [74].
**) nach: H. Mori, S. Mase [101].
***) nach: G. S. Coope, A. W. Lawson [65].

Sobald die Entartungsbedingung (1.47) nicht mehr erfüllt ist, kann man nicht mehr von einer Kondensation der Elektronen in der Fermi-Kugel sprechen. Die Fermi-Kugel ist dann im wesentlichen „aufgeweicht", und das Elektronengas verhält sich wie ein klassisches Gas. Bei Temperaturen, die höher als die durch (1.48) definierte Entartungstemperatur liegen, muß man dementsprechend bei Halbmetallen klassische Statistik anwenden und somit die Fermi-Dirac-Verteilungsfunktion durch die Maxwell-Boltzmann-Verteilung ersetzen.

Die angegebenen Besonderheiten der Halbmetalle sollen an einem konkreten Beispiel (und zwar an Wismut) erläutert werden: Gehen wir von dem in der Tabelle 1.3 angegebenen Wert für die Fermi-Energie $\varepsilon_F = 30$ meV aus, so finden wir mit (1.48)

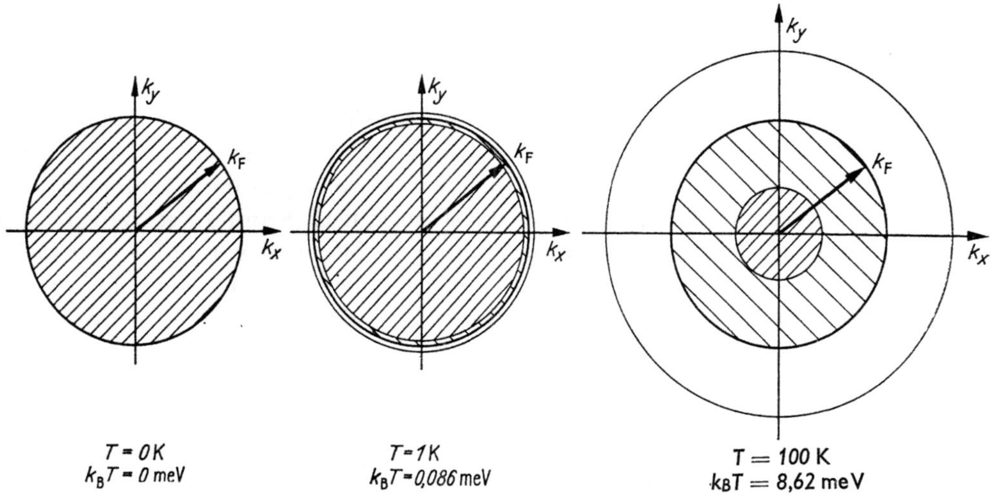

Abb. 1.9.
„Aufweichen" der Fermi-Kugel

eine nur wenig oberhalb der Zimmertemperatur liegende Entartungstemperatur von $T_E = 350$ K. Abbildung 1.9 zeigt, wie die Fermi-Kugel in diesem speziellen Fall mit zunehmender Temperatur „aufweicht". Bei $T_E = 350$ K reicht schließlich die thermische Energie bereits zur thermischen Anregung der Elektronen aus dem tiefsten Niveau ($\boldsymbol{k} = \boldsymbol{0}$) aus.

Übrigens kann man mit den Werten für ε_F und n gemäß Tabelle 1.3 aus (1.43) die effektive Masse der quasifreien Elektronen für Wismut berechnen. Sie ist mit $m^* \approx 0{,}05\ \mathrm{m}_0$ äußerst klein.

Neben den reinen Halbmetallen gibt es auch einige Legierungssysteme, bei denen die Fermi-Energie sehr gering ist und sich in Abhängigkeit von der Legierungszusammensetzung ändert. So zeigen beispielsweise die Mischkristallsysteme $Cd_{1-x}Hg_xTe$ im Legierungsbereich $0 \leqq x \leqq 0{,}14$ und $Bi_{1-x}Sb_x$ im Bereich $0 \leqq x \leqq 0{,}06$ halbmetallische Eigenschaften. Im letztgenannten System nimmt die Fermi-Energie mit steigender Antimonkonzentration von 30 meV bei $x = 0$ auf 0 meV bei $x_0 \approx 0{,}06$ ab. Die Fermi-Kugel entartet bei der Antimonkonzentration x_0 also in einen Punkt.

1.3. Statistik der Ladungsträger im Halbleiter

1.3.1. Modellvorstellung für einen Halbleiter

In den vorangegangenen Abschnitten haben wir normale Metalle und Halbmetalle betrachtet. Sie unterscheiden sich vor allem dadurch, daß die Elektronenkonzentration bei Halbmetallen um einige Größenordnungen kleiner ist als bei normalen Metallen. In beiden Fällen ist die Elektronenkonzentration nur äußerst schwach von der Temperatur abhängig. Nun gibt es aber eine Reihe von Festkörpern, deren Elektronenkonzentration stark temperaturabhängig ist, bei $T = 0$ K sogar verschwindet und auch bei Zimmertemperatur nur Werte zwischen $n \approx (10^{13} \ldots 10^{16})\ \mathrm{cm}^{-3}$ annimmt. Die

Dichte des Elektronengases ist bei diesen Festkörpern wesentlich geringer als die eines normalen Gases (vgl. Tab. 1.2). Festkörper mit derartigen Eigenschaften nennt man *Halbleiter.*

In Metallen kann bei $T > 0$ K ein Elektron, das sich auf einem der Fermi-Energie hinreichend nahe gelegenen Energieniveau befindet, auf ein beliebiges erlaubtes Energieniveau oberhalb der Fermi-Energie angeregt werden. Die im $\boldsymbol{k}$-Raum erlaubten freien Niveaus schließen unmittelbar und quasikontinuierlich an die besetzten an (s. Abschnitt 1.1.). In Halbleitern liegt demgegenüber die Situation vor, daß zwischen dem obersten besetzten Energieniveau und dem nächsthöheren erlaubten freien Niveau ein (von der speziellen Art des Halbleiters abhängiger) mehr oder weniger großer energetischer Abstand existiert. Da die Elektronen innerhalb dieses energetischen Intervalls keine freien Niveaus vorfinden, nennt man diesen Bereich *verbotene Zone* (verbotenes Band). Die in Abbildung 1.10 angegebene Funktion $\varepsilon(\boldsymbol{k})$ verdeutlicht diese Situation. Die energetischen Bereiche, in denen sich die für die Elektronen erlaubten Energieniveaus befinden, nennt man *erlaubte Bänder.*[1]) Das unterhalb der verbotenen Zone liegende und bei $T = 0$ K voll besetzte Band heißt *Valenzband*; das oberhalb der verbotenen Zone gelegene bei $T = 0$ K unbesetzte Band trägt den Namen *Leitungsband*.

Werden die Bandkanten (das sind der maximale Energiewert des Valenz- und der minimale des Leitungsbandes) mit ε_V beziehungsweise ε_L bezeichnet, so ergibt sich die Breite der verbotenen Zone zu

$$\varepsilon = \varepsilon_L - \varepsilon_V . \tag{1.57}$$

Im weiteren wollen wir willkürlich den Energienullpunkt in die untere Bandkante des Leitungsbandes (also nach ε_L) legen.[2])

Bei Temperaturen $T > 0$ K können entsprechend dem bisher Dargelegten die Elektronen im Halbleiter (im Gegensatz zu den Elektronen im Metall) erst dann thermisch angeregt werden, wenn die thermische Energie $k_B T$ (k_B: Boltzmann-Konstante) ausreicht, die Elektronen über die verbotene Zone hinweg in das Leitungsband zu heben. Das ist klar, denn erst im Leitungsband finden die Elektronen freie erlaubte Energieniveaus vor.

Wegen des erforderlichen hohen Energieaufwandes wird nur eine kleine Anzahl von Elektronen in das Leitungsband angeregt. Hieraus erklärt sich beim Halbleiter die geringe Konzentration der Leitungselektronen, also der quasifreien Elektronen, die sich im Leitungsband befinden. Die niedrige Elektronenkonzentration hat ihrerseits zur Folge, daß das im Leitungsband vorhandene Elektronengas nicht entartet ist und somit als klassisches Gas behandelt werden kann. Wir werden uns daher im nächsten Abschnitt eingehender damit beschäftigen, unter welchen Bedingungen man klassische Statistik betreiben darf.

Die aus dem Valenzband in das Leitungsband angeregten Elektronen hinterlassen im Valenzband freie Energieniveaus, das heißt *Löcher*. Diese Löcher verhalten sich wie „Elektronen mit positiver Ladung", wie positive Ladungsträger. Abbildung 1.11 zeigt

[1]) Das Zustandekommen dieser Energiebandstruktur wird in Kapitel 4 erklärt.

[2]) Es ist gleichgültig, wohin man den Nullpunkt der Energieskala legt; man braucht sich nur einmal festzulegen. Bei uns ist also $\varepsilon_L = 0$, $\varepsilon_V < 0$. Für ein beliebiges Energieniveau im Leitungsband oberhalb der Bandkante gilt $\varepsilon < 0$, während für ein beliebiges Valenzbandniveau $\varepsilon > 0$ anzugeben ist.

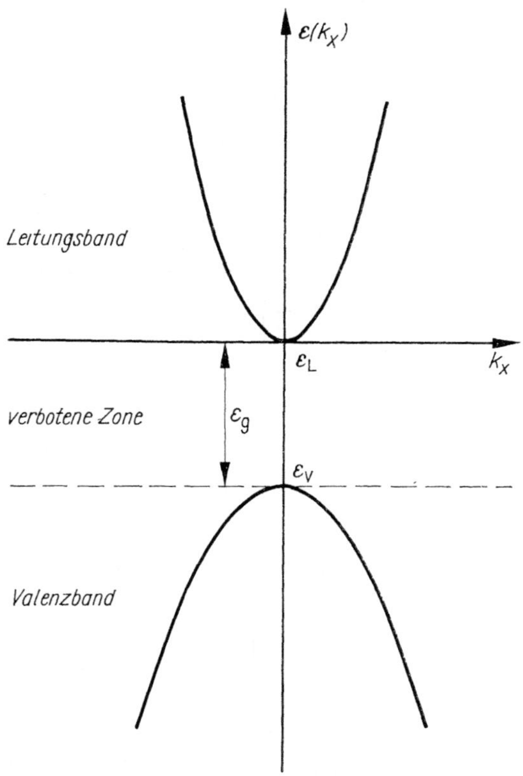

Abb. 1.10.
Standardmodell des Halbleiters

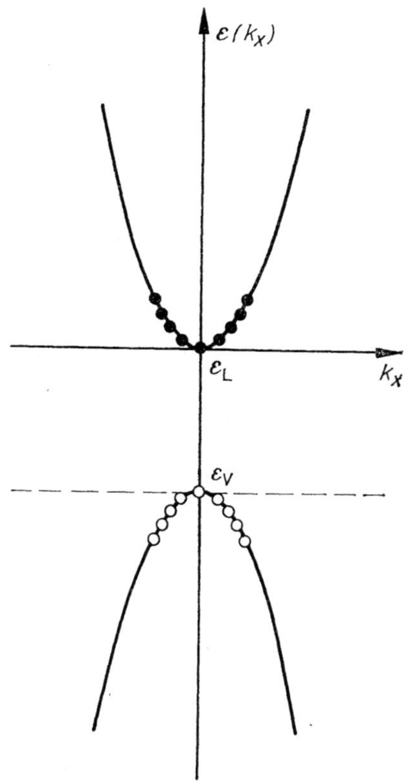

Abb. 1.11.
Besetzung der Energieniveaus für $T > 0\,\mathrm{K}$ (eindimensionale Darstellung)

einige in das Leitungsband angeregte Elektronen. Sie nehmen die niedrigsten Energiezustände nahe der Bandkante ein. Die entsprechenden im Valenzband zurückgebliebenen Löcher sind ebenfalls eingezeichnet. Liegt quadratische Dispersion vor (das wollen wir für den gesamten Abschnitt 1.3. voraussetzen, weil für Halbleiter nahe den Bandkanten stets in guter Näherung erfüllt), so besetzen die Elektronen in der $\varepsilon(\boldsymbol{k})$-Darstellung die für den eindimensionalen Fall in der Abbildung angegebenen Niveaus im Leitungsband (auf der Parabel $\varepsilon \sim k_x^2$). Entsprechendes gilt für die Löcher im Valenzband.

Denselben Sachverhalt kann man auch noch für den zweidimensionalen Fall graphisch auftragen. Die im Leitungsband besetzten Energieniveaus beziehungsweise die im Valenzband unbesetzten Löcherniveaus stellen dann in der $\varepsilon(k_x, k_y)$-Darstellung jeweils einen Teil der Oberfläche eines Paraboloids dar. Für das Dreidimensionale ist eine derartige Veranschaulichung der Funktion $\varepsilon(\boldsymbol{k}) = \varepsilon(k_x, k_y, k_z)$ zeichnerisch nicht mehr möglich. Die besetzten Elektronenniveaus bilden einen Teil der Oberfläche eines vierdimensionalen Paraboloids. Entsprechendes gilt für die Löcher im Valenzband.

Wir wenden uns noch einer anderen möglichen Darstellung zu. Die Energieniveaus, die von den in das Leitungsband angeregten Elektronen besetzt werden, liegen im $\boldsymbol{k}$-Raum innerhalb einer Kugel (s. Abb. 1.12) beziehungsweise im allgemeinen Fall innerhalb einer geschlossenen Fläche.

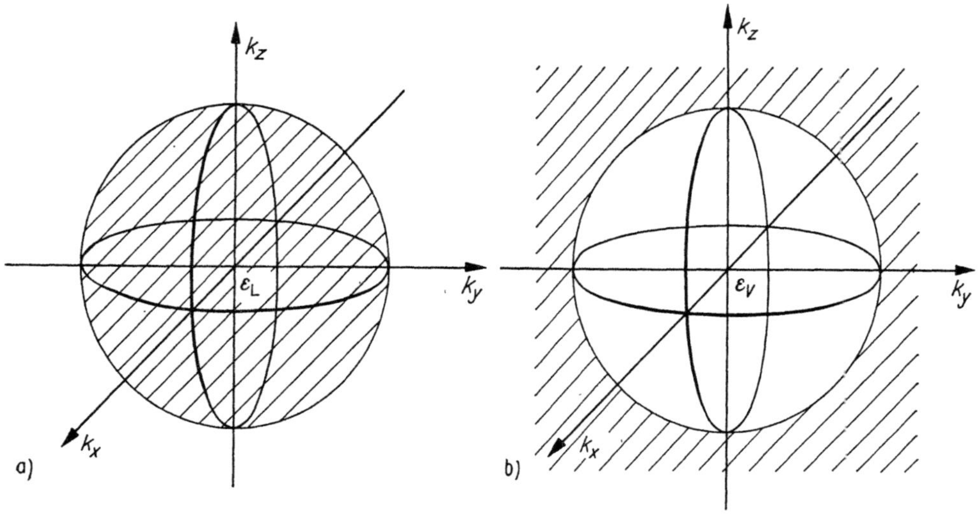

Abb. 1.12.
Darstellung der Energieniveaus im $\boldsymbol{k}$-Raum. (Die durch Elektronen besetzten Niveaus sind schraffiert.)
a) Besetzte Niveaus im Leitungsband
b) Unbesetzte Niveaus (Löcherniveaus) im Valenzband

Die jeweiligen Flächen $|\boldsymbol{k}| = \text{const}$ im $\boldsymbol{k}$-Raum repräsentieren wegen $|\boldsymbol{k}| \sim \sqrt{\varepsilon}$ vom energetischen Standpunkt aus Flächen konstanter Energie (Isoenergieflächen). Dem Mittelpunkt $\boldsymbol{k} = \boldsymbol{0}$ entspricht die ,,punktförmige Isoenergiefläche“ $\varepsilon = \varepsilon_L$.

Analog hierzu sind die im Valenzband verbleibenden Löcherniveaus innerhalb einer Isoenergiefläche im $\boldsymbol{k}$-Raum angeordnet. Dem Mittelpunkt entspricht hier $\varepsilon = \varepsilon_V$.

Das bisher beschriebene Modell, das von einem einzigen Valenzband und einem einzigen Leitungsband sowie von quadratischer Dispersion für die Elektronen und Löcher ausgeht, bezeichnet man häufig als *Standardmodell.*

Wir wollen kurz erläutern, wie man experimentell nachweisen kann, daß bei Halbleitern tatsächlich Valenz- und Leitungsband durch eine verbotene Zone voneinander getrennt sind. Neben einer Reihe anderer Methoden (z. B. Messung der Temperaturabhängigkeit des elektrischen Widerstandes oder Photoleitungsmessung) sind insbesondere Messungen zur optischen Absorption geeignet, auf die wir hier näher eingehen wollen. Mit ihnen kann man nicht nur die Existenz einer verbotenen Zone schlechthin nachweisen, sondern auch deren Breite (also ε_g) ermitteln.

Eine schematische Darstellung der Meßapparatur zeigt Abbildung 1.13a. Man bestrahlt den Halbleiterkristall mit elektromagnetischer Strahlung (Licht). Ändert man die Frequenz ν des Lichtes und damit die Photonenenergie $h\nu$, so wird sich normalerweise das Absorptionsverhalten des Halbleiters außerordentlich stark ändern, wenn die Photonenenergie gerade gleich der Breite der verbotenen Zone ist, wenn also gilt:

$$h\nu = \varepsilon_g \,.$$

Während der Halbleiterkristall für Strahlung mit $h\nu < \varepsilon_g$ durchlässig ist, wird er solche mit $h\nu > \varepsilon_g$ absorbieren. Den Zusammenhang zwischen Absorptionsverhalten und der Breite der verbotenen Zone verdeutlicht Abbildung 1.13b. Wir setzen dabei voraus, daß im unbelichteten Zustand das Valenzband völlig mit Elektronen gefüllt und das Leitungsband völlig leer ist. Solange nun $h\nu < \varepsilon_g$ ist, können keine Elektronen aus dem Valenzband auf höhere Niveaus angeregt werden ($h\nu_I$). Innerhalb der verbotenen Zone existieren keine freien Niveaus, und zur Anregung in das Leitungsband reicht die Energie nicht aus. Damit

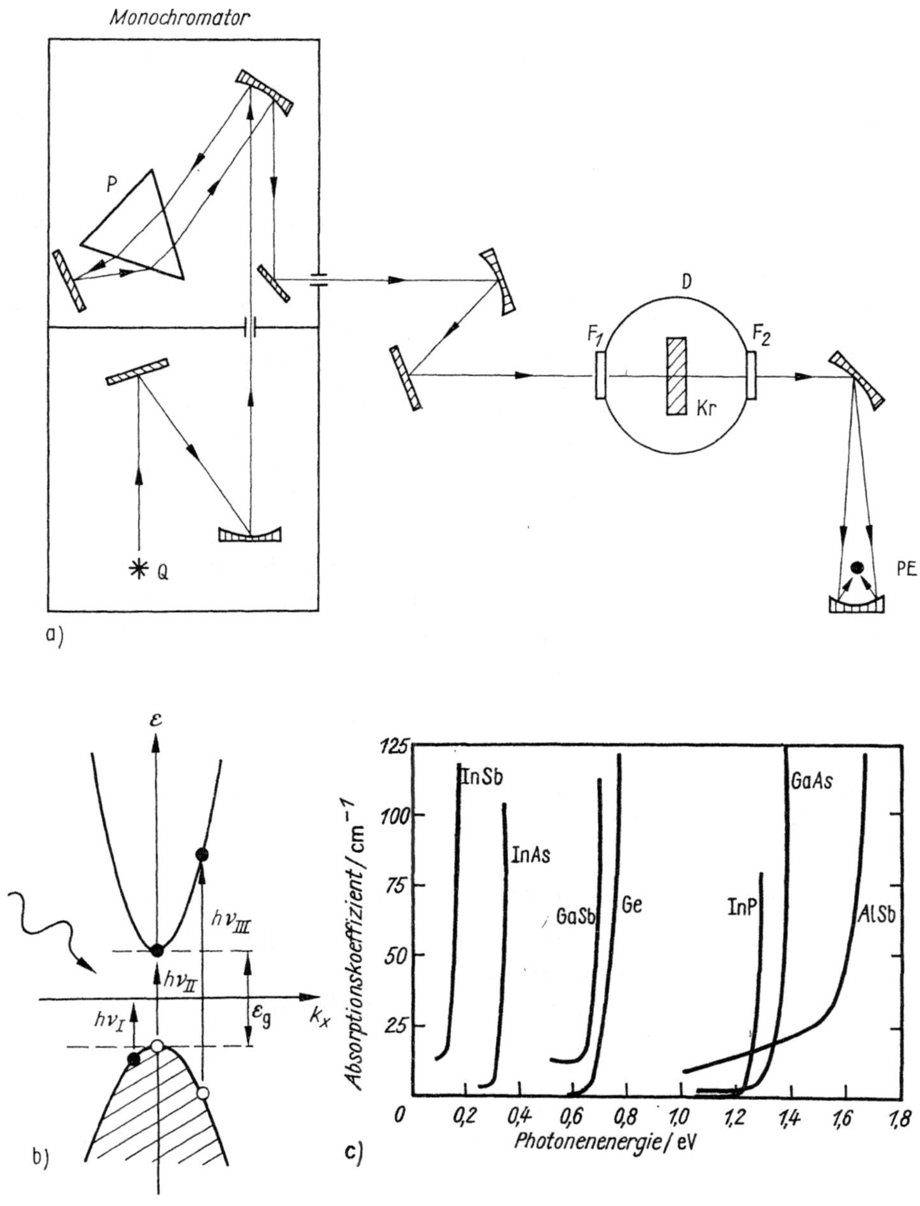

Abb. 1.13.

Zum experimentellen Nachweis der Existenz einer verbotenen Zone im Halbleiter

a) Schematische Darstellung der Meßapparatur
D: Dewar-Gefäß mit Fenstern F_1, F_2; Kr: Kristall; P: Prisma; PE: Photoempfänger; Q: Strahlungsquelle

b) Zum Zusammenhang zwischen dem Absorptionsverhalten eines Halbleiters und der Breite der verbotenen Zone

c) Experimentell ermittelte Absorptionsspektren für Germanium und $A_{III}B_V$-Verbindungen (nach H. Welker [119])

ist verständlich, daß derartige Strahlung nicht absorbiert wird. Erreicht die Photonenenergie den Wert $h\nu = \varepsilon_g$, so können die Elektronen gerade aus dem Valenzbandmaximum $\boldsymbol{k} = \boldsymbol{0}$) in das Leitungsbandminimum angeregt werden ($h\nu_{II}$); der Halbleiter beginnt, die Strahlung zu absorbieren. Mit zunehmender Photonenenergie ($h\nu > \varepsilon_g$) können schließlich auch noch Elektronen angeregt werden, die Zustände mit $\boldsymbol{k} \neq \boldsymbol{0}$ besetzen, so daß die Absorption der Strahlung weiter ansteigt ($h\nu_{III}$).

Abbildung 1.13c zeigt Absorptionskurven für Germanium sowie für einige $A_{III}B_V$-Verbindungen. Aufgetragen ist hier der Absorptionskoeffizient über der Photonenenergie $h\nu$. Deutlich ist die starke Änderung des Absorptionskoeffizienten nahe $h\nu = \varepsilon_g$ zu erkennen. Man entnimmt beispielsweise für InSb $\varepsilon_g = 0{,}18$ eV.

Die meisten Halbleiter besitzen verbotene Zonen der Größenordnung $0{,}01\ \text{eV} \lessapprox \varepsilon_g \lessapprox 2\ \text{eV}$, so daß derartige Messungen mit infrarotem oder sichtbarem Licht durchgeführt werden müssen. Das von der Strahlungsquelle (Q) ausgehende Licht wird spektral zerlegt (s. Abb. 1.13a). Durch Drehen des Prismas im Monochromator kann die Frequenz der auf den Halbleiterkristall (Kr) fallenden Lichtstrahlung kontinuierlich verändert werden. Die durch den Kristall hindurchtretende Strahlung wird mittels eines Photoempfängers (PE) gemessen. Es soll nicht unerwähnt bleiben, daß man im infraroten Spektralbereich anstelle von Linsen Hohlspiegel zur Fokussierung der Strahlung benutzt, um die Absorptionsverluste gering zu halten.

Man unterscheidet bei den Halbleitern *Eigen-* und *Störstellenhalbleiter*, je nachdem, ob die Anregung von Elektronen — wie bei den bisherigen Betrachtungen — ausschließlich aus dem Valenz- ins Leitungsband bei gleichzeitiger Erzeugung von Löchern im Valenzband erfolgt oder ob durch im Halbleiter vorhandene Fremdatome Ladungsträger an die Bänder abgegeben werden. Erstere werden in Abschnitt 1.3.3., die anderen in Abschnitt 1.3.4. dskutiert.

1.3.2. Kriterium für die Anwendbarkeit der klassischen Statistik beim Halbleiter

Im Falle starker Entartung $\left(e^{\frac{\zeta}{k_B T}} \gg 1;\ \text{s. (1.45)}\right)$ mußten wir bei der Behandlung des Elektronengases Fermi-Statistik betreiben. Charakteristisch ist, daß hierbei das chemische Potential stets positiv ist ($\zeta > 0$).

Wir wollen uns jetzt dem entgegengesetzten Grenzfall

$$e^{-\frac{\zeta}{k_B T}} \gg 1 \tag{1.58}$$

zuwenden, bei dem offenbar das chemische Potential negativ sein muß ($\zeta < 0$). Die Verteilungsfunktion (1.30) hat hier speziell die Form

$$f_0(\varepsilon) = \frac{1}{e^{(\varepsilon-\zeta)/k_B T} + 1} \approx e^{(\zeta-\varepsilon)/k_B T} = e^{\zeta/k_B T}\, e^{-\varepsilon/k_B T}\,. \tag{1.59}$$

Die Fermi-Dirac-Verteilung geht erwartungsgemäß in die klassische Maxwell-Boltzmann-Verteilung über, wobei $e^{\zeta/k_B T}$ als Normierungsfaktor aufgefaßt werden kann. (1.58) stellt somit ein Kriterium für die Anwendbarkeit der klassischen Statistik dar. Ist $e^{-\zeta/k_B T} \gg 1$, so spricht man von einem *nichtentarteten Elektronengas* beziehungsweise sagt, es liegt keine Entartung vor.

Bereits zu Beginn des Abschnittes 1.3. hatten wir festgestellt, daß das Elektronengas im Leitungsband eines Halbleiters aufgrund seiner geringen Konzentration nicht mehr entartet ist. Wir wollen daher jetzt einmal die Konzentration n des nichtentarteten Elektronengases im Leitungsband eines Halbleiters als Funktion der Temperatur T berechnen.

Nach (1.39) ist $n = 2\int_0^\infty f_0(\varepsilon)\, g(\varepsilon)\, d\varepsilon$, wobei $g(\varepsilon)$ die Zustandsdichte ist. Setzt man hier (1.59) für $f_0(\varepsilon)$ und (1.28) für $g(\varepsilon)$ ein, so erhält man

$$n = 2\,\frac{1}{4\pi^2}\left(\frac{2m^*}{\hbar^2}\right)^{3/2} e^{\zeta/k_B T}\int_0^\infty \varepsilon^{1/2}\, e^{-\varepsilon/k_B T}\, d\varepsilon\,,$$

$$n = \left(\frac{m^* k_B T}{2^{1/3}\pi\hbar^2}\right)^{3/2} e^{\zeta/k_B T}\,. \tag{1.60}$$

Die Elektronenkonzentration eines nichtentarteten Elektronengases im Leitungsband eines Halbleiters ändert sich also stark mit der Temperatur ($n \sim T^{3/2}\, e^{\zeta/k_B T}$). Damit unterscheidet es sich erheblich von dem stark entarteten Elektronengas im Metall, bei dem n nur schwach von der Temperatur abhängt (s. (1.41)).

Stellt man (1.60) nach $e^{\zeta/k_B T}$ um und setzt den Ausdruck in (1.59) ein, so erhält man für die Verteilung der Elektronen im thermodynamischen Gleichgewicht:

$$\boxed{f_0(\varepsilon) = n\left(\frac{2^{1/3}\pi\hbar^2}{m^* k_B T}\right)^{3/2} e^{-\varepsilon/k_B T}}\,. \tag{1.61}$$

Das ist die konkrete Form der *Maxwell-Boltzmann-Verteilungsfunktion*, die für das nichtentartete Elektronengas gültig ist. Sie ist immer dann anwendbar, wenn (1.58) erfüllt ist, wenn also mit (1.60)

$$\boxed{e^{-\zeta/k_B T} = \frac{1}{n}\left(\frac{m^* k_B T}{2^{1/3}\pi\hbar^2}\right)^{3/2} \gg 1} \tag{1.62}$$

gilt. Bei hinreichend kleiner Elektronenkonzentration n, großer effektiver Masse m^* beziehungsweise hoher Temperatur T kann man also ein Elektronengas klassisch behandeln.

Tabelle 1.4 gibt für einige typische Halbleiter die entsprechenden Elektronenkonzentrationen (bei $T = 4{,}2$ K) sowie die charakteristischen Werte für die effektiven Massen an.

Tabelle 1.4.
Ladungsträgerkonzentration n_i und mittlere effektive Masse $\overline{m}^*$ einiger Halbleiter *)

Halbleiter	n_i/cm^{-3}	$\overline{m}^*/m_0$
Ge	$8{,}3 \cdot 10^{12}$	0,22
Si	$1{,}5 \cdot 10^{10}$	0,33
InSb	$3 \cdot 10^{15}$	0,013

$m_0 = 9{,}11 \cdot 10^{-31}$ kg

*) Definition der mittleren effektiven Masse $\overline{m}^*$ s. (5.30).

Abschließend wollen wir noch zeigen, daß auch bei Halbleitern durchaus nicht immer die klassische Statistik angewandt werden darf. Während sich für reines Tellur bei $T = 4{,}2$ K und $n \approx 10^{13}$ cm^{-3}, $m^* \approx 0{,}2\, m_0$ nach (1.64) $\mathrm{e}^{-\zeta/k_\mathrm{B}T} \approx 400 \gg 1$ ergibt, nimmt (1.62) für wismutdotiertes Tellur ($n \approx 10^{17}$ cm^{-3}) unter sonst gleichen Bedingungen nur noch den Wert 0,04 an. Das bedeutet aber, daß das Elektronengas in reinem Tellur bei 4,2 K nicht entartet ist und somit klassisch behandelt werden kann. Demgegenüber unterliegt das Elektronengas des mit Wismut dotierten Tellurs der Fermi-Statistik, da es bereits entartet ist.

Entsprechend unterscheidet man ganz allgemein zwischen *nichtentarteten* und *entarteten Halbleitern*, je nachdem, ob man die Boltzmann-Statistik benutzen kann oder bereits die Fermi-Statistik anwenden muß.

1.3.3. Eigenhalbleiter

Bei Temperaturen $T > 0$ K werden beim Eigenhalbleiter Elektronen aus dem gefüllten Valenzband in das leere Leitungsband angeregt. Die Elektronenkonzentration im Leitungsband berechnet sich zu

$$n_\mathrm{n} = 2 \int\limits_{\substack{\text{Leitungs-}\\ \text{band}^{1)}}} f_0(\varepsilon)\, g_\mathrm{n}(\varepsilon)\, \mathrm{d}\varepsilon = 2 \int\limits_{\varepsilon_\mathrm{L}}^{\infty} f_0(\varepsilon)\, g_\mathrm{n}(\varepsilon)\, \mathrm{d}\varepsilon\,. \tag{1.63}$$

Die Konzentration der im Valenzband zurückbleibenden Löcher ist entsprechend

$$n_\mathrm{p} = 2 \int\limits_{\substack{\text{Valenz-}\\ \text{band}^{2)}}} \{1 - f_0(\varepsilon)\}\, g_\mathrm{p}(\varepsilon)\, \mathrm{d}\varepsilon = 2 \int\limits_{-\infty}^{\varepsilon_\mathrm{V}} \{1 - f_0(\varepsilon)\}\, g_\mathrm{p}(\varepsilon)\, \mathrm{d}\varepsilon\,. \tag{1.64}$$

$\{1 - f_0(\varepsilon)\}$ ist hierbei die Verteilungsfunktion für die Löcher.[3] Die Indizes n und p deuten jeweils darauf hin, daß es sich um Elektronen beziehungsweise Löcher handelt ($g_\mathrm{n}(\varepsilon)$ ist also die Zustandsdichte der Elektronen, $g_\mathrm{p}(\varepsilon)$ die der Löcher).

Da im Rahmen des Standardmodells gerade so viele Löcher im Valenzband verbleiben wie Elektronen in das Leitungsband angeregt werden, kann man mit Hilfe von (1.63), (1.64) und der Neutralitätsbedingung

$$n_\mathrm{n} = n_\mathrm{p} \tag{1.65}$$

das chemische Potential ζ bestimmen.

Zur Berechnung von n_n und n_p nach (1.63) und (1.64) benötigt man die entsprechenden Zustandsdichten $g_\mathrm{n}(\varepsilon)$ und $g_\mathrm{p}(\varepsilon)$ der Elektronen im Leitungsband und der

[1]) Es ist hier über alle Energieniveaus im Leitungsband zu integrieren, also von $\varepsilon = \varepsilon_\mathrm{L}$ (tiefstes Energieniveau des Bandes) bis $\varepsilon = \infty$ (das Standardmodell nimmt unendlich ausgedehnte Bänder an; vgl. Abb. 1.10). Besetzt sind natürlich nur die Niveaus nahe ε_L; die Besetzungswahrscheinlichkeit wird durch $f_0(\varepsilon)$ gegeben.

[2]) Analog ist hier über alle Energieniveaus im Valenzband zu integrieren, also von $\varepsilon = -\infty$ bis $\varepsilon = \varepsilon_\mathrm{V}$ (oberstes Energieniveau; vgl. Standardmodell Abb. 1.10).

[3]) Da $f_0(\varepsilon)$ die Wahrscheinlichkeit dafür angibt, daß ein Energieniveau mit einem Elektron besetzt ist, ist klar, daß $1 - f_0(\varepsilon)$ gerade die Wahrscheinlichkeit dafür ist, daß ein Niveau unbesetzt ist, daß sich dort folglich ein Loch befindet.

Löcher im Valenzband. Gemäß (1.28) und dem vorliegenden Modell gilt:

$$\left.\begin{aligned} g_n(\varepsilon) &= \frac{1}{4\pi^2}\left(\frac{2m_n^*}{\hbar^2}\right)^{3/2}\sqrt{\varepsilon-\varepsilon_L} \quad &&\text{für}\quad \varepsilon \geqq \varepsilon_L\,,\\ g_n(\varepsilon) &= 0 &&\text{für}\quad \varepsilon \leqq \varepsilon_L\,,\end{aligned}\right\} \tag{1.66}$$

$$\left.\begin{aligned} g_p(\varepsilon) &= \frac{1}{4\pi^2}\left(\frac{2m_p^*}{\hbar^2}\right)^{3/2}\sqrt{\varepsilon_V-\varepsilon} \quad &&\text{für}\quad \varepsilon \leqq \varepsilon_V\,,\\ g_p(\varepsilon) &= 0 &&\text{für}\quad \varepsilon \geqq \varepsilon_V\end{aligned}\right\} \tag{1.67}$$

(Funktionsbilder s. Abb. 1.14).

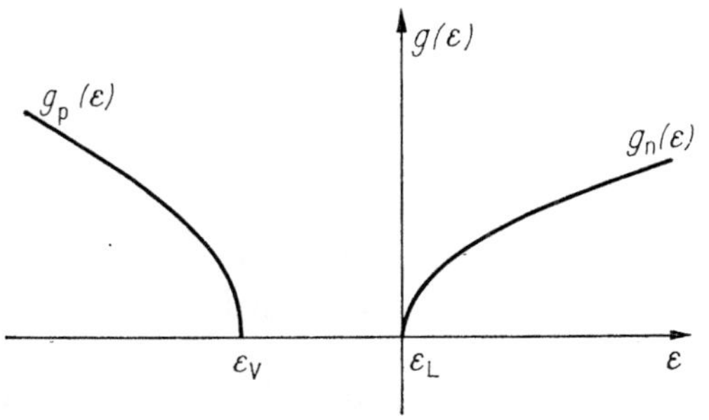

Abb. 1.14. Die Zustandsdichten g_n und g_p der Elektronen im Leitungsband und der Löcher im Valenzband als Funktionen der Energie ε.

Setzt man diese Zustandsdichtewerte sowie den Ausdruck (1.59) für die Maxwell-Boltzmann-Verteilungsfunktion $f_0(\varepsilon)$ in (1.63) und (1.64) ein und führt die entsprechenden Integrationen aus, so erhält man schließlich für die Ladungsträgerkonzentrationen

$$n_n = \left(\frac{m_n^* k_B T}{2^{1/3}\pi\hbar^2}\right)^{3/2} e^{\frac{\zeta-\varepsilon_L}{k_B T}} \tag{1.68}$$

$$n_p = \left(\frac{m_p^* k_B T}{2^{1/3}\pi\hbar^2}\right)^{3/2} e^{\frac{\varepsilon_V-\zeta}{k_B T}}\,. \tag{1.69}$$

Aus der Neutralitätsbedingung (1.65) folgt damit

$$m_n^{*3/2}\, e^{\frac{\zeta-\varepsilon_L}{k_B T}} = m_p^{*3/2}\, e^{\frac{\varepsilon_V-\zeta}{k_B T}}\,,$$

$$\frac{\zeta-\varepsilon_L}{k_B T} = \frac{3}{2}\ln\left(\frac{m_p^*}{m_n^*}\right) + \frac{\varepsilon_V-\zeta}{k_B T}\,,$$

$$\zeta = \frac{3}{4}k_B T\ln\left(\frac{m_p^*}{m_n^*}\right) + \frac{\varepsilon_V+\varepsilon_L}{2}$$

beziehungsweise

$$\zeta = \frac{3}{4}k_B T\ln\left(\frac{m_p^*}{m_n^*}\right) - \frac{\varepsilon_g}{2} \tag{1.70}$$

(wegen (1.57) unter Berücksichtigung von $\varepsilon_L = 0$).

Bei $T = 0$ K liegt das chemische Potential ζ genau in der Mitte zwischen dem Leitungs- und dem Valenzband. Dasselbe gilt auch für $T > 0$ K, wenn $m_p^* = m_n^*$ ist. Im allgemeinen ($m_p^* \neq m_n^*$) verschiebt sich jedoch die Lage des chemischen Potentials bei $T > 0$ K; und zwar nähert es sich mit zunehmender Temperatur dem Band, dessen Ladungsträger die kleinere effektive Masse besitzen. Die Änderung des chemischen Potentials infolge unterschiedlicher effektiver Massen ist auf die Abhängigkeit der Zustandsdichte von der effektiven Masse $\left(g_{n,p}(\varepsilon) \sim m_{n,p}^{*3/2}\right)$ zurückzuführen.

Da im Halbleiter beide Ladungsträger, Elektronen und Löcher, wirksam sind, ist es zweckmäßig, neben den Ladungsträgerkonzentrationen n_n und n_p noch eine weitere Konzentration n_i einzuführen. Es sei

$$n_i^2 = n_n n_p = \left(\frac{\sqrt{m_n^* m_p^*}\, k_B T}{2^{1/3} \pi \hbar^2}\right)^3 e^{-\frac{\varepsilon_L - \varepsilon_V}{k_B T}} \tag{1.71}$$

und damit

$$n_i = \left(\frac{\sqrt{m_n^* m_p^*}\, k_B T}{2^{1/3} \pi \hbar^2}\right)^{3/2} e^{-\frac{\varepsilon_g}{2 k_B T}} \tag{1.72}$$

Die Ladungsträgerkonzentration n_i hängt von der Breite der verbotenen Zone ε_g, der Temperatur T und den effektiven Massen m_n^*, m_p^* ab, jedoch nicht von der Lage des chemischen Potentials ζ.

Unbefriedigend ist an (1.72), daß n_i für $T \to \infty$ unbeschränkt wächst, obwohl im Valenzband nur endlich viele Elektronen zur Verfügung stehen. Die Ursache für diesen Mangel ist die Nichtberücksichtigung der endlichen Breite des Valenzbandes bei der Herleitung von (1.72). Sinngemäß trifft dies auch für die Ladungsträgerkonzentrationen n_n und n_p gemäß (1.68) und (1.69) zu.

Wichtig ist, daß (1.72) in dieser Form auch gültig bleibt, wenn innerhalb der verbotenen Zone zusätzliche als Donatoren oder Akzeptoren wirkende Energieniveaus vorhanden sind. (s. hierzu 1.3.4.)

1.3.4. Störstellenhalbleiter

Im Halbleiter können unter bestimmten Bedingungen auch in der verbotenen Zone Energieniveaus vorhanden sein. Solche zusätzlichen Energieniveaus treten auf, wenn geeignete Fremdatome in das Halbleitermaterial eingebaut werden. Den kontrollierten Einbau von Fremdatomen in einen Halbleiter zur Veränderung seiner elektrischen Eigenschaften nennt man Dotieren. Mit den Zusätzen vergrößert man die Konzentration der quasifreien Ladungsträger; und zwar je nach der Natur des Zusatzes entweder die Elektronenkonzentration im Leitungsband oder die Löcherkonzentration im Valenzband. Halbleiter, bei denen die Erzeugung quasifreier Ladungsträger eine Folge des Einbaus von Fremdatomen ist, nennt man *Störstellenhalbleiter*.

Geeignete Fremdatome für vierwertiges Silizium oder Germanium sind beispielsweise die fünfwertigen Phosphor-, Arsen- oder Antimonatome beziehungsweise die dreiwertigen Bor-, Aluminium-, Gallium- oder Indiumatome.

Wir betrachten zunächst den Einbau eines fünfwertigen Atoms in einen aus vierwertigen Germaniumatomen bestehenden Kristall. Abbildung 1.15 a zeigt zwei Phosphor-Fremdatome in Germanium. Nur vier der fünf Valenzelektronen des Phosphors

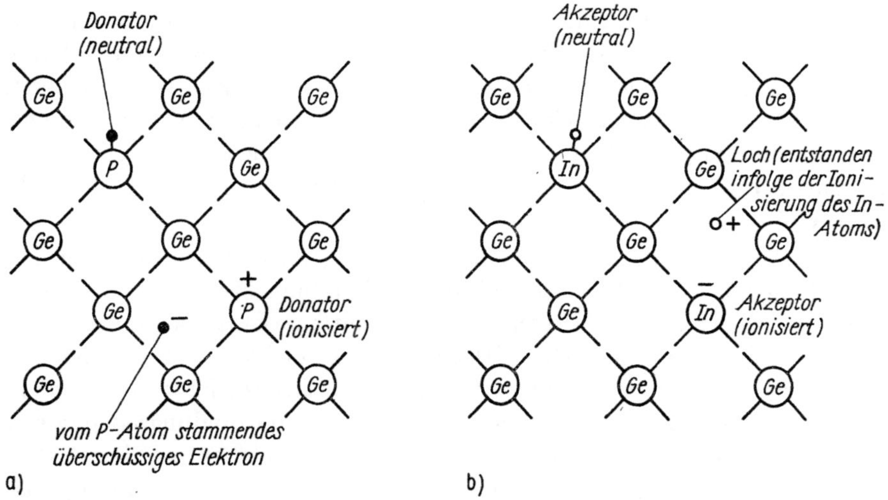

Abb. 1.15.
a) Donatoren (P) in Germanium
b) Akzeptoren (In) in Germanium

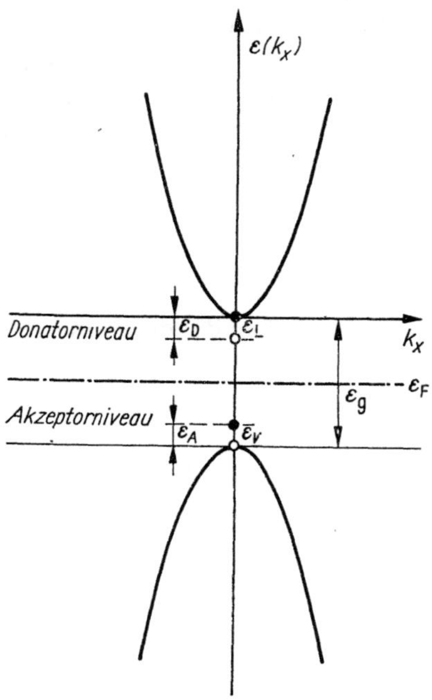

Abb. 1.16.
Donator- und Akzeptorniveaus in der verbotenen Zone

können durch die Valenzelektronen der vier benachbarten Germaniumatome gebunden werden. Das überschüssige Valenzelektron ist dadurch, daß es sich im Medium (Germanium) mit der Dielektrizitätskonstanten ϵ_{Ge} befindet, nur lose an das Phosphoratom gebunden und somit mit geringem Energieaufwand aus seinem Atomverband zu lösen. Es wird dadurch zu einem zusätzlichen quasifreien Elektron. Solche Fremdatome, die ionisiert werden können und dabei ein Elektron abgeben, nennt man *Donatoren*. Da die Ionisierungsenergie ε_D im Vergleich zur Breite der verbotenen Zone gering ist, muß das Energieniveau eines Donators dicht unterhalb der Leitungsbandkante liegen (s. Abb. 1.16). Einen Donator ionisieren bedeutet nun, daß das Elektron, welches gerade das dem Donator entsprechende Energieniveau ε_D besetzt, in das Leitungsband angehoben wird. Donatoren lassen sich folglich auch so charakterisieren: Sie sind im (von Elektronen) besetzten Zustand neutral (s. oberes Phosphoratom in Abb. 1.15a) und im unbesetzten positiv geladen (s. unteres Phosphoratom in Abb. 1.15a).

Zur Erläuterung des Einbaus eines dreiwertigen Fremdatoms in Germanium dient Abbildung 1.15b. Als Beispiel sind hier zwei Indium-Fremdatome gewählt. Von den vier Valenzen der benachbarten Germaniumatome kann das Indiumatom nur drei binden. Das Fehlen des vierten Valenzelektrons bewirkt das Entstehen eines Loches. So wie an ein fünfwertiges Fremdatom ein zusätzliches Elektron gebunden ist, ist an ein dreiwertiges ein Loch gebunden. Da auch hier die Bindungsenergie ε_A wegen des umgebenden Mediums gering ist, kann leicht ein Elektron aus dem Valenzband angehoben werden und die Bindungslücke ausfüllen. Ein Fremdatom, das imstande ist, ein Elektron aufzunehmen, nennt man *Akzeptor*. Die entsprechenden Akzeptor-Energieniveaus liegen dicht oberhalb der Valenzbandkante (s. Abb. 1.16). Akzeptoren sind im (von Elektronen) unbesetzten Zustand neutral (s. oberes Indiumatom in Abb. 1.15b), im besetzten negativ geladen (s. unteres Indiumatom in Abb. 1.15b).

n_D und n_A seien die Konzentrationen der Donatoren beziehungsweise der Akzeptoren. Im Falle $n_D > n_A$ spricht man von einem *Donator-* oder *n-Halbleiter*; im anderen Falle $n_A > n_D$ von einem *Akzeptor-* oder *p-Halbleiter*. Der spezielle Halbleiter mit $n_A = n_D = 0$ (Halbleiter ohne Störstellen) ist der bereits im vorigen Abschnitt behandelte Eigenhalbleiter. Unter den Voraussetzungen

$$\varepsilon_D \ll \varepsilon_g; \qquad \varepsilon_A \ll \varepsilon_g, \tag{1.73}$$

$$\varepsilon_D \gg k_B T; \qquad \varepsilon_A \gg k_B T \tag{1.74}$$

erhält man für die Ladungsträgerkonzentrationen in den Bändern eines Störstellenhalbleiters:

Donatorhalbleiter ($n_D \neq 0$; $n_A = 0$)

$$n_n \sim (m_n^* T)^{3/4}\, n_D{}^{1/2}\, e^{-\varepsilon_D/2k_B T}, \tag{1.75}$$

Akzeptorhalbleiter ($n_A \neq 0$; $n_D = 0$)

$$n_p \sim (m_p^* T)^{3/4}\, n_A{}^{1/2}\, e^{-\varepsilon_A/2k_B T}. \tag{1.76}$$

Literaturhinweise

A. Sommerfeld, H. Bethe: Elektronentheorie der Metalle, [39]
A. I. Anselm: Einführung in die Halbleitertheorie, [3], [3a]
W. Brauer, H.-W. Streitwolf: Theoretische Grundlagen der Halbleiterphysik, [12]
C. Kittel: Einführung in die Festkörperphysik, [22]
J. M. Ziman: Prinzipien der Festkörpertheorie, [45]
I. M. Zidilkowski: (russ.) [43]
O. Madelung: Grundlagen der Halbleiterphysik, [31]
G. Busch, H. Schade: Vorlesung über Festkörperphysik, [14]
E. Spenke: Elektronische Halbleiter, [40]
W. Shockley: Electrons and Holes in Semiconductors, [36]

2. Gitterschwingungen und Phononen

In diesem Kapitel untersuchen wir die Gitterschwingungen beziehungsweise die ihnen entsprechenden Phononen. Wir beschäftigen uns im folgenden also mit solchen im Festkörper ablaufenden physikalischen Prozessen, die ohne Berücksichtigung des Einflusses der Elektronen zu verstehen sind.

Die Theorie der Gitterschwingungen vermag wesentliche thermische Eigenschaften der Festkörper gut zu erklären. So kann man bei Kenntnis des Schwingungsspektrums den Beitrag des Gitters zur Wärmekapazität sowie deren Temperaturabhängigkeit bestimmen. Aber auch die Wärmeausdehnung der Festkörper ist mit den thermischen Gitterschwingungen verbunden.

Die Wechselwirkung der Elektronen mit den Gitterschwingungen bedingt die Temperaturabhängigkeit elektronischer und optischer Eigenschaften des Festkörpers, beeinflußt die Resonanzphänomene, bewirkt die Supraleitung. Im vorliegenden Kapitel berücksichtigen wir diese Wechselwirkung jedoch nicht.

Schwerpunktmäßig werden wir hier zunächst die Natur der Gitterschwingungen betrachten. Im Zentrum steht die Untersuchung des eindimensionalen Gitters. Danach verallgemeinern und erweitern wir die Ergebnisse auf das reale dreidimensionale Gitter. Nach dem Übergang zur quantenmechanischen Behandlung steht die Darstellung der Quasiteilcheneigenschaften der Phononen im Mittelpunkt. Den Abschluß der Ausführungen bildet die Berechnung des Gitteranteils zur Wärmekapazität von Festkörpern aus dem Spektrum der Gitterschwingungen.

2.1. Gitterschwingungen

2.1.1. Charakterisierung der Gitterschwingungen

Zunächst gehen wir davon aus, daß Festkörper aus einer sehr großen Anzahl räumlich-periodisch angeordneter Gitterbausteine (Ionen, Atome, Moleküle, Struktureinheiten) bestehen.

Im weiteren nehmen wir an, die Atome seien die Gitterbausteine.[1]) Wegen der geringen gegenseitigen Abstände der Atome sind ihre Wechselwirkungen untereinander, insbesondere benachbarter Atome, nicht mehr vernachlässigbar. Die Wechsel-

[1]) Diese Annahme stellt keine Beschränkung der Allgemeinheit dar, da sich die Schwingungen der Ionen im Metall dem Charakter nach nicht von denen der Atome in Dielektrika oder denen anderer Gitterbausteine von Kristallen unterscheiden.

wirkung benachbarter Atome äußert sich bei gegenseitiger Annäherung in einer abstoßenden, bei Entfernung der Atome voneinander in einer anziehenden Kraft. Ein aus der energetisch günstigen Gleichgewichtslage ausgelenktes Atom erfährt also eine rücktreibende Kraft, unter deren Wirkung es sich wieder auf die Gleichgewichtslage zu bewegt, aber infolge seiner Trägheit über diese hinausschwingt. Der Prozeß wiederholt sich, und das Atom gerät so in eine Schwingungsbewegung um die Gleichgewichtslage.

Zur Anregung dieser Schwingungen genügt bereits die thermische Energie $k_B T$ (k_B: Boltzmann-Konstante; T: absolute Temperatur). Die Atome entfernen sich dabei nur geringfügig aus ihren Gleichgewichtslagen. Obwohl die Schwingungsamplituden mit zunehmender Temperatur größer werden, bleiben sie im allgemeinen selbst bei der Schmelztemperatur klein im Vergleich zum Abstand zwischen benachbarten Atomen.

Nach diesen Betrachtungen wollen wir die Vorstellung vom Festkörper dahingehend präzisieren, daß wir sagen:

> Der kristalline Festkörper ist ein System schwingender Gitterbausteine, die eine quasiperiodische räumliche Struktur (das Kristallgitter) bilden.

Gemäß dieser Auffassung können wir beispielsweise ein Metall als die Gesamtheit eines Systems positiv geladener schwingender eine quasiperiodische räumliche Struktur bildender Ionen und eines Systems verhältnismäßig freier das Gitter (ähnlich wie ein Gas) auffüllender Valenzelektronen ansehen.

Die Schwingbewegung der Atome ist die Ursache dafür, daß die Kristallstruktur nicht zu jedem beliebigen Zeitpunkt streng periodisch ist. Wir dürfen daher ganz allgemein nur immer von einer *quasiperiodischen räumlichen Struktur* sprechen.

Im folgenden soll die Natur der Schwingungen, die die Atome im Festkörper ausführen, genauer untersucht werden. Dabei müssen wir zunächst *Nullpunkts-* und *thermische Gitterschwingungen* unterscheiden:

1. Die *Nullpunktsschwingungen* der Atome stellen eine aus der Heisenbergschen Unbestimmtheitsrelation $\Delta x \, \Delta p_x \geqq \hbar/2$ folgende rein quantenmechanische Bewegung dar. Ihre Energie ε_0 ist auch bei der Temperatur $T = 0$ K von Null verschieden. ε_0 ist praktisch die Minimalenergie, die ein Teilchen besitzt.

Im allgemeinen ist die Amplitude der Nullpunktsschwingungen wesentlich geringer als der mittlere Abstand a zwischen benachbarten Atomen. Nimmt sie jedoch Werte an, die der Größenordnung der Atomabstände entsprechen, so können die Atome eines solchen Systems auch am absoluten Temperaturnullpunkt kein Kristallgitter bilden; der entsprechende Stoff kann somit nicht in den festen Zustand übergehen. Das einzige Element, das diese Eigenschaft besitzt und dementsprechend (unter Normaldruck) auch bei $T = 0$ K flüssig bleibt, ist Helium. Das gilt für beide Isotope, ${}^4_2$He und ${}^3_2$He.[1])

2. Die im weiteren ausführlicher zu behandelnden *thermischen Gitterschwingungen* der Atome existieren nur für Temperaturen $T > 0$ K. Ihre Energie $k_B T$ wird durch die Temperatur bestimmt und verschwindet für $T \to 0$ K.

[1]) Verfestigen läßt sich Helium nur unter Einwirkung eines hohen äußeren Druckes; z. B. verfestigt sich ${}^4_2$He bei 4 K, wenn der äußere Druck etwa 10^7 N/m² ($\approx$ 100 atm) übersteigt.

Infolge des starken Einflusses der Bindungskräfte können die Atome im gesamten interessierenden Temperaturbereich $T < T_S$ (T_S: Schmelztemperatur) nicht unabhängig voneinander schwingen. Die Auslenkung eines Atoms aus seiner Gleichgewichtslage ruft eine Lageveränderung zunächst seiner nächsten Nachbarn hervor. Schrittweise werden in diesen Prozeß auch alle Atome einbezogen, die weiter vom zuerst betrachteten entfernt liegen. Es entsteht somit eine wellenförmige Anregung (elastische Welle), die sich im Kristall ausbreitet. Die Atome führen also eine kollektive Schwingungsbewegung aus. Hieraus ergibt sich eine wichtige Schlußfolgerung:

> Da im betrachteten Temperaturbereich die Lage eines jeden Atoms durch die Anordnung aller seiner Nachbarn bestimmt wird, kann man den Festkörper als einheitliches Ganzes mit einem charakteristischen Frequenzspektrum von Eigenschwingungen ansehen.

In den folgenden drei Abschnitten beschäftigen wir uns ausführlich mit dem Frequenzspektrum der beschriebenen kollektiven Gitterschwingungen.

2.1.2. Das Schwingungsspektrum des eindimensionalen Gitters einer einzigen Atomsorte

Wir beginnen die Behandlung des Frequenzspektrums der thermischen Gitterschwingungen, indem wir zunächst das einfachste denkbare Gitter betrachten; und zwar das unendlich ausgedehnte eindimensionale Gitter, das aus völlig gleichartigen Atomen aufgebaut ist. Ziel unserer Überlegungen ist das Auffinden der Dispersionsbeziehung.

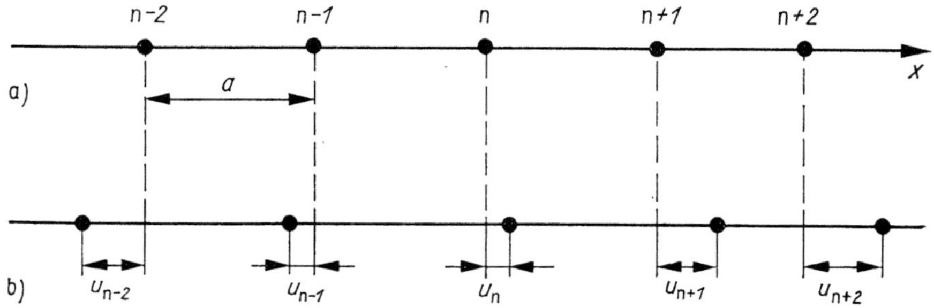

Abb. 2.1.
a) Atome einer linearen Kette in Gleichgewichtslage
b) Um u_i aus der Gleichgewichtslage ausgelenkte Atome einer linearen Kette

Abbildung 2.1a zeigt einen Ausschnitt aus einer unendlich langen linearen Kette gleichartiger Atome der Masse m, die sich alle in ihren Gleichgewichtslagen befinden. In Abbildung 2.1b sind dieselben Atome dargestellt; jetzt aber aus ihren Gleichgewichtslagen ausgelenkt. Solange die Auslenkungen u_i der Atome aus ihren Gleichgewichtslagen klein gegenüber dem mittleren Atomabstand a sind, kann man die Wechselwirkungskräfte zwischen den Atomen als quasielastisch ansehen.

Für alle weiteren Betrachtungen in diesem Abschnitt sei vorausgesetzt:

— Die Kraftwirkung sei den Auslenkungen der Atome aus ihren Gleichgewichtslagen proportional und möge sich auf die nächsten Nachbarn beschränken.[1])
— Die auf die Atome wirkenden quasielastischen Kräfte sowie die Auslenkungen werden positiv gerechnet, wenn sie der positiven x-Achse gleichgerichtet sind; anderenfalls sind sie negativ zu zählen.

Unter dieser Voraussetzung wirkt auf das n-te Atom die aus den Kraftwirkungen seiner beiden nächsten Nachbarn resultierende quasielastische Gesamtkraft[2])

$$F_\mathrm{n} = m\frac{\mathrm{d}^2 u_\mathrm{n}}{dt^2} = -\alpha(u_\mathrm{n} - u_{\mathrm{n}+1}) - \alpha(u_\mathrm{n} - u_{\mathrm{n}-1}) \,. \tag{2.1}$$

Das ist die Bewegungsgleichung für das n-te Atom (α ist dabei der Koeffizient der quasielastischen Kraft; t die Zeit). Da alle Atome die gleiche Masse m besitzen, kann n alle Gitterpunkte durchlaufen.

Zusammengefaßt läßt sich (2.1) schreiben:

$$F_\mathrm{n} = m\frac{\mathrm{d}^2 u_\mathrm{n}}{\mathrm{d}t^2} = \alpha(u_{\mathrm{n}+1} + u_{\mathrm{n}-1} - 2u_\mathrm{n}) \,. \tag{2.2}$$

Zur Lösung dieser Gleichung[3]) setzt man an:

$$u_\mathrm{n} = A\ \mathrm{e}^{i(\omega t - \mathrm{n}aq)} \,. \tag{2.3}$$

Bei diesem Ansatz handelt es sich um eine fortschreitende Welle.

Hierbei sind A die von der Nummer n des Gitterpunktes unabhängige Amplitude, $\omega = 2\pi\nu$ die Kreisfrequenz (ν: Frequenz), $q = 2\pi/\lambda$ die Wellenzahl (λ: Wellenlänge), n eine ganze Zahl und na die Ortskoordinate der Atome, die anstelle der Variablen x steht.

Die Schreibweise der diskreten Größe na für die laufende Ortskoordinate drückt die diskontinuierliche Struktur des Raumes aus.

Geht man mit dem Lösungsansatz (2.3) in die Bewegungsgleichung (2.2) ein, so erhält man

$$-m\omega^2 = \alpha(\mathrm{e}^{-iqa} + \mathrm{e}^{+iqa} - 2) \,,$$

$$-m\omega^2 = \alpha(2\cos qa - 2) \,,$$

$$\omega^2 = \frac{2\alpha}{m}(1 - \cos qa) \,,$$

$$\omega^2 = \frac{4\alpha}{m}\sin^2\frac{qa}{2}$$

und schließlich

$$\boxed{\omega(q) = 2\sqrt{\frac{\alpha}{m}}\left|\sin\frac{qa}{2}\right|} \,. \tag{2.4}$$

[1]) Diese Einschränkung hat keinen wesentlichen Einfluß auf das Ergebnis. C. Kittel [22] beispielsweise berücksichtigt die Kraftwirkung aller Gitteratome auf das gerade Betrachtete. Die Rechnungen werden dadurch geringfügig aufwendiger, führen aber qualitativ zu demselben Ergebnis.

[2]) In diesem Abschnitt werden nur Betragsgleichungen angegeben, da die Vektoren im eindimensionalen Gitter eindeutig der x-Achse parallel gerichtet sind.

[3]) Eigentlich liegt hier ein System unendlich vieler miteinander verkoppelter Gleichungen vor.

Besteht diese Beziehung zwischen der Kreisfrequenz ω und der Wellenzahl q, so befriedigt der Lösungsansatz (2.3) die Bewegungsgleichung (2.2) für jedes beliebige n. Die Absolutstriche sind eingeführt worden, weil negative Werte für die Kreisfrequenz physikalisch nicht sinnvoll sind.

Ganz allgemein bezeichnet man einen Zusammenhang zwischen der Kreisfrequenz ω und der Wellenzahl q (genauer: dem Wellenvektor $\boldsymbol{q}$) als *Dispersionsbeziehung*.[1]) (2.4) stellt somit die Disperionsbeziehung für den Fall dar, daß Schwingungen in einem aus gleichartigen Atomen bestehenden eindimensionalen Gitter auftreten.

Häufig schreibt man (2.4) auch in der Form

$$\omega(q) = \omega_{\max} \left| \sin \frac{qa}{2} \right| \tag{2.5}$$

mit

$$\omega_{\max} = 2 \sqrt{\frac{\alpha}{m}} . \tag{2.6}$$

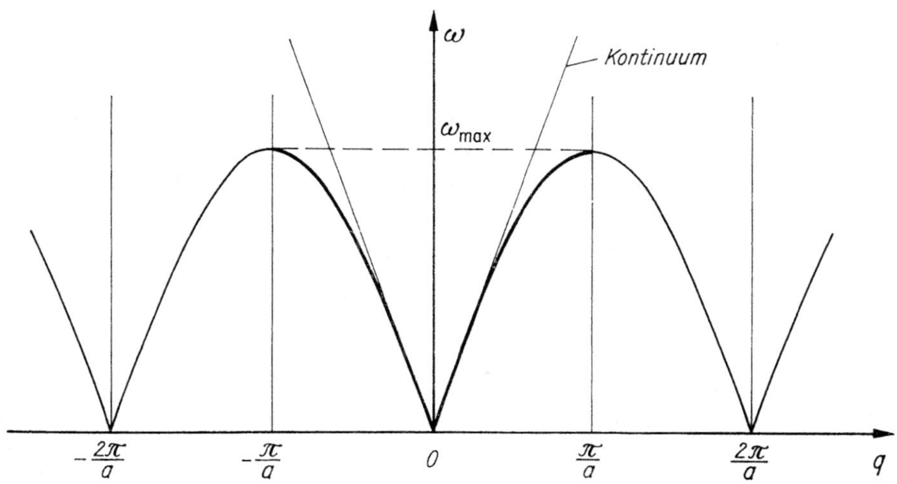

Abb. 2.2.
$\omega = \omega(q)$ für ein unendliches eindimensionales Gitter, das aus gleichartigen Atomen besteht

Zur Erläuterung ist in der Abb. 2.2 die Kreisfrequenz ω als Funktion der Wellenzahl q gemäß (2.5) dargestellt. ω hat in q die Periode $2\pi/a$. Daher erhält man die Kreisfrequenzen aller möglichen Schwingungen bereits dann, wenn man sich auf den Wellenzahlbereich

$$-\frac{\pi}{a} < q \leqq +\frac{\pi}{a} \tag{2.7}$$

[1]) Beachte: Bei einem Elektronengas wird $\varepsilon = \varepsilon(\boldsymbol{k})$ als Dispersionsbeziehung bezeichnet (vgl. Abschnitt 1.1.2.).

beschränkt. Dabei werden bewußt positive und negative Wellenzahlen zugelassen, weil die Wellen sowohl nach links als auch nach rechts laufen können. Den durch (2.7) definierten q-Wertebereich nennt man *erste Brillouin-Zone*. Alle außerhalb dieser ersten Brillouin-Zone liegenden q-Werte führen auf bereits bekannte Bewegungen und bringen somit keine neue physikalische Information. Ist beispielsweise ohne Beschränkung der Allgemeinheit $q' > \frac{\pi}{a}$ (d. h.: $q' \notin$ 1. Brillouin-Zone), so kann man q' immer in der Form

$$q' = \frac{2\pi}{a} \mathrm{n}' + q \tag{2.8}$$

schreiben, wobei n' eine ganze Zahl und q ein Element der ersten Brillouin-Zone sind. (2.8) in (2.3) eingesetzt, ergibt dann:

$$\left.\begin{aligned} u_\mathrm{n}' &= A\,\mathrm{e}^{i(\omega t - \mathrm{n}aq')} = A\,\mathrm{e}^{i\left[\omega t - \mathrm{n}a\left(\frac{2\pi}{a}\mathrm{n}' + q\right)\right]} \\ &= A\,\mathrm{e}^{i(\omega t - \mathrm{n}aq)}\,\underbrace{\mathrm{e}^{-i2\pi \mathrm{n}\mathrm{n}'}}_{=1} \\ &= A\,\mathrm{e}^{i(\omega t - \mathrm{n}aq)} = u_\mathrm{n}\,. \end{aligned}\right\} \tag{2.9}$$

Die Welle u_n' ist also mit der Welle u_n identisch. Es gibt somit für beliebige Wellenzahlen q' ($q' \notin$ 1. Brillouin-Zone) immer eine Wellenzahl q aus der ersten Brillouin-Zone, die dieselbe Gitterschwingung beschreibt.

Wegen der Symmetrie der Funktion $\omega = \omega(q)$ zur ω-Achse (d. h. zur Geraden $q = 0$) braucht man in vielen Fällen nicht einmal die gesamte erste Brillouin-Zone zu untersuchen. Es genügt meist, wenn man sich auf das Intervall

$$0 \leqq q \leqq \frac{\pi}{a} \tag{2.10}$$

beschränkt.

Die oben erhaltene maximale Kreisfrequenz $\omega_{\max}$, die zum Schwingungsspektrum eines eindimensionalen Gitters gleichartiger Atome gehört, wird an der Stelle $q_{\max} = \frac{\pi}{a} \approx 10^{10}\ \mathrm{m}^{-1}$ (vgl. (2.5)) angenommen. Ihr entspricht eine minimale Wellenlänge

$$\lambda_{\min} = \frac{2\pi}{q_{\max}} = \frac{2\pi}{\pi/a} = 2a\,. \tag{2.11}$$

Es ist anschaulich klar, daß in einer diskreten Kette von Atomen keine Wellen mit $\lambda < 2a$ vorhanden sein können.

Die Existenz einer maximalen Frequenz ist eine charakteristische Besonderheit der Schwingungen diskreter atomarer Strukturen und steht im Gegensatz zu den Ergebnissen, die man bei der kontinuumsmäßigen Behandlung der schwingenden Saite ($\omega = v_\mathrm{s}|q|$ für $-\infty \leqq q \leqq +\infty$; v_s: Ausbreitungsgeschwindigkeit der Welle im Medium) erhält. Daher sind für das Verhalten schwingender diskreter atomarer Strukturen keine gültigen Aussagen aus der Kontinuumstheorie zu erwarten. In Abbildung 2.2 ist neben der $\omega(q)$-Darstellung gemäß (2.5) auch die sich entsprechend der Kontinuumsvorstellung ergebende Gerade $\omega = v_\mathrm{s}|q|$ eingezeichnet.

Wenn beide Kurven zwar für kleine Wellenzahlen q (bezogen auf das Intervall (2.10)) gut übereinstimmen, so treten bei größeren q-Werten erhebliche Abweichungen auf. Man kann diesen Sachverhalt durch die Annahme interpretieren, daß beim Gitter die Ausbreitungsgeschwindigkeit mit zunehmender Wellenzahl q sinkt, während sie im Kontinuum konstant ist.

Auf eine weitere wichtige Tatsache soll noch hingewiesen werden. Sobald ω nicht linear von q abhängt, muß man im allgemeinen zwischen Phasen- und Gruppengeschwindigkeit unterscheiden. Die Phasengeschwindigkeit

$$v_{\mathrm{Ph}} = \frac{\omega(q)}{|q|} \tag{2.12}$$

ist die Geschwindigkeit, mit der sich die Phase einer fortschreitenden Welle ausbreitet. Die Geschwindigkeit des Energietransportes ist jedoch die Gruppengeschwindigkeit

$$v_{\mathrm{Gr}} = \left|\frac{\mathrm{d}\omega(q)}{\mathrm{d}q}\right|, \tag{2.13}$$

die die Geschwindigkeit eines Wellenpaketes darstellt. Aus der Dispersionsbeziehung (2.5) erhält man im vorliegenden Fall

$$v_{\mathrm{Ph}} = \frac{\omega_{\max}}{|q|}\left|\sin\frac{qa}{2}\right| \tag{2.14}$$

und

$$v_{\mathrm{Gr}} = \frac{a\omega_{\max}}{2}\left|\cos\frac{qa}{2}\right|. \tag{2.15}$$

Wir wollen jetzt zwei wichtige Grenzfälle näher betrachten ($q \in$ (2.10)):

1. Bereich kleiner Wellenzahlen: $qa \ll 1$ (lange Wellen $\lambda \gg a$): Die Dispersionsbeziehung (2.5) nimmt dann wegen $\sin\frac{qa}{2} \approx \frac{qa}{2}$ die Form

$$\omega(q) = \frac{a\omega_{\max}}{2}\, q \tag{2.16}$$

an. Die Kreisfrequenz ω hängt also linear von q ab; analog der kontinuumsmäßig betrachteten schwingenden Saite.

Für die Phasen- und Gruppengeschwindigkeit ergeben sich gemäß (2.14) und (2.15) hier speziell

$$\left.\begin{aligned} v_{\mathrm{Ph}} &= \frac{a}{2}\,\omega_{\max}, \\ v_{\mathrm{Gr}} &= \frac{a}{2}\,\omega_{\max}. \end{aligned}\right\} \tag{2.17}$$

Im Bereich kleiner Wellenzahlen stimmen also Phasen- und Gruppengeschwindigkeit überein.

In der vorliegenden linearen Näherung kann man (wenn auch nicht ganz unbedenklich) die Größenordnung von $\omega_{\max}$ abschätzen. Man braucht nur in (2.17) für v_{Gr} den experimentell ermittelten Wert für die Schallgeschwindigkeit v_{S} und für a die Gitterkonstante einzusetzen. Mit typischen Werten $v_{\mathrm{S}} \approx 10^3\,\frac{\mathrm{m}}{\mathrm{s}}$ und $a \approx 3\,\text{Å} = 3 \cdot 10^{-10}\,\mathrm{m}$

erhält man $\omega_{max} \approx 10^{13}\,s^{-1}$. Das ist eine im fernen infraroten Spektralbereich liegende Frequenz.

2. Bereich großer Wellenzahlen: $q \approx \frac{\pi}{a}$ (kurze Wellen $\lambda \approx 2a$): In diesem Falle gilt nach (2.5)

$$\omega|_{q\to\pi/a} = \omega_{max}\,, \tag{2.18}$$

und aus (2.14) und (2.15) ergeben sich

$$v_{Ph}\Big|_{q\to\pi/a} = \frac{a}{\pi}\,\omega_{max}\,, \tag{2.19}$$

$$v_{Gr}\Big|_{q\to\pi/a} = 0\,. \tag{2.20}$$

Wie bereits angedeutet, bleibt die Ausbreitungsgeschwindigkeit der Welle (Schallgeschwindigkeit $v_S = v_{Gr}$) mit zunehmender Wellenzahl q nicht konstant, sondern sinkt stetig. Im Falle $q = \pi/a$ ($\lambda = 2a$) wird sie Null. Das bedeutet nun physikalisch, daß sich erstens Wellen kürzerer Wellenlänge ($\lambda < 2a$) im Gitter nicht ausbreiten können, und zweitens, daß sich für $q = \pi/a$ im Gitter stehende Wellen ausbilden.

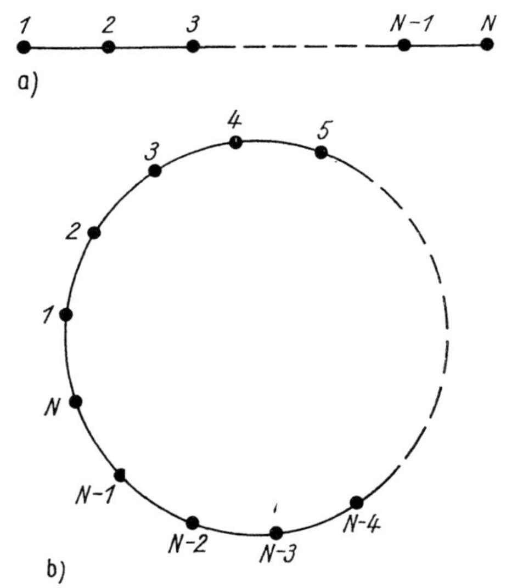

Abb. 2.3.
Eindimensionales Gitter, das aus N gleichartigen Atomen besteht
a) Lineare Anordnung der N Atome
b) Zyklische Anordnung der N Atome

Alle bisherigen Betrachtungen gelten nur für die unendlich ausgedehnte eindimensionale Atomkette. Man muß jedoch bedenken, daß die Festkörper zwar aus einer sehr großen, aber doch endlichen Anzahl von Atomen bestehen (s. Abb. 2.3). Es ist daher die Oberfläche beziehungsweise der durch die endliche Anzahl der Atome bedingte Einfluß zu berücksichtigen. Setzt man voraus, daß die Anzahl N der Atome, die das im folgenden zu untersuchende eindimensionale Gitter bilden, sehr groß ist, und nimmt man auch weiterhin an, daß die Wechselwirkungskräfte zwischen den Atomen nur im Abstand einer (oder weniger) Gitterkonstanten wirksam sind, so haben die Bedingungen, unter denen sich die Grenzatome an der Oberfläche befinden, keinen Einfluß auf die Bewegung der inneren Gitteratome.

Unter der Annahme, daß das erste und das letzte Atom der Kette zu jedem Zeitpunkt t fixiert seien, sich also stets in ihren Gleichgewichtslagen befänden, kann man für eine Atomkette gemäß Abbildung 2.3a die Randbedingungen so formulieren:

$$u_1(t) = u_N(t) = 0 \,. \tag{2.21}$$

Unter Berücksichtigung dieser Randbedingungen wären nun alle Rechnungen, die für die unendlich ausgedehnte Atomkette durchgeführt wurden, zu wiederholen.

Wir wollen hier jedoch einen anderen Weg beschreiten, indem wir die Randbedingungen anders formulieren. Dazu denken wir uns zunächst die N Atome[1]) auf einem Kreis mit sehr großem Durchmesser derart angeordnet, daß jeweils das Atom mit der Nummer $\mathrm{n} \pm N$ mit dem der Nummer n identisch ist (s. Abb. 2.3b). Man kann dann die Randbedingungen (2.21) durch die sogenannte Born-Kármán-Bedingung ersetzen:

$$u_{\mathrm{n} \pm N} = u_{\mathrm{n}} \,. \tag{2.22}$$

Unter welchen Voraussetzungen diese Randbedingung befriedigt wird, ersieht man, wenn man mit ihnen in den Lösungsansatz (2.3) eingeht. Es ist

$$\left.\begin{aligned} u_{\mathrm{n} \pm N} &= A\, \mathrm{e}^{i[\omega t - (\mathrm{n} \pm N)\, aq]} \\ &= A\, \mathrm{e}^{i(\omega t - \mathrm{n} aq)}\, \mathrm{e}^{\mp i N aq} \\ &= u_{\mathrm{n}}\, \mathrm{e}^{\mp i N aq} \,. \end{aligned}\right\} \tag{2.23}$$

Man erkennt hieraus, daß (2.22) nur dann erfüllt sein kann, wenn $\mathrm{e}^{\mp i N aq} = 1$ ist, wenn also $Naq = 2\pi g$ gilt, wobei g eine ganze Zahl sein muß.

(2.22) ist dementsprechend befriedigt, wenn

$$q = \frac{2\pi g}{aN} \tag{2.24}$$

erfüllt ist. Wegen (2.7) folgt hieraus, daß g alle ganzen Zahlen innerhalb des Intervalls

$$-\frac{N}{2} < g \leqq +\frac{N}{2} \tag{2.25}$$

annehmen kann. Für ein aus N gleichartigen Atomen bestehendes eindimensionales Gitter (gemäß Abb. 2.3b) nimmt also die Wellenzahl q, die sich im Intervall (2.7) ändert, N diskrete Werte an, die durch (2.24) bestimmt werden. Jedem Wert von q entspricht eine sogenannte Normalschwingung der Kette, so daß das gesamte Spektrum aus N Normalschwingungen besteht.

Die N q-Werte liegen im Intervall (2.7) gemäß (2.24) äquidistant; ihr Abstand beträgt $q_{\min} = \dfrac{2\pi}{aN}$. Die zugehörigen Schwingungsfrequenzen liegen entsprechend der Dispersionsbeziehung (2.5) natürlich nicht äquidistant.

[1]) Aus (2.25) wird später ersichtlich, daß es zweckmäßig ist, N geradzahlig zu wählen. Da N sehr groß sein soll, ist dies keine Beschränkung der Allgemeinheit. (Also: $N = 2N'$ mit N' ganzzahlig.)

2.1.3. Das Schwingungsspektrum des eindimensionalen Gitters zweier Atomsorten

Im folgenden betrachten wir ein eindimensionales lineares Gitter, das aus zwei verschiedenen Atomsorten besteht. Abbildung 2.4a zeigt einen Ausschnitt eines solchen Gitters. Die in den Abbildungen 2.4b bis 2.4d angegebenen Gitter sind Spezialfälle des in Abbildung 2.4a dargestellten.

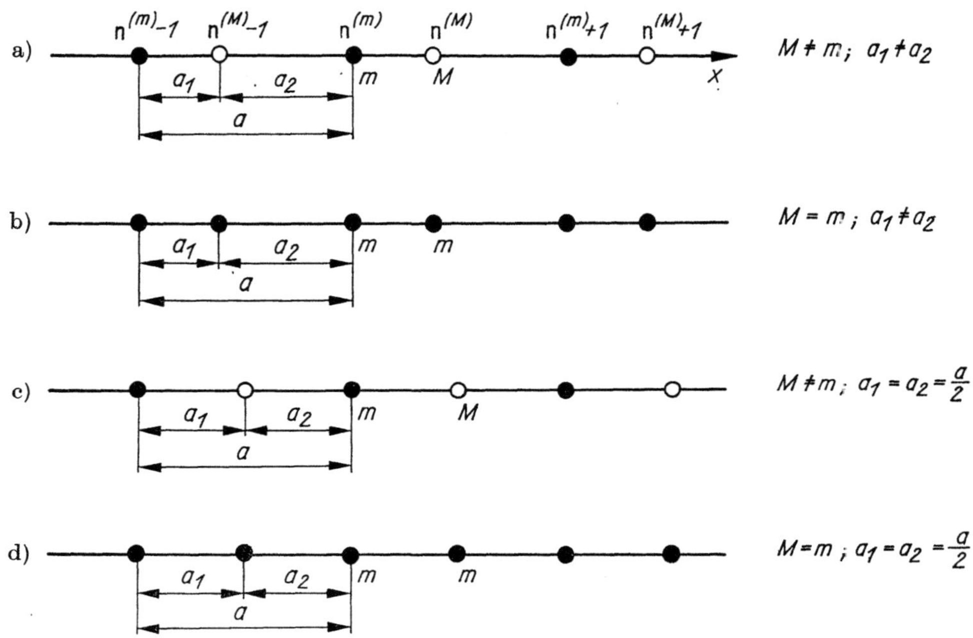

Abb. 2.4.
Ausschnitte aus eindimensionalen linearen Gittern, die jeweils aus zwei Atomsorten bestehen

An den mit $n^{(m)}$ bezeichneten Gitterpunkten sollen sich die Atome mit der Masse m befinden, während die durch $n^{(M)}$ gekennzeichneten Plätze mit den Atomen der Masse M besetzt sind.

Wie im Vorangegangenen werden auch hier quasielastische harmonische Kräfte zwischen den Atomen zugrunde gelegt, deren Wirkung sich nur auf die nächsten Nachbarn beschränkt. Zusätzlich soll jetzt aber vorausgesetzt werden, daß der Koeffizient der quasielastischen Kraft zwischen den Atomen an den Stellen $n^{(m)}$ und $n^{(M)}$ gleich α_1, während der zwischen den Atomen an den Orten $n^{(m)}$ und $n^{(M)} - 1$ gleich α_2 ist. (Bei den speziellen Gittern der Abbildungen 2.4c und 2.4d gilt $\alpha_1 = \alpha_2 = \alpha$.)

Unter den hier formulierten Bedingungen ist nun die Dispersionsbeziehung gesucht. Dazu geht man wieder von den Bewegungsgleichungen aus. Sie lauten im vorliegenden Fall, wenn man die Verrückung des Atoms am Gitterpunkt $n^{(m)}$ aus seiner Gleichgewichtslage mit $u_n^{(m)}$ und die des Atoms an der Stelle $n^{(M)}$ mit $u_n^{(M)}$ bezeichnet:

$$\left.\begin{aligned} m\frac{\mathrm{d}^2u_n^{(m)}}{\mathrm{d}t^2} &= -\alpha_1(u_n^{(m)}-u_n^{(M)})-\alpha_2(u_n^{(m)}-u_{n-1}^{(M)})\,,\\ M\frac{\mathrm{d}^2u_n^{(M)}}{\mathrm{d}t^2} &= -\alpha_1(u_n^{(M)}-u_n^{(m)})-\alpha_2(u_n^{(M)}-u_{n+1}^{(m)})\,. \end{aligned}\right\} \tag{2.26}$$

Lösungsansatz für dieses Gleichungssystem ist

$$\begin{aligned} u_n^{(m)} &= A^{(m)}\,\mathrm{e}^{i(\omega t-naq)}\,,\\ u_n^{(M)} &= A^{(M)}\,\mathrm{e}^{i(\omega t-naq)}\,. \end{aligned} \tag{2.27}$$

In denA usdrücken für $u_n^{(m)}$ und $u_n^{(M)}$ sind die Wellenzahlen q und die Kreisfrequenzen ω jeweils dieselben, während sich die komplexen Amplituden unterscheiden können (im allgemeinen $A^{(m)} \neq A^{(M)}$).

Setzt man (2.27) in (2.26) ein, so gelangt man zu folgendem System linearer homogener Gleichungen für die Amplituden $A^{(m)}$ und $A^{(M)}$:

$$\begin{aligned} (m\omega^2-\alpha_1-\alpha_2)\,A^{(m)}+(\alpha_1+\alpha_2\,\mathrm{e}^{+iqa})\,A^{(M)} &= 0\,,\\ (\alpha_1+\alpha_2\,\mathrm{e}^{-iqa})\,A^{(m)}+(M\omega^2-\alpha_1-\alpha_2)\,A^{(M)} &= 0\,. \end{aligned} \tag{2.28}$$

Hieraus erhält man

$$\frac{A^{(m)}}{A^{(M)}} = \frac{\alpha_1+\alpha_2\,\mathrm{e}^{+iqa}}{\alpha_1+\alpha_2-m\omega^2} = \frac{\alpha_1+\alpha_2-M\omega^2}{\alpha_1+\alpha_2\,\mathrm{e}^{-iqa}} \tag{2.29}$$

und weiter

$$\omega^4-\frac{(\alpha_1+\alpha_2)\,(m+M)}{mM}\,\omega^2+\frac{\alpha_1\alpha_2}{mM}\,[2-(\mathrm{e}^{iqa}+\mathrm{e}^{-iqa})] = 0\,. \tag{2.30}$$

Berücksichtigt man $\mathrm{e}^{iqa}+\mathrm{e}^{-iqa} = 2\cos qa$ sowie $1-\cos qa = 2\sin^2\frac{qa}{2}$ und setzt abkürzend

$$\frac{(\alpha_1+\alpha_2)\,(m+M)}{mM} = \omega_0^2\,, \tag{2.31}$$

$$16\,\frac{\alpha_1\alpha_2}{(\alpha_1+\alpha_2)^2}\,\frac{mM}{(m+M)^2} = \gamma^2\,, \tag{2.32}$$

so kann man die Lösung von (2.30) folgendermaßen angeben:

$$\left.\begin{aligned} \omega_1^2 &= \frac{\omega_0^2}{2}\left\{1-\sqrt{1-\gamma^2\sin^2\frac{qa}{2}}\right\},\\ \omega_2^2 &= \frac{\omega_0^2}{2}\left\{1+\sqrt{1-\gamma^2\sin^2\frac{qa}{2}}\right\}. \end{aligned}\right\} \tag{2.33}$$

Wegen $\gamma^2 \leqq 1$ muß auch $\gamma^2\sin^2\frac{qa}{2} \leqq 1$ sein, so daß ω_1^2 und ω_2^2 reell sind.

Damit ist die Dispersionsbeziehung für ein aus zwei Atomsorten bestehendes lineares Gitter gefunden:

$$\boxed{\begin{aligned} \omega_1 &= \frac{\sqrt{2}}{2}\,\omega_0\sqrt{1-\sqrt{1-\gamma^2\sin^2\frac{qa}{2}}} \equiv \omega_{\mathrm{ak}}\,,\\ \omega_2 &= \frac{\sqrt{2}}{2}\,\omega_0\sqrt{1+\sqrt{1-\gamma^2\sin^2\frac{qa}{2}}} \equiv \omega_{\mathrm{opt}}\,. \end{aligned}} \tag{2.34}$$

Existiert ein solcher Zusammenhang zwischen der Kreisfrequenz ω und der Wellenzahl q, so befriedigt der Lösungsansatz (2.27) die Bewegungsgleichungen (2.26).

Die hier erhaltene Dispersionsbeziehung (2.34) sieht wesentlich anders aus als die für ein nur aus einer einzigen Atomsorte bestehendes lineares Gitter abgeleitete Beziehung (2.5). Während dort zu jeder Wellenzahl q genau ein Wert der Kreisfrequenz ω gehörte, sind es hier zwei. Das Frequenzspektrum spaltet also in zwei Zweige auf. Man nennt $\omega_1 \equiv \omega_{ak}$ den *akustischen* und $\omega_2 \equiv \omega_{opt}$ den *optischen Schwingungszweig*.[1])

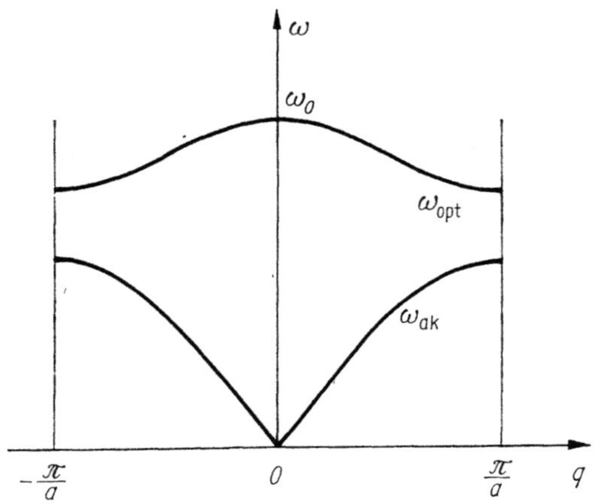

Abb. 2.5. Akustischer und optischer Schwingungszweig ($\gamma^2 < 1$)

Abbildung 2.5 zeigt den Verlauf der Funktionen $\omega_{ak}(q)$ und $\omega_{opt}(q)$ in dem Intervall $-\frac{\pi}{a} < q \leqq +\frac{\pi}{a}$. Wegen der Periodizität von $\omega_{ak}(q)$ und $\omega_{opt}(q)$ in q kann man sich entsprechend dem Abschnitt 2.1.2. auf diesen als erste Brillouin-Zone bezeichneten Wellenzahlbereich beschränken. Aus Symmetriegründen genügt es sogar, alle Diskussionen auch hier nur auf das Intervall $0 \leqq q \leqq \frac{\pi}{a}$ auszudehnen. Für die ω-Werte an den Grenzen dieses Intervalls erhält man aus (2.34)

$$\omega_{ak}(0) = 0\,, \qquad \omega_{ak}\left(\frac{\pi}{a}\right) = \frac{\sqrt{2}}{2}\omega_0 \sqrt{1 - \sqrt{1-\gamma^2}}\,, \tag{2.35}$$

$$\omega_{opt}(0) = \omega_0\,, \qquad \omega_{opt}\left(\frac{\pi}{a}\right) = \frac{\sqrt{2}}{2}\omega_0 \sqrt{1 + \sqrt{1-\gamma^2}}\,. \tag{2.36}$$

Für $\gamma^2 < 1$ gilt also die Ungleichung

$$0 = \omega_{ak}(0) < \omega_{ak}\left(\frac{\pi}{a}\right) < \omega_{opt}\left(\frac{\pi}{a}\right) < \omega_{opt}(0) = \omega_0\,, \tag{2.37}$$

und mit (2.34) folgt

$$\left.\frac{d\omega_{ak}}{dq}\right|_{\pi/a} = \left.\frac{d\omega_{opt}}{dq}\right|_{\pi/a} = 0\,. \tag{2.38}$$

[1]) Eine Erklärung für diese Bezeichnungsweise wird weiter unten gegeben.

Charakteristisch für ein eindimensionales Gitter, das aus zwei Atomsorten besteht, ist das Auftreten einer Frequenzlücke (vgl. Abb. 2.5). Im Bereich

$$\frac{\sqrt{2}}{2}\omega_0\sqrt{1-\sqrt{1-\gamma^2}} \leqq \omega \leqq \frac{\sqrt{2}}{2}\omega_0\sqrt{1+\sqrt{1-\gamma^2}} \tag{2.39}$$

existieren keine Eigenschwingungen einer solchen Kette von Atomen.

Berechnet man mit (2.29) und (2.34) das Amplitudenverhältnis benachbarter Atome für die beiden Schwingungszweige, so ist es für ω_{ak} stets positiv und für ω_{opt} immer negativ. Somit schwingen benachbarte Atome bei akustischen Gitterschwingungen gleichphasig, während sie sich bei optischen Gitterschwingungen gegenphasig bewegen (s. Abb. 2.6).

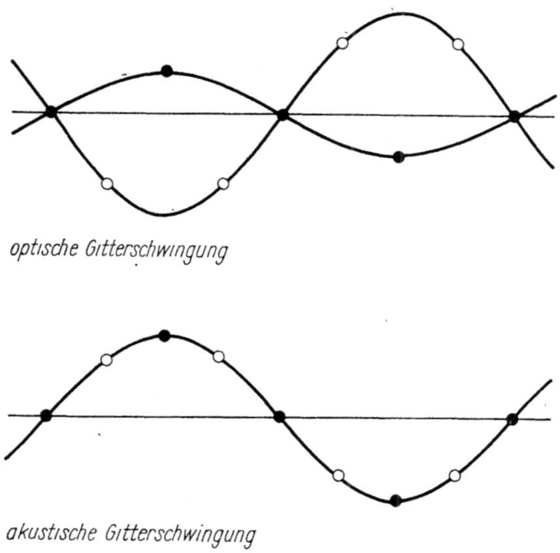

Abb. 2.6.
Optische und akustische Gitterschwingung
(Obwohl eine eindimensionale Atomkette nur longitudinale Schwingungen ausführen kann, sind hier der Anschaulichkeit halber — insbesondere um das Amplitudenverhältnis benachbarter Atome verdeutlichen zu können — transversale Schwingungen dargestellt)

Wir wollen auch hier wieder die Grenzfälle langer beziehungsweise kurzer Wellen näher betrachten.

1. Bereich kleiner Wellenzahlen: $qa \ll 1$ (lange Wellen $\lambda \gg a$): Entwickelt man die Wurzeln in (2.34) in eine Reihe und berücksichtigt $\sin\frac{qa}{2} \approx \frac{qa}{2}$ so erhält man die folgenden Ausdrücke

$$\left.\begin{aligned} \omega_{\mathrm{ak}} &\approx \tfrac{1}{4}\,\omega_0\gamma a q\,, \\ \omega_{\mathrm{opt}} &\approx \omega_0\left(1-\frac{\gamma^2a^2}{32}q^2\right) \end{aligned}\right\} \tag{2.40}$$

In der Umgebung von $q = 0$ ist ω_{ak} also der Wellenzahl q proportional ($\omega_{\mathrm{ak}} = v_S q$). Außerdem ergibt sich für sehr lange Wellen $\begin{pmatrix} q \to 0 \\ \lambda \to \infty \end{pmatrix}$ aus (2.40)

$$\lim_{q\to 0}\omega_{\mathrm{ak}} = 0\,, \qquad \lim_{q\to 0}\omega_{\mathrm{opt}} = \omega_0 \neq 0\,. \tag{2.41}$$

Für das Amplitudenverhältnis sehr langer Wellen erhält man aus (2.27) unter Berücksichtigung von (2.29) und (2.35) sowie (2.36)

$$\lim_{q\to 0}\left(\frac{u_{\mathrm{n}}^{(m)}}{u_{\mathrm{n}}^{(M)}}\right)_{\mathrm{ak}} = \lim_{q\to 0}\left(\frac{A^{(m)}}{A^{(M)}}\right)_{\mathrm{ak}} = 1\,, \tag{2.42}$$

$$\lim_{q\to 0}\left(\frac{u_{\mathrm{n}}^{(m)}}{u_{\mathrm{n}}^{(M)}}\right)_{\mathrm{opt}} = \lim_{q\to 0}\left(\frac{A^{(m)}}{A^{(M)}}\right)_{\mathrm{opt}} = -\,\frac{M}{m}\,. \tag{2.43}$$

(2.42) besagt, daß sich die Atome in einer unendlich langen Welle des akustischen Schwingungszweiges synchron bewegen und ihre Auslenkungen zu jedem Zeitpunkt gleich sind ($u_{\mathrm{n}}^{(m)} = u_{\mathrm{n}}^{(M)}$). Die Atome bewegen sich also wie bei der Ausbreitung akustischer elastischer Wellen. Daher stammt auch die Bezeichnung „akustischer Schwingungszweig".

In einer unendlich langen Welle des optischen Schwingungszweiges schwingen die Atome nach (2.43) gegeneinander. Ihr gemeinsamer Massenmittelpunkt bleibt dabei jedoch in Ruhe ($mu_{\mathrm{n}}^{(m)} + Mu_{\mathrm{n}}^{(M)} = 0$). Werden die Gitterplätze $\mathrm{n}^{(m)}$ und $\mathrm{n}^{(M)}$ von Ionen ungleichnamiger Ladungen besetzt, so ist eine solche Bewegung mit einer Änderung des elektrischen Dipolmoments verbunden. Derartige Schwingungen können durch das elektrische Feld einer Lichtwelle (des infraroten Spektralbereiches) angeregt werden.[1]) Aus diesem Grunde spricht man hier von „optischen Gitterschwingungen" beziehungsweise vom „optischen Schwingungszweig". Man behält diese Bezeichnung auch bei, obwohl bei neutralen Atomen Schwingungen dieser Art nicht mit der Änderung eines elektrischen Dipolmomentes verknüpft sind.

2. Bereich großer Wellenzahlen: $q \approx \pi/a$ (kurze Wellen $\lambda \approx 2a$): Aus der Dispersionsbeziehung (2.34) läßt sich unter Verwendung des Lösungsansatzes (2.27) und des Amplitudenverhältnisses (2.29) sowie unter Beachtung von (2.35) und (2.36) für $q = \pi/a$ zeigen:
Für die kürzesten Wellen ($\lambda = 2a$) sind beim akustischen Schwingungszweig die leichteren Atome unbeweglich, während die schwereren schwingen. Für den optischen Schwingungszweig gilt genau das Umgekehrte; die leichteren Atome schwingen und die schwereren ruhen. (S. z. B. A. I. Anselm [3].)

Nun soll noch der *Grenzfall gleicher Massen* ($M = m$) untersucht werden, wobei zusätzlich auch die Koeffizienten der quasielastischen Kraft gleichen Betrag haben sollen ($\alpha_1 = \alpha_2 = \alpha$). Dann nehmen (2.31) und (2.32) die Werte

$$\omega_0^2 = 4\,\frac{\alpha}{m}\,, \qquad \gamma^2 = 1 \tag{2.44}$$

an. Setzt man diese Werte in (2.35) und (2.36) ein, so erhält man für $q = \pi/a$

$$\left.\begin{aligned} \omega_{\mathrm{ak}}\left(\frac{\pi}{a}\right) &= \sqrt{\frac{2\alpha}{m}}\,, \\ w_{\mathrm{opt}}\left(\frac{\pi}{a}\right) &= \sqrt{\frac{2\alpha}{m}}\,. \end{aligned}\right\} \tag{2.45}$$

In diesem Fall verschwindet also die Frequenzlücke; der optische Schwingungszweig schließt sich unmittelbar an den akustischen an.

[1]) So wurden sie auch erstmals experimentell gefunden.

Besetzen überdies identische Atome die Gitterplätze $n^{(m)}$ und $n^{(M)}$ (s. Abb. 2.4d), so erhält man ein Gitter des im vorangegangenen Abschnitt behandelten Typs mit der Gitterkonstanten $a_1 = a_2 = a/2$ und nur einem (akustischen) Schwingungszweig.

Bisher haben wir in diesem Abschnitt wieder nur ein unendlich ausgedehntes Gitter betrachtet. Nehmen wir nun an, das Gitter bestehe aus jweils N Atomen beider Sorten, so führen ähnliche Überlegungen wie im vorangegangenen Abschnitt dazu, daß die Wellenzahl q innerhalb der ersten Brillouin-Zone nur N verschiedene Werte annehmen kann. Da aber gemäß (2.34) zwei Schwingungszweige existieren, erhalten wir für ein aus zwei Atomsorten bestehendes eindimensionales Gitter $2N$ Normalschwingungen. Eine weitere Verallgemeinerung wollen wir ohne Beweis angeben. Für ein aus s verschiedenen Atomsorten gebildetes eindimensionales Gitter ergeben sich s verschiedene Schwingungszweige; und zwar 1 akustischer und $s - 1$ optische. Wird ein solches Gitter aus jeweils N Atomen der verschiedenen Sorten gebildet, so besteht das Schwingungsspektrum aus sN Normalschwingungen.

2.1.4. Das Schwingungsspektrum des dreidimensionalen Gitters[1])

Das eindimensionale Gitter haben wir in den beiden vorangegangenen Abschnitten nur deshalb so ausführlich diskutiert, weil sich hier die Rechnungen besonders einfach und übersichtlich gestalten und dennoch viele allgemeingültige Aussagen treffen lassen.

Besondere Bedeutung hat natürlich das dreidimensionale Gitter. Es soll daher in diesem Abschnitt das Gitter eines dreidimensionalen Kristalls untersucht werden, den wir uns zweckmäßigerweise aus N identischen sogenannten Elementarzellen zusammengesetzt denken. Da sich der Kristall dementsprechend durch wiederholtes Aneinanderreihen derselben Elementarzelle aufbauen läßt, muß diese ihn bereits vollständig charakterisieren.[2])

Bei der Behandlung der in den Abbildungen 2.1 und 2.4 gezeigten eindimensionalen Gitter wäre die Strecke a als Elementarzelle zu wählen. Im ersten Fall würde sie 1 Atom, im zweiten 2 Atome enthalten.

Wir betrachten jetzt das räumliche Gitter eines Kristalls, der s verschiedene Atome der Massen m_i $(i = 1, 2, \ldots, s)$ in der Elementarzelle enthält. Prinzipiell kann man bei der Behandlung dieses allgemeinen Falls alle Überlegungen so durchführen, wie wir sie für das eindimensionale Gitter angestellt haben. Berücksichtigen muß man jedoch dabei, daß jetzt der Wellenvektor $\boldsymbol{q} = q_1\boldsymbol{e}_1 + q_2\boldsymbol{e}_2 + q_3\boldsymbol{e}_3$ ($\boldsymbol{e}_k$: Einheitsvektoren) innerhalb eines räumlichen Bereiches variiert. Wegen der Periodizität von $\omega(\boldsymbol{q})$ in $\boldsymbol{q}$ kann man sich auch hier auf die Untersuchung der allerdings jetzt räumlich ausgedehnten ersten Brillouin-Zone beschränken.

Zur Charakterisierung des dreidimensionalen Gitters benötigen wir drei Gitterparameter a_1, a_2, a_3, die jeweils den Abstand zwischen gleichartigen Atomen in den durch die Einheitsvektoren $\boldsymbol{e}_1$, $\boldsymbol{e}_2$, $\boldsymbol{e}_3$ vorgegebenen Richtungen repräsentieren. Schrei-

[1]) Wir wollen in diesem Abschnitt nur die bisher gewonnenen Ergebnisse auf das dreidimensionale Gitter verallgemeinern und die hierbei auftretenden Besonderheiten angeben. Auf eine Beweisführung verzichten wir dabei und verweisen auf die angegebenen Fachbücher.

[2]) Näheres zur Elementarzelle s. Abschnitt 3.1.

tet man also (ausgehend von einem beliebigen Atom) im Gitter um einen Vektor $\boldsymbol{a}_1 = a_1\boldsymbol{e}_1$, $\boldsymbol{a}_2 = a_2\boldsymbol{e}_2$, $\boldsymbol{a}_3 = a_3\boldsymbol{e}_3$ oder um beliebige ganzzahlige Vielfache dieser Vektoren weiter, so gelangt man wieder zu einem Atom derselben Sorte.

Mit den Vektoren $\boldsymbol{a}_1$, $\boldsymbol{a}_2$, $\boldsymbol{a}_3$ kann man den Wertebereich für den Wellenvektor $\boldsymbol{q}$ folgendermaßen formulieren:

$$-\pi < \boldsymbol{q} \cdot \boldsymbol{a}_k \leqq +\pi \qquad (k = 1, 2, 3)\,. \tag{2.46}$$

Ist die Elementarzelle speziell ein Würfel $a_1 = a_2 = a_3 = a$, so kann man die Achsen eines cartesischen Koordinatensystems $(\boldsymbol{e}_x, \boldsymbol{e}_y, \boldsymbol{e}_z)$ in die Richtung der Kanten dieser kubischen Zelle legen. Dann läßt sich (2.46) schreiben:

$$\left.\begin{aligned} &-\frac{\pi}{a} < q_x \leqq +\frac{\pi}{a}\,, \qquad -\frac{\pi}{a} < q_y \leqq +\frac{\pi}{a}\,, \qquad -\frac{\pi}{a} < q_z \leqq +\frac{\pi}{a}\,, \\ &(\boldsymbol{q} = q_x\boldsymbol{e}_x + q_y\boldsymbol{e}_y + q_z\boldsymbol{e}_z)\,. \end{aligned}\right\} \tag{2.47}$$

Ein weiterer Unterschied zum eindimensionalen Gitter besteht darin, daß im dreidimensionalen Fall die erlaubten Eigenfrequenzen von den drei Komponenten des Wellenvektors $\boldsymbol{q} = q_1\boldsymbol{e}_1 + q_2\boldsymbol{e}_2 + q_3\boldsymbol{e}_3$ und damit von der Ausbreitungsrichtung der Welle im Kristall abhängen. Für den allgemeinen Fall kann man die Funktion $\omega = \omega(\boldsymbol{q}) = \omega(q_1, q_2, q_3)$ zeichnerisch nicht mehr darstellen; man muß sich auf eine graphische Darstellung längs bestimmter Richtungen innerhalb der Brillouin-Zone beschränken.

Bei der Herleitung der Dispersionsbeziehungen ist zu beachten, daß beim dreidimensionalen Gitter die (2.30) entsprechende charakteristische Gleichung eine Gleichung $3s$-ten Grades für ω^2 ist. Sie liefert im allgemeinen Fall $3s$ physikalisch sinnvolle reelle Lösungen $\omega_j(\boldsymbol{q})$ $(j = 1, 2, \ldots, 3s)$, die insgesamt $3s$ Schwingungszweige bestimmen. Infolge bestimmter Symmetrieeigenschaften der Elementarzelle kann es durchaus vorkommen, daß einige der Lösungen $\omega_j(\boldsymbol{q})$ zusammenfallen, so daß die Zahl der wirklich voneinander verschiedenen Schwingungszweige im realen Fall kleiner als $3s$ sein kann.

Wegen der drei unabhängigen Komponenten des Vektors $\boldsymbol{q}$ existieren beim dreidimensionalen Gitter stets drei akustische Schwingungszweige, für die $\omega_{\text{ak}} \to 0$ gilt, wenn $\boldsymbol{q} \to \boldsymbol{0}$ geht. Die $3s - 3$ verbleibenden Schwingungszweige sind optische, die dadurch charakterisiert sind, daß der Massenmittelpunkt der verschiedenen Atome seine Lage im Raum nicht ändert und daß $\omega_{\text{opt}} \neq 0$ auch für $\boldsymbol{q} \to \boldsymbol{0}$ gilt.

Entsprechend den verschiedenen möglichen Schwingungsrichtungen der Atome im Gitter, nämlich einer Längs- und zweier senkrecht zueinander orientierter Querschwingungen, spricht man auch von *longitudinalen* und *transversalen Schwingungszweigen*. Beim eindimensionalen Gitter sind nur ein longitudinal-akustischer (LA) und, falls mehrere Atomsorten vorhanden sind, longitudinal-optische (LO) Schwingungszweige möglich; beim dreidimensionalen Gitter treten noch transversal-akustische (TA) und transversal-optische (TO) Schwingungszweige hinzu. Jedem der s Atome pro Elementarzelle entsprechen dabei ein longitudinaler und zwei transversale Schwingungszweige. Somit hat das Dispersionsspektrum für einen Kristall, der

s Atome in der Elementarzelle enthält, folgende Schwingungszweige:[1])

$$\boxed{\begin{array}{ll} 1\,\mathrm{LA}; & 2\,\mathrm{TA}; \\ (s-1)\,\mathrm{LO}; & 2(s-1)\,\mathrm{TO} \end{array}}\,. \tag{2.48}$$

Hieraus kann man spezialisieren:

a) Eindimensionales Gitter einer einzigen Atomsorte. Die Elementarzelle des „eindimensionalen Volumens“ a enthält 1 Atom; d. h., es ist $s = 1$.
Gemäß (2.48) bleibt nur 1 LA-Schwingungszweig übrig (in Übereinstimmung mit (2.4)).

b) Eindimensionales Gitter zweier Atomsorten. Wegen der zwei Atome pro Elementarzelle ist $s = 2$. Nach (2.48) erhält man in Übereinstimmung mit (2.34) zwei longitudinale Schwingungszweige: 1 LA und 1 LO.

Bisher haben wir nur die verschiedenen Schwingungszweige betrachtet; wir wollen jetzt zu den Normalschwingungen übergehen: Berücksichtigt man die Endlichkeit des Gitters (der Kristall sollte voraussetzungsgemäß aus N Elementarzellen bestehen), so kann $\boldsymbol{q}$ innerhalb der ersten Brillouin-Zone gerade N verschiedene Werte annehmen. Zusammen mit den $3s$ Schwingungszweigen ergeben sich dementsprechend im allgemeinsten Fall $3sN$ Normalschwingungen des Gitters.

2.2. Phononen

In diesem Abschnitt wollen wir zum Teilchenbild der Gitterschwingungen übergehen. Neben der Einführung der Phononen sowie der Angabe einiger experimenteller Belege für deren Existenz steht die Darstellung der Eigenschaften der Phononen im Mittelpunkt unserer Betrachtungen.

2.2.1. Quantisierung der Gitterschwingungen

Aus Abschnitt 2.1. wissen wir, daß ein Gitter nur Schwingungen ganz bestimmter Frequenz, nämlich der Normalschwingungen, fähig ist. Bei einem aus N Atomen bestehenden eindimensionalen Gitter sind es gerade N und bei einem dreidimensionalen Kristall, der aus N Elementarzellen mit jeweils s Atomen besteht, sind es $3sN$ Normalschwingungen.

Unter der Voraussetzung, daß die Atome kleine Schwingungen um ihre Gleichgewichtslagen ausführen, läßt sich im Rahmen der adiabatischen[2]) und harmonischen[3])

[1]) Im allgemeinen Fall kann man keine so strenge Einteilung vornehmen wie (2.48) zunächst vermuten läßt. Das gelingt meist nur für Wellenvektoren in hochsymmetrischen Richtungen bzw. für $\boldsymbol{q} \to \boldsymbol{0}$.

[2]) Kern- und Elektronenbewegung können (wegen der mehr als 1000mal kleineren Masse der Elektronen gegenüber dem Kern) getrennt behandelt werden.

[3]) Die Entwicklung des Gitterpotentials nach den Auslenkungen der Atome aus ihren Gleichgewichtslagen wird nach dem quadratischen Glied in den Auslenkungen, das die Elemente der Kraftkonstantenmatrix enthält, abgebrochen. Höhere Glieder in dieser Entwicklung führen zu anharmonischen Beiträgen, die für eine Reihe von physikalischen Erscheinungen verantwortlich sind, auf die wir aber im Rahmen dieses Buches nicht eingehen können (z. B. thermische Ausdehnung der Festkörper).

Näherung zeigen, daß jede dieser Normalschwingungen des Gitters einem linearen harmonischen Oszillator äquivalent ist. Aus diesem Grund wollen wir uns zunächst einige Grundtatsachen für den harmonischen Oszillator ins Gedächtnis zurückrufen.

Die Bewegungsgleichung für den linearen harmonischen Oszillator der Masse m und der Kreisfrequenz ω

$$m\frac{\mathrm{d}^2u}{\mathrm{d}t^2} + \alpha u = 0 \tag{2.49}$$

(u: Auslenkung; t: Zeit, α: Koeffizient der elastischen Kraft)

wird durch

$$u = A_0\,\mathrm{e}^{i\omega t} \tag{2.50}$$

mit

$$\omega = \sqrt{\frac{\alpha}{m}} \tag{2.51}$$

gelöst. A_0 ist hierbei die Schwingungsamplitude des Oszillators. Multipliziert man (2.49) mit $\frac{\mathrm{d}u}{\mathrm{d}t}$, so erhält man

$$\frac{\mathrm{d}u}{\mathrm{d}t}\left(m\frac{\mathrm{d}^2u}{\mathrm{d}t^2} + \alpha u\right) = \frac{\mathrm{d}}{\mathrm{d}t}\left[\frac{m}{2}\left(\frac{\mathrm{d}u}{\mathrm{d}t}\right)^2 + \frac{\alpha}{2}u^2\right] = 0\,. \tag{2.52}$$

Der in der eckigen Klammer stehende Ausdruck stellt die Gesamtenergie des linearen harmonischen Oszillators dar, wobei der erste Summand die kinetische und der zweite die potentielle Energie repräsentieren; also

$$\varepsilon = \varepsilon_{\mathrm{kin}} + \varepsilon_{\mathrm{pot}} = \frac{m}{2}\left(\frac{\mathrm{d}u}{\mathrm{d}t}\right)^2 + \frac{\alpha}{2}u^2\,, \tag{2.53}$$

$$\varepsilon_{\mathrm{kin}} = \frac{m}{2}\left(\frac{\mathrm{d}u}{\mathrm{d}t}\right)^2 \tag{2.54}$$

und mit Berücksichtigung von (2.51)

$$\varepsilon_{\mathrm{pot}} = \tfrac{1}{2}\,m\omega^2u^2\,. \tag{2.55}$$

Ausgangspunkt für die quantenmechanische Betrachtung des linearen harmonischen Oszillators ist die Schrödinger-Gleichung

$$-\frac{\hbar^2}{2m}\frac{\mathrm{d}^2\psi}{\mathrm{d}u^2} + \varepsilon_{\mathrm{pot}}\psi = \varepsilon\psi \tag{2.56}$$

mit $\varepsilon_{\mathrm{pot}}$ gemäß (2.55). Hieraus ergibt sich die Gesamtheit der Energieeigenwerte des linearen harmonischen Oszillators zu

$$\varepsilon_n = \hbar\omega\,(n + \tfrac{1}{2}) \qquad (n = 0, 1, 2, \ldots)\,. \tag{2.57}$$

Es läßt sich nun zeigen, daß jede der Normalschwingungen des Gitters als ein solcher linearer harmonischer Oszillator aufgefaßt werden kann. Wir wollen hierzu die Überlegungen anhand des eindimensionalen Gitters, das nur aus einer Atomsorte besteht (vgl. Abschnitt 2.1.2.), kurz skizzieren, ohne die Rechnungen im einzelnen auszuführen. Das Gitter möge sich in einem Schwingungszustand befinden, der der zur

Wellenzahl q gehörenden Normalschwingung entspricht. Gemäß (2.4) beträgt die Frequenz dieser Schwingung $\omega(q) = 2\sqrt{\frac{\alpha}{m}}\left|\sin\frac{qa}{2}\right|$. Man berechnet nun einerseits mit Hilfe der Bewegungsgleichung (2.2) und deren Lösung (2.3) die potentielle Energie des Schwingungszustandes und andererseits mit (2.3) dessen kinetische Energie. Durch Vergleich mit (2.54) und (2.55) stellt man fest, daß der Schwingungszustand zu jeder Zeit derselbe ist wie der eines linearen harmonischen Oszillators der Masse m, der Frequenz $\omega(q)$ und der durch (2.53) gegebenen Gesamtenergie ε.

Da jede mikroskopische periodische Bewegung gequantelt ist, hat der der betrachteten Normalschwingung äquivalente harmonische Oszillator gemäß (2.57) die Energieeigenwerte

$$\varepsilon_n(q) = \hbar\omega(q)\left(n(q) + \tfrac{1}{2}\right) \tag{2.58}$$

mit

$$n(q) = 0, 1, 2, \ldots$$

Die Energie der Gitterschwingungen ist somit gequantelt; sie kann sich nur in ganzzahligen Vielfachen von $\hbar\omega(q)$ ändern. $\hbar\omega(q)$ stellt die Einheitsanregung der betrachteten Normalschwingungen der Frequenz $\omega(q)$ und damit das Energiequant einer elastischen Welle dar. Eine solche elementare energetische Anregung einer Normalschwingung des Gitters nennt man *Phonon*.

Phononen sind also die den Normalschwingungen $\omega(q)$ des Gitters entsprechenden Quasiteilchen; sie besitzen die Energie $\hbar\omega(q)$ und verhalten sich so, als besäßen sie den Impuls $\hbar q$. Hierauf gehen wir im nächsten Abschnitt genauer ein.

Die hier am Beispiel des eindimensionalen Gitters erzielten Ergebnisse wollen wir jetzt auf den allgemeinen Fall erweitern.

Der Schwingungszustand des dreidimensionalen Kristallgitters, bei dem in jeder der N Elementarzellen s Atome enthalten sind, läßt sich als Überlagerung aller möglichen Normalschwingungen und somit von $3sN$ voneinander unabhängig schwingenden linearen harmonischen Oszillatoren ansehen. Mit anderen Worten, die Bewegungsenergie aller Gitteratome läßt sich als Summe der Energien von $3sN$ unabhängigen linearen harmonischen Oszillatoren mit den Massen m_i $(i = 1, 2, \ldots, s)$ und den Frequenzen $\omega_j(\boldsymbol{q})$ ($j = 1, 2, \ldots, 3s$; j charakterisiert den Schwingungszweig) darstellen.

Die Gesamtenergie des Schwingungszustandes (aller Normalschwingungen) des Kristalls ist demzufolge

$$\left.\begin{aligned} &\boxed{\varepsilon\{n_j(\boldsymbol{q})\} = \sum_{\boldsymbol{q},j} \hbar\omega_j(\boldsymbol{q})\left(n_j(\boldsymbol{q}) + \tfrac{1}{2}\right)} \\ &\text{mit} \\ &n_j(\boldsymbol{q}) = 0, 1, 2, \ldots \end{aligned}\right\} \tag{2.59}$$

$n_j(\boldsymbol{q})$ ist die Anzahl der angeregten Normalschwingungen des j-ten Schwingungszweiges mit dem Wellenvektor $\boldsymbol{q}$. Der für $n_j(\boldsymbol{q}) = 0$ (für alle j und $\boldsymbol{q}$) verbleibende Energiewert

$$\varepsilon_0 = \tfrac{1}{2}\sum_{\boldsymbol{q},j} \hbar\omega_j(\boldsymbol{q}) \tag{2.60}$$

gibt die bereits in Abschnitt 2.1.1. erwähnte Nullpunktsenergie an.

2.2.2. Eigenschaften der Phononen

Aus den vorangegangenen Betrachtungen wissen wir, daß man die thermischen Gitterschwingungen in Kristallen auch als thermisch angeregte Phononen auffassen kann. Wir beschäftigen uns jetzt näher mit den Eigenschaften der Phononen.

Die Gesamtheit der Phononen bildet ein ideales Gas von Quasiteilchen. Da sie keinen Spin besitzen, genügen sie der Bose-Einstein-Statistik.

Wie bereits erwähnt, ordnet man den Phononen neben der Energie $\hbar\omega_j(\boldsymbol{q})$ einen „Impuls" $\boldsymbol{p} = \hbar\boldsymbol{q}$ zu. Hierbei handelt es sich nicht um einen Impuls wie man ihn von der Mechanik her kennt, sondern vielmehr um einen *Quasiimpuls*, denn:
Erstens kann der Impuls $\boldsymbol{p}$ nicht wie üblich beliebige Werte annehmen, da der Wellenvektor $\boldsymbol{q}$ auf die erste Brillouin-Zone beschränkt ist.
Zweitens erhält man denselben Impuls $\boldsymbol{p}$, wenn man zum Wellenvektor $\boldsymbol{q}$ ein ganzzahliges Vielfaches eines Vektors des sogenannten reziproken Gitters (s. Abschnitt 3.4.) hinzuaddiert.

Phononen entstehen oder verschwinden bei der Wechselwirkung mit Elektronen oder anderen Phononen.

Die mittlere Phononenzahl (Konzentration der Phononen) hängt von der Temperatur ab.

Da die Gesamtzahl der Phononen im thermodynamischen Gleichgewicht nur durch die Gleichgewichtsbedingungen bestimmt wird, ist das chemische Potential der Phononen Null. Die mittlere Anzahl der Phononen $\langle n_j(\boldsymbol{q})\rangle$ in einem Quantenzustand mit der Energie $\hbar\omega_j(\boldsymbol{q})$ und dem Quasiimpuls $\hbar\boldsymbol{q}$ bestimmt sich somit im thermodynamischen Gleichgewicht durch die Plancksche Formel

$$\boxed{\langle n_j(\boldsymbol{q})\rangle = \frac{1}{e^{\frac{\hbar\omega_j(\boldsymbol{q})}{k_B T}} - 1}} \,. \tag{2.61}$$

Hieraus entnehmen wir:

1. Bei $T = 0\,\mathrm{K}$ existieren keine Phononen.
2. Ist die thermische Energie kleiner als die Phononenenergie, also $k_B T < \hbar\omega_j(\boldsymbol{q})$, so nimmt (2.61) die Form
$$\langle n_j(\boldsymbol{q})\rangle \approx e^{-\frac{\hbar\omega_j(\boldsymbol{q})}{k_B T}} \tag{2.62}$$
an. Für Temperaturen $T < \dfrac{\hbar\omega_j(\boldsymbol{q})}{k_B}$ nimmt folglich die Wahrscheinlichkeit dafür, daß ein Phonon der Energie $\hbar\omega_j(\boldsymbol{q})$ existiert, exponentiell mit der Temperatur ab.
3. Für $k_B T \gg \hbar\omega_j(\boldsymbol{q})$ geht (2.61) in
$$\langle n_j(\boldsymbol{q})\rangle \approx \frac{k_B T}{\hbar\omega_j(\boldsymbol{q})} \sim k_B T \tag{2.63}$$
über. Die Gesamtzahl der Phononen ist also der thermischen Energie und damit der Temperatur T proportional. Die Gesamtenergie dieser $\langle n_j(\boldsymbol{q})\rangle$ Phononen der Energie $\hbar\omega_j(\boldsymbol{q})$ beträgt dann
$$\langle \varepsilon_j(\boldsymbol{q})\rangle = \langle n_j(\boldsymbol{q})\rangle\, \hbar\omega_j(\boldsymbol{q}) = k_B T \,. \tag{2.64}$$

Wir müssen dabei erkennen: Mit zunehmender Temperatur vollziehen sich zwei Prozesse gleichzeitig:

1. Es werden Phononen immer höherer Energie (dementsprechend Gitterschwingungen mit immer kürzerer Wellenlänge) angeregt. Dieser Vorgang bricht bei einer bestimmten Grenztemperatur ab; und zwar dann, wenn Phononen der Energie $\hbar\omega_{j_{\max}}(\boldsymbol{q})$ angeregt werden.
2. Die Zahl der angeregten Phononen mit geringerer als bei der entsprechenden Temperatur maximal möglichen Energie nimmt zu. Dieser Prozeß bricht nicht ab.[1])

Die Grenztemperatur, bei der der erstgenannte Prozeß abbricht, nennt man *Debye-Temperatur* Θ_D.

Im Fall des eindimensionalen Gitters kann man in grober (linearer) Näherung die Debye-Temperatur mit Hilfe von (2.17) unter Berücksichtigung, daß die Gruppengeschwindigkeit gleich der Schallgeschwindigkeit im Festkörper ist, abschätzen:

$$\Theta_D \approx \frac{\hbar\omega_{\max}}{k_B} = \frac{2\hbar v_S}{a k_B} \approx 100\ \mathrm{K} \qquad (2.65)$$

(typische Werte für die Schallgeschwindigkeit v_S und Gitterkonstante a eingesetzt).

Experimentell bestimmt man die Debye-Temperatur aus den elastischen Konstanten oder ermittelt sie aus den thermischen Eigenschaften des Festkörpers. Für eine Reihe von Elementen sind einige der heute bekannten experimentell bestimmten Werte für Θ_D in Tabelle 2.1 angegeben.

Tabelle 2.1.
Experimentell ermittelte Debye-Temperatur *) Θ_D für einige Elemente

Element	Θ_D/K	Element	Θ_D/K	Element	Θ_D/K	Element	Θ_D/K
Ag	226	Co	445	Li	370	Sb	207
Al	428	Cr	630	Mg	400	Si	640
As	282	Cs	38	Mn	450	Sn (grau)	210
Au	164	Cu	343	Mo	450	Sn (weiß)	178
Ba	110	Fe	467	Na	158	Sr	147
Be	1160	Ga	320	Nb	230	Ta	240
Bi	119	Ge	370	Ni	450	Te	153
C (Diamant)	2230	Hg	80	Pb	110	Tl	87
C (Graphit)	420	In	108	Pd	300	V	360
Ca	230	Ir	420	Pt	240	W	400
Cd	188	K	90	Rb	52	Zn	310

*) nach: American Institute of Physics Handbook [2].

Die Debye-Temperatur ist eine stoffspezifische Konstante. Übt man auf einen Kristall einen äußeren Druck aus, so bewirkt die daraus resultierende Verringerung der Gitterkonstanten a eine Erhöhung der Debye-Temperatur (vgl. (2.65)).

[1]) Da sich dementsprechend bei einer Temperaturabsenkung die Gesamtzahl der Phononen verringert, spricht man dann häufig auch von einem „Einfrieren" der Phononen.

Ein wichtiger Aspekt muß noch erwähnt werden. Die Frequenzen der optischen Schwingungszweige betragen größenordnungsmäßig 10^{13} s^{-1} (vgl. Abschnitt 2.1.3.), so daß

$$\omega_j(\boldsymbol{q})|_{\text{opt}} \approx \omega_{\max} \tag{2.66}$$

gilt. Dementsprechend ist die Energie der sogenannten optischen Phononen

$$\hbar\omega_j(\boldsymbol{q})|_{\text{opt}} \approx \hbar\omega_{\max} \approx k_B\Theta_D\,. \tag{2.67}$$

Hieraus folgt wiederum, daß optische Phononen im wesentlichen nur bei Temperaturen

$$T \gtrapprox \Theta_D \tag{2.68}$$

existieren. (Unterhalb Θ_D nimmt die Wahrscheinlichkeit für ihre Anregung exponentiell ab; vgl. (2.62)).

Abschließend wollen wir noch auf einige experimentelle Beweise für die Existenz von Phononen eingehen. Der erste Beweis ergab sich als Folge von Untersuchungen zum Beitrag des Gitters zur Wärmekapazität von Festkörpern. Experimentell wurde festgestellt, daß der Gitterbeitrag zur Wärmekapazität mit abnehmender Temperatur kleiner wird und schließlich gegen Null geht. Eine befriedigende Erklärung hierfür kann nur unter der Voraussetzung gegeben werden, daß die Energie der Gitterschwingungen gequantelt ist (s. Abschnitt 2.3.).

Am überzeugendsten beweisen Experimente zur unelastischen Streuung von Röntgenstrahlen und thermischen Neutronen an Kristallen die Existenz von Phononen. Hierbei treten nämlich Energie- und Impulsänderungen auf, die der Erzeugung oder Absorption von Phononen entsprechen. Aus dem Rückstoß der gestreuten Röntgenstrahlen oder der Neutronen kann man auf bestimmte Eigenschaften einzelner Phononen schließen.

Aussagen über die Phononen erhält man auch aus der Absorption und Reflexion von infrarotem Licht, aus der unelastischen Streuung von Lichtquanten, Neutronen oder Elektronen sowie aus der Untersuchung von Elektronenübergängen unter Beteiligung von Phononen.

Eine der bereits genannten und in der Vergangenheit am meisten angewandten experimentellen Methoden zur Bestimmung der Disperionskurven $\omega_j = \omega_j(\boldsymbol{q})$ von Gitterschwingungen bzw. der ihnen entsprechenden Phononen in Kristallen ist die der unelastischen Neutronenstreuung. Da diese Streuung nur dann verstanden werden kann, wenn eine Beteiligung von Phononen (Teilchen mit einem Quasiimpuls $\hbar\boldsymbol{q}$ und einer Energie $\hbar\omega_j(\boldsymbol{q})$) vorausgesetzt wird, liefert sie überdies den Nachweis für die Existenz von Phononen überhaupt. Betrachtet man nämlich Impuls und Energie vor und nach der Streuung, so gilt:

$$\boldsymbol{k} + \boldsymbol{g} = \boldsymbol{k}' \pm \boldsymbol{q}\,,$$

$$\frac{\hbar^2\boldsymbol{k}^2}{2m_N} = \frac{\hbar^2\boldsymbol{k}'^2}{2m_N} \pm \hbar\omega_j(\boldsymbol{q})\,,$$

wenn $\hbar\boldsymbol{k}$ der Impuls eines Neutrons der Masse m_N vor der Streuung, $\hbar\boldsymbol{k}'$ dessen Impuls nach der Streuung und $\hbar\boldsymbol{q}$ der Quasiimpuls eines absorbierten oder erzeugten Phonons der Energie $\hbar\omega_j(\boldsymbol{q})$ sind. ($\boldsymbol{g}$ ist ein beliebiger Vektor des reziproken Gitters; s. hierzu Abschnitt 3.4.1.)

In Abbildung 2.7 sind zwei mit Hilfe der unelastischen Neutronenstreuung ermittelte Dispersionsspektren dargestellt; und zwar zeigt Abbildung 2.7a die Dispersionskurven für akustische Phononen in Natrium und Abbildung 2.7b die für akustische und optische Phononen in Silizium.

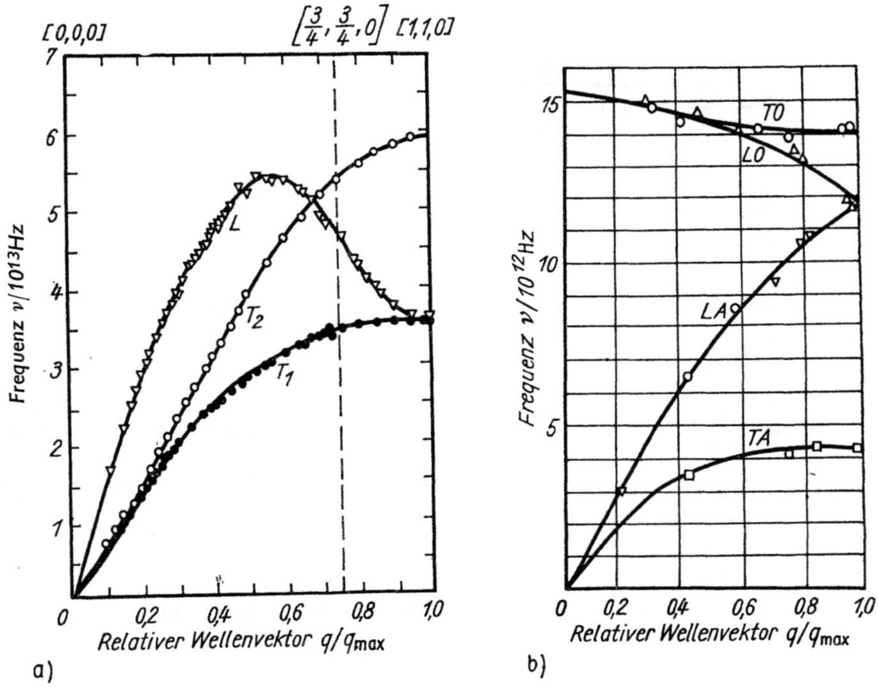

Abb. 2.7.
Mittels unelastischer Neutronenstreuung ermittelte Dispersionskurven

a) Dispersionskurven für akustische Phononen in Aluminium (nach R. F. WALLIS u. a. [118])
b) Dispersionskurven für optische (TO, LO) und akustische (TA, LA) Phononen in Silizium (nach B. N. BROCKHOUSE [57])

Heute hat man durch den Einsatz sehr intensiver Laser-Strahlungsquellen die Möglichkeit, Dispersionskurven auch aus Messungen der Raman- bzw. Brillouin-Streuung zu ermitteln. Bei der Raman-Streuung erfolgt die Streuung des Laserlichtes an optischen Phononen. Infolge der Wechselwirkung des eingestrahlten Lichtes (Photonenenergie $\hbar\omega_e$) mit den genannten Phononen unterscheidet sich die Photonenenergie des gestreuten Lichtes $\hbar\omega_s$ von der des eingestrahlten gerade um die Energie der entsprechenden Phononen; also: $\hbar\omega_s = \hbar\omega_e \pm \hbar\omega_j(\boldsymbol{q})$. Experimentell äußert sich dieser Sachverhalt darin, daß die Frequenz des gestreuten Lichtes gegenüber der des einfallenden verschoben ist; und zwar genau um $\pm\,\omega_j(\boldsymbol{q})$.

Entsprechendes gilt für die Brillouin-Streuung, bei der jedoch die Streuung des Laserlichtes an akustischen Phononen erfolgt. Wegen der geringeren Phononenenergien sind hier die Frequenzverschiebungen kleiner als bei der Raman-Streuung; sie betragen nur wenige GHz.

Abbildung 2.8a zeigt schematisch einen möglichen Meßaufbau. Das vom Laser ausgehende Licht wird auf den Kristall fokussiert. Das gestreute Licht, dessen Intensität um den Faktor 10^6 bis 10^7 geringer als die des einfallenden ist, wird über ein selektierendes Filter (Fabry-Perot-Interferometer) einem Photoempfänger zugeleitet. Das Interferometer besteht aus zwei sich gegenüberstehenden, in ihrem gegenseitigen Abstand verstellbaren Spiegeln. In Abhängigkeit vom Spiegelabstand kann stets nur Licht einer bestimmten Frequenz hindurchtreten. Man hat somit die Möglichkeit, die Intensität des gestreuten Lichtes selektiv, also in Abhängigkeit von der Frequenz zu messen.

In Abbildung 2.8b ist ein Streulichtspektrum dargestellt, das an einem Neonkristall aufgenommen worden ist. Die um $\pm\,\omega_j(\boldsymbol{q})$ frequenzverschobenen Linien (L) sind deutlich

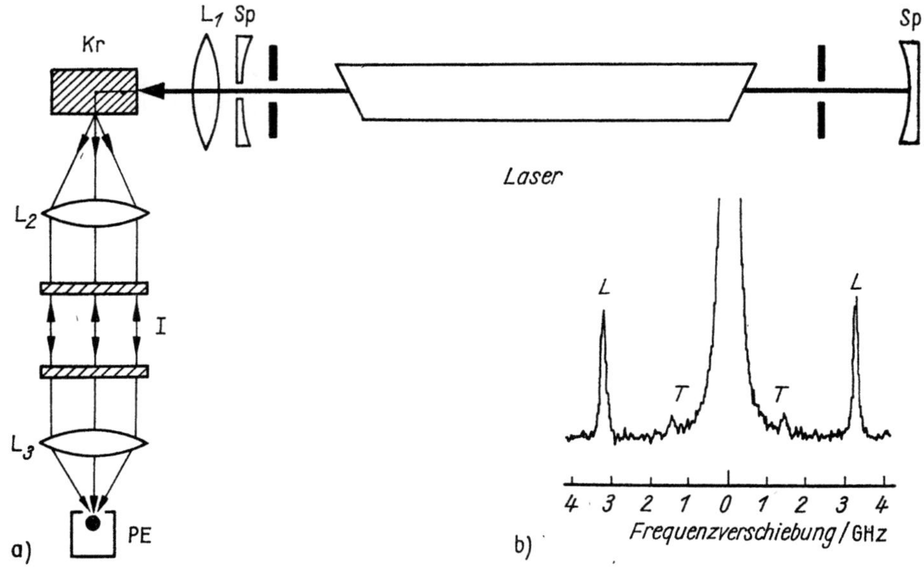

Abb. 2.8.
Zur Ermittlung von Dispersionskurven aus Raman- bzw. Brillouin-Streuungsmessungen
a) Schematische Darstellung des Meßaufbaus
I: Fabry-Perot-Interferometer; Kr: Kristall; L: Linse; PE: Photoempfänger; Sp: Spiegel
b) Brillouin-Streuung an einem Neonkristall; aufgenommen bei $T = 24{,}6$ K und 0,426 atm. Als Strahlungsquelle diente ein Mono-Moden-Argonlaser, $\lambda = 488$ nm (nach B. P. Stoicheff u. a. [115])

erkennbar. Auf das Zustandekommen des sehr starken Streulichtanteils mit der Frequenz des eingestrahlten Lichtes wollen wir hier nicht eingehen.

2.3. Berechnung des Gitterbeitrages zur Wärmekapazität von Festkörpern

In gewisser Weise als Anwendung für den bisher im vorliegenden Kapitel erarbeiteten Stoff wollen wir nun den Beitrag, den das Gitter zur Wärmekapazität eines Festkörpers liefert, mit Hilfe des Schwingungsspektrums bestimmen.

Nach einigen allgemeinen Bemerkungen zur Wärmekapazität sowie zu deren experimentell ermittelter Temperaturabhängigkeit wird die Wärmekapazität entsprechend der klassischen Theorie (Abschnitt 2.3.1.), dem Einstein-Modell (Abschnitt 2.3.2.) und dem Debye-Modell (Abschnitt 2.3.3.) berechnet. Die Ergebnisse werden diskutiert.

Bei allen in diesem Abschnitt erfolgenden Untersuchungen wollen wir uns auf solche Gitter beschränken, in deren Elementarzelle nur ein Atom enthalten ist.

2.3.1. Klassische Theorie der Wärmekapazität

Bevor wir uns mit den Problemen befassen, die sich aus der als klassisch bezeichneten Theorie der Wärmekapazität ergeben, seien ein paar einführende Bemerkungen vorausgeschickt.

Definiert wird die Wärmekapazität ganz allgemein durch

$$C = \frac{\delta Q}{\mathrm{d}T} \tag{2.69}$$

(Q: Wärmemenge; T: absolute Temperatur).

Da ihr Wert jedoch von der Prozeßführung abhängt (Q ist keine Zustandsgröße !), muß man zwischen der Wärmekapazität bei konstantem Volumen C_V und der bei konstantem Druck C_p unterscheiden. Die Differenz zwischen beiden erklärt sich daraus, daß sich ein bei konstantem Druck erwärmter Körper ausdehnt. Somit muß neben der Erwärmung (Erhöhung der inneren Energie ε) zusätzlich Arbeit gegen den äußeren Druck und gegen die inneratomaren Kräfte verrichtet werden. Die beiden letztgenannten Arbeiten braucht man bei Erwärmung des Körpers bei konstantem Volumen nicht aufzuwenden. Daher gilt für stabile thermodynamische Systeme qualitativ stets

$$C_p > C_V > 0 \tag{2.70}$$

und quantitativ[1])

$$C_p - C_V = 9\bar{\alpha}^2 \varkappa_0 V\, T\,. \tag{2.71}$$

Hierbei sind $\bar{\alpha}$ der lineare Ausdehnungskoeffizient, $\varkappa_0$ der Kompressionsmodul und V das Volumen.

Bei Festkörpern sind $\bar{\alpha}$ und $\varkappa_0$ sehr klein, so daß der Unterschied zwischen C_p und C_V (insbesondere unterhalb der Zimmertemperatur) vernachlässigbar gering ist; also:

$$C_p \approx C_V\,. \tag{2.72}$$

Gemessen wird im allgemeinen C_p; leichter zu berechnen ist allerdings

$$C_V = \left(\frac{\delta Q}{\mathrm{d}T}\right)_V = \left(\frac{\partial \varepsilon}{\partial T}\right)_V. \tag{2.73}$$

Experimentell ist bekannt:

1. Im *Bereich hoher Temperaturen* (etwa oberhalb der Zimmertemperatur) beträgt die molare Wärmekapazität fast aller Festkörper

$$C_V \approx 3\, L k_B \approx 25\ \mathrm{J\ mol^{-1}\ K^{-1}} \approx 6\ \mathrm{cal\ mol^{-1}\ grd^{-1}}\,, \tag{2.74}$$

wobei L die Loschmidt-Zahl und k_B die Boltzmann-Konstante sind.
(2.74) ist als *Dulong-Petitsche Regel* bekannt.

2. Im *Bereich tiefer Temperaturen* (unterhalb der Debye-Temperatur θ_D) nimmt die molare Wärmekapazität mit sinkender Temperatur gemäß

$$C_V(T \to 0\ \mathrm{K}) \sim T^3 \tag{2.75}$$

ab.

Bei Metallen macht sich zusätzlich zum Gitteranteil der in Abschnitt 1.1.5. diskutierte Beitrag der quasifreien Elektronen zur molaren Wärmekapazität bemerkbar. Daher stellt man experimentell $C_V(T \to 0\ \mathrm{K}) \sim T$ fest. Der im hier vorliegenden Abschnitt ausschließlich betrachtete Gitterbeitrag zur molaren Wärmekapazität zeigt auch bei Metallen die T^3-Abhängigkeit.

[1]) S. beispielsweise C. Kittel [22].

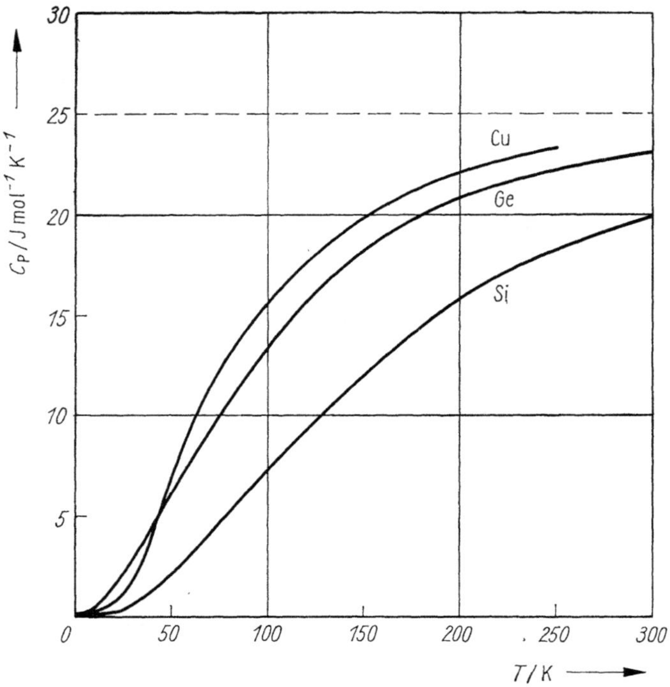

Abb. 2.9.
Beispiel für einen experimentell ermittelten Verlauf der Wärmekapazität als Funktion der Temperatur

Abbildung 2.9 zeigt einen typischen Verlauf für die experimentell gefundene Temperaturabhängigkeit der molaren Wärmekapazität.

Im Rahmen der klassischen Theorie der Wärmekapazität geht man davon aus, daß gemäß dem Gleichverteilungssatz der klassischen Statistik die mittlere kinetische Energie eines Systems bei der Temperatur T pro Freiheitsgrad $\frac{1}{2} k_B T$ beträgt. Die in 1 mol eines Festkörpers enthaltenen L Atome besitzen $3L$ Freiheitsgrade und somit eine mittlere kinetische Energie

$$\bar{\varepsilon}_{\text{kin}} = \tfrac{3}{2} L k_B T . \tag{2.76}$$

Wegen ihrer Bindung an den Gitterplatz besitzen die Atome im Kristall auch potentielle Energie. Sie läßt sich folgendermaßen ermitteln: Unter der Voraussetzung harmonischer Bindungskräfte kann man die allgemeinste Gitterbewegung als Superposition aller möglichen ($3L$) Normalschwingungen auffassen, denen $3L$ unabhängige lineare harmonische Oszillatoren entsprechen (vgl. Abschnitt 2.2.1.). Da nun die mittlere potentielle Energie solcher Oszillatoren gleich ihrer mittleren kinetischen ist, ergibt sich nach der klassischen Statistik die mittlere Gesamtenergie $\bar{\varepsilon}_{\text{ges}}$ (innere Energie) des hier betrachteten Systems zu

$$\bar{\varepsilon}_{\text{ges}} = \bar{\varepsilon}_{\text{kin}} + \bar{\varepsilon}_{\text{pot}} = 2\bar{\varepsilon}_{\text{kin}} . \tag{2.77}$$

Mit (2.76) erhält man

$$\bar{\varepsilon}_{\text{ges}} = 3 L k_B T \tag{2.78}$$

und schließlich mit (2.73)

$$\boxed{C_V = 3Lk_B}\,. \tag{2.79}$$

Gemäß der klassischen Theorie ist also der Beitrag, den das Gitter zur molaren Wärmekapazität liefert, temperaturunabhängig. Das erhaltene Ergebnis stimmt mit der experimentell gefundenen (aber nur im Bereich hoher Temperaturen gültigen) Dulong-Petitschen Regel (2.74) überein. Die unterhalb der Zimmertemperatur beobachtete Abnahme der molaren Wärmekapazität mit sinkender Temperatur ist klassisch nicht erklärbar.

2.3.2. Das Einstein-Modell

Einstein erkannte, daß die klassisch nicht deutbare Temperaturabhängigkeit der molaren Wärmekapazität auf Quanteneffekten beruht. Er ging bei seinen Rechnungen von folgendem Modell aus: Der Festkörper ist eine Gesamtheit von Atomen, die wie nicht miteinander wechselwirkende harmonische Oszillatoren mit ein und derselben Frequenz ν_E (Einstein-Frequenz) schwingen. Die möglichen Energiezustände eines jeden beliebigen Oszillators sind

$$\left.\begin{aligned} \varepsilon_n = (n + \tfrac{1}{2})\,\hbar\omega_E\,; \qquad & n = 0, 1, 2, \ldots, \\ & \omega_E = 2\pi\nu_E\,. \end{aligned}\right\} \tag{2.80}$$

Unter diesen Voraussetzungen ergibt sich die mittlere Energie $\bar{\varepsilon}$ eines Oszillators zu

$$\bar{\varepsilon} = \sum_{n=0}^{\infty} g_n \varepsilon_n\,, \tag{2.81}$$

wobei g_n die Wahrscheinlichkeit dafür ist, daß sich ein Oszillator im thermodynamischen Gleichgewicht im n-ten Quantenzustand mit der Energie ε_n befindet. Nach Boltzmann erhält man

$$g_n = \frac{e^{-\frac{\varepsilon_n}{k_B T}}}{\sum\limits_{n=0}^{\infty} e^{-\frac{\varepsilon_n}{k_B T}}}\,. \tag{2.82}$$

Damit wird (2.81)

$$\bar{\varepsilon} = \frac{\sum\limits_{n=0}^{\infty} \varepsilon_n\, e^{-\frac{\varepsilon_n}{k_B T}}}{\sum\limits_{n=0}^{\infty} e^{-\frac{\varepsilon_n}{k_B T}}}\,. \tag{2.83}$$

Führt man die sogenannte Zustandssumme

$$Z = \sum_{n=0}^{\infty} e^{-\frac{\varepsilon_n}{k_B T}} \tag{2.84}$$

ein, läßt sich (2.83) in der Form

$$\bar{\varepsilon} = -\frac{\mathrm{d}}{\mathrm{d}\left(\dfrac{1}{k_\mathrm{B}T}\right)} \ln Z \tag{2.85}$$

angeben.

Z ist nun unter Berücksichtigung von (2.80) zu berechnen:

$$Z = \sum_{n=0}^{\infty} \mathrm{e}^{-\frac{(n+\frac{1}{2})\hbar\omega_\mathrm{E}}{k_\mathrm{B}T}} = \mathrm{e}^{-\frac{1}{2}\frac{\hbar\omega_\mathrm{E}}{k_\mathrm{B}T}} \left(\sum_{n=0}^{\infty} \mathrm{e}^{-\frac{n\hbar\omega_\mathrm{E}}{k_\mathrm{B}T}} \right).$$

Der zweite Faktor ist eine unendliche geometrische Reihe, so daß

$$Z = \frac{\mathrm{e}^{-\frac{1}{2}\frac{\hbar\omega_\mathrm{E}}{k_\mathrm{B}T}}}{1 - \mathrm{e}^{-\frac{\hbar\omega_\mathrm{E}}{k_\mathrm{B}T}}} \tag{2.86}$$

wird. Setzt man diesen Ausdruck in (2.85) ein und führt die Differentiation aus, so erhält man für die mittlere Energie eines Oszillators

$$\bar{\varepsilon} = \frac{\hbar\omega_\mathrm{E}}{2} + \frac{\hbar\omega_\mathrm{E}}{\mathrm{e}^{\frac{\hbar\omega_\mathrm{E}}{k_\mathrm{B}T}} - 1}\,. \tag{2.87}$$

Hierbei ist $\dfrac{\hbar\omega_\mathrm{E}}{2} = \varepsilon_0$ die bekannte temperaturunabhängige Nullpunktsenergie.

Für hohe Temperaturen strebt $\bar{\varepsilon}$ dem klassischen Wert $k_\mathrm{B}T$ zu.

Wegen seiner drei Freiheitsgrade werden entsprechend jedem Atom drei unabhängige Oszillatoren zugeordnet. Damit beträgt die mittlere Gesamtenergie $\bar{\varepsilon}_\mathrm{ges}$ (innere Energie) eines Mols eines Festkörpers

$$\bar{\varepsilon}_\mathrm{ges} = 3L\bar{\varepsilon} \tag{2.88}$$

und mit (2.87)

$$\bar{\varepsilon}_\mathrm{ges} = 3L \left(\frac{\hbar\omega_\mathrm{E}}{2} + \frac{\hbar\omega_\mathrm{E}}{\mathrm{e}^{\frac{\hbar\omega_\mathrm{E}}{k_\mathrm{B}T}} - 1} \right). \tag{2.89}$$

Die gesuchte molare Wärmekapazität erhält man hieraus zu

$$C_\mathrm{V}(T) = \left(\frac{\partial \bar{\varepsilon}_\mathrm{ges}}{\partial T} \right)_\mathrm{V} = 3Lk_\mathrm{B} \left(\frac{\hbar\omega_\mathrm{E}}{k_\mathrm{B}T} \right)^2 \frac{\mathrm{e}^{\frac{\hbar\omega_\mathrm{E}}{k_\mathrm{B}T}}}{\left(\mathrm{e}^{\frac{\hbar\omega_\mathrm{E}}{k_\mathrm{B}T}} - 1 \right)^2}\,. \tag{2.90}$$

Im Rahmen des Einstein-Modells führt man die charakteristische Einstein-Temperatur

$$\Theta_\mathrm{E} = \frac{\hbar\omega_\mathrm{E}}{k_\mathrm{B}} \tag{2.91}$$

ein und formuliert (2.90) dann in der Form

$$\boxed{C_\mathrm{V}(T) = 3Lk_\mathrm{B} \left(\frac{\Theta_\mathrm{E}}{T} \right)^2 \frac{\mathrm{e}^{\Theta_\mathrm{E}/T}}{(\mathrm{e}^{\Theta_\mathrm{E}/T} - 1)^2}}\,. \tag{2.92}$$

Vergleicht man die hier erhaltene Funktion $C_V(T)$ mit experimentell ermittelten Temperaturverläufen der molaren Wärmekapazität, so ergibt sich für die Mehrheit der Festkörper

$$\Theta_E \approx 300\ \mathrm{K}$$

und (2.93)

$$\nu_E \approx 5 \cdot 10^{12}\ \mathrm{s}^{-1}\,.$$

Wir wollen abschließend noch zwei Grenzfälle betrachten:

1. Bereich hoher Temperaturen ($T \gg \Theta_E$):

In diesem Fall geht (2.92) in

$$C_V \approx 3Lk_B \tag{2.94}$$

über. Dieser Wert entspricht aber gerade der Dulong-Petitschen Regel (2.74). Im Bereich hoher Temperaturen geht das Einsteinsche Ergebnis in das klassische (2.79) über.

2. Bereich tiefer Temperaturen ($T \ll \Theta_E$):

Da nun $e^{\Theta_E/T} \gg 1$ ist, wird aus (2.92):

$$C_V(T) \approx 3Lk_B \left(\frac{\Theta_E}{T}\right)^2 e^{-\Theta_E/T}\,. \tag{2.95}$$

Damit konnte Einstein zeigen, daß $\lim\limits_{T \to 0\mathrm{K}} C_V(T) = 0$ ist. Allerdings ist dennoch eine erhebliche Diskrepanz zum experimentell bestimmten Temperaturverlauf der molaren

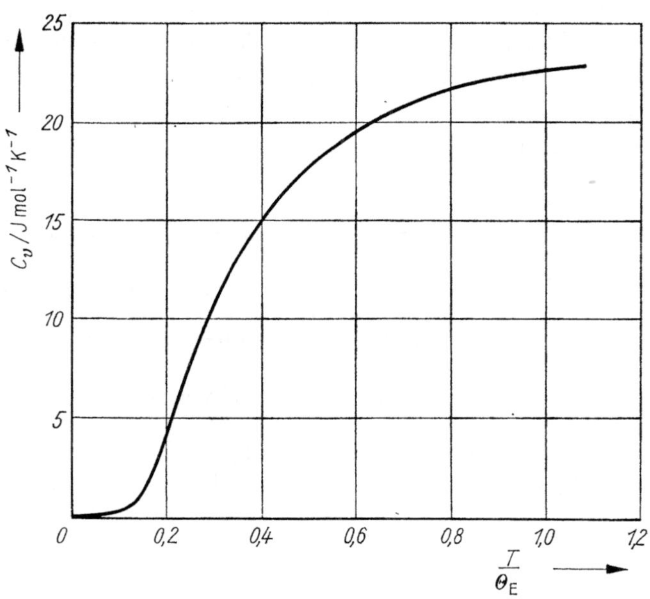

Abb. 2.10.
Nach dem Einstein-Modell berechneter Temperaturverlauf der Wärmekapazität

Wärmekapazität zu bemerken (s. Abb. 2.10 und 2.12). Die Messungen ergeben, daß die molare Wärmekapazität wesentlich schwächer gegen Null geht als durch (2.95) angegeben.

2.3.3. Das Debye-Modell

Im Unterschied zur Einsteinschen Annahme, daß vom gesamten Schwingungsspektrum des Gitters nur eine einzige Mode (nämlich die mit der charakteristischen Frequenz ν_E) angeregt ist, ging DEBYE bei seiner Berechnung des Gitterbeitrages zur molaren Wärmekapazität davon aus, daß alle Normalschwingungen $\omega_j(\boldsymbol{q})$ angeregt werden können. Somit gilt für die Kreisfrequenz ω:

$$\omega_{\min} \leqq \omega \leqq \omega_{\max} . \tag{2.96}$$

Unter dieser Voraussetzung ist wieder die mittlere Gesamtenergie $\bar{\varepsilon}_{\text{ges}}$ aller Oszillatoren (also die innere Energie eines Mols des Festkörpers) zu berechnen, die jetzt in der Form

$$\bar{\varepsilon}_{\text{ges}} = \int\limits_{\omega_{\min}}^{\omega_{\max}} g(\omega)\, \bar{\varepsilon}(\omega)\, \mathrm{d}\omega \tag{2.97}$$

zu schreiben ist. Hierbei sind $\bar{\varepsilon}(\omega)$ die mittlere Energie eines einzelnen mit der Frequenz ω schwingenden Oszillators und $g(\omega)$ die Verteilungsfunktion der Schwingungen. $g(\omega)\,\mathrm{d}\omega$ gibt also die Zahl der Schwingungsmoden im Frequenzintervall $(\omega; \omega + \mathrm{d}\omega)$ an.

$\bar{\varepsilon}(\omega)$ ist bereits in Abschnitt 2.3.2. berechnet worden. Der Ausdruck (2.87) kann in die Beziehung (2.97) eingesetzt werden, wenn man anstelle von ω_E die Kreisfrequenz ω schreibt.

Zur Berechnung von $\bar{\varepsilon}_{\text{ges}}$ muß nun noch die Funktion $g(\omega)$ ermittelt werden. Dies geschieht, indem man die Zahl der im Volumenelement $\mathrm{d}\boldsymbol{q}$ enthaltenen Wellenvektoren $W(\boldsymbol{q})\,\mathrm{d}\boldsymbol{q}$ bestimmt. Die gesuchte Zahl der Schwingungsmoden im Frequenzintervall $\mathrm{d}\omega$ ergibt sich daraus zu

$$g(\omega)\,\mathrm{d}\omega = W(\boldsymbol{q}) \left(\frac{\mathrm{d}\omega}{\mathrm{d}\boldsymbol{q}}\right)^{-1} \mathrm{d}\omega . \tag{2.98}$$

Erinnern wir uns, daß im Falle eines linearen Gitters von N[1]) Atomen die Wellenzahl q in dem „eindimensionalen" Volumen $\frac{2\pi}{a}$ gerade N verschiedene Werte annehmen kann (vgl. Abschnitt 2.1.2.). Die Zustandsdichte beträgt somit $W(q) = \frac{aN}{2\pi}$ beziehungsweise $W(q)\,\mathrm{d}q = \frac{aN}{2\pi}\,\mathrm{d}q$. Erweitert man diesen Sachverhalt auf das dreidimensionale Gitter, so erhält man unter der Berücksichtigung, daß pro Wellenvektor drei verschieden polarisierte (1 longitudinale und 2 transversale) Wellen möglich sind:

$$W(\boldsymbol{q})\,\mathrm{d}\boldsymbol{q} = 3\,\frac{\mathsf{V}}{(2\pi)^3}\,\mathrm{d}\boldsymbol{q} \tag{2.99}$$

(V: Volumen des Festkörpers).

[1]) N bedeutet auch die Anzahl der Elementarzellen.

Um nun $g(\omega)$ berechnen zu können, betrachtete DEBYE den kristallinen Festkörper näherungsweise als isotropes Kontinuum, in dem die einfache lineare Dispersionsbeziehung

$$\omega = v_S q \tag{2.100}$$

gelten möge. $v_S = v_{Gr} = v_{Ph}$ ist hier die Schallgeschwindigkeit

(v_{Gr}: Gruppengeschwindigkeit; v_{Ph}: Phasengeschwindigkeit).

Wegen der angenommenen Isotropie kann man eine Kugel im $\boldsymbol{q}$-Raum betrachten. (2.99) geht dann in

$$W(\boldsymbol{q})\, \mathrm{d}\boldsymbol{q} = 3\frac{V}{(2\pi)^3} 4\pi q^2\, \mathrm{d}q = 3\frac{V}{2\pi^2} q^2\, \mathrm{d}q \tag{2.101}$$

über.

Mit (2.100) und (2.101) erhält man schließlich aus (2.98)

$$g(\omega) = 3\frac{V}{2\pi^2}\frac{\omega^2}{v_S^3}. \tag{2.102}$$

Dieser Ausdruck läßt sich für den etwas allgemeineren Fall eines isotropen Materials, aber nichtlinearer Dispersionsbeziehung folgendermaßen schreiben:

$$g(\omega) = 3\frac{V}{2\pi^2}\frac{\omega^2}{v_{Gr} v_{Ph}^2}. \tag{2.103}$$

Im allgemeinsten Fall, bei einem anisotropen Material, hängt die Verteilungsfunktion der Schwingungen von der Ausbreitungsrichtung der entsprechenden elastischen Welle ab.

Wenn wir im weiteren (2.102) verwenden, so müssen wir uns über die Bedeutung von v_S im klaren sein. Selbst im isotropen Kontinuum muß man zwischen longitudinaler und transversaler Schallgeschwindigkeit (v_l und v_t) unterscheiden, so daß (2.102) eigentlich in der Form

$$g(\omega) = 3\frac{V}{2\pi^2}\omega^2\left(\frac{1}{v_l^3} + \frac{2}{v_t^3}\right) \tag{2.104}$$

zu formulieren wäre. Der Einfachheit halber nehmen wir an, v_S in (2.102) sei eine geeignet gemittelte Geschwindigkeit.

Bevor wir nun endgültig die innere Energie des Festkörpers (also die mittlere Gesamtenergie aller Oszillatoren) nach (2.97) berechnen können, müssen wir uns über die in (2.97) auftretenden Integrationsgrenzen Gedanken machen.

Die minimale Kreisfrequenz ω_{min} ergibt sich aus der langwelligsten im Kristall möglichen Normalschwingung. Für Kristalle, die aus einer sehr großen Zahl von Elementarzellen bestehen (das ist praktisch immer erfüllt!), ist in guter Näherung

$$\omega_{min} \approx 0 \tag{2.105}$$

zu setzen.

Die maximale Kreisfrequenz ω_{max} erhält man aus der Bedingung, daß die Gesamtzahl der Normalschwingungen gleich der Anzahl der Freiheitsgrade ist; also für 1 Mol eines Festkörpers:

$$\int_0^{\omega_{max}} g(\omega)\, \mathrm{d}\omega = 3L. \tag{2.106}$$

Hier (2.102) eingesetzt, ergibt

$$\omega_{\max} = v_S \sqrt[3]{\frac{6\pi^2 L}{V}} . \tag{2.107}$$

Mit den Grenzen (2.105) und (2.106), der Verteilungsfunktion der Schwingungen (2.102) und der mittleren Energie eines mit der Frequenz ω schwingenden Oszillators (2.87) (beachte $\omega_E \Rightarrow \omega$) läßt sich nun gemäß (2.97) die mittlere Gesamtenergie $\bar{\varepsilon}_{ges}$ aller Oszillatoren für 1 mol eines Festkörpers berechnen:

$$\bar{\varepsilon}_{ges} = \int_0^{\omega_{\max}} 3 \frac{V}{2\pi^2} \frac{\omega^2}{v_S^3} \left(\frac{\hbar\omega}{2} + \frac{\hbar\omega}{e^{\frac{\hbar\omega}{k_B T}} - 1} \right) d\omega ,$$

$$\bar{\varepsilon}_{ges} = \underbrace{\frac{3V\hbar}{4\pi^2 v_S^3} \int_0^{\omega_{\max}} \omega^3 \, d\omega}_{\bar{\varepsilon}_I} + \frac{3V}{2\pi^2 v_S^3 \hbar^2} \int_0^{\omega_{\max}} \frac{\hbar^3\omega^3}{e^{\frac{\hbar\omega}{k_B T}} - 1} d\omega . \tag{2.108}$$

Der erste Summand $\bar{\varepsilon}_I$ ist temperaturunabhängig und hat somit keinen Einfluß auf die molare Wärmekapazität. Er wird daher nicht weiter betrachtet. Im zweiten Summanden führt man zweckmäßigerweise die Substitution

$$x = \frac{\hbar\omega}{k_B T} \tag{2.109}$$

durch und erhält

$$\bar{\varepsilon}_{ges} = \bar{\varepsilon}_I + \frac{3V}{2\pi^2 v_S^3} \frac{k_B^4 T^4}{\hbar^3} \int_0^{\omega_{\max}} \frac{x^3}{e^x - 1} dx . \tag{2.110}$$

Der durch

$$x_{\max} = \frac{\hbar\omega_{\max}}{k_B T} \equiv \frac{\Theta_D}{T} \tag{2.111}$$

definierte Parameter Θ_D ist die bereits in den Abschnitten 2.1.1. und 2.2.2. (in mehr anschaulicher Weise) eingeführte und diskutierte Debye-Temperatur. $k_B\Theta_D$ ergab sich in Abschnitt 2.2.2. als maximale Phononenenergie.

Unter Berücksichtigung von (2.107) und (2.111) erhält (2.110) die endgültige Form:

$$\bar{\varepsilon}_{ges} = \bar{\varepsilon}_I + 9 k_B L \Theta_D \left(\frac{T}{\Theta_D}\right)^4 \int_0^{\Theta_D/T} \frac{x^3}{e^x - 1} dx . \tag{2.112}$$

Durch Differentiation nach der Temperatur ergibt sich schließlich die gesuchte molare Wärmekapazität zu

$$\boxed{C_V(T) = \left(\frac{\partial \bar{\varepsilon}_{ges}}{\partial T}\right)_V = 9 k_B L \left(\frac{T}{\Theta_D}\right)^3 \int_0^{\Theta_D/T} \frac{e^x x^4}{(e^x - 1)^2} dx} . \tag{2.113}$$

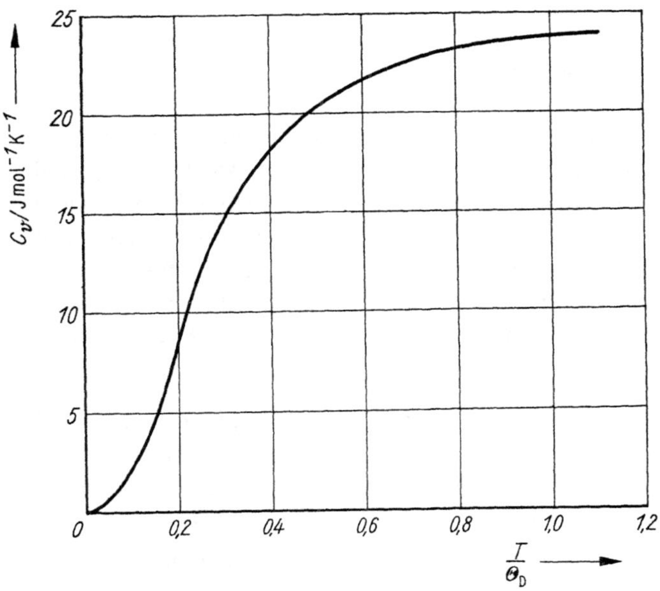

Abb. 2.11.
Nach (2.113) berechnete Temperaturabhängigkeit der Wärmekapazität (Debye-Modell)

Das Integral ist nicht geschlossen lösbar. Man findet jedoch C_V in Abhängigkeit von T/Θ_D tabelliert [7]. In Abbildung 2.11 ist $C_V = C_V(T/\Theta_D)$ dargestellt.

Wir wollen auch hier wieder zwei Grenzfälle betrachten:

1. Bereich hoher Temperaturen ($T \gg \Theta_D$):

In diesem Temperaturbereich ist $x \ll 1$. Eine Reihenentwicklung ergibt

$$C_V = 3k_B L - \frac{3}{20} k_B L \left(\frac{\Theta_D}{T}\right)^2 + \ldots,$$

also

$$C_V \approx 3k_B L \tag{2.114}$$

in Übereinstimmung mit der experimentell gefundenen Dulong-Petitschen Regel (2.74) und dem klassischen Ergebnis (2.79).

2. Bereich tiefer Temperaturen ($T \ll \Theta_D$):

In diesem Fall kann man das Integral in (2.112) durch

$$\int_0^\infty \frac{x^3}{e^x - 1} = \frac{\pi^4}{15}$$

ersetzen und erhält entsprechend

$$\bar{\varepsilon}_{ges} \approx \bar{\varepsilon}_{I'} + \frac{3}{5}\pi^4 k_B L \frac{T^4}{{\Theta_D}^3} \tag{2.115}$$

sowie

$$C_V(T) \approx \frac{12}{5}\pi^4 k_B L \left(\frac{T}{\Theta_D}\right)^3 . \tag{2.116}$$

Das Debye-Modell gibt also auch die im Bereich tiefer Temperaturen experimentell gefundene T^3-Abhängigkeit der molaren Wärmekapazität richtig wieder (vgl. (2.75)). Die gegenüber dem Einsteinschen Ergebnis vom Debye-Modell gelieferte schwächere Temperaturabhängigkeit der molaren Wärmekapazität ist eine Folge der Berücksichtigung niederfrequenter Schwingungen. Diese geben noch bei sehr tiefen Temperaturen einen Beitrag zur molaren Wärmekapazität des Kristalls. Bei solchen Temperaturen wird die Einsteinsche Schwingungsmode nur noch mit äußerst geringer Wahrscheinlichkeit angeregt.

Mißt man die molare Wärmekapazität in Abhängigkeit von der Temperatur, so kann man hieraus die Debye-Temperatur bestimmen. Man muß dazu die berechnete Kurve (2.113) bzw. (2.116) bestmöglich an die gemessene anpassen. Der optimalen berechneten Kurve entnimmt man dann den Wert für Θ_D.

Abbildung 2.12 zeigt die experimentell bestimmte molare Wärmekapazität von Silber als Funktion der Temperatur. Gleichzeitig sind die aus dem Debye- und dem Einstein-Modell folgenden optimal angepaßten Kurven eingetragen. Während die „Debye-Kurve“ mit den Meßwerten übereinstimmt, treten bei der „Einstein-Kurve“ insbesondere bei tiefen Temperaturen erhebliche Abweichungen auf.

Gibt man im weiteren die Voraussetzung einer linearen Dispersionsbeziehung auf, so sind Gruppen- und Phasengeschwindigkeit nicht mehr gleich, und die Verteilungs-

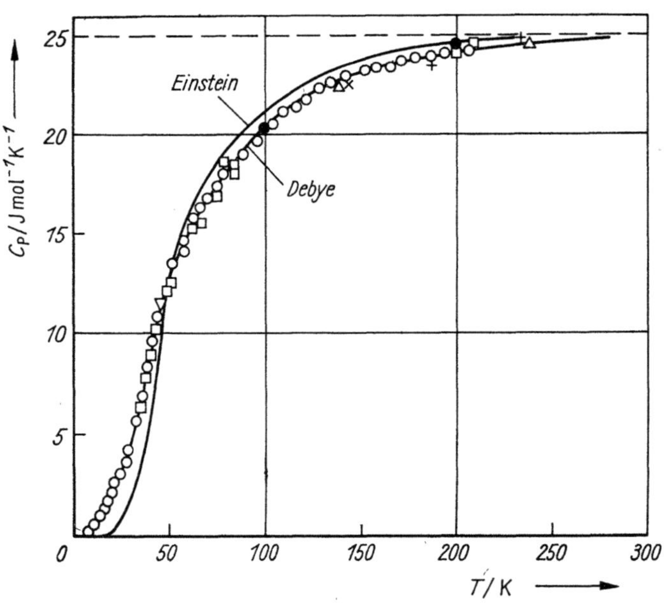

Abb. 2.12.
Die Wärmekapazität für Silber (nach C. Kittel [21])
Vergleich experimenteller Daten mit den bestmöglich angepaßten nach dem Debye- und dem Einstein-Modell berechneten Kurven für die Wärmekapazität

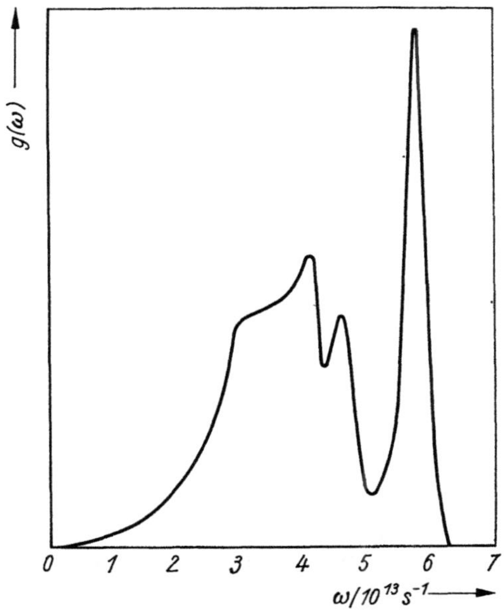

Abb. 2.13.
Verteilungsfunktion der Schwingungen $g(\omega)$ für Vanadium (nach P. K. SHARMA, R. P. GUPTA [112])

funktion der Schwingungen $g(\omega)$ ändert sich. Für einen realen Kristall hat $g(\omega)$ daher einen viel komplizierteren Verlauf als den durch (2.102) gegebenen. Eine typische Kurve zeigt Abbildung 2.13. Hier ist für Vanadium die Funktion $g(\omega)$ entsprechend den experimentellen Daten dargestellt. Die Diskrepanzen zwischen der experimentellen Kurve und der, die sich nach (2.102) ergeben würde, sind hierbei doch erheblich. Damit sind auch die Grenzen des Debye-Modells gegeben.

Wir gehen nun auf die experimentelle Bestimmung der Wärmekapazität ein. Geräte, mit denen man derartige Messungen durchführen kann, nennt man Kalorimeter. Es gibt bereits eine Vielzahl (den entsprechenden Untersuchungen zweckmäßig angepaßter) verschiedener Kalorimeterarten. Eine mögliche Variante zur Messung der molaren Wärmekapazität von Festkörpern bei konstantem Druck (also C_p) zeigt Abbildung 2.14. Wegen (2.72) können wir den Meßwert in guter Näherung auch als C_V annehmen.

Das in Abbildung 2.14 dargestellte Kalorimeter ist ein sogenanntes Tieftemperaturkalorimeter, mit dem man die Wärmekapazität eines Festkörpers innerhalb eines recht großen Temperaturbereiches (insbesondere aber bei tiefen Temperaturen) als Funktion der Temperatur bestimmen kann.

Der zu untersuchende Kristall (Kr) ist von einem elektrischen Heizer (H) umgeben, mit dem man dem Kristall eine definierte Wärmemenge zuführen kann. Kristall und Heizer befinden sich in einem evakuierbaren Gefäß (G), das seinerseits innerhalb eines mit flüssigem Helium (He) gefüllten Dewar-Gefäßes angeordnet ist. Anfangs ist das Gefäß (G) mit Heliumgas ($p \approx 10$ Torr) gefüllt, so daß eine gute Wärmeleitung zwischen dem Kristall und dem flüssigen Helium im Dewar-Gefäß gewährleistet ist. Nachdem der Kristall auf die Temperatur des siedenden Heliums (4,2 K unter Normalbedingungen) abgekühlt ist, wird das Gefäß (G) evakuiert, so daß der Kristall gegenüber dem im Dewar-Gefäß enthaltenen flüssigen Helium thermisch isoliert ist.

Führt man dem Kristall mit Hilfe des elektrischen Heizers innerhalb der Zeit Δt die Wärmemenge $\Delta Q = UI\,\Delta t$ zu, so erwärmt er sich um den Temperaturbetrag ΔT. Die Temperatur kann man, wie in der Abbildung angegeben, mittels eines Germanium-Widerstandsthermometers (Ge-Th) messen.

Erwärmt man den Kristall stetig und bestimmt die Wärmemenge ΔQ, die jeweils zugeführt werden muß, damit sich die Temperatur des Kristalls um beispielsweise $\Delta T = 0{,}1$ K

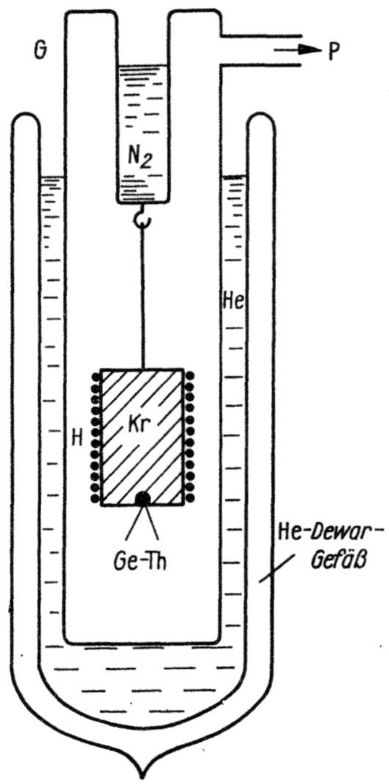

Abb. 2.14.
Tieftemperaturkalorimeter
D: Dewar-Gefäß; G: evakuierbares Meßgefäß; Ge-Th: Germanium-Widerstandsthermometer; H: Heizer; Kr: Kristall; P: Vakuumpumpe

erhöht, so kann man gemäß (2.69) die Wärmekapazität aus dem jeweiligen Quotienten $\frac{\Delta Q}{\Delta T}$ berechnen. Man erhält so in einem gewissen Temperaturbereich $C_V(T)$, und zwar in der geschilderten Anordnung mit flüssigem Helium als Kühlmittel von $T = 4{,}2$ K bis etwa 77 K. Ersetzt man Helium durch eine andere Kühlflüssigkeit, etwa durch flüssigen Stickstoff oder gar Eiswasser, so kann man $C_V(T)$ auch für $T > 77$ K bestimmen.

Zusammen mit den Ausführungen in Abschnitt 1.1.5. wissen wir jetzt, daß sowohl die Elektronen als auch die Phononen einen Beitrag zur Wärmekapazität liefern. Gemäß (1.53) ist der von den Elektronen gegebene Beitrag proportional der Temperatur T, während der von den Phononen gelieferte gemäß (2.116) proportional zu T^3 ist. Mit (1.53) und (2.116) können wir folglich für die gesamte molare Wärmekapazität ansetzen:

$$C_V^{(\text{ges})}(T) = \gamma T + \beta T^3 \tag{2.117}$$

mit

$$\gamma = \tfrac{2}{3}\pi^2 k_B^2 g(\varepsilon_F) \tag{2.118}$$

und

$$\beta = \frac{12}{5}\frac{\pi^4 R}{\Theta_D^3}. \tag{2.119}$$

Trägt man nun, wie in Abbildung 2.15 gezeigt, $\frac{C_V^{(\text{ges})}}{T}$ über T^2 auf, so ergibt sich gemäß (2.117) eine Gerade, deren Anstieg β und deren Abschnitt auf der Ordinatenachse γ ist. Hieraus ergeben sich zwei wichtige Schlußfolgerungen:

— Aus dem so experimentell bestimmten γ kann man nach (2.118) die Zustandsdichte $g(\varepsilon_F)$ der Elektronen an der Fermi-Kante (d. h.: bei $\varepsilon = \varepsilon_F$) ermitteln.

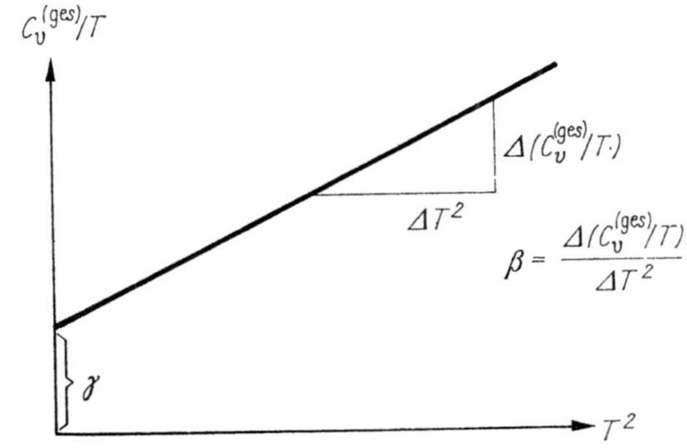

Abb. 2.15.
Zur Ermittlung des Elektronen- und des Gitterbeitrages zur Gesamtwärmekapazität eines Kristalls

— Aus dem so experimentell bestimmten β kann man nach (2.119) die Debye-Temperatur Θ_D abschätzen.

Ein weiteres Ergebnis wollen wir hier nur ohne Beweis mitteilen. Weicht die aus Meßdaten gewonnene Kurve $\frac{C_V^{(ges)}}{T} = f(T^2)$ von der Geraden ab, so treten im betrachteten Temperaturbereich Phasenübergänge auf, oder andere Objekte (z. B. die Atomkerne) liefern bemerkenswerte Beiträge zur Gesamtwärmekapazität.

Literaturhinweise

W. Brauer: Einführung in die Elektronentheorie der Metalle, [11]
A. I. Anselm: Einführung in die Halbleitertheorie, [3], [3a]
N. B. Brandt, S. M. Tschudinow: (russ.), [10]
J. M. Ziman: Electrons and Phonons, [44]
J. M. Ziman: Prinzipien der Festkörpertheorie, [45]
C. Kittel: Einführung in die Festkörperphysik, [22]
F. J. Blatt: Physics of Electronic Cunduction in Solids, [7]
W. Brauer, H.-W. Streitwolf: Theoretische Grundlagen der Halbleiterphysik, [12]
M. Born, K. Huang: Dynamical Theory of Cristal Lattices, [9]
G. E. R. Schulze: Metallphysik, [34]
C. Kittel: Physik der Wärme, [23]
R. E. Pei ls: Quantum Theory of Solids, [32]

3. Kristallstruktur und Gitter

In grober Näherung können wir den Festkörper entsprechend den Ausführungen in den vorangegangenen Kapiteln als einen mit einem Elektronen- und einem Phononengas gefüllten Potentialtopf betrachten. Im Kapitel 2 haben wir unsere Vorstellungen dahingehend präzisiert, daß wir den kristallinen Festkörper als ein System schwingender, eine quasiperiodische räumliche Struktur bildender Kristallbausteine (Ionen, Atome, Moleküle, Atomgruppen) charakterisierten. Durch die Einführung des Phononengases können wir den Festkörper als ein mit einem Phononengas angefülltes System starrer Kristallbausteine auffassen, die regelmäßig im Raum angeordnet sind, also eine bestimmte Kristallstruktur bilden.

Die von den Atomen abgegebenen quasifreien Elektronen bewegen sich in dem sich periodisch wiederholenden Potential der Atomrümpfe. Dieses sogenannte Gitterpotential, das die Symmetrie der Anordnung der Atomrümpfe widerspiegelt, beeinflußt die Bewegung der Elektronen.

Die regelmäßige Anordnung der Kristallbausteine bestimmt die Kristallsymmetrie. Das bedeutet aber, daß ein (unendlich ausgedehnter) Kristall gegenüber den Transformationen der Raumgruppe invariant sein muß. Zur Raumgruppe gehören sowohl alle Translationen, die den Kristall in sich selbst überführen, als auch die Drehanteile und Spiegelungen, die selber wieder eine Gruppe, die Punktgruppe, des Kristalls bilden. Bezüglich der Drehanteile wollen wir im wesentlichen nur auf die Drehachsen (Symmetrieachsen) eingehen. Man unterscheidet je nachdem, ob der Kristall nach einer Drehung um 2π, $\frac{1}{2} \cdot 2\pi$, $\frac{1}{3} \cdot 2\pi$, $\frac{1}{4} \cdot 2\pi$ oder $\frac{1}{6} \cdot 2\pi$ mit sich selbst zur Deckung kommt, 1-, 2-, 3-, 4- beziehungsweise 6-zählige Achsen (Achsen 1., 2., 3., 4. beziehungsweise 6. Ordnung). Andere als diese Zähligkeiten kann eine Drehachse nicht haben. (S. z. B. A. I. Anselm [3a].)

In diesem Kapitel wollen wir uns ausführlicher mit der Kristallstruktur und ihrer zweckmäßigen Beschreibung befassen.

3.1. Grundbegriffe für die Beschreibung der Kristallstruktur

Wir betrachten in diesem Abschnitt stets unendlich ausgedehnte ideale kristalline Festkörper, deren Bausteine (Ionen, Atome, Moleküle, Atomgruppen) räumlich periodisch, also translationssymmetrisch im Raum, angeordnet sind. Translationssymmetrie bedeutet nun:

Es gibt drei linear unabhängige *Translationsvektoren* $\boldsymbol{a}_1, \boldsymbol{a}_2, \boldsymbol{a}_3$ mit der Eigenschaft, daß sich die vorliegende Kristallstruktur bei Parallelverschiebung aller Bausteine um einen dieser Vektoren oder um eine beliebige aus ihnen gebildete Linearkombination

$$\boldsymbol{a} = l_1\boldsymbol{a}_1 + l_2\boldsymbol{a}_2 + l_3\boldsymbol{a}_3 \tag{3.1}$$

(l_1, l_2, l_3: beliebige ganze Zahlen)

nicht ändert.

Man nennt daher alle Punkte, die sich um den Vektor $\boldsymbol{a}$ unterscheiden, *äquivalente Punkte.*

Die drei Translationsvektoren $\boldsymbol{a}_1, \boldsymbol{a}_2, \boldsymbol{a}_3$ spannen ein Parallelepiped auf. Dieses Parallelepiped nennt man *Elementarzelle* des Kristalls. Das von der Elementarzelle eingeschlossene Volumen berechnet sich zu

$$\Omega = |\boldsymbol{a}_1 \cdot (\boldsymbol{a}_2 \times \boldsymbol{a}_3)| = |\boldsymbol{a}_2 \cdot (\boldsymbol{a}_3 \times \boldsymbol{a}_1)| = |\boldsymbol{a}_3 \cdot (\boldsymbol{a}_1 \times \boldsymbol{a}_2)| \,. \tag{3.2}$$

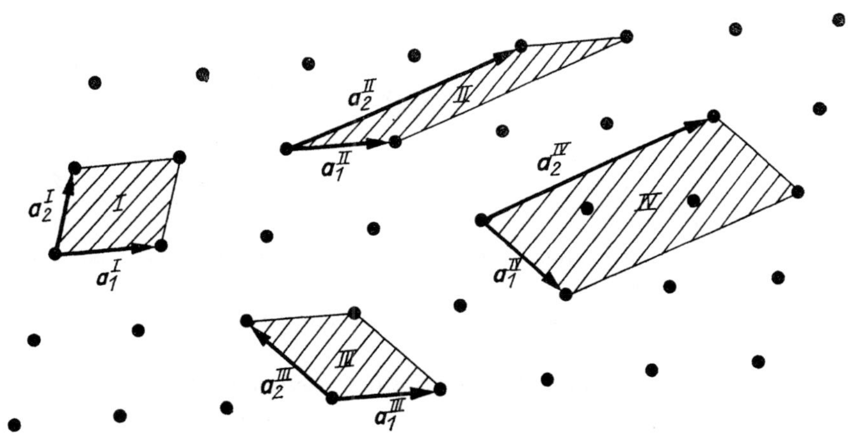

Abb. 3.1.
Mögliche Elementarzellen (zweidimensionale Darstellung)
(I), (II), (III): primitive Elementarzellen; Volumen Ω_0

$\left.\begin{array}{l} \boldsymbol{a}_1^{(I)}, \boldsymbol{a}_2^{(I)} \\ \boldsymbol{a}_1^{(II)}, \boldsymbol{a}_2^{(II)} \\ \boldsymbol{a}_1^{(III)}, \boldsymbol{a}_2^{(III)} \end{array}\right\}$ Basisvektoren

(IV): nichtprimitive Elementarzelle; Volumen $\Omega > \Omega_0$
$\boldsymbol{a}_1^{(IV)}, \boldsymbol{a}_2^{(IV)}$: nichtprimitive Translationsvektoren

Da Gestalt und Volumen Ω der Elementarzelle von den Translationsvektoren abhängen, kann man je nach Wahl dieser Vektoren beliebig viele unterschiedliche Elementarzellen finden (s. Abb. 3.1). Allen Elementarzellen ist aber gemeinsam, daß sie vollständig den gesamten Kristall charakterisieren. Da sich der Kristall durch periodische Wiederholung (also durch wiederholtes Aneinanderreihen) derselben Elementarzelle aufbauen läßt, kann man aus der Zusammensetzung einer beliebigen Elementarzelle die Verteilung der Kristallbausteine über den gesamten Kristall bestimmen.

Mit zunehmender Größe der Elementarzelle wird ihr Aufbau komplizierter. Daher ist es zweckmäßig, diejenige mit kleinstmöglichem Volumen Ω_0 auszuwählen. Man

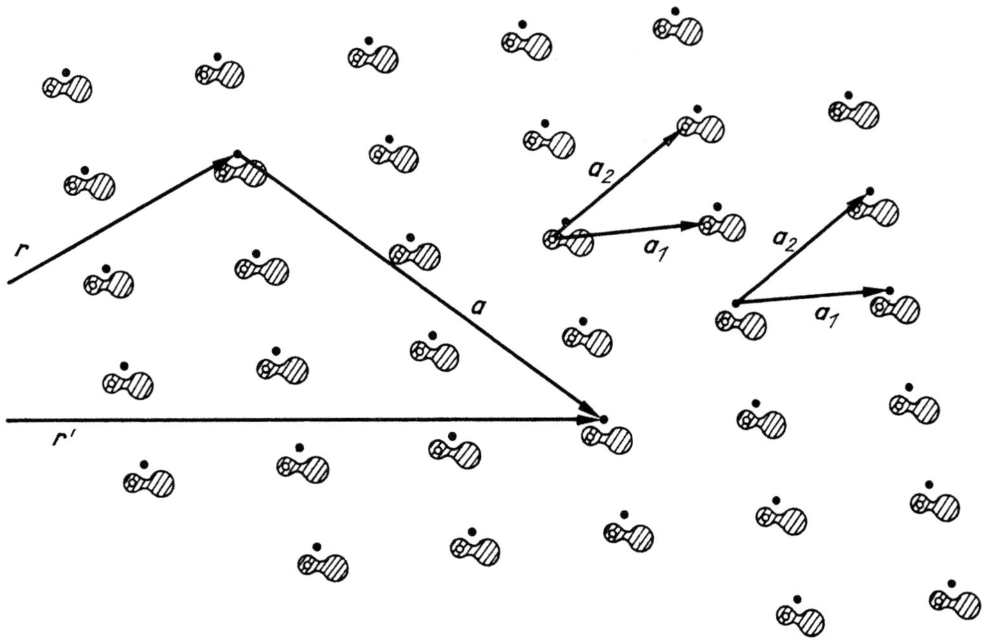

Abb. 3.2.
Translationsgitter und Kristallbausteine (zweidimensionale Darstellung)
• Gitterpunkt

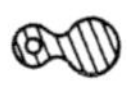 Kristallbaustein, bestehend aus einer großen Anzahl von Atomen

bezeichnet dann eine solche Zelle als *primitive Elementarzelle*. Die sie aufspannenden Translationsvektoren nennt man analog *primitive Translationsvektoren* oder *Basisvektoren*.[1]) Wie aus Abbildung 3.1 hervorgeht, ist die Wahl der Basisvektoren und damit die der primitiven Elementarzelle auch nicht eindeutig. Man überzeugt sich jedoch anhand der Abbildung leicht davon, daß alle primitiven Elementarzellen (unabhängig von der speziellen Wahl der Basisvektoren) dasselbe Volumen Ω_0 einschließen.

Wir wollen im folgenden voraussetzen, daß die Translationsvektoren $\boldsymbol{a}_1, \boldsymbol{a}_2, \boldsymbol{a}_3$ primitiv (also Basisvektoren) seien. Sie spannen dann gemäß (3.1) ein räumliches Punktgitter[2]) (Translationsgitter) auf. Die Punkte dieses Gitters müssen nicht unbedingt mit den Plätzen der Kristallbausteine identisch sein. Wichtig ist, daß die Anordnung der Kristallbausteine vom Punkte $\boldsymbol{r}$ genauso aussieht wie vom Punkte

$$\boldsymbol{r}' = \boldsymbol{r} + \boldsymbol{a} = \boldsymbol{r} + l_1\boldsymbol{a}_1 + l_2\boldsymbol{a}_2 + l_3\boldsymbol{a}_3 \tag{3.3}$$

(l_1, l_2, l_3: beliebige ganze Zahlen).

Abbildung 3.2 verdeutlicht diesen Sachverhalt für den zweidimensionalen Fall.

Das durch die Basisvektoren definierte Gitter ist eine mathematische Abstraktion und nicht identisch mit der *Kristallstruktur*. Die Kristallstruktur erhält man erst dann, wenn man jedem Gitterpunkt eine sogenannte *Basis* zuordnet, die eine be-

[1]) Manchmal werden sie auch als Grundvektoren bezeichnet. Wir werden sie im weiteren stets Basisvektoren nennen.

[2]) Im weiteren nennen wir es kurz „Gitter" oder „Raumgitter".

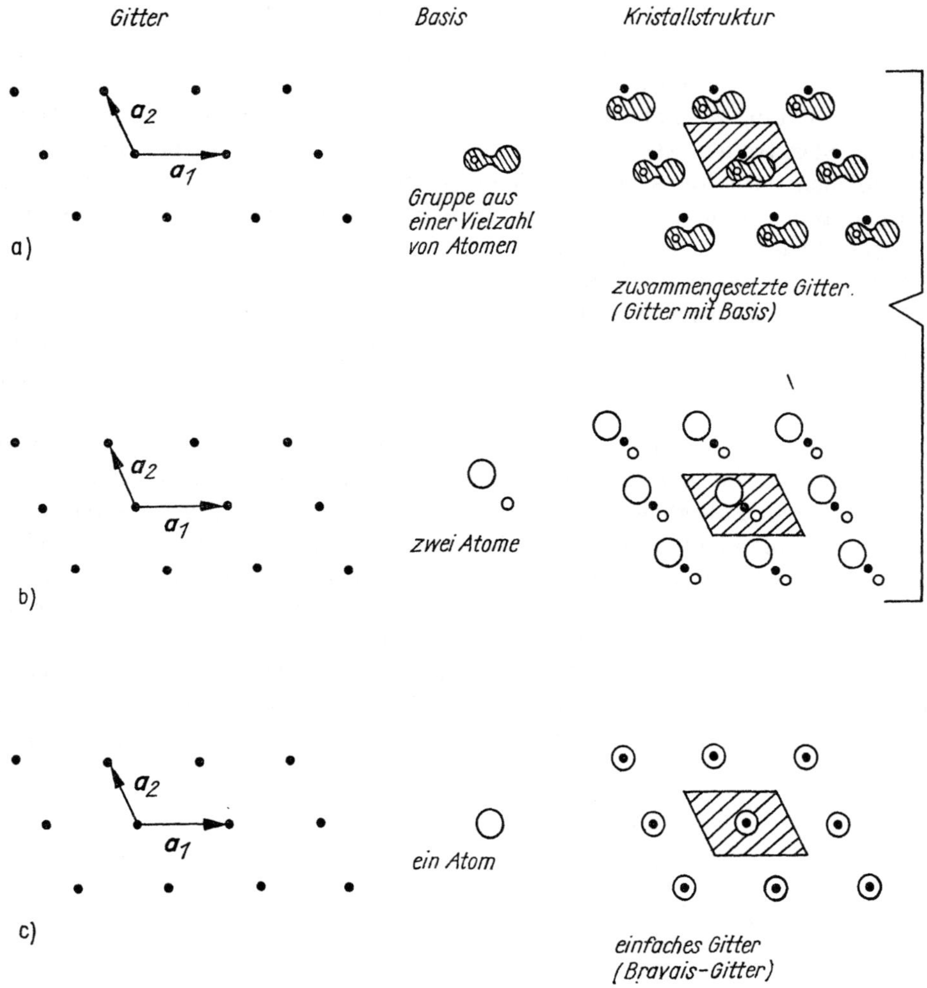

Abb. 3.3.
Zusammenhang zwischen Gitter, Basis und Kristallstruktur (zweidimensionale Darstellung)
Die schraffierte Fläche stellt eine primitive Elementarzelle des Gitters dar

stimmte Anordnung von s gegebenenfalls verschiedenen den speziellen Festkörper bildenden Atomen darstellt.[1]) Die Anzahl der Atome einer Basis kann von 1 bis zu einigen 10000 (z. B. bei organischen Kristallen) betragen. Abbildung 3.3 zeigt den Zusammenhang von Gitter, Basis und Kristallstruktur anhand einer zweidimensionalen Darstellung für drei verschiedene Kristallstrukturen. Die Gitter sind in allen drei Fällen einheitlich, die Basen aber unterschiedlich. Die Lage der Basis in bezug auf ihren Gitterpunkt ist völlig bedeutungslos und damit weitestgehend willkürlich.

Besteht die Basis nur aus einem einzigen Atom (s. Abb. 3.3c), so ist es natürlich zweckmäßig, den Koordinatenursprung des Gitters in einen Atomkern zu legen, so daß alle Gitterpunkte mit den Atomplätzen zusammenfallen. Eine solche Kristallstruktur

[1]) Man beachte, daß Basis und Basisvektoren nichts miteinander zu tun haben!

nennt man *einfaches* oder *Bravais-Gitter*. Im Unterschied hierzu bezeichnet man die in den Abbildungen 3.3a und 3.3b angegebenen Kristallstrukturen als *zusammengesetzte Gitter* oder *Gitter mit Basis*.

Mit Abbildung 3.3 kann man noch eine wichtige Aussage für die primitiven Elementarzellen treffen. Da sie das kleinste Volumen aller möglichen Elementarzellen einschließen, enthalten sie genau alle nichtäquivalenten Punkte. Das bedeutet gleichzeitig, daß sie gerade so viele Atome wie die Basis und (trivialerweise) nur jeweils einen einzigen Gitterpunkt beinhalten.

Wir wollen nun allgemein unter einer primitiven Elementarzelle nicht nur ein aus primitiven Translationsvektoren aufgespanntes Parallelipeped verstehen, sondern jedes räumliche Gebilde, das genau alle nichtäquivalenten Punkte enthält und somit das Volumen Ω_0 besitzt und das, wiederholt aneinandergereiht, den gesamten Kristall ergibt.

In diesem Sinne ist auch die sogenannte *Wigner-Seitz-Zelle* eine spezielle primitive Elementarzelle. Sie enthält alle diejenigen Punkte, die einem betrachteten Gitterpunkt näher sind als allen anderen Gitterpunkten. Damit ist einerseits klar, daß diese Zelle genau alle nichtäquivalenten Punkte enthält. Andererseits ist gleichzeitig eine Konstruktionsvorschrift für die Begrenzungsflächen gegeben: Man verbindet hierzu den betrachteten Gitterpunkt $\boldsymbol{r}$ mit irgendeinem anderen $\boldsymbol{r}'$ durch eine Gerade und errichtet in der Mitte zwischen beiden Gitterpunkten die senkrecht zu dieser Verbindungsgeraden liegende Ebene. Diese Ebene trennt alle Punkte, die dem Gitterpunkt $\boldsymbol{r}$ näher sind, von den Punkten, die dichter bei $\boldsymbol{r}'$ gelegen sind. Man beginnt bei diesem Konstruktionsverfahren (vgl. Abb. 3.4) zweckmäßigerweise bei den nächsten Nach-

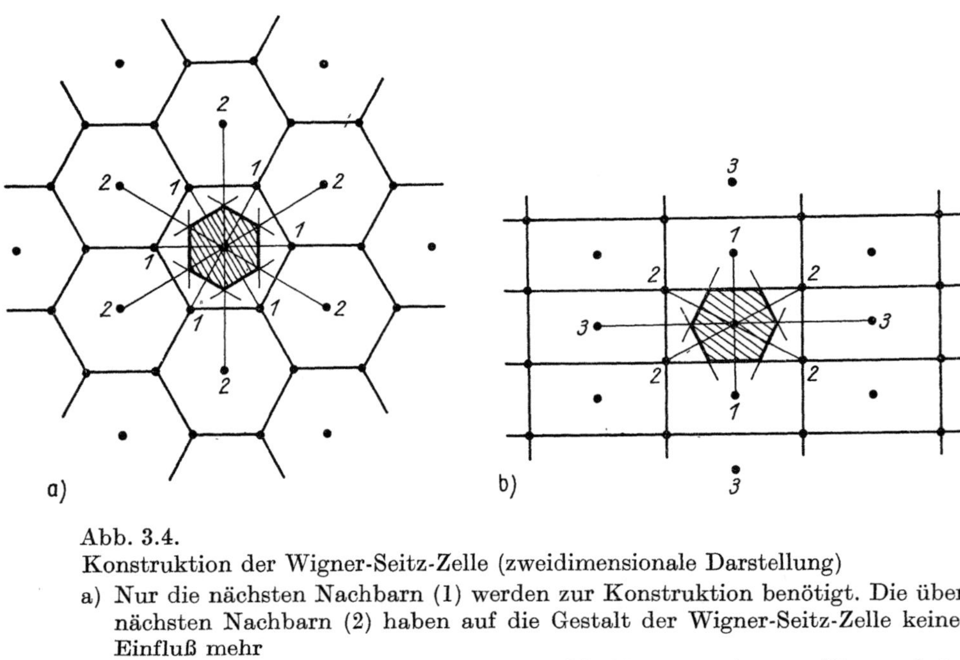

Abb. 3.4.
Konstruktion der Wigner-Seitz-Zelle (zweidimensionale Darstellung)
a) Nur die nächsten Nachbarn (1) werden zur Konstruktion benötigt. Die übernächsten Nachbarn (2) haben auf die Gestalt der Wigner-Seitz-Zelle keinen Einfluß mehr
b) Die nächsten (1) und übernächsten (2) Nachbarn werden zur Konstruktion benötigt. Weiter entfernte Gitterpunkte (3) haben keinen Einfluß auf die Gestalt der Wigner-Seitz-Zelle

barn (1) von **r**, geht dann zu den übernächsten Nachbarn (2) über usw., bis sich schließlich ein kleinstes geschlossenes räumliches Gebilde ergibt, das den Gitterpunkt **r** im Zentrum enthält. Dieses Gebilde ist die gesuchte Wigner-Seitz-Zelle des Kristalls.

Aus Symmetriegründen treten die Begrenzungsebenen der Wigner-Seitz-Zelle immer paarweise auf. Da die Punkte der einen Ebene des Ebenenpaares denen der anderen Ebene äquivalent sind, darf nur jeweils eine der beiden Begrenzungsebenen zur Wigner-Seitz-Zelle gezählt werden. Entsprechend müssen für die Kanten und Ecken Festlegungen getroffen werden, welche der äquivalenten Punkte zur Zelle gerechnet werden sollen.

Die Wigner-Seitz-Zelle ist deshalb unter allen möglichen (primitiven) Elementarzellen eines Gitters besonders ausgezeichnet, weil ihre Konstruktion eindeutig ist und weil sie alle Symmetrieeigenschaften des Gitters besitzt, zu dem sie gehört.

3.2. Die sieben Kristallsysteme und ihre vierzehn Bravais-Gitter

Wir wollen uns jetzt den einzelnen Gittertypen zuwenden. Wegen der Vielzahl der denkbaren Gitter ist es notwendig, hier zu systematisieren. Dazu gibt es verschiedene Möglichkeiten. Wir wollen uns der üblichen, den praktischen Forderungen der Kristallographie entsprechenden Klassifikation der Kristalle nach Kristallsystemen anschließen.

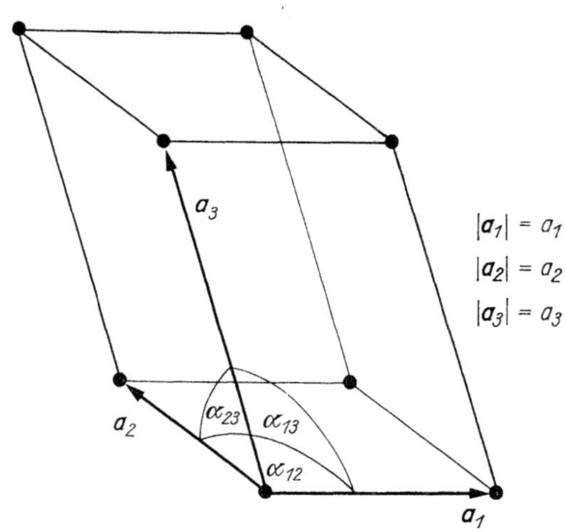

Abb. 3.5.
Parallelepiped zur Erläuterung der in Tabelle 3.1 benutzten Translationsvektoren $\boldsymbol{a}_1$, $\boldsymbol{a}_2$, $\boldsymbol{a}_3$ und Winkel α_{12}, α_{23}, α_{13}

Geht man von dem in Abbildung 3.5 dargestellten Parallelepiped aus und besetzt alle acht Ecken mit gleichartigen Kristallbausteinen, so kann man in Abhängigkeit von der Form des Epipeds sieben einfache Gitter (Bravais-Gitter) — Kristallsysteme genannt — unterscheiden (s. Tabelle 3.1). Das genannte Parallelepiped stellt für diese Gitter gerade eine primitive Elementarzelle dar.

Besetzt man zusätzlich einige oder alle Flächenmittelpunkte beziehungsweise das Zentrum des in Abbildung 3.5 angegebenen Parallelepipeds mit Kristallbausteinen, so läßt sich zeigen, daß es noch genau weitere sieben Bravais-Gitter gibt. Das Parallelepiped ist dann allerdings keine primitive Elementarzelle des entsprechenden

Tabelle 3.1.
Die sieben Kristallsysteme und ihre vierzehn Bravais-Gitter

Kristall-system	Kristallo-graphische Bezeich-nung	Beträge der Translations-vektoren*)	Winkel zwischen den Translations-vektoren*)	Bezeichnung der möglichen Bravais-Gitter	Mögliche Punkt-gruppen**)
Triklin	tr	$a_1 \neq a_2 \neq a_3$	$\alpha_{12} \neq \alpha_{23} \neq \alpha_{13}$	Γ_t	C_1, C_i
Monoklin	m	$a_1 \neq a_2 \neq a_3$	$\alpha_{12} \neq \alpha_{23} = \alpha_{13} = 90°$	Γ_m einfach Γ'_m einseitig flächenzentriert	C_2, C_s, C_{2h}
Rhombisch (Orthogonal, Orthorhombisch)	0	$a_1 \neq a_2 \neq a_3$	$\alpha_{12} = \alpha_{23} = \alpha_{13} = 90°$	Γ_0 einfach Γ'_0 einseitig flächenzentriert Γ''_0 allseitig flächenzentriert Γ'''_0 raumzentriert	C_{2v}, D_2, D_{2h}
Tetragonal	t	$a_1 = a_2 \neq a_3$	$\alpha_{12} = \alpha_{23} = \alpha_{13} = 90°$	Γ_q einfach Γ'_q raumzentriert	C_4, S_4, C_{h4}, D_4, C_{4v}, D_{2d}, D_{4h}
Rhomboedrisch (trigonal)	rh	$a_1 = a_2 = a_3$	$\alpha_{12} = \alpha_{23} = \alpha_{13} < 120°$ und $\neq 90°$	Γ_{rh}	C_3, S_6, D_3 C_{3v}, D_{3v}
Hexagonal	h	$a_1 = a_2 \neq a_3$	$\alpha_{12} = 120°$ $\alpha_{23} = \alpha_{13} = 90°$	Γ_h	C_6, C_{3h}, C_{6h}, D_6, C_{6v}, D_{3h}, D_{6h}
Kubisch	c	$a_1 = a_2 = a_3$	$\alpha_{12} = \alpha_{23} = \alpha_{13} = 90°$	Γ_c einfach Γ'_c flächenzentriert Γ''_c raumzentriert	T, T_h, T_d, O, O_h

*) Vgl. Abb. 3.5.
**) Genaueres hierzu s. beispielsweise H.-W. Streitwolf [42].

Bravais-Gitters mehr. Wie sie in einigen dieser Fälle zu konstruieren ist, wird in Abschnitt 3.3. angegeben.

Tabelle 3.1 enthält die Charakteristika aller 14 Bravais-Gitter, geordnet nach den sieben Kristallsystemen. In Abbildung 3.6 sind die gebräuchlichen (nicht immer primitiven!) Elementarzellen aller 14 Bravais-Gitter dargestellt. Es läßt sich jedoch zeigen, daß in jedem Fall eine primitive Elementarzelle existiert.

Wir wollen jetzt die Kristallsysteme im einzelnen betrachten:

1. Das *trikline System* ist das mit der niedrigsten Symmetrie. Da die Basisvektoren unterschiedliche Längen besitzen und beliebige Winkel miteinander einschließen, gibt es weder Symmetrieebenen noch -achsen (Abb. 3.6 (1)).

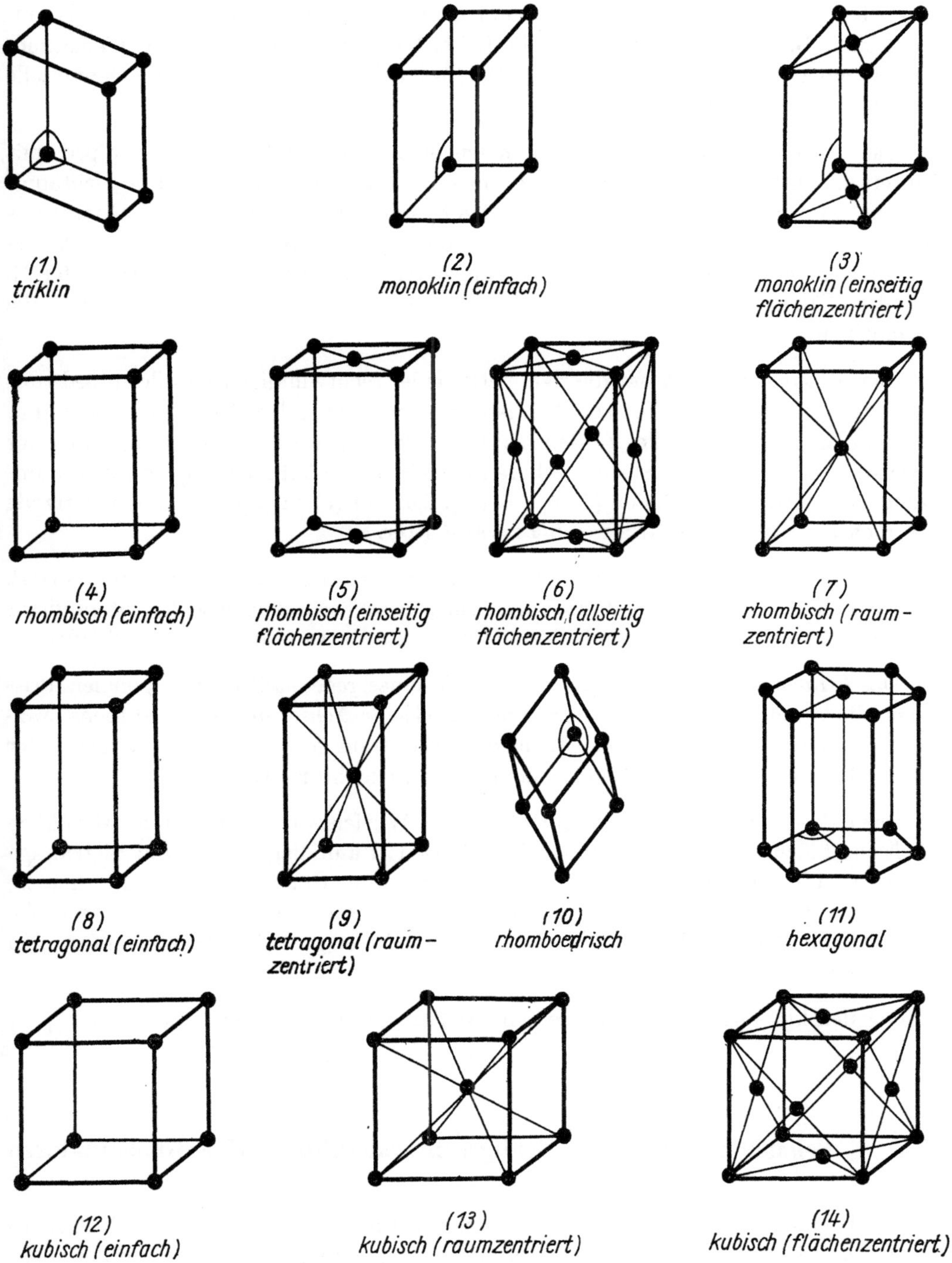

Abb. 3.6.
Die gebräuchlichen (nicht immer primitiven) Elementarzellen der 14 Bravais-Gitter

2. Das *monokline System* hat die Symmetrie eines rechtwinkligen Prismas mit einem Parallelogramm als Basis und damit nur eine zweizählige Symmetrieachse. Es umfaßt zwei Bravais-Gitter, das einfache (Abb. 3.6 (2)) und das einseitig flächenzentrierte monokline Gitter (Abb. 3.6 (3)). Die für das letztere gezeichnete Elementarzelle ist nicht die primitive.

3. Das *rhombische System* hat die Symmetrie eines rechtwinkligen Parallelepipeds mit unterschiedlichen Kantenlängen (also eines Quaders); es existieren drei nichtäquivalente zweizählige Symmetrieachsen. Das System umfaßt vier Bravais-Gitter: das einfache (Abb. 3.6 (4)), das einseitig flächenzentrierte (Abb. 3.6 (5)), das allseitig flächenzentrierte (Abb. 3.6 (6)) und das raumzentrierte rhombische Gitter (Abb. 3.6 (7)). In den Fällen (5), (6) und (7) sind die dargestellten Elementarzellen nicht die primitiven.

4. Das *tetragonale System* hat die Symmetrie eines rechtwinkligen Parallelepipeds mit quadratischer Grundfläche; somit existieren eine vierzählige Symmetrieachse und zweizählige Achsen parallel zu den Kanten beziehungsweise zu den Diagonalen der Basisflächen. Zu diesem System gehören das einfache (Abb. 3.6, (8)) und das raumzentrierte tetragonale Gitter (Abb. 3.6, (9)). Die für (9) angegebene Elementarzelle ist nichtprimitiv. Beide Gitter sind Bravais-Gitter.

5. Das *rhomboedrische* (*trigonale*) *System* hat die Symmetrie eines Rhomboeders, so daß die Symmetrieelemente eine dreizählige Symmetrieachse und eine senkrecht zu dieser stehende zweizählige Achse sind. Es umfaßt nur ein Bravais-Gitter (Abb. 3.6 (10)).

6. Das *hexagonale System* hat die Symmetrie eines regelmäßigen hexagonalen Prismas, die durch eine sechszählige Symmetrieachse (c-Achse) und zweimal sechs zweizählige Achsen gekennzeichnet ist. Zu diesem System gehört nur ein Bravais-Gitter (Abb. 3.6 (11)). Die angegebene Elementarzelle ist nichtprimitiv.

7. Das *kubische System* hat die Symmetrie eines Würfels. Somit existieren zweizählige Achsen (Flächendiagonalen), dreizählige Achsen (Raumdiagonalen) und vierzählige Achsen (Würfelkanten). Das System umfaßt drei Bravais-Gitter: das einfache (Abb. 3.6 (12)), das raumzentrierte (Abb. 3.6 (13)) und das flächenzentrierte kubische Gitter (Abb. 3.6 (14)). Die für die letzten beiden Gitter gezeichneten Elementarzellen sind nichtprimitiv.

Außer den hier angeführten gibt es keine weiteren Bravais-Gitter.

3.3. Behandlung praktisch wichtiger Bravais-Gitter und Kristallstrukturen

Die meisten kristallinen Festkörper besitzen kubisch-raumzentrierte, kubisch-flächenzentrierte oder hexagonale Struktur. Da somit gerade die Kristallsysteme mit der höchsten Symmetrie (das kubische und das hexagonale) für die Praxis die größte Bedeutung haben, wollen wir jetzt deren Bravais-Gitter genauer betrachten.

Im weiteren wollen wir ein cartesisches Koordinatensystem (x, y, z) zugrunde legen, das durch die Einheitsvektoren $\boldsymbol{e}_x$, $\boldsymbol{e}_y$, $\boldsymbol{e}_z$ aufgespannt wird.

3.3.1. Das einfache kubische Gitter (sc) [1]

Beim einfachen kubischen Gitter befinden sich die Gitterpunkte nur in den Würfelecken. Die in Abbildung 3.6 (12) angegebene gebräuchliche Elementarzelle ist bereits eine primitive; sie enthält 1 Gitterpunkt (jeweils $\frac{1}{8}$ der 8 Eckpunkte). Die Basisvektoren sind (vgl. Abb. 3.7):

$$\boxed{\begin{aligned} \boldsymbol{a}_x &= a\boldsymbol{e}_x\,, \\ \boldsymbol{a}_y &= a\boldsymbol{e}_y\,, \\ \boldsymbol{a}_z &= a\boldsymbol{e}_z \end{aligned}} \tag{3.4}$$

(a: Gitterkonstante).

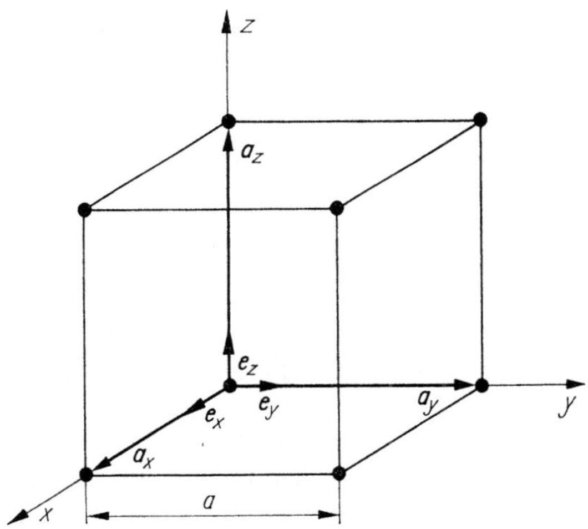

Abb. 3.7.
Einfaches kubisches Gitter
(a: Gitterkonstante)
$\boldsymbol{a}_x$, $\boldsymbol{a}_y$, $\boldsymbol{a}_z$ sind Basisvektoren

Die Gitterpunkte des einfachen kubischen Gitters befinden sich somit an den Orten

$$\boldsymbol{r} = l_1\boldsymbol{a}_x + l_2\boldsymbol{a}_y + l_3\boldsymbol{a}_z\,, \tag{3.5}$$

wobei l_1, l_2, l_3 beliebige ganze Zahlen sind.

Das Volumen der von $\boldsymbol{a}_x$, $\boldsymbol{a}_y$, $\boldsymbol{a}_z$ aufgespannten primitiven Elementarzelle beträgt

$$\Omega_0^{(\mathrm{sc})} = |\boldsymbol{a}_x \cdot (\boldsymbol{a}_y \times \boldsymbol{a}_z)| = a^3\,. \tag{3.6}$$

Damit ist die Anzahl der Gitterpunkte pro Volumen $1/a^3$.

Beim einfachen kubischen Gitter hat jeder Gitterpunkt 6 nächste Nachbarn im Abstand von a und 12 übernächste in einer Entfernung von $\sqrt{2}\,a$. Konstruiert man die Wigner-Seitz-Zelle, so liefern bereits die nächsten Nachbarn ein geschlossenes räumliches Gebilde; und zwar wieder einen *Würfel* mit der Kantenlänge a (s. Abb. 3.8). Die übernächsten Nachbarn haben keinen Einfluß auf die Gestalt der Zelle.

Das Volumen der so entstandenen Wigner-Seitz-Zelle ist entsprechend (3.6)

$$\Omega_0^{(\mathrm{sc})} = a^3\,. \tag{3.7}$$

Von den Elementen besitzt nur Polonium (Po) einfache kubische Kristallstruktur ($a = 3{,}34$ Å).

[1]) Abkürzung für simple cubic.

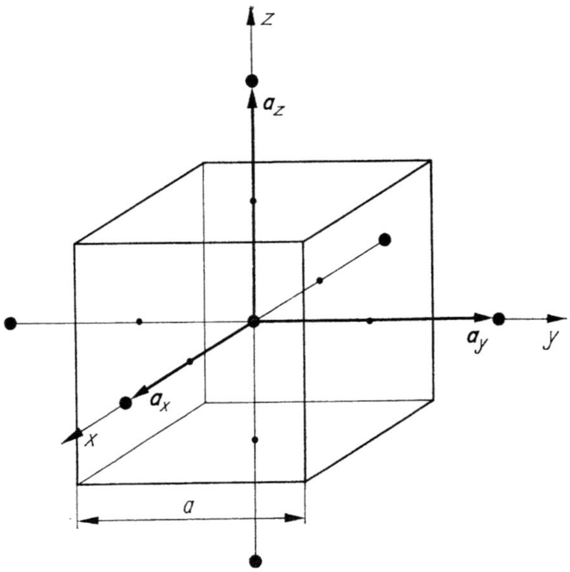

Abb. 3.8. Wigner-Seitz-Zelle für ein einfaches kubisches Gitter (Würfel)

3.3.2. Das kubisch-raumzentrierte Gitter (krz) [1])

Das kubisch-raumzentrierte Gitter ist dadurch charakterisiert, daß nicht nur die Würfelecken Gitterpunkte sind, sondern daß auch noch im Zentrum des Würfels ein Gitterpunkt angeordnet ist (s. Abb. 3.6 (13)).

Von den folgenden Festkörpern ist bekannt, daß sie bei Zimmertemperatur kubisch-raumzentrierte Kristallstruktur besitzen: Fe, V, Nb, Ta, Cr, Mo, W; Ba; Eu.

Die in Abbildung 3.6 (13) dargestellte Elementarzelle (aufgespannt durch $\boldsymbol{a}_x$, $\boldsymbol{a}_y$, $\boldsymbol{a}_z$ gemäß (3.4)) ist für die Beschreibung des kubisch-raumzentrierten Gitters gebräuchlich. Sie ist jedoch keine primitive Elementarzelle, denn sie enthält zwei Gitterpunkte (1 im Inneren und jeweils 1/8 der 8 Eckpunkte). Da ihr Volumen $\Omega = |\boldsymbol{a}_x \cdot (\boldsymbol{a}_y \times \boldsymbol{a}_z) = a^3$ beträgt, ist in diesem Fall die Anzahl der Gitterpunkte pro Volumen $2/a^3$.

Wählt man statt $\boldsymbol{a}_x$, $\boldsymbol{a}_y$, $\boldsymbol{a}_z$ als Translationsvektoren die Vektoren

$$\begin{aligned}
\boldsymbol{a}_1^{(\mathrm{r})} &= \frac{a}{2}(-\boldsymbol{e}_x + \boldsymbol{e}_y + \boldsymbol{e}_z) = \frac{1}{2}(-\boldsymbol{a}_x + \boldsymbol{a}_y + \boldsymbol{a}_z)\,, \\
\boldsymbol{a}_2^{(\mathrm{r})} &= \frac{a}{2}(\boldsymbol{e}_x - \boldsymbol{e}_y + \boldsymbol{e}_z) = \frac{1}{2}(\boldsymbol{a}_x - \boldsymbol{a}_y + \boldsymbol{a}_z)\,, \\
\boldsymbol{a}_3^{(\mathrm{r})} &= \frac{a}{2}(\boldsymbol{e}_x + \boldsymbol{e}_y - \boldsymbol{e}_z) = \frac{1}{2}(\boldsymbol{a}_x + \boldsymbol{a}_y - \boldsymbol{a}_z)
\end{aligned} \tag{3.8}$$

(a: Gitterkonstante),

die den im Koordinatenursprung angeorndeten Gitterpunkt mit den entsprechenden Gitterpunkten in den Zentren der angrenzenden Würfel verbinden (s. Abb. 3.9), so

[1]) Häufig findet man auch die Abkürzung bcc (body-centred cubic).

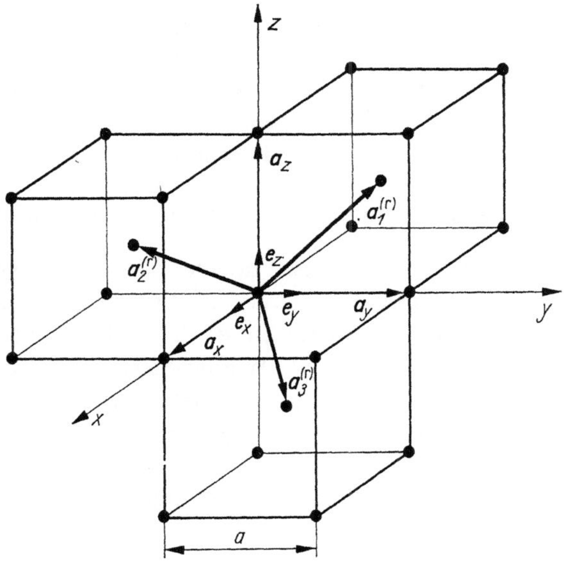

Abb. 3.9.
Ausschnitt aus einem kubisch-raumzentrierten Gitter. $\boldsymbol{a}_1^{(r)}$, $\boldsymbol{a}_2^{(r)}$, $\boldsymbol{a}_3^{(r)}$ sind Basisvektoren

enthält das durch sie aufgespannte Parallelepiped (Rhomboeder) nur einen Gitterpunkt und stellt eine primitive Elementarzelle dar. Damit ist gleichzeitig gezeigt, daß das kubisch-raumzentrierte Gitter tatsächlich ein Bravais-Gitter ist. Die Vektoren $\boldsymbol{a}_1^{(r)}, \boldsymbol{a}_2^{(r)}, \boldsymbol{a}_3^{(r)}$ sind dementsprechend Basisvektoren; sie schließen einen Winkel von 109° 28′ miteinander ein.

Mit (3.8) befinden sich beim kubisch-raumzentrierten Gitter die Gitterpunkte an den Orten

$$\boldsymbol{r} = l_1\boldsymbol{a}_1^{(r)} + l_2\boldsymbol{a}_2^{(r)} + l_3\boldsymbol{a}_3^{(r)} . \qquad (3.9)$$

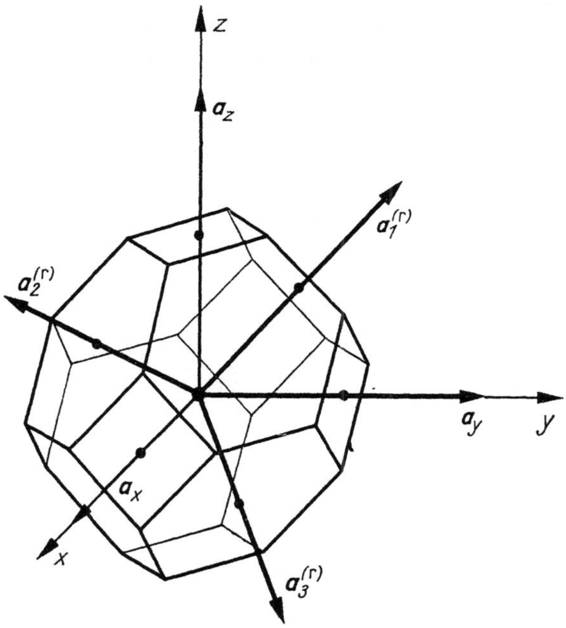

Abb. 3.10.
Wigner-Seitz-Zelle eines kubisch-raumzentrierten Gitters (gekapptes Oktaeder)

Hierbei sind l_1, l_2, l_3 beliebige ganze Zahlen. Ergibt die Summe $l_1 + l_2 + l_3$ eine ungerade Zahl, so ist $\boldsymbol{r}$ ein Ortsvektor, der zu einem im Zentrum eines Würfels gelegenen Gitterpunkt gehört; ist $l_1 + l_2 + l_3$ dagegen eine gerade Zahl, so gibt $\boldsymbol{r}$ den Ort eines in einer Würfelecke angeordneten Gitterpunktes an.

Beim kubisch-raumzentrierten Gitter hat jeder Gitterpunkt 8 nächste Nachbarn im Abstand von $\frac{\sqrt{3}}{2}a = 0{,}866\,a$ (Gitterpunkte in den Würfelzentren) und 6 übernächste Nachbarn (Gitterpunkte in den Würfelecken) in einer Entfernung von a (vgl. Abb. 3.9). Konstruiert man die Wigner-Seitz-Zelle, so liefern die 8 nächsten Nachbarn ein Oktaeder, dessen 6 Spitzen jedoch infolge des Einflusses der 6 übernächsten Nachbarn „abgeschnitten" werden. Man erhält somit als Wigner-Seitz-Zelle des kubisch-raumzentrierten Gitters das in Abbildung 3.10 dargestellte *gekappte Oktaeder*, das von 8 regulären Sechseckflächen (nächste Nachbarn!) und 6 quadratischen Flächen (übernächste Nachbarn!) begrenzt wird.

Da die Wigner-Seitz-Zelle eine spezielle primitive Elementarzelle ist, ergibt sich ihr Volumen aus (3.8) zu

$$\Omega_0^{(r)} = |\boldsymbol{a}_1^{(r)} \cdot (\boldsymbol{a}_2^{(r)} \times \boldsymbol{a}_3^{(r)})| = \tfrac{1}{2}a^3 . \tag{3.10}$$

Aus den Abbildungen 3.9 und 3.10 ist ersichtlich, daß die durch das Koordinatensystem $\boldsymbol{e}_x, \boldsymbol{e}_y, \boldsymbol{e}_z$ (beziehungsweise $\boldsymbol{a}_x, \boldsymbol{a}_y, \boldsymbol{a}_z$) gegebenen Achsen vierzählig und die durch $\boldsymbol{a}_1^{(r)}, \boldsymbol{a}_2^{(r)}, \boldsymbol{a}_3^{(r)}$ definierten dreizählig sind. Die zweizähligen Achsen werden durch $\boldsymbol{a}_i + \boldsymbol{a}_k$ ($i \neq k$; $i, k = x, y, z$) bestimmt.

3.3.3. Das kubisch-flächenzentrierte Gitter (kfz)[1]

Das kubisch-flächenzentrierte Gitter ist dadurch charakterisiert, daß nicht nur die Würfelecken, sondern auch die Flächenmittelpunkte Gitterpunkte sind (s. Abb. 3.6(14)). Sehr viele Festkörper kristallisieren in kubisch-flächenzentrierter Form: Bei Zimmertemperatur gilt das für Ca, Sr; Ac; Rh, Ir; Ni, Pd, Pt; Cu, Ag, Au; Al; Pb; Ce, Yb; Th und bei tiefen Temperaturen für Ne, Ar, Kr, Xe.

Die in Abbildung 3.6(14) dargestellte nichtprimitive Elementarzelle (aufgespannt durch die Vektoren $\boldsymbol{a}_x, \boldsymbol{a}_y, \boldsymbol{a}_z$ gemäß (3.4)) enthält in ihrem Volumen $\Omega = |\boldsymbol{a}_x \cdot (\boldsymbol{a}_y \times \boldsymbol{a}_z)| = a^3$ vier Gitterpunkte (jeweils $\frac{1}{8}$ der 8 Eckpunkte und $\frac{1}{2}$ der 6 Seitenflächen). Die Anzahl der Gitterpunkte pro Volumen beträgt somit $4/a^3$.

Wählt man als Translationsvektoren die Vektoren

$$\begin{aligned}
\boldsymbol{a}_1^{(f)} &= \frac{a}{2}(\boldsymbol{e}_x + \boldsymbol{e}_y) = \frac{1}{2}(\boldsymbol{a}_x + \boldsymbol{a}_y)\,,\\
\boldsymbol{a}_2^{(f)} &= \frac{a}{2}(\boldsymbol{e}_x + \boldsymbol{e}_z) = \frac{1}{2}(\boldsymbol{a}_x + \boldsymbol{a}_z)\,,\\
\boldsymbol{a}_3^{(f)} &= \frac{a}{2}(\boldsymbol{e}_y + \boldsymbol{e}_z) = \frac{1}{2}(\boldsymbol{a}_y + \boldsymbol{a}_z)
\end{aligned} \tag{3.11}$$

(a: Gitterkonstante),

[1]) Häufig findet man die Abkürzung fcc (face-centred cubic).

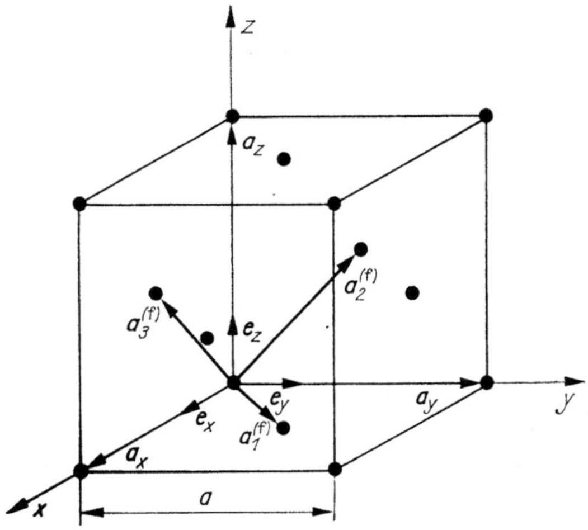

Abb. 3.11.
Ausschnitt aus einem kubisch-flächenzentrierten Gitter; $\boldsymbol{a}_1^{(f)}$, $\boldsymbol{a}_2^{(f)}$, $\boldsymbol{a}_3^{(f)}$ sind Basisvektoren

die einen in den Koordinatenursprung gelegten Gitterpunkt mit den in den entsprechenden Flächenmitten angeordneten Gitterpunkten verbinden (vgl. Abb. 3.11), so enthält das durch sie aufgespannte Parallelepiped nur einen Gitterpunkt und stellt eine primitive Elementarzelle dar. Dementsprechend sind die Vektoren $\boldsymbol{a}_1^{(f)}$, $\boldsymbol{a}_2^{(f)}$, $\boldsymbol{a}_3^{(f)}$ Basisvektoren. Sie schließen einen Winkel von 60° miteinander ein. Hiermit ist auch gezeigt, daß das kubisch-flächenzentrierte Gitter ein Bravais-Gitter ist.

Mit (3.11) befinden sich die Gitterpunkte an den Orten

$$\boldsymbol{r} = l_1\boldsymbol{a}_1^{(f)} + l_2\boldsymbol{a}_2^{(f)} + l_3\boldsymbol{a}_3^{(f)} \tag{3.12}$$

(l_1, l_2, l_3: beliebige ganze Zahlen).

Beim kubisch-flächenzentrierten Gitter hat jeder Gitterpunkt 12 nächste Nachbarn in einem Abstand von $\frac{\sqrt{2}}{2}a = 0{,}707a$. Diese befinden sich in den Mittelpunkten der 12 benachbarten Flächen der an den betrachteten Gitterpunkt angrenzenden 8 Würfel. Konstruiert man die Wigner-Seitz-Zelle, so liefern diese 12 nächsten Nachbarn ein von 12 ebenen Flächen begrenztes geschlossenes räumliches Gebilde, ein Rhombendodekaeder (s. Abb. 3.12). Bereits die im Abstand a vom betrachteten Gitterpunkt entfernt gelegenen 6 übernächsten Nachbarn (Gitterpunkte in den angrenzenden Würfelecken) beeinflussen die Form der Zelle nicht mehr.

Die Wigner-Seitz-Zelle des kubisch-flächenzentrierten Gitters ist das in Abbildung 3.12 dargestellte *Rhombendodekaeder*.

Bezüglich der Symmetrieeigenschaften geht aus den Abbildungen 3.11 und 3.12 hervor:

Vierzählige Achsen: gegeben durch das Koordinatensystem $\boldsymbol{e}_x$, $\boldsymbol{e}_y$, $\boldsymbol{e}_z$
(beziehungsweise durch $\boldsymbol{a}_x$, $\boldsymbol{a}_y$, $\boldsymbol{a}_z$),
Dreizählige Achsen: gegeben durch $\boldsymbol{a}_i^{(f)} + \boldsymbol{a}_k^{(f)}$ ($i \neq k$; $i, k = 1, 2, 3$),
Zweizählige Achsen: gegeben durch $\boldsymbol{a}_1^{(f)}$, $\boldsymbol{a}_2^{(f)}$, $\boldsymbol{a}_3^{(f)}$.

Da die Wigner-Seitz-Zelle eine spezielle primitive Elementarzelle ist, kann man ihr Volumen mit Hilfe der Basisvektoren (3.11) berechnen. Es ist

$$\Omega_0^{(f)} = |\boldsymbol{a}_1^{(f)} \cdot (\boldsymbol{a}_2^{(f)} \times \boldsymbol{a}_3^{(f)})| = \tfrac{1}{4}a^3 . \tag{3.13}$$

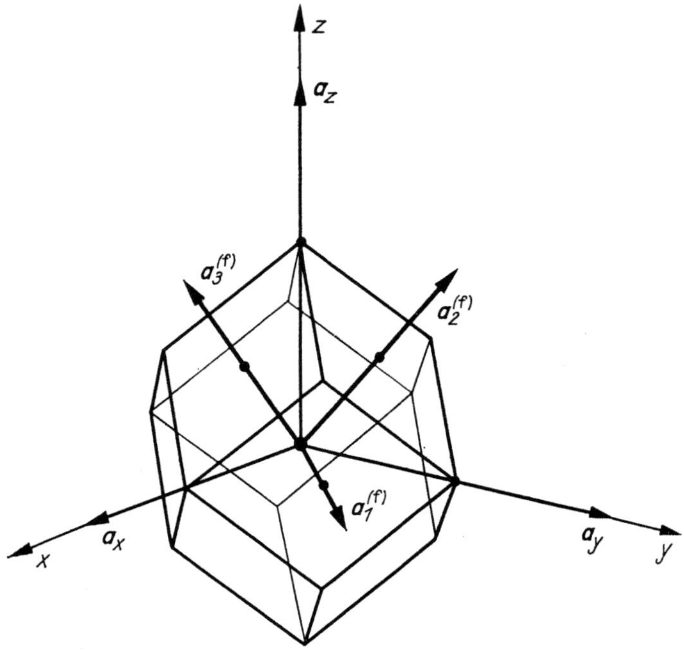

Abb. 3.12.
Wigner-Seitz-Zelle eines kubisch-flächenzentrierten Gitters (Rhombendodekaeder)

Einige Festkörper kristallisieren in Formen, die man näherungsweise als kubisch-flächenzentrierte Struktur auffassen kann.

Wir wollen uns hier auf die Halbmetalle Arsen (As), Antimon (Sb) und Wismut (Bi) beschränken, deren Kristallstruktur rhomboedrisch ist.[1]) Ein Rhomboeder erhält man beim Zusammendrücken oder Dehnen eines Würfels in Richtung seiner Raumdiagonalen. Folglich ergibt sich ein rhomboedrisches Gitter aus dem einfachen kubischen, wenn man in letzterem Gitterpunkte entlang einer Raumdiagonalen verschiebt.

Man kann sich das Hervorgehen eines rhomboedrischen Gitters aus einem einfachen kubischen folgendermaßen vorstellen: Man zerlegt zunächst das einfache kubische Gitter in zwei kubisch-flächenzentrierte Untergitter. Dann verschiebt man die beiden Untergitter in Richtung der Raumdiagonalen der ursprünglichen einfachen kubischen Zelle (gegeben durch $\boldsymbol{a}_x + \boldsymbol{a}_y + \boldsymbol{a}_z$) um die Strecke τ gegeneinander. Schließlich wird das so entstandene Gitter noch um $|\tau^*|$ entlang der Raumdiagonalen geringfügig gedehnt. Damit hat man das rhomboedrische Gitter der Elemente der Arsengruppe erhalten. Zur Verdeutlichung dient Abbildung 3.13. Um die beiden aus dem einfachen kubischen Gitter hervorgegangenen kubisch-flächenzentrierten Untergitter unterscheiden zu können, sind die Gitterpunkte verschiedenartig dargestellt. Die Translationsvektoren $\boldsymbol{a}_1$, $\boldsymbol{a}_2$, $\boldsymbol{a}_3$ des rhomboedrischen Gitters sind ebenfalls eingezeichnet. Infolge der Dehnung entlang der Raumdiagonalen beträgt der Winkel Θ zwischen

[1]) Diese Kristallstruktur wird in der Fachliteratur häufig A7-Struktur genannt.

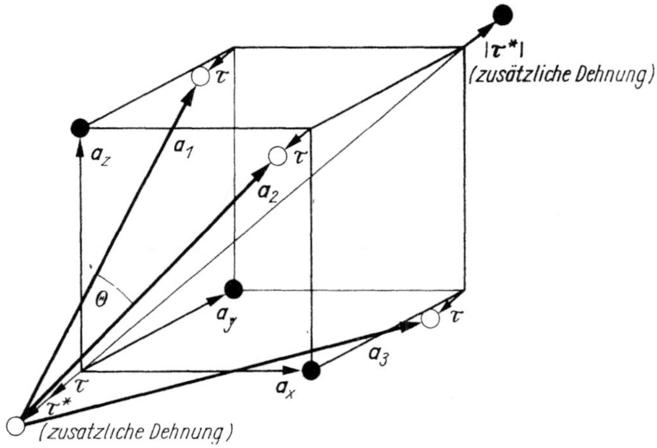

Abb. 3.13.
Zur Entwicklung des rhomboedrischen Gitters der Elemente vom Arsentyp
$\boldsymbol{a}_1$, $\boldsymbol{a}_2$, $\boldsymbol{a}_3$ sind Translationsvektoren
○: Gitterpunkte des ersten kubisch-flächenzentrierten Untergitters
●: Gitterpunkte des zweiten kubisch-flächenzentrierten Untergitters
τ: Verschiebung der beiden Untergitter gegeneinander
Θ: Winkel zwischen $\boldsymbol{a}_i$ und $\boldsymbol{a}_k$ $(i \neq k;\ i, k = 1, 2, 3)$; $\Theta \neq 60°$

diesen Vektoren nicht mehr (wie beim kubisch-flächenzentrierten Gitter) 60°. Die durch $\boldsymbol{a}_1$, $\boldsymbol{a}_2$, $\boldsymbol{a}_3$ aufgespannte Elementarzelle enthält zwei Gitterpunkte.

Tabelle 3.2 gibt eine Übersicht über die Längen der Translationsvektoren und die Winkel Θ für Arsen, Antimon und Wismut.

Tabelle 3.2.
Charakteristische Daten für die Elemente der Arsengruppe (nach [17])

Element	a_i/Å $(i = 1, 2, 3)$	Θ
As	4,123	54°6′
Sb	4,4976	57°6′ 27″
Bi	4,7364	57°14′ 13″

Wegen der Verschiebung der Untergitter gegeneinander und der Dehnung entlang der Raumdiagonalen verringert sich die Symmetrie gegenüber dem kubischen Gitter erheblich. Es ergibt sich die für das rhomboedrische System charakteristische dreizählige Symmetrieachse (Raumdiagonale), die man im allgemeinen c_3- oder *trigonale Achse* nennt. Senkrecht zu dieser existieren drei äquivalente zweizählige Achsen, die sogenannten c_2- oder *binären Achsen*. Sowohl zur trigonalen als auch zu jeweils einer binären Achse steht eine der drei *bisektrischen Achsen* (c_1-Achsen) senkrecht. Eine Veranschaulichung gibt Abbildung 3.14.

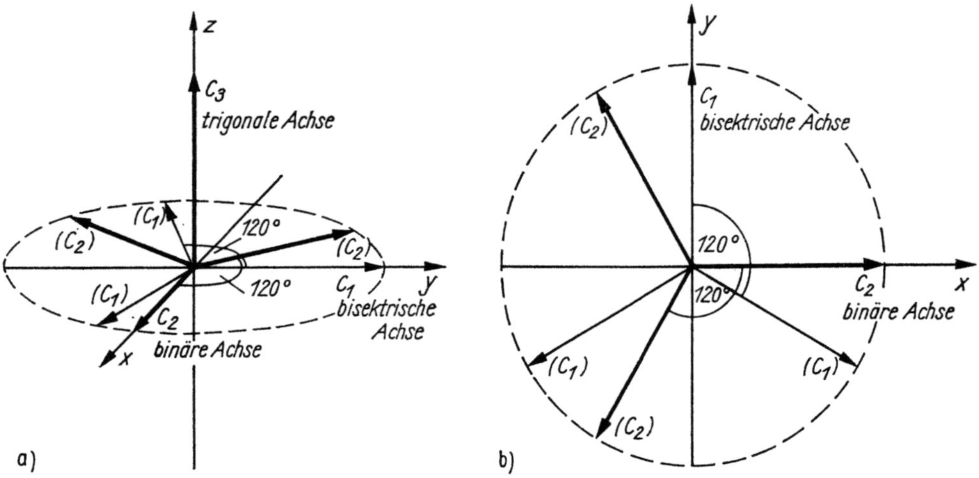

Abb. 3.14.
Lage und Bezeichnung der Symmetrieachsen im Gitter der Elemente vom Arsentyp
a) Perspektivische Darstellung
b) Darstellung in der (x,y)-Ebene

Der Vorteil der hier durchgeführten Betrachtungsweise besteht darin, daß man die sonst nur mit hohem Aufwand zu behandelnden rhomboedrischen Gitter des Arsentyps näherungsweise auf kubisch-flächenzentrierte zurückführen kann.

3.3.4. Das hexagonale Gitter

Die gebräuchliche Elementarzelle für das hexagonale Gitter ist das in den Abbildungen 3.6(11) und 3.15 dargestellte rechtwinklige Prisma mit sechseckiger Basisfläche. Die Gitterpunkte liegen in den Eckpunkten und in den Zentren der regulären Sechsecke. Ein Prisma enthält 3 Gitterpunkte (jeweils $\frac{1}{2}$ von den beiden Grundflächen und $\frac{1}{6}$ der 12 Eckpunkte) und ist somit keine primitive Elementarzelle.

Bei Zimmertemperatur besitzen folgende Festkörper hexagonale Kristallstruktur: Be, Mg; Sc, Y; Ti, Zr, Hf; Tc, Re, Ru, Os; Co; Zn, Cd; Tl; Gd, Tb, Dy, Ho, Er, Tm, Lu; La; Pr, Nd; Am; Se, Te (und bei 4 K $^1_1$H beziehungsweise bei 2 K und besonderen Bedingungen (hohem Druck) $^4_2$He).

Da das hexagonale Gitter ein Bravais-Gitter ist, findet man auch hier Basisvektoren (s. Abb. 3.15):

$$\begin{aligned} \boldsymbol{a}_1^{(h)} &= a\boldsymbol{e}_x &&= \boldsymbol{a}_x\,, \\ \boldsymbol{a}_2^{(h)} &= \frac{a}{2}\left(-\boldsymbol{e}_x + \sqrt{3}\,\boldsymbol{e}_y\right) &&= \frac{1}{2}\left(-\boldsymbol{a}_x + \sqrt{3}\,\boldsymbol{a}_y\right), \\ \boldsymbol{a}_3^{(h)} &= c\boldsymbol{e}_z &&= \frac{c}{a}\,\boldsymbol{a}_z\,. \end{aligned} \tag{3.14}$$

Das hexagonale Gitter wird also durch zwei Gitterkonstanten, nämlich a und c, festgelegt.

Der Winkel zwischen $\boldsymbol{a}_1^{(\mathrm{h})}$ und $\boldsymbol{a}_2^{(\mathrm{h})}$ beträgt $\alpha_{12} = 120°$, der zwischen $\boldsymbol{a}_1^{(\mathrm{h})}$ und $\boldsymbol{a}_3^{(\mathrm{h})}$ sowie zwischen $\boldsymbol{a}_2^{(\mathrm{h})}$ und $\boldsymbol{a}_3^{(\mathrm{h})}$ entsprechend $\alpha_{13} = \alpha_{23} = 90°$. Das von den Vektoren $\boldsymbol{a}_1^{(\mathrm{h})}$, $\boldsymbol{a}_2^{(\mathrm{h})}$, $\boldsymbol{a}_3^{(\mathrm{h})}$ aufgespannte Parallelepiped ist eine primitive Elementarzelle des hexagonalen Gitters.

Mit (3.14) befinden sich die Gitterpunkte an den Orten

$$\boldsymbol{r} = l_1\boldsymbol{a}_1^{(\mathrm{h})} + l_2\boldsymbol{a}_2^{(\mathrm{h})} + l_3\boldsymbol{a}_3^{(\mathrm{h})} \tag{3.15}$$

(l_1, l_2, l_3: beliebige ganze Zahlen).

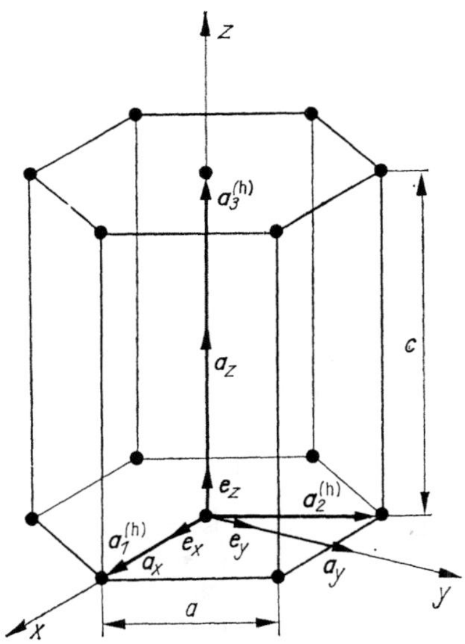

Abb. 3.15.
Ausschnitt aus einem hexagonalen Gitter
$\boldsymbol{a}_1^{(\mathrm{h})}$, $\boldsymbol{a}_2^{(\mathrm{h})}$, $\boldsymbol{a}_3^{(\mathrm{h})}$ sind Basisvektoren

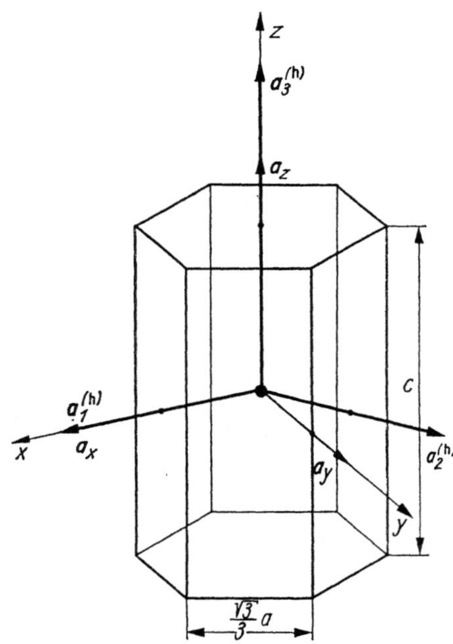

Abb. 3.16.
Wigner-Seitz-Zelle eines hexagonalen Gitters (reguläres sechseckiges Prisma)

Beim hexagonalen Gitter hat jeder Gitterpunkt in der Ebene der Grundfläche des regulären sechseckigen Prismas 6 nächste Nachbarn im Abstand a und in der zu dieser Ebene senkrechten Richtung 2 Nachbarn im Abstand c. Diese 8 Nachbarn liefern die in Abbildung 3.16 dargestellte Wigner-Seitz-Zelle, deren Volumen sich mit (3.14) zu

$$\Omega_0^{(\mathrm{h})} = |\boldsymbol{a}_1^{(\mathrm{h})} \cdot (\boldsymbol{a}_2^{(\mathrm{h})} \times \boldsymbol{a}_3^{(\mathrm{h})})| = \frac{\sqrt{3}}{2} a^2 c \tag{3.16}$$

ergibt.

Aus den Abbildungen 3.15 und 3.16 geht hervor, daß die durch $\boldsymbol{e}_z$ (beziehungsweise $\boldsymbol{a}_3^{(\mathrm{h})}$) festgelegte Achse eine sechszählige Symmetrieachse ist. Sie wird im allgemeinen als c-Achse bezeichnet. Die durch $\boldsymbol{e}_x$ und $\boldsymbol{e}_y$ bestimmten Achsen sind zweizählig.

Ausgehend vom hexagonalen Gitter wollen wir die reale Kristallstruktur von Tellur (Te) betrachten.

Die Telluratome besetzen nicht die soeben beschriebenen Gitterpunkte, sondern sind auf einer Schraubenlinie mit dem Radius R und der Ganghöhe c um den jeweiligen Gitterpunkt herum angeordnet (s. Abb. 3.17). Diese Anordnung verringert natürlich die Symmetrie, so daß Tellur eine rhomboedrische Struktur besitzt. Die charakteristischen Größen für Tellur sind $c = 5{,}91$ Å und $a = 4{,}44$ Å (nach A. Firsow [75] und I. Tscheglokow [117]).

Da die Bindungsenergie der Atome in den Ketten dreimal so groß ist wie die der Ketten untereinander, zeigt Tellur eine starke Anisotropie in seinen physikalischen Eigenschaften.

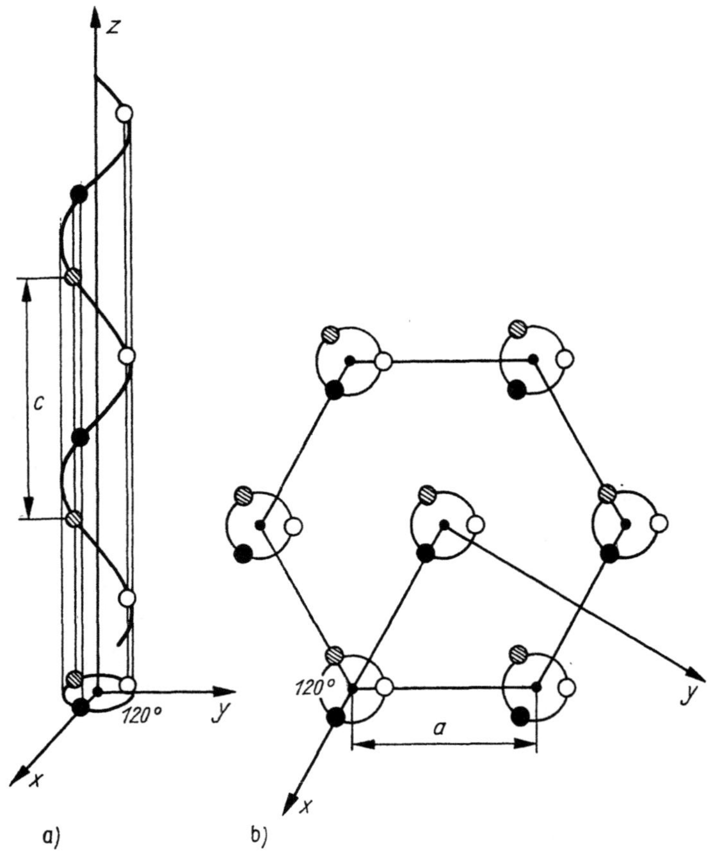

Abb. 3.17.
Anordnung der Telluratome bezüglich der Gitterpunkte im hexagonalen Gitter

· Gitterpunkte

○ Atome an den Orten $z = 0 + nc$

◍ Atome an den Orten $z = \frac{c}{3} + nc$

● Atome an den Orten $z = 2\frac{c}{3} + nc$

$n = 0, \pm 1, \pm 2, \ldots$

a) Anordnung der Atome auf einer Schraubenlinie (Kette)

b) Anordnung der Ketten um die Gitterpunkte (Projektion auf die (x,y)-Ebene)

3.3.5. Einige konkrete Kristallstrukturen

Neben den bereits behandelten gehen wir in diesem Abschnitt auf einige weitere praktisch häufig vorkommende konkrete Kristallstrukturen ein. Dabei beschränken wir uns auf die Steinsalz-, die Cäsiumchlorid-, die Diamant-, die Zinkblende- und die A 15-Struktur.

1. Steinsalzstruktur: In dieser Struktur kristallisieren die meisten Alkalihalogenide (NaCl, KCl, LiF u. a.) und viele Verbindungen der Elemente der II. und der VI. Gruppe des Periodensystems (MgO, CaO, MgS, BaTe u. a. $A_{II}B_{VI}$-Verbindungen).

Bei der Steinsalzstruktur (NaCl) befinden sich, wie Abbildung 3.18 zeigt, die Ionen der einen Sorte (Na^+) und die der anderen (Cl^-) jeweils auf Plätzen von kubisch-flächenzentrierten Gittern, die im Abstand einer halben Raumdiagonalen gegeneinander versetzt sind. Entsprechend dem in Abschnitt 3.1. dargelegten Zusammenhang zwischen Gitter, Basis und Kristallstruktur (s. auch Abb. 3.3) können wir hier speziell feststellen: Das Gitter ist kubisch-flächenzentriert; die Basis besteht aus zwei unterschiedlichen Ionen (Na^+, Cl^-). Jedes Ion hat bei dieser Struktur sechs Ionen der anderen Sorte als nächste Nachbarn.

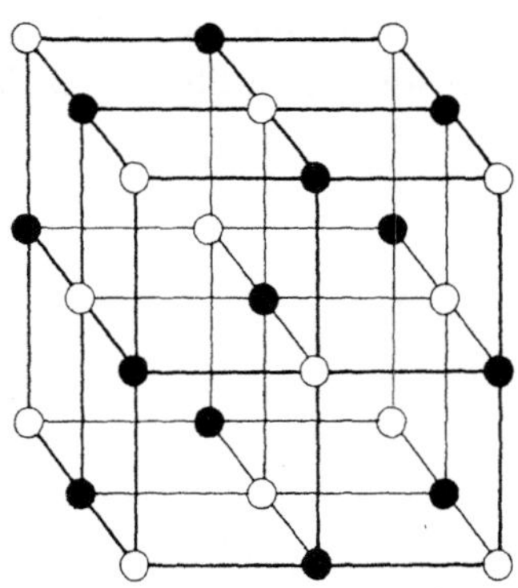

Abb. 3.18.
Ausschnitt aus einer Steinsalzstruktur
○ Ionen der Sorte A
● Ionen der Sorte B

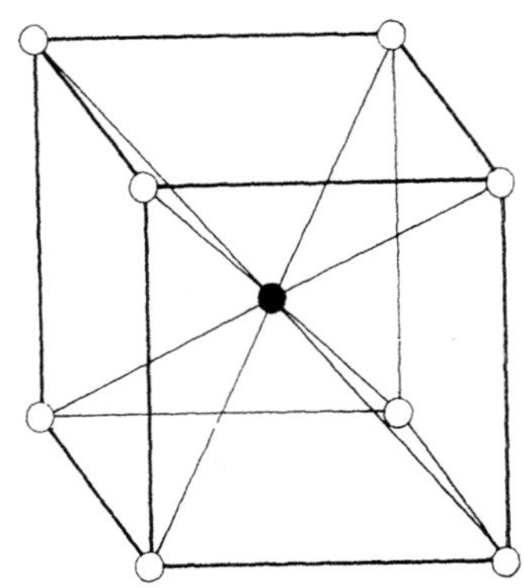

Abb. 3.19.
Ausschnitt aus einer Cäsiumchloridstruktur
○ Ionen der Sorte A
● Ionen der Sorte B

2. Cäsiumchloridstruktur: In Abbildung 3.19 ist die Struktur dargestellt, in der die Halogenide des Cäsiums kristallisieren: Bei dieser Struktur befinden sich die Ionen der einen Sorte (Cs^+) und die der anderen (Cl^-) jeweils auf Plätzen von einfachen kubischen Gittern, die im Abstand einer halben Raumdiagonalen gegeneinander versetzt sind. Im vorliegenden Fall ist das Gitter einfach kubisch; die Basis besteht aus zwei unterschiedlichen Ionen (Cs^+, Cl^-). Jedes Ion hat acht Ionen der anderen Sorte als nächste Nachbarn.

3. Diamantstruktur: In dieser Struktur kristallisieren die Elemente Kohlenstoff (Diamant), Silizium, Germanium und Zinn (β-Phase). Die Atome befinden sich dabei

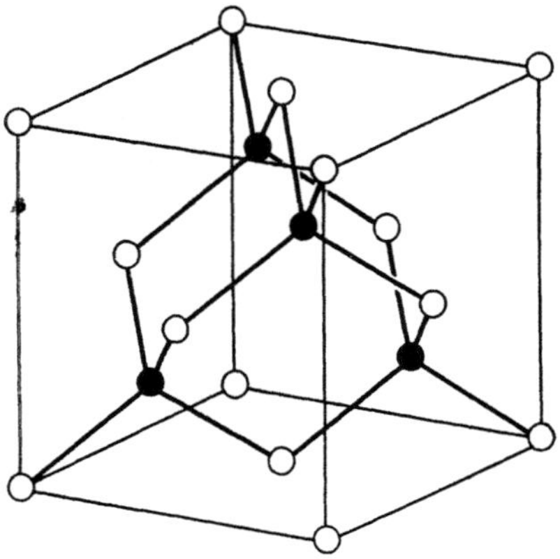

Abb. 3.20.
Diamantstruktur als Kombination zweier um ein Viertel der Raumdiagonalen gegeneinander verschobener kubisch-flächenzentrierter Gitter
○ Gitterpunkte des ersten kubisch-flächenzentrierten Gitters
● Gitterpunkte des zweiten kubisch-flächenzentrierten Gitters
Sind die Gitterpunkte ○ und ● der einzelnen kubisch-flächenzentrierten Gitter von verschiedenen Atomsorten besetzt, so bezeichnet man dieses Gitter als Zinkblendestruktur

auf den Plätzen zweier um ein Viertel der Raumdiagonalen gegeneinander versetzter kubisch-flächenzentrierter Gitter. In Abbildung 3.20 sind die Gitterpunkte des einen kubisch-flächenzentrierten Gitters durch helle und die des hierzu verschobenen zweiten durch dunkle Kreise angedeutet.

Der Diamantstruktur liegt also ein kubisch-flächenzentriertes Gitter zugrunde; die Basis besteht aus zwei identischen Atomen. Man überlegt sich leicht, daß die Atome (wie in Abb. 3.21 dargestellt) im Zentrum und in den Ecken eines gleichseitigen Tetraeders angeordnet sind, so daß jedes Atom vier nächste und zwölf übernächste Nachbarn hat.

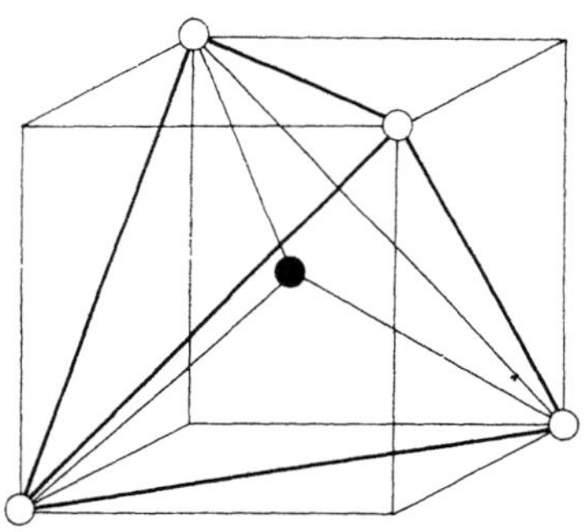

Abb. 3.21.
Ausschnitt aus einer Diamant- bzw. Zinkblendestruktur

4. Zinkblendestruktur: Sie läßt sich unmittelbar aus der Diamantstruktur herleiten. Während bei der Diamantstruktur die Gitterpunkte der beiden gegeneinander verschobenen kubisch-flächenzentrierten Gitter von identischen Atomen besetzt sind, werden sie bei der Zinkblendestruktur von unterschiedlichen Atomsorten eingenommen. Abbildung 3.20 stellt somit einen Ausschnitt aus einer Zinkblendestruktur dar, wenn die hellen und dunklen Kreise verschiedene Atomsorten repräsentieren (z. B. ○ Zn und ● S). Jedes Atom der einen Sorte besitzt vier Atome der anderen als nächste Nachbarn. Diese sind (entsprechend der Diamantstruktur) an den Eckpunkten eines regelmäßigen Tetraeders angeordnet.

Die bisher beschriebene Struktur nennt man häufig *kubische* Zinkblendestruktur. Man unterscheidet sie damit von der *hexagonalen* Zinkblendestruktur, die auch unter der Bezeichnung *Wurzitstruktur* bekannt ist. Letztere hat ebenso wie die kubische

Form tetraedrische Bindung; beide unterscheiden sich jedoch in der Stapelfolge der einzelnen Atomschichten. Während die verschiedenartigsten Verbindungen wie CuCl (A_IB_{VII}), ZnSe ($A_{II}B_{VI}$), InSb ($A_{III}B_V$) und SiC ($A_{IV}B_{IV}$) kubische Zinkblendestruktur besitzen, treten in hexagonaler Zinkblendestruktur fast ausschließlich $A_{II}B_{VI}$-Verbindungen (ZnO) auf.

5. A15-Struktur[1]: Eine solche Struktur besitzen Verbindungen vom Typ A_3B (z. B. V_3Si; Nb_3Ge).[2]

Abbildung 3.22 zeigt einen Ausschnitt aus einer solchen Struktur. An den Eckpunkten und im Zentrum der kubischen Elementarzelle sind die B-Atome angeordnet (s. Abb. 3.22a), während sich jeweils zwei A-Atome auf den Würfelflächen (s. Abb. 3.22b) be-

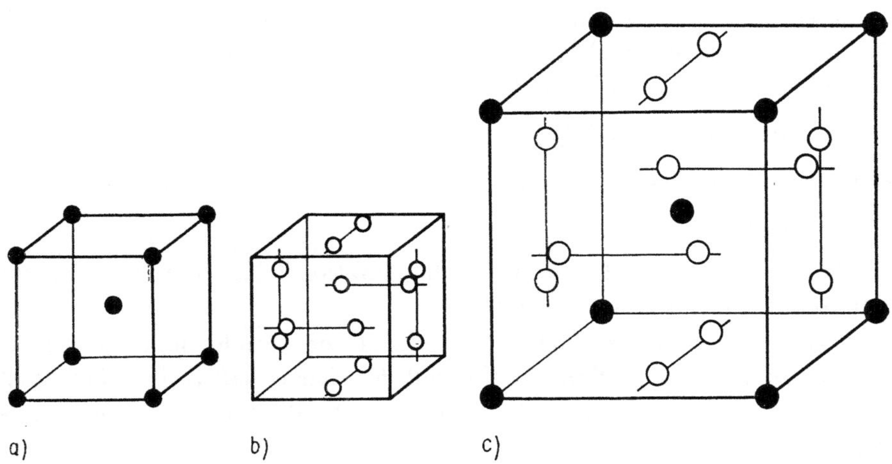

Abb. 3.22.
Ausschnitt aus einer A15-Struktur

a) Anordnung der B-Atome
b) Anordnung der A-Atome
c) Gesamtdarstellung

finden. Die A-Atome bilden somit in den drei senkrecht aufeinander stehenden Raumrichtungen parallel zueinander liegende lineare Ketten (nach L. F. Mattheiss [95]). Der Abstand der A-Atome innerhalb einer Kette beträgt $a/2$ (a: Gitterkonstante). Die Elementarzelle enthält sechs A- und zwei B-Atome (vgl. Abb. 3.22). Damit besteht die Basis dieses zusammengesetzten Gitters aus 8 Atomen.

[1]) Manchmal findet man auch die Bezeichnung „β-Wolfram-Phase". Diese ist jedoch irreführend, da die Atome in der Verbindung W_3O (nach der diese Phase benannt wurde) immer ungeordnet eingebaut sind.

[2]) Wegen ihrer besonderen supraleitenden Eigenschaften sind viele A_3B-Verbindungen technisch außerordentlich interessant; daher wird in den letzten Jahren der Untersuchung der A15-Struktur verstärkt Aufmerksamkeit gewidmet.

3.4. Das reziproke Gitter

Bisher haben wir immer ein durch die Basisvektoren $\boldsymbol{a}_1$, $\boldsymbol{a}_2$, $\boldsymbol{a}_3$ im gewöhnlichen dreidimensionalen Ortsraum aufgespanntes Gitter, das *Raumgitter*, betrachtet. Für die Beschreibung des Einflusses der regelmäßigen Anordnung der Kristallbausteine auf das Energiespektrum der quasifreien Elektronen sowie auf viele andere physikalische Eigenschaften des Kristalls ist es aus später ersichtlichen Gründen zweckmäßig, dem Raumgitter noch ein sogenanntes *reziprokes* Gitter zuzuordnen.

3.4.1. Definition und Eigenschaften des reziproken Gitters

Will man bestimmte physikalische Eigenschaften eines Kristalls mathematisch formulieren, benötigt man Funktionen $\mathsf{f}(\boldsymbol{r})$, die die räumliche Anordnung und Verteilung der Kristallbausteine widerspiegeln. So ergibt sich aus der Invarianz eines Kristalls gegenüber allen Translationen um

$$\boldsymbol{a} = l_1\boldsymbol{a}_1 + l_2\boldsymbol{a}_2 + l_3\boldsymbol{a}_3\,, \tag{3.17}$$

wobei l_1, l_2, l_3 beliebige ganze Zahlen und $\boldsymbol{a}_1$, $\boldsymbol{a}_2$, $\boldsymbol{a}_3$ Basisvektoren sind, die Forderung

$$\mathsf{f}(\boldsymbol{r} + \boldsymbol{a}) = \mathsf{f}(\boldsymbol{r})\,. \tag{3.18}$$

Die Forderung besteht also darin, daß die Funktion $\mathsf{f}(\boldsymbol{r})$ an (physikalisch) äquivalenten Punkten denselben Wert annimmt.

Da sich in $\boldsymbol{a}$ die Regelmäßigkeit (Periodizität) des dem Kristall zugeordneten Gitters äußert, nennt man eine Funktion $\mathsf{f}(\boldsymbol{r})$ mit der Eigenschaft (3.18) *gitterperiodisch*.

Im allgemeinen ist es sinnvoll, eine periodische Funktion durch eine Fourier-Reihe darzustellen. Es ist dann

$$\mathsf{f}(\boldsymbol{r}) = \sum_{\boldsymbol{g}} A_{\boldsymbol{g}}\, \mathrm{e}^{i\boldsymbol{g}\cdot\boldsymbol{r}}\,, \tag{3.19}$$

wobei

$$A_{\boldsymbol{g}} = \frac{1}{\Omega_0}\int\limits_{\Omega_0} \mathsf{f}(\boldsymbol{r})\, \mathrm{e}^{-i\boldsymbol{g}\cdot\boldsymbol{r}}\, \mathrm{d}\boldsymbol{r} \tag{3.20}$$

die Fourier-Koeffizienten sind. $\Omega_0 = |\boldsymbol{a}_1 \cdot (\boldsymbol{a}_2 \times \boldsymbol{a}_3)|$ ist das Volumen der von den Basisvektoren aufgespannten primitiven Elementarzelle. (Ω_0 unter dem Integralzeichen bedeutet, daß über die gesamte Elementarzelle zu integrieren ist.)

Analog ergibt sich

$$\mathsf{f}(\boldsymbol{r} + \boldsymbol{a}) = \sum_{\boldsymbol{g}} A_{\boldsymbol{g}}\, \mathrm{e}^{i\boldsymbol{g}\cdot(\boldsymbol{r}+\boldsymbol{a})} = \sum_{\boldsymbol{g}} A_{\boldsymbol{g}}\, \mathrm{e}^{i\boldsymbol{g}\cdot\boldsymbol{r}}\, \mathrm{e}^{i\boldsymbol{g}\cdot\boldsymbol{a}} \tag{3.21}$$

mit

$$A_{\boldsymbol{g}} = \frac{1}{\Omega_0}\int\limits_{\Omega_0} \mathsf{f}(\boldsymbol{r} + \boldsymbol{a})\, \mathrm{e}^{-i\boldsymbol{g}\cdot\boldsymbol{r}}\, \mathrm{e}^{-i\boldsymbol{g}\cdot\boldsymbol{a}}\, \mathrm{d}\boldsymbol{r}. \tag{3.22}$$

Die Ausdrücke (3.19) und (3.20) sowie (3.21) und (3.22) befriedigen die Forderung (3.18) nur dann, wenn

$$\mathrm{e}^{i\boldsymbol{g}\cdot\boldsymbol{a}} = 1 \tag{3.23}$$

beziehungsweise

$$\boldsymbol{g} \cdot \boldsymbol{a} = 2\pi \cdot (\text{ganze Zahl}) \tag{3.24}$$

ist. Diese Bedingung erfüllt jeder Vektor

$$\boldsymbol{g} = m_1 \boldsymbol{g}_1 + m_2 \boldsymbol{g}_2 + m_3 \boldsymbol{g}_3 \,, \tag{3.25}$$

wenn m_1, m_2, m_3 beliebige ganze Zahlen sind und die Komponenten von $\boldsymbol{g}$ und $\boldsymbol{a}$ der Beziehung

$$\boldsymbol{g}_i \cdot \boldsymbol{a}_j = 2\pi\delta_{ij} \qquad (i, j = 1, 2, 3); \qquad \delta_{ij} = \begin{Bmatrix} 1 \text{ für } i = j \\ 0 \text{ für } i \neq j \end{Bmatrix} \tag{3.26}$$

genügen.

Die angegebene Behauptung läßt sich leicht überprüfen, denn mit (3.17), (3.25) und (3.26) ist

$$\boldsymbol{g} \cdot \boldsymbol{a} = m_1 l_1 \underbrace{\boldsymbol{g}_1 \cdot \boldsymbol{a}_1}_{2\pi} + m_2 l_2 \underbrace{\boldsymbol{g}_2 \cdot \boldsymbol{a}_2}_{2\pi} + m_3 l_3 \underbrace{\boldsymbol{g}_3 \cdot \boldsymbol{a}_3}_{2\pi} \,,$$

$$\boldsymbol{g} \cdot \boldsymbol{a} = 2\pi(m_1 l_1 + m_2 l_2 + m_3 l_3) = 2\pi \cdot (\text{ganze Zahl}) \,.$$

Das ist aber gerade die Bedingung (3.24).

Das Gitter, das die gemäß (3.25) gegebenen Vektoren $\boldsymbol{g}$ aufspannen, nennt man *reziprokes Gitter*. Dabei werden die durch (3.26) eindeutig definierten und linear unabhängigen Vektoren $\boldsymbol{g}_1$, $\boldsymbol{g}_2$, $\boldsymbol{g}_3$ als *Basisvektoren des reziproken Gitters* bezeichnet. Sie lassen sich explizit angeben:

$$\begin{aligned} \boldsymbol{g}_1 &= 2\pi \frac{\boldsymbol{a}_2 \times \boldsymbol{a}_3}{\boldsymbol{a}_1 \cdot (\boldsymbol{a}_2 \times \boldsymbol{a}_3)} = \frac{2\pi}{\Omega_0} (\boldsymbol{a}_2 \times \boldsymbol{a}_3) \,, \\ \boldsymbol{g}_2 &= 2\pi \frac{\boldsymbol{a}_3 \times \boldsymbol{a}_1}{\boldsymbol{a}_1 \cdot (\boldsymbol{a}_2 \times \boldsymbol{a}_3)} = \frac{2\pi}{\Omega_0} (\boldsymbol{a}_3 \times \boldsymbol{a}_1) \,, \\ \boldsymbol{g}_3 &= 2\pi \frac{\boldsymbol{a}_1 \times \boldsymbol{a}_2}{\boldsymbol{a}_1 \cdot (\boldsymbol{a}_2 \times \boldsymbol{a}_3)} = \frac{2\pi}{\Omega_0} (\boldsymbol{a}_1 \times \boldsymbol{a}_2) \,. \end{aligned} \tag{3.27}$$

Man erkennt hieraus, daß $\boldsymbol{g}_1$ ein zu $\boldsymbol{a}_2$ und zu $\boldsymbol{a}_3$ senkrecht gerichteter Vektor ist. Entsprechend gilt $\boldsymbol{g}_2 \perp \boldsymbol{a}_1$ und $\boldsymbol{g}_2 \perp \boldsymbol{a}_3$, $\boldsymbol{g}_3 \perp \boldsymbol{a}_1$ und $\boldsymbol{g}_3 \perp \boldsymbol{a}_2$.

Aus (3.26) beziehungsweise (3.27) geht hervor, daß die Basisvektoren des reziproken Gitters und mit (3.25) alle das reziproke Gitter aufspannenden Vektoren die Dimension einer reziproken Länge (m^{-1}) besitzen. Man muß daher zwischen zwei Vektorräumen, dem Ortsraum[1]) und dem reziproken Raum[2]), unterscheiden. Während alle Vektoren mit der Dimension einer Länge Elemente des Ortsraumes sind, bilden alle Vektoren, deren Dimension gleich der einer reziproken Länge ist, den reziproken Raum. Somit wird der Abstand zweier Punkte, der im Ortsraum ($|\boldsymbol{r}_1 - \boldsymbol{r}_2|$) in Metern gemessen wird, im reziproken Raum ($|\boldsymbol{k}_1 - \boldsymbol{k}_2|$) in Metern^{-1} angegeben.

[1]) Man bezeichnet ihn auch als *direkten Raum*.

[2]) Im Kapitel 1 haben wir diesen Raum $\boldsymbol{k}$-Raum oder Wellenvektorraum genannt. Alle diese Bezeichnungen sind gleichermaßen üblich.

Das von den Basisvektoren des reziproken Gitters aufgespannte Parallelepiped nennt man Elementarzelle des reziproken Gitters. Ihr Volumen Φ_0 (gemessen in m^{-3}) ergibt sich mit (3.27) zu

$$\Phi_0 = |\boldsymbol{g}_1 \cdot (\boldsymbol{g}_2 \times \boldsymbol{g}_3)| = (2\pi)^3 \frac{(\boldsymbol{a}_2 \times \boldsymbol{a}_3) \cdot [(\boldsymbol{a}_3 \times \boldsymbol{a}_1) \times (\boldsymbol{a}_1 \times \boldsymbol{a}_2)]}{[\boldsymbol{a}_1 \cdot (\boldsymbol{a}_2 \times \boldsymbol{a}_3)]^3}$$

$$= \frac{(2\pi)^3}{\boldsymbol{a}_1 \cdot (\boldsymbol{a}_2 \times \boldsymbol{a}_3)} = \frac{(2\pi)^3}{\Omega_0}. \tag{3.28}$$

Das Volumen der Elementarzelle des reziproken Gitters ist also dem Volumen der entsprechenden Elementarzelle im Raumgitter umgekehrt proportional.[1]) Der Faktor $(2\pi)^3$ ist eine Folge der Definition der Basisvektoren des reziproken Gitters.[2])

Abschließend soll noch gezeigt werden, daß das Raumgitter das reziproke Gitter seines eigenen reziproken Gitters ist. Anders ausgedrückt, das reziproke Gitter eines reziproken Gitters ist wieder das ursprüngliche Raumgitter.

Die Basisvektoren des reziproken Gitters eines reziproken Gitters sind entsprechend (3.27)

$$\boldsymbol{G}_1 = 2\pi \frac{\boldsymbol{g}_2 \times \boldsymbol{g}_3}{\boldsymbol{g}_1 \cdot (\boldsymbol{g}_2 \times \boldsymbol{g}_3)},$$

$$\boldsymbol{G}_2 = 2\pi \frac{\boldsymbol{g}_3 \times \boldsymbol{g}_1}{\boldsymbol{g}_1 \cdot (\boldsymbol{g}_2 \times \boldsymbol{g}_3)},$$

$$\boldsymbol{G}_3 = 2\pi \frac{\boldsymbol{g}_1 \times \boldsymbol{g}_2}{\boldsymbol{g}_1 \cdot (\boldsymbol{g}_2 \times \boldsymbol{g}_3)}.$$

Berücksichtigt man (3.28) und drückt $\boldsymbol{g}_1, \boldsymbol{g}_2, \boldsymbol{g}_3$ gemäß (3.27) durch die Basisvektoren des Raumgitters $\boldsymbol{a}_1, \boldsymbol{a}_2, \boldsymbol{a}_3$ aus, so läßt sich $\boldsymbol{G}_1$ schreiben:

$$\boldsymbol{G}_1 = \frac{1}{\Omega_0} (\boldsymbol{a}_3 \times \boldsymbol{a}_1) \times (\boldsymbol{a}_1 \times \boldsymbol{a}_2)$$

$$= \frac{1}{\Omega_0} [\{\boldsymbol{a}_1 \cdot (\boldsymbol{a}_2 \times \boldsymbol{a}_3)\} \boldsymbol{a}_1 - \{\boldsymbol{a}_3 \cdot (\boldsymbol{a}_1 \times \boldsymbol{a}_1)\} \boldsymbol{a}_2]$$

$$= \frac{1}{\Omega_0} \Omega_0 \boldsymbol{a}_1 .$$

[1]) Beim eindimensionalen Gitter ergibt sich $|\boldsymbol{g}| = \frac{2\pi}{|\boldsymbol{a}|} = \frac{2\pi}{\Omega_0}$, beim zweidimensionalen Gitter $|\boldsymbol{g}_1 \times \boldsymbol{g}_2| = \frac{(2\pi)^2}{|\boldsymbol{a}_1| \times |\boldsymbol{a}_2|} = \frac{(2\pi)^2}{\Omega_0}$.

[2]) Man könnte als Basisvektoren des reziproken Gitters auch Vektoren $\boldsymbol{b}_1, \boldsymbol{b}_2, \boldsymbol{b}_3$ analog (3.26) in der Form $\boldsymbol{b}_i \cdot \boldsymbol{a}_j = \delta_{ij}$ $(i, j = 1, 2, 3)$ definieren. Dann würde in (3.27) jeweils der Faktor 2π entfallen, und das Volumen der von diesen Basisvektoren gebildeten Elementarzelle wäre $\boldsymbol{b}_1 \cdot (\boldsymbol{b}_2 \times \boldsymbol{b}_3) = \frac{1}{\Omega_0}$. Allerdings müßte man dann die Bedingung (3.23) in der Form $e^{i2\pi(\boldsymbol{b} \cdot \boldsymbol{a})} = 1$ formulieren, also überall im Exponenten der e-Funktion den Faktor 2π explizit auftreten lassen. Das ist jedoch in der Festkörperphysik nicht üblich.

Also:

$$\boldsymbol{G}_1 \equiv \boldsymbol{a}_1 .$$

Analog kann man $\boldsymbol{G}_2 \equiv \boldsymbol{a}_2$ und $\boldsymbol{G}_3 \equiv \boldsymbol{a}_3$ zeigen. Die Basisvektoren des reziproken Gitters eines reziproken Gitters sind somit mit den Basisvektoren des Raumgitters identisch.

Allen weiteren Betrachtungen in diesem Abschnitt legen wir analog zum Ortsraum im reziproken Raum ein cartesisches Koordinatensystem (k_x, k_y, k_z) zugrunde, das ebenfalls durch die Einheitsvektoren $\boldsymbol{e}_x$, $\boldsymbol{e}_y$, $\boldsymbol{e}_z$ aufgespannt wird.

3.4.2. Das reziproke Gitter eines einfachen kubischen Gitters

Mit den Basisvektoren für das einfache kubische Gitter nach (3.4),

$$\boldsymbol{a}_1 \equiv \boldsymbol{a}_x = a\boldsymbol{e}_x , \qquad \boldsymbol{a}_2 \equiv \boldsymbol{a}_y = a\boldsymbol{e}_y , \qquad \boldsymbol{a}_3 \equiv \boldsymbol{a}_z = a\boldsymbol{e}_z ,$$

ergeben sich gemäß (3.27) die Basisvektoren für das entsprechende reziproke Gitter zu

$$\boxed{\begin{aligned} \boldsymbol{g}_1 &= 2\pi \frac{a^2(\boldsymbol{e}_y \times \boldsymbol{e}_z)}{a^3\boldsymbol{e}_x \cdot (\boldsymbol{e}_y \times \boldsymbol{e}_z)} = \frac{2\pi}{a}\boldsymbol{e}_x , \\ \boldsymbol{g}_2 &= 2\pi \frac{a^2(\boldsymbol{e}_z \times \boldsymbol{e}_x)}{a^3\boldsymbol{e}_x \cdot (\boldsymbol{e}_y \times \boldsymbol{e}_z)} = \frac{2\pi}{a}\boldsymbol{e}_y , \\ \boldsymbol{g}_3 &= 2\pi \frac{a^2(\boldsymbol{e}_x \times \boldsymbol{e}_y)}{a^3\boldsymbol{e}_x \cdot (\boldsymbol{e}_y \times \boldsymbol{e}_z)} = \frac{2\pi}{a}\boldsymbol{e}_z . \end{aligned}} \tag{3.29}$$

Die Basisvektoren des reziproken Gitters $\boldsymbol{g}_1$, $\boldsymbol{g}_2$, $\boldsymbol{g}_3$ haben somit dieselben Richtungen wie die entsprechenden Basisvektoren $\boldsymbol{a}_1$, $\boldsymbol{a}_2$, $\boldsymbol{a}_3$ des Raumgitters.

Aus (3.29) geht hervor, daß das reziproke Gitter eines einfachen kubischen Gitters wieder einfach kubisch ist; allerdings mit veränderter Gitterkonstante (s. Abb. 3.23).

Das Volumen der Elementarzelle, die durch die Basisvektoren $\boldsymbol{g}_1$, $\boldsymbol{g}_2$, $\boldsymbol{g}_3$ aufgespannt wird, beträgt mit (3.29)

$$\Phi_0^{(\mathrm{sc})} = |\boldsymbol{g}_1 \cdot (\boldsymbol{g}_2 \times \boldsymbol{g}_3)| = \frac{(2\pi)^3}{a^3}\, \boldsymbol{e}_x \cdot (\boldsymbol{e}_y \times \boldsymbol{e}_z) = \frac{1}{a^3}(2\pi)^3 = \frac{(2\pi)^3}{\Omega_0^{(\mathrm{sc})}} . \tag{3.30}$$

Aus den hier angegebenen Daten für das einfache kubische Gitter können wir auf das eindimensionale Gitter (unendliche Kette aus im Abstand a angeordneten Gitterpunkten) spezialisieren.

Die Punktkette sei in x-Richtung ausgedehnt. Dann wird das Gitter durch die Vektoren

$$\left.\begin{aligned} \boldsymbol{a} &= l\boldsymbol{a}_x \\ \text{mit} \qquad & \\ \boldsymbol{a}_x &= a\boldsymbol{e}_x \end{aligned}\right\} \tag{3.31}$$

aufgespannt, wobei l eine beliebige ganze Zahl ist.

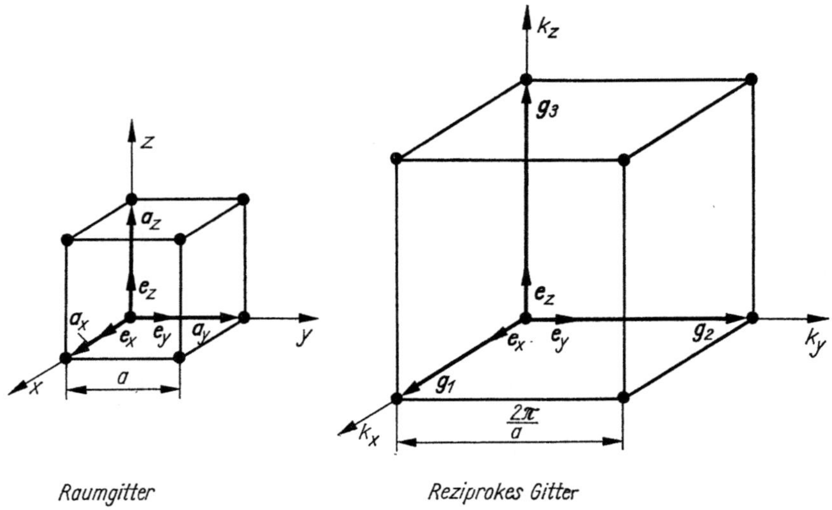

Abb. 3.23.
Das reziproke Gitter eines einfachen kubischen Gitters ist einfach kubisch

Gemäß (3.29) ist der Basisvektor des reziproken Gitters durch

$$g_1 = \frac{2\pi}{a} e_x \tag{3.32}$$

gegeben. Das reziproke Gitter einer eindimensionalen Punktfolge, das durch

$$g = m g_1 \tag{3.33}$$

(m: beliebige ganze Zahl)

aufgespannt wird, ist wieder eine Kette von Gitterpunkten, deren gegenseitiger Abstand jedoch $\frac{2\pi}{a}$ beträgt (s. Abb. 3.24). Das Volumen der eindimensionalen Elementarzelle des reziproken Gitters ist entsprechend (3.32)

$$|g_1| = \frac{2\pi}{a}. \tag{3.34}$$

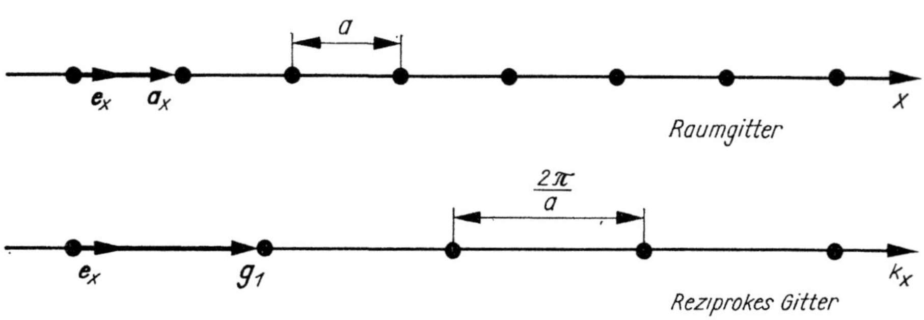

Abb. 3.24.
Eindimensionales Gitter und sein reziprokes Gitter

3.4.3. Das reziproke Gitter eines kubisch-raumzentrierten Gitters

Mit den Basisvektoren für ein kubisch-raumzentriertes Gitter nach (3.8),

$$\boldsymbol{a}_1^{(\mathrm{r})} = \frac{a}{2}(-\boldsymbol{e}_x + \boldsymbol{e}_y + \boldsymbol{e}_z)\,, \qquad \boldsymbol{a}_2^{(\mathrm{r})} = \frac{a}{2}(\boldsymbol{e}_x - \boldsymbol{e}_y + \boldsymbol{e}_z)\,,$$

$$\boldsymbol{a}_3^{(\mathrm{r})} = \frac{a}{2}(\boldsymbol{e}_x + \boldsymbol{e}_y - \boldsymbol{e}_z)\,,$$

erhält man unter Verwendung von (3.27) als Basisvektoren für das reziproke Gitter

$$\left.\begin{aligned}
\boldsymbol{g}_1^{(\mathrm{r})} &= 2\pi\,\frac{\left(\dfrac{a}{2}\right)^2 (\boldsymbol{e}_x - \boldsymbol{e}_y + \boldsymbol{e}_z) \times (\boldsymbol{e}_x + \boldsymbol{e}_y - \boldsymbol{e}_z)}{\left(\dfrac{a}{2}\right)^3 (-\boldsymbol{e}_x + \boldsymbol{e}_y + \boldsymbol{e}_z)\cdot[(\boldsymbol{e}_x - \boldsymbol{e}_y + \boldsymbol{e}_z) \times (\boldsymbol{e}_x + \boldsymbol{e}_y - \boldsymbol{e}_z)]} = \frac{2\pi}{a}(\boldsymbol{e}_y + \boldsymbol{e}_z)\,,\\
\boldsymbol{g}_2^{(\mathrm{r})} &= \frac{2\pi}{a}(\boldsymbol{e}_x + \boldsymbol{e}_z)\,,\\
\boldsymbol{g}_3^{(\mathrm{r})} &= \frac{2\pi}{a}(\boldsymbol{e}_x + \boldsymbol{e}_y)\,.
\end{aligned}\right\} \tag{3.35}$$

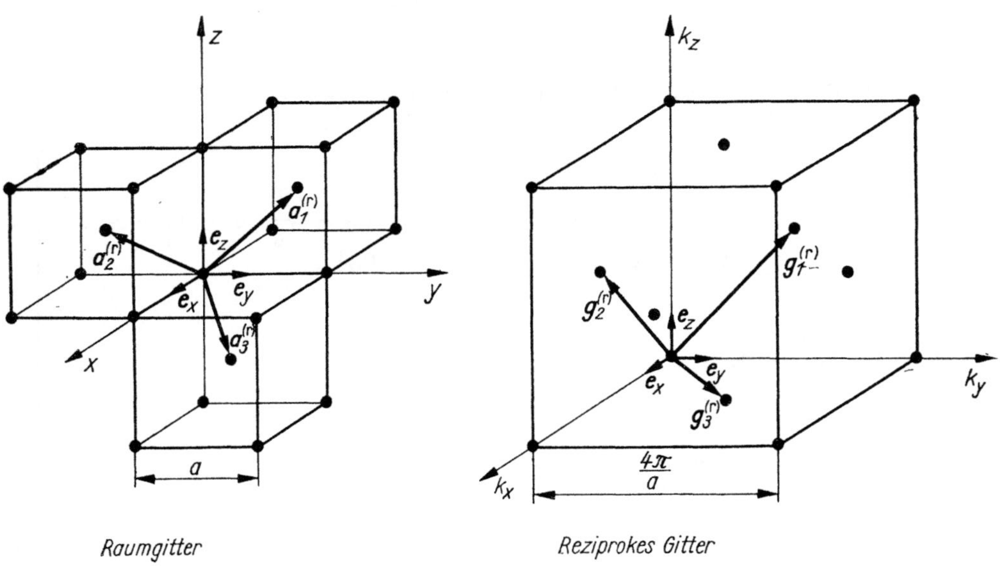

Abb. 3.25.

Das reziproke Gitter eines kubisch-raumzentrierten Gitters ist kubisch-flächenzentriert

Ein Vergleich von (3.35) mit (3.11) ergibt, daß das reziproke Gitter eines kubisch-raumzentrierten Gitters kubisch-flächenzentiert ist (s. Abb. 3.25). Während die Gitterkonstante beim Raumgitter a ist, beträgt sie beim reziproken Gitter $4\pi/a$ (also $\sim 1/a$).

Das Volumen der durch $\boldsymbol{g}_1^{(\mathrm{r})}$, $\boldsymbol{g}_2^{(\mathrm{r})}$, $\boldsymbol{g}_3^{(\mathrm{r})}$ aufgespannten Elementarzelle berechnet sich aus (3.35) zu

$$\begin{aligned}\Phi_0^{(\mathrm{r})} = |\boldsymbol{g}_1^{(\mathrm{r})} \cdot (\boldsymbol{g}_2^{(\mathrm{r})} \times \boldsymbol{g}_3^{(\mathrm{r})})| &= \left(\frac{2\pi}{a}\right)^3 (\boldsymbol{e}_y + \boldsymbol{e}_z) \cdot [(\boldsymbol{e}_x + \boldsymbol{e}_z) \times (\boldsymbol{e}_x + \boldsymbol{e}_y)] \\ &= 2\left(\frac{2\pi}{a}\right)^3 \\ &= \frac{(2\pi)^3}{a^3/2} = \frac{(2\pi)^3}{\Omega_0^{(\mathrm{r})}}, \end{aligned} \tag{3.36}$$

$\left(\Omega_0^{(\mathrm{r})} = \boldsymbol{a}_1^{(\mathrm{r})} \cdot (\boldsymbol{a}_2^{(\mathrm{r})} \times \boldsymbol{a}_3^{(\mathrm{r})})\right)$.

3.4.4. Das reziproke Gitter eines kubisch-flächenzentrierten Gitters

Aus den Basisvektoren für ein kubisch-flächenzentriertes Gitter (3.11),

$$\boldsymbol{a}_1^{(\mathrm{f})} = \frac{a}{2}(\boldsymbol{e}_x + \boldsymbol{e}_y), \qquad \boldsymbol{a}_2^{(\mathrm{f})} = \frac{a}{2}(\boldsymbol{e}_y + \boldsymbol{e}_z), \qquad \boldsymbol{a}_3^{(\mathrm{f})} = \frac{a}{2}(\boldsymbol{e}_x + \boldsymbol{e}_z),$$

ergeben sich mit (3.27) die Basisvektoren für das reziproke Gitter zu

$$\left.\begin{aligned} \boldsymbol{g}_1^{(\mathrm{f})} &= 2\pi \frac{\left(\frac{a}{2}\right)^2 (\boldsymbol{e}_y + \boldsymbol{e}_z) \times (\boldsymbol{e}_y + \boldsymbol{e}_z)}{\left(\frac{a}{2}\right)^3 (\boldsymbol{e}_x + \boldsymbol{e}_y) \cdot [(\boldsymbol{e}_y + \boldsymbol{e}_z) \times (\boldsymbol{e}_x + \boldsymbol{e}_z)]} = \frac{2\pi}{a}(\boldsymbol{e}_x + \boldsymbol{e}_y - \boldsymbol{e}_z), \\ \boldsymbol{g}_2^{(\mathrm{f})} &= \frac{2\pi}{a}(-\boldsymbol{e}_x + \boldsymbol{e}_y + \boldsymbol{e})_z, \\ \boldsymbol{g}_3^{(\mathrm{f})} &= \frac{2\pi}{a}(\boldsymbol{e}_x - \boldsymbol{e}_y + \boldsymbol{e}_z). \end{aligned}\right\} \tag{3.37}$$

Ein Vergleich von (3.37) mit (3.8) zeigt, daß das reziproke Gitter eines kubisch-flächenzentrierten Gitters kubisch-raumzentriert ist (s. Abb. 3.26). Die Gitterkonstante beträgt $4\pi/a$ (also $\sim 1/a$).

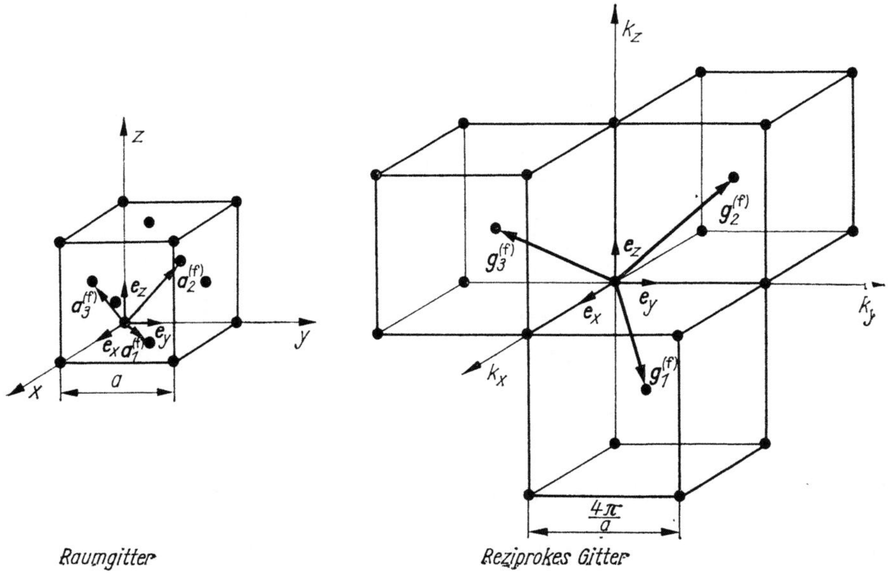

Abb. 3.26.
Das reziproke Gitter eines kubisch-flächenzentrierten Gitters ist kubisch-raumzentriert

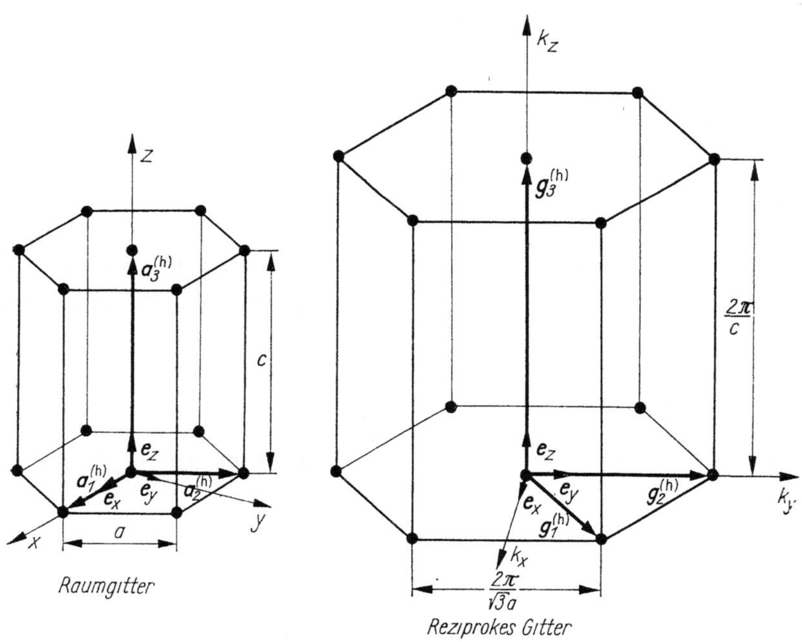

Abb. 3.27.
Das reziproke Gitter eines hexagonalen Gitters ist hexagonal

Das Volumen der aus den Basisvektoren $\boldsymbol{g}_1^{(\mathrm{f})}$, $\boldsymbol{g}_2^{(\mathrm{f})}$, $\boldsymbol{g}_3^{(\mathrm{f})}$ aufgespannten Elementarzelle ergibt sich aus (3.37) zu

$$\begin{aligned}\Phi_0^{(\mathrm{f})} &= |\boldsymbol{g}_1^{(\mathrm{f})}\cdot(\boldsymbol{g}_2^{(\mathrm{f})}\times\boldsymbol{g}_3^{(\mathrm{f})})|\\ &= \left(\frac{2\pi}{a}\right)^3(\boldsymbol{e}_x+\boldsymbol{e}_y-\boldsymbol{e}_z)\cdot[(-\boldsymbol{e}_x+\boldsymbol{e}_y+\boldsymbol{e}_z)\times(\boldsymbol{e}_x-\boldsymbol{e}_y+\boldsymbol{e}_z)]\\ &= 4\,\frac{(2\pi)^3}{a^3}\\ &= \frac{(2\pi)^3}{a^3/4}=\frac{(2\pi)^3}{\Omega_0^{(\mathrm{f})}}\,, \qquad (3.38)\end{aligned}$$

$$\left(\Omega_0^{(\mathrm{f})}=\boldsymbol{a}_1^{(\mathrm{f})}\cdot(\boldsymbol{a}_2^{(\mathrm{f})}\times\boldsymbol{a}_3^{(\mathrm{f})})\right).$$

3.4.5. Das reziproke Gitter eines hexagonalen Gitters

Mit den Basisvektoren für das hexagonale Gitter (3.14),

$$\boldsymbol{a}_1^{(\mathrm{h})}=a\boldsymbol{e}_x\,,\qquad \boldsymbol{a}_2^{(\mathrm{h})}=\frac{a}{2}(-\boldsymbol{e}_x+\sqrt{3}\,\boldsymbol{e}_y)\,,\qquad \boldsymbol{a}_3^{(\mathrm{h})}=c\boldsymbol{e}_z\,,$$

erhält man unter Verwendung von (3.27) die Basisvektoren für das reziproke Gitter:

$$\left.\begin{aligned}\boldsymbol{g}_1^{(\mathrm{h})} &= 2\pi\,\frac{\frac{ac}{2}(-\boldsymbol{e}_x+\sqrt{3}\,\boldsymbol{e}_y)\times\boldsymbol{e}_z}{\frac{a^2c}{2}\,\boldsymbol{e}_x\cdot[(-\boldsymbol{e}_x+\sqrt{3}\boldsymbol{e}_y)\times\boldsymbol{e}_z]}=\frac{2\pi}{\sqrt{3}a}(\boldsymbol{e}_y+\sqrt{3}\,\boldsymbol{e}_x)\,,\\ \boldsymbol{g}_2^{(\mathrm{h})} &= \frac{4\pi}{\sqrt{3}a}\boldsymbol{e}_y\,,\\ \boldsymbol{g}_3^{(\mathrm{h})} &= \frac{2\pi}{c}\boldsymbol{e}_z\,.\end{aligned}\right\}\qquad (3.39)$$

Das reziproke Gitter eines hexagonalen Gitters ist also auch hexagonal. Die Gitterkonstanten betragen jedoch $4\pi/\sqrt{3}a$ und $2\pi/c$; Abbildung 3.27 veranschaulicht den Sachverhalt.

Das Volumen der von den in (3.39) angegebenen Basisvektoren aufgespannten Elementarzelle beträgt

$$\begin{aligned}\Phi_0^{(\mathrm{h})} = |\boldsymbol{g}_1^{(\mathrm{h})}\cdot(\boldsymbol{g}_2^{(\mathrm{h})}\times\boldsymbol{g}_3^{(\mathrm{h})})| &= \frac{2\pi}{\sqrt{3}\,a}\,\frac{4\pi}{\sqrt{3}\,a}\,\frac{2\pi}{c}(\boldsymbol{e}_y+\sqrt{3}\,\boldsymbol{e}_x)\cdot(\boldsymbol{e}_y\times\boldsymbol{e}_z)\\ &= \frac{2(2\pi)^3}{\sqrt{3}\,a^2c}\sqrt{3}\\ &= \frac{(2\pi)^3}{\sqrt{3}\,a^2c/2}=\frac{(2\pi)^3}{\Omega_0^{(\mathrm{h})}}\,, \qquad (3.40)\end{aligned}$$

$$\left(\Omega_0^{(\mathrm{h})}=\boldsymbol{a}_1^{(\mathrm{h})}\cdot(\boldsymbol{a}_2^{(\mathrm{h})}\times\boldsymbol{a}_3^{(\mathrm{h})}\right).$$

Bisher haben wir nur kubische und hexagonale Gitter behandelt. Zum Abschluß dieses Abschnittes erweitern wir nun die Aussagen durch die allgemeine Feststellung, daß die reziproken Gitter stets Gitter desselben Kristallsystems wie die Raumgitter sind, denen sie zugeordnet sind. Somit ist beispielsweise auch das reziproke Gitter eines triklinen Gitters triklin und das eines rhomboedrischen Gitters rhomboedrisch.

Analog hierzu sind die reziproken Gitter aller einfachen Bravais-Gitter wieder einfache Gitter desselben Kristallsystems. Beim kubischen Gitter haben wir dies bereits in Abschnitt 3.4.2. gesehen. Aber auch das reziproke Gitter eines einfachen monoklinen (rhombischen, tetragonalen) Gitters ist einfach monoklin (rhombisch, tetragonal).

Man kann sich weiterhin davon überzeugen, daß die reziproken Gitter aller raumzentrierten Bravais-Gitter allseitig flächenzentrierte und die aller allseitig flächenzentrierten Gitter raumzentrierte Gitter desselben Kristallsystems sind.

Schließlich sind die reziproken Gitter einseitig flächenzentrierter (basiszentrierter) Gitter wieder einseitig flächenzentriert.

3.5. Charakterisierung von Ebenen und Richtungen im Kristall

Zur Charakterisierung von Ebenen (Flächen) und Richtungen im Kristall durch Symbole haben sich gegenüber einigen anderen Möglichkeiten die sogenannten *Millerschen Indizes* als zweckmäßig erwiesen. Wegen ihrer wenig übersichtlichen Definition sind die Vorteile, die sie für die Kristallographie und die Festkörperphysik mit sich bringen, zunächst nicht offensichtlich. Ihre Nützlichkeit wird uns erst in den folgenden Abschnitten klar werden.

Wir gehen bei unseren Betrachtungen von einem beliebigen Translationsgitter (ohne Beschränkung der Allgemeinheit — von einem Bravais-Gitter —) aus. Durch drei nicht auf einer Geraden liegende Gitterpunkte läßt sich eine Ebene legen, auf der außer diesen drei noch unendlich viele weitere Gitterpunkte liegen. Eine solche Ebene, die eine unendliche Menge von Gitterpunkten des betrachteten Bravais-Gitters enthält, nennt man *Netzebene* (oder *Gitterebene*). Verschiebt man eine Netzebene parallel zu sich selbst, bis sie zum ersten Mal auf einen weiteren Gitterpunkt trifft, so ist diese Ebene wieder eine Netzebene. Eine zweidimensionale Veranschaulichung gibt Abbildung 3.28.

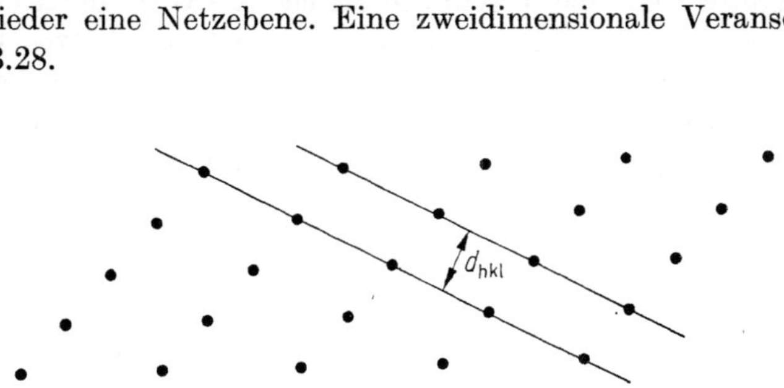

Abb. 3.28.
Zur Erläuterung der Gitterebene
In der hier angegebenen zweidimensionalen Darstellung erscheint die Gitterebene als Linie
d_{hkl}: Abstand zweier paralleler Gitterebenen

Bekanntlich beschreibt die Gleichung

$$\boldsymbol{g} \cdot \boldsymbol{r} = M \tag{3.41}$$

(M: Konstante)

eine im Abstand von $M/|\boldsymbol{g}|$ vom Koordinatenursprung entfernte und zu dem vorgegebenen Vektor $\boldsymbol{g}$ senkrecht stehende Ebene. Soll diese Gleichung gerade die Netzebenen beschreiben, so muß sie speziell auch für die Vektoren

$$\boldsymbol{a} = l_1\boldsymbol{a}_1 + l_2\boldsymbol{a}_2 + l_3\boldsymbol{a}_3 \tag{3.42}$$

($\boldsymbol{a}_1$, $\boldsymbol{a}_2$, $\boldsymbol{a}_3$: Translationsvektoren[1]); l_1, l_2, l_3: beliebige ganze Zahlen)

des Raumgitters erfüllt sein; also

$$\boldsymbol{g} \cdot \boldsymbol{a} = M\,. \tag{3.43}$$

Der vorzugebende Vektor $\boldsymbol{g}$, der die Orientierung der Ebene im Raum bestimmt, soll ein ansonsten beliebiger, aber für die betreffende Richtung der jeweils betragsmäßig kleinste Vektor des reziproken Gitters sein.

$$\boldsymbol{g} = m_1\boldsymbol{g}_1 + m_2\boldsymbol{g}_2 + m_3\boldsymbol{g}_3 \tag{3.44}$$

($\boldsymbol{g}_1$, $\boldsymbol{g}_2$, $\boldsymbol{g}_3$ sind die den $\boldsymbol{a}_1$, $\boldsymbol{a}_2$, $\boldsymbol{a}_3$ entsprechenden Translationsvektoren des reziproken Gitters; m_1, m_2, m_3 beliebige Zahlen)

ist dann betragsmäßig am kleinsten, wenn m_1, m_2, m_3 teilerfremd sind. Das spezielle teilerfremde Zahlentripel (m_1, m_2, m_3) soll mit h, k, l[2]) und der entsprechende zu $\boldsymbol{g}$ parallele betragsmäßig kleinste Vektor mit

$$\boldsymbol{g}_{\mathsf{hkl}} = \mathsf{h}\boldsymbol{g}_1 + \mathsf{k}\boldsymbol{g}_2 + \mathsf{l}\boldsymbol{g}_3 \tag{3.45}$$

bezeichnet werden. Damit und unter Berücksichtigung von (3.24) wird (3.43)

$$\boldsymbol{g}_{\mathsf{hkl}} \cdot \boldsymbol{a} = 2\pi(\mathsf{h}l_1 + \mathsf{k}l_2 + \mathsf{l}l_3) = M = 2\pi m\,. \tag{3.46}$$

Schreibt man, wie hier geschehen, die Konstante M in der Form $2\pi m$, so sieht man, daß die Gleichung (3.46) nur dann erfüllbar ist, wenn m ganzzahlig ist. Für jedes feste ganzzahlige m ergibt sich eine unendliche Menge von Gitterpunkten, die sich alle auf einer Ebene befinden; (3.46) beschreibt also wirklich eine Netzebene. Durchläuft nun m alle beliebigen ganzen Zahlen, so erhält man eine ganze Schar paralleler (zum vorgegebenen $\boldsymbol{g}_{\mathsf{hkl}}$ senkrecht stehender) Netzebenen. Alle zu dieser Schar gehörenden Netzebenen bezeichnet man symbolisch mit (hkl) und nennt h, k, l die *Millerschen Indizes der Ebenenschar*. Im allgemeinen spricht man anstelle der Ebenenschar nur kurz von der (hkl)-Ebene.

[1]) Gemeint sind hier die Translationsvektoren des Raumgitters, die die gebräuchliche Elementarzelle des betrachteten Kristallsystems aufspannen (also die dem Kristallsystem entsprechende Elementarzelle, die nicht unbedingt gleichzeitig die primitive sein muß). Bei kubischen Kristallen sind folglich stets $\boldsymbol{a}_1 = \boldsymbol{a}_x$, $\boldsymbol{a}_2 = \boldsymbol{a}_y$, $\boldsymbol{a}_3 = \boldsymbol{a}_z$ und nicht etwa $\boldsymbol{a}_1^{(r)}$, $\boldsymbol{a}_2^{(r)}$, $\boldsymbol{a}_3^{(r)}$ oder $\boldsymbol{a}_1^{(f)}$, $\boldsymbol{a}_2^{(f)}$, $\boldsymbol{a}_3^{(f)}$ zu wählen. Letztere spannen nämlich keine kubische, sondern eine rhomboedrische Elementarzelle auf.

[2]) Sind m_1, m_2, m_3 nicht von vornherein teilerfremd, sondern besitzen sie den gemeinsamen Teiler p, dann geht man zu $\frac{m_1}{p} = \mathsf{h}$, $\frac{m_2}{p} = \mathsf{k}$, $\frac{m_3}{p} = \mathsf{l}$ über.

Der Abstand zweier benachbarter Netzebenen einer Schar ergibt sich aus (3.46) zu

$$d_{\mathsf{hkl}} = \frac{2\pi(m+1)}{|\boldsymbol{g}_{\mathsf{hkl}}|} - \frac{2\pi m}{|\boldsymbol{g}_{\mathsf{hkl}}|} = \frac{2\pi}{|\boldsymbol{g}_{\mathsf{hkl}}|} \tag{3.47}$$

(vgl. auch Abb. 3.28).

Wir wenden uns jetzt der Frage zu, wie man die zu einer vorgegebenen Netzebene gehörenden Millerschen Indizes bestimmen kann.

Eine beliebige durch (3.46) gegebene Netzebene schneidet die durch die Translationsvektoren $\boldsymbol{a}_1$, $\boldsymbol{a}_2$, $\boldsymbol{a}_3$ (s. (3.42)) aufgespannten Achsen entsprechend den Stellen

$$s_1\boldsymbol{a}_1 = \frac{m}{\mathsf{h}}\boldsymbol{a}_1; \qquad s_2\boldsymbol{a}_2 = \frac{m}{\mathsf{k}}\boldsymbol{a}_2; \qquad s_3\boldsymbol{a}_3 = \frac{m}{\mathsf{l}}\boldsymbol{a}_3\,. \tag{3.48}$$

Setzt man die in Einheiten von $|\boldsymbol{a}_1|$, $|\boldsymbol{a}_2|$ beziehungsweise $|\boldsymbol{a}_3|$ gemessenen Abschnitte auf den Achsen s_1, s_2, s_3 ins Verhältnis, so erhält man gemäß (3.48)

$$s_1 : s_2 : s_3 = \frac{1}{\mathsf{h}} : \frac{1}{\mathsf{k}} : \frac{1}{\mathsf{l}} \tag{3.49}$$

oder

$$\mathsf{h} : \mathsf{k} : \mathsf{l} = \frac{1}{s_1} : \frac{1}{s_2} : \frac{1}{s_3}\,. \tag{3.50}$$

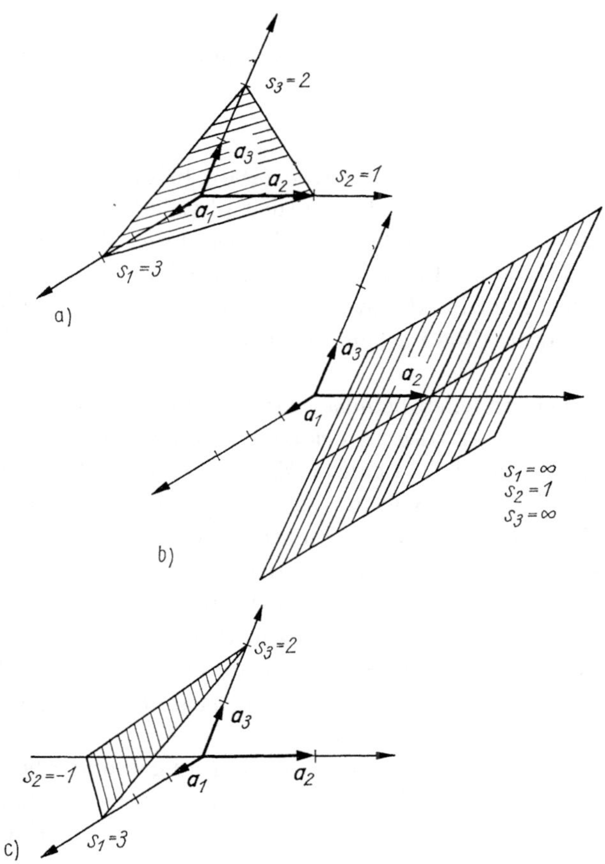

Abb. 3.29.
Beispiele für die Bezeichnung von Ebenen (Flächen) durch Millersche Indizes

a) $\frac{1}{s_1} : \frac{1}{s_2} : \frac{1}{s_3} = \frac{1}{3} : \frac{1}{1} : \frac{1}{2}$
$(\mathsf{hkl}) = (263)$

b) $\frac{1}{s_1} : \frac{1}{s_2} : \frac{1}{s_3} = \frac{1}{\infty} : \frac{1}{1} : \frac{1}{\infty}$
$(\mathsf{hkl}) = (010)$

c) $\frac{1}{s_1} : \frac{1}{s_2} : \frac{1}{s_3} = \frac{1}{3} : \frac{1}{-1} : \frac{1}{2}$
$(\mathsf{hkl}) = (2\bar{6}3)$

Als Millersche Indizes wählt man dann die kleinsten ganzen Zahlen h, k, l aus, die in demselben Verhältnis zueinander stehen wie $1/s_1$, $1/s_2$, $1/s_3$. Abbildung 3.29 gibt einige Beispiele. Die in Einheiten der entsprechenden Translationsvektoren gemessenen Abschnitte auf den Achsen s_1, s_2, s_3 sind angegeben. Nach (3.50) findet man dann sofort die Bezeichnung der jeweiligen Ebenenschar.

Konventionsgemäß wird ein Minuszeichen bei der Angabe der Millerschen Indizes über die Zahl gesetzt, so daß man also anstelle von (2 —6 3) oder (—1 —1 —1) immer ($2\bar{6}3$) beziehungsweise ($\bar{1}\bar{1}\bar{1}$) schreibt.

In Abbildung 3.30 sind die Millerschen Indizes für einige wichtige Flächen und Ebenen im kubischen Kristallsystem eingezeichnet.

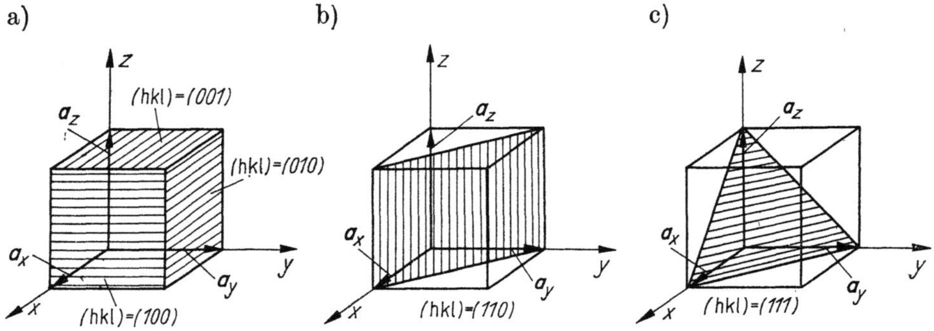

Abb. 3.30.
Bezeichnung wichtiger Flächen im kubischen Kristallsystem durch Millersche Indizes

Die Würfeloberflächen, die den Netzebenenscharen (100), (010) und (001) angehören (s. Abb. 3.30a), sind gleichwertig. Die Gesamtheit physikalisch äquivalenter Ebenen (Flächen) bezeichnet man der Einfachheit halber unter Verwendung geschweifter Klammern mit dem Symbol {hkl}; hier speziell {100}.

Analog bezeichnet {110} alle zu der in Abbildung 3.30b gezeigten Ebene physikalisch gleichwertigen Ebenenscharen. Entsprechendes gilt auch für {111} gemäß Abbildung 3.30c.

Im Unterschied zu den Ebenensymbolen benutzt man zur Bezeichnung von Richtungen im Kristall das Symbol [uvw], also in eckige Klammern gesetzte Zahlen. u, v, w sind hierbei die drei kleinstmöglichen ganzen Zahlen, die dasselbe Verhältnis untereinander haben wie die in Einheiten von $|\boldsymbol{a}_1|$, $|\boldsymbol{a}_2|$, $|\boldsymbol{a}_3|$ gemessenen Beträge der $\boldsymbol{a}_1$-, $\boldsymbol{a}_2$-, $\boldsymbol{a}_3$-Komponenten eines parallel zur betrachteten Richtung verlaufenden Vektors ($\boldsymbol{a}_1$, $\boldsymbol{a}_2$, $\boldsymbol{a}_3$ sind wieder die obengenannten Translationsvektoren des Raumgitters). Somit werden die Richtungen der Translationsvektoren $\boldsymbol{a}_1$, $\boldsymbol{a}_2$, $\boldsymbol{a}_3$ durch [100], [010] beziehungsweise [001] symbolisiert. Entsprechend bedeuten beispielsweise [110] die Richtung einer Diagonalen der von $\boldsymbol{a}_1$ und $\boldsymbol{a}_2$ aufgepsannten Fläche und [111] die Richtung einer Raumdiagonalen in dem von $\boldsymbol{a}_1$, $\boldsymbol{a}_2$, $\boldsymbol{a}_3$ aufgespannten Parallelepiped. Abbildung 3.31 erläutert dies am kubischen System.

Im kubischen Kristallsystem ist die Bezeichnung von Richtungen und Ebenen besonders übersichtlich, da hier eine Ebene und die Richtung ihrer Normalen gerade die gleichen Indizes besitzen. So trägt die Richtung der Normalen zur (110)-Ebene die

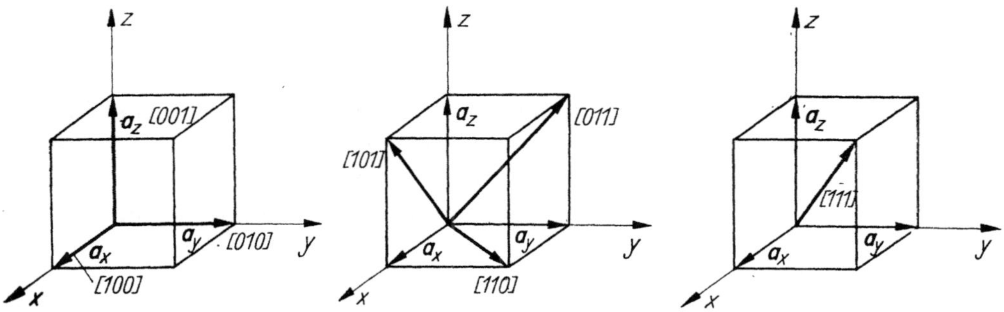

Abb. 3.31.
Bezeichnung von Richtungen durch Millersche Indizes (am Beispiel des kubischen Kristallsystems)

Bezeichnung [110], die der Normalen zur (001)-Ebene [001] usw. In Kristallsystemen mit niedrigerer Symmetrie gilt das im allgemeinen nicht.

Physikalisch äquivalente Richtungen (wie beim kubischen System die Würfelkanten [100], [$\bar{1}$00], [010], [0$\bar{1}$0], [001], [00$\bar{1}$]) werden analog physikalisch äquivalenten Ebenen durch ein einheitliches Symbol dargestellt. Man benutzt hierfür spitze Klammern: ⟨uvw⟩.

⟨100⟩ bezeichnet dementsprechend alle Würfelkanten.

Abschließend sei die Indizierung von Ebenen und Richtungen im hexagonalen Kristallsystem angedeutet. Im allgemeinen kennzeichnet man hier Ebenen und Richtungen nicht durch die soeben eingeführten drei Millerschen Indizes, obwohl dies prinzipiell möglich ist. Zu einer zweckmäßigeren und übersichtlicheren Darstellung gelangt man durch Angabe von vier Indizes, die man mit hkil bezeichnet. Man geht hierzu nicht von den in Abschnitt 3.3.4. eingeführten Translationsvektoren $\boldsymbol{a}_1^{(h)}, \boldsymbol{a}_2^{(h)}, \boldsymbol{a}_3^{(h)}$ (s. (3.14)) aus, sondern von den in Abbildung 3.32 angegebenen Vektoren $\boldsymbol{x}_1$, $\boldsymbol{x}_2$, $\boldsymbol{x}_3$, $\boldsymbol{c}$. (hkil) bedeutet dann eine spezielle Ebene und {hkil} eine Gesamtheit äquivalenter Ebenen im hexagonalen Kristallsystem. Entsprechend geben [hkil]

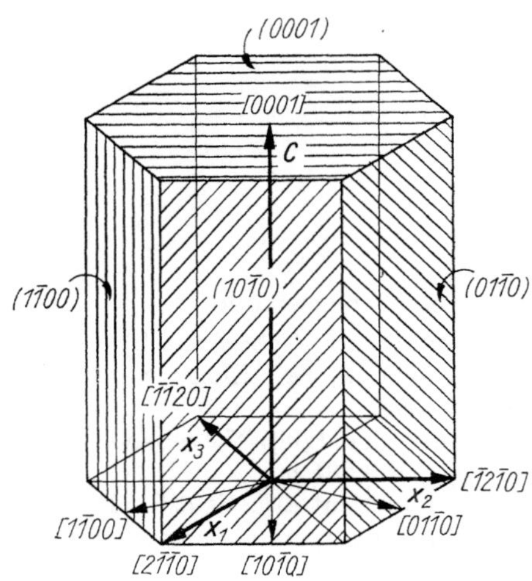

Abb. 3.32.
Bezeichnung von Ebenen (Flächen) und Richtungen im hexagonalen Kristallsystem

eine bestimmte Richtung und $\langle \mathsf{hkil} \rangle$ eine Gesamtheit äquivalenter Richtungen im hexagonalen System an.

Die Bestimmung der Indizes erfolgt analog der der Millerschen Indizes. So wird beispielsweise die Deckfläche des in Abbildung 3.32 angegebenen hexagonalen Prismas durch (0001) bezeichnet, denn sie verläuft parallel zu den durch $\boldsymbol{x}_1$, $\boldsymbol{x}_2$, $\boldsymbol{x}_3$ festgelegten Achsen (also $s_1 = \infty$, $s_2 = \infty$, $s_3 = \infty$) und schneidet die durch $\boldsymbol{c}$ gegebene Achse im Abstand von $1 \cdot |\boldsymbol{c}|$ (also $s_4 = 1$). Entsprechend (3.50) ermittelt man hkil aus

$$\mathsf{h} : \mathsf{k} : \mathsf{i} : \mathsf{l} = \frac{1}{s_1} : \frac{1}{s_2} : \frac{1}{s_3} : \frac{1}{s_4}.$$

In derselben Weise überlegt man sich, daß $(01\bar{1}0)$ eine zur $\boldsymbol{x}_1$- und $\boldsymbol{c}$-Richtung parallele Ebene und $(2\bar{1}\bar{1}0)$ eine zur Richtung von $\boldsymbol{x}_1$ senkrechte Ebene symbolisieren.

Die Indizes zur Charakterisierung einer Richtung im hexagonalen Kristallsystem stimmen mit den der senkrecht zu ihr gelegenen Ebene überein. Folglich ist die Richtung der $\boldsymbol{x}_1$-Achse durch $[2\bar{1}\bar{1}0]$ gegeben.

In Abbildung 3.32 sind zur Illustration einige Ebenen und Richtungen bezeichnet.

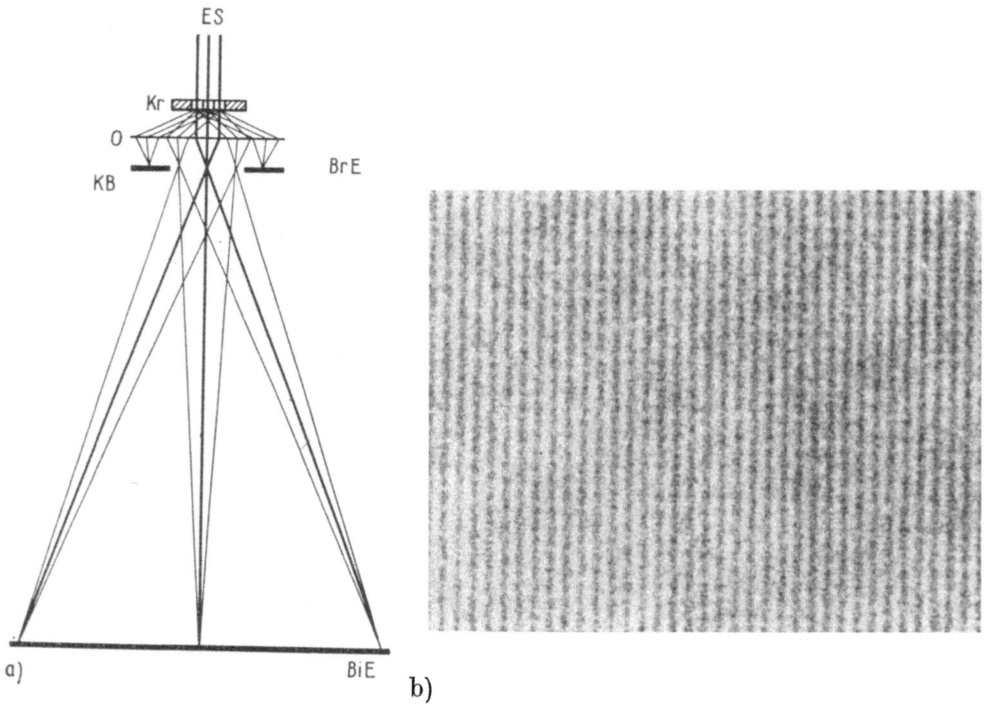

Abb. 3.33.
Zum experimentellen Nachweis von Netzebenenscharen

a) Strahlengang durch ein Elektronenmikroskop (schematisch)
BiE: Bildebene; BrE: hintere Brennebene; ES: Elektronenstrahl; Kr: Kristall; KB: Kontrastblende; O: Objektiv

b) Elektronenmikroskopische Abbildung der (200)-Netzebenenschar in einem Goldkristall; Netzebenenabstand $d_{200} = 0{,}204$ nm
(nach P. Werner und J. Heydenreich, Zentralinstitut für Elektronenmikroskopie der AdW der DDR; Halle/S.; aufgenommen mit einem 100 kV-Elektronenmikroskop)

Wir haben gesehen, daß zur eindeutigen Charakterisierung von Ebenen und Richtungen nur drei Indizes erforderlich sind. Insofern können die hier eingeführten vier Indizes nicht unabhängig voneinander sein. Es läßt sich leicht zeigen,[1]) daß zwischen den hki des hexagonalen Gitters stets die Beziehung

$$h + k + i = 0 \tag{3.51}$$

erfüllt sein muß.

Die in diesem Abschnitt behandelten Netzebenenscharen kann man experimentell beobachten, und zwar mit dem Elektronenmikroskop. Abbildung **3.33** a zeigt schematisch den Strahlengang in einem solchen Mikroskop. Innerhalb des Kristalls (Kr) ist die abzubildende Netzebenenschar angedeutet. Zur Erfüllung der Braggschen Reflexionsbedingung (s. hierzu auch Abschnitt 3.7.) muß die Netzebenenschar nahezu parallel zum einfallenden Elektronenstrahlbündel gelegen sein. Die Elektronen gehen nun von den einzelnen Objektpunkten in verschiedenen Richtungen auseinander und gelangen in das Objektiv (O). Das Objektiv bewirkt folgendes: Erstens lenkt es die jeweils von einem Objektpunkt in verschiedene Richtungen ausgehenden Elektronen so ab, daß sie sich in der Bildebene (BiE) in einem Punkt, dem Bildpunkt, treffen. Zweitens lenkt es die jeweils von verschiedenen Objektpunkten in gleiche Richtung ausgehenden Elektronen so ab, daß diese sich in der hinteren Brennebene (BrE) des Objektivs zu einem Beugungsreflex vereinigen. Mit Hilfe der verstellbaren Kontrastblende (KB) hat man die Möglichkeit, von den vorhandenen Beugungsreflexen diejenigen auszuwählen, deren Strahlung zur Abbildung in der Bildebene beitragen soll.

Abbildung **3.33** b zeigt eine auf diese Weise gewonnene elektronenmikroskopische Abbildung der (200)-Netzebenenschar in einem Goldkristall. Der Netzebenensabtand beträgt $d_{200} = 0{,}204$ nm.

Besondere Bedeutung hat die Elektronenmikroskopie vor allem auch deshalb, weil mit ihrer Hilfe Störungen im kristallinen Aufbau der Festkörper (Unregelmäßigkeiten in der Anordnung der Netzebenen) untersucht werden können.

3.6. Brillouin-Zonen

3.6.1. Definition und Eigenschaften der Brillouin-Zonen

Bei der Betrachtung der verschiedenen reziproken Gitter hatten wir bisher stets das Volumen der durch die Basisvektoren $\boldsymbol{g}_1$, $\boldsymbol{g}_2$, $\boldsymbol{g}_3$ aufgespannten Elementarzelle berechnet. In gleicher Weise, wie wir im Raumgitter zur Wigner-Seitz-Zelle gelangten, können wir auch im reziproken Gitter eine durch $\boldsymbol{g}_1$, $\boldsymbol{g}_2$, $\boldsymbol{g}_3$ gebildete volumengleiche symmetrische Elementarzelle finden. Man konstruiert diese symmetrische Elementarzelle also, indem man die Mittelebenen auf den Abbildungsgeraden vom betrachteten Gitterpunkt (der ohne Beschränkung der Allgemeinheit im Koordinatenursprung gelegen sei) zu dessen Nachbarn errichtet.[2]) Das so entstehende kleinste geschlossene räumliche Gebilde nennt man *erste Brillouin-Zone* und die Ebenen, die die Begrenzungsflächen dieser Zone bilden, *Brillouinsche Ebenen.* Anders ausgedrückt, die erste Brillouin-Zone ist die Wigner-Seitz-Zelle des reziproken Gitters. Sie enthält alle Punkte des reziproken Raumes, die dem betrachteten Gitterpunkt (Koordiatenursprung) näher sind als jedem anderen Gitterpunkt. Da man alle Punkte (und auch die zu diesen Punkten führenden Vektoren) $\boldsymbol{k}$ und $\boldsymbol{k}' = \boldsymbol{k} + \boldsymbol{g}$ mit $\boldsymbol{g}$ gemäß (3.25)

[1]) S. z. B. E. Fischer [16].
[2]) Ausführlichere Beschreibung: s. Konstruktion der Wigner-Seitz-Zelle in Abschnitt 3.1

äquivalent nennt, enthält die erste Brillouin-Zone genau eine vollständige Gesamtheit nichtäquivalenter Punkte (nichtäquivalenter $\boldsymbol{k}$-Vektoren) im reziproken Raum.

Betrachtet man alle Gitterpunkte und konstruiert jeweils in den Mittelpunkten der Verbindungslinien zum Koordinatenursprung die auf diesen Linien senkrecht stehenden Ebenen (also die Mittelebenen), so erhält man alle möglichen Brillouinschen Ebenen. Mathematisch lassen sich diese Brillouinschen Ebenen besonders einfach durch Vektorgleichungen beschreiben. Der Abbildung 3.34 entnimmt man, daß die Gleichung für eine senkrecht auf $\boldsymbol{g}$ stehende und durch K^* (Mittelpunkt auf der Verbindungslinie zwischen den Gitterpunkten K_0 und K_1) gehende Ebene

$$\left(\boldsymbol{h} - \frac{\boldsymbol{g}}{2}\right) \cdot \boldsymbol{g} = 0 \tag{3.52}$$

oder

$$\boxed{\boldsymbol{h} \cdot \boldsymbol{g} = \tfrac{1}{2}\,\boldsymbol{g}^2 = \tfrac{1}{2}\,|\boldsymbol{g}|^2} \tag{3.53}$$

lautet.

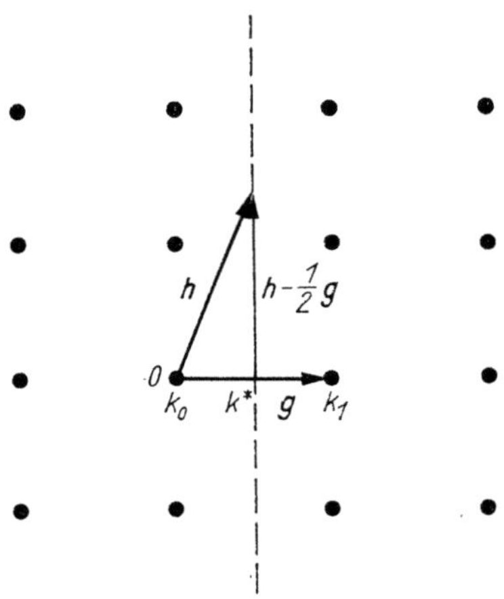

Abb. 3.34.
Zur Gleichung für eine Brillouinsche Ebene (gestrichelt gezeichnet)
$(\boldsymbol{h} - \frac{1}{2}\,\boldsymbol{g}) \cdot \boldsymbol{g} = 0$

Neben der ersten definiert man nun noch folgendermaßen höhere Brillouin-Zonen: Die *zweite Brillouin-Zone* enthält die Gesamtheit aller betragsmäßig kleinsten nichtäquivalenten $\boldsymbol{k}$-Vektoren des reziproken Raumes mit Ausnahme der $\boldsymbol{k}$, die zur ersten Brillouin-Zone gehören. Allgemein enthält dementsprechend die n-*te Brillouin-Zone* alle betragsmäßig kleinsten nichtäquivalenten Vektoren des reziproken Raumes mit Ausnahme aller bereits den ersten n − 1 Brillouin-Zonen angehörenden $\boldsymbol{k}$-Vektoren. Alle so definierten Brillouin-Zonen besitzen das gleiche Volumen, und zwar $\Phi_0 = |\boldsymbol{g}_1 \cdot (\boldsymbol{g}_2 \times \boldsymbol{g}_3)| = (2\pi)^3/\Omega_0$. Abbildung 3.35 zeigt die ersten zehn Brillouin-Zonen für ein quadratisches Flächengitter.

Da jede Brillouin-Zone genau eine Gesamtheit nichtäquivalenter $\boldsymbol{k}$-Vektoren enthält, kann man durch geeignete Translationen $\boldsymbol{k} + \boldsymbol{g}$ jede Brillouin-Zone mit der ersten zur Deckung bringen; sie auf die erste *reduzieren*. Aus diesem Grunde nennt man mitunter alle die $\boldsymbol{k}$, die zur ersten Brillouin-Zone gehören, *reduzierte* $\boldsymbol{k}$-Vektoren. Infolge einer solchen möglichen Reduktion der $\boldsymbol{k}$-Vektoren auf die der ersten Brillouin-Zone kann man sich im allgemeinen auf die Betrachtung der ersten Brillouin-Zone beschränken.

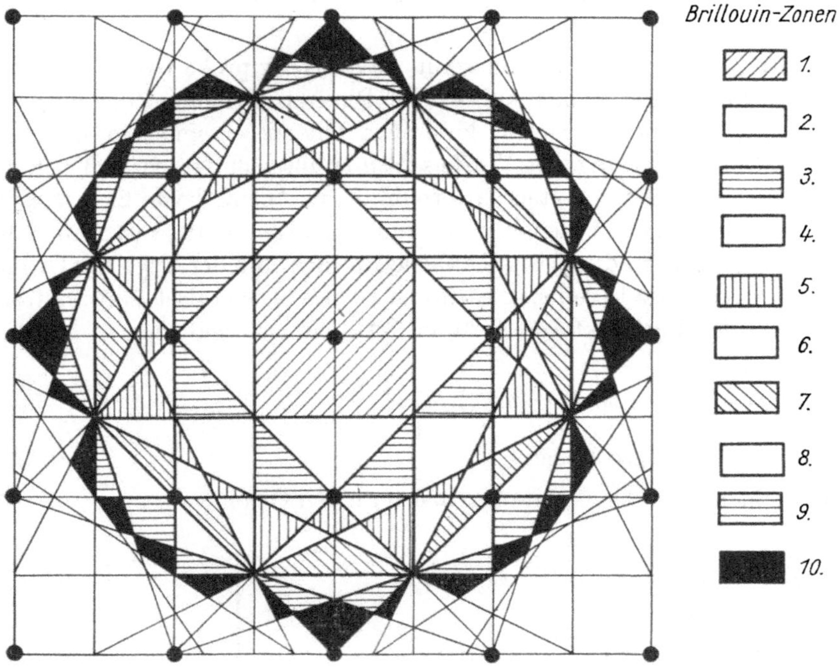

Abb. 3.35.
Die ersten zehn Brillouin-Zonen für ein quadratisches Flächengitter (nach L. Brillouin, vgl. [39], S. 388)

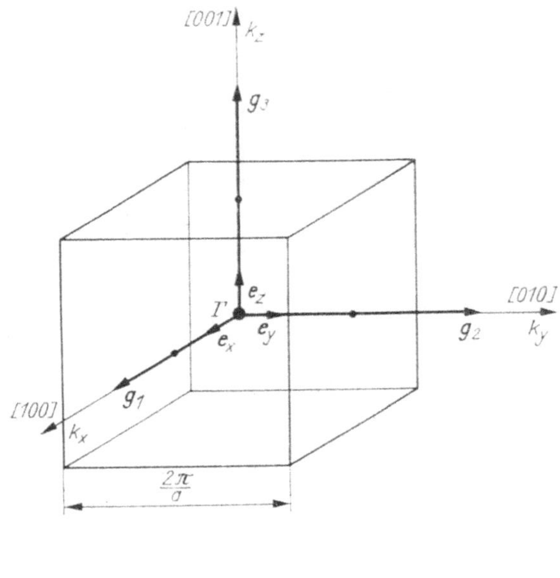

Abb. 3.36.
Erste Brillouin-Zone eines einfachen kubischen Gitters (Würfel; Begrenzungsflächen: {100})
$\boldsymbol{g}_1$, $\boldsymbol{g}_2$, $\boldsymbol{g}_3$: Basisvektoren
a: Gitterkonstante des Raumgitters
Symmetrierichtungen:
Würfelkanten || ⟨100⟩ (vierzählige Achsen)
Würfeldiagonalen || ⟨111⟩ (dreizählige Achsen)
Flächendiagonalen || ⟨110⟩ (zweizählige Achsen)

3.6.2. Brillouin-Zone eines einfachen kubischen Gitters

In Abschnitt 3.4.2. haben wir festgestellt, daß das reziproke Gitter eines einfachen kubischen Gitters wieder einfach kubisch ist. Die erste Brillouin-Zone muß daher der Wigner-Seitz-Zelle eines einfachen kubischen Gitters entsprechen und somit ein *Würfel* sein. Die Kantenlänge des Würfels $2\pi/a$ ergibt sich daraus, daß sich die nächsten Nachbarn eines betrachteten Gitterpunktes im Abstand von $2\pi/a$ von ihm entfernt befinden. a ist hierbei die Gitterkonstante des Raumgitters (s. Abb. 3.36).

Diese im wesentlichen durch anschauliche Betrachtung der Lage der Gitterpunkte gewonnenen Ergebnisse lassen sich natürlich auch mathematisch einwandfrei zeigen: Geht man mit den Basisvektoren (3.29) in (3.25) ein, so erhält man

$$\boldsymbol{g} = \frac{2\pi}{a}(m_1\boldsymbol{e}_x + m_2\boldsymbol{e}_y + m_3\boldsymbol{e}_z) \tag{3.54}$$

(m_1, m_2, m_3: beliebige ganze Zahlen).

Hieraus ersieht man sechs nächste Nachbarn an den Orten

$$\left.\begin{aligned} &\pm\frac{2\pi}{a}\boldsymbol{e}_x(m_1 = \pm 1, m_2 = m_3 = 0)\,,\\ &\pm\frac{2\pi}{a}\boldsymbol{e}_y(m_2 = \pm 1, m_1 = m_3 = 0)\,,\\ &\pm\frac{2\pi}{a}\boldsymbol{e}_z(m_3 = \pm 1, m_1 = m_2 = 0)\,,\\ &\text{im Abstand von}\,\frac{2\pi}{a}\,, \end{aligned}\right\} \tag{3.55}$$

zwölf übernächste Nachbarn an den Plätzen

$$\left.\begin{aligned} &\frac{2\pi}{a}(\pm\boldsymbol{e}_x \pm\boldsymbol{e}_y) \qquad (m_1 = m_2 = \pm 1, m_3 = 0)\,,\\ &\frac{2\pi}{a}(\pm\boldsymbol{e}_x \pm\boldsymbol{e}_z) \qquad (m_1 = m_3 = \pm 1, m_2 = 0)\,,\\ &\frac{2\pi}{a}(\pm\boldsymbol{e}_y \pm\boldsymbol{e}_z) \qquad (m_2 = m_3 = \pm 1, m_1 = 0)\,,\\ &\text{im Abstand von}\,\sqrt{2}\,\frac{2\pi}{a}\,, \end{aligned}\right\} \tag{3.56}$$

acht Nachbarn an den Stellen

$$\left.\begin{aligned} &\frac{2\pi}{a}(\pm\boldsymbol{e}_x \pm\boldsymbol{e}_y \pm\boldsymbol{e}_z) \quad (m_1 = m_2 = m_3 = \pm 1)\\ &\text{im Abstand von}\,\sqrt{3}\,\frac{2\pi}{a}\,, \end{aligned}\right\} \tag{3.57}$$

sechs Nachbarn an den Orten

$$\left.\begin{aligned} &\pm\frac{4\pi}{a}\,\boldsymbol{e}_x \qquad (m_1 = \pm 2,\, m_2 = m_3 = 0)\,, \\ &\pm\frac{4\pi}{a}\,\boldsymbol{e}_y \qquad (m_2 = \pm 2,\, m_1 = m_3 = 0)\,, \\ &\pm\frac{4\pi}{a}\,\boldsymbol{e}_z \qquad (m_3 = \pm 2,\, m_1 = m_2 = 0)\,, \\ &\text{im Abstand von } \frac{4\pi}{a} \end{aligned}\right\} \tag{3.58}$$

und so weiter.

Die Brillouinschen Ebenen lassen sich durch Einsetzen von (3.54) in (3.53) ermitteln. Mit $\boldsymbol{h} = h_1\boldsymbol{e}_x + h_2\boldsymbol{e}_y + h_3\boldsymbol{e}_z$ erhält man

$$m_1h_1 + m_2h_2 + m_3h_3 = \frac{\pi}{a}\,(m_1^2 + m_2^2 + m_3^2)\,. \tag{3.59}$$

Im Falle der sechs nächsten Nachbarn (3.55) ergeben sich hieraus speziell die Brillouinschen Ebenen

$$\boxed{\pm h_1 = \frac{\pi}{a}\,; \qquad \pm h_2 = \frac{\pi}{a}\,; \qquad \pm h_3 = \frac{\pi}{a}}\,. \tag{3.60}$$

Das von diesen sechs Ebenen begrenzte räumliche Gebilde ist gerade ein Würfel der Kantenlänge $2\pi/a$. Das Volumen der Brillouin-Zone eines einfachen kubischen Gitters beträgt somit

$$\Phi_0^{(\mathrm{sc})} = \frac{(2\pi)^3}{a^3} = \frac{(2\pi)^3}{\Omega_0^{(\mathrm{sc})}}\,. \tag{3.61}$$

Dieser Ausdruck stimmt erwartungsgemäß mit (3.30) überein, da die Brillouin-Zone eine spezielle Elementarzelle des reziproken Gitters ist.

Analog kann man die Brillouinschen Ebenen finden, die den weiteren Nachbarn entsprechen. Das nächste geschlossene räumliche Gebilde ist ein Rhombendodekaeder, das die erste und zweite Brillouin-Zone einschließt; das übernächste geschlossene räumliche Gebilde ist ein die ersten drei Brillouin-Zonen enthaltendes gekapptes Oktaeder.

Da für uns vor allem die erste Brillouin-Zone von Bedeutung ist, wollen wir uns im weiteren nur auf deren Betrachtung beschränken.

3.6.3. Brillouin-Zone eines kubisch-raumzentrierten Gitters

Gemäß Abschnitt 3.4.3. ist das reziproke Gitter eines kubisch-raumzentrierten Gitters kubisch-flächenzentriert. Damit ist die erste Brillouin-Zone des kubisch-raumzentrierten Gitters ein *Rhombendodekaeder* (s. Abb. 3.37). Dies läßt sich quantitativ folgendermaßen zeigen:

Mit den Basisvektoren (3.35) wird (3.25)

$$\left.\begin{aligned} \boldsymbol{g} &= \frac{2\pi}{a}[m_1(\boldsymbol{e}_y + \boldsymbol{e}_z) + m_2(\boldsymbol{e}_x + \boldsymbol{e}_z) + m_3(\boldsymbol{e}_x + \boldsymbol{e}_y)] \\ &\text{beziehungsweise} \\ \boldsymbol{g} &= \frac{2\pi}{a}[(m_2 + m_3)\,\boldsymbol{e}_x + (m_1 + m_3)\,\boldsymbol{e}_y + (m_1 + m_2)\,\boldsymbol{e}_z] \end{aligned}\right\} \quad (3.62)$$

(m_1, m_2, m_3 beliebige ganze Zahlen).

Hieraus erkennt man zwölf nächste Nachbarn an den Stellen

$$\left.\begin{aligned} &\frac{2\pi}{a}(\pm\boldsymbol{e}_x \pm\boldsymbol{e}_y) \qquad (m_1 = m_2 = 0, m_3 = \pm 1)\,, \\ &\frac{2\pi}{a}(\pm\boldsymbol{e}_x \pm\boldsymbol{e}_z) \qquad (m_1 = m_3 = 0, m_2 = \pm 1)\,, \\ &\frac{2\pi}{a}(\pm\boldsymbol{e}_y \pm\boldsymbol{e}_z) \qquad (m_2 = m_3 = 0, m_1 = \pm 1)\,, \\ &\text{im Abstand von } \sqrt{2}\,\frac{2\pi}{a}, \end{aligned}\right\} \quad (3.63)$$

sechs übernächste Nachbarn an den Orten

$$\left.\begin{aligned} &\frac{2\pi}{a}(\pm 2\boldsymbol{e}_x) \begin{Bmatrix} \text{„+“} & m_1 = -1, m_2 = m_3 = +1 \\ \text{„−“} & m_1 = +1, m_2 = m_3 = -1 \end{Bmatrix}, \\ &\frac{2\pi}{a}(\pm 2\boldsymbol{e}_y) \begin{Bmatrix} \text{„+“} & m_2 = -1, m_1 = m_3 = +1 \\ \text{„−“} & m_2 = +1, m_1 = m_3 = -1 \end{Bmatrix}, \\ &\frac{2\pi}{a}(\pm 2\boldsymbol{e}_z) \begin{Bmatrix} \text{„+“} & m_3 = -1, m_1 = m_2 = +1 \\ \text{„−“} & m_3 = +1, m_1 = m_2 = -1 \end{Bmatrix}, \\ &\text{im Abstand von } 2\,\frac{2\pi}{a} \end{aligned}\right\} \quad (3.64)$$

und so weiter.

Mit (3.62) und $\boldsymbol{h} = h_1\boldsymbol{e}_x + h_2\boldsymbol{e}_y + h_3\boldsymbol{e}_z$ in (3.53) eingesetzt, erhält man die Gleichung für die Brillouinschen Ebenen:

$$\begin{aligned} &(m_2 + m_3)\,h_1 + (m_1 + m_3)\,h_2 + (m_1 + m_2)\,h_3 \\ &\quad = \frac{\pi}{a}[(m_2 + m_3)^2 + (m_1 + m_3)^2 + (m_1 + m_2)^2]\,. \end{aligned} \quad (3.65)$$

Für die zwölf nächsten Nachbarn ergeben sich speziell die zwölf Ebenen

$$\boxed{\pm h_1 \pm h_2 = \frac{2\pi}{a}; \qquad \pm h_1 \pm h_3 = \frac{2\pi}{a}; \qquad \pm h_2 \pm h_3 = \frac{2\pi}{a}}\,. \quad (3.66)$$

Diese zwölf Ebenen begrenzen bereits ein geschlossenes räumliches Gebilde, das in Abbildung 3.37 dargestellte Rhombendodekaeder. Die übernächsten Nachbarn haben

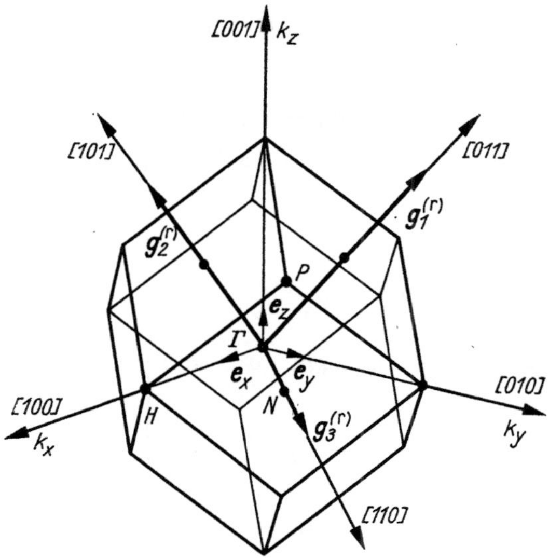

Abb. 3.37.
Erste Brillouin-Zone eines kubisch-raumzentrierten Gitters (Rhombendodekaeder; Begrenzungsflächen: {101})
$g_1^{(r)}$, $g_2^{(r)}$, $g_3^{(r)}$: Basisvektoren des reziproken Gitters
Symmetrierichtungen:
$\overline{\Gamma H} \parallel \langle 100\rangle$ (vierzählige Achsen)
$\overline{\Gamma P} \parallel \langle 111\rangle$ (dreizählige Achsen)
$\overline{\Gamma N} \parallel \langle 110\rangle$ (zweizählige Achsen)

auf die Gestalt dieser ersten Brillouin-Zone des kubisch-raumzentrierten Gitters keinen Einfluß. Das Volumen der Zone beträgt gemäß (3.36) $\Phi_0^{(r)} = \frac{(2\pi)^3}{a^{3/2}} = \frac{(2\pi)^3}{\Omega_0^{(r)}}$.

In Abbildung 3.37 sind die üblichen Bezeichnungen der wichtigsten Symmetriepunkte eingetragen. Der Mittelpunkt der Brillouin-Zone wird stets mit Γ bezeichnet. Ist die Brillouin-Zone (wie hier) ein Rhombendodekaeder, so tragen die Punkte, an denen vier der Vierecksflächen zusammenstoßen, die Bezeichnung H (sie liegen auf den Achsen des hier zugrunde gelegten cartesischen Koordinatensystems), und die, an denen drei Vierecksflächen zusammenkommen, die Bezeichnung P. Die Mittelpunkte der Vierecksflächen nennt man N-Punkte.

Die Symmetrierichtungen und die Begrenzungsflächen sind in der Abbildung ebenfalls bezeichnet.

3.6.4. Brillouin-Zone eines kubisch-flächenzentrierten Gitters

Das reziproke Gitter eines kubisch-flächenzentrierten Gitters ist kubisch-raumzentriert (vgl. Abschnitt 3.4.4.). Somit ist die erste Brillouin-Zone des kubisch-flächenzentrierten Gitters ein *gekapptes Oktaeder* (s. Abb. 3.38). Wir wollen dieses Ergebnis jetzt quantitativ erhalten:

Die Basisvektoren (3.37) in (3.25) eingesetzt, ergeben

$$\boldsymbol{g} = \frac{2\pi}{a}[m_1(\boldsymbol{e}_x + \boldsymbol{e}_y - \boldsymbol{e}_z) + m_2(-\boldsymbol{e}_x + \boldsymbol{e}_y + \boldsymbol{e}_z) + m_3(\boldsymbol{e}_x - \boldsymbol{e}_y + \boldsymbol{e}_z)]$$

beziehungsweise

$$\boldsymbol{g} = \frac{2\pi}{a}[(m_1 - m_2 + m_3)\,\boldsymbol{e}_x + (m_1 + m_2 - m_3)\,\boldsymbol{e}_y + (-m_1 + m_2 + m_3)\,\boldsymbol{e}_z] \quad (3.67)$$

(m_1, m_2, m_3: beliebige ganze Zahlen).

Hieraus ersieht man acht nächste Nachbarn an den Orten

$$\left.\begin{array}{ll} \frac{2\pi}{a}(\pm e_x \pm e_y \pm e_z) & \begin{Bmatrix} m_1 = \pm 1,\ m_2 = m_3 = 0 \\ \text{oder } m_2 = \pm 1,\ m_1 = m_3 = 0 \\ \text{oder } m_3 = \pm 1,\ m_1 = m_2 = 0 \end{Bmatrix} \\ \text{im Abstand von } \sqrt{3}\,\frac{2\pi}{a}, & \end{array}\right\} \tag{3.68}$$

sechs übernächste Nachbarn an den Orten

$$\left.\begin{array}{ll} \frac{2\pi}{a}(\pm 2e_x) & (m_1 = m_3 = \pm 1,\ m_2 = 0)\,, \\ \frac{2\pi}{a}(\pm 2e_y) & (m_1 = m_2 = \pm 1,\ m_3 = 0)\,, \\ \frac{2\pi}{a}(\pm 2e_z) & (m_2 = m_3 = \pm 1,\ m_1 = 0)\,, \\ \text{im Abstand von } 2\,\frac{2\pi}{a} & \end{array}\right\} \tag{3.69}$$

und so weiter.

Die Gleichung für die Brillouinschen Ebenen erhält man, wenn man für $\boldsymbol{g}$ den Ausdruck (3.67) und $\boldsymbol{h} = h_1 e_x + h_2 e_y + h_3 e_z$ in (3.53) einsetzt:

$$(m_1 - m_2 + m_3)\,h_1 + (m_1 + m_2 - m_3)\,h_2 + (-m_1 + m_2 + m_3)\,h_3$$
$$= \frac{\pi}{a}\left[(m_1 - m_2 + m_3)^2 + (m_1 + m_2 - m_3)^2 + (-m_1 + m_2 + m_3)^2\right]. \tag{3.70}$$

Mit (3.68) und (3.69) ergeben sich die speziellen Ebenen entsprechend den

nächsten Nachbarn
$$\pm h_1 \pm h_2 \pm h_3 = \frac{3\pi}{a} \tag{3.71}$$

und den

übernächsten Nachbarn
$$\pm h_1 = \frac{2\pi}{a}; \quad \pm h_2 = \frac{2\pi}{a}; \quad \pm h_3 = \frac{2\pi}{a}. \tag{3.72}$$

Die acht Ebenen (3.71) bilden die Begrenzungsflächen eines Oktaeders. Seine sechs Spitzen werden jedoch durch die sechs Ebenen (3.72) abgeschnitten, so daß sich insgesamt als erste Brillouin-Zone das in Abbildung 3.38 dargestellte gekappte Oktaeder ergibt, dessen Volumen gemäß (3.38) $\Phi_0^{(f)} = \frac{(2\pi)^3}{a^{3/4}} = \frac{(2\pi)^3}{\Omega_0^{(f)}}$ beträgt.

Der Mittelpunkt der Brillouin-Zone wird auch hier mit Γ bezeichnet. Die Mittelpunkte der regulären Sechseckflächen tragen die Bezeichnung L und die der Quadrate X. Die Eckpunkte der Sechseckflächen beziehungsweise der Quadrate bezeichnet man mit W. Die Mittelpunkte der Kanten, an denen zwei Sechseckflächen zusammenstoßen, nennt man K-Punkte.

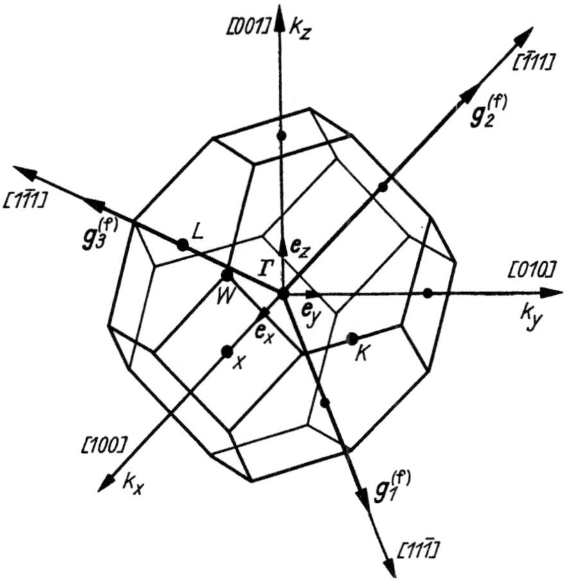

Abb. 3.38.
Erste Brillouin-Zone eines kubisch-flächenzentrierten Gitters (Gekapptes Oktaeder; Begrenzungsflächen: Sechsecke: {111}, Quadrate: {100})
$g_1^{(f)}$, $g_2^{(f)}$, $g_3^{(f)}$: Basisvektoren des reziproken Gitters
Symmetrierichtungen:
$\overline{\Gamma X} \parallel \langle 100\rangle$ (vierzählige Achsen)
$\overline{\Gamma L} \parallel \langle 111\rangle$ (dreizählige Achsen)
$\overline{\Gamma K} \parallel \langle 110\rangle$ (zweizählige Achsen)

Die Symmetrierichtungen und die Bezeichnungen der Begrenzungsflächen der Brillouin-Zone sind ebenfalls aus der Abbildung zu ersehen.

In Abschnitt 3.4.4. hatten wir gesehen, daß man das kubisch-flächenzentrierte Gitter näherungsweise zur Behandlung der rhomboedrischen Struktur der Elemente vom Arsentyp (As, Sb, Bi) heranziehen kann. Entsprechend kann man näherungsweise die in Abbildung 3.38 angegebene Brillouin-Zone benutzen. Allerdings muß man beachten, daß nur noch zwei reguläre Sechseckflächen existieren; die übrigen werden (geringfügig) verzerrt. Die Mittelpunkte der verzerrten Sechseckflächen werden weiterhin mit L, die der unverzerrten im Unterschied dazu jedoch mit T bezeichnet. Die Normale der unverzerrten Sechseckflächen ist die trigonale Achse (vgl. Abschnitt 3.3.3.).

3.6.5. Brillouin-Zone eines hexagonalen Gitters

Nach Abschnitt 3.4.5. ist das reziproke Gitter eines hexagonalen Gitters ebenfalls hexagonal. Dementsprechend muß die erste Brillouin-Zone ein *reguläres sechseckiges Prisma* sein (s. Abb. 3.39).

Quantitativ gelangen wir folgendermaßen zu dieser Aussage: Mit den Basisvektoren (3.39) wird (3.25)

$$\left.\begin{aligned} \boldsymbol{g} &= 2\pi\left[m_1\left(\frac{1}{\sqrt{3}\,a}\,\boldsymbol{e}_y + \frac{1}{a}\,\boldsymbol{e}_x\right) + m_2\,\frac{2}{\sqrt{3}\,a}\,\boldsymbol{e}_y + m_3\,\frac{1}{c}\,\boldsymbol{e}_z\right] \\ &\text{beziehungsweise} \\ \boldsymbol{g} &= 2\pi\left[\frac{m_1}{a}\,\boldsymbol{e}_x + \frac{1}{\sqrt{3}\,a}\,(m_1 + 2m_2)\,\boldsymbol{e}_y + \frac{m_3}{c}\,\boldsymbol{e}_z\right] \end{aligned}\right\} \tag{3.73}$$

(m_1, m_2, m_3: beliebige ganze Zahlen).

Hieraus ersieht man vier Nachbarn an den Orten

$$\left.\begin{array}{ll}\dfrac{2\pi}{a}\left(\pm \boldsymbol{e}_x \pm \dfrac{1}{\sqrt{3}}\,\boldsymbol{e}_y\right) & (m_1 = \pm 1,\, m_2 = m_3 = 0)\\[2ex] \text{im Abstand von}\,\dfrac{2}{\sqrt{3}}\,\dfrac{2\pi}{a}, & \end{array}\right\} \tag{3.74}$$

zwei Nachbarn an den Plätzen

$$\left.\begin{array}{ll}\dfrac{2\pi}{a}\left(\pm \dfrac{2}{\sqrt{3}}\,\boldsymbol{e}_y\right) & (m_2 = \pm 1,\, m_1 = m_3 = 0)\\[2ex] \text{im Abstand von}\,\dfrac{2}{\sqrt{3}}\,\dfrac{2\pi}{a}, & \end{array}\right\} \tag{3.75}$$

zwei Nachbarn an den Stellen

$$\left.\begin{array}{ll}\dfrac{2\pi}{c}\,(\pm \boldsymbol{e}_z) & (m_3 = \pm 1,\, m_1 = m_2 = 0)\\[2ex] \text{im Abstand von}\,\dfrac{2\pi}{c}, & \end{array}\right\} \tag{3.76}$$

und so weiter.

$\boldsymbol{h} = h_1\boldsymbol{e}_x + h_2\boldsymbol{e}_y + h_3\boldsymbol{e}_z$ und (3.73) in (3.53) eingesetzt, ergibt die Gleichung für die Brillouinschen Ebenen im vorliegenden Gitter:

$$\frac{m_1}{a}\,h_1 + \frac{m_1 + 2m_2}{\sqrt{3}\,a}\,h_2 + \frac{m_3}{c}\,h_3 = \pi\left[\left(\frac{m_1}{a}\right)^2 + \left(\frac{m_1 + 2m_2}{\sqrt{3}\,a}\right)^2 + \left(\frac{m_3}{c}\right)^2\right]. \tag{3.77}$$

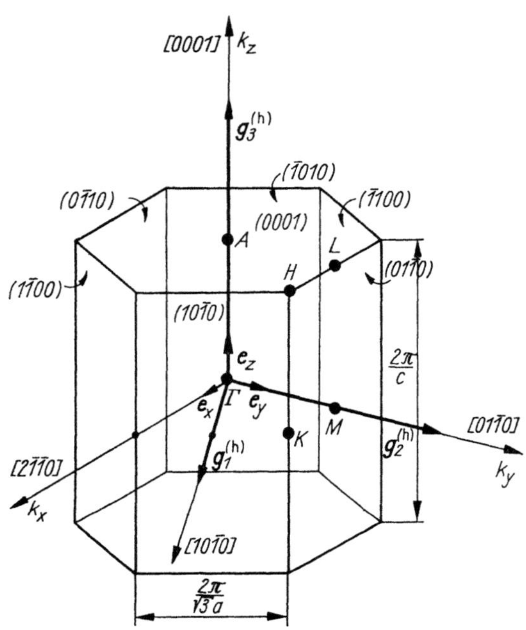

Abb. 3.39.
Erste Brillouin-Zone eines hexagonalen Gitters (Reguläres sechseckiges Prisma)
$\boldsymbol{g}_1^{(\mathrm{h})}$, $\boldsymbol{g}_2^{(\mathrm{h})}$, $\boldsymbol{g}_3^{(\mathrm{h})}$: Basisvektoren des reziproken Gitters
Symmetrierichtungen:
$\overline{\Gamma A}$ (sechszählige Achse),
$\overline{\Gamma K}$ und $\overline{\Gamma M}$ (zweizählige Achsen)

Die speziellen Ebenen, die den durch (3.74), (3.75) und (3.76) gegebenen Nachbarn entsprechen, sind dann:

$$\boxed{\pm h_1 \pm \frac{1}{\sqrt{3}} h_2 = \frac{4}{3} \frac{\pi}{a}; \quad \pm h_2 = \frac{2}{\sqrt{3}} \frac{\pi}{a}; \quad \pm h_3 = \frac{\pi}{c}}\,. \tag{3.78}$$

Diese acht Ebenen begrenzen die erste Brillouin-Zone eines hexagonalen Gitters. Es ergibt sich das in Abbildung 3.39 dargestellte reguläre sechseckige Prisma, dessen Volumen nach (3.40) $\Phi_0^{(h)} = \frac{(2\pi)^3}{\sqrt{3}\, a^2 c/2} = \frac{(2\pi)^3}{\Omega_0^{(h)}}$ beträgt. Symmetriepunkte und -richtungen sind bezeichnet.

3.7. Laue-Interferenzbedingungen und Bragg-Reflexion

Gewissermaßen als Anwendung, aber auch als Erweiterung für das bisher in diesem Kapitel Gelernte, betrachten wir, was geschieht, wenn ein gut kollimiertes Elektronenstrahlbündel auf einen Kristall auffällt.

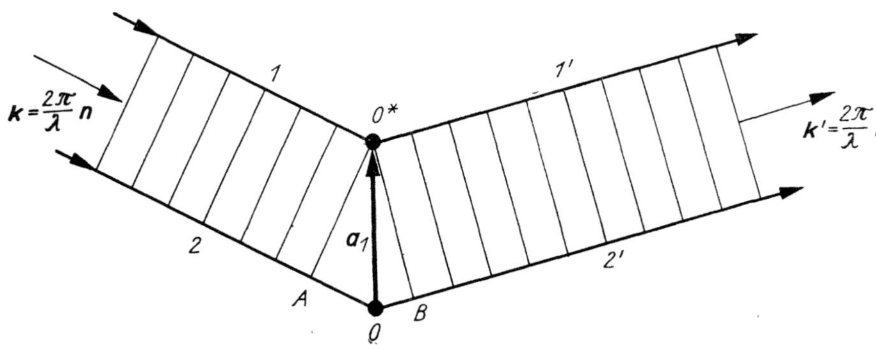

Abb. 3.40.
Zur Herleitung der Laue-Interferenzbedingungen (eindimensionale Darstellung)
$\boldsymbol{k}$: Wellenvektor des einfallenden Strahlenbündels
$\boldsymbol{k}'$: Wellenvektor des gebeugten Strahlenbündels
Die Kristallbausteine befinden sich an den Orten 0 und 0*
($\boldsymbol{a}_1$: Basisvektor des Raumgitters)

Es soll dazu das in Abbildung 3.40 dargestellte einfallende Strahlenbündel (1, 2) mit dem Wellenvektor

$$\boldsymbol{k} = \frac{2\pi}{\lambda} \boldsymbol{n} \tag{3.79}$$

betrachtet werden (λ ist die Wellenlänge; $\boldsymbol{n}$ ist ein Einheitsvektor, der normal zur Wellenfront gerichtet ist). Beim Auftreffen auf den Kristall wird das Strahlenbündel durch die Kristallbausteine in alle Richtungen gestreut. Wir interessieren uns nun nur für das gebeugte Strahlenbündel (1′, 2′), bei dem sich gerade die Strahlen (1, 1′)

und (2, 2') infolge Interferenz verstärken. Der Normaleneinheitsvektor dieses Bündels sei $\boldsymbol{n}'$; dann ist der Wellenvektor[1])

$$\boldsymbol{k}' = \frac{2\pi}{\lambda}\boldsymbol{n}' . \tag{3.80}$$

Gemäß Abbildung 3.40 kann Verstärkung infolge Interferenz nur dann auftreten, wenn die Strecke $\overline{\mathrm{AO}} + \overline{\mathrm{OB}}$ gleich einem ganzzahligen Vielfachen der Wellenlänge ist:

$$\overline{\mathrm{AO}} + \overline{\mathrm{OB}} = -\boldsymbol{a}_1 \cdot \boldsymbol{n} + \boldsymbol{a}_1 \cdot \boldsymbol{n}' = \boldsymbol{a}_1 \cdot (\boldsymbol{n}' - \boldsymbol{n}) = p_1\lambda \tag{3.81}$$

($\boldsymbol{a}_1$: Basisvektor des Raumgitters; p_1: beliebige ganze Zahl) oder mit (3.79) und (3.80)

$$\overline{\mathrm{AO}} + \overline{\mathrm{OB}} = \frac{\lambda}{2\pi}\boldsymbol{a}_1 \cdot (\boldsymbol{k}' - \boldsymbol{k}) = p_1\lambda . \tag{3.82}$$

Gehen wir vom eindimensionalen zum dreidimensionalen Gitter über, das von den Basisvektoren $\boldsymbol{a}_1$, $\boldsymbol{a}_2$, $\boldsymbol{a}_3$ aufgespannt wird, gelten dementsprechend die Beziehungen

$$\boxed{\begin{aligned} \boldsymbol{a}_1 \cdot (\boldsymbol{k}' - \boldsymbol{k}) &= p_1 \frac{2\pi}{\lambda}\lambda = 2\pi p_1 , \\ \boldsymbol{a}_2 \cdot (\boldsymbol{k}' - \boldsymbol{k}) &= p_2 \frac{2\pi}{\lambda}\lambda = 2\pi p_2 , \\ \boldsymbol{a}_3 \cdot (\boldsymbol{k}' - \boldsymbol{k}) &= p_3 \frac{2\pi}{\lambda}\lambda = 2\pi p_3 \end{aligned}} \tag{3.83}$$

(p_1, p_2, p_3: beliebige ganze Zahlen),

die man als *Laue-Interferenzbedingungen* bezeichnet.

Für einen beliebigen Translationsvektor $\boldsymbol{a}$ gemäß (3.1) kann man (3.83) auch in der Form

$$\boldsymbol{a} \cdot (\boldsymbol{k}' - \boldsymbol{k}) = 2\pi(l_1p_1 + l_2p_2 + l_3p_3) = 2\pi \cdot (\text{ganze Zahl}) \tag{3.84}$$

schreiben. Aus Abschnitt 3.4.1. wissen wir, daß eine derartige Beziehung erfüllt wird, wenn $\boldsymbol{k}' - \boldsymbol{k}$ gleich einem Vektor $\boldsymbol{g}$ des reziproken Gitters gemäß (3.25) ist. Da mit $\boldsymbol{g}$ auch $-\boldsymbol{g}$ ein Vektor des reziproken Gitters ist, setzen wir (aus Gründen der Zweckmäßigkeit)

$$\boldsymbol{k}' - \boldsymbol{k} = -\boldsymbol{g} . \tag{3.85}$$

Gebeugte Strahlen sind also nur in solchen Richtungen beobachtbar, für die die zugehörigen Wellenvektoren dieser Bedingung genügen.

Wegen $\boldsymbol{k}^2 = \boldsymbol{k}'^2$ ergibt sich aus (3.85)

$$\boldsymbol{k}^2 = (\boldsymbol{k} - \boldsymbol{g})^2 = \boldsymbol{k}^2 - 2\boldsymbol{k} \cdot \boldsymbol{g} + \boldsymbol{g}^2 , \tag{3.86}$$

[1]) $|\boldsymbol{k}'| = |\boldsymbol{k}|$ folgt aus der Forderung, daß die Energie des gebeugten Strahlenbündels gleich der des einfallenden ist.

was gleichbedeutend ist mit

$$(\boldsymbol{k} - \tfrac{1}{2}\boldsymbol{g}) \cdot \boldsymbol{g} = 0 \tag{3.87}$$

oder

$$\boldsymbol{k} \cdot \boldsymbol{g} = \tfrac{1}{2}\boldsymbol{g}^2 \,. \tag{3.88}$$

Die Ausdrücke (3.83) bis (3.88) sind einander äquivalente Darstellungen für die Laue-Interferenzbedingungen. Zu einer weiteren gleichwertigen Formulierung gelangt man unter Einbeziehung des Abstandes d der Netzebenen, der sich nach (3.47) zu $d = 2\pi/|\boldsymbol{g}_{\mathrm{hkl}}|$ ergibt, wobei $\boldsymbol{g}_{\mathrm{hkl}}$ der betragsmäßig kleinste Vektor des reziproken Gitters in der durch $\boldsymbol{g}$ gegebenen Richtung ist. Im vorliegenden Fall muß $\boldsymbol{g}$ nicht der in seiner Richtung betragsmäßig kleinste Vektor sein, so daß sich wegen $\boldsymbol{g} = \mathrm{n}\boldsymbol{h}_{\mathrm{hkl}}$ (n: beliebige ganze Zahl) der Netzebenenabstand zu

$$d = \mathrm{n}\frac{2\pi}{|\boldsymbol{g}|} \tag{3.89}$$

ergibt. Für $|\boldsymbol{g}|$ erhält man eine weitere Bedingung, wenn man den Beugungswinkel ϑ entsprechend der Abbildung 3.41 einführt. Es ist

$$|\boldsymbol{g}| = 2\,|\boldsymbol{k}| \sin\vartheta \,. \tag{3.90}$$

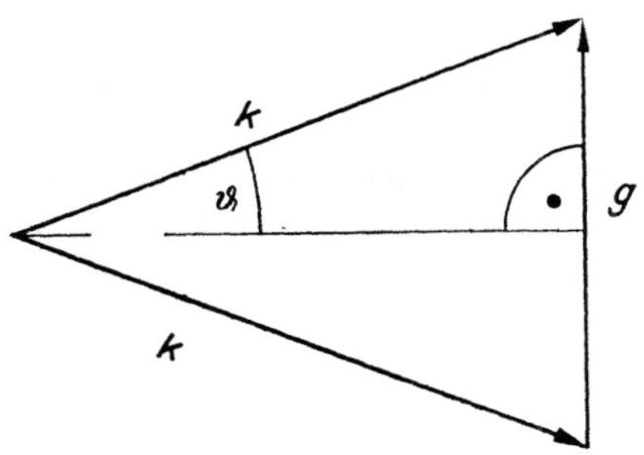

Abb. 3.41.
Beugungswinkel ϑ

(3.89) und (3.90) ergeben unter Berücksichtigung von (3.79):

$$\mathrm{n}\lambda = 2d \sin\vartheta \,. \tag{3.91}$$

Auch das ist eine Formulierung für die Laue-Interferenzbedingung.

Zu derselben Gleichung gelangt man auf ganz anderem Wege; wenn man nämlich nach W. L. Bragg formal annimmt, daß die einfallende Strahlung jeweils an einer gesamten Schar paralleler Netzebenen reflektiert wird. Voraussetzung ist also, daß die Strahlung nicht etwa an einer einzigen Netzebene vollständig, sondern an jeder einzelnen Ebene der Schar teilweise reflektiert wird. Besitzen die von benachbarten Netzebenen reflektierten Strahlen einen Gangunterschied, der gleich einem ganzzahligen Vielfachen der Wellenlänge λ ist, so tritt eine Verstärkung infolge Interferenz auf. (Nur dann können wir ein Reflexionssignal bemerken!) Der Abbildung 3.42 entnimmt man die Größe des Gangunterschiedes zu $\overline{\mathrm{AO}} + \overline{\mathrm{OB}} = 2d \sin\vartheta$, so daß sich die sogenannte *Braggsche Reflexionsbedingung* in der Form

$$\boxed{\mathrm{n}\lambda = 2d \sin\vartheta} \tag{3.92}$$

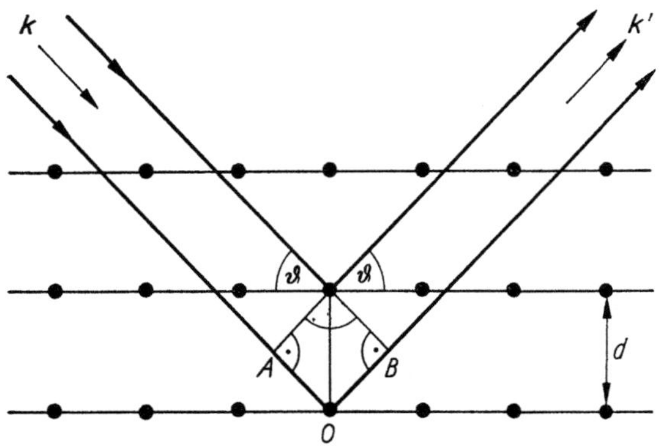

Abb. 3.42.
Zur Bragg-Reflexion
Gangunterschied zwischen den Strahlen, die von benachbarten Netzebenen reflektiert werden:
$\overline{AO} + \overline{OB} = 2d \sin \vartheta$

(d: Netzebenenabstand; ϑ: Einfalls- beziehungsweise Reflexionswinkel; n: beliebige ganze Zahl) angeben läßt. Sie stimmt mit (3.91) überein und ist somit den Laue-Interferenzbedingungen äquivalent.

Bragg-Reflexion tritt gemäß (3.92) nur dann auf, wenn $\lambda \leqq 2d$ ist; und dann auch nur für diskrete Einfallswinkel ϑ.

Man muß sich jedoch im klaren sein, daß sich die Braggsche Reflexionsbedingung aus rein formalen Annahmen ergeben hat. Sie folgt zwar aus der periodischen Struktur des kristallinen Festkörpers, bezieht sich aber auf die Anordnung der (mathematisch konstruierten) Gitterpunkte und nicht auf die wirkliche Anordnung der Kristallbausteine im Festkörper.

Wegen der Identität von (3.92) und (3.91) sind natürlich auch die anderen Formulierungen für die Laue-Interferenzbedingungen der Braggschen Reflexionsbedingung äquivalent. Häufig verwendete Formen für die Bragg-Reflexion sind daher

$$(\boldsymbol{k} = \tfrac{1}{2}\boldsymbol{g}) \cdot \boldsymbol{g} = 0 \tag{3.93}$$

oder

$$\boldsymbol{k} \cdot \boldsymbol{g} = \tfrac{1}{2}\boldsymbol{g}^2 . \tag{3.94}$$

Diese beiden Ausdrücke stimmen formal mit den Gleichungen (3.52) und (3.53) für die Brillouinschen Ebenen überein. Hieraus ergibt sich eine ganz wesentliche Schlußfolgerung:

Die Elektronen erleiden (betrachtet man ihre „Bewegung“ im reziproken Raum) an den Begrenzungsebenen der Brillouin-Zonen, an den Brillouinschen Ebenen, Bragg-Reflexion.

Auf diesen wichtigen Sachverhalt werden wir noch häufig zurückkommen.

Abschließend gehen wir auf eine häufig angewandte experimentelle Methode zur Untersuchung von Kristallstrukturen ein, und zwar auf die sogenannte Laue-Methode. Sie basiert auf der zuvor beschriebenen Bragg-Reflexion. Mit ihrer Hilfe kann man nicht nur die Orientierung bestimmter Symmetrieelemente im Kristall ermitteln, sondern auch gewisse Kristallbaufehler erkennen.

Abbildung 3.43a zeigt schematisch den Versuchsaufbau. Die von der Strahlungsquelle (Röntgenröhre) ausgehenden Röntgenstrahlen werden auf den Kristall fokussiert. Sowohl der Anteil der Strahlung, der den Kristall durchdringt, als auch der, der reflektiert wird, enthält Informationen über den Kristallaufbau. Man unterscheidet daher, je nachdem welcher Anteil der Strahlung ausgewertet wird, das Durchstrahl- und das Rückstrahl-Verfahren. Wegen der mitunter erheblichen Absorption der Röntgenstrahlen im Festkör-

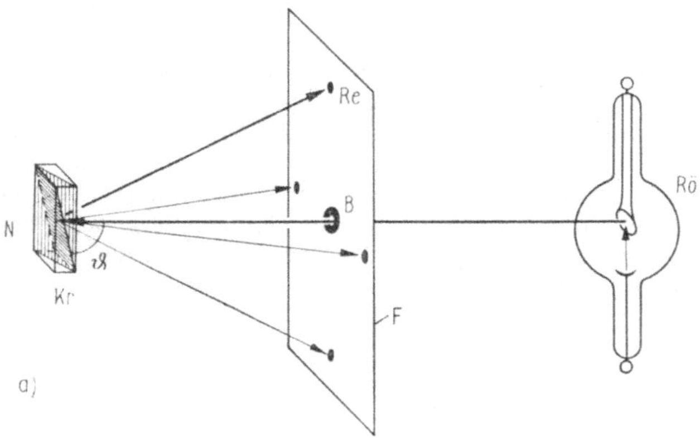

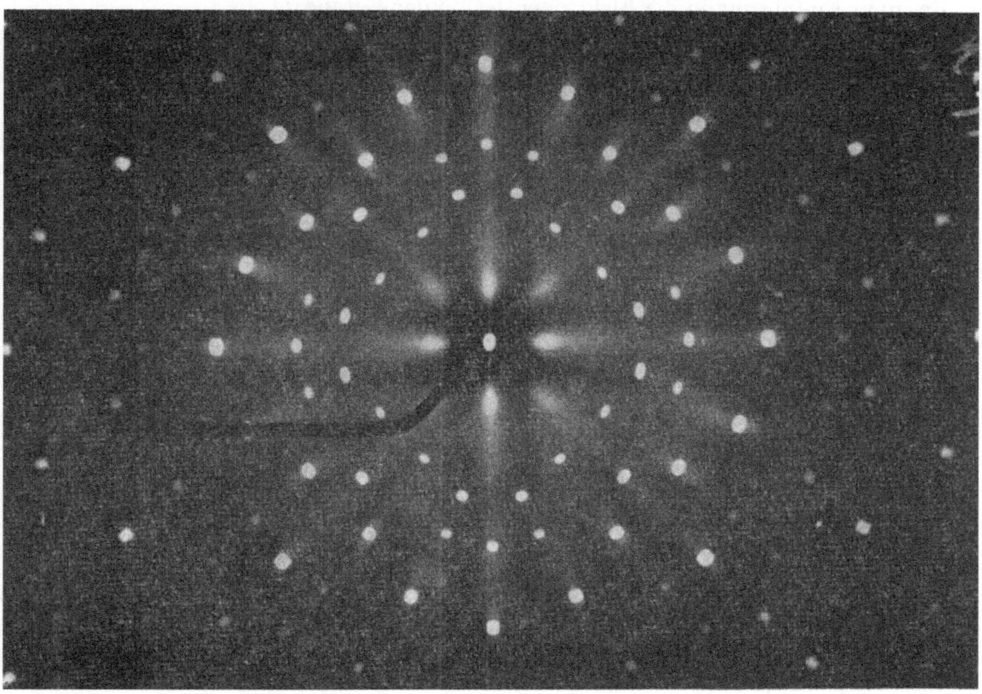

b)

Abb. 3.43.
Zur Laue-Methode

a) Schematische Darstellung der Apparatur
B: Blende; Kr: Kristall; N: Netzebene; Re: Laue-Reflex; Rö: Röntgenröhre; ϑ: Beugungswinkel
b) Laue-Diagramm (von H. Berger)

per verwendet man bei dickeren Kristallen und insbesondere bei Metalleinkristallen das Rückstrahl-Verfahren.

Bei dem Rückstrahl-Verfahren gelangen die Röntgenstrahlen (wie aus Abb. 3.43a ersichtlich) durch eine Öffnung im Film (die auch die Blende aufnimmt) auf einen feststehenden Kristall. Wichtig ist, daß man „weiße" Röntgenstrahlung (kontinuierliches Spektrum) verwendet, denn nur in dieser Strahlung ist für jede Netzebenenschar (charakterisiert durch d und ϑ) die passende Wellenlänge λ vorhanden, so daß gemäß (3.92) jede Netzebenenschar einen Teil des Primärstrahles reflektiert. Die auf dem Film auftreffenden reflektierten Strahlen rufen Schwärzungsflecke (Laue-Reflexe) hervor. Jeder Schwärzungsfleck repräsentiert eine bestimmte Netzebenenschar. Abbildung 3.43b zeigt ein sogenanntes Laue-Diagramm. Aus der Anordnung der Schwärzungsflecke auf dem Film kann man auf die Symmetrieeigenschaften des Kristalls schließen. Überdies gibt die Form der Flecke Aufschluß über bestimmte Fehler im regelmäßigen Aufbau des Kristalls.

Literaturhinweise

W. Kleber: Einführung in die Kristallographie, [25]
W. Kleber, K. Meyer, W. Schoenborn: Einführung in die Kristallphysik, [26]
E. Fischer: Einführung in die geometrische Kristallographie, [16]
A. I. Anselm: Einführung in die Halbleitertheorie, [3], [3a]
W. Brauer: Einführung in die Elektronentheorie der Metalle, [11]
C. Kittel: Einführung in die Festkörperphysik, [22]
A. Sommerfeld, H. Bethe: Elektronentheorie der Metalle, [39]
H.-W. Streitwolf: Gruppentheorie in der Festkörperphysik, [42]
J. M. Ziman: Prinzipien der Festkörpertheorie, [45]
L. D. Landau, E. M. Lifschitz: Lehrbuch der Theoretischen Physik, Bd. V (Statistische Physik), [28]

4. Elektronen im Gitter

Bevor wir unsere Vorstellung vom Festkörper erweitern, blicken wir noch einmal kurz zurück.

Wir haben ganz primitiv mit der Betrachtung von Elektronen in einem „Behälter" begonnen, ohne überhaupt etwas über den kristallographischen Aufbau des Festkörpers vorauszusetzen (Kapitel 1). Die erste Konkretisierung bestand darin, daß der Festkörper aus einer sehr großen Anzahl räumlich-periodisch angeordneter Gitterbausteine besteht, die Schwingungen um ihre Ruhelagen ausführen (Kapitel 2). Dabei interessierte uns die spezielle Kristallstruktur noch immer nicht; es kam uns nur auf die Regelmäßigkeit der Anordnung an. Durch die Einführung der Phononen gelangten wir aber hiermit schon zu einem präziseren Modell für den Festkörper. Wir konnten ihn als ein System starrer, regelmäßig im Raum angeordneter Kristallbausteine auffassen, das mit einem Elektronen- und einem Phononengas angefüllt ist. Das System der Kristallbausteine bildete gemäß dem vorangegangenen Modell den „Behälter" für das Elektronen- und Phononengas. Danach beschäftigten wir uns mit dem kristallinen Aufbau der Festkörper, also mit der speziellen Lage der Bausteine zueinander (Kapitel 3).

In diesem Kapitel wenden wir uns nun dem Verhalten der Elektronen im kristallinen Festkörper zu. In Abschnitt 4.1. werden wir sehen, daß man das zu untersuchende Vielteilchen-Problem nicht exakt lösen kann, so daß man sich geeigneter Näherungen bedienen muß.

Der Einfluß der räumlich-periodisch angeordneten Kristallbausteine auf die Kristallelektronen äußerst sich darin, daß die Elektronen innerhalb gewisser Energiebereiche quasi jeden Energiewert annehmen können, während sie Energien anderer Bereiche überhaupt nicht besitzen dürfen. Es ergibt sich also eine *Energiebandstruktur*, deren Berechnung eine der vorrangigsten Aufgaben der theoretischen Festkörperphysik ist. Wir wollen im Rahmen dieses Buches in Abschnitt 4.2. nur einige allgemeine Bemerkungen zur Bandstrukturberechnung anführen, um anzudeuten, wie man hierzu grundsätzlich zu verfahren hat. Bevor wir schließlich in Abschnitt 4.4. die Ergebnisse realer Bandstrukturberechnungen darlegen, führen wir in Abschnitt 4.3. einen der wesentlichsten Metallparameter ein, die sogenannte *Fermi-Fläche*. Sie ist eng mit der Bandstruktur verknüpft; ihre Topologie ist experimentell bestimmbar.

4.1. Die Schrödinger-Gleichung der Kristallelektronen

In diesem Abschnitt wollen wir darlegen, wie man ausgehend vom Vielteilchen-Problem zu einer brauchbaren Einelektronen-Näherung gelangt. Außerdem soll diskutiert werden, welchen Einfluß die Potentialverhältnisse und welche Auswirkungen die Periodizität und die Endlichkeit des Kristalls haben.

4.1.1. Das Vielteilchen-Problem

Wir wollen uns jetzt der Schrödinger-Gleichung und ihrer Lösung für die Elektronen im Kristall zuwenden. Dabei setzen wir voraus, daß der Kristall keinen äußeren Einflüssen (Druck, elektrischen oder magnetischen Feldern u. ä.) unterliegt, daß keine Kernumwandlungen im Kristall stattfinden und daß Elektronen- und Kernspin sowie relativistische Effekte keine Rolle spielen.

Die stationäre Schrödinger-Gleichung lautet dann

$$H\psi = \varepsilon\psi \tag{4.1}$$

(H: Hamilton-Operator; ψ: Wellenfunktion; ε: Energie).

Da das Verhalten eines physikalischen Systems vollständig durch seine Wellenfunktion bestimmt wird, braucht man nun „nur noch" den Hamilton-Operator aufzustellen und die Gleichung (4.1) zu lösen.

In 1 cm³ eines kristallinen Festkörpers sind größenordnungsmäßig 10^{22} Kristallbausteine (Ionen) enthalten. Von derselben Größenordnung ist auch die Zahl der in Kapitel 1. diskutierten quasifreien Elektronen, die in Wirklichkeit jedoch sowohl mit den Kristallbausteinen als auch untereinander in Wechselwirkung stehen. Es liegt also ein kompliziertes Vielteilchen-Problem vor, dessen Hamilton-Operator H sich in der Form

$$H = H_{\text{kin}}^{(\text{I})} + H_{\text{W}}^{(\text{I})} + H_{\text{kin}}^{(\text{e})} + H_{\text{W}}^{(\text{e})} + H_{\text{W}}^{(\text{e, I})} \tag{4.2}$$

schreiben läßt, wobei $H_{\text{kin}}^{(\text{I})}$ die gesamte kinetische Energie aller Kristallbausteine, $H_{\text{W}}^{(\text{I})}$ die gesamte Wechselwirkungsenergie der Kristallbausteine, $H_{\text{kin}}^{(\text{e})}$ die gesamte kinetische Energie aller locker gebundenen Elektronen der äußeren Schalen, $H_{\text{W}}^{(\text{e})}$ die gesamte (Coulombsche) Wechselwirkungsenergie der Elektronen und $H_{\text{W}}^{(\text{e, I})}$ die gesamte Wechselwirkungsenergie aller locker gebundenen Elektronen mit allen Kristallbausteinen repräsentieren.

Infolge des großen Massenunterschiedes zwischen den Elektronen und den Kristallbausteinen läßt sich das vorliegende Problem etwas übersichtlicher gestalten. Nimmt man näherungsweise an, daß sich die Elektronen im Kraftfeld einer bestimmten Konfiguration der Kristallbausteine bewegen, ohne diese ihrerseits zu beeinflussen, so kann man das Gesamtsystem des Kristalls entkoppeln und in ein Elektronensystem und ein Gittersystem[1]) der Kristallbausteine aufspalten. Dieses Vorgehen bezeichnet man als *adiabatische* (quasistatische) Näherung.

Mathematisch äußert sich das so, daß man den Hamilton-Operator (4.2) als Summe

$$H = H^{(\text{e})} + H^{(\text{I})} \tag{4.3}$$

darstellen kann, wobei $H^{(\text{e})}$ der Hamilton-Operator des Elektronenproblems und $H^{(\text{I})}$ der des Gitterproblems sind.

Die Trennung des Gesamtproblems in einen Elektronen- und einen Gitteranteil hat nicht nur eine erhebliche Vereinfachung der Rechnungen zur Folge, sondern

[1]) Mit „Gitter" ist hier die tatsächliche räumlich-periodische Anordnung der Kristallbausteine und nicht das durch die Basisvektoren aufgespannte Punktgitter gemeint.

entspricht auch der Erfahrungstatsache, daß es Kristalleigenschaften gibt, die im wesentlichen Gittereigenschaften sind, und solche, die praktisch ausschließlich durch die Elektronen bestimmt werden.

Mit dem Gitterproblem haben wir uns bereits im Kapitel 2 beschäftigt.

Ohne Berücksichtigung der Spinwechselwirkungen hat der Hamilton-Operator für das Elektronenproblem die Gestalt

$$H^{(e)} = H^{(e)}_{kin} + H^{(e)}_{W} + H^{(e,I)}_{W} = -\frac{\hbar^2}{2m}\sum_{i=1}^{N} \nabla^2_{r_i} + \frac{1}{2}\sum_{\substack{i,j=1\\ i\neq j}}^{N} \frac{e^2}{|\boldsymbol{r}_i - \boldsymbol{r}_j|} + \sum_{i=1}^{N} V(\boldsymbol{r}_i) \tag{4.4}$$

(m und $-|e|$ sind Masse und Ladung eines Elektrons; $\hbar = h/2\pi$, wobei h das Plancksche Wirkungsquantum ist; $\boldsymbol{r}$ ist ein beliebiger Ortsvektor; ∇ ist der Nabla-Operator).

Einer näheren Erläuterung bedarf noch der Term $V(\boldsymbol{r}_i)$, der die potentielle Energie eines Elektrons im Feld einer beliebigen, aber festgehaltenen Konfiguration der Kristallbausteine darstellt. Dann wird mit $V(\boldsymbol{r}_i)$ auch $\sum_{i=1}^{N} V(\boldsymbol{r}_i)$ gitterperiodisch.

Setzt man den Hamilton-Operator (4.4) in die Schrödinger-Gleichung (4.1) ein, so ist diese Gleichung dennoch praktisch unlösbar. Einerseits ist die Wellenfunktion ψ eine Funktion von N Variablen ($N \approx 10^{22}$ für 1 cm^3 des betrachteten Kristalls), und andererseits sind die Anfangslagen und -impulse der Elektronen wegen der Heisenbergschen Unbestimmtheitsrelation prinzipiell nicht bestimmbar. Damit besteht die Notwendigkeit, geeignete Näherungsmethoden zu finden.

Eine für die gesamte Festkörpertheorie grundlegende Näherungsmethode ist die *Hartree-Fock-Methode*. Sie gestattet es, das *Vielelektronen-Problem* auf ein *Einelektronen-Problem* zurückzuführen (s. z. B. A. I. Anselm [3], S. 99 ff.).

Grundidee dieser Methode ist, die Wechselwirkungsenergie der Elektronen durch ein gewisses effektives äußeres Potential $\tilde{V}(\boldsymbol{r})$ zu ersetzen, das bestmöglich den Einfluß aller Elektronen auf ein betrachtetes Elektron beschreibt. Damit kann man die Bewegung eines jeden Elektrons als unabhängig von der aller übrigen auffassen.

Mögliche selbstkonsistente Lösungen der Hartree-Fock-Gleichungen sind die sogenannten *Blochschen Wellenfunktionen*, mit denen wir uns im nächsten Abschnitt ausführlicher beschäftigen wollen. Da aber die Hartree-Fock-Gleichungen ein Systm nichtlinearer Integro-Differentialgleichungen darstellen, darf man nicht schließen, daß die Blochschen Wellenfunktionen die einzig möglichen und in der Natur vorliegenden Lösungen sind. Die Praxis hat jedoch gezeigt, daß gerade sie als spezielle Einelektronen-Wellenfunktionen zur Beschreibung vieler Festkörperprobleme eine gute Näherung darstellen. Hieraus resultiert auch die außerordentlich große Bedeutung, die sie in der Festkörperphysik erlangt haben.

4.1.2. Das Bloch-Theorem

Wir lernen jetzt die Blochschen Wellenfunktionen sowie ihre Eigenschaften kennen.

Beim Übergang vom Vielelektronen- zum Einelektronen-Problem wird eine ganz wesentliche Eigenschaft des kristallinen Festkörpers, seine Translationsinvarianz, nicht beachtet. Sie stellt eine zusätzliche Bedingung für die Wellenfunktion dar.

Im weiteren betrachten wir nur die Einelektronen-Schrödinger-Gleichung

$$\left.\begin{aligned}&\left[-\frac{\hbar^2}{2m}\nabla^2 + V_{\text{eff}}(\boldsymbol{r})\right]\psi_{\boldsymbol{k}}(\boldsymbol{r}) = \varepsilon(\boldsymbol{k})\,\psi_{\boldsymbol{k}}(\boldsymbol{r})\\ &\text{mit}\quad V_{\text{eff}}(\boldsymbol{r}) \equiv V(\boldsymbol{r}) + \tilde{V}(\boldsymbol{r})\,.\end{aligned}\right\}\tag{4.5}$$

Hierbei ist $\boldsymbol{k}$ ein den Quantenzustand des Elektrons charakterisierender Wellenvektor. $V_{\text{eff}}(\boldsymbol{r})$ soll das gesamte auf ein Elektron wirkende Potential sein, das durch die Kristallbausteine (Ionen) und die übrigen Elektronen bestimmt wird. (Genaueres hierzu siehe Abschnitt 4.1.3.) Wegen der räumlich-periodischen Anordnung der Kristallbausteine wird dieses Potential als gitterperiodisch vorausgesetzt.

Die Translationsinvarianz kann nun folgendermaßen ausgedrückt werden:

$$V_{\text{eff}}(\boldsymbol{r}) = V_{\text{eff}}(\boldsymbol{r} + \boldsymbol{a})\,,\tag{4.6}$$

wenn $\boldsymbol{a}$ ein beliebiger Translationsvektor des Raumgitters ist.

Das Bloch-Theorem besagt, daß unter dieser Voraussetzung die allgemeine Lösung der Einelektronen-Schrödinger-Gleichung (4.5) für ein Kristallelektron die Form

$$\boxed{\begin{aligned}&\psi_{\boldsymbol{k}}(\boldsymbol{r}) = \mathrm{e}^{i\boldsymbol{k}\cdot\boldsymbol{r}}\,u_{\boldsymbol{k}}(\boldsymbol{r})\\ \text{mit}\quad &\\ &u_{\boldsymbol{k}}(\boldsymbol{r}) = u_{\boldsymbol{k}}(\boldsymbol{r} + \boldsymbol{a})\end{aligned}}\tag{4.7}$$

hat. Die Funktion $u_{\boldsymbol{k}}(\boldsymbol{r})$ ist eine von der konkreten Form des Potentials $V_{\text{eff}}(\boldsymbol{r})$ und vom $\varepsilon(\boldsymbol{k})$-Wert abhängige gitterperiodische Funktion. $\psi_{\boldsymbol{k}}(\boldsymbol{r})$ selber wird *Blochsche Wellenfunktion* genannt. Sie unterscheidet sich von der eines freien Elektrons durch den sogenannten *Bloch-Faktor* $u_{\boldsymbol{k}}(\boldsymbol{r})$.

Die Gültigkeit des Blochschen Theorems läßt sich folgendermaßen zeigen: Man ersetzt in (4.5) $\boldsymbol{r}$ durch $\boldsymbol{r} + \boldsymbol{a}$. Da diese beiden Punkte physikalisch äquivalent sind, können sich bei fehlender Entartung[1]) $\psi_{\boldsymbol{k}}(\boldsymbol{r})$ und $\psi_{\boldsymbol{k}}(\boldsymbol{r} + \boldsymbol{a})$ nur durch einen konstanten Faktor unterscheiden. Es muß also gelten:

$$\psi_{\boldsymbol{k}}(\boldsymbol{r} + \boldsymbol{a}) = c(\boldsymbol{a})\,\psi_{\boldsymbol{k}}(\boldsymbol{r})\tag{4.8}$$

mit

$$[c(\boldsymbol{a})]^2 = 1\tag{4.9}$$

(wegen der Normierungsbedingung für die Wellenfunktion)

und

$$c(\boldsymbol{a} + \boldsymbol{a}') = c(\boldsymbol{a})\,c(\boldsymbol{a}')\,.\tag{4.10}$$

wenn $\boldsymbol{a}'$ genau wie $\boldsymbol{a}$ ein beliebiger Translationsvektor des Raumgitters ist.

Der Ansatz

$$c[(\boldsymbol{a})] = e^{i\boldsymbol{k}\cdot\boldsymbol{a}}\tag{4.11}$$

befriedigt die Gleichungen (4.9) und (4.10), wenn $\boldsymbol{k}$ reell ist.[2]) Der zunächst unbekannte Wellenvektor $\boldsymbol{k}$, der den Quantenzustand des Elektrons charakterisiert, hat die Dimension einer reziproken Länge. Er gehört somit zum reziproken Raum.

[1]) Es läßt sich zeigen, daß bei einem n-fach entarteten Zustand eines Elektrons ähnliche Überlegungen gelten. Wir wollen im Rahmen dieses Buches nicht darauf eingehen und verweisen auf die angegebenen Lehr- und Fachbücher der theoretischen Physik.

[2]) Forderte man (4.9) nicht, könnte $\boldsymbol{k}$ auch komplex sein. Dann würde $\psi_{\boldsymbol{k}}$ gemäß (4.8) in gewissen Richtungen mit zunehmendem Betrag von $\boldsymbol{a}$ unbeschränkt wachsen.

(4.11) in (4.8) eingesetzt, ergibt

$$\psi_{\boldsymbol{k}}(\boldsymbol{r} + \boldsymbol{a}) = \mathrm{e}^{i\boldsymbol{k}\cdot\boldsymbol{a}}\, \psi_{\boldsymbol{k}}(\boldsymbol{r}) \tag{4.12}$$

beziehungsweise

$$\psi_{\boldsymbol{k}}(\boldsymbol{r}) = \mathrm{e}^{-i\boldsymbol{k}\cdot\boldsymbol{a}}\, \psi_{\boldsymbol{k}}(\boldsymbol{r} + \boldsymbol{a})\,. \tag{4.13}$$

Schreibt man gemäß (4.7)

$$\psi_{\boldsymbol{k}}(\boldsymbol{r}) = \mathrm{e}^{i\boldsymbol{k}\cdot\boldsymbol{r}}\, u_{\boldsymbol{k}}(\boldsymbol{r})\,,$$

so folgt aus dem Vergleich mit (4.13)

$$u_{\boldsymbol{k}}(\boldsymbol{r}) = \mathrm{e}^{-i\boldsymbol{k}\cdot(\boldsymbol{r}+\boldsymbol{a})}\, \psi_{\boldsymbol{k}}(\boldsymbol{r} + \boldsymbol{a})\,. \tag{4.14}$$

Um die Gitterperiodizität von $u_{\boldsymbol{k}}(\boldsymbol{r})$ zu zeigen, berechnet man $u_{\boldsymbol{k}}(\boldsymbol{r} + \boldsymbol{a}')$ nach (4.14):

$$u_{\boldsymbol{k}}(\boldsymbol{r} + \boldsymbol{a}') = \mathrm{e}^{-i\boldsymbol{k}\cdot(\boldsymbol{r}+\boldsymbol{a}+\boldsymbol{a}')}\, \psi_{\boldsymbol{k}}(\boldsymbol{r} + \boldsymbol{a} + \boldsymbol{a}')\,. \tag{4.15}$$

Mit (4.12) ergibt sich

$$u_{\boldsymbol{k}}(\boldsymbol{r} + \boldsymbol{a}') = \mathrm{e}^{-i\boldsymbol{k}\cdot(\boldsymbol{r}+\boldsymbol{a}+\boldsymbol{a}')}\, \mathrm{e}^{i\boldsymbol{k}\cdot\boldsymbol{a}'}\, \psi_{\boldsymbol{k}}(\boldsymbol{r} + \boldsymbol{a}) \tag{4.16}$$

und somit

$$u_{\boldsymbol{k}}(\boldsymbol{r} + \boldsymbol{a}') = \mathrm{e}^{-i\boldsymbol{k}\cdot(\boldsymbol{r}+\boldsymbol{a})}\, \psi_{\boldsymbol{k}}(\boldsymbol{r} + \boldsymbol{a}) = u_{\boldsymbol{k}}(\boldsymbol{r})\,. \tag{4.17}$$

Da $\boldsymbol{a}'$ ein beliebiger Translationsvektor des Raumgitters ist, ist $u_{\boldsymbol{k}}(\boldsymbol{r})$ eine gitterperiodische Funktion.

Ausgehend vom Bloch-Theorem (4.7) wollen wir an dieser Stelle noch eine wichtige Schlußfolgerung ziehen. Für die Blochsche Wellenfunktion gilt offenbar

$$|\psi_{\boldsymbol{k}}(\boldsymbol{r})|^2 = |u_{\boldsymbol{k}}(\boldsymbol{r})|^2\,. \tag{4.18}$$

Diese Gleichung besagt, daß die Aufenthaltswahrscheinlichkeit für ein Kristallelektron wegen der Gitterperiodizität von $u_{\boldsymbol{k}}(\boldsymbol{r})$ an jeweils physikalisch äquivalenten Punkten im Kristall gleich groß ist. Das bedeutet aber, daß das Elektron nicht mehr in der Umgebung eines bestimmten Kristallbausteins lokalisiert ist, sondern daß es dem Kristall als Ganzem angehört.

Elektronen, deren Verhalten durch die Blochsche Wellenfunktion (4.7) beschrieben werden kann, nennt man mitunter *Bloch-Elektronen.* Für sie können wir festhalten:

> Bloch-Elektronen sind weder völlig frei noch völlig gebunden. Einerseits sind sie nicht an einen einzigen Kristallbaustein gebunden und sind somit „quasifrei"; andererseits gehören sie dem gesamten Kristall an und sind daher „quasigebunden".

Diese Erkenntnis bestimmt das grundsätzliche Vorgehen bei der Berechnung der Bandstruktur, also der Abhängigkeit der Energie des Elektrons vom Wellenvektor $\boldsymbol{k}$. Dem ist der gesamte Abschnitt 4.2. gewidmet. Zuvor wollen wir uns jedoch noch mit dem effektiven Potential $V_{\mathrm{eff}}(\boldsymbol{r})$ beschäftigen, in dem sich die Elektronen bewegen.

4.1.3. Das effektive Potential

Das auf ein Kristallelektron wirkende Potential $V_{\mathrm{eff}}(\boldsymbol{r})$ setzt sich gemäß (4.5) aus dem Potential $\tilde{V}(\boldsymbol{r})$, das den Einfluß aller übrigen Elektronen auf das betrachtete beschreibt, und dem Potential $V(\boldsymbol{r})$, das die potentielle Energie des betrachteten Elektrons im Feld der Kristallbausteine (Ionen) darstellt, zusammen. Wir wollen jetzt überlegen, wie $V_{\text{eff}}(\boldsymbol{r})$ zu wählen ist. Dazu stellen wir zunächst einige Betrachtungen zur Abschirmung an.

Die im Festkörper vorhandenen quasifreien Elektronen bewirken in gewissem Maße eine Abschirmung, so daß das Potential der Ionen wesentlich kürzerreichweitig ist als das Coulomb-Potential

$$V_{\mathrm{C}}(\boldsymbol{r}) = V_{\mathrm{C}}(r) = -\frac{Z|e|}{r} \tag{4.19}$$

($Z|e|$ ist die Ladung des Ions; $\boldsymbol{r}$: Ortsvektor)

eines entsprechenden isolierten Ions.

Debye schlug vor, das abgeschirmte Potential in der Form

$$V_{\mathrm{D}}(\boldsymbol{r}) = V_{\mathrm{D}}(r) = -\frac{Z|e|}{r}\,\mathrm{e}^{-r/r_0} \tag{4.20}$$

anzusetzen, wobei r_0 der *Abschirmradius* ist. Das ist eine grobe Näherung[1]); denn die Abschirmwirkung der Elektronen verursacht neben der Verkürzung der Reichweite des Potentials auch dessen oszillatorische Änderung (vgl. z. B. [10], [11]). Unter der Bezeichnung $V_{\mathrm{I}}(\boldsymbol{r}) = V_{\mathrm{I}}(r)$ ist das reale kurzreichweitige oszillierende Potential gemeinsam mit $V_{\mathrm{C}}(r)$ und $V_{\mathrm{D}}(r)$ in Abbildung 4.1 dargestellt.

Infolge des Abschirmeffektes kann man das Potential in einem wesentlichen Bereich des Gitters als konstant annehmen, so daß sich hier ein Elektron wie ein freies Teilchen bewegen kann. In unmittelbarer Nähe des Ionenzentrums verhält sich dieses Elektron dagegen fast wie ein gebundenes Teilchen. Das bedeutet aber, daß es zweckmäßig sein wird, die Wellenfunktion (die ja das Verhalten des Kristallelektrons charakteri-

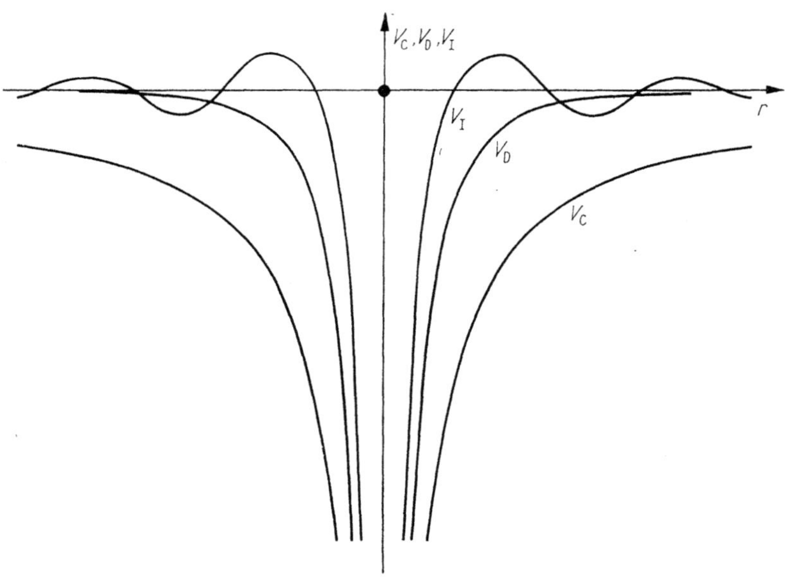

Abb. 4.1.
Darstellung der Potentiale $V_{\mathrm{I}}(r)$, $V_{\mathrm{D}}(r)$, $V_{\mathrm{C}}(r)$

[1]) Allerdings ist sie für viele praktische Fälle recht nützlich.

siert) in Form einer Überlagerung stark oszillierender atomarer Wellenfunktionen (für $r < r_0$) und ebener Wellen (für $r > r_0$) darzustellen. Abbildung 4.2 zeigt eine solche Wellenfunktion. Sie beschreibt die Bewegung eines Elektrons im Raume sich periodisch wiederholender tiefer anziehender Potentialtöpfe, die von den positiv geladenen Ionen gebildet werden.

Dringt ein Elektron in das Gebiet innerhalb des Abschirmradius ein, so erhält es eine so große kinetische Energie, daß es nicht vom Atomrumpf eingefangen werden kann. (Die Wellenfunktion beginnt zu oszillieren.) Die stark angewachsene kinetische Energie kompensiert fast völlig das Potential des Ions. Nach dem Verlassen des Gebietes innerhalb des Abschirmradius bewegt sich das Elektron wieder wie ein freies Teilchen, wobei es praktisch denselben Zustand einnimmt wie vor dem Eintritt in das starke Ionenfeld.

Der beschriebene Sachverhalt legt folgendes Modell nahe: Man betrachtet nicht die Bewegung des Elektrons im Feld der tiefen Potentialtöpfe, sondern in dem schwachen resultierenden effektiven Potential $V_{\mathrm{eff}}(\boldsymbol{r})$, das dieselbe Periodizität wie das Kristallgitter besitzt (siehe Abb. 4.3). Es kommt dabei nur auf die Wahl eines geeigneten speziellen effektiven Potentials an. Man braucht dann nicht mit der komplizierten Wellenfunktion gemäß Abbildung 4.2 zu operieren, sondern kann näherungsweise mit ebenen Wellen im gesamten Kristallvolumen arbeiten. Dabei wird die Wellenfunktion wegen der Periodizität des effektiven Potentials gitterperiodisch moduliert. In Abschnitt 4.2. erfolgen hierzu detaillierte Ausführungen.

Durch die Einführung eines effektiven Potentials vereinfacht sich das mathematische Problem erheblich. Allerdings ist hiermit auch eine Simplifizierung des physikalischen Bildes der Elektronenbewegung im Gitter verbunden. Bemerkenswert ist jedoch die gute Übereinstimmung der unter Verwendung dieser Näherung erhaltenen

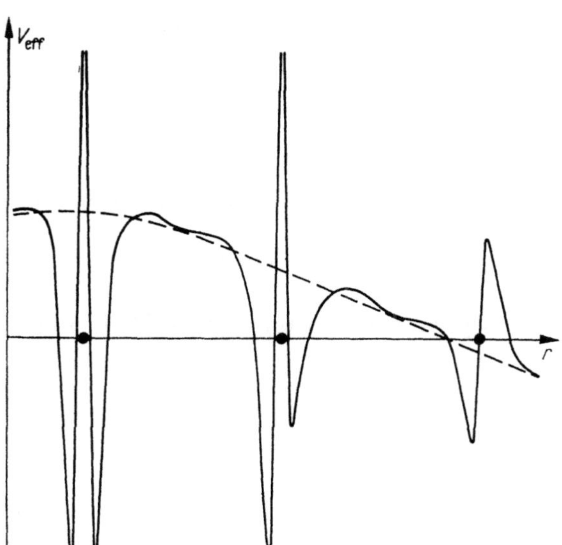

Abb. 4.2.
Wellenfunktion im Festkörper
Die Punkte bedeuten die Ionenzentren, die gestrichelte Kurve deutet die ebene Welle an

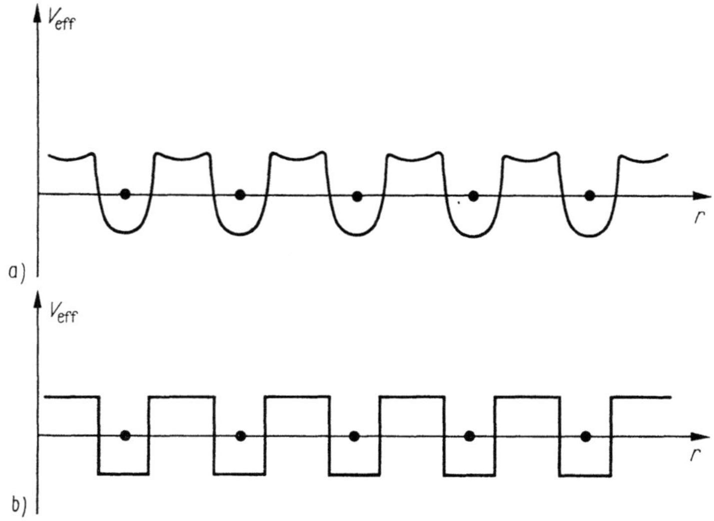

Abb. 4.3.
Mögliche effektive Potentiale (eindimensionale Darstellung).
Die Punkte deuten die Zentren der Kristallbausteine an

Ergebnisse mit den experimentellen Daten (zumindest für die Bewegung der Valenzelektronen in Metallen). Dennoch müssen wir kritisch feststellen:
Die Wahl des effektiven Potentials ist nicht eindeutig; die Ergebnisse hängen aber wesentlich von der Gestalt des effektiven Potentials ab!

Abschließend wollen wir noch ein paar Bemerkungen zum Abschirmradius r_0 gemäß (4.20) angeben. Ohne auf Rechnungen einzugehen,[1]) erhält man bei Vorhandensein eines entarteten Elektronengases (also bei Metallen, Halbmetallen und entarteten Halbleitern)

$$r_{0_E} = \sqrt{\frac{2\epsilon_0 \varepsilon_F}{3ne^2}}. \tag{4.21}$$

Hierbei sind ϵ_0 die Influenzkonstante, ε_F die Fermi-Energie, n die Elektronenkonzentration und e die Elementarladung.

Die Abschirmung wird in diesem Fall also vorallem von der Fermi-Energie und von der Elektronenkonzentration bestimmt.

Ist das Elektronengas im Festkörper nicht entartet (wie bei Halbleitern), so ist

$$r_{0_{NE}} = \sqrt{\frac{\epsilon_0 k_B T}{ne}} \tag{4.22}$$

(k_B: Boltzmann-Konstante; T: Temperatur),

und die Abschirmung hängt wesentlich von der Elektronenkonzentration und der Temperatur ab.

Nach (4.20) ist die Abschirmung um so stärker, je kleiner r_0 ist. Aus (4.21) und (4.22) sehen wir, daß in beiden Fällen r_0 mit zunehmender Elektronenkonzentration n ab-

[1]) S. hierzu beispielsweise J. M. Ziman [45] und C. Kittel [22].

nimmt, die Abschirmung demgemäß also stärker wird. Quantitativ ist die Abschirmung bei Metallen wegen der höheren Elektronenkonzentration viel stärker als bei Halbleitern. Typische Werte für die Abschirmradien sind:

Metall: $r_{0_E} \approx 10^{-10}\,\mathrm{m}$,

Halbleiter: $r_{0_{NE}} \approx (10^{-6} \ldots 10^{-8})\,\mathrm{m}$.

4.1.4. Der endliche Kristall

Setzt man vollständige Translationssymmetrie voraus, so muß man stets einen unendlich ausgedehnten kristallinen Festkörper betrachten. Einen solchen Kristall gibt es in der Wirklichkeit nicht; außerdem führt die quantitative Behandlung eines aus unendlich vielen Kristallbausteinen bestehenden Systems zu erheblichen Schwierigkeiten.

Aus Abschnitt 3.1. wissen wir, daß die Elementarzellen Periodizitätsvolumina des Kristalls darstellen. Wir können uns somit einen endlichen Kristall aus einer bestimmten Anzahl solcher Elementarzellen zusammengesetzt denken. Geht man mit der Zahl der Elementarzellen gegen Unendlich, so erhält man den idealen unendlich ausgedehnten Kristall.

Bei der Betrachtung eines endlichen Kristalls erhebt sich die Frage nach den Randbedingungen:

In der Praxis haben sich die zyklischen Randbedingungen von Born und Kármán als zweckmäßig erwiesen. Wir wollen sie zunächst anhand eines eindimensionalen „Kristalls“ (Atomkette mit der Gitterkonstante a) erläutern. Abbildung 4.4a zeigt einen Ausschnitt aus einer unendlich ausgedehnten Atomkette. Die Atomkerne mögen mit den Gitterpunkten des Raumgitters zusammenfallen. Dann stellt die dick ausgezogene Linie beim Gitterpunkt mit der Nummer n die Wigner-Seitz-Zelle dar.

Ordnet man N solcher Wigner-Seitz-Zellen auf einem Kreis mit sehr großem Durchmesser an, so kann man für die eindimensionale Wellenfunktion $\psi(x)$ als Randbedingung fordern (vgl. Abb. 4.4b):

$$\psi(x + Na) = \psi(x) . \tag{4.23}$$

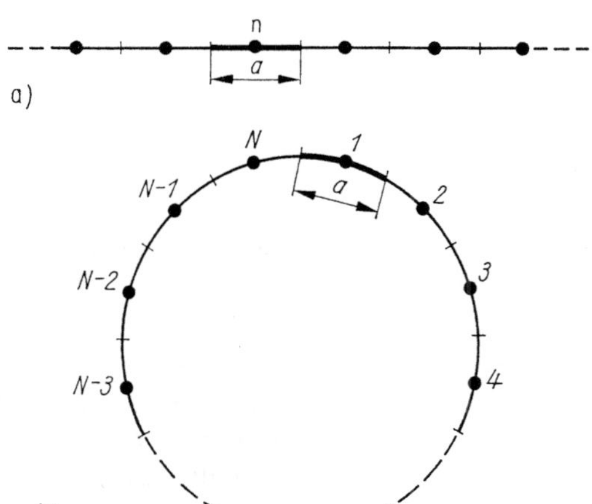

Abb. 4.4.
Zur Erläuterung der Born-Kármán-Randbedingungen
a) Ausschnitt aus einer unendlichen eindimensionalen Atomkette
b) Zyklische Anordnung von N Wigner-Seitz-Zellen

Diese Randbedingung fordert einen stetigen Übergang von der N-ten zur ersten Elementarzelle.

Wählt man N genügend groß, so spielt die topologische Verzerrung der Wigner-Seitz-Zelle infolge der kreisförmigen Anordnung keine Rolle.

Eine Verallgemeinerung der bisherigen Überlegungen für den dreidimensionalen Kristall führt zu den *Born-Kármán-Randbedingungen*:

$$\left.\begin{aligned} \psi(\boldsymbol{r} + N_1\boldsymbol{a}_1) &= \psi(\boldsymbol{r})\,, \\ \psi(\boldsymbol{r} + N_2\boldsymbol{a}_2) &= \psi(\boldsymbol{r})\,, \\ \psi(\boldsymbol{r} + N_3\boldsymbol{a}_3) &= \psi(\boldsymbol{r}) \end{aligned}\right\} \tag{4.24}$$

($\boldsymbol{a}_1$, $\boldsymbol{a}_2$, $\boldsymbol{a}_3$: Basisvektoren; N_1, N_2, N_3: möglichst große, sonst aber beliebige ganze Zahlen).

Das betrachtete Periodizitätsvolumen besteht hier also aus $N_1N_2N_3$ primitiven Elementarzellen.

Die Verallgemeinerung von (4.23) auf (4.24) ist insofern problematisch, als (4.24) physikalisch nicht realisiert werden kann. Im eindimensionalen Fall konnte man die Elementarzellen zu einem Kreis zusammensetzen, im zweidimensionalen würde sich die Oberfläche eines Torus ergeben; ein dreidimensionales Analogon gibt es jedoch nicht. Dennoch haben sich die Born-Kármán-Randbedingungen als sehr vorteilhaft erwiesen, solange man nicht gerade Oberflächeneffekte studieren will.

Wir unterwerfen jetzt die Blochsche Wellenfunktion den zyklischen Randbedingungen (4.24). Es ist dann mit (4.7)

$$\left.\begin{aligned} \psi_{\boldsymbol{k}}(\boldsymbol{r} + N_j\boldsymbol{a}_j) &= \mathrm{e}^{i\boldsymbol{k}\cdot(\boldsymbol{r}+N_j\boldsymbol{a}_j)}\, u_{\boldsymbol{k}}(\boldsymbol{r} + N_j\boldsymbol{a}_j) \\ &= \mathrm{e}^{i\boldsymbol{k}\cdot\boldsymbol{r}}\, \mathrm{e}^{iN_j\boldsymbol{k}\cdot\boldsymbol{a}_j} u_{\boldsymbol{k}}(\boldsymbol{r}) \\ &= \mathrm{e}^{iN_j\boldsymbol{k}\cdot\boldsymbol{a}_j}\, \psi_{\boldsymbol{k}}(\boldsymbol{r}) \end{aligned}\right\} \tag{4.25}$$

($j = 1, 2, 3$).

Die Randbedingungen (4.24) sind nur dann erfüllt, wenn

$$\mathrm{e}^{iN_1\boldsymbol{k}\cdot\boldsymbol{a}_1} = \mathrm{e}^{iN_2\boldsymbol{k}\cdot\boldsymbol{a}_2} = \mathrm{e}^{iN_3\boldsymbol{k}\cdot\boldsymbol{a}_3} = 1 \tag{4.26}$$

gilt. Hieraus folgt, daß $\boldsymbol{k}$ ein Vektor des reziproken Raumes sein muß (vgl. Abschnitt 3.4.1.), also ein Vektor der Form

$$\left.\begin{aligned} \boldsymbol{k} &= k_1\boldsymbol{g}_1 + k_2\boldsymbol{g}_2 + k_3\boldsymbol{g}_3 \\ &= \frac{m_1}{N_1}\boldsymbol{g}_1 + \frac{m_2}{N_2}\boldsymbol{g}_2 + \frac{m_3}{N_3}\boldsymbol{g}_3\,. \end{aligned}\right\} \tag{4.27}$$

m_1, m_2, m_3 sind beliebige ganze Zahlen; $\boldsymbol{g}_1$, $\boldsymbol{g}_2$, $\boldsymbol{g}_3$ sind die den $\boldsymbol{a}_1$, $\boldsymbol{a}_2$, $\boldsymbol{a}_3$ gemäß (3.27) entsprechenden Basisvektoren des reziproken Gitters.

Infolge der zyklischen Randbedingungen kann $\boldsymbol{k}$ nicht jeden beliebigen Wert im reziproken Raum annehmen, sondern nur die durch (4.27) festgelegten diskreten Werte. Es ergibt sich damit neben der eigentlichen Gitterstruktur zusätzlich im reziproken Raum eine Feingitterstruktur, die durch die möglichen $\boldsymbol{k}$-Werte gebildet wird.

Innerhalb der von $\boldsymbol{g}_1, \boldsymbol{g}_2, \boldsymbol{g}_3$ aufgespannten Elementarzelle des reziproken Gitters kann $\boldsymbol{k}$ alle Werte

$$\left.\begin{aligned} &\boldsymbol{k} = k_1\boldsymbol{g}_1 + k_2\boldsymbol{g}_2 + k_3\boldsymbol{g}_3 \\ \text{mit}\quad &k_1 = \frac{1}{N_1}, \frac{2}{N_1}, \dots, \frac{N_1-1}{N_1}, \frac{N_1}{N_1}, \\ &k_2 = \frac{1}{N_2}, \frac{2}{N_2}, \dots, \frac{N_2-1}{N_2}, \frac{N_2}{N_2}, \\ &k_3 = \frac{1}{N_3}, \frac{2}{N_3}, \dots, \frac{N_3-1}{N_2}, \frac{N_3}{N_3} \end{aligned}\right\} \quad (4.28)$$

annehmen. Das sind gerade $N_1N_2N_3$ diskrete Werte. Somit ist die Zahl der möglichen $\boldsymbol{k}$-Vektoren innerhalb einer Elementarzelle des reziproken Gitters gleich der Anzahl der primitiven Elementarzellen, aus denen der gesamte endliche Kristall gebildet wird. Für 1 cm³ Kristallmaterial ist $N_1N_2N_3 \equiv N_0 \approx 10^{22}$, also eine sehr große Zahl. Dementsprechend kann $\boldsymbol{k}$ in der Elementarzelle des reziproken Gitters größenordnungsmäßig 10^{22} diskrete Werte annehmen. Je größer das Kristallvolumen ist, desto mehr primitive Elementarzellen enthält der Kristall, und um so größer ist auch die Zahl der erlaubten $\boldsymbol{k}$-Vektoren innerhalb der Elementarzelle des reziproken Gitters. Wir wollen uns das noch einmal quantitativ veranschaulichen.

Ein Kristall, der aus N primitiven Elementarzellen besteht, besitzt das Volumen $\mathsf{V} = N\Omega_0$, wenn Ω_0 das Volumen einer primitiven Elementarzelle ist. Hieraus und aus dem nach (3.28) bekannten Volumen einer Elementarzelle des reziproken Gitters $\boldsymbol{g}_1 \cdot (\boldsymbol{g}_2 \times \boldsymbol{g}_3) = (2\pi)^3/\Omega_0$ kann man das auf einen $\boldsymbol{k}$-Vektor entfallende Volumen im reziproken Raum zu

$$\Phi = \frac{1}{N}\frac{(2\pi)^3}{\Omega_0} = \frac{(2\pi)^3}{\mathsf{V}} \quad (4.29)$$

berechnen. Damit beträgt die Anzahl der erlaubten $\boldsymbol{k}$-Vektoren pro Volumen im reziproken Raum

$$n^{(\boldsymbol{k})} = \frac{\mathsf{V}}{(2\pi)^3} = \frac{N\Omega_0}{(2\pi)^3}. \quad (4.30)$$

$n^{(\boldsymbol{k})}$ nennt man *Zustandsdichte im reziproken Raum.* Man sieht, daß sie proportional zum Kristallvolumen (bzw. zur Zahl N der primitiven Elementarzellen des Raumgitters) zunimmt.

Aus (4.28) läßt sich der Abstand zwischen zwei in derselben Richtung aufeinanderfolgenden $\boldsymbol{k}$-Vektoren bestimmen. Es ist

$$\left.\begin{aligned} &\Delta k_1 = |(k_{1m_i+1} - k_{1m_i})\,\boldsymbol{g}_1| = \left|\left(\frac{m_i+1}{N_1} - \frac{m_i}{N_1}\right)\boldsymbol{g}_1\right| = \frac{1}{N_1}\,|\boldsymbol{g}_1| \\ &\text{und entsprechend} \\ &\Delta k_2 = \frac{1}{N_2}\,|\boldsymbol{g}_2|\,, \qquad \Delta k_3 = \frac{1}{N_3}\,|\boldsymbol{g}_3|\,. \end{aligned}\right\} \quad (4.31)$$

Die Abstände der „Punkte des Feinstrukturgitters" sind im reziproken Raum äquidistant. Sie sind um so geringer, je größer N_1, N_2 bzw. N_3 sind, d. h., je mehr primitive Elementarzellen der Kristall enthält.

Da N_1, N_2, N_3 praktisch immer sehr groß sind, liegen die betrachteten Punkte und damit die $\boldsymbol{k}$-Vektoren im reziproken Raum quasikontinuierlich verteilt. Diese Tatsache gestattet es uns, unter Verwendung der Zustandsdichte (4.30) eine Summation über alle diskreten $\boldsymbol{k}$-Vektoren durch eine Integration über den reziproken Raum zu ersetzen, also:

$$\sum_{\boldsymbol{k}} \mathrm{f}(\boldsymbol{k}) \to \frac{\mathrm{V}}{(2\pi)^3} \int \mathrm{f}(\boldsymbol{k})\, \mathrm{d}\boldsymbol{k} \tag{4.32}$$

(f sei hier eine beliebige von $\boldsymbol{k}$ abhängige Funktion).

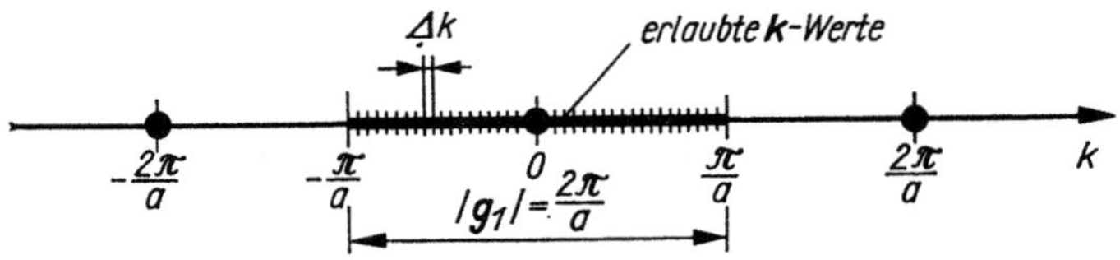

Abb. 4.5.
Erlaubte $\boldsymbol{k}$-Werte in der ersten Brillouin-Zone eines eindimensionalen Gitters

Fassen wir noch einmal für den eindimensionalen „Kristall" (Gitterkonstante a) zusammen:

Als Elementarzelle des reziproken Gitters wählen wir die Brillouin-Zone. Ihr Volumen beträgt $\Omega_0 = |\boldsymbol{g}_1| = 2\pi/a$. Abbildung 4.5 zeigt die erste Brillouin-Zone eines eindimensionalen Gitters. Sie umfaßt alle Werte

$$-\frac{\pi}{a} < k \leqq \frac{\pi}{a} \tag{4.33}$$

des reziproken Raumes. Der Punkt $-\pi/a$ gehört bereits zur nächsten Brillouin-Zone. (Er ist ein zu $+\pi/a$ äquivalenter Punkt.)

Besteht der „Kristall" aus N Elementarzellen, so ist der Abstand zweier erlaubter $\boldsymbol{k}$-Vektoren gemäß (4.31)

$$\Delta k = \frac{1}{N} |\boldsymbol{g}_1| = \frac{1}{N} \frac{2\pi}{a}, \tag{4.34}$$

und die nach (4.28) geforderten N Werte sind

$$k = -\left(\frac{N}{2} - 1\right)\frac{2\pi}{Na},\ -\left(\frac{N}{2} - 2\right)\frac{2\pi}{Na},\ \ldots,\ -2\frac{2\pi}{Na},\ -\frac{2\pi}{Na},\ 0,$$
$$\frac{2\pi}{Na},\ 2\frac{2\pi}{Na},\ \ldots,\ \left(\frac{N}{2} - 1\right)\frac{2\pi}{Na},\ \frac{N}{2}\frac{2\pi}{Na} = \frac{\pi}{a}. \tag{4.35}$$

Wie hier beim eindimensionalen „Kristall" wollen wir im weiteren stets die Brillouin-Zone als Elementarzelle des reziproken Gitters wählen.

(4.28) und (4.35) geben nur die in einer einzigen Elementarzelle (bzw. in der ersten Brillouin-Zone) möglichen $\boldsymbol{k}$-Vektoren an. Diese sind aber nicht auf eine einzige Zelle beschränkt.

Es sei $\boldsymbol{k}'$ ein erlaubter $\boldsymbol{k}$-Vektor aus der ersten Brillouin-Zone. Wir wollen jetzt die Blochsche Wellenfunktion für einen Wellenvektor $\boldsymbol{k}$ betrachten, der sich von $\boldsymbol{k}'$ um einen beliebigen Vektor $\boldsymbol{g}$ des reziproken Gitters unterscheidet. Es sei also

$$\boldsymbol{k} = \boldsymbol{k}' + \boldsymbol{g}. \tag{4.36}$$

$\psi_{\boldsymbol{k}}(\boldsymbol{r}) = e^{i\boldsymbol{k}\cdot\boldsymbol{r}}\, u_{\boldsymbol{k}}(\boldsymbol{r})$ ist dann mit (4.36)

$$\left.\begin{aligned}\psi_{\boldsymbol{k}}(\boldsymbol{r}) &= e^{i(\boldsymbol{k}'+\boldsymbol{g})\cdot\boldsymbol{r}} u_{\boldsymbol{k}}(\boldsymbol{r})\\ &= e^{i\boldsymbol{k}'\cdot\boldsymbol{r}}\, e^{i\boldsymbol{g}\cdot\boldsymbol{r}}\, u_{\boldsymbol{k}}(\boldsymbol{r})\\ &= e^{i\boldsymbol{k}'\cdot\boldsymbol{r}}\, u_{\boldsymbol{k}'}(\boldsymbol{r})\\ &= \psi_{\boldsymbol{k}'}(\boldsymbol{r})\,.\end{aligned}\right\} \tag{4.37}$$

Hierbei wurde $e^{i\boldsymbol{g}\cdot\boldsymbol{r}} u_{\boldsymbol{k}}(\boldsymbol{r}) \equiv u_{\boldsymbol{k}'}(\boldsymbol{r})$ gesetzt, denn mit $e^{i\boldsymbol{g}\cdot\boldsymbol{r}}$ und $u_{\boldsymbol{k}}(\boldsymbol{r})$ ist auch $u_{\boldsymbol{k}'}(\boldsymbol{r})$ eine gitterperiodische Funktion. $\psi_{\boldsymbol{k}}(\boldsymbol{r})$ und $\psi_{\boldsymbol{k}'}(\boldsymbol{r})$ sind nach (4.37) zwei gleiche Blochsche Wellenfunktionen, die somit bezüglich $\boldsymbol{k}$ denselben Zustand beschreiben. Man nennt deshalb zwei Wellenvektoren $\boldsymbol{k}$ und $\boldsymbol{k}'$, die sich nur um einen beliebigen Vektor $\boldsymbol{g}$ des reziproken Gitters unterscheiden, *physikalisch äquivalent*. Abbildung 4.6 zeigt äquivalente $\boldsymbol{k}$-Vektoren am Beispiel eines eindimensionalen (a) und eines zweidimensionalen Gitters (b).

(4.37) besagt zusammen mit (4.36), daß es zu jedem Vektor $\boldsymbol{k}'$ eine Vielzahl äquivalenter $\boldsymbol{k}$-Vektoren gibt, daß also die Angabe von $\boldsymbol{k}$ nicht eindeutig ist. Damit ist

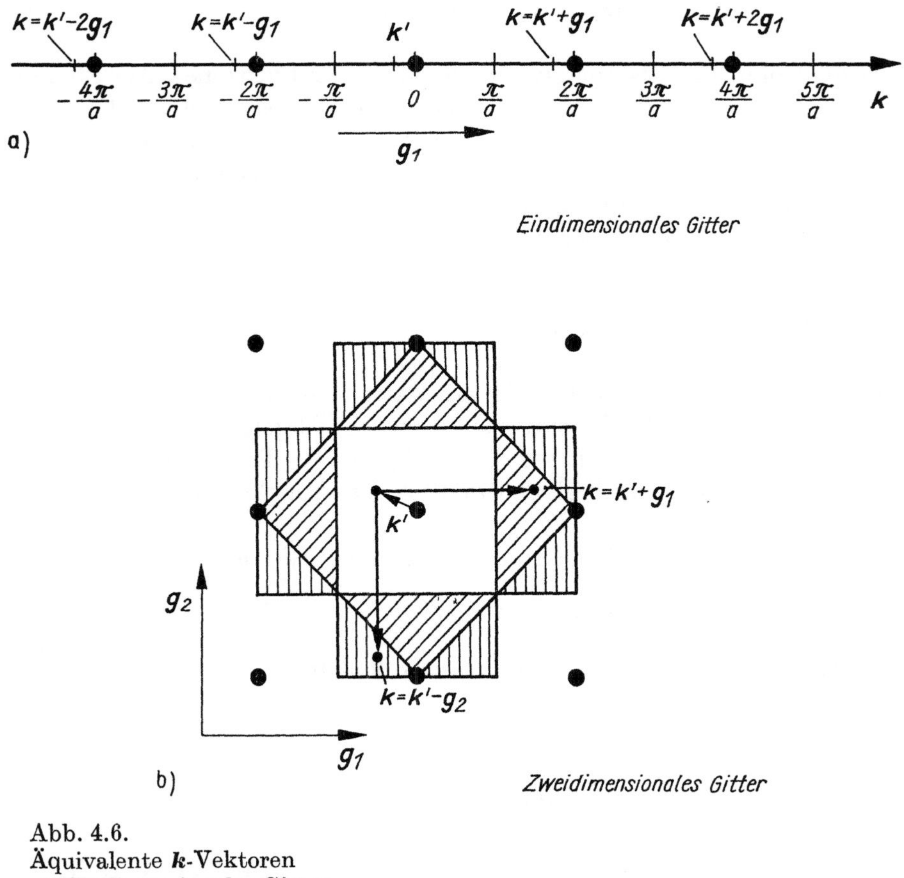

Abb. 4.6.
Äquivalente $\boldsymbol{k}$-Vektoren
a) Eindimensionales Gitter
b) Zweidimensionales Gitter

aber auch der Impuls eines Bloch-Elektrons $\boldsymbol{p} = \hbar\boldsymbol{k}$ nicht eindeutig. Man bezeichnet ihn deshalb als *Quasiimpuls*.

Nach (4.36) ist es immer möglich, mit Hilfe eines geeigneten Vektors $\boldsymbol{g}$ des reziproken Gitters einen zu einem beliebigen $\boldsymbol{k}$ äquivalenten Vektor $\boldsymbol{k}'$ aus der ersten Brillouin-Zone zu finden. $\boldsymbol{k}'$ ist der betragsmäßig kleinste aller zu ihm äquivalenten $\boldsymbol{k}$-Vektoren. Somit kann man alle zu höheren Brillouin-Zonen gehörenden $\boldsymbol{k}$-Vektoren auf die der ersten Brillouin-Zone reduzieren. Die erste Brillouin-Zone, die sich dadurch auszeichnet, daß sie die jeweils betragsmäßig kleinsten $\boldsymbol{k}$-Vektoren enthält, wird häufig *reduzierte* Brillouin-Zone genannt; die in ihr enthaltenen Vektoren $\boldsymbol{k}'$ heißen *reduzierte* Wellenvektoren.

Die Bedeutung der Reduzierung äquivalenter Wellenvektoren auf die der ersten Brillouin-Zone wird erst in den nächsten Abschnitten klar.

4.2. Grundgedanken zur Bandstrukturberechnung

Die Berechnung der Bandstruktur umfaßt die Bestimmung der Lösung $\psi_{\boldsymbol{k}}(\boldsymbol{r})$ der Einelektronen-Schrödinger-Gleichung

$$\left[-\frac{\hbar^2}{2m}\nabla^2 + V_{\text{eff}}(\boldsymbol{r})\right]\psi_{\boldsymbol{k}}(\boldsymbol{r}) = \varepsilon(\boldsymbol{k})\,\psi_{\boldsymbol{k}}(\boldsymbol{r}) \tag{4.38}$$

sowie die Ermittlung des Energiespektrums $\varepsilon(\boldsymbol{k})$ der Elektronen. Aus Abschnitt 4.1.3. wissen wir, daß die Ergebnisse stark von der Wahl des effektiven Potentials $V_{\text{eff}}(\boldsymbol{r})$ abhängen. Wir wollen in diesem Abschnitt daher nur das grundsätzliche Vorgehen erläutern. Es ist dabei ganz natürlich, daß wir mit dem einfachsten effektiven Potential, einem konstanten Potential, beginnen. Danach wenden wir uns in den Abschnitten 4.2.2. und 4.2.3. den beiden Grenzfällen schwach bzw. stark gebundener Elektronen zu.

4.2.1. Näherung freier Elektronen

In diesem Abschnitt wollen wir die Einelektronen-Schrödinger-Gleichung (4.38) für ein konstantes effektives Potential lösen und die Ergebnisse diskutieren. Ohne Beschränkung der Allgemeinheit setzen wir $V_{\text{eff}}(\boldsymbol{r}) = 0$. Trivialerweise ist dieses spezielle effektive Potential auch gitterperiodisch. Man spricht in diesem Falle vom *leeren Gitter*.

Lösung der speziellen Einelektronen-Schrödinger-Gleichung

$$-\frac{\hbar^2}{2m}\nabla^2\psi^0_{\boldsymbol{k}}(\boldsymbol{r}) = \varepsilon^0(\boldsymbol{k})\,\psi^0_{\boldsymbol{k}}(\boldsymbol{r}) \tag{4.39}$$

ist die bereits aus Kapitel 1 bekannte ebene Welle[1])

$$\psi^0_{\boldsymbol{k}}(\boldsymbol{r}) = \frac{1}{V^{1/2}}\,\mathrm{e}^{i\boldsymbol{k}\cdot\boldsymbol{r}} \tag{4.40}$$

$\left(\frac{1}{V^{1/2}}\right.$ ist ein Normierungsfaktor; V ist das Kristallvolumen$\left.\right)$.

[1]) Bei Vorhandensein eines beliebigen konstanten Potentials sind die Wellenfunktionen auch in jedem Falle ebene Wellen.

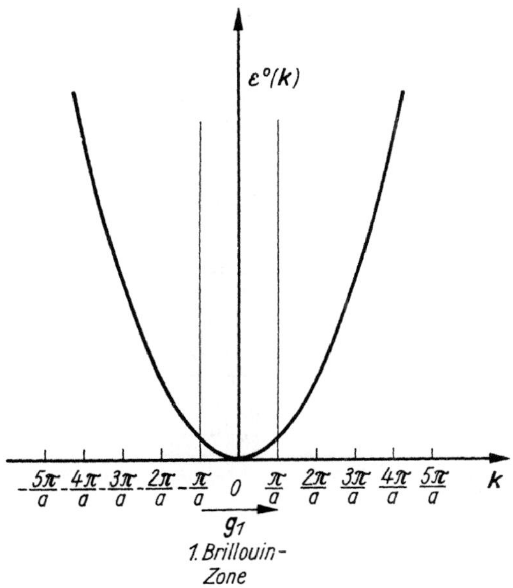

Abb. 4.7.
Darstellung der Funktion $\varepsilon_0(\boldsymbol{k})$ im ausgedehnten Zonenschema (Eindimensionale Darstellung)

$\psi_{\boldsymbol{k}}^0(\boldsymbol{r})$ ist eine spezielle Blochsche Wellenfunktion mit

$$u_{\boldsymbol{k}}(\boldsymbol{r}) = \frac{1}{V^{1/2}} = \text{const.} \tag{4.41}$$

(4.40) in (4.39) eingesetzt, ergibt die entsprechenden Energieniveaus

$$\varepsilon^0(\boldsymbol{k}) = \frac{\hbar^2 \boldsymbol{k}^2}{2m}. \tag{4.42}$$

Es liegt also quadratische Dispersion vor. Abbildung 4.7 zeigt $\varepsilon^0(\boldsymbol{k})$ gemäß (4.42) für den eindimensionalen Fall (bzw. für eine vorgegebene Richtung im reziproken Raum) im sogenannten *ausgedehnten*[1]) Zonenschema. Das ist nur eine von drei sehr häufig angewandten Darstellungsmöglichkeiten. Die anderen beiden sind das *reduzierte* und das *periodische*[2]) Zonenschema.

Im ausgedehnten Zonenschema ist $\varepsilon^0(\boldsymbol{k})$ eine eindeutige stetige Funktion; (Parabel); es gibt also zu jedem $\boldsymbol{k}$ genau einen Energiewert $\varepsilon^0(\boldsymbol{k})$.

Zum reduzierten Zonenschema gelangt man, wenn man von der im vorigen Abschnitt eingeführten Möglichkeit Gebrauch macht, die $\boldsymbol{k}$-Vektoren der höheren Brillouin-Zonen auf die betragsmäßig kleinsten der ersten Brillouin-Zone zu reduzieren. Nach (4.36) braucht man nur einen geeigneten Vektor $\boldsymbol{g}$ des reziproken Gitters auszuwählen, so daß $\boldsymbol{k} - \boldsymbol{g}$ gleich einem reduzierten Wellenvektor $\boldsymbol{k}'$ ist. Man beschränkt damit den Wertevorrat aller $\boldsymbol{k}$-Vektoren auf

$$-\pi < \boldsymbol{k} \cdot \boldsymbol{a}_j \leqq +\pi\,, \tag{4.43}$$

wobei $\boldsymbol{a}_j (j = 1, 2, 3)$ die Basisvektoren des Raumgitters sind. Speziell für das kubische Gitter läßt sich (4.43) formulieren:

$$-\frac{\pi}{a} < k_x \leqq +\frac{\pi}{a}, \qquad -\frac{\pi}{a} < k_y \leqq +\frac{\pi}{a}, \qquad -\frac{\pi}{a} < k_z \leqq +\frac{\pi}{a} \tag{4.44}$$

(a: Gitterkonstante).

[1]) Es wird auch *erweitertes* Zonenschema genannt.
[2]) Es wird auch *wiederholtes* Zonenschema genannt.

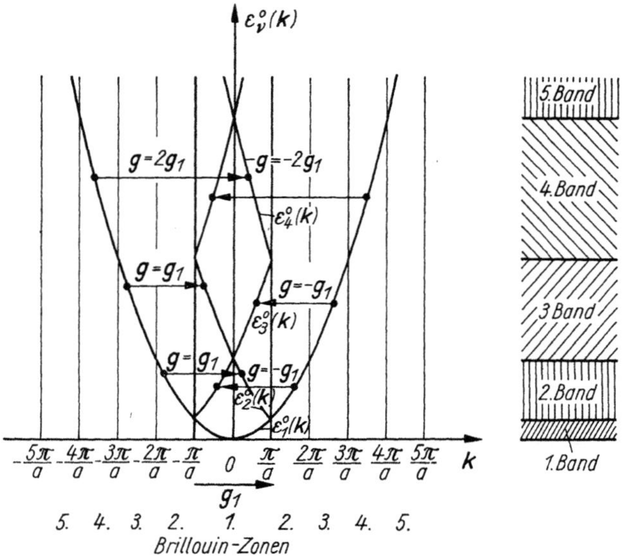

Abb. 4.8.
Darstellung der Funktion $\varepsilon^0_\nu(\boldsymbol{k})$ im reduzierten Zonenschema
(Eindimensionale Darstellung; ν: Bandindex)
Es ist ersichtlich, wie $\varepsilon^0_\nu(\boldsymbol{k})$ aus $\varepsilon^0(\boldsymbol{k})$ entsteht

Die Beschränkung auf reduzierte Wellenvektoren hat natürlich zur Folge, daß die Funktion $\varepsilon^0(\boldsymbol{k})$ gemäß (4.42) vieldeutig wird. Aus Abbildung 4.8 ist zu ersehen, wie aus der $\varepsilon(\boldsymbol{k})$-Darstellung im ausgedehnten Zonenschema durch Reduktion der $\boldsymbol{k}$-Vektoren die vieldeutige Funktion im reduzierten Zonenschema entsteht. Es ergibt sich ein kompliziertes Dispersionsspektrum. Zur Unterscheidung der einzelnen Zweige der $\varepsilon^0(\boldsymbol{k})$-Funktion fügt man einen Index ν (den sogenannten *Bandindex*) hinzu und bezeichnet $\varepsilon^0_\nu(\boldsymbol{k})$ als das *ν-te Energieband.* Charakteristisch für freie Elektronen ist, daß die einzelnen Energiebänder lückenlos aneinander anschließen.

Für alle $\boldsymbol{k}$-Vektoren, die vor der Reduktion der ersten Brillouin-Zone angehörten, ist $\nu = 1$, die der zweiten angehörten, ist $\nu = 2$ und so weiter. Es gibt also eine eindeutige Zuordnung zwischen dem ν-ten Energieband und der ν-ten Brillouin-Zone. Wir können dies so formulieren:

> Das ν-te Energieband wird von den Energiewerten gebildet, die sich nach (4.42) aus den $\boldsymbol{k}$-Vektoren ergeben, die (vor der Reduktion) zur ν-ten Brillouin-Zone gehören.

Die dritte Darstellungsform für $\varepsilon^0(\boldsymbol{k})$ ist in Abbildung 4.9 illustriert. Wir sehen hier $\varepsilon^0_\nu(\boldsymbol{k})$ im periodischen Zonenschema. Wegen

$$\varepsilon^0_\nu(\boldsymbol{k} + \boldsymbol{g}) = \varepsilon^0_\nu(\boldsymbol{k}) \tag{4.45}$$

($\boldsymbol{g}$: beliebiger Vektor des reziproken Gitters)

ist $\varepsilon^0_\nu(\boldsymbol{k})$ eine periodische Funktion mit derselben Periodizität wie die des reziproken Gitters. Praktisch wiederholt man bei dieser Darstellungsform die erste Brillouin-Zone periodisch im gesamten reziproken Raum.

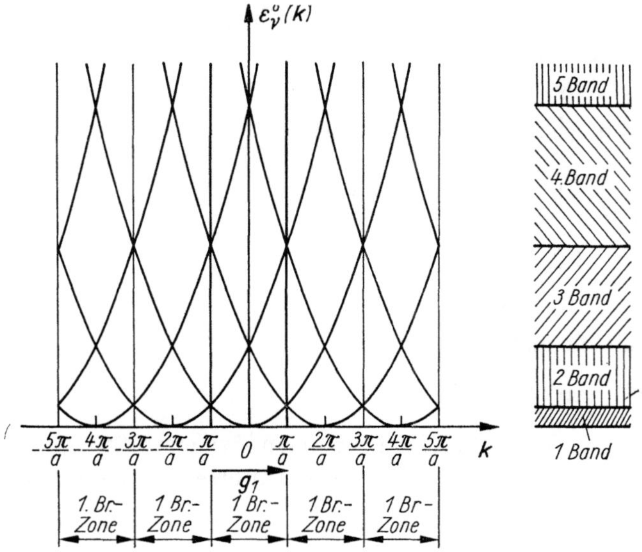

Abb. 4.9.
Darstellung der Funktion $\varepsilon_\nu^0(\boldsymbol{k})$ im periodischen Zonenschema (Eindimensionale Darstellung)

Abbildung 4.10 zeigt noch einmal zusammenhängend alle drei Darstellungsformen, die praktisch angewendet werden. Welche die geeignetste ist, hängt von der jeweiligen Aufgabenstellung ab. Wir werden hierauf noch häufig zurückkommen.

4.2.2. Näherung nahezu freier Elektronen (schwache Bindung)

In diesem Abschnitt behandeln wir den Einfluß eines schwachen effektiven gitterperiodischen Potentials $V_{\text{eff}}(\boldsymbol{r})$ auf die Bewegung eines beliebig herausgegriffenen Elektrons im Kristall und damit auch auf das Energiespektrum. Das Potential gilt hierbei als hinreichend schwach, wenn es stets klein gegen die kinetische Energie des Elektrons ist. Unter dieser Voraussetzung kann man $V_{\text{eff}}(\boldsymbol{r})$ als kleine Störung für die freie Bewegung des Elektrons auffassen.

Die Aufgabe besteht jetzt darin, die Einelektronen-Schrödinger-Gleichung

$$\left[-\frac{\hbar^2}{2m}\nabla^2 + V_{\text{eff}}(\boldsymbol{r})\right]\psi_{\boldsymbol{k}}(\boldsymbol{r}) = \varepsilon(\boldsymbol{k})\,\psi_{\boldsymbol{k}}(\boldsymbol{r}) \tag{4.46}$$

zu lösen.

Das entsprechende ungestörte Problem ($V_{\text{eff}}(\boldsymbol{r}) = 0$) haben wir bereits im vorangegangenen Abschnitt betrachtet, so daß uns gemäß (4.40) und (4.42)

$$\psi_{\boldsymbol{k}}^0(\boldsymbol{r}) = \frac{1}{V^{1/2}}\,e^{i\boldsymbol{k}\cdot\boldsymbol{r}} \tag{4.47}$$

und

$$\varepsilon^0(\boldsymbol{k}) = \frac{\hbar^2\boldsymbol{k}^2}{2m} \tag{4.48}$$

bekannt sind.

Entsprechend der Störungstheorie (s. z. B. [27]) ergibt sich die Wellenfunktion für das gestörte Problem in erster Näherung zu

$$\psi_{\boldsymbol{k}}(\boldsymbol{r}) = \psi_{\boldsymbol{k}}^0(\boldsymbol{r}) + \psi_{\boldsymbol{k}}^{(1)}(\boldsymbol{r}) \tag{4.49}$$

mit $\psi_{\boldsymbol{k}}^0(\boldsymbol{r})$ als Lösung des ungestörten Problems und

$$\left.\begin{aligned}\psi_{\boldsymbol{k}}^{(1)}(\boldsymbol{r}) &= \sum_{\boldsymbol{k}' \neq \boldsymbol{k}} \frac{V_{\boldsymbol{k}'\boldsymbol{k}}}{\varepsilon^0(\boldsymbol{k}) - \varepsilon^0(\boldsymbol{k}')} \psi_{\boldsymbol{k}'}^0(\boldsymbol{r}) \\ &= \sum_{\boldsymbol{k} \neq \boldsymbol{k}'} \frac{V_{\boldsymbol{k}\boldsymbol{k}'}^*}{\varepsilon^0(\boldsymbol{k}) - \varepsilon^0(\boldsymbol{k}')} \psi_{\boldsymbol{k}'}^0(\boldsymbol{r}) \,.\end{aligned}\right\} \tag{4.50}$$

Die Matrixelemente ermittelt man gemäß

$$V_{\boldsymbol{k}\boldsymbol{k}'} = \int_{\mathsf{V}} \psi_{\boldsymbol{k}'}^{0*}(\boldsymbol{r})\, V_{\mathrm{eff}}(\boldsymbol{r})\, \psi_{\boldsymbol{k}'}^0(\boldsymbol{r})\, \mathrm{d}\boldsymbol{r} \,, \tag{4.51}$$

wobei die Integration über das gesamte Kristallvolumen V zu erstrecken ist.

Schließlich ergeben sich die zugehörigen Energieeigenwerte in zweiter störungstheoretischer Näherung zu

$$\varepsilon(\boldsymbol{k}) = \varepsilon^0(\boldsymbol{k}) + \varepsilon^{(1)}(\boldsymbol{k}) + \varepsilon^{(2)}(\boldsymbol{k}) \tag{4.52}$$

mit $\varepsilon^0(\boldsymbol{k})$ gemäß (4.48),

$$\varepsilon^{(1)}(\boldsymbol{k}) = V_{\boldsymbol{k}\boldsymbol{k}} \tag{4.53}$$

und

$$\varepsilon^{(2)}(\boldsymbol{k}) = \sum_{\boldsymbol{k}' \neq \boldsymbol{k}} \frac{|V_{\boldsymbol{k}\boldsymbol{k}'}|^2}{\varepsilon^0(\boldsymbol{k}) - \varepsilon^0(\boldsymbol{k}')} \,. \tag{4.54}$$

Anwendbar ist die Störungstheorie dann, wenn die Ungleichung

$$|V_{\boldsymbol{k}\boldsymbol{k}'}| \ll |\varepsilon^0(\boldsymbol{k}) - \varepsilon^0(\boldsymbol{k}')| \tag{4.55}$$

erfüllt ist.

Zur Ermittlung der gesuchten Wellenfunktion $\psi_{\boldsymbol{k}}(\boldsymbol{r})$ und der entsprechenden Eigenwerte $\varepsilon(\boldsymbol{k})$ muß man zunächst die Matrixelemente $V_{\boldsymbol{k}\boldsymbol{k}'}$ berechnen. Dazu entwickelt man das gitterperiodische Potential $V_{\mathrm{eff}}(\boldsymbol{r})$ in eine Fourier-Reihe:

$$V_{\mathrm{eff}}(\boldsymbol{r}) = \sum_{\boldsymbol{g}} V_{\boldsymbol{g}}\, \mathrm{e}^{i\boldsymbol{g}\cdot\boldsymbol{r}}. \tag{4.56}$$

Hierbei ist über alle Vektoren $\boldsymbol{g}$ des reziproken Gitters zu summieren. Die Fourier-Koeffizienten ergeben sich zu

$$V_{\boldsymbol{g}} = \frac{1}{\Omega_0} \int_{\Omega_0} V_{\mathrm{eff}}(\boldsymbol{r})\, \mathrm{e}^{-i\boldsymbol{g}\cdot\boldsymbol{r}}\, \mathrm{d}\boldsymbol{r} \,, \tag{4.57}$$

wobei Ω_0 das Volumen einer primitiven Elementarzelle des Kristalls darstellt und die Integration über eine solche Zelle zu erstrecken ist. Da $V_{\mathrm{eff}}(\boldsymbol{r})$ reell ist, muß

$$V_{-\boldsymbol{g}} = V_{\boldsymbol{g}}^* \tag{4.58}$$

sein.

Unter Berücksichtigung von (4.47) und (4.56) erhält man die gesuchten Matrixelemente nach (4.51) zu

$$V_{\boldsymbol{k}\boldsymbol{k}'} = \frac{1}{\mathsf{V}} \sum_{\boldsymbol{g}} V_{\boldsymbol{g}} \int_{\mathsf{V}} \mathrm{e}^{i(-\boldsymbol{k}+\boldsymbol{k}'+\boldsymbol{g})\cdot\boldsymbol{r}}\, \mathrm{d}\boldsymbol{r} \,. \tag{4.59}$$

In dieser Summe verschwinden alle Summanden für $\boldsymbol{g} \neq \boldsymbol{k} - \boldsymbol{k}'$, weil ganz allgemein $\int_{V} e^{i\boldsymbol{k}\cdot\boldsymbol{r}} \cdot \boldsymbol{r}\, d\boldsymbol{r} = V\delta_{\boldsymbol{k}0}$($\delta_{\boldsymbol{k}0}$: Kronecker-Symbol) gilt.[1])

Damit lauten die Matrixelemente

$$V_{\boldsymbol{k}\boldsymbol{k}'} = \begin{Bmatrix} 0 & \text{für } \boldsymbol{k}' \neq \boldsymbol{k} - \boldsymbol{g}\,, \\ V_{\boldsymbol{g}} & \text{für } \boldsymbol{k}' = \boldsymbol{k} - \boldsymbol{g}\,. \end{Bmatrix} \tag{4.60}$$

Nur die Matrixelemente sind von Null verschieden, bei denen sich $\boldsymbol{k}$ und $\boldsymbol{k}'$ um einen beliebigen Vektor $\boldsymbol{g}$ des reziproken Gitters unterscheiden; wenn also $\boldsymbol{k}$ und $\boldsymbol{k}'$ äquivalent sind. (4.60) in (4.50) eingesetzt, ergibt unter Berücksichtigung von (4.58) die erste Korrektur zur Wellenfunktion:

$$\psi_{\boldsymbol{k}}(\boldsymbol{r})_{\boldsymbol{k}}^{(1)} = \sum_{\boldsymbol{g}\neq 0} \frac{V_{-\boldsymbol{g}}}{\varepsilon^0(\boldsymbol{k}) - \varepsilon^0(\boldsymbol{k} - \boldsymbol{g})} \psi_{\boldsymbol{k}-\boldsymbol{g}}^0(\boldsymbol{r})\,. \tag{4.61}$$

Bei der Summation wurde hier beachtet, daß $V_{\boldsymbol{k}\boldsymbol{k}'}$ nur dann von Null verschieden ist, wenn $\boldsymbol{k}' = \boldsymbol{k} - \boldsymbol{g}$ ist. Anstelle der Summation über alle denkbaren $\boldsymbol{k}' \neq \boldsymbol{k}$ wird daher nur über alle $\boldsymbol{g} = \boldsymbol{k} - \boldsymbol{k}'$ summiert, wobei $\boldsymbol{g} = \boldsymbol{0}$ ausgeschlossen werden muß.

Mit (4.61), (4.47) und (4.48) kann man jetzt nach (4.49) die Lösung der Einelektronen-Schrödinger-Gleichung (4.46) in erster störungstheoretischer Näherung angeben:

$$\psi_{\boldsymbol{k}}(\boldsymbol{r}) = \frac{1}{V^{(1)}} e^{i\boldsymbol{k}\cdot\boldsymbol{r}} + \sum_{\boldsymbol{g}\neq 0} \frac{V_{-\boldsymbol{g}}}{\frac{\hbar^2}{2m}[\boldsymbol{k}^2 - (\boldsymbol{k}-\boldsymbol{g})^2]} \frac{1}{V^{1/2}} e^{i(\boldsymbol{k}-\boldsymbol{g})\cdot\boldsymbol{r}};$$

umformuliert:

$$\psi_{\boldsymbol{k}}(\boldsymbol{r}) = e^{i\boldsymbol{k}\cdot\boldsymbol{r}} \frac{1}{V^{1/2}} \left[1 + \frac{2m}{\hbar^2} \sum_{\boldsymbol{g}\neq 0} \frac{V_{-\boldsymbol{g}}}{\boldsymbol{k}^2 - (\boldsymbol{k}-\boldsymbol{g})^2} e^{-i\boldsymbol{g}\cdot\boldsymbol{r}}\right]. \tag{4.62}$$

Sie ist eine Blochsche Wellenfunktion, denn $\psi_{\boldsymbol{k}}(\boldsymbol{r}) = e^{i\boldsymbol{k}\cdot\boldsymbol{r}} u_{\boldsymbol{k}}(\boldsymbol{r})$, wobei

$$u_{\boldsymbol{k}}(\boldsymbol{r}) = \frac{1}{V^{1/2}} \left[1 + \frac{2m}{\hbar^2} \sum_{\boldsymbol{g}\neq 0} \frac{V_{-\boldsymbol{g}}}{\boldsymbol{k}^2 - (\boldsymbol{k}-\boldsymbol{g})^2} e^{-i\boldsymbol{g}\cdot\boldsymbol{r}}\right] \tag{4.63}$$

ist. Es ist offensichtlich, daß $u_{\boldsymbol{k}}(\boldsymbol{r})$ gitterperiodisch ist.

Für die zugehörigen Energieeigenwerte ergibt sich in zweiter Näherung, wenn man in (4.52) die Werte von (4.48), (4.53), (4.54) unter Berücksichtigung von (4.60) einsetzt:

$$\varepsilon(\boldsymbol{k}) = \frac{\hbar^2\boldsymbol{k}^2}{2m} + V_0 + \sum_{\boldsymbol{g}\neq 0} \frac{|V_{\boldsymbol{g}}|^2}{\frac{\hbar^2}{2m}[\boldsymbol{k}^2 - (\boldsymbol{k}-\boldsymbol{g})^2]}. \tag{4.64}$$

In erster Näherung werden also die Energieeigenwerte des ungestörten Problems um den Mittelwert[2]) V_0 des gitterperiodischen Potentials $V_{\text{eff}}(\boldsymbol{r})$ geändert; in zweiter Näherung tritt ein von $\boldsymbol{k}$ abhängiger Summenterm hinzu. Solange jedoch (4.55) erfüllt ist, bleiben die Beiträge der einzelnen Summanden klein, so daß der $\varepsilon(\boldsymbol{k})$-Verlauf dem parabelförmigen bei freien Elektronen ähnlich bleibt.

[1]) Beweis s. beispielsweise in: W. Brauer [11].

[2]) Der Mittelwert des Potentials ist das nullte Glied der Fourier-Reihe (4.57).

Die Störungstheorie ist selbstverständlich nicht mehr anwendbar, wenn die im Nenner der Korrekturglieder (4.50) und (4.54) stehende Energiedifferenz so klein wird, daß (4.55) nicht mehr erfüllt ist. Wir wollen daher zunächst qualitativ betrachten, was geschieht, wenn $\varepsilon^0(\boldsymbol{k}) - \varepsilon^0(\boldsymbol{k}') = 0$ ist. Wegen $\boldsymbol{k}' = \boldsymbol{k} - \boldsymbol{g}$ ist dies gleichbedeutend mit

$$\boldsymbol{k}^2 - (\boldsymbol{k} - \boldsymbol{g})^2 = 0\,. \tag{4.65}$$

Hieraus folgt

$$\boldsymbol{k}^2 = (\boldsymbol{k} - \boldsymbol{g})^2 = \boldsymbol{k}^2 - 2\boldsymbol{k} \cdot \boldsymbol{g} + \boldsymbol{g}^2$$

und damit

$$\boldsymbol{k} \cdot \boldsymbol{g} = \tfrac{1}{2}\,\boldsymbol{g}^2\,. \tag{4.66}$$

Diese Gleichung beschreibt eine im Abstand von $\dfrac{\boldsymbol{g}^2}{2|\boldsymbol{g}|} = \dfrac{1}{2}\,|\boldsymbol{g}|$ vom Koordinatenursprung entfernte und zu $\boldsymbol{g}$ senkrecht stehende Ebene. Das ist aber gerade eine Brillouinsche Ebene, an der die Elektronen bekanntlich Bragg-Reflexion erleiden (vgl. Abschnitt 3.7.; (4.66) stimmt mit (3.94) überein). In diesem Fall wird die fast freie Bewegung des Elektrons also stark gestört.

Zusammenfassend können wir bisher feststellen: Unter der Annahme, daß das gitterperiodische Potential $V_{\text{eff}}(\boldsymbol{r})$ nur eine kleine Störung darstellt, verhalten sich die Elektronen im Inneren der Brillouin-Zone nahezu wie freie Elektronen, erleiden aber an den Begrenzungsflächen der Zone Bragg-Reflexion. Die Gleichungen (4.62) und (4.64) sind nur für $\boldsymbol{k}$-Vektoren gültig, die im Inneren der Brillouin-Zone liegen, nicht aber für solche, die sich auf oder nahe bei einer Brillouinschen Ebene befinden.

Wir wollen jetzt eine Lösung für $\boldsymbol{k}$-Vektoren nahe der Begrenzungsflächen der Brillouin-Zone suchen; d. h. für solche $\boldsymbol{k}$-Vektoren, die für irgendeinen Vektor $\boldsymbol{g}$ des reziproken Gitters der Bedingung

$$\boldsymbol{k}^2 \approx (\boldsymbol{k} - \boldsymbol{g})^2 \tag{4.67}$$

genügen.

Bei der bisher betrachteten Näherung hatten wir festgestellt, daß in die Korrektur zur Wellenfunktion des freien Problems nur die ebenen Wellen eingingen, deren Wellenvektor $\boldsymbol{k}'$ sich von $\boldsymbol{k}$ um $\boldsymbol{g}$ unterschied. Daher wird es zweckmäßig sein, die Lösung der Einelektronen-Schrödinger-Gleichung (4.46) im vorliegenden Fall in der Form

$$\psi_{\boldsymbol{k}}(\boldsymbol{r}) = \frac{1}{V^{1/2}} \sum_{\boldsymbol{g}'} c_{\boldsymbol{k}-\boldsymbol{g}'}\, e^{i(\boldsymbol{k}-\boldsymbol{g}')\cdot\boldsymbol{r}} \tag{4.68}$$

zu suchen. Es ist hierbei über alle Vektoren des reziproken Gitters zu summieren.

(4.68) ist eine Blochsche Wellenfunktion, denn es gilt

$$\begin{aligned}\psi_{\boldsymbol{k}}(\boldsymbol{r}) &= e^{i\boldsymbol{k}\cdot\boldsymbol{r}} \frac{1}{V^{1/2}} \sum_{\boldsymbol{g}'} c_{\boldsymbol{k}-\boldsymbol{g}'}\, e^{-i\boldsymbol{g}'\cdot\boldsymbol{r}} \\ &= e^{i\boldsymbol{k}\cdot\boldsymbol{r}}\, u_k(\boldsymbol{r})\,,\end{aligned}$$

wobei

$$u_{\boldsymbol{k}}(\boldsymbol{r}) = \frac{1}{V^{1/2}} \sum_{\boldsymbol{g}'} c_{\boldsymbol{k}-\boldsymbol{g}'}\, e^{-i\boldsymbol{g}'\cdot\boldsymbol{r}} \tag{4.69}$$

eine gitterperiodische Funktion ist.

Die $c_{k-g'}$ sind die zunächst noch unbekannten Entwicklungskoeffizienten der Reihe. Um sie zu bestimmen, geht man mit (4.68) in die Schrödinger-Gleichung (4.46) ein:

$$\left[-\frac{\hbar^2}{2m}\nabla^2 + \sum_{g''} V_{g''}\,\mathrm{e}^{ig''\cdot r}\right]\frac{1}{V^{1/2}}\sum_{g'} c_{k-g'}\,\mathrm{e}^{i(k-g')\cdot r}$$

$$= \varepsilon(k)\,\frac{1}{V^{1/2}}\sum_{g'} c_{k-g'}\,\mathrm{e}^{i(k-g')\cdot r}. \tag{4.70}$$

Für $V_{\mathrm{eff}}(r)$ wurde die Fourier-Reihe (4.56) eingesetzt.[1]) Nach Anwenden des Operators multipliziert man die Gleichung (4.70) mit $\frac{1}{V^{1/2}}\mathrm{e}^{-i(k-g)\cdot r}$ und integriert über das gesamte Kristallvolumen. Führt man diese Multiplikation einschließlich der sich anschließenden Integration für alle Vektoren g des reziproken Gitters einzeln nacheinander aus, so erhält man das folgende unendliche lineare System algebraischer Gleichungen für die Entwicklungskoeffizienten der Reihe (4.68):

$$\frac{\hbar^2}{2m}(k-g)^2\,c_{k-g} + \sum_{g'} V_{g'-g}\,c_{k-g'} = \varepsilon(k)\,c_{k-g}\,, \tag{4.71}$$

das sich unter Beachtung von (4.48) in der Form

$$\left(\varepsilon^0(k-g) - \varepsilon(k)\right)c_{k-g} + \sum_{g'} V_{g'-g}\,c_{k-g'} = 0 \tag{4.72}$$

(für alle g)

schreiben läßt. Zur Spezialisierung dieses Gleichungssystems müssen wir folgende Überlegungen anstellen:

Uns interessieren die k-Vektoren auf den Brillouinschen Ebenen. Anhand der Abbildung 4.8 überlegt man sich leicht, daß für diese k im Falle freier Elektronen stets

$$\varepsilon^\circ(k) = \varepsilon^\circ(k - g^{(j)}) \tag{4.73}$$

gilt, wobei $g^{(j)}$ ein entsprechend gewählter (für die jeweils betrachtete Brillouinsche Ebene charakteristischer) Vektor des reziproken Gitters ist. Für freie Elektronen liegt hier dementsprechend zweifache Entartung vor.

Die Wellenfunktion muß dann in nullter Näherung gemäß der Störungstheorie für entartete Zustände[2]) in Form einer Linearkombination aus allen entarteten Wellenfunktionen konstruiert werden. Im vorliegenden Fall ist $\psi_k(r)$ mit (4.68) dementsprechend in der Form

$$\psi_k(r) = \frac{1}{V^{1/2}}\left(c_k\,\mathrm{e}^{ik\cdot r} + c_{k-g^{(j)}}\,\mathrm{e}^{i(k-g^{(j)})\cdot r}\right) \tag{4.74}$$

zu suchen. Praktisch läuft die quantitative Behandlung der Frage der Entartungsstellen auf folgende Näherung hinaus. Man vernachlässigt alle Koeffizienten im Gleichungssystem (4.72) gegenüber c_k und $c_{k-g^{(j)}}$. Damit bleiben nur die beiden Glei-

[1]) Es ist auch hier über alle Vektoren g'' des reziproken Gitters zu summieren. Die Striche dienen nur zur Unterscheidung bei der Summation.

[2]) S. L. D. Landau, E. M. Lifschitz [27].

chungen übrig, die die Koeffizienten der miteinander entarteten Wellenfunktion enthalten:

$$\left.\begin{aligned} \left(\varepsilon^0(\boldsymbol{k}) - \varepsilon(\boldsymbol{k})\right) c_{\boldsymbol{k}} + V_{\boldsymbol{g}^{(j)}} c_{\boldsymbol{k}-\boldsymbol{g}^{(j)}} &= 0\,, \\ V_{-\boldsymbol{g}'^{(j)}} c_{\boldsymbol{k}} + \left(\varepsilon^0(\boldsymbol{k} - \boldsymbol{g}^{(j)}) - \varepsilon(\boldsymbol{k})\right) c_{\boldsymbol{k}-\boldsymbol{g}^{(j)}} &= 0\,. \end{aligned}\right\} \tag{4.75}$$

Physikalisch ist die Näherung folgendermaßen zu verstehen: Um einen stationären Zustand zu konstruieren, der der Bragg-Reflexion der Elektronen an einer Brillouinschen Ebene gerecht wird, müssen einfallender und reflektierter Strahl gleichwertig behandelt werden.

Das Gleichungssystem (4.75) hat nur dann von Null verschiedene Lösungen, wenn die Determinante

$$\begin{vmatrix} \varepsilon^0(\boldsymbol{k}) - \varepsilon(\boldsymbol{k}) & V_{\boldsymbol{g}^{(j)}} \\ V_{-\boldsymbol{g}^{(j)}} & \varepsilon^0(\boldsymbol{k} - \boldsymbol{g}^{(j)}) - \varepsilon(\boldsymbol{k}) \end{vmatrix} = 0 \tag{4.76}$$

ist. Berücksichtigt man bei der Berechnung dieser Determinante $V_{-\boldsymbol{g}^{(j)}} = V^*_{\boldsymbol{g}^{(j)}}$ gemäß (4.58) sowie $V_{\boldsymbol{g}^{(j)}} V^*_{\boldsymbol{g}^{(j)}} = |V_{\boldsymbol{g}^{(j)}}|^2$, so erhält man die Energieeigenwerte

$$\left.\begin{aligned} &\varepsilon^{\pm}(\boldsymbol{k}) = \tfrac{1}{2}\left(\varepsilon^0(\boldsymbol{k} - \boldsymbol{g}^{(j)}) + \varepsilon^0(\boldsymbol{k})\right) \pm \sqrt{\left(\varepsilon^0(\boldsymbol{k} - \boldsymbol{g}^{(j)}) - \varepsilon^0(\boldsymbol{k})\right)^2 + 4\,|V_{\boldsymbol{g}^{(j)}}|^2} \\ &\text{(für } \boldsymbol{k}\text{, die der Bedingung (4.67) mit } \boldsymbol{g} = \boldsymbol{g}^{(j)} \text{ genügen).} \end{aligned}\right\} \tag{4.77}$$

Ergebnis der hier betrachteten Näherung ist:

Die beiden Zustände $\sim \mathrm{e}^{i\boldsymbol{k}\cdot\boldsymbol{r}}$ und $\sim \mathrm{e}^{i(\boldsymbol{k}-\boldsymbol{g}_{(j)})\cdot\boldsymbol{r}}$ werden zu zwei anderen Zuständen ψ^+ und ψ^- mit den zugehörigen Energien $\varepsilon^+(\boldsymbol{k})$ und $\varepsilon^-(\boldsymbol{k})$ gemäß (4.77) kombiniert. Für solche $\boldsymbol{k}$-Vektoren, die auf einer Brillouinschen Ebene liegen, hat die Funktion $\varepsilon(\boldsymbol{k})$ eine Unstetigkeitsstelle; sie erleidet einen endlichen Sprung. Die in Abschnitt 4.2.1. bei der Behandlung freier Elektronen erhaltenen lückenlos aneinander anschließenden Energiebänder berühren sich jetzt nicht mehr. Hierdurch entstehen in der betreffenden Richtung im reziproken Raum Energielücken. Eine solche Energielücke (verbotene Zone)[1]) tritt nach (4.77) nur dann auf, wenn der entsprechende Fourier-Koeffizient $V_{\boldsymbol{g}^{(j)}} \neq 0$ ist. Wir wollen an dieser Stelle ohne Beweis bemerken: Näherungsrechnungen höherer Ordnung zeigen, daß die Forderung $V_{\boldsymbol{g}^{(j)}} \neq 0$ nicht notwendig für das Auftreten des Energiesprungs beim Durchtritt durch die Brillouinsche Ebene, sondern nur eine Folge der hier betrachteten (recht groben) Näherung ist.

Wir wollen uns die Ergebnisse noch einmal für den eindimensionalen Fall (d. h. für eine bestimmte durch den Einheitsvektor $\boldsymbol{e}$ gegebene Richtung) quantitativ veranschaulichen. Anstelle von (4.68), (4.75) und (4.77) können wir dann wegen $\boldsymbol{k} = k\boldsymbol{e}$, $\boldsymbol{g}^{(j)} = g^{(j)}\boldsymbol{e}$ und $\boldsymbol{r} = r\boldsymbol{e}$ die Betragsgleichungen

$$\psi_k(r) = \frac{1}{V^{1/2}}\left(c_k\,\mathrm{e}^{ikr} + c_{k-g^{(j)}}\,\mathrm{e}^{i(k-g^{(j)})\,r}\right), \tag{4.78}$$

$$\left.\begin{aligned} \left(\varepsilon^0(k) - \varepsilon(k)\right) c_k + V_{g^{(j)}} c_{k-g^{(j)}} &= 0\,, \\ V_{-g^{(j)}} c_k + \left(\varepsilon^0(k - g^{(j)}) - \varepsilon(k)\right) c_{k-g^{(j)}} &= 0 \end{aligned}\right\} \tag{4.79}$$

[1]) Sie wird mitunter auch *gap* genannt.

und

$$\varepsilon^{\pm}(k) = \tfrac{1}{2}\left(\varepsilon^0(k - g^{(j)}) + \varepsilon^0(k)\right) \pm \tfrac{1}{2}\sqrt{\left(\varepsilon^0(k - g^{(j)}) - \varepsilon^0(k)\right)^2 + 4\,|V_{g^{(j)}}|^2} \tag{4.80}$$

für alle $k \approx \frac{1}{2} g^{(j)}$ schreiben.

Aus (4.80) folgt für $k = \frac{1}{2} g^{(j)}$ (also genau an der Grenze der eindimensionalen Brillouin-Zone)

$$\left.\begin{aligned} &\varepsilon^+\left(\frac{g^{(j)}}{2}\right) = \varepsilon^0\left(\frac{g^{(j)}}{2}\right) + |V_{g^{(j)}}| \\ \text{und} \\ &\varepsilon^-\left(\frac{g^{(j)}}{2}\right) = \varepsilon^0\left(\frac{g^{(j)}}{2}\right) - |V_{g^{(j)}}|\,, \end{aligned}\right\} \tag{4.81}$$

da $\varepsilon^0\left(\frac{g^{(j)}}{2}\right) = \varepsilon^0\left(\frac{-g^{(j)}}{2}\right)$ ist. ε^+ liegt also um $|V_{g^{(j)}}|$ höher und ε^- um $|V_{g^{(j)}}|$ tiefer als der entsprechende Wert für ein freies Elektron. Damit tritt im Energiespektrum der nahezu freien Elektronen die bereits erwähnte Energielücke auf, deren Breite sich zu

$$\Delta\varepsilon = \varepsilon^+\left(\frac{g^{(j)}}{2}\right) - \varepsilon^-\left(\frac{g^{(j)}}{2}\right) = 2\,|V_{g^{(j)}}| \tag{4.82}$$

berechnet.

Der aus der Näherung nahezu freier Elektronen folgende $\varepsilon(\boldsymbol{k})$-Verlauf entlang einer bestimmten Richtung im reziproken Raum ist in Abbildung 4.10b dargestellt; und zwar im ausgedehnten (1), im reduzierten (2) und im periodischen (3) Zonenschema. Um einen direkten Vergleich mit den Ergebnissen aus der Näherung freier Elektronen anstellen zu können, sind die entsprechenden $\varepsilon(\boldsymbol{k})$-Verläufe für freie Elektronen in Abbildung 4.10a noch einmal zusammengefaßt. Außerdem sind die Energiebänder schematisch dargestellt.

Während freie Elektronen jeden Energiewert (je nach $\boldsymbol{k}$) annehmen können, gibt es bei nahezu freien Elektronen bestimmte Energiewerte, die nicht angenommen werden können. Es tritt also ein *bänderartiges* Energiespektrum auf. *Erlaubte Bänder* (Energiewerte können angenommen werden) und *verbotene Zonen* (Energiewerte können nicht angenommen werden) wechseln miteinander ab, wie aus Abbildung 4.10b zu erkennen ist. Diese ganz wesentliche Besonderheit ist eine charakteristische Eigenschaft kristalliner Festkörper; sie ist eine Folge der Bragg-Reflexion. Die Breite der jeweiligen verbotenen Zone ist gemäß (4.82) durch den Betrag des entsprechenden Fourier-Koeffizienten des Potentials bestimmt. Bei freien Elektronen ist $V_g = 0$; die Energie ist somit auch beim Durchgang durch eine Brillouinsche Ebene eine stetige Funktion von $\boldsymbol{k}$. Freie Elektronen erleiden an den Begrenzungsebenen der Brillouin-Zonen keine Bragg-Reflexion.

Im dreidimensionalen Fall ist die Situation zwar komplizierter als hier beschrieben, aber prinzipiell ändert sich das Verhalten der nahezu freien Elektronen nicht. Es sei jedoch bemerkt, daß das Auftreten von Energielücken bezüglich einer Richtung im reziproken Raum noch nichts über das Auftreten von Lücken im Energiespektrum der Kristallelektronen aussagt, denn schließlich braucht in anderen $\boldsymbol{k}$-Richtungen an dieser Stelle nicht auch gerade eine Energielücke zu sein.

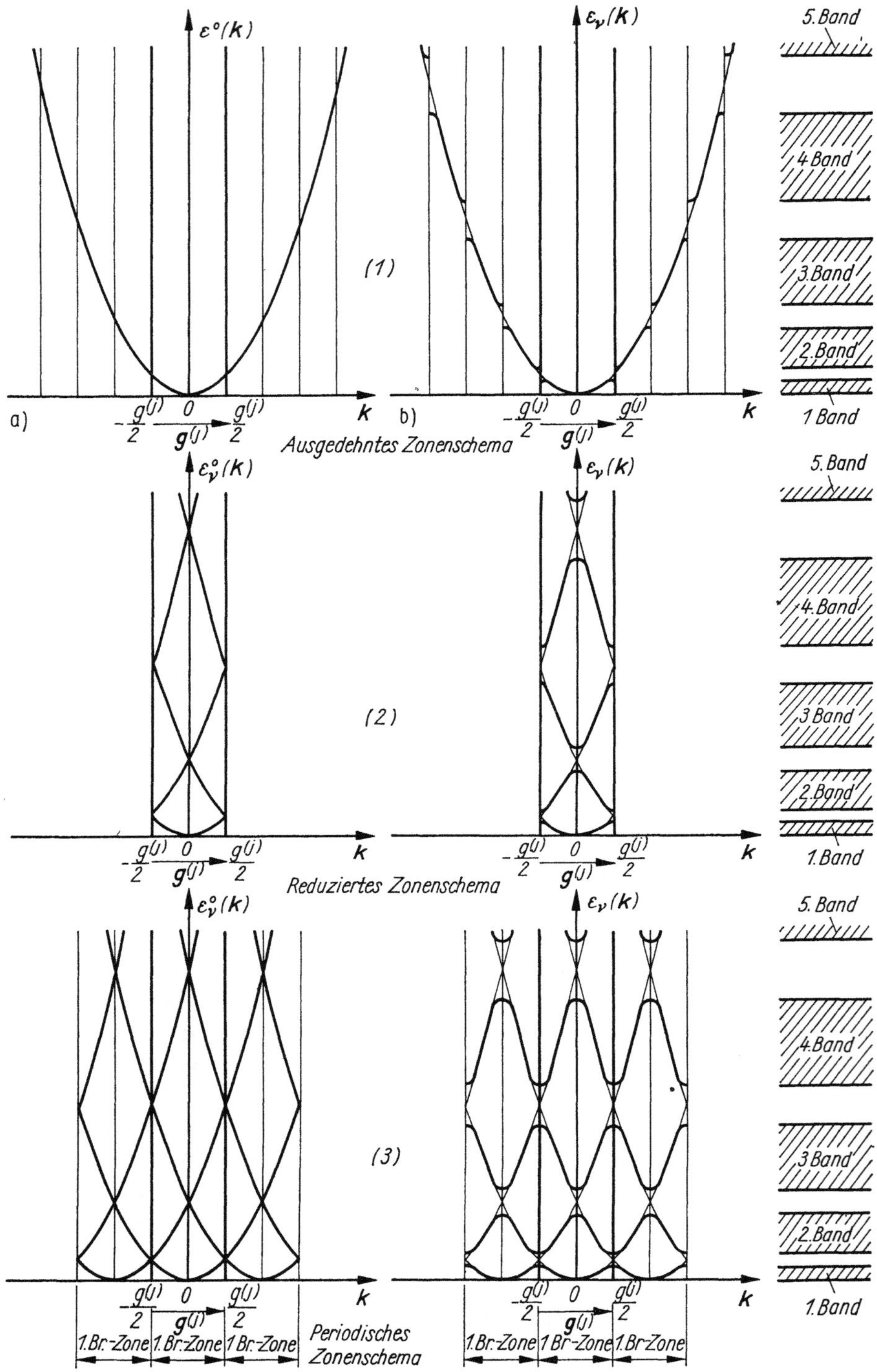

Abb. 4.10.
(Unterschrift siehe auf S. 147 unten)

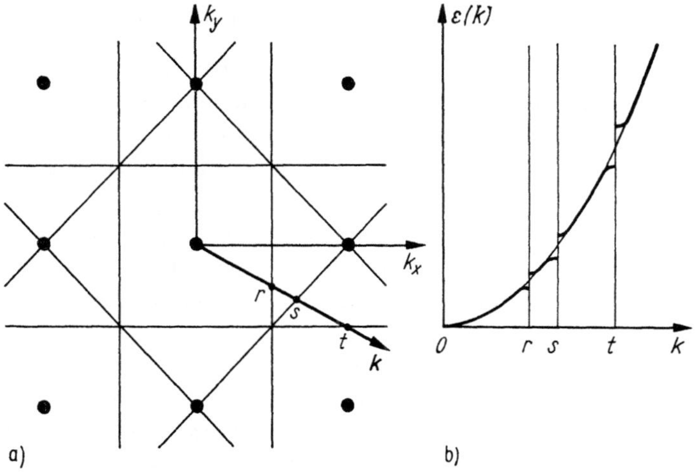

Abb. 4.11.
Darstellung des $\varepsilon(\boldsymbol{k})$-Verlaufes entlang einer in einem zweidimensionalen quadratischen Gitter vorgegebenen Richtung $\boldsymbol{k}$ im reziproken Raum
a) Brillouinsche Ebene eines quadratischen Gitters
b) $\varepsilon(\boldsymbol{k})$ entlang der vorgegebenen Richtung $\boldsymbol{k}$ im reziproken Raum

Abbildung 4.11 zeigt noch einmal für ein zweidimensionales quadratisches Gitter die Funktion $\varepsilon(\boldsymbol{k})$ entlang einer im reziproken Raum vorgegebenen Richtung $\boldsymbol{k}$. In Abbildung 4.11a sind die Brillouinschen Ebenen und in Abbildung 4.11b der zugehörige $\varepsilon(\boldsymbol{k})$-Verlauf dargestellt.

Während man im zweidimensionalen Fall $\varepsilon(\boldsymbol{k}) = \varepsilon(k_x, k_y)$ noch als Fläche im Raum darstellen kann, hat man diese Möglichkeit im realen dreidimensionalen Fall nicht mehr. Man kann im letzteren jedoch die Flächen konstanter Energie, die *Isoenergieflächen* $\varepsilon(\boldsymbol{k}) = \text{const}$, im reziproken Raum darstellen. Eine spezielle Isoenergiefläche, die außerordentlich große Bedeutung in der Festkörperphysik (insbesondere in der Metallphysik) hat, ist die *Fermi-Fläche* $\varepsilon(\boldsymbol{k}) = \varepsilon_F$. Wir gehen hierauf in Abschnitt 4.3. genauer ein.

Unterschrift zur Abbildung 4.10.

Energiebandstruktur für
a) freie Elektronen
b) nahezu freie Elektronen

(Eindimensionale Darstellung)
(1) Ausgedehntes Zonenschema
(2) Reduziertes Zonenschema
(3) Periodisches Zonenschema

4.2.3. Näherung stark gebundener Elektronen (starke Bindung)

Im vorangegangenen Abschnitt haben wir das gitterperiodische Potential $V_{\text{eff}}(\boldsymbol{r})$ als eine kleine Störung für die freie Bewegung eines Elektrons betrachtet. Eine solche Annahme ist natürlich nur gerechtfertigt, solange $|V_{\text{eff}}(\boldsymbol{r})|$ klein gegen die kinetische Energie des Elektrons ist. Nur in diesem Fall ist die Näherung nahezu freier Elektronen anwendbar.

Gleichzeitig haben wir aber auch bemerkt, daß die Bewegung der Elektronen infolge des periodischen Potentials unter bestimmten Bedingungen (wenn $\boldsymbol{k}^2 \approx (\boldsymbol{k} - \boldsymbol{g})^2$ ist) erheblich gestört wird, wodurch die Anwendbarkeit der Näherung nahezu freier Elektronen in Frage gestellt wird.

In diesem Abschnitt gehen wir von einer anderen (nicht weniger extremen) Seite an die Lösung der Einelektronen-Schrödinger-Gleichung (4.43) heran. Wir wollen die Näherung stark gebundener Elektronen betrachten, die praktisch genau den entgegengesetzten Grenzfall zur Näherung nahezu freier Elektronen darstellt. Um den physikalischen Gehalt, der dieser Methode zugrunde liegt, besser verstehen zu können, sollen noch einige allgemeine Bemerkungen vorausgeschickt werden.

Einen Festkörper denken wir uns durch sukzessives Zusammenrücken von N ursprünglich isolierten (räumlich weit voneinander entfernten) neutralen Atomen entstanden. Abbildung 4.12a zeigt den Potentialverlauf zweier solcher isolierter Atome. Durch die horizontalen Striche sind einige Quantenzustände angedeutet, in denen sich die zum Atom gehörenden Elektronen befinden.

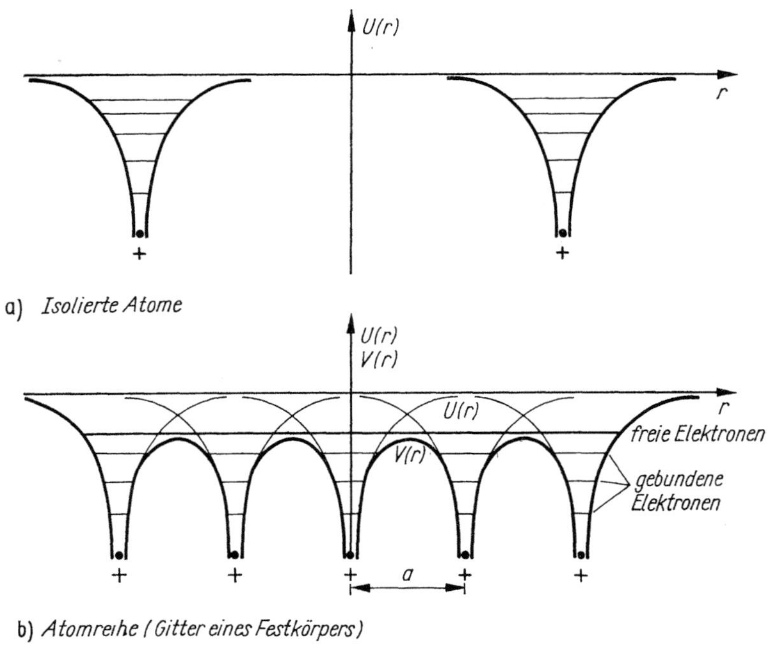

Abb. 4.12.
Potentialverlauf und Elektronenniveaus
a) Isolierte Atome
b) Atomreihe (Gitter eines Festkörpers)

Nähert man die isolierten Atome einander, so treten sie in Wechselwirkung. Abbildung 4.12b zeigt anhand von fünf Atomen, wie sich die Potentiale der einzelnen Atome überlagern. Da für die Überlagerung von Potentialen das Superpositionsprinzip gilt, ergibt sich das resultierende Gesamtpotential (durchgezogene Linie) als Summe der Einzelpotentiale. Des weiteren sind formal die der Abbildung 4.12a entsprechenden Quantenzustände durch horizontale Linien angedeutet. Wir sehen, daß die Bewegung der Elektronen, die die unteren Niveaus besetzen, weiterhin an das entsprechende Atom gebunden ist. Diese gebundenen Elektronen werden also durch die infolge der gegenseitigen Annäherung der Atome bedingte Wechselwirkung nur wenig beeinflußt. Die Elektronen in den oberen Niveaus haben eine so hohe Energie, daß die durch die Atome hervorgerufenen Potentialwälle nur eine kleine Störung für die Bewegung der Elektronen darstellen. Diese Elektronen bewegen sich nahezu wie freie Elektronen; man nennt sie daher auch *quasifreie* Elektronen. Ihr Verhalten kann durch die vorangegangene Näherung nahezu freier Elektronen gut beschrieben werden. Wir hatten bereits quantitativ gesehen, daß diese Elektronen nicht mehr einem einzigen Atomrumpf zugeordnet werden können; sie gehören dem Kristall als Ganzem an.

Abbildung 4.12b zeigt auch, daß die hohen Potentiale an den Rändern die quasifreien Elektronen am Verlassen des Kristalls hindern. Diese Tatsache berechtigt uns noch nachträglich, ein Metall in ganz primitiver Weise als einen „Behälter“ mit einem darin eingeschlossenen Gas fast freier Elektronen aufzufassen (wie wir es im Kapitel 1 getan haben).

Für die gebundenen Elektronen sind im Rahmen der Näherung nahezu freier Elektronen natürlich keine sinnvollen Ergebnisse zu erwarten. Wegen des bereits erwähnten geringen Einflusses der übrigen Atome des Kristalls auf diese Elektronen sind brauchbare Ergebnisse zu erwarten, wenn man sie im Rahmen der Näherung stark gebundener Elektronen beschreibt. Die Grundidee dieser Näherung ist, daß sich der Zustand des Elektrons nach der Kristallbildung nur wenig von dem unterscheidet, den es im isolierten Atom einnimmt. Daher wird diese Näherung besonders für die Beschreibung der sich auf den unteren Niveaus befindenden Elektronen geeignet sein, die nur relativ schwach mit den benachbarten Atomen im Kristall wechselwirken.

Man kann in diesem Fall die Wellenfunktion nicht mehr nach ebenen Wellen entwickeln, sondern muß versuchen, atomare Zustände, von denen jeder an einem ganz bestimmten Atom lokalisiert ist, so zu kombinieren, daß ein durch den gesamten Kristall ausgebreiteter Zustand entsteht.

Die Wellenfunktion $\varphi_n(\boldsymbol{r} - \boldsymbol{a})$ der Elektronen eines am Orte $\boldsymbol{a}$ angeordneten isolierten Atoms werden als bekannt vorausgesetzt. Sie sind Lösungen der Schrödinger-Gleichung

$$\left[-\frac{\hbar^2}{2m}\nabla^2 + U(\boldsymbol{r} - \boldsymbol{a})\right]\varphi_n(\boldsymbol{r} - \boldsymbol{a}) = \varepsilon_n^{(0)}\,\varphi_n(\boldsymbol{r} - \boldsymbol{a}) \tag{4.83}$$

mit der Eigenschaft

$$\int \varphi_n^*(\boldsymbol{r} - \boldsymbol{a})\,\varphi_n(\boldsymbol{r} - \boldsymbol{a}')\,\mathrm{d}\boldsymbol{r} = \begin{Bmatrix} 1 \text{ für } \boldsymbol{a}' = \boldsymbol{a} \\ 0 \text{ für } \boldsymbol{a}' \neq \boldsymbol{a} \end{Bmatrix}. \tag{4.84}$$

n umfaßt die Gesamtheit der atomaren Quantenzahlen; $\varepsilon_n^{(0)}$ ist die Energie des entsprechenden Elektronenzustandes; $U(\boldsymbol{r} - \boldsymbol{a})$ ist das Potential des mit seinem Kern an der Stelle $\boldsymbol{a}$ lokalisierten freien Atoms.

(4.84) drückt gleichzeitig die Isolation der Atome und die Normierung aus.

Ist $\boldsymbol{a}$ nun ein beliebiger Vektor des Raumgitters gemäß (3.1), so beschreibt $\varphi_n(\boldsymbol{r}-\boldsymbol{a})$ ein Elektron eines isolierten Atoms, dessen Kern mit dem an der Stelle $\boldsymbol{a}$ befindlichen Gitterpunkt zusammenfällt. Da alle N Gitterpunkte des Kristalls äquivalent sind, ist der Zustand des Elektrons mit der Energie $\varepsilon_n^{(0)}$ (ohne Berücksichtigung des Spins) N-fach entartet. Gemäß der Störungstheorie für entartete Zustände muß die Wellenfunktion in nullter Näherung als Linearkombination aller entarteten Wellenfunktionen dargestellt werden:

$$\psi_{\boldsymbol{k},n}(\boldsymbol{r}) = \frac{1}{\mathsf{V}^{1/2}} \sum_{\boldsymbol{a}} c_j(\boldsymbol{k})\, \varphi_n(\boldsymbol{r}-\boldsymbol{a})\,. \tag{4.85}$$

$\frac{1}{\mathsf{V}^{1/2}}$ ist auch hier ein Normierungsfaktor; V: Kristallvolumen; $c_j(\boldsymbol{k})$ sind konstante Koeffizienten.

$\psi_{\boldsymbol{k},n}(\boldsymbol{r})$ muß als Lösung der Einelektronen-Schrödinger-Gleichung des Kristalls

$$\left[-\frac{\hbar^2}{2m}\nabla^2 + V_{\text{eff}}(\boldsymbol{r})\right]\psi_{\boldsymbol{k},n}(\boldsymbol{r}) = \varepsilon_n(\boldsymbol{k})\,\psi_{\boldsymbol{k},n}(\boldsymbol{r}) \tag{4.86}$$

eine Blochsche Wellenfunktion sein. Dazu genügt es,

$$c_j(\boldsymbol{k}) = \mathrm{e}^{i\boldsymbol{k}\cdot\boldsymbol{a}} \tag{4.87}$$

zu setzen. (4.85) läßt sich dann so schreiben:

$$\begin{aligned}\psi_{\boldsymbol{k},n}(\boldsymbol{r}) &= \frac{1}{\mathsf{V}^{1/2}} \sum_{\boldsymbol{a}} \mathrm{e}^{i\boldsymbol{k}\cdot\boldsymbol{a}}\, \varphi_n(\boldsymbol{r}-\boldsymbol{a}) \\ &= \mathrm{e}^{i\boldsymbol{k}\cdot\boldsymbol{r}} \frac{1}{\mathsf{V}^{1/2}} \sum_{\boldsymbol{a}} \mathrm{e}^{i\boldsymbol{k}\cdot(\boldsymbol{a}-\boldsymbol{r})}\, \varphi_n(\boldsymbol{r}-\boldsymbol{a}) \\ &= \mathrm{e}^{i\boldsymbol{k}\cdot\boldsymbol{r}}\, u_{\boldsymbol{k},n}(\boldsymbol{r})\,,\end{aligned} \tag{4.88}$$

wobei

$$u_{\boldsymbol{k},n}(\boldsymbol{r}) = \frac{1}{\mathsf{V}^{1/2}} \sum_{\boldsymbol{a}} \mathrm{e}^{i\boldsymbol{k}\cdot(\boldsymbol{a}-\boldsymbol{r})}\, \varphi_n(\boldsymbol{r}-\boldsymbol{a}) \tag{4.89}$$

eine gitterperiodische Funktion ist.

Den Ausdruck (4.88) nennt man *Bloch-Summe* (oder LCAO)[1]. Die Bloch-Summe besteht aus lokalisierten atomaren Wellenfunktionen, die jeweils mit einem Phasenfaktor $\mathrm{e}^{i\boldsymbol{k}\cdot\boldsymbol{a}}$ multipliziert sind.

[1]) LCAO kommt von „linear combination of atomic orbitals".
Enthält die durch die Basisvektoren $\boldsymbol{a}_1$, $\boldsymbol{a}_2$, $\boldsymbol{a}_3$ aufgespannte primitive Elementarzelle mehr als 1 Atom (liegt also ein Gitter mit Basis vor), so ist die Bloch-Summe in der Form

$$\psi_{\boldsymbol{k},n}(r) = \frac{1}{\mathsf{V}^{1/2}} \sum_{\boldsymbol{a}} \mathrm{e}^{i\boldsymbol{k}\cdot(\boldsymbol{a}+\boldsymbol{r}_j)} \varphi^n(\boldsymbol{r}-\boldsymbol{a}-\boldsymbol{r}_j) \qquad (j = 1, 2, \ldots, s)$$

zu schreiben, wobei sich die s Atome in der Elementarzelle an den Orten $\boldsymbol{a}+\boldsymbol{r}_j$ befinden. Wir wollen jedoch im weiteren nur den einfacheren Fall $j = 1$ (d. h. Bravais-Gitter) betrachten.

Man kann die Energiewerte $\varepsilon_n(\boldsymbol{k})$ berechnen, wenn man die aus (4.88) bekannten $\psi_{\boldsymbol{k},n}(\boldsymbol{r})$ in (4.86) einsetzt. In erster Näherung erhält man bekanntlich die Erwartungswerte[1])

$$\varepsilon_n(\boldsymbol{k}) = \frac{\int \psi^*_{\boldsymbol{k},n}(\boldsymbol{r}) \left[-\frac{\hbar^2}{2m} \nabla^2 + V_{\text{eff}}(\boldsymbol{r}) \right] \psi_{\boldsymbol{k},n}(\boldsymbol{r})\, \mathrm{d}\boldsymbol{r}}{\int \psi^*_{\boldsymbol{k},n}(\boldsymbol{r})\, \psi_{\boldsymbol{k},n}(\boldsymbol{r})\, \mathrm{d}\boldsymbol{r}}$$

$$= \frac{\sum\limits_{\boldsymbol{a}',\boldsymbol{a}} \mathrm{e}^{i\boldsymbol{k}\cdot(\boldsymbol{a}'-\boldsymbol{a})} \int \varphi^*_n(\boldsymbol{r}-\boldsymbol{a}) \left[-\frac{\hbar^2}{2m} \nabla^2 + V_{\text{eff}}(\boldsymbol{r}) \right] \varphi_n(\boldsymbol{r}-\boldsymbol{a}')\, \mathrm{d}\boldsymbol{r}}{\sum\limits_{\boldsymbol{a}',\boldsymbol{a}} \mathrm{e}^{i\boldsymbol{k}\cdot(\boldsymbol{a}'-\boldsymbol{a})} \int \varphi_n(\boldsymbol{r}-\boldsymbol{a})\, \varphi_n(\boldsymbol{r}-\boldsymbol{a}')\, \mathrm{d}\boldsymbol{r}}. \quad (4.90)$$

Das hier bzw. in (4.86) auftretende Potential $V_{\text{eff}}(\boldsymbol{r})$ ist das sich aus der Hartree-Fock-Näherung ergebende auf das Elektron wirkende periodische Potential, wobei $V_{\text{eff}}(\boldsymbol{r}) \neq \sum\limits_{\boldsymbol{a}} U(\boldsymbol{r}-\boldsymbol{a})$ ist.

Nimmt man im weiteren vereinfachend an, daß die atomaren Wellenfunktionen φ_n so schnell abnehmen, daß man ihre Überlappung sogar für benachbarte Gitterpunkte vernachlässigen kann, so wird mit (4.84) der Nenner von (4.90) Eins. Auch bei geringfügiger Überlappung der $\varphi_n(\boldsymbol{r}-\boldsymbol{a})$ wird die Ersetzung des Nenners von (4.90) durch Eins noch eine recht brauchbare Näherung sein. Die Näherung wird um so mehr berechtigt sein, je energetisch tiefer die Atomzustände liegen, da die räumliche Ausdehnung um so größer wird, je höher das Energieniveau der Zustände ist.

Berücksichtigt man in (4.90) außerdem

$$-\frac{\hbar^2}{2m} \nabla^2 \varphi_n(\boldsymbol{r}-\boldsymbol{a}') = \varepsilon_n^{(0)} \varphi_n(\boldsymbol{r}-\boldsymbol{a}) - U(\boldsymbol{r}-\boldsymbol{a}')\, \varphi_n(\boldsymbol{r}-\boldsymbol{a}')$$

gemäß (4.83), so erhält man

$$\varepsilon_n(\boldsymbol{k}) = \sum_{\boldsymbol{a}',\boldsymbol{a}} \mathrm{e}^{i\boldsymbol{k}\cdot(\boldsymbol{a}'-\boldsymbol{a})} \int \varphi_n(\boldsymbol{r}-\boldsymbol{a}) \left[\varepsilon_n^{(0)} - U(\boldsymbol{r}-\boldsymbol{a}') + V_{\text{eff}}(\boldsymbol{r})\right] \varphi_n(\boldsymbol{r}-\boldsymbol{a}')\, \mathrm{d}\boldsymbol{r}$$
$$= \varepsilon_n^{(0)} + \sum_{\boldsymbol{a}',\boldsymbol{a}} \mathrm{e}^{i\boldsymbol{k}\cdot(\boldsymbol{a}'-\boldsymbol{a})} \int \varphi_n(\boldsymbol{r}-\boldsymbol{a}) \left[V_{\text{eff}}(\boldsymbol{r}) - U(\boldsymbol{r}-\boldsymbol{a}')\right] \varphi_n(\boldsymbol{r}-\boldsymbol{a}')\, \mathrm{d}\boldsymbol{r}\,. \quad (4.91)$$

Verlegt man nun den Koordinatenursprung nach $\boldsymbol{a}'$,[2]) so läßt sich (4.91) in der Form schreiben:

$$\varepsilon_n(\boldsymbol{k}) = \varepsilon_n^{(0)} + \alpha_n + \sum_{\boldsymbol{a}\neq\boldsymbol{0}} \beta_n(\boldsymbol{a})\, \mathrm{e}^{-i\boldsymbol{k}\cdot\boldsymbol{a}} \quad (4.92)$$

mit

$$\alpha_n = \int \varphi_n^*(\boldsymbol{r}) \left[V_{\text{eff}}(\boldsymbol{r}) - U(\boldsymbol{r})\right] \varphi_n(\boldsymbol{r})\, \mathrm{d}\boldsymbol{r}$$

und

$$\beta_n(\boldsymbol{a}) = \int \varphi_n^*(\boldsymbol{r}-\boldsymbol{a}) \left[V_{\text{eff}}(\boldsymbol{r}) - U(\boldsymbol{r})\right] \varphi_n(\boldsymbol{r})\, \mathrm{d}\boldsymbol{r}\,. \quad (4.93)$$

Aus (4.92) ersieht man sofort, daß der ursprüngliche Zustand des freien Atoms mit der Energie $\varepsilon_n^{(0)}$ unter dem Einfluß der Wechselwirkung der Atome im Kristall in ein Energieband mit den Energien $\varepsilon_n(\boldsymbol{k})$ aufspaltet.

[1]) Man multipliziert dazu (4.86) von links mit $\psi^*_{\boldsymbol{k},n}(\boldsymbol{r})$ und integriert über das gesamte Kristallvolumen.

[2]) Das bedeutet, wir setzen $\boldsymbol{a}' = \boldsymbol{0}$. Wegen der Äquivalenz aller Gitterpunkte ist das immer möglich.

Unter der natürlichen Voraussetzung, daß die genannte Wechselwirkung zwischen den Atomen die Potentialbarrieren erniedrigt (siehe Abb. 4.12b), ist stets $V_{\text{eff}}(\boldsymbol{r}) - U(\boldsymbol{r}) < 0$.

Damit ist α_n gemäß (4.93) ebenfalls negativ und bewirkt eine für alle $\boldsymbol{k}$ gleichmäßige energetische Absenkung gegenüber dem entsprechenden Eigenwert $\varepsilon_n^{(0)}$ beim isolierten Atom.

Qualitativ können wir die im vorliegenden Abschnitt erhaltenen Ergebnisse folgendermaßen deuten: Abbildung 4.13 zeigt hierzu, was beim Zusammenführen isolierter Atome bis zur Bildung des Festkörpers geschieht. Zunächst werden die Energieniveaus $\varepsilon_n^{(0)}$ der isolierten Atome um $|\alpha_n|$ abgesenkt und spalten in Bänder auf (Summenterm). Innerhalb eines jeden Bandes hängt die Energie des Elektrons periodisch von $\boldsymbol{k}$ ab. Daß die Energieniveaus im Festkörper tiefer als im isolierten Atom liegen müssen, ist plausibel, denn nur dann kann ein energetisch stabiler Festkörper existieren. Unterschreitet jedoch der gegenseitige Abstand der Atome einen bestimmten Wert $r = a$, wobei a die Gitterkonstante ist, so überwiegt die gegenseitige Abstoßung, und die Energieniveaus werden wieder energetisch angehoben. Der minimalen Energie des Systems entspricht also der Gleichgewichtsabstand a.

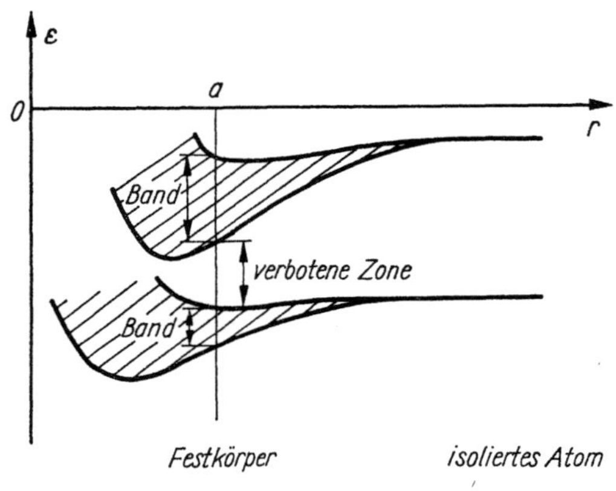

Abb. 4.13.
Entstehen von Bändern erlaubter Energieniveaus aus den Energieniveaus isolierter Atome beim Zusammenführen der Atome zum Gitter (Festkörper) r = Abstand zwischen zwei Atomen

Da jedes stationäre Energieniveau $\varepsilon_n^{(0)}$ des isolierten Atoms eine durch (4.92) gegebene Aufspaltung erfährt, erhält man für jedes n ($n = 0, 1, 2, \ldots$) ein Band erlaubter Energieniveaus $\varepsilon_n(\boldsymbol{k})$. Jeweils zwei dieser Bänder sind im allgemeinen durch eine verbotene Zone voneinander getrennt. Bei den oberen Bändern kann es jedoch zu Bandüberlappungen kommen, so daß hier dann die verbotene Zone völlig verschwindet. Die Breite der Energiebänder hängt von dem Summenterm in (4.92) und damit von der Überlappung der Wellenfunktionen benachbarter Atome ab.

Da die Überlappung der Wellenfunktionen mit zunehmendem n größer wird, werden auch die entsprechenden Bänder breiter. Ein typischer Wert für die Breite der energetisch tiefsten Bänder ist $\Delta\varepsilon_0 \approx 10^{-19}$ eV $= 1{,}6 \cdot 10^{-38}$ J; für die oberen Bänder kann er jedoch einige eV (also 10^{-19} J ... 10^{-18} J) betragen.[1])

[1]) Hier ist die Überlappung der Wellenfunktionen bereits so groß, daß die Näherung stark gebundener Elektronen eigentlich schon nicht mehr anwendbar ist.

Wenden wir uns noch einmal der Abbildung 4.12 zu. Auf den ersten Blick erscheint es so, als ob die gebundenen Elektronen streng am Atomrumpf lokalisiert sind. Wegen der Aufspaltung der atomaren Niveaus bei der Bildung des Festkörpers hat die Aufenthaltswahrscheinlichkeit für ein Elektron an einem Atomrumpf einen von 1 verschiedenen Wert. Infolge des quantenmechanischen Tunneleffekts können die Elektronen von einem Atomrumpf zu einem anderen übergehen. Mit Hilfe der Heisenbergschen Unbestimmtheitsrelation $\Delta\varepsilon\,\Delta\tau \gtrapprox \hbar$ kann man die Zeit $\Delta\tau$ abschätzen, in der ein Elektron im Mittel den Atomrumpf wechselt:

Mit $\Delta\varepsilon \approx 1$ eV (äußere Bänder) ergibt sich $\Delta\tau \approx 10^{-15}$ s, und mit $\Delta\varepsilon \approx 2 \cdot 10^{-19}$ eV (dieser Wert entspricht beispielsweise den K-Elektronen des Natriums) wird $\Delta\tau \approx 1$ h.

Das bedeutet aber, daß auch die Elektronen in den energetisch tiefsten Bändern mit einer gewissen (gleichen) Wahrscheinlichkeit zu allen Atomrümpfen gehören.

Damit wollen wir die Betrachtungen zur Näherung stark gebundener Elektronen abschließen.

Beide Näherungen, die der nahezu freien und die der stark gebundenen Elektronen, beschreiben zwei idealisierte, nicht das wirkliche Verhalten der Kristallelektronen widerspiegelnde Grenzfälle. Man kann daher von beiden Methoden nur qualitative Aussagen erwarten. Uns kommt es hier nur darauf an, das prinzipielle Vorgehen aufzuzeigen. Geeignete Verfahren zur Berechnung der realen Bandstruktur zu erarbeiten, ist Aufgabe der theoretischen Festkörperphysik. Wir wollen uns daher dieser Frage nicht eingehender widmen und auf die im Literaturverzeichnis angegebenen Lehr- und Fachbücher der theoretischen Physik verweisen.

Für viele praktische Zwecke hat sich die OPW-Methode[1]) als vorteilhaft erwiesen. Bei ihr unterscheidet man zwischen Rumpf- und Valenzzuständen. Alle atomaren Eigenfunktionen, die sich mit denen benachbarter Atome nicht bzw. nur geringfügig überlappen, gehören zum Rumpf. Nur diese Funktionen beläßt man in der Bloch-Summe; alle übrigen werden gestrichen. Die gestrichenen Atomfunktionen ersetzt man durch geeignete ebene Wellen.

Da für Kristalle aus Atomen, die nur teilweise gefüllte *d*- oder *f*-Schalen besitzen, die hier geforderte eindeutige Trennung in Rumpf- und Valenzzustände nicht möglich ist, kann man bei ihnen die OPW-Methode nicht erfolgreich anwenden.

Eine andere (allerdings mit mehr Rechenaufwand verbundene) Methode, die insbesondere aber auch dann anwendbar ist, wenn die OPW-Methode versagt, ist die APW-Methode[2]). Sie geht von einem sogenannten *muffin-tin-Potential* aus, das innerhalb von Kugeln um die Atomrümpfe kugelsymmetrisch und außerhalb dieser Kugeln konstant ist. Die Schrödinger-Gleichung kann in den Kugeln und in den Zwischengebieten exakt gelöst werden. Die für das Kugelinnere nach Kugelfunktionen und die für das Zwischengebiet nach ebenen Wellen entwickelten Lösungen werden an der Grenze so zusammengesetzt, daß Lösungsfunktionen für den gesamten Kristall entstehen.

Neben diesen beiden praktischen Methoden sind noch die Zellenmethoden und die Methode der Greenschen Funktionen zu nennen (s. z. B. [43], [45]).

[1]) OPW: **o**rthogonal **p**lane **w**ave.

[2]) APW: **a**ugmented **p**lane **w**ave.

4.3. Die Fermi-Fläche

Vor der Darlegung konkreter Ergebnisse realer Bandstrukturberechnungen in Abschnitt 4.4. wollen wir einerseits Überlegungen zu deren graphischer Veranschaulichung anstellen und andererseits nach Möglichkeiten suchen, auf einfachem Wege qualitative Voraussagen über die vermutliche Bandstruktur bestimmter Kristallgruppen zu treffen.

4.3.1. Allgemeine Bemerkungen zur Fermi-Fläche

In Abschnitt 4.2.2. hatten wir festgestellt, daß die Funktion $\varepsilon(\boldsymbol{k})$ im realen dreidimensionalen Fall nicht mehr graphisch zu veranschaulichen ist, daß aber die Isoenergieflächen

$$\varepsilon(\boldsymbol{k}) = \text{const} \tag{4.94}$$

im reziproken Raum darstellbar sind.

Wegen der geringen Ladungsträgerzahlen sind bei Halbleitern nur die Zustände nahe der Leitungsbandkante mit Elektronen und nahe der Valenzbandkante mit Löchern besetzt. Gemäß Abschnitt 4.2.2. gilt hier in guter Näherung $\varepsilon \sim \boldsymbol{k}^2$; die Energiebänder sind also parabolisch. Dementsprechend sind die Flächen konstanter Energie Ellipsoide (häufig sogar Rotationsellipsoide).

Bei Metallen, Halbmetallen und entarteten Halbleitern[1]) haben die Flächen konstanter Energie infolge der höheren Auffüllung des Leitungsbandes im allgemeinen eine kompliziertere Gestalt. Eine besonders charakteristische spezielle Isoenergiefläche ist hier die *Fermi-Fläche*. Sie ist als die Gesamtheit aller Punkte im reziproken Raum definiert, die der Bedingung

$$\varepsilon(\boldsymbol{k}) = \varepsilon_F \tag{4.95}$$

genügen. Dabei ist ε_F die Fermi-Energie, von der wir aus Kapitel 1 wissen, daß bei $T = 0$ K alle Energieniveaus mit $\varepsilon \leqq \varepsilon_F$ besetzt und alle mit $\varepsilon > \varepsilon_F$ unbesetzt sind. Dementsprechend trennt die Fermi-Fläche bei $T = 0$ K die im reziproken Raum besetzten Zustände von den unbesetzten.

Ergibt sich bei der Darstellung $\varepsilon(\boldsymbol{k}) = \varepsilon_F$ im periodischen Zonenschema eine geschlossene Fläche (Oberfläche einer Kugel, eines Ellipsoids, eines polyederförmigen Körpers oder ähnliches), so spricht man von einer *geschlossenen* Fermi-Fläche; anderenfalls von einer *offenen* (z. B. Mantelfläche eines längs seiner Achse unendlich langen Zylinders). Abbildung 4.14 zeigt eine geschlossene und eine offene Fermi-Fläche innerhalb der ersten Brillouin-Zone eines einfachen kubischen Gitters. Überdies gibt Abbildung 4.15 für den zweidimensionalen Fall einige Beispiele für geschlossene und offene Fermi-Flächen an.

Ein weiteres Merkmal zur Kennzeichnung der Fermi-Fläche innerhalb der Brillouin-Zone ist noch zu erwähnen. Je nachdem, ob die Fermi-Fläche besetzte oder unbesetzte Zustände innerhalb der Brillouin-Zone einschließt, bezeichnet man sie als *Elektronen-* oder *Löcher-Fermi-Fläche*.

[1]) Das sind Halbleiter, bei denen die Ladungsträgerkonzentration so hoch ist, daß bereits die Fermi-Statistik angewandt werden muß (vgl. auch Abschnitt 1.3.2.).

In Abbildung 4.16 sind die (mit Elektronen) besetzten Zustände schraffiert eingezeichnet. Demzufolge zeigt Abbildung 4.16a Elektronen-Fermi-Flächen, während in Abbildung 4.16b Löcher-Fermi-Flächen dargestellt sind.

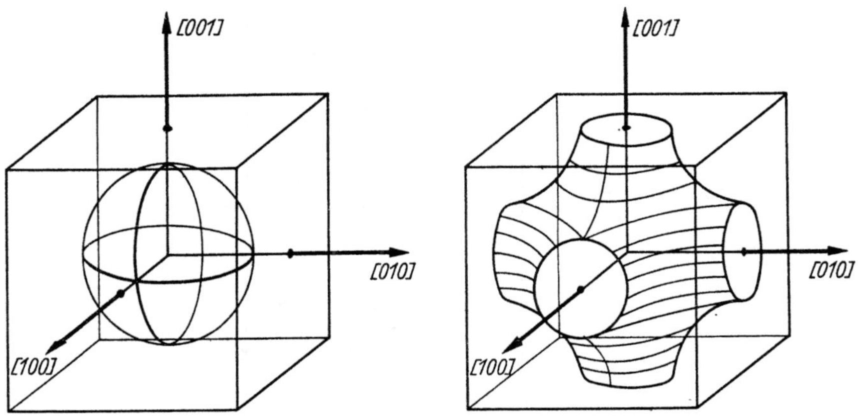

a) *geschlossene Fermi-Fläche* b) *offene Fermi-Fläche*

Abb. 4.14.

Fermi-Flächen innerhalb der ersten Brillouin-Zone eines einfachen kubischen Gitters

Aus den Bandstrukturberechnungen der Abschnitte 4.2.2. und 4.2.3. können wir noch zwei wichtige Eigenschaften der Fermi-Fläche herleiten.
Erstens ergibt sich die Beziehung[1])

$$\varepsilon(-\boldsymbol{k}) = \varepsilon(\boldsymbol{k}) . \tag{4.96}$$

Daher haben alle Flächen konstanter Energie und damit auch die Fermi-Fläche unabhängig von der speziellen Kristallstruktur ein Symmetriezentrum bei $\boldsymbol{k} = \boldsymbol{0}$, also im Γ-Punkt der Brillouin-Zone.

Zweitens hat die Funktion $\varepsilon(\boldsymbol{k})$ an den Begrenzungsflächen der Brillouin-Zonen Extrema (siehe auch Abb. 4.10b). Das bedeutet, daß in der zur Brillouinschen Ebene senkrechten Richtung im $\boldsymbol{k}$-Raum an der Zonengrenze $\left.\frac{\partial \varepsilon(\boldsymbol{k})}{\partial \boldsymbol{k}}\right|_{\text{Zonengrenze}} = 0$ sein muß. Das ist aber nur dann erfüllt, wenn die Flächen konstanter Energie (die nicht mehr innerhalb der Brillouin-Zone geschlossen sind) die Brillouinschen Ebenen senkrecht schneiden. Daraus resultiert der wichtige Satz: Eine offene Fermi-Fläche schneidet die Begrenzungsflächen der Brillouin-Zone senkrecht.

Wir beschäftigen uns mit der Fermi-Fläche so ausführlich, weil durch sie eine Veranschaulichung des Energiespektrums der Metalle möglich ist. Sie spiegelt die volle

[1]) Diese Beziehung ist ganz allgemein eine Folge der Invarianz des Hamilton-Operators gegenüber der Zeitumkehr. (S. hierzu beispielsweise L. D. LANDAU, E. M. LIFSCHITZ [27].)

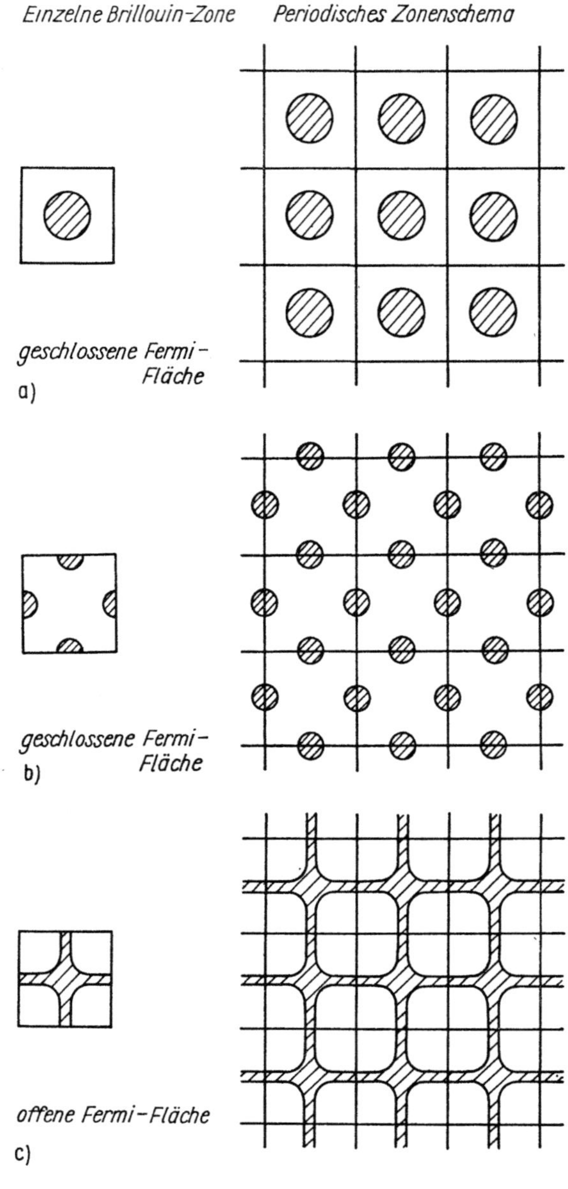

Abb. 4.15. Zur Erläuterung von geschlossenen und offenen Fermi-Flächen (Zweidimensionale Darstellung)

Anisotropie des Kristalls wider; ihre Topologie bestimmt wesentlich die elektronischen Eigenschaften des betreffenden kristallinen Festkörpers. Deshalb ist die theoretische und experimentelle Untersuchung der Fermi-Flächen eine der wichtigsten Aufgaben der Metallphysik. Theoretisch folgt die Fermi-Fläche aus den Bandstrukturberechnungen; experimentell lassen sich u. a. mit Hilfe von De-Haas-van- Alphen-Messungen sowie Messungen des Magnetowiderstandes, der Zyklotronresonanz und der Ultraschallabsorption einige geometrische Größen der Fermi-Fläche wie Extremalquerschnitte, aber auch Durchmesser und Öffnungswinkel von „Hälsen" bestimmen. (Genaueres hierzu siehe Kapitel 7 und 9.)

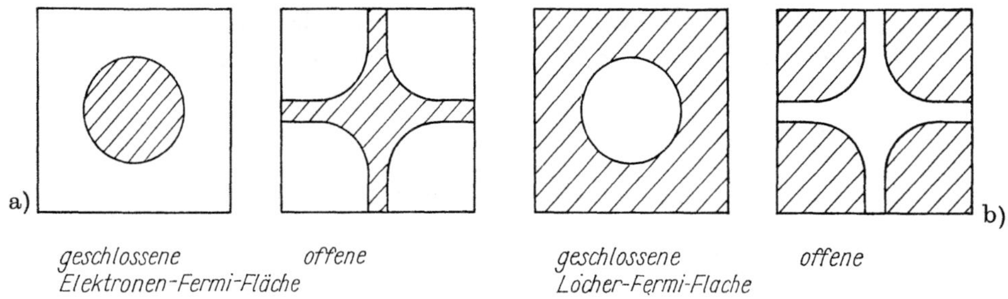

Abb. 4.16.
Unterscheidung der Fermi-Flächen
(Die mit Elektronen besetzten Zustände sind schraffiert gekennzeichnet)

4.3.2. Harrison-Methode zur Konstruktion der Fermi-Fläche

Betrachten wir freie Elektronen $\left(V_{\text{eff}}(\boldsymbol{r}) = 0\right)$, so ist bekanntlich $\varepsilon(\boldsymbol{k}) = \dfrac{\hbar^2 \boldsymbol{k}^2}{2m_0}$. Mit $\varepsilon(\boldsymbol{k}) = \varepsilon_{\text{F}}$ folgt hieraus

$$\boldsymbol{k}_{\text{F}}^2 = \frac{2m_0\varepsilon_{\text{F}}}{\hbar^2}. \tag{4.97}$$

Erwartungsgemäß befinden sich alle besetzten Zustände im Inneren einer Kugel (Fermi-Kugel) mit dem Radius (Fermi-Radius)

$$k_{\text{F}} = \frac{1}{\hbar}(2m_0\varepsilon_{\text{F}})^{1/2} \tag{4.98}$$

und dem Volumen

$$\Phi_{\text{F}} = \frac{4\pi}{3}k_{\text{F}}^3 = \frac{4\pi}{3\hbar^3}(2m_0\varepsilon_{\text{F}})^{3/2}. \tag{4.99}$$

In Abhängigkeit von der Größe des gitterperiodischen Potentials, in dem sich die Elektronen im realen Kristall bewegen, treten mehr oder weniger große Abweichungen von der Kugelgestalt der Fermi-Fläche auf. Harrison hat jedoch bereits 1960 gezeigt, daß man selbst bei mehrwertigen Metallen eine recht gute Approximation der realen Fermi-Flächen erhält, wenn man von freien Elektronen ausgeht. Wir wollen daher jetzt die *Harrison-Methode* zur Konstruktion einer genäherten Fermi-Fläche ausführlicher darstellen.

Es möge ein aus N primitiven Elementarzellen bestehender Kristall vorliegen. In jeder dieser Elementarzellen seien Z Valenzelektronen vorhanden, die als freie Elektronen betrachtet werden sollen.

Im gesamten Kristallvolumen $\mathsf{V} = N\Omega_0$ (Ω_0: Volumen einer primitiven Elementarzelle des Raumgitters) sind demzufolge ZN Valenzelektronen enthalten. Gemäß Abschnitt 4.1.4. existieren in jeder Brillouin-Zone gerade so viele doppelt besetzbare Zustände[1]) wie primitive Elementarzellen im Kristall, so daß in einer Brillouin-Zone $2N$ der ZN Valenzelektronen untergebracht werden können.

[1]) Jeder Zustand kann mit zwei Elektronen unterschiedlichen Spins besetzt werden (Kapitel 1).

Ist Φ_0 das Volumen der Brillouin-Zone, so beträgt das Volumen Φ_F der durch alle ZN Valenzelektronen besetzten Zustände im reziproken Raum

$$\Phi_F = \frac{Z}{2} \Phi_0 . \tag{4.100}$$

Mit (4.99) erhält man hieraus den Radius der Fermi-Kugel für den vorgegebenen Kristall zu

$$k_F = \left(\frac{3Z}{8\pi} \Phi_0\right)^{1/3} \tag{4.101}$$

bzw. mit $\Phi_0 = \frac{(2\pi)^3}{\Omega_0}$ gemäß (3.28) zu

$$k_F = 2\pi \left(\frac{3Z}{8\pi\Omega_0}\right)^{1/3} . \tag{4.102}$$

k_F ist folglich eindeutig durch die Zahl der in der primitiven Elementarzelle vorhandenen Valenzelektronen sowie durch das Volumen dieser Zelle und damit durch den Kristalltyp und die Gitterparameter bestimmt.

Der Übersichtlichkeit halber wollen wir die weiteren Erläuterungen anhand eines zweidimensionalen „Kristalls" geben. In diesem Fall geht die Fermi-Kugel in einen Kreis über, so daß die Gleichungen (4.99) und (4.101) die Formen

$$\Phi_F = \pi k_F^2 \tag{4.103}$$

und

$$k_F = \left(\frac{Z}{2\pi} \Phi_0\right)^{1/2} \tag{4.104}$$

annehmen.

Für ein einfaches quadratisches $\left(\text{Gitter (Gitterkonstante } a;\ \Omega_0 = a^2;\ \Phi_0 = \left(\frac{2\pi}{a}\right)^2\right)$ folgt aus (4.104)

$$k_F = \frac{\sqrt{2\pi Z}}{a} . \tag{4.105}$$

Abbildung 4.17 zeigt die ersten beiden Brillouin-Zonen dieses speziellen Gitters sowie die „Fermi-Kugeln" für „Kristalle", die 1, 2, 3 bzw. 4 Valenzelektronen pro Elementarzelle enthalten. Man erkennt, daß nur bei $Z = 1$ alle besetzten Zustände innerhalb der ersten Brillouin-Zone liegen. Für $Z = 2$ und $Z = 3$ sind aus energetischen Gründen bereits Zustände der zweiten Brillouin-Zone besetzt, obwohl in der ersten noch freie Zustände vorhanden sind. Erst ab $Z = 4$ sind alle Zustände der ersten Brillouin-Zone besetzt.

Entsprechend erwartet man für dieses einfache Gitter, daß nur bei einwertigen Elementen eine kreisförmige „Fermi-Fläche" innerhalb der ersten Brillouin-Zone vorhanden ist. In allen anderen Fällen ergeben sich kompliziertere Gebilde; die Fermi-Fläche besteht dann aus mehreren Fermi-Flächenteilen in verschiedenen Brillouin-Zonen.

Nach Harrison kann man die Form der Fermi-Flächenteile in den einzelnen Brillouin-Zonen für freie Elektronen erhalten, indem man, wie in Abbildung 4.18a für $Z = 4$ dargestellt, im periodischen Zonenschema um jeden Gitterpunkt einen Kreis mit dem entsprechenden Fermi-Radius k_F (hier $k_F(Z = 4)$) zeichnet. Alle Gebiete im

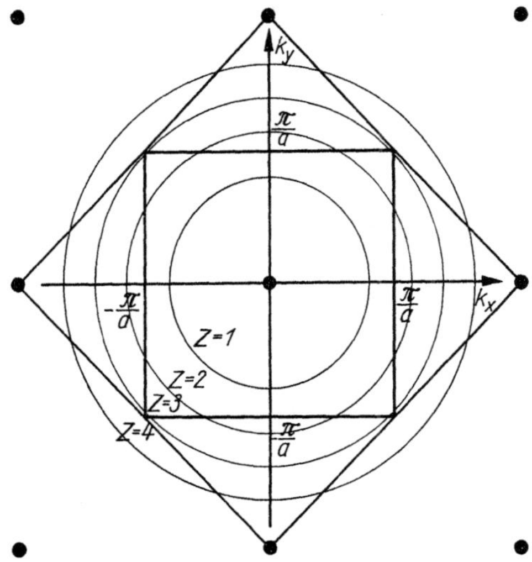

Abb. 4.17.
Die ersten beiden Brillouin-Zonen eines einfachen quadratischen Gitters und „Fermi-Kugeln" für „Kristalle" mit unterschiedlicher Anzahl Z von Valenzelektronen pro Elementarzelle

$$k_F(Z = 1) \approx \frac{2,5}{a},$$

$$k_F(Z = 2) \approx \frac{3,54}{a},$$

$$k_F(Z = 3) \approx \frac{4,34}{a},$$

$$k_F(Z=4) \approx \frac{5,1}{a}$$

reziproken Raum, die innerhalb zumindest eines einzigen Kreises liegen, enthalten die besetzten Zustände der ersten Brillouin-Zone. Die Gebiete, die zu mindestens zwei Kreisflächen gehören, entsprechen den besetzten Zuständen in der zweiten Brillouin-Zone usw. Anders ausgedrückt:

> Die Menge der in der n-ten Brillouin-Zone besetzten Zustände ist die Durchschnittsmenge, die sich aus den Punktmengen von n Kreisen ergibt.

Abbildung 4.18b zeigt die von einem Kreis, von zwei Kreisen, von drei Kreisen usw. überdeckten Gebiete der Brillouin-Zone, die somit die besetzten Zustände der ersten, zweiten, dritten usw. Brillouin-Zone angeben. Wir erhalten im vorliegenden Fall bereits eine aus mehreren Teilen bestehende Fermi-Fläche.

Im realen dreidimensionalen Fall geht man genauso wie hier beschrieben vor, nur legt man dann Kugeln mit dem Radius k_F gemäß (4.101) bzw. (4.102) um die Gitterpunkte. Je nach k_F durchdringen sich diese Kugeln mehr oder weniger im reziproken Raum. Die Menge der in der n-ten Brillouin-Zone besetzten Zustände ist hier dann die Durchschnittsmenge, die sich aus den Punktmengen von n Kugeln ergibt.

Abbildung 4.19 zeigt die nach Harrison konstruierten Fermi-Flächen für kubisch-raumzentrierte und kubisch-flächenzentrierte Kristalle mit jeweils unterschiedlicher Anzahl von Valenzelektronen in der Elementarzelle.

Interessant ist die Frage, wie sich die nach Harrison für freie Elektronen $\left(V_{\text{eff}}(\boldsymbol{r})=0\right)$ konstruierten Fermi-Flächen im Falle nahezu freier Elektronen (schwaches effektives Potential) verändern. Quantitativ kann man natürlich keine Aussagen treffen, da die Änderungen von der speziellen Form und der Größe des effektiven Potentials abhängen. Qualitativ ist zu sagen, daß infolge der Wirkung des effektiven Potentials scharfe Ecken abgerundet werden und daß die Fermi-Fläche die Begrenzungsflächen der jeweiligen Brillouin-Zone gemäß Abschnitt 4.3.1. senkrecht schneidet. Es ergibt sich im Zweidimensionalen so etwa das in Abbildung 4.18c dargestellte Bild. Ungeändert bleibt das von allen Fermi-Flächenteilen eingeschlossene Volumen, denn es hängt nur von der Elektronenkonzentration ab.

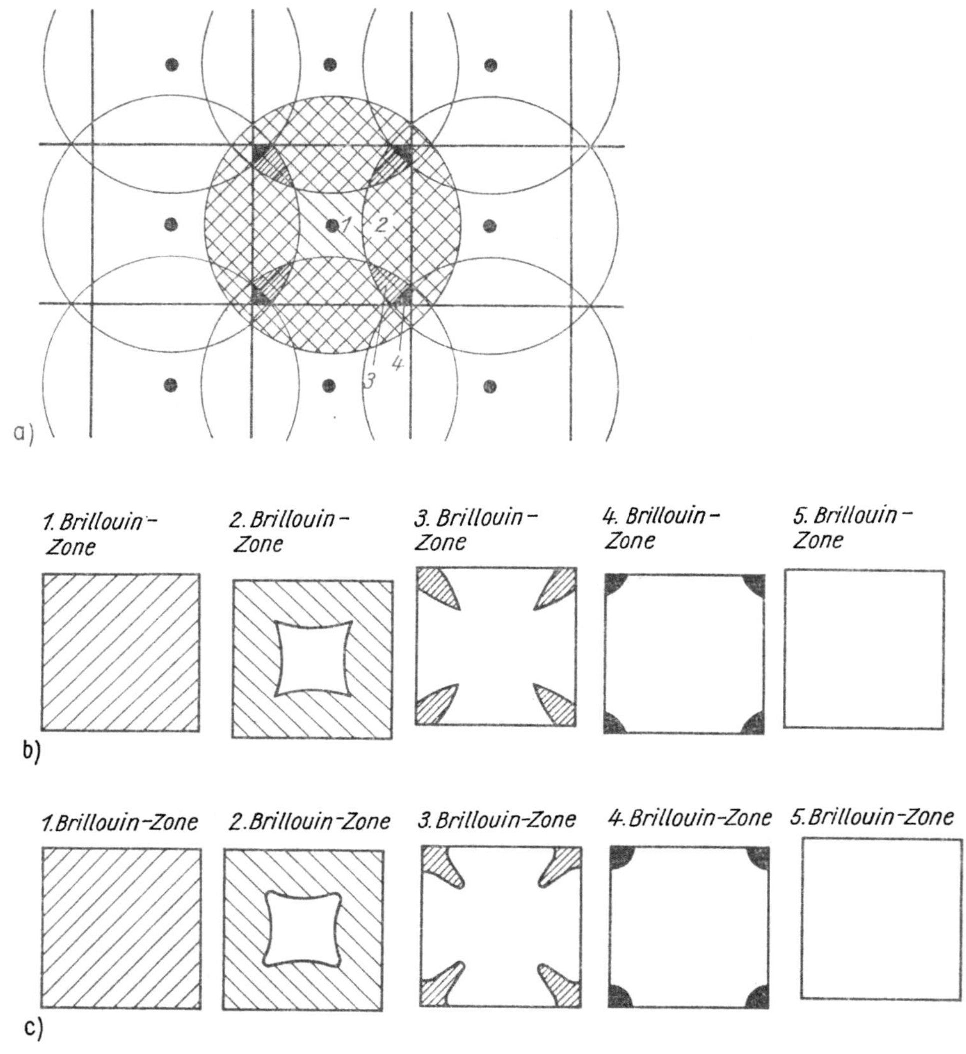

Abb. 4.18.
Harrison-Methode zur Konstruktion der Fermi-Fläche (am Beispiel eines einfachen quadratischen Gitters)

a) Kreise mit dem Fermi-Radius $k_F(Z = 4)$ um die Gitterpunkte (Periodisches Zonenschema),
b) Form der Fermi-Flächenteile in den einzelnen Brillouin-Zonen, Näherung freier Elektronen (Die besetzten Zustände sind schraffiert),
c) Form der Fermi-Flächenteile in den einzelnen Brillouin-Zonen, Näherung nahezu freier Elektronen (Die besetzten Zustände sind schraffiert)

Abb. 4.19. (Abbildung siehe nächste Seite)
Fermi-Flächen a) kubisch-flächenzentrierter und b) kubisch-raumzentrierter Kristalle nach W. A. Harrison [18]
(Z: Anzahl der Valenzelektronen in der primitiven Elementarzelle)

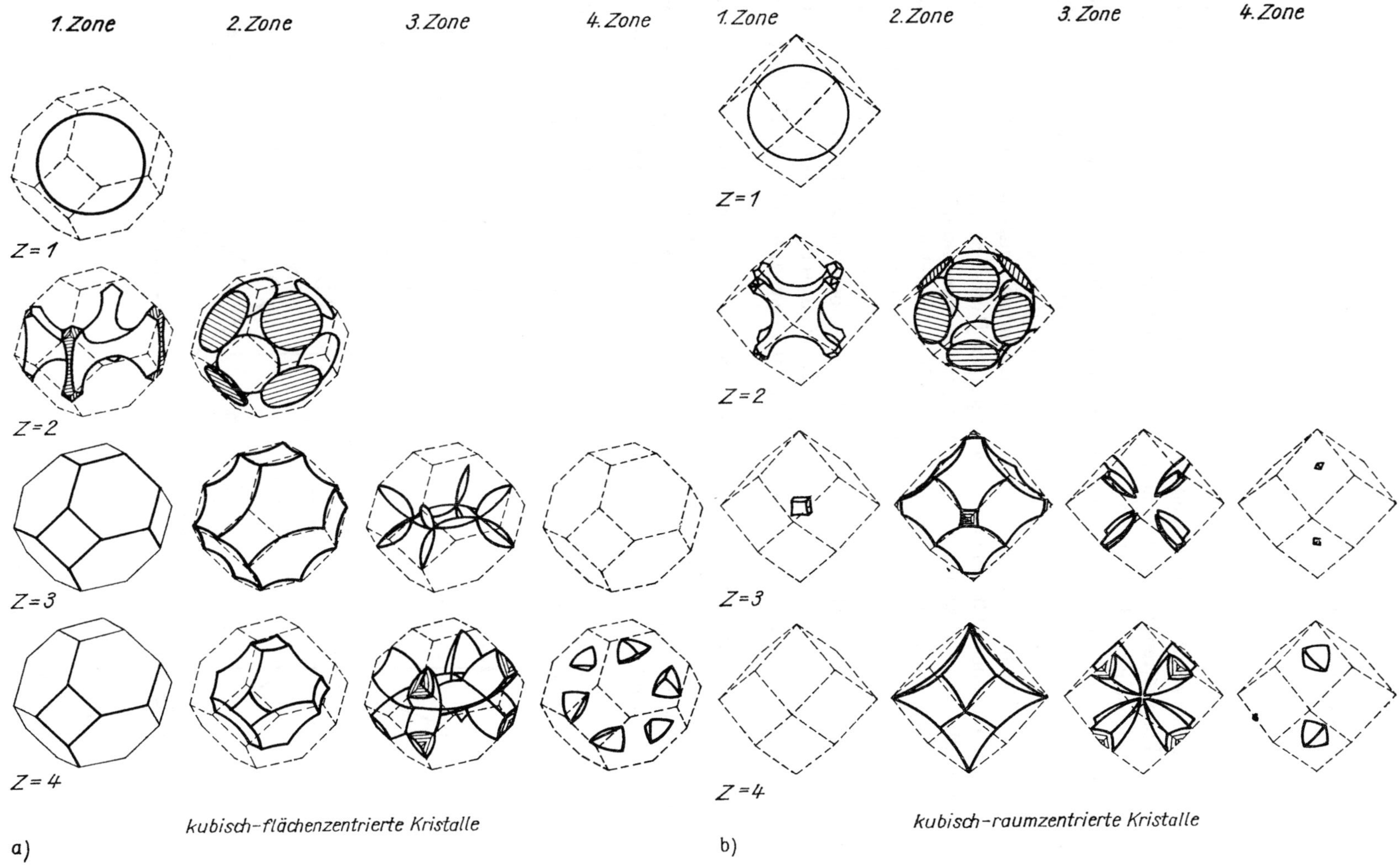
1. Zone
2. Zone
3. Zone
4. Zone
Z = 1
Z = 2
Z = 3
Z = 4
kubisch-flächenzentrierte Kristalle
a)
1. Zone
2. Zone
3. Zone
4. Zone
Z = 1
Z = 2
Z = 3
Z = 4
kubisch-raumzentrierte Kristalle
b)

4.4. Ergebnisse realer Bandstrukturberechnungen

4.4.1. Überblick über Festkörpertypen

In Abschnitt 4.2. haben wir festgestellt, daß die Energiespektren von Festkörpern eine Bänderstruktur besitzen. Zwei Bänder erlaubter Energiewerte sind jeweils durch eine verbotene Zone getrennt. In der Nähe der Bandkanten hängt die Energie der Ladungsträger parabolisch vom $\boldsymbol{k}$-Vektor ab.

Außerdem wissen wir, daß die Anzahl der möglichen $\boldsymbol{k}$-Vektoren in einer Brillouin-Zone gleich der Zahl N der primitiven Elementarzellen ist, die der Kristall enthält. In jedem Band stehen N Energieniveaus zur Verfügung, die jeweils mit zwei Elektronen unterschiedlichen Spins besetzt werden können. Insgesamt kann also jedes Band ZN Elektronen aufnehmen, wobei wegen des Pauli-Prinzips niemals zwei Elektronen in allen Quantenzahlen k_x, k_y, k_z, m_s übereinstimmen dürfen.

Verteilt man nun die Elektronen auf die einzelnen besetzbaren Zustände, so kann es geschehen, daß ein erlaubtes Band nur teilweise gefüllt ist. Unter dem Einfluß der Temperatur bzw. äußerer Felder (elektrische, magnetische, ...) können dann die Elektronen unter geringem Energieaufwand auf höhere unbesetzte Zustände im Band angeregt werden, was (wie wir in Abschnitt 6.3.2. sehen werden) einen Stromfluß zur Folge hat. Festkörper, die ein derartiges Verhalten zeigen, nennt man *Metalle* (siehe Abb. 4.20a).

Sind dagegen (wie in Abb. 4.20b dargestellt) alle Bänder unterhalb einer verbotenen Zone vollständig gefüllt, alle darüber liegenden leer, so ist erst dann ein Stromfluß möglich, wenn den Elektronen im besetzten Band eine so hohe Energie zugeführt wird, daß sie über die verbotene Zone hinweg ins leere (Leitungs-)Band angehoben werden.

Ist die verbotene Zone zwischen dem besetzten Valenzband und dem leeren Leitungsband sehr groß ($\Delta\varepsilon \equiv \varepsilon g > 10$ eV $\approx 1{,}6 \cdot 10^{-18}$ J), so spricht man von einem

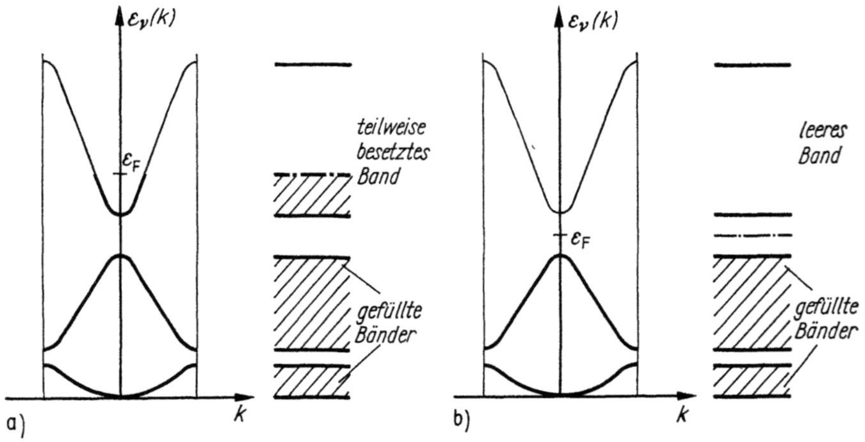

Abb. 4.20.
Bändermodell
a) eines Metalls
b) eines Isolators (Halbleiters)

Isolator, bei geringerer verbotener Zone von einem *Halbleiter*. Für Halbleiter ist ihre zunehmende elektrische Leitfähigkeit mit steigender Temperatur charakteristisch, denn je größer die thermische Energie ist, um so mehr Elektronen können ins Leitungsband angeregt werden.

Gemäß dem bisher Dargelegten müßte man sehr einfach die voraussichtlichen Leitfähigkeitseigenschaften eines Festkörpers aus der Anzahl der Elektronen abschätzen können, die in einer primitiven Elementarzelle enthalten sind. Trivialerweise würde man annehmen, daß alle diejenigen Festkörper mit einer geradzahligen Elektronenzahl pro Elementarzelle Isolatoren bzw. Halbleiter und die mit einer ungeradzahligen Elektronenzahl in der Elementarzelle Metalle sein müßten. Diese Annahme wäre nur dann richtig, wenn es keine Bandüberlappungen[1]) gäbe.

Um den wirklich vorliegenden physikalischen Sachverhalt richtig zu verstehen, wollen wir uns ab jetzt eingehender mit den *Leitungsbändern* beschäftigen; das sind die Bänder, die von den locker gebundenen quasifreien äußeren Elektronen der Atome gefüllt bzw. im allgemeinen nur teilweise gefüllt werden. Die fester gebundenen Elektronen auf den inneren Schalen erfüllen die tieferen Bänder vollständig und tragen somit nicht zur elektrischen Leitfähigkeit bei. Zur Anregung dieser Elektronen in eines der Leitungsbänder wäre erhebliche Energie (mehrere eV) erforderlich.

Im weiteren werden wir nur die Leitungsbänder abzählen und charakterisieren, denn ihre Struktur ist entscheidend für die metallischen, halbleitenden oder isolierenden Eigenschaften des Festkörpers. Für dieses Vorgehen genügt es, die Anzahl der quasifreien Elektronen (Valenzelektronen) pro Elementarzelle zu betrachten.

In den nächsten beiden Abschnitten werden wir die reale Bandstruktur für die wichtigsten Festkörpergruppen angeben. Dabei wollen wir auch kurz auf die entsprechenden Bindungstypen eingehen. Hinsichtlich des Bindungstyps unterscheiden wir *Metalle*, *Valenzkristalle* (homöopolare Kristalle), *Ionenkristalle* (polare Kristalle) und *Molekülkristalle* (Van-der-Waals-Kristalle).

4.4.2. Fermi-Flächen einiger Metalle

Zunächst wollen wir die wichtigsten Metalle bzw. Metallgruppen betrachten. Übe- die metallische Bindung, bei der die Gesamtheit positiv geladener Ionen von einem dem Kristall als Ganzem angehörenden Gas quasifreier Elektronen umgeben ist, brauchen wir an dieser Stelle nichts auszuführen, da sie bereits ausführlich behandelt worden ist.

Beginnen wir mit den Elementen der I. Gruppe des Periodensystems. Zu ihr gehören die *Alkalimetalle* Lithium (Li), Natrium (Na), Kalium (K), Rubidium (Rb), Caesium (Cs) und die *Edelmetalle* Kupfer (Cu), Silber (Ag), Gold (Au). Sie alle sind dadurch gekennzeichnet, daß sie ein einziges Valenzelektron besitzen. Damit enthalten die jeweiligen Kristalle aus diesen Elementen nur ein quasifreies Elektron in der primitiven Elementarzelle. Aus den Ausführungen des vorangegangenen Abschnittes folgt, daß die Kristalle dieser Elemente Metalle sein müssen, denn wegen des einen Elektrons in der primitiven Elementarzelle wird das Leitungsband nur halb gefüllt.

[1]) Genaueres hierzu s. Abschnitt 4.4.2.

Betrachten wir zunächst die *Alkalimetalle*. Infolge ihres kubisch-raumzentrierten Gitters ist die erste Brillouin-Zone ein Rhombendodekaeder (vgl. Abschnitt 3.6.3.). Da gerade die Hälfte der möglichen Zustände durch Elektronen besetzt ist, beträgt das von den besetzten Zuständen eingenommene Volumen unter Berücksichtigung von (3.28)

$$\left.\begin{aligned} &\Phi_F = \frac{1}{2}\frac{(2\pi)^3}{\Omega_0^{(r)}} = \frac{1}{2}\frac{(2\pi)^3}{a^3/2} = \left(\frac{2\pi}{a}\right)^3 \\ &(a\text{: Gitterkonstante}). \end{aligned}\right\} \quad . \tag{4.106}$$

Unter der Voraussetzung isotroper quadratischer Dispersion[1]) erfüllen die besetzten Zustände innerhalb der ersten Brillouin-Zone eine Kugel (Fermi-Kugel), deren Radius k_F sich mit (4.106) aus

$$\frac{4\pi}{3} k_F^3 = \left(\frac{2\pi}{a}\right)^3$$

zu

$$k_F = \sqrt[3]{\frac{6}{\pi}}\,\frac{\pi}{a} \approx 1{,}242\,\frac{\pi}{a} \tag{4.107}$$

berechnen läßt. Der minimale Abstand der Begrenzungsflächen der Brillouin-Zone vom Zentrum (Γ) ergibt sich aus (3.63)[2]) zu $\sqrt{2}\,\frac{\pi}{a} \approx 1{,}414\,\frac{\pi}{a}$. Damit beträgt k_F fast 88% dieses Abstandes.

Man erwartet nun bei den Alkalimetallen auch noch bei geringer Abweichung von der isotropen quadratischen Dispersionsbeziehung (solange $V_{\text{eff}}(\boldsymbol{r})$ klein ist) eine geschlossene Fermi-Fläche (nahezu eine Kugel) innerhalb der ersten Brillouin-Zone. Dies wird auch experimentell bestätigt. Nach SHOENBERG [113] betragen die größten Abweichungen $\frac{k - k_F}{k_F}$ von der Kugelform für

Na: −0,078% in den ⟨100⟩-Richtungen und +0,093% in den ⟨110⟩-Richtungen,
K: −0,105% in den ⟨111⟩-Richtungen und +0,145% in den ⟨100⟩-Richtungen,
Rb: −0,46% in den ⟨111⟩-Richtungen und +0,95% in den ⟨110⟩-Richtungen,
Cs: −1,43% in den ⟨111⟩-Richtungen und +3,31% in den ⟨110⟩-Richtungen

und sind somit mit Ausnahme von Caesium durchweg kleiner als 1%.

Abbildung 4.21 soll diesen Sachverhalt am Beispiel des Caesiums erläutern. Hier ist ein Zentralschnitt (also durch den Punkt Γ gehend) parallel zur $(1\bar{1}0)$-Ebene durch die Brillouin-Zone angegeben. Die schraffierte Fläche gibt die besetzten Zustände an. Die Abweichungen von der Fermi-Kugel sind übertrieben groß gezeichnet.

Wir wollen jetzt für die *Edelmetalle* Kupfer, Silber und Gold ähnliche Überlegungen anstellen wie für die Alkalimetalle. Wegen der kubisch-flächenzentrierten Struktur dieser Edelmetalle ist die erste Brillouin-Zone ein gekapptes Oktaeder (vgl. Abschnitt 3.6.4.). Die dem Zentrum nächsten Begrenzungsflächen der Brillouin-Zone (die Sechseckflächen) befinden sich unter Berücksichtigung von (3.68) im Abstand von

[1]) Entspricht der Näherung freier Elektronen!

[2]) Aufgrund der Definition der Brillouin-Zone liegt die Begrenzungsfläche genau in der Mitte zwischen zwei nächsten Nachbarn.

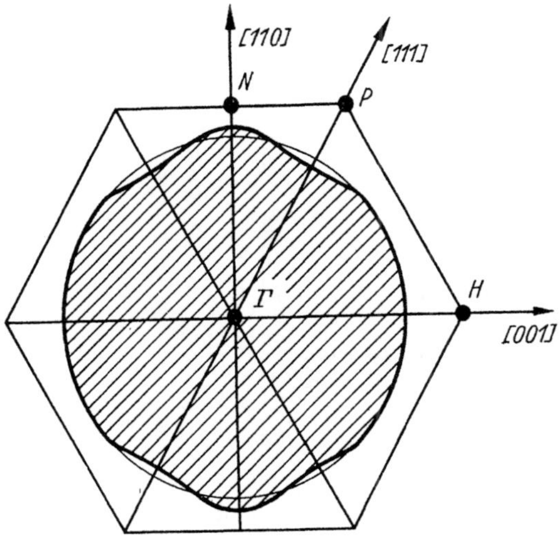

Abb. 4.21.
Zentralschnitt durch die erste Brillouin-Zone des kubisch-raumzentrierten Gitters parallel zur (1$\bar{1}$0)-Ebene zur Demonstration der Abweichung der Fermi-Fläche von der Kugelform am Beispiel des Alkalimetalls Caesium
(Nicht maßstabsgerecht; die Abweichungen sind übertrieben groß dargestellt)

$\sqrt{3}\,\frac{\pi}{a} \approx 1{,}73\frac{\pi}{a}$ Unter der Voraussetzung isotroper quadratischer Dispersion (Näherung freier Elektronen) läßt sich der Radius k_F der Fermi-Kugel analog den Ausführungen für die Alkalimetalle zu

$$k_F = \sqrt[3]{\frac{12}{\pi}}\,\frac{\pi}{a} \approx 1{,}56\,\frac{\pi}{a} \tag{4.108}$$

berechnen, wobei auch hier wieder die Tatsache benutzt wurde, daß die besetzten Zustände gerade die Hälfte des Volumens der ersten Brillouin-Zone einnehmen. In diesem Falle beträgt k_F mehr als 90% des minimalen Abstandes einer Begrenzungsfläche der Brillouin-Zone vom Zentrum Γ.

Bei den Edelmetallen kommt noch hinzu, daß infolge ihres komplizierten Ionenaufbaus das effektive Potential $V_{\text{eff}}(\boldsymbol{r})$ bedeutend größer ist als bei den Alkalimetallen. Infolgedessen ist bei ihnen auch die Abweichung von der isotropen quadratischen Dispersion größer. Experimentell wurde festgestellt,[1]) daß innerhalb der Brillouin-Zone keine geschlossene Fermi-Fläche mehr existiert, sondern daß sich die Fermi-Fläche entlang der $\langle 111\rangle$-Richtungen „ausbeult", sich in der Nähe der Mittelpunkte der Sechseckflächen (L-Punkte) öffnet und dort die Begrenzungsflächen der Brillouin-Zone berührt. Abbildung 4.22 zeigt die erste Brillouin-Zone mit der darin enthaltenen Fermi-Fläche von Kupfer. Die Topologie der Fermi-Fläche hat sich gegenüber der der Alkalimetalle grundlegend geändert; aus einer geschlossenen Fläche ist eine offene geworden. Zur Veranschaulichung zeigt Abbildung 4.23a einen parallel zur (1$\bar{1}$0)-Ebene gelegten Zentralschnitt durch die erste Brillouin-Zone. In Abbildung 4.23b ist derselbe Sachverhalt im periodischen Zonenschema dargestellt. Abbildung 4.24 illustriert anhand des ausgedehnten Zonenschemas die Besetzung der Zustände im reziproken Raum entlang der beiden Symmetrierichtungen $\langle 111\rangle$ und $\langle 100\rangle$. Die dick gezeichnete Kurve gibt die besetzten, die dünn gezeichnete die unbesetzten Zustände an.

Die Fermi-Fläche der Edelmetalle besteht, betrachtet man sie im periodischen Zonenschema, aus einem System von Kugeln, durch „Hälse" verbunden, die die

[1]) Zuerst von A. B. Pippard [105] und D. Shoenberg [113].

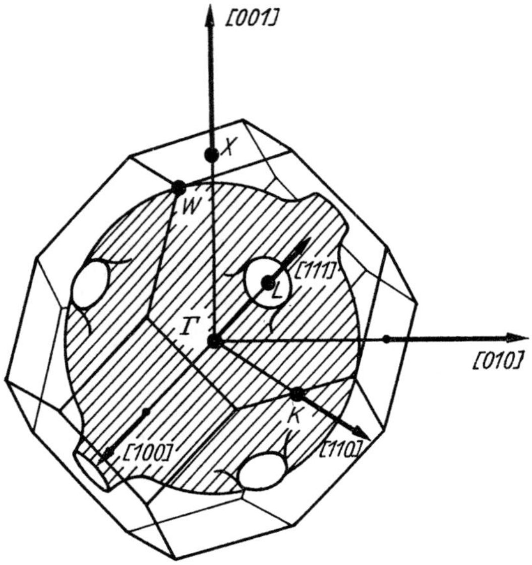

Abb. 4.22.
Fermi-Fläche von Kupfer (in der ersten Brillouin-Zone)

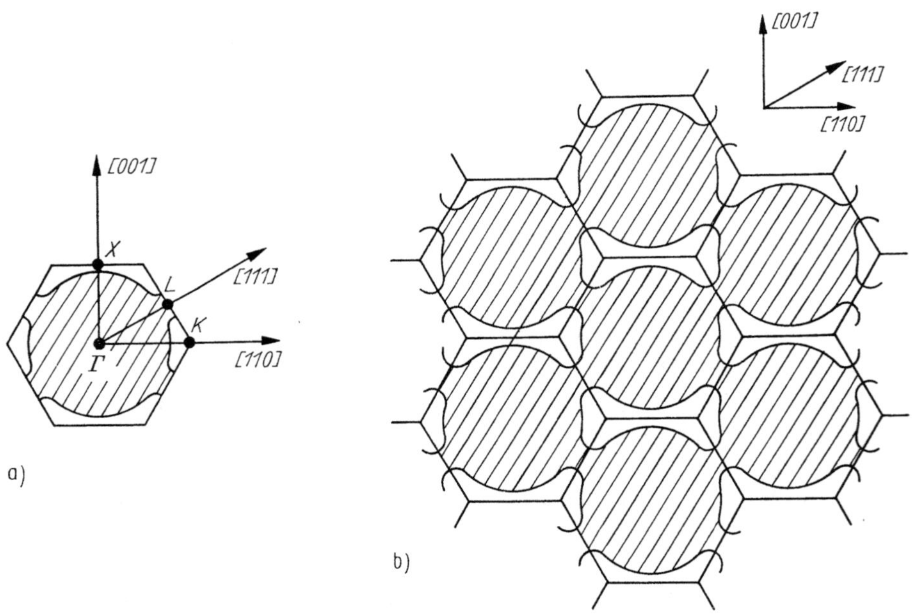

Abb. 4.23.
Zentralschnitt durch die erste Brillouin-Zone parallel zur $(1\bar{1}0)$-Ebene
a) Einzelne Brillouin-Zone
b) Darstellung im periodischen Zonenschema

sechseckigen Begrenzungsflächen der ersten Brillouin-Zone durchsetzen. Der Durchmesser der „Hälse" hängt stark vom effektiven Potential $V_{\text{eff}}(\boldsymbol{r})$ ab. Da $V_{\text{eff}}(\boldsymbol{r})$ infolge des komplizierter werdenden Aufbaus der Ionen mit steigender Ordnungszahl zunimmt, vergrößert sich entsprechend der Durchmesser der „Hälse" in der Reihenfolge Kupfer, Silber, Gold.

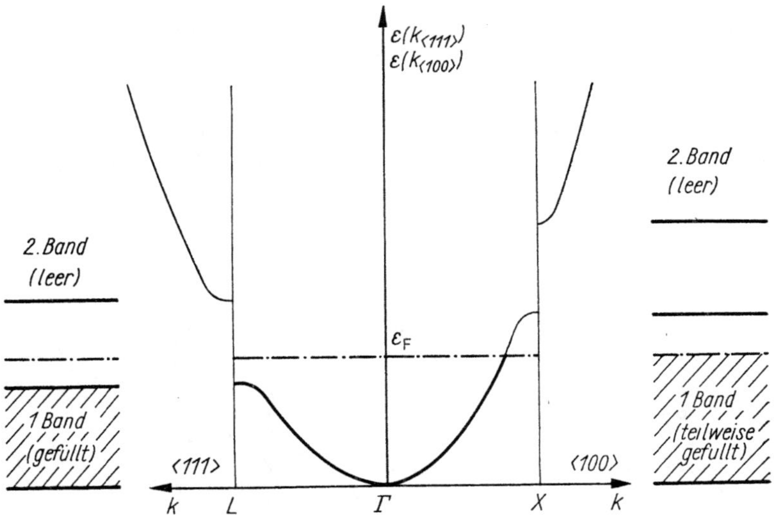

Abb. 4.24.
Besetzung der Zustände entlang der Symmetrierichtungen $\langle 111\rangle$ und $\langle 100\rangle$ (ε_F: Fermi-Energie)

Wir wenden uns jetzt Festkörpern zu, die mehr als 1 Valenzelektron in der primitiven Elementarzelle besitzen. Zunächst sollen Festkörper mit einer ungeraden Valenzelektronenzahl betrachtet werden. Gemäß dem vorangegangenen Abschnitt sind sie Metalle.

Die Elemente der III. Gruppe des Periodensystems Bor (B), Aluminium (Al), Gallium (Ga), Indium (In) und Tallium (Tl) besitzen drei Valenzelektronen in der Elementarzelle. Diese Elektronen müßten das erste Band vollständig und das zweite Band zur Hälfte füllen. Infolge Bandüberlappungen ist die Auffüllung der Bänder und damit die Besetzung der Brillouin-Zonen in Wirklichkeit komplizierter. Es ergeben sich (wie wir es theoretisch schon in Abschnitt 4.3.2. gesehen haben) entsprechend kompliziertere Fermi-Flächen, auf die wir jedoch nicht weiter eingehen wollen.

Die Elemente der V. Gruppe des Periodensystems, zu denen Arsen (As), Antimon (Sb) und Wismut (Bi) gehören, besitzen fünf Valenzelektronen pro Atom.

Die genannten Elemente der Arsengruppe, auf die wir unsere Betrachtungen hier beschränken wollen, kristallisieren wegen der Streckung in Richtung der trigonalen Achse in einer solchen Form, daß jeweils zwei Atome zu einer primitiven Elementarzelle gehören (vgl. Abschnitt 3.3.3.). Von den daher zehn in der primitiven Elementarzelle vorhandenen Valenzelektronen erwartet man, daß sie genau fünf Bänder vollständig füllen würden. Entsprechend dieser Bandstruktur müßten die Elemente der Arsengruppe Isolatoren oder Halbleiter sein. Das wäre jedoch ein Fehlschluß. Allerdings kann man sie auch nicht zu den „guten“ Metallen zählen; sie sind *Halbmetalle*.

Ursache für dieses Verhalten ist eine geringe Überlappung des fünften und sechsten Bandes. Es ist daher natürlich energetisch günstiger, vor der vollständigen Auffüllung des fünften Bandes bereits einige Zustände des sechsten zu besetzen. Hieraus ergeben sich die metallischen Eigenschaften dieser Elemente.

Zu bemerken ist in diesem Zusammenhang, daß die genannten Halbmetalle kompensiert sind; das heißt die Anzahl der Elektronen im sechsten Band ist gleich der Anzahl der Löcher im fünften Band.

Zur Veranschaulichung sind die in der fünften und sechsten Brillouin-Zone besetzten Zustände in Abbildung 4.25 schraffiert gezeichnet. Es ist jeweils ein Zentralabschnitt parallel zur (110)-Ebene einzeln und im periodischen Zonenschema dargestellt.

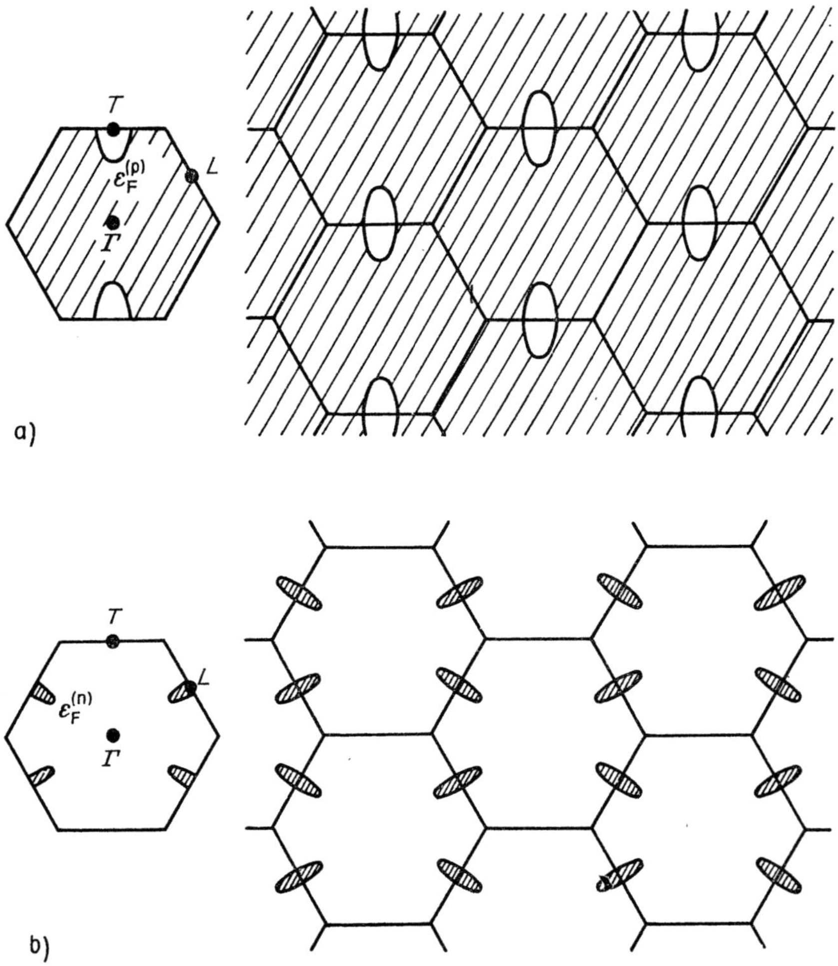

Abb. 4.25.
Fermi-Flächenteile von Wismut in der fünften und sechsten Brillouin-Zone (jeweils auf die erste Brillouin-Zone reduziert)
Zentralschnitte parallel zur (110)-Ebene

a) Fünfte Brillouin-Zone
b) Sechste Brillouin-Zone

(Die besetzten Zustände sind schraffiert gezeichnet)
links: einzelne Brillouin-Zone
rechts: Darstellung im periodischen Zonenschema

In der fünften Brillouin-Zone sind fast alle Zustände besetzt; unbesetzte befinden sich nur in der Umgebung des T-Punktes. Somit finden wir hier eine Löcher-Fermi-Fläche (Löcherellipsoid), deren Zentrum mit dem T-Punkt zusammenfällt.

In der sechsten Brillouin-Zone existieren nur wenige besetzte Zustände in der Umgebung der L-Punkte. Die eingezeichneten Elektronen-Fermi-Flächen haben nahezu die Gestalt langgestreckter Ellipsoide. Wegen der Schnittzeichnung sind von den drei Elektronenflächen nur zwei erkennbar.

Bei genauer Betrachtung der Abbildung 4.25 fällt auf, daß in den einzelnen Brillouin-Zonen verschiedene Werte für die Fermi-Energie ($\varepsilon_F^{(n)}$ und $\varepsilon_F^{(p)}$) angegeben sind. Das kommt daher, weil man bei den Elementen der Arsengruppe üblicherweise eine von der Oberkante des fünften Bandes gerechnete Löcher-Fermi-Energie $\varepsilon_F^{(p)}$ und eine von der Unterkante des sechsten Bandes gezählte Elektronen-Fermi-Energie $\varepsilon_F^{(n)}$ angibt. Die Summe beider Fermi-Energiewerte ergibt dann gerade die Überlappungsenergie $\varepsilon_{\ddot{U}}$, also

$$\varepsilon_{\ddot{U}} = \varepsilon_F^{(p)} + \varepsilon_F^{(n)} . \tag{4.109}$$

Abbildung 4.26 illustriert diesen Sachverhalt. Die Überlappung der hier schematisch angedeuteten Bänder erfolgt in unterschiedlichen Punkten der Brillouin-Zone; und zwar in L und T, so wie in Abbildung 4.27 gezeigt.

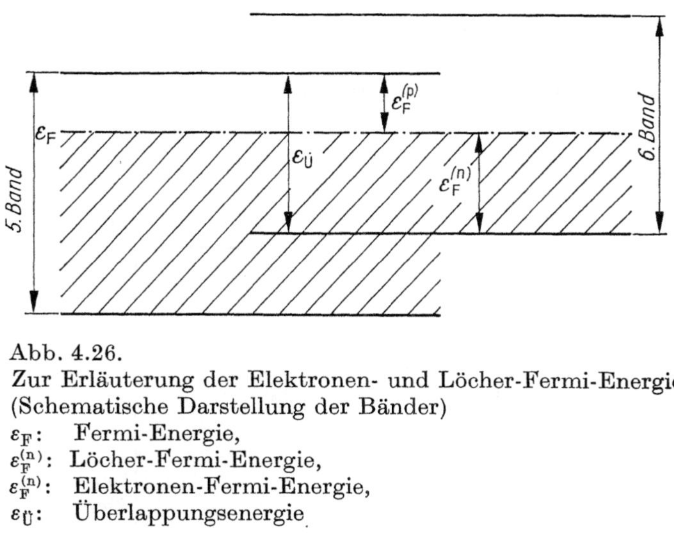

Abb. 4.26.
Zur Erläuterung der Elektronen- und Löcher-Fermi-Energien (Schematische Darstellung der Bänder)
ε_F: Fermi-Energie,
$\varepsilon_F^{(n)}$: Löcher-Fermi-Energie,
$\varepsilon_F^{(n)}$: Elektronen-Fermi-Energie,
$\varepsilon_{\ddot{U}}$: Überlappungsenergie

Wir wenden uns jetzt den Kristallen mit einer geraden Valenzelektronenzahl in der primitiven Elementarzelle zu. Auch sie sind nicht notwendig Isolatoren oder Halbleiter. Infolge von Bandüberlappungen besitzen sie nicht nur vollständig gefüllte oder leere Bänder.

Betrachten wir zunächst die Elemente der II. Gruppe des Periodensystems Beryllium (Be), Magnesium (Mg), Kalzium (Ca), Strontium (Sr), Barium (Ba) sowie Zink (Zn), Cadmium (Cd), Quecksilber (Hg). Bei ihnen liegt eine Bandstruktur vor, wie sie in Abbildung 4.28 angedeutet ist. Wir sehen auf dieser Abbildung $\varepsilon(\boldsymbol{k})$ für zwei verschiedene (durch $\boldsymbol{k}_1$ und $\boldsymbol{k}_2$ gegebene) Richtungen innerhalb der ersten Brillouin-

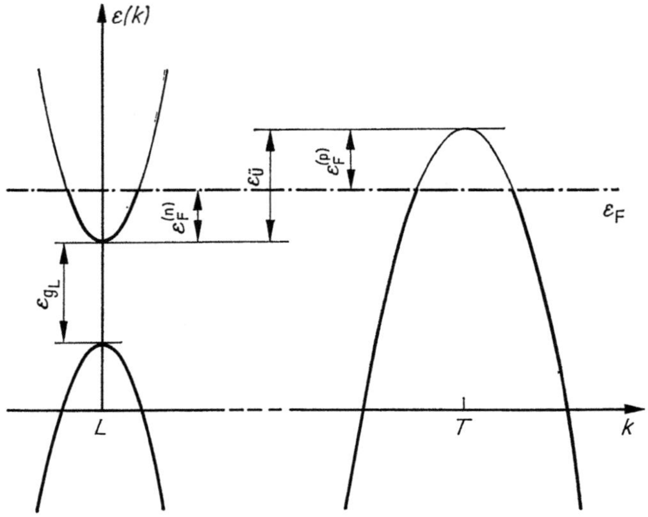

Abb. 4.27.

Überlappung der Bänder in L und T

ε_F: Fermi-Energie,

$\varepsilon_F^{(p)}$: Löcher-Fermi-Energie,

$\varepsilon_F^{(n)}$: Elektronen-Fermi-Energie,

$\varepsilon_Ü$: Überlappungsenergie,

ε_{gL}: Breite der verbotenen Zone im L-Punkt

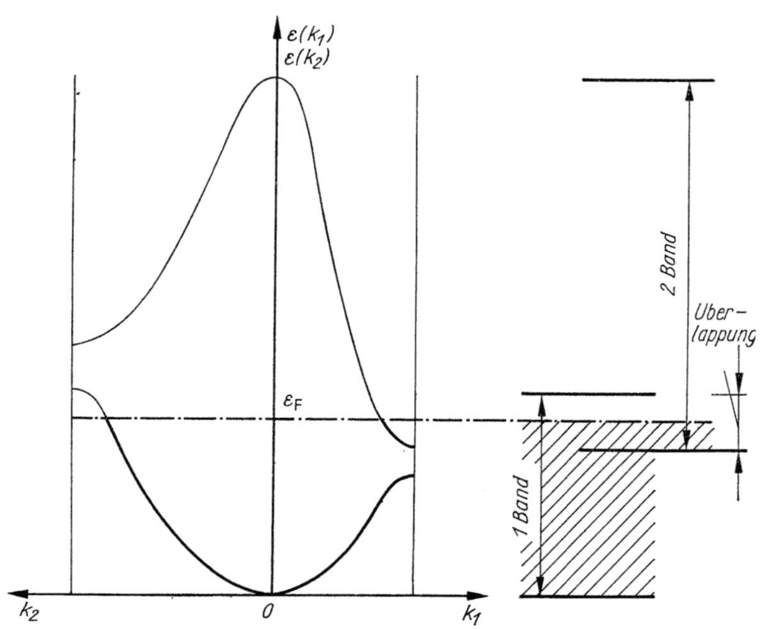

Abb. 4.28.

Bandüberlappung bei zweiwertigen Metallen

Zone. Die dick eingezeichneten Linien geben die besetzten Zustände an; die ersten beiden Bänder sind überdies schematisch dargestellt. Da praktisch ein vollbesetztes und ein leeres Band überlappen, existieren im ersten Band genauso viele unbesetzte Zustände (Löcher) wie besetzte Zustände (Elektronen) im zweiten Band. Das bedeutet, die Metalle sind kompensiert.

Bei allen zweiwertigen Elementen sind die verbotenen Zonen so gering, daß stets Überlappung der Bänder auftritt. Daher sind sie alle Metalle. Allerdings kann man aus der schlechten elektrischen Leitfähigkeit der Elemente Strontium und Barium schließen, daß bei ihnen die Bandüberlappung nur gering ist.

Die Elemente der IV. Gruppe des Periodensystems mit ihren vier Valenzelektronen in der primitiven Elementarzelle sind entweder Metalle oder Halbleiter. Ihre Bandstruktur kann durch die sich aus dem Modell nahezu freier Elektronen ergebende gut angenähert werden.

Mit zunehmender Ordnungszahl können wir feststellen:
Kohlenstoff (C) besitzt in der Diamantmodifikation eine derart breite verbotene Zone, daß er bereits ein Isolator ist.[1]) Silizium (Si) und Germanium (Ge) sind uns bekannte „klassische“ Halbleiter. Zinn (Sn) tritt in einer halbleitenden und einer halbmetallischen Modifikation auf. Da die Änderung der Modifikation eine Änderung der Kristallstruktur bedeutet, liegen in beiden Fällen verschieden breite verbotene Zonen vor. Blei (Pb) schließlich ist ein Metall.

Die Elemente Schwefel (S), Selen (Se), Tellur (Te), die der VI. Gruppe des Periodensystems angehören, sind erwartungsgemäß Halbleiter.

Es bleibt nun noch eine interessante Gruppe von Elementen übrig; es sind dies die *Übergangsmetalle*.

Als Übergangsmetalle bezeichnet man die aus den Atomen der Übergangsgruppenelemente aufgebauten Festkörper. Charakteristisch für die Atome dieser Elementgruppen sind nicht vollbesetzte d- oder f-Schalen. Solche inneren nichtabgeschlossenen Schalen in der Elektronenhülle treten nur bei Vielelektronenatomen auf. Je mehr sich das selbstkonsistente Feld der Elektronenhülle vom Coulomb-Feld des Wasserstoffs unterscheidet, desto stärker hängt beim isolierten Atom die Energie außer von der Hauptquantenzahl n auch von der Nebenquantenzahl l ab. Es kann daher energetisch günstiger sein, daß sich beim Übergang vom Element mit der Ordnungszahl Z_0 zum Element mit $Z_0 + 1$ durch das hinzukommende Elektron nicht die Zahl l erhöht (soweit das bei gegebenem n möglich wäre), sondern die Zahl n bei gleichzeitiger Verminderung von l.

Infolge des komplizierten Aufbaus der Elektronenhüllen der Übergangselemente ist auch ihre Bandstruktur und damit die Topologie ihrer Fermi-Fläche kompliziert. Wir wollen im Rahmen dieses Buches nur zwei Gruppen von Übergangsmetallen behandeln; und zwar die Metalle der V. Gruppe Vanadium (V), Niob (Nb), Tantal (Ta) und die der VI. Gruppe Chrom (Cr), Molybdän (Mo), Wolfram (W) des Periodensystems. Sie alle kristallisieren in kubisch-raumzentrierter Struktur; die entsprechende erste Brillouin-Zone ist demzufolge ein Rhombendodekaeder (vgl. Abschnitt 3.6.3.).

Die Bandstruktur und die hieraus resultierende Topologie der Fermi-Fläche der Übergangselemente Vanadium, Niob, Tantal sind qualitativ gleich, unterscheiden sich jedoch quantitativ.

[1]) Als Graphit trägt Kohlenstoff halbmetallischen Charakter.

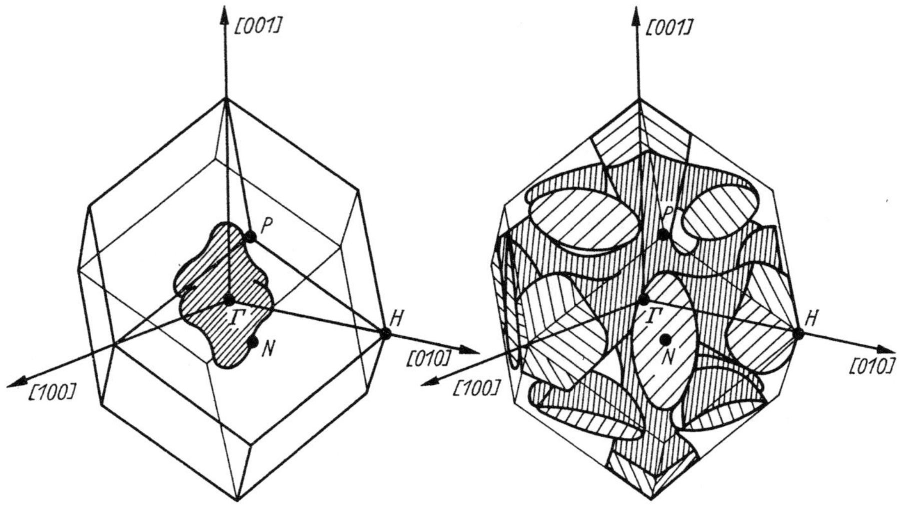

Abb. 4.29.
Fermi-Fläche der Übergangsmetalle der V. Gruppe des Periodensystems (nach L. F. Mattheiss [96])
a) Zweite Brillouin-Zone
b) Dritte Brillouin-Zone
(Die Brillouin-Zonen sind jeweils auf die erste reduziert)

Die fünf Valenzelektronen pro Elementarzelle dieser Kristalle füllen das gesamte erste, fast das zweite und ein wenig mehr als das halbe dritte Band. Dementsprechend sind alle Zustände der ersten Brillouin-Zone besetzt; unbesetzte Zustände existieren neben besetzten nur in der zweiten und dritten Brillouin-Zone. Damit ergibt sich für die Topologie der Fermi-Fläche das in Abbildung 4.29 gezeigte Bild.

In der zweiten Brillouin-Zone (Abb. 4.29a) existiert eine geschlossene Löcher-Fermi-Fläche mit dem Zentrum in Γ. Die Form dieser Fläche läßt sich schwer beschreiben; man kann sie sich als ein verzerrtes Oktaeder mit abgerundeten Spitzen in den $\langle 100 \rangle$-Richtungen vorstellen. In der dritten Brillouin-Zone ergeben sich mehrere Fermi-Flächenteile, die unbesetzte Zustände einschließen. Es sind dies zunächst sechs geschlossene Löcher-Fermi-Flächen, deren Zentren mit den N-Punkten zusammenfallen. Hierbei handelt es sich um sechs äquivalente gegen die Koordinatenachsen gedrehte und in $\overline{N\Gamma}$-Richtung etwas verzerrte Ellipsoide. Weiterhin ist in der dritten Brillouin-Zone eine vielfach zusammenhängende Löcher-Fermi-Fläche zu finden, die sich von Γ nach H entlang der $\langle 100 \rangle$-Richtungen erstreckt und in den Γ- und H-Punkten Verzweigungen besitzt.

Die Abbildungen 4.30a und 4.30b zeigen die Zentralschnitte parallel zur (001)-Ebene durch die zweite bzw. dritte Brillouin-Zone einzeln sowie im periodischen Zonenschema. Die besetzten Zustände sind schraffiert gezeichnet.

Die Übergangselemente der VI. Gruppe des Periodensystems Chrom, Molybdän, Wolfram besitzen sechs Valenzelektronen in der primitiven Elementarzelle. Infolge

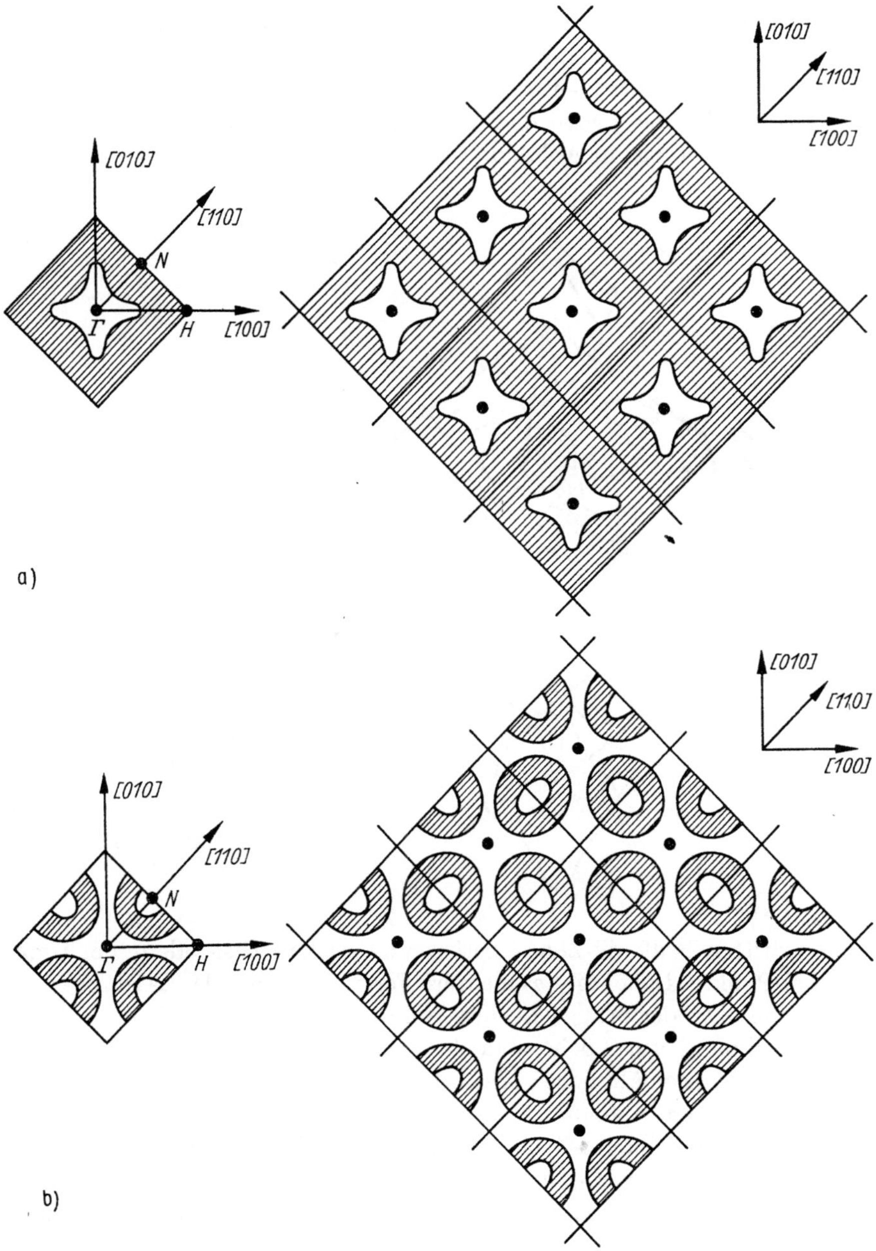

Abb. 4.30.
Zentralschnitte parallel zur (001)-Ebene durch die zweite und dritte Brillouin-Zone der Übergangsmetalle der V. Gruppe des Periodensystems

a) Zweite Brillouin-Zone
b) Dritte Brillouin-Zone
links: einzelne Brillouin-Zone
rechts: Darstellung im periodischen Zonenschema

komplizierter Bandüberlappungen sind sie Metalle. Insbesondere für Molybdän und Wolfram ergeben sich folgende gemeinsamen qualitativen Merkmale der Bandstruktur und der Topologie der Fermi-Fläche:

Die sechs Valenzelektronen pro Elementarzelle füllen das gesamte erste und zweite Band vollständig, das dritte und vierte teilweise.[1]) Für die Topologie der Fermi-Flächen ergibt sich das in Abbildung 4.31 angegebene Bild.

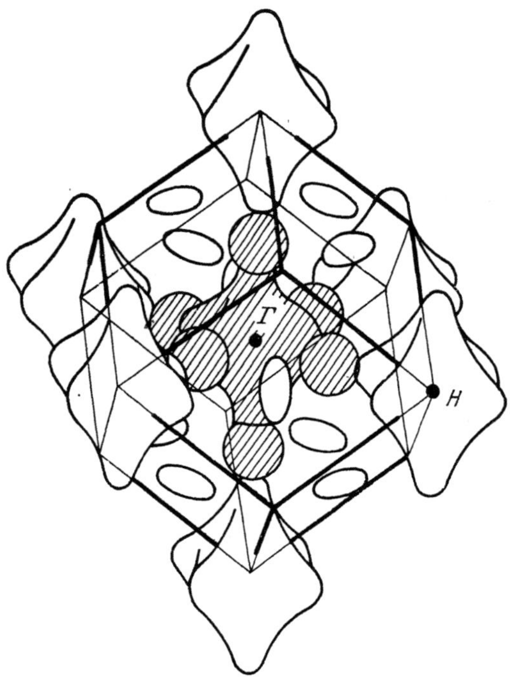

Abb. 4.31.
Fermi-Fläche der Übergangsmetalle der VI. Gruppe des Periodensystems (nach W. M. LOMER [92])
Alle Fermi-Flächenteile sind gemeinsam in der ersten Brillouin-Zone dargestellt
Elektronenflächen: schraffiert
Löcherflächen: leer

In der dritten Brillouin-Zone existieren unbesetzte Zustände in der Umgebung der H- und N-Punkte. Daher gibt es mehrere Fermi-Flächenteile. Es ist dies zunächst eine geschlossene oktaederförmige Löcher-Fermi-Fläche mit dem Zentrum in H, die entsprechend ihrer Form Löcheroktaeder genannt wird. Außerdem sind noch sechs äquivalente ellipsoidähnliche Löcherflächen vorhanden, deren Zentren mit den N-Punkten zusammenfallen.

In der vierten Brillouin-Zone schließt eine Elektronen-Fermi-Fläche, deren Zentrum im Γ-Punkt liegt, alle besetzten Zustände ein. Diese Elektronen-Fermi-Fläche besteht aus einem oktaederförmigen Grundkörper mit sechs ballartigen Ausstülpungen entlang der $\langle 100 \rangle$-Richtungen.

Bei Molybdän existieren überdies in der fünften Brillouin-Zone Fermi-Flächenteile, die besetzte Zustände einschließen (sogenannte Elektronentaschen in $\overline{\Gamma H}$-Richtung).

Aus diesen kurzen Bemerkungen ersehen wir bereits, wie kompliziert die Bandstruktur dieser Übergangsmetalle ist. Abbildung 4.31 zeigt alle Fermi-Flächenteile gemeinsam; und zwar auf die erste Brillouin-Zone reduziert. Die Elektronenfläche ist schraffiert gezeichnet, die Löcherflächen sind leer.

[1]) Bei Molybdän existieren sogar noch einige Elektronen im fünften Band.

Am Ende des Abschnittes 4.3.1. haben wir darauf hingewiesen, daß es eine ganze Reihe unterschiedlicher Methoden zur Bestimmung von Fermi-Flächen-Parametern gibt. Wie wir noch sehen werden (Kapitel 7 und 9), sind insbesondere die Zyklotronresonanz, der De-Haas-van-Alphen-Effekt und der Schubnikow-de-Haas-Effekt in dieser Hinsicht sehr effektiv. Diese Methoden sind aber nur dann anwendbar, wenn bestimmte (nicht leicht realisierbare) Anforderungen an die Struktur der Kristalle und an die Lebensdauern der Ladungsträger erfüllt sind. Sie sind wenig geeignet, wenn sich, wie bei einigen Metallen und besonders auch bei Legierungen, Realstruktureinflüsse bemerkbar machen. In solchen Fällen kann man jedoch mit Erfolg Methoden anwenden, die auf dem Compton-Effekt

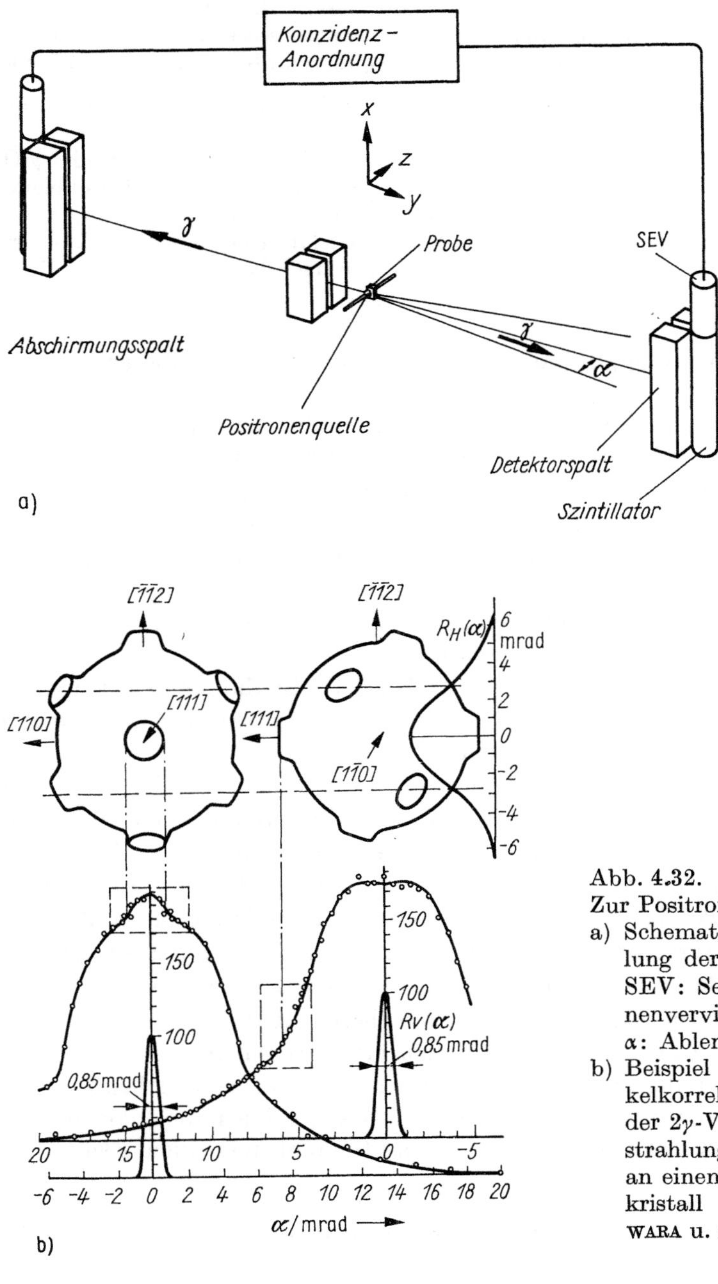

Abb. 4.32.
Zur Positronenannihilation
a) Schematische Darstellung der Meßanordnung
SEV: Sekundärelektronenvervielfacher
α: Ablenkwinkel
b) Beispiel für eine Winkelkorrelationsmessung der 2γ-Vernichtungsstrahlung von Positronen an einem Kupfer-Einkristall (nach K. Fujewara u. a. [76])

und der Positronenannihilation[1]) basieren. Derartige Methoden liefern grundlegende Informationen zur elektronischen Struktur von Metallen und vor allem von Legierungen. Wir wollen deshalb hier Winkelkorrelationsmessungen der 2γ-Vernichtungsstrahlung von Positronen vorstellen, aus denen man den Fermi-Impuls der Kristallelektronen bestimmen kann.[2]) Das Prinzip der experimentellen Anordnung ist in Abbildung 4.32a dargestellt. Der Kristall wird mit Positronen beschossen. Die in den Kristall eindringenden Positronen werden innerhalb einer Zeit von etwa $3 \cdot 10^{-12}$ s bis auf thermische Geschwindigkeiten abgebremst, bevor sie nach einer durchschnittlichen Lebensdauer von ungefähr 10^{-10} s mit den Kristallelektronen annihilieren. Die Vernichtung eines Positrons durch ein Kristallelektron erfolgt unter Emission von $2\,\gamma$-Quanten. Diese beiden γ-Quanten werden bei einer Vernichtung an einem ruhenden Elektron in genau entgegengesetzter Richtung, also unter einem Winkel von 180°, abgestrahlt. Besitzt das Elektron vor der Annihilation jedoch senkrecht zur Emissionsrichtung der γ-Quanten eines Impulskomponente $(\hbar k_\mathrm{F})_z$, so verkleinert sich der Winkel, unter dem die γ-Quanten abgestrahlt werden, entsprechend dem Impulserhaltungssatz um $\alpha = \frac{(\hbar k_\mathrm{F})_z}{mc}$. α beträgt hierbei größenordnungsmäßig einige mrad.

Im Experiment (vgl. Abb. 4.32a) mißt man nun die Rate koinzidierender γ-Quanten in Abhängigkeit vom Winkel α mit Hilfe zweier Szintillationskristalle. Diese Koinzidenzrate ist ein Maß für die Impulsverteilung der Elektronen in z-Richtung.

Abbildung 4.32b zeigt eine solche Winkelkorrelationsmessung der 2γ-Vernichtungsstrahlung von Positronen an Kupfer-Einkristallen nach K. Fujewara u. a. [76].

4.4.3. Bindungsverhältnisse und Bandstruktur von Halbleitern

Bei unseren bisherigen Darlegungen sind wir immer von der Anzahl der in der primitiven Elementarzelle enthaltenen Valenzelektronen ausgegangen, weil diese in hohem Maße die Bandstruktur bestimmt. Entscheidend dafür, ob es sich um ein Metall, einen Halbleiter oder einen Isolator handelt, ist aber auch der im Festkörper vorliegende Bindungstyp. Für Zinn hatten wir bereits angedeutet, daß es je nach der Kristallstruktur und damit nach den Bindungsverhältnissen ein Halbmetall oder ein Halbleiter ist. Kohlenstoff tritt ebenfalls in zwei Modifikationen auf; als Diamant (Isolator) und als Graphit (Halbmetall).

In Abschnitt 4.4.1. haben wir entsprechend der Bindung neben den Metallen noch Valenzkristalle, Ionenkristalle und Molekülkristalle unterschieden. Die letztgenannten drei behandeln wir jetzt etwas genauer.

Zu den Valenzkristallen gehören der Kohlenstoff (Diamant), die technisch wichtigen Halbleiter Silizium und Germanium, das graue Zinn (halbleitende Modifikation)und die $A_{\mathrm{III}}B_{\mathrm{V}}$-Verbindungen. Alle diese Kristalle besitzen die in Abschnitt 3.3.5. beschriebene Diamant- bzw. Zinkblendestruktur, deren Gitter man als Kombination zweier um 1/4 der Länge der Raumdiagonalen in Richtung dieser Raumdiagonalen gegeneinander verschobene kubisch-flächenzentrierte Gitter auffassen kann (siehe Abb. 3.20). Andererseits wissen wir, daß bei diesem Gittertyp entsprechend Abbildung 3.21 jedes im Zentrum eines gleichseitigen Tetraeders befindliche Atom von vier in den Tetraederecken angeordneten gleichartigen Atomen (Diamantstruktur) bzw. von Atomen der anderen Sorte (Zinkblendestruktur) umgeben ist.

Betrachten wir zunächst die reinen Elemente, bei denen die Diamantstruktur vorliegt: Das Kohlenstoffatom bildet kovalente Bindungen in einem Elektronenzustand,

[1]) Annihilation: Vernichtung.

[2]) Wir folgen hierbei den Ausführungen von W. Schülke, O. Brümmer [111], S. 95ff.

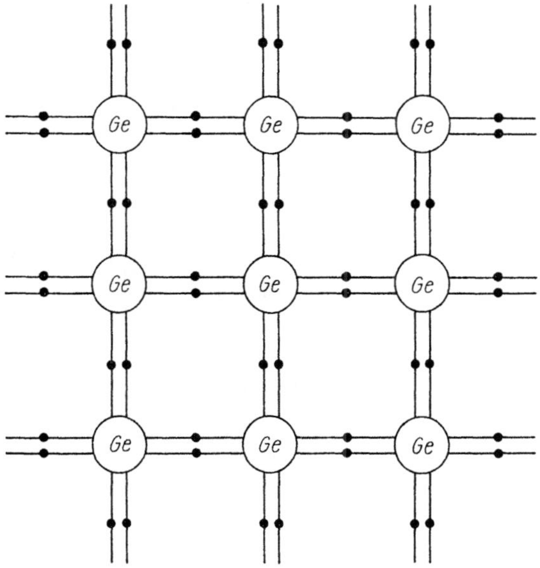

Abb. 4.33.
Kovalente Bindung bei Valenzkristallen einer Atomsorte
(Schematische Darstellung)

der eine Superposition eines $2s$- und dreier $2p$-Zustände darstellt (bei Silizium sind es die entsprechenden $3s$- und $3p$-Zustände, bei Germanium die $4s$- und $4p$-Zustände und bei Zinn die $5s$- und $5p$-Zustände). Mathematisch läßt sich zeigen, daß die Richtungen der Valenzbindungen mit den vom Zentralatom zu den Atomen in den Ecken festgelegten Richtungen im Tetraeder zusammenfallen.

Schematisch kann man sich diesen Bindungstyp so vorstellen, wie er in Abbildung 4.33 am Beispiel des Germaniums dargestellt ist. Jedes Ion teilt acht Elektronen mit seinen vier nächsten Nachbarn. Allerdings sind die Elektronen nicht (wie gezeichnet) in den Bindungsarmen lokalisiert; dort ist jedoch die Aufenthaltswahrscheinlichkeit für ein Paar von Elektronen mit entgegengesetztem Spin stets sehr hoch.

Die Elementarzelle eines Gitters vom Diamanttyp enthält zwei Atome, so daß die acht Valenzelektronen pro Elementarzelle gerade vier Bänder füllen. Die verbotene Zone zwischen dem obersten besetzten Band und dem darauffolgenden leeren Band beträgt bei Kohlenstoff 5,2 eV, bei Silizium 1,1 eV, bei Germanium 0,75 eV und bei grauem Zinn 0,08 eV (bei Zimmertemperatur).

Bei den in kubisch-flächenzentrierter Struktur kristallisierenden Elementen der IV. Gruppe des Periodensystems Zinn (halbmetallische Modifikation) und Blei tritt der kovalente Bindungscharakter gegenüber dem metallischen nicht in Erscheinung.

Wir wenden uns nun den Verbindungen zu, die in der bereits erwähnten Zinkblendestruktur kristallisieren.

Experimentelle Untersuchungen haben ergeben, daß Verbindungen zwischen Elementen der III. und V. Gruppe des Periodensystems ($A_{III}B_V$-Verbindungen) viele Eigenschaften (z. B. Kristallgitter, Bandstruktur) besitzen, die denen der Elemente der IV. Gruppe ähnlich sind. Die bekanntesten Vertreter sind InSb, GaAs.

Eine zu Abbildung 4.33 analoge Anordnung der Indium- und Antimonionen sowie der Elektronen zeigt Abbildung 4.34a. Wäre eine solche Anordnung realisiert, so würden die das Antimonion im Mittel umgebenden vier Elektronen die positive Ladung des Ions nicht vollständig kompensieren, während sie die positive Ladung des Indium-

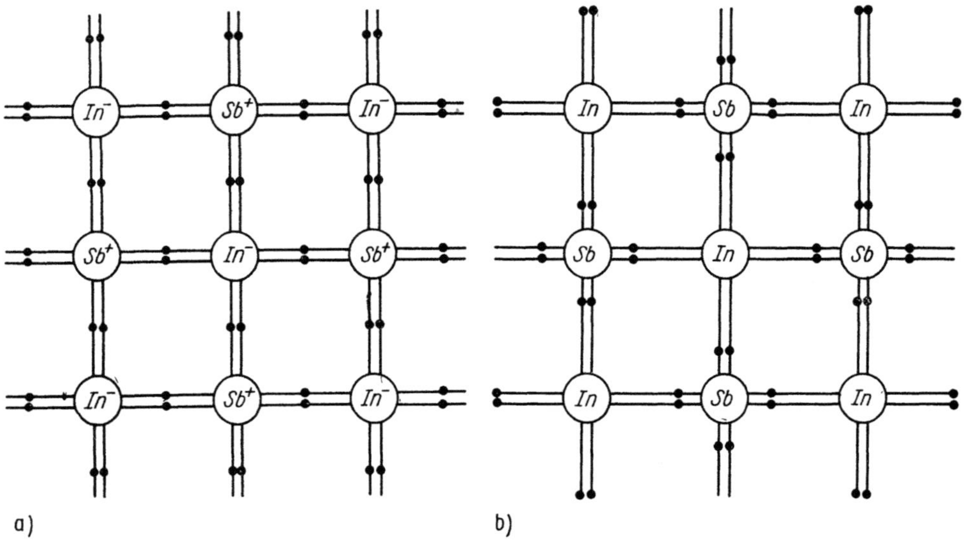

Abb. 4.34.
Kovalente Bindung bei A_{III}-B_V-Verbindungen (Schematische Darstellung)
a) Schwerpunkt der Elektronen in der Mitte (nicht real)
b) Schwerpunkt der Elektronen aus der Mitte verschoben (real)

ions überkompensierten. Es blieben also Restladungen übrig. Solche Restladungen treten jedoch nicht auf, wenn man sich den Schwerpunkt der Elektronen aus der Mitte verschoben denkt (siehe Abb. 4.34b). Auf eine derartige Polarisierung sind auch die relativ großen Werte für die Dielektrizitätskonstante ϵ in diesen Verbindungen zurückzuführen.

Die verbotenen Zonen sind bei den A_{III}-B_V-Verbindungen (mitunter erheblich) kleiner als die der Elemente der IV. Gruppe des Periodensystems. Für InSb beträgt die Breite der verbotenen Zone bei 4,2 K beispielsweise nur $\varepsilon_g = 0{,}23$ eV. Ist ε_g kleiner als dieser Wert, so bezeichnet man den entsprechenden Festkörper als Halbleiter mit *schmaler* verbotener Zone.

Liegt die in Kapitel 1 diskutierte Eigenleitung vor, so sind die Halbleiter kompensiert; bei vorhandener Störstellenleitung ist das im allgemeinen nicht mehr der Fall.

Da bei Halbleitern die Ladungsträgerkonzentrationen in den Bändern meistens klein sind (bei nicht zu großen Akzeptor- bzw. Donatorkonzentrationen), befinden sich die Ladungsträger in der Nähe der Bandkanten. Aus diesem Grunde können wir stets quadratische Dispersion voraussetzen.

In gewisser Weise kann man auch die aus den Elementen der II. und VI. Gruppe des Periodensystems gebildeten halbleitenden Verbindungen (A_{II}-B_{VI}-Verbindungen) zu den Valenzkristallen zählen. Die meisten dieser Verbindungen kristallisieren ebenfalls in der (nach einem ihrer typischen Vertreter (ZnS) benannten) Zinkblendestruktur (siehe Abschnitt 3.3.5.). Für ihre Bindung kann man sich ein zu Abbildung 4.34b analoges Bild vorstellen. Allerdings befinden sich die acht Elektronen noch näher am Atom der Sorte B und versuchen daher eine komplette abgeschlossene Schale zu bilden, so daß nahezu A- und B-Ionen entstehen.

Der Prozeß der Ionenbildung wird bei den Ionenkristallen endgültig vollzogen. Hierher gehören die Verbindungen aus Elementen der I. und der VII. Gruppe des

Periodensystems (Alkalihalogenide). Das Atom der I. Gruppe gibt sein Valenzelektron an das der VII. Gruppe ab, dessen äußere Schale damit abgeschlossen wird. Es entstehen auf diese Weise unabhängige (entgegengesetzt geladene) Ionen. Ein typischer Vertreter ist NaCl, der wie viele andere Ionenkristalle in der Steinsalzstruktur (vgl. Abschnitt 3.3.5.) kristallisiert.

Abschließend wollen wir noch die Molekülkristalle erwähnen. Sie bestehen aus stabilen neutralen Molekülen, die durch Van-der-Waals-Kräfte an ihren Plätzen im Kristallgitter gehalten werden. Die einfachsten Molekülkristalle (Van-der-Waals-Kristalle) sind die kubisch-flächenzentrierten Kristalle der Edelgase. Die Theorie dieser Kristalle kann analog der der Ionenkristalle aufgebaut werden, wenn man die Coulomb-Kräfte ($\sim r^{-2}$) zwischen den Ionen durch die van-der-Waalsschen Anziehungskräfte ($\sim r^{-7}$) ersetzt.

Literaturhinweise

W. Brauer: Einführung in die Elektronentheorie der Metalle, [11]
H.-W. Streitwolf: Gruppentheorie in der Festkörperphysik, [42]
J. M. Ziman: Prinzipien der Festkörpertheorie, [45]
C. Kittel: Einführung in die Festkörperphysik, [22]
I. M. Lifschitz, M. Ja. Asbel, M. I. Kaganow: Elektronentheorie der Metalle, [30]
A. I. Anselm: Einführung in die Halbleitertheorie, [3], [3a]
N. B. Brandt, S. M. Tschudinow: (russ.), [10]

5. Grundbeziehungen der Dynamik der Kristallelektronen (Quasiklassische Beschreibung)

Ziel der vorangegangenen vier Kapitel ist, Grundvorstellungen über Festkörper sowie deren kristallographische und elektronische Struktur zu vermitteln. Dabei haben wir stets von äußeren Kräften und Feldern abgesehen. Da wir uns in den folgenden Kapiteln aber auch mit solchen Vorgängen beschäftigen wollen, die unter dem Einfluß äußerer Kräfte vor sich gehen, sollen in diesem Kapitel die grundlegenden Beziehungen der Dynamik der Kristallelektronen (Bloch-Elektronen) dargelegt werden. Wir werden auch hier wieder interessante Unterschiede im Verhalten der Kristallelektronen zu den freien Elektronen finden.

Wie wir sehen werden, ist es in gewissen Grenzen möglich, das Verhalten der Kristallelektronen im wesentlichen durch die Gesetze der klassischen Physik (also quasiklassisch) zu beschreiben. Eine wichtige Modellvorstellung, die der quasiklassischen Beschreibung zugrunde liegt, ist die Betrachtung der Kristallelektronen als Teilchen, die sich auf bestimmten Bahnkurven bewegen.

Ausgehend von der Wirkung einer beliebigen Kraft $\boldsymbol{F}$ beginnen wir mit der Einführung und Diskussion der effektiven Masse eines Kristallelektrons (Abschnitt 5.1.). Danach untersuchen wir in Abschnitt 5.2. das Verhalten der Kristallelektronen unter dem Einfluß einer speziellen Kraft, der Lorentz-Kraft. Hierbei wird es notwendig, eine weitere Masse, die effektive Zyklotronmasse, einzuführen. Mit ihr beschäftigen wir uns eingehend in Abschnitt 5.3. Den Abschluß dieses Kapitels bilden einige Bemerkungen zur Effektivität, aber auch zu den Grenzen der quasiklassischen Beschreibung des dynamischen Verhaltens der Kristallelektronen.

5.1. Der Tensor der reziproken effektiven Masse

Ausgehend von der aus der Quantenmechanik bekannten Tatsache, daß man ein Mikroteilchen durch ein Wellenpaket beschreiben kann, ist die Geschwindigkeit des Teilchens $\boldsymbol{v}$ gleich der Gruppengeschwindigkeit $\boldsymbol{v}_{\mathrm{Gr}}$ des Wellenpaketes; also

$$\boldsymbol{v} = \boldsymbol{v}_{\mathrm{Gr}} \,, \tag{5.1}$$

wobei im Eindimensionalen

$$v_{\mathrm{Gr}} = \frac{\mathrm{d}\omega(k)}{\mathrm{d}k} \tag{5.2}$$

ist (vgl. auch Abschnitt 2.1.2.). Hierin sind ω die Kreisfrequenz und k die Wellenzahl. Verallgemeinert man (5.2) für den dreidimensionalen Fall und ersetzt ω durch die

Energie $\varepsilon(\boldsymbol{k}) = \hbar\omega(\boldsymbol{k})$, so erhält man unter Berücksichtigung von (5.1) für die Geschwindigkeit eines Elektrons

$$\boldsymbol{v}(\boldsymbol{k}) = \frac{1}{\hbar} \nabla_{\boldsymbol{k}} \varepsilon(\boldsymbol{k}) \,. \tag{5.3}$$

Sie ist demzufolge dem Gradienten der Energie $\varepsilon(\boldsymbol{k})$ im reziproken Raum proportional. Sobald man die Dispersionsbeziehung kennt, kann man die Geschwindigkeit der Elektronen berechnen.

Wesentlich ist hierbei, daß die Geschwindigkeit $\boldsymbol{v}(\boldsymbol{k})$ eines Elektrons im Zustand $\boldsymbol{k}$ nicht einfach $\frac{\hbar\boldsymbol{k}}{m}$ ist, wie man aus $\boldsymbol{v} = \frac{\boldsymbol{p}}{m}$ und unter Berücksichtigung der De-Broglie-Beziehung $\boldsymbol{p} = \hbar\boldsymbol{k}$ erwarten würde ($\boldsymbol{p}$: Impuls). Der Geschwindigkeitsvektor $\boldsymbol{v}(\boldsymbol{k})$ steht gemäß (5.3) in jedem Punkte des reziproken Raumes senkrecht zur entsprechenden Isoenergiefläche $(\sim \nabla_{\boldsymbol{k}}\, \varepsilon(\boldsymbol{k}))$ und zeigt in Richtung zunehmender Energie. Sobald die Form der Isoenergieflächen von der einer Kugel abweicht, sind $\boldsymbol{v}(\boldsymbol{k})$ und $\boldsymbol{k}$ im allgemeinen nicht mehr gleichgerichtet (siehe Abb. 5.1). Nur im Falle freier Elektronen, für die infolge der isotropen Dispersionsbeziehung $\varepsilon(\boldsymbol{k}) = \hbar^2\boldsymbol{k}^2/2m_0$ die Isoenergieflächen Kugeln sind, folgt aus (5.3)

$$\boldsymbol{v}(\boldsymbol{k}) = \frac{\hbar\boldsymbol{k}}{m_0} = \frac{\boldsymbol{p}}{m_0}. \tag{5.4}$$

Die Geschwindigkeit der Elektronen in den Punkten, die auf der Fermi-Fläche $\varepsilon(\boldsymbol{k}) = \varepsilon_F$ liegen, nennt man *Fermi-Geschwindigkeit* $\boldsymbol{v}_F$. Sie ist (ähnlich wie die Fermi-Energie) ein wichtiger Parameter in der Festkörperphysik.

Uns interessiert jetzt das Verhalten eines Kristallelektrons unter der Einwirkung einer äußeren Kraft $\boldsymbol{F}$.

Da einerseits für freie Elektronen die De-Broglie-Beziehung $\boldsymbol{p} = \hbar\boldsymbol{k}$ gilt und andererseits die Größe $\hbar\boldsymbol{k}$ als Quasiimpuls für Kristallelektronen bekannt ist, setzt man die Bewegungsgleichung in der Form

$$\hbar \frac{\mathrm{d}\boldsymbol{k}}{\mathrm{d}t} = \boldsymbol{F} \tag{5.5}$$

an. Die zeitliche Änderung des Quasiimpulses des Elektrons ist also gleich der auf das Elektron wirkenden Kraft.

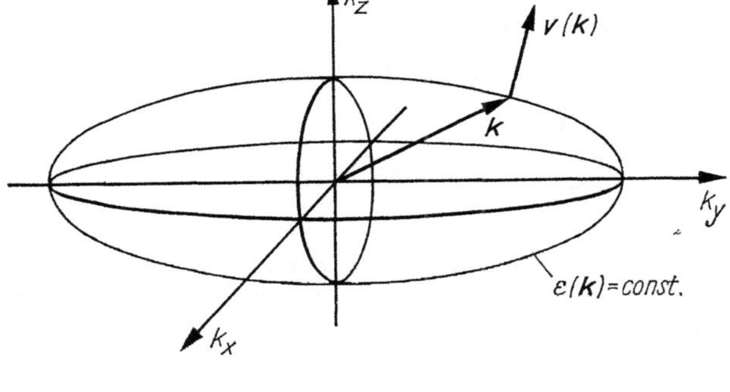

Abb. 5.1. Der Geschwindigkeitsvektor $\boldsymbol{v}(\boldsymbol{k})$ steht senkrecht auf der Isoenergiefläche $\varepsilon(\boldsymbol{k}) = \text{const}$. $\boldsymbol{v}(\boldsymbol{k})$ und $\boldsymbol{k}$ sind im allgemeinen nicht parallel gerichtet

(5.5) ist dem klassischen Newtonschen Gesetz $\boldsymbol{F} = m_0\, \mathrm{d}\boldsymbol{v}/\mathrm{d}t$ nicht äquivalent, denn nur in wenigen Spezialfällen sind $\hbar\boldsymbol{k}$ und $m_0\boldsymbol{v}(\boldsymbol{k})$ identisch. Wir hatten gesehen (Abb. 5.1), daß bereits bei ellipsoidaler Isoenergiefläche $\boldsymbol{k}$ und $\boldsymbol{v}(\boldsymbol{k})$ und damit auch ihre zeitlichen Änderungen $\frac{\mathrm{d}\boldsymbol{k}}{\mathrm{d}t}$ und $\frac{\mathrm{d}\boldsymbol{v}(\boldsymbol{k})}{\mathrm{d}t}$ nicht mehr parallel gerichtet sind.

Will man dennoch auch für Kristallelektronen die Proportionalität zwischen der Beschleunigung $\frac{\mathrm{d}\boldsymbol{v}(\boldsymbol{k})}{\mathrm{d}t}$ und der Kraft $\boldsymbol{F}$ aufrechterhalten (quasiklassische Beschreibung!), so müssen sich alle Eigenschaften, die die Kristallelektronen von den freien Elektronen unterscheiden, im Proportionalitätsfaktor, also in der Masse des Elektrons, widerspiegeln. Im Unterschied zur eigentlichen Masse des freien Elektrons nennt man den Proportionalitätsfaktor *effektive Masse*. Die effektive Masse wird dann ganz sicher keine einfache skalare Größe mehr sein. Quantitativ erhält man mit (5.3)

$$\left.\begin{aligned}\frac{\mathrm{d}\boldsymbol{v}(\boldsymbol{k})}{\mathrm{d}t} &= \frac{1}{\hbar}\frac{\mathrm{d}}{\mathrm{d}t}\nabla_{\boldsymbol{k}}\,\varepsilon(\boldsymbol{k}) = \frac{1}{\hbar}\nabla_{\boldsymbol{k}}\left(\nabla_{\boldsymbol{k}}\,\varepsilon(\boldsymbol{k})\right)\frac{\mathrm{d}\boldsymbol{k}}{\mathrm{d}t}\\ &= \frac{1}{\hbar^2}\nabla_{\boldsymbol{k}}\left(\nabla_{\boldsymbol{k}}\,\varepsilon(\boldsymbol{k})\right)\boldsymbol{F}\,.\end{aligned}\right\} \tag{5.6}$$

Wegen des hierin auftretenden Vektorgradienten ist der Faktor vor $\boldsymbol{F}$ ein Tensor zweiter Stufe.

Schreibt man (5.6) in der Form

$$\frac{\mathrm{d}\boldsymbol{v}(\boldsymbol{k})}{\mathrm{d}t} = \mathbf{m}^{-1}\boldsymbol{F}\,, \tag{5.7}$$

so ist

$$\mathbf{m}^{-1} = \begin{pmatrix} m_{xx}^{-1} & m_{xy}^{-1} & m_{xz}^{-1}\\ m_{yx}^{-1} & m_{yy}^{-1} & m_{yz}^{-1}\\ m_{zx}^{-1} & m_{zy}^{-1} & m_{zz}^{-1}\end{pmatrix} = \frac{1}{\hbar^2}\nabla_{\boldsymbol{k}}\left(\nabla_{\boldsymbol{k}}\,\varepsilon(\boldsymbol{k})\right). \tag{5.8}$$

$\mathbf{m}^{-1}$ nennt man *Tensor der reziproken effektiven Masse.*[1]) Seine Komponenten sind

$$m_{ij}^{-1} = \frac{1}{\hbar^2}\frac{\partial^2\varepsilon(\boldsymbol{k})}{\partial k_i\,\partial k_j} \qquad (i, j = x, y, z)\,. \tag{5.9}$$

Mit der Einführung des Tensors der reziproken effektiven Masse haben wir die Beschreibung der Bewegung der Elektronen im Kristall der der freien Elektronen angeglichen und auf eine klassische Formulierung zurückgeführt.

Liegt eine quadratische Dispersionsbeziehung der Form

$$\varepsilon(\boldsymbol{k}) = \frac{\hbar^2}{2}\left(\frac{k_x^2}{m_{xx}} + \frac{k_y^2}{m_{yy}} + \frac{k_z^2}{m_{zz}}\right) \tag{5.10}$$

[1]) Häufig spricht man kurz vom Tensor der effektiven Masse. Das ist nicht immer ganz korrekt, denn im allgemeinen bilden Größen, die zu den Komponenten eines Tensors reziprok sind, nicht unbedingt wieder einen Tensor.

vor,[1]) so ergibt sich für den Tensor der reziproken effektiven Masse gemäß (5.8)

$$\mathbf{m}^{-1} = \begin{pmatrix} m_{xx}^{-1} & 0 & 0 \\ 0 & m_{yy}^{-1} & 0 \\ 0 & 0 & m_{zz}^{-1} \end{pmatrix}. \tag{5.11}$$

Ist überdies

$$m_{xx}^{-1} = m_{yy}^{-1} = m_{zz}^{-1} = m^{*-1}\,, \tag{5.12}$$

so ist die effektive Masse m^* eine skalare Größe, und es liegt isotrope quadratische Dispersion[2]) vor:

$$\varepsilon(\boldsymbol{k}) = \frac{\hbar^2}{2m^*}(k_x^2 + k_y^2 + k_z^2) = \frac{\hbar^2 \boldsymbol{k}^2}{2m^*}. \tag{5.13}$$

Dabei kann $m^* \gtreqless m_0$ sein.

Betrachtet man den in Abschnitt 4.2.2. ermittelten $\varepsilon(\boldsymbol{k})$-Verlauf (vgl. beispielsweise Abb. 4.10b), so sieht man, daß $\dfrac{\partial^2 \varepsilon(\boldsymbol{k})}{\partial k_i \partial k_j}$ $(i, j = x, y, z)$ und damit m_{ij}^{-1} positiv oder 0 oder sogar negativ sein können. Das hat zur Folge, daß die Beschleunigung eines Kristallelektrons gemäß (5.7) nicht immer in Richtung der wirkenden Kraft $\boldsymbol{F}$ erfolgt. Dieses scheinbar so eigentümliche Verhalten ist darauf zurückzuführen, daß man bei der Definition der effektiven Masse (5.7) und (5.8) nur von der Existenz der Kraft $\boldsymbol{F}$ ausgeht und das Vorhandensein der Gitterkräfte, denen das Kristallelektron ständig unterliegt, völlig ignoriert.

Die über den Tensor (5.8) eingeführte effektive Masse ist in jedem Punkt des reziproken Raumes definiert.

Wir wollen uns jetzt einer speziellen (vor allem in der Halbleiterphysik gebräuchlichen) effektiven Masse, der *Bandkantenmasse*, zuwenden.

An den Bandkanten (im Punkte $\boldsymbol{k} = \boldsymbol{0}$ und auf den Begrenzungsflächen der Brillouin-Zone) hat $\varepsilon(\boldsymbol{k})$ Extrema und ist in deren Umgebung in guter Näherung parabolisch (vgl. Abschnitt 4.2.2.). Betrachtet man ein solches im Punkte $\boldsymbol{k} = \boldsymbol{k}_0$ liegendes Extremum und entwickelt dort $\varepsilon(\boldsymbol{k})$ in eine Potenzreihe, so gilt mit

$$\left(\frac{\partial \varepsilon(\boldsymbol{k})}{\partial k_x}\right)_{\boldsymbol{k}=\boldsymbol{k}_0} = \left(\frac{\partial \varepsilon(\boldsymbol{k})}{\partial k_y}\right)_{\boldsymbol{k}=\boldsymbol{k}_0} = \left(\frac{\partial \varepsilon(\boldsymbol{k})}{\partial k_z}\right)_{\boldsymbol{k}=\boldsymbol{k}_0} = 0 \tag{5.14}$$

$$\varepsilon(\boldsymbol{k}) = \varepsilon(\boldsymbol{k}_0) + 0 + \frac{1}{2}\sum_{i,j}\left(\frac{\partial^2 \varepsilon(\boldsymbol{k})}{\partial k_i\, \partial k_j}\right)_{\boldsymbol{k}=\boldsymbol{k}_0}(k_i - k_{0_i})\,(k_j - k_{0_j}) + \dots \tag{5.15}$$
$$(i, j = x, y, z).$$

Wir wollen die Reihe nach dem quadratischen Glied abbrechen. Um auch hier die Beschreibung des Verhaltens eines Kristallelektrons möglichst der eines freien Elektrons anzugleichen, schreibt man (5.15) in der Form

$$\left.\begin{aligned} \varepsilon(\boldsymbol{k}) = \varepsilon(\boldsymbol{k}_0) + \tfrac{1}{2}\sum_{i,j} \hbar^2 m_{ij}^{0^{-1}}(k_i - k_{0_i})\,(k_j - k_{0_j}) \\ (i, j = x, y, z). \end{aligned}\right\} \tag{5.16}$$

[1]) Die Isoenergieflächen sind also Ellipsoide (in Hauptachsenlage) mit den Halbachsen

$$\mathfrak{a} = \frac{1}{\hbar}\sqrt{2m_{xx}\varepsilon_0}, \quad \mathfrak{b} = \frac{1}{\hbar}\sqrt{2m_{yy}\varepsilon_0}, \quad \mathfrak{c} = \frac{1}{\hbar}\sqrt{2m_{zz}\varepsilon_0}.$$

[2]) Die Isoenergieflächen sind Kugeln mit dem Radius $\dfrac{1}{\hbar}\sqrt{2m^*\varepsilon_0}$.

Der zweite Summand stellt die kinetische Energie des Elektrons dar.

Die Komponenten des in (5.16) eingeführten Tensors $\mathbf{m}^{0^{-1}}$ haben mit (5.15) die Form

$$m_{ij}^{0^{-1}} = \frac{1}{\hbar^2}\left(\frac{\partial^2\varepsilon(\boldsymbol{k})}{\partial k_i\,\partial k_j}\right)_{\boldsymbol{k}=\boldsymbol{k}_0}. \tag{5.17}$$

Man bezeichnet $\mathbf{m}^{0^{-1}}$ als *Tensor der reziproken effektiven Bandkantenmassen*

Die Bandkantenmassen unterscheiden sich von den durch (5.8) definierten effektiven Massen dadurch, daß sie nicht mehr $\boldsymbol{k}$-abhängig sind (sie sind ja nur für $\boldsymbol{k} = \boldsymbol{k}_0$ definiert).

Transformiert man den Tensor $\mathbf{m}^{0^{-1}}$ auf Hauptachsenform, so ergibt sich aus (5.15) und (5.16)

$$\varepsilon(\boldsymbol{k}) = \varepsilon(\boldsymbol{k}_0) + \frac{1}{2}\sum_i \left(\frac{\partial^2\varepsilon(\boldsymbol{k})}{\partial k_i^2}\right)_{\boldsymbol{k}=\boldsymbol{k}_0}(k_i - k_{0i})^2 = \varepsilon(\boldsymbol{k}_0) + \frac{1}{2}\sum_i \hbar^2 m_{ii}^{0^{-1}}(k_i - k_{0i})^2. \tag{5.18}$$

Aus den Tensorkomponenten erhält man dann für die Bandkantenmassen:

$$m_{xx}^0 = \left[\frac{1}{\hbar^2}\left(\frac{\partial^2\varepsilon(\boldsymbol{k})}{\partial k_x^2}\right)_{\boldsymbol{k}=\boldsymbol{k}_0}\right]^{-1}, \qquad m_{yy}^0 = \left[\frac{1}{\hbar^2}\left(\frac{\partial^2\varepsilon(\boldsymbol{k})}{\partial k_y^2}\right)_{\boldsymbol{k}=\boldsymbol{k}_0}\right]^{-1},$$

$$m_{zz}^0 = \left[\frac{1}{\hbar^2}\left(\frac{\partial^2\varepsilon(\boldsymbol{k})}{\partial k_z^2}\right)_{\boldsymbol{k}=\boldsymbol{k}_0}\right]^{-1}. \tag{5.19}$$

Diese sind positiv, wenn die Funktion $\varepsilon(\boldsymbol{k})$ an der Stelle $\boldsymbol{k} = \boldsymbol{k}_0$ ein Minimum besitzt. Die Begründung dafür ist einfach: Wenn $\varepsilon(\boldsymbol{k})$ bei $\boldsymbol{k} = \boldsymbol{k}_0$ ein Minimum hat, muß in (5.18) $\left(\frac{\partial^2\varepsilon(\boldsymbol{k})}{\partial k_i^2}\right)_{\boldsymbol{k}=\boldsymbol{k}_0} > 0$ sein. Mit (5.19) folgt dann sofort $m_{xx}^0 > 0$, $m_{yy}^0 > 0$, $m_{zz}^0 > 0$. Hat $\varepsilon(\boldsymbol{k})$ an der Stelle $\boldsymbol{k} = \boldsymbol{k}_0$ dagegen ein Maximum, so ist nach (5.18) wegen $\varepsilon(\boldsymbol{k}) < \varepsilon(\boldsymbol{k}_0)$ in einer Umgebung von $\boldsymbol{k}_0$ der Ausdruck $\left(\frac{\partial^2\varepsilon(\boldsymbol{k})}{\partial k_i^2}\right)_{\boldsymbol{k}=\boldsymbol{k}_0} < 0$, und mit (5.19) ergeben sich negative Bandkantenmassen ($m_{xx}^0 < 0$, $m_{yy}^0 < 0$, $m_{zz}^0 < 0$).

Ganz allgemein kann man feststellen, daß die Massen an der unteren Bandkante positiv und an der oberen negativ sind (vgl. Abb. 4.10b).

Elektronen mit negativer Bandkantenmasse bzw. allgemein mit *negativer effektiver Masse* verhalten sich wie *positiv geladene Quasiteilchen* und werden auch so behandelt. Man nennt sie dann (wie bereits aus Kapitel 1 bekannt) *Löcher* oder *Defektelektronen*.

Neben den $\boldsymbol{k}$-abhängigen (durch (5.8) definierten) effektiven Massen und den Bandkantenmassen wollen wir noch die sogenannte *mittlere effektive Masse* $\overline{m}^*$ einführen. Dazu betrachten wir jedoch zunächst die Elektronenkonzentration n und die Zustandsdichte $g(\varepsilon)$ in Abhängigkeit von der Energie im Falle eines quadratischen Dispersionsgesetzes.

Gemäß (1.17) entspricht jedem Energieniveau im reziproken Raum das Volumen $\frac{(2\pi)^3}{\mathsf{V}}$ ein, wobei V das Kristallvolumen bedeutet. Eine geschlossene Isoenergiefläche $\varepsilon =$ const, die im reziproken Raum das Volumen $\Phi(\varepsilon)$ beinhaltet, enthält somit unter Berücksichtigung der Spinentartung $\Phi(\varepsilon)\Big/\frac{(2\pi)^3}{\mathsf{V}}$ doppelt besetzbare Niveaus, also

$$N = \frac{2\Phi(\varepsilon)\,\mathsf{V}}{(2\pi)^3}. \tag{5.20}$$

Hieraus ergeben sich die durch (1.22) definierte Elektronenkonzentration $n(\varepsilon)$ und die durch (1.25) definierte Zustandsdichte $g(\varepsilon)$ zu

$$n(\varepsilon) = \frac{N}{\mathsf{V}} = 2\,\frac{\Phi(\varepsilon)}{(2\pi)^3} = \frac{\Phi(\varepsilon)}{4\pi^3} \tag{5.21}$$

und

$$g(\varepsilon) = \frac{1}{\mathsf{V}}\frac{\mathrm{d}N}{\mathrm{d}\varepsilon} = \frac{\mathrm{d}n}{\mathrm{d}\varepsilon} = \frac{1}{4\pi^3}\frac{\mathrm{d}\Phi(\varepsilon)}{\mathrm{d}\varepsilon}. \tag{5.22}$$

Liegt eine isotrope quadratische Dispersionsbeziehung $\varepsilon(\boldsymbol{k}) = \frac{\hbar^2 \boldsymbol{k}^2}{2m^*}$ vor, wobei m^* die (skalare) effektive Masse ist, und sind somit die Isoenergieflächen Kugeln mit dem Radius $k = \frac{1}{\hbar}\sqrt{2m^*\varepsilon}$, so ist

$$\Phi(\varepsilon) = \frac{4\pi}{3}\left(\frac{\sqrt{2m^*}}{\hbar}\right)^3 \varepsilon^{3/2}. \tag{5.23}$$

Mit (5.21) und (5.22) erhält man

$$n(\varepsilon) = \frac{2}{3}\,\frac{\sqrt{2}}{\pi^2\hbar^3}\, m^{*3/2}\varepsilon^{3/2} \tag{5.24}$$

und

$$g(\varepsilon) = \frac{\sqrt{2}}{\pi^2\hbar^3}\, m^{*3/2}\varepsilon^{1/2}\,. \tag{5.25}$$

Hat die quadratische Dispersionsbeziehung jedoch die Form

$$\varepsilon(\boldsymbol{k}) = \frac{\hbar^2}{2}\left(\frac{k_x^2}{m_{xx}} + \frac{k_y^2}{m_{yy}} + \frac{k_z^2}{m_{zz}}\right),$$

so sind die Flächen konstanter Energie Ellipsoide mit den Halbachsen $\mathsf{a} = \frac{1}{\hbar}\sqrt{2m_{xx}\varepsilon}$, $\mathsf{b} = \frac{1}{\hbar}\sqrt{2m_{yy}\varepsilon}$, $\mathsf{c} = \frac{1}{\hbar}\sqrt{2m_{zz}\varepsilon}$. Das von den Isoenergieflächen eingeschlossene Volumen ist

$$\Phi(\varepsilon) = \frac{4\pi}{3}\,\mathsf{abc} = \frac{4\pi}{3}\left(\frac{\sqrt{2}}{\hbar}\right)^3 (m_{xx}m_{yy}m_{zz})^{1/2}\,\varepsilon^{3/2}\,. \tag{5.26}$$

Hieraus ergeben sich die Elektronenkonzentration und Zustandsdichte mit (5.21) und (5.22) zu

$$n(\varepsilon) = \frac{2}{3}\,\frac{\sqrt{2}}{\pi^2\hbar^3}\,(m_{xx}m_{yy}m_{zz})^{1/2}\,\varepsilon^{3/2} \tag{5.27}$$

und

$$g(\varepsilon) = \frac{\sqrt{2}}{\pi^2\hbar^3}\,(m_{xx}m_{yy}m_{zz})^{1/2}\,\varepsilon^{1/2}. \tag{5.28}$$

Schreibt man (5.27) und (5.28) in einer zu (5.24) und (5.25) analogen Form

$$n(\varepsilon) = \frac{2}{3}\,\frac{\sqrt{2}}{\pi^2\hbar^3}\,\overline{m}^{*3/2}\varepsilon^{3/2}\,, \qquad g(\varepsilon) = \frac{\sqrt{2}}{\pi^2\hbar^3}\,\overline{m}^{*3/2}\varepsilon^{1/2}\,, \tag{5.29}$$

so erhält man durch Vergleich

$$\overline{m}^* = (m_{xx}m_{yy}m_{zz})^{1/3} . \tag{5.30}$$

Die auf diese Weise eingeführte Masse $\overline{m}^*$ nennt man *mittlere effektive Masse*. Sie ist das geometrische Mittel der Tensorkomponenten m_{xx}, m_{yy}, m_{zz}.

Besteht die gesamte Fermi-Fläche aus p gleichen Ellipsoiden, so sind die Ausdrücke (5.27) und (5.28) folgendermaßen zu modifizieren:

$$n(\varepsilon) = \frac{2}{3}\frac{\sqrt{2}}{\pi^2\hbar^3}\,p(m_{xx}m_{yy}m_{zz})^{1/2}\,\varepsilon^{3/2} , \tag{5.31}$$

$$g(\varepsilon) = \frac{\sqrt{2}}{\pi^2\hbar^3}\,p(m_{xx}m_{yy}m_{zz})^{1/2}\,\varepsilon^{1/2} . \tag{5.32}$$

Als mittlere effektive Masse ergibt sich in diesem Fall

$$\overline{m}^* = p^{2/3}(m_{xx}m_{yy}m_{zz})^{1/3} . \tag{5.33}$$

Nachdem wir uns so ausführlich mit der effektiven Masse der Kristallelektronen beschäftigt haben, wollen wir abschließend noch ein paar Bemerkungen zu den verschiedenen Geschwindigkeitsangaben $\boldsymbol{v}$, $\boldsymbol{v}(\boldsymbol{r})$, $\boldsymbol{v}(\boldsymbol{k})$ und $\frac{\mathrm{d}\boldsymbol{k}}{\mathrm{d}t}$ ausführen. Nur wenn ihre Bedeutung klar ist, kann man das Verhalten der Kristallelektronen richtig verstehen.

Grundsätzlich halten wir erst einmal fest, daß es nur im Ortsraum (x, y, z) einen Sinn hat, von der Geschwindigkeit eines Kristallelektrons zu sprechen, denn nur hier bewegt es sich wirklich. Um anzudeuten, daß die Geschwindigkeit $\boldsymbol{v}$ vom Ortsvektor abhängt, schreiben wir

$$\left.\begin{aligned} &\boldsymbol{v} = \boldsymbol{v}(\boldsymbol{r}) , \\ &\text{und es gilt} \\ &\boldsymbol{v}(\boldsymbol{r}) = \frac{\mathrm{d}\boldsymbol{r}}{\mathrm{d}t} . \end{aligned}\right\} \tag{5.34}$$

In Kapitel 3 haben wir aus Zweckmäßigkeitsgründen zur Beschreibung für das Verhalten der Kristallelektronen den reziproken Raum ($\boldsymbol{k}$-Raum; k_x, k_y, k_z) eingeführt. Nun läßt sich die Geschwindigkeit $\boldsymbol{v}$ auch durch den $\boldsymbol{k}$-Vektor (der den Quantenzustand des Elektrons im Kristall charakterisiert) ausdrücken, und es gilt

$$\boldsymbol{v} = \boldsymbol{v}(\boldsymbol{k}) = \frac{1}{\hbar}\nabla_{\boldsymbol{k}}\varepsilon(\boldsymbol{k}) . \tag{5.35}$$

Das bedeutet aber nicht, daß $\boldsymbol{v}(\boldsymbol{k})$ die Geschwindigkeit des Kristallelektrons im reziproken Raum ist. In dem mathematischen Gebilde, das wir reziproken Raum nennen, kann sich selbstverständlich kein Elektron bewegen; es kann sich (wie bereits erwähnt) nur im Ortsraum bewegen.

Die Bewegung der Elektronen im Ortsraum bedeutet eine Zustandsänderung dieser Elektronen und hat somit eine Änderung ihres $\boldsymbol{k}$-Vektors zur Folge. Insofern entspricht der Bewegung eines Elektrons im Ortsraum eine Bewegung des $\boldsymbol{k}$-Vektors im reziproken Raum. Als Geschwindigkeit im reziproken Raum bezeichnet man die zeitliche Änderung des $\boldsymbol{k}$-Vektors in diesem Raum $\mathrm{d}\boldsymbol{k}/\mathrm{d}t$.

Beschreibt man das Verhalten eines Elektrons unter Verwendung des reziproken Raumes, so benutzt man üblicherweise anstelle der schwerfälligen (aber exakten!) Formulierung „*die der Bewegung des Elektrons im Ortsraum entsprechende Bewegung des **k**-Vektors im reziproken Raum*“ die einfachere (allerdings zu Mißverständnissen Anlaß gebende!) Ausdrucksweise „*Bewegung des Elektrons im **k**-Raum*“. Gleichermaßen spricht man innerhalb der quasiklassischen Darstellung von der „*Bahnkurve des Elektrons im **k**-Raum*“. Man muß sich jedoch stets über die Unexaktheit dieser Redeweise im klaren sein und sie dementsprechend richtig deuten.

5.2. Bewegung der Kristallelektronen unter dem Einfluß der Lorentz-Kraft

Nachdem wir im vorangegangenen Abschnitt gesehen haben, welche Konsequenzen sich allgemein aus dem Auftreten einer äußeren Kraft für die Beschreibung der Kristallelektronen ergeben, befassen wir uns jetzt mit der Wirkung einer speziellen äußeren Kraft, der Lorentz-Kraft $\boldsymbol{F}_\mathrm{L}$, genauer. Wir setzen dementsprechend für die weiteren Betrachtungen ein homogenes Magnetfeld voraus, das gemäß den einleitenden Bemerkungen zu diesem Kapitel zeitlich konstant sein soll. Ohne Beschränkung der Allgemeinheit können wir ein cartesisches Koordinatensystem (x, y, z) immer so legen, daß

$$\boldsymbol{B} = (0, 0, B) \tag{5.36}$$

gilt.

5.2.1. Bewegungsgleichungen

Auf ein freies Elektron, das sich in einem äußeren Magnetfeld der magnetischen Induktion $\boldsymbol{B}$ mit der Geschwindigkeit $\boldsymbol{v}$ bewegt, wirkt die Lorentz-Kraft.

$$\boldsymbol{F}_\mathrm{L} = -|e|\, \boldsymbol{v} \times \boldsymbol{B}\,. \tag{5.37}$$

Infolgedessen bewegt es sich im allgemeinen Fall auf einer Schraubenbahn um die Richtung des Magnetfeldes. Die Umlaufkreisfrequenz in der Ebene senkrecht zum Feld wird Zyklotronfrequenz ω_c genannt. Sie ergibt sich in Abhängigkeit vom Magnetfeld zu

$$\omega_\mathrm{c} = \frac{|e|\, B}{m_0} \tag{5.38}$$

(m_0: Masse des freien Elektrons)

und somit unabhängig von der Geschwindigkeit $\boldsymbol{v}$ und dem Bahnradius

$$r_\mathrm{c} = \frac{m_0 v}{|e|\, B}\,. \tag{5.39}$$

Die Ganghöhe der Schraube

$$h_\mathrm{c} = 2\frac{m_0 v_{\boldsymbol{B}}}{|e| B} \tag{5.40}$$

hängt (außer vom Magnetfeld selbst) nur von der Geschwindigkeitskomponente in Magnetfeldrichtung $v_{\boldsymbol{B}}$ ab.

In etwa gleicher Weise verhalten sich die quasifreien Kristallelektronen unter dem Einfluß eines Magnetfeldes, obwohl ihre Zyklotronbewegung durch die Wechselwirkung mit Phononen, Gitterdefekten, Störstellen sowie anderen Elektronen behindert wird. Da die Kristallelektronen im allgemeinen eine von m_0 verschiedene und von $\boldsymbol{k}$ abhängige Masse besitzen (das bedeutet, die effektive Masse der Elektronen kann sich während der Bewegung laufend ändern), wird die Zyklotronfrequenz[1]) nicht mehr durch (5.38), sondern durch

$$\omega_c = \frac{|e|\, B}{m_c^*} \tag{5.41}$$

gegeben. m_c^* heißt *effektive Zyklotronmasse.* Sie unterscheidet sich grundlegend von der in Abschnitt 5.1. eingeführten effektiven Masse; ihre physikalische Bedeutung arbeiten wir in Abschnitt 5.3. heraus.

Für die quasifreien Kristallelektronen lautet die Bewegungsgleichung (5.37) mit (5.5) und (5.35)

$$\hbar \frac{\mathrm{d}\boldsymbol{k}}{\mathrm{d}t} = -\, |e|\, \boldsymbol{v}(\boldsymbol{k}) \times \boldsymbol{B}\,. \tag{5.42}$$

Hieraus folgt, daß $\mathrm{d}\boldsymbol{k}/\mathrm{d}t$ stets senkrecht zu $\boldsymbol{v}$ und $\boldsymbol{B}$ gerichtet ist.

Als nächstes fragen wir nach der zeitlichen Änderung der Energie $\varepsilon(\boldsymbol{k})$ eines Kristallelektrons im Magnetfeld. Sie ergibt sich einerseits unter Beachtung von (5.3) formal zu

$$\frac{\mathrm{d}\varepsilon(\boldsymbol{k})}{\mathrm{d}t} = \nabla_{\boldsymbol{k}}\varepsilon(\boldsymbol{k}) \cdot \frac{\mathrm{d}\boldsymbol{k}}{\mathrm{d}t} = \hbar\boldsymbol{v}(\boldsymbol{k}) \cdot \frac{\mathrm{d}\boldsymbol{k}}{\mathrm{d}t}\,. \tag{5.43}$$

Andererseits erhält man aus (5.42) durch skalare Multiplikation mit $\boldsymbol{v}(\boldsymbol{k})$

$$\hbar\boldsymbol{v}(\boldsymbol{k}) \cdot \frac{\mathrm{d}\boldsymbol{k}}{\mathrm{d}t} = -\, |e|\, \boldsymbol{v}(\boldsymbol{k}) \cdot \big(\boldsymbol{v}(\boldsymbol{k}) \times \boldsymbol{B}\big) = 0\,, \tag{5.44}$$

so daß ein Vergleich von (5.43) und (5.44) zu

$$\frac{\mathrm{d}\varepsilon(\boldsymbol{k})}{\mathrm{d}t} = 0 \tag{5.45}$$

führt. Diese Beziehung besagt, daß sich die Energie eines Elektrons bei seiner Bewegung im Magnetfeld nicht ändert. Außerdem folgt hieraus für die der Elektronenbewegung entsprechende Bewegung des $\boldsymbol{k}$-Vektors die Bedingung

$$\varepsilon(\boldsymbol{k}) = \text{const}\,. \tag{5.46}$$

Unter Beachtung von (5.36) sowie

$$\begin{aligned} \boldsymbol{v}(\boldsymbol{k}) &= (v_x, v_y, v_z) \\ &= \left(\frac{1}{\hbar}\,(\nabla_{\boldsymbol{k}}\varepsilon(\boldsymbol{k}))_x\,,\ \frac{1}{\hbar}\,(\nabla_{\boldsymbol{k}}\varepsilon(\boldsymbol{k}))_y\,,\ \frac{1}{\hbar}\,(\nabla_{\boldsymbol{k}}\varepsilon(\boldsymbol{k}))_z\right) \end{aligned} \tag{5.47}$$

kann man (5.42) durch die drei Koordinatengleichungen

$$\hbar \frac{\mathrm{d}k_x}{\mathrm{d}t} = -|e|\, v_y B\,, \qquad \hbar \frac{\mathrm{d}k_y}{\mathrm{d}t} = +|e|\, v_x B\,, \qquad \hbar \frac{\mathrm{d}k_z}{\mathrm{d}t} = 0 \tag{5.48}$$

[1]) Entsprechend der üblichen Bezeichnungsweise nennen wir ω_c auch im weiteren Zyklotronfrequenz, obwohl ω_c eigentlich eine Kreisfrequenz darstellt.

ausdrücken und entnimmt der dritten Gleichung unmittelbar

$$k_z = \text{const} = k_{\boldsymbol{B}} . \tag{5.49}$$

Die Komponente des Quasiimpulses in Magnetfeldrichtung ($\hbar k_z \boldsymbol{e}_z = \hbar \boldsymbol{k}_{\boldsymbol{B}}$; $\boldsymbol{e}_z$: Einheitsvektor) ändert sich also bei der Bewegung des Elektrons nicht; sie ist eine Konstante der Bewegung.

Aus (5.46) und (5.49) sowie der ersten Folgerung aus (5.42) ergibt sich der für die weiteren Betrachtungen wichtige Satz:

> *Der $\boldsymbol{k}$-Vektor bewegt sich im reziproken Raum* (entsprechend der Bewegung des Kristallelektrons im Ortsraum) *auf der Schnittkurve einer Isoenergiefläche* $\varepsilon(\boldsymbol{k}) = \text{const}$ *mit der Ebene* $k_{\boldsymbol{B}} = \text{const}$ *senkrecht zum Magnetfeld.*

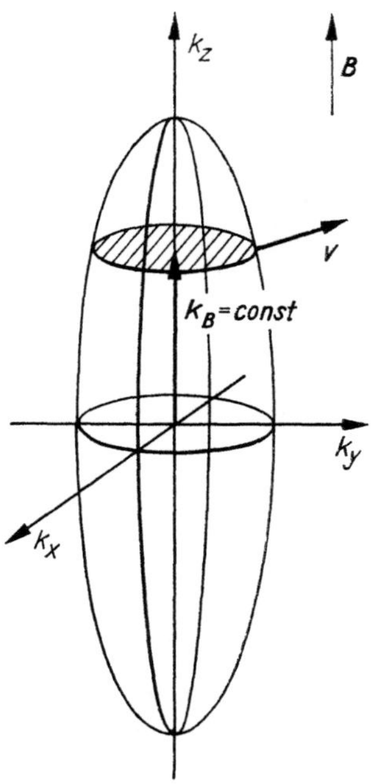

Abb. 5.2.
Zur Definition der Zyklotronbahn

Abbildung 5.2 veranschaulicht diesen Sachverhalt anhand einer ellipsoidalen Isoenergiefläche. Die Schnittkurve, auf der sich der $\boldsymbol{k}$-Vektor bewegt, nennt man *Zyklotronbahn.*[1]) Je nach der Topologie der Isoenergiefläche können Zyklotronbahnen *geschlossen* oder *offen* sein. Mit ihren Eigenschaften befassen wir uns im folgenden Abschnitt ausführlich. Wir wollen hier nur noch einmal die Formeln zusammenfassen, die man für die quasiklassische Beschreibung der Bewegung der Kristallelektronen in einem äußeren Magnetfeld benötigt:

$$\boxed{\begin{aligned} &\hbar \frac{\mathrm{d}\boldsymbol{k}}{\mathrm{d}t} = -|e|\, \boldsymbol{v}(\boldsymbol{k}) \times \boldsymbol{B}; \qquad && \boldsymbol{v}(\boldsymbol{k}) = \frac{1}{\hbar} \nabla_{\boldsymbol{k}} \varepsilon(\boldsymbol{k}); \\ &\varepsilon(\boldsymbol{k}) = \text{const}; && k_{\boldsymbol{B}} = \text{const}. \end{aligned}} \tag{5.50}$$

[1]) Häufig findet man die unexakte Formulierung: „die Elektronen bewegen sich auf den Zyklotronbahnen“.

5.2.2. Charakterisierung der Zyklotronbahnen

Bereits im vorangegangenen Abschnitt haben wir bemerkt, daß die Zyklotronbahnen geschlossen oder offen sein können. Abbildung 5.3 zeigt eine offene und mehrere geschlossene Zyklotronbahnen auf einer vielfach verzweigten Isoenergiefläche.

Im weiteren beschränken wir uns auf die geschlossenen Zyklotronbahnen. Der $\boldsymbol{k}$-Vektor durchläuft diese Bahnen periodisch mit der Zyklotronfrequenz ω_c gemäß (5.41). In vereinfachter Redeweise bedeutet das, „die Elektronen bewegen sich auf den geschlossenen Zyklotronbahnen mit der Zyklotronfrequenz ω_c".

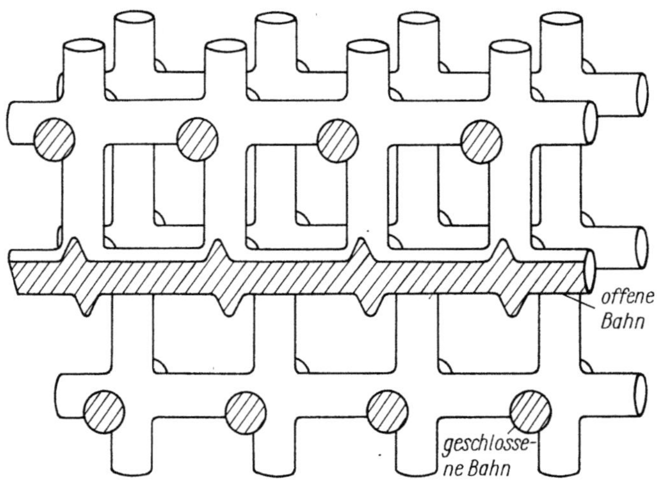

Abb. 5.3.
Geschlossene und offene Zyklotronbahnen

Um weitere Eigenschaften der Bewegung auf geschlossenen Zyklotronbahnen zu erkennen, betrachten wir jetzt der Einfachheit und Übersichtlichkeit halber eine kugelförmige Isoenergiefläche der Energie ε_0. Entsprechend der isotropen quadratischen Dispersion gilt

$$\frac{\hbar^2}{2m^*}(k_x^2 + k_y^2 + k_z^2) = \varepsilon_0 . \tag{5.51}$$

Für $\boldsymbol{B}$ parallel zur k_z-Achse ist $k_z = k_{\boldsymbol{B}} = \text{const}$, und (5.51) läßt sich in der Form

$$k_x^2 + k_y^2 = \frac{2m^*}{\hbar^2}\varepsilon_0 - k_{\boldsymbol{B}}^2 = k_\perp^2 \tag{5.52}$$

schreiben. Das ist aber die Gleichung eines Kreises in der (k_x, k_y)-Ebene mit dem Radius

$$k_\perp = \sqrt{\frac{2m^*}{\hbar^2}\varepsilon_0 - k_{\boldsymbol{B}}^2} . \tag{5.53}$$

Es ist natürlich nicht verwunderlich, daß die Zyklotronbahnen auf kugelförmigen Isoenergieflächen Kreise sind. Bei anders geformten Isoenergieflächen ergeben sich naturgemäß anders geformte Zyklotronbahnen. Dennoch lassen sich die Aussagen, die wir ausgehend von (5.53) treffen, leicht verallgemeinern:

1. Alle Zyklotronbahnen sind zweifach entartet. Aus (5.53) folgt direkt, daß die zu k_B und $-k_B$ gehörenden Zyklotronbahnen denselben Radius $k_\perp$ haben (vgl. Abb. 5.4). Letzteres läßt sich wegen der Symmetrieeigenschaften der Isoenergieflächen (siehe Abschnitt 4.3.1.) allgemeiner formulieren. Die zu k_B und $-k_B$ gehörenden Zyklotronbahnen sind formgleich.

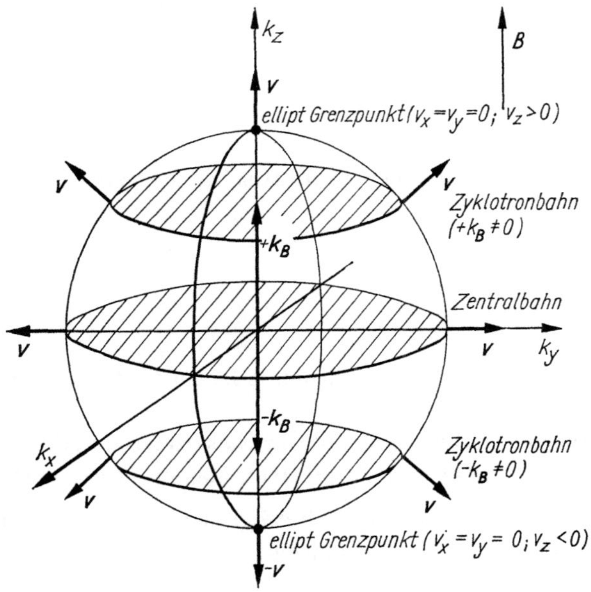

Abb. 5.4.
Zyklotronbahnen auf einer kugelförmigen Isoenergiefläche (Zur Erläuterung von Zentralbahnen und Grenzpunkten)

2. Die speziellen Zyklotronbahnen, für die $k_B = 0$ ist, bezeichnet man als *Zentralbahnen*. Für sie ist charakteristisch, daß ihr Mittelpunkt mit dem Symmetriezentrum (Nullpunkt) der Isoenergiefläche zusammenfällt (vgl. Abb. 5.4).

3. Für $k_B = \pm \sqrt{\frac{2m^*}{\hbar^2} \varepsilon_0}$ wird der Bahnradius $k_\perp = 0$ gemäß (5.53); die Zyklotronbahnen entarten in einen Punkt. In diesem Fall tritt nur eine Geschwindigkeitskomponente in Magnetfeldrichtung auf, denn wegen $k_\perp = 0$ gilt nach (5.52) $k_x = k_y = 0$. Nur $k_B = k_z = \pm \sqrt{\frac{2m^*}{\hbar^2} \varepsilon_0}$ ist von Null verschieden. Mit (5.3) ist dann bei isotroper quadratischer Dispersion $v_x = v_y = 0$

$$v_z = \pm \sqrt{\frac{2\varepsilon_0}{m^*}} \tag{5.54}$$

und somit $\boldsymbol{v} \parallel \boldsymbol{B}$ bzw. $-\boldsymbol{v} \parallel \boldsymbol{B}$.

Ist die Isoenergiefläche gerade die Fermi-Fläche, so ergibt sich nach (5.54) die Fermi-Geschwindigkeit zu

$$v_F = \pm \sqrt{\frac{2\varepsilon_F}{m^*}}. \tag{5.55}$$

Ganz allgemein bezeichnet man die Punkte, in die die Zyklotronbahnen entarten und in denen dann nur eine Geschwindigkeitskomponente in Magnetfeldrichtung auftritt, als *Grenzpunkte*. Für die kugelförmige Isoenergiefläche sind sie in Abbildung 5.4 eingetragen.

Man unterscheidet entsprechend der Gaußschen Krümmung[1]) K der Isoenergiefläche *elliptische* ($\mathsf{K} > 0$), *hyperbolische* ($\mathsf{K} < 0$) und *parabolische* ($\mathsf{K} = 0$) Grenzpunkte. Beispielsweise sind alle auf einer kugelförmigen oder ellipsoidalen Isoenergiefläche möglichen Grenzpunkte elliptische. Ohne die Rechnungen hier anzuführen, wollen wir die Gaußsche Krümmung für die hier diskutierte kugelförmige Isoenergiefläche angeben. Es ist

$$\mathsf{K} = \frac{\hbar^2}{2m^*\varepsilon_0}{}^2 . \tag{5.56}$$

Hieraus ergibt sich mit (5.54) bei isotroper quadratischer Dispersion die effektive Masse zu

$$m^* = \frac{\hbar}{v_z\sqrt{\mathsf{K}}} = \frac{\hbar}{v\sqrt{\mathsf{K}}} \tag{5.57}$$

(wegen $v_z = v$ im Grenzpunkt).

Bei allgemeiner quadratischer Dispersion (ellipsoidale Isoenergieflächen) ergäbe sich anstelle von m^* die Tensorkomponente m_{zz}.

Somit lassen sich allein aus der Geschwindigkeit der Elektronen und der Gaußschen Krümmung in elliptischen Grenzpunkten die effektiven Massen bestimmen.

4. Mit Ausnahme der Zentralbahnen tritt bei der Bewegung auf allen übrigen Bahnen eine Geschwindigkeitskomponente in Magnetfeldrichtung auf. Zu einem Stromfluß kann es jedoch im Kristall nicht kommen, da infolge der zweifachen Entartung der Zyklotronbahnen jede Geschwindigkeitskomponente durch eine gleichgroße, aber ihr entgegen gerichtete kompensiert wird.

Unter allen Zyklotronbahnen müssen wir noch eine besondere Bahngruppe hervorheben; es sind dies die *Extremalbahnen*. Man unterscheidet *zentrale* und *nichtzentrale* Extremalbahnen, je nachdem, ob ihr Mittelpunkt mit dem Zentrum (Nullpunkt) der Isoenergiefläche zusammenfällt oder nicht. Charakteristisch für eine Extremalbahn ist ihre extremale Länge (bezogen auf einen vollen Umlauf) gegenüber der benachbarter Bahnen. Zur Erläuterung zeigt Abbildung 5.5 eine zentrale und zwei nichtzentrale Extremalbahnen.

Wir wenden uns jetzt der Frage zu, in welchem Verhältnis die (geschlossenen) Zyklotronbahnen im reziproken Raum zu den wirklichen Elektronenbahnen im Ortsraum stehen. Dazu gehen wir von der Bewegungsgleichung (5.42) aus, schreiben diesmal aber für die Geschwindigkeit $\boldsymbol{v}$ gemäß (5.34) $\mathrm{d}\boldsymbol{r}/\mathrm{d}t$, also

$$\hbar\frac{\mathrm{d}\boldsymbol{k}}{\mathrm{d}t} = -\,|e|\frac{\mathrm{d}\boldsymbol{r}}{\mathrm{d}t} \times \boldsymbol{B} . \tag{5.58}$$

[1]) Die Gaußsche Krümmung berechnet sich aus den Hauptkrümmungsradien R_1 und R_2 der Isoenergiefläche im betrachteten Punkt zu $\mathsf{K} = \frac{1}{R_1R_2}$. Genaueres s. beispielsweise I. N. Bronstein, K. A. Semendjajew [13].

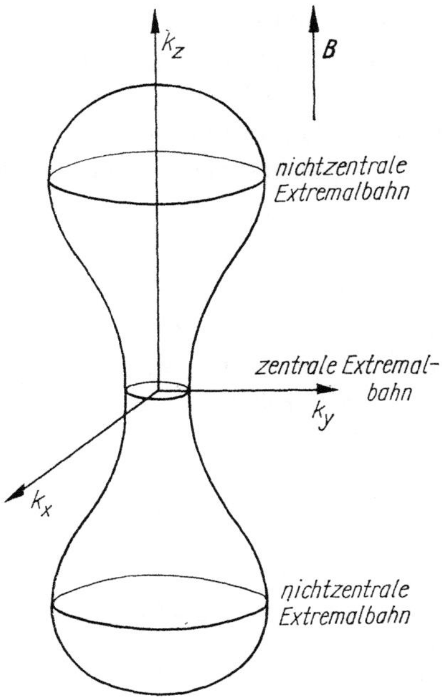

Abb. 5.5. Extremalbahnen

Man kann diese Gleichung integrieren, wenn man die Projektion der Bewegung der Elektronen im Ortsraum auf die Ebene senkrecht zum Magnetfeld $((x,y)$-Ebene$)$ betrachtet. Ist $\mathrm{d}\boldsymbol{r}_\perp$ ein Element der Projektion der Elektronenbahn auf die (x,y)-Ebene und ist ferner $\mathrm{d}\boldsymbol{l_k}$ ein Element der entsprechenden Zyklotronbahn im reziproken Raum, so wird aus (5.58)

$$\hbar \frac{\mathrm{d}\boldsymbol{l_k}}{\mathrm{d}t} = -|e| \frac{\mathrm{d}\boldsymbol{r}_\perp}{\mathrm{d}t} \times \boldsymbol{B} . \tag{5.59}$$

Hierbei ist

$$\frac{\mathrm{d}\boldsymbol{r}_\perp}{\mathrm{d}t} \equiv \boldsymbol{v}_\perp = \left(\frac{\mathrm{d}x}{\mathrm{d}t}, \frac{\mathrm{d}y}{\mathrm{d}t}, 0\right) = (v_x, v_y, 0) \tag{5.60}$$

die Geschwindigkeit des Elektrons in der Ebene senkrecht zu $\boldsymbol{B}$. Unter Berücksichtigung von (5.60) lauten die beiden Koordinatengleichungen, die der Vektorgleichung (5.59) entsprechen:

$$\left.\begin{aligned} \hbar \frac{\mathrm{d}l_{k_x}}{\mathrm{d}t} &= -|e| \left(\frac{\mathrm{d}\boldsymbol{r}_\perp}{\mathrm{d}t} \times \boldsymbol{B}\right)_x = -|e|\, B \frac{\mathrm{d}y}{\mathrm{d}t}, \\ \hbar \frac{\mathrm{d}l_{k_y}}{\mathrm{d}t} &= -|e| \left(\frac{\mathrm{d}\boldsymbol{r}_\perp}{\mathrm{d}t} \times \boldsymbol{B}\right)_y = +|e|\, B \frac{\mathrm{d}x}{\mathrm{d}t}. \end{aligned}\right\} \tag{5.61}$$

Eine Integration über die Zeit ergibt schließlich

$$l_{k_x} = -\frac{|e|\, B}{\hbar} y , \qquad l_{k_y} = +\frac{|e|\, B}{\hbar} x . \tag{5.62}$$

Diese beiden Gleichungen besagen:

Die Projektion der Bahnkurve des Elektrons auf die zum Magnetfeld senkrechte Ebene im Ortsraum ist der entsprechenden Zyklotronbahn ähnlich

(d. h. einer Kreisbahn im Ortsraum entspricht auch eine Kreisbahn im reziproken Raum, einer elliptischen Bahn entspricht wieder eine elliptische, einer Hantelbahn wieder eine Hantelbahn usw.). Die Bahn im Ortsraum ist jedoch gegen die Zyklotronbahn im reziproken Raum um $-\pi/2$ gedreht und unterscheidet sich von ihr in den Linearabmessungen durch den Maßstabsfaktor $\frac{|e|\,B}{\hbar}$.

Abbildung 5.6 illustriert dieses Ergebnis anhand einer Hantelbahn. Die Zeichenebene ist die zum Magnetfeld senkrechte Ebene. Abbildung 5.6a zeigt die Projektion der Bewegung des Elektrons auf diese Ebene im Ortsraum; Abbildung 5.6b veranschaulicht die entsprechende Zyklotronbahn im reziproken Raum.

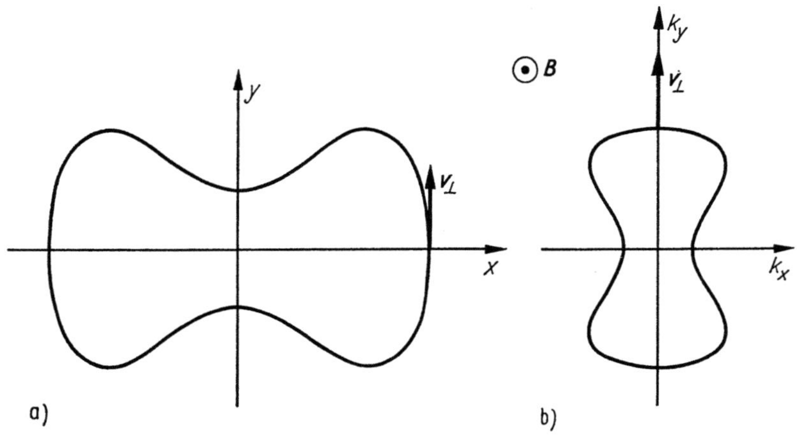

Abb. 5.6.
Zum Verhältnis einer Ladungsträgerbahn im Ortsraum (Projektion auf die (x,y)-Ebene) zu der ihr entsprechenden Zyklotronbahn im reziproken Raum
a) Bahn im Ortsraum
b) Zyklotronbahn im reziproken Raum

Derartige hantelförmige Zyklotronbahnen findet man beispielsweise bei Kupfer (vgl. Abb. 4.23) und bei stark dotiertem Tellur.

Wir können aus (5.62) noch eine weitere Aussage treffen, wenn wir die B-Abhängigkeit des Maßstabsfaktors bemerken. Die Stärke des Magnetfeldes hat ja keinen Einfluß auf die Form und die linearen Abmessungen der Zyklotronbahn, denn diese sind durch $\varepsilon(\boldsymbol{k}) = \text{const}$ und $k_{\boldsymbol{B}} = \text{const}$ und somit durch die Richtung des Magnetfeldes bestimmt. Eine Verstärkung des Magnetfeldes bewirkt lediglich eine Erhöhung der Zyklotronfrequenz ω_c (siehe (5.41)), also der Frequenz, mit der der $\boldsymbol{k}$-Vektor die Zyklotronbahn durchläuft.

Schreibt man (5.62) in der Form

$$y = -\frac{\hbar}{|e|\,B}\, l_{k_x}\,, \qquad x = +\frac{\hbar}{|e|\,B}\, l_{k_y}\,, \tag{5.63}$$

so sieht man, daß die Linearabmessungen der Bahn im Ortsraum (x, y) wegen der Magnetfeldunabhängigkeit von l_{k_x} und l_{k_y} mit zunehmendem B kleiner werden. Anders

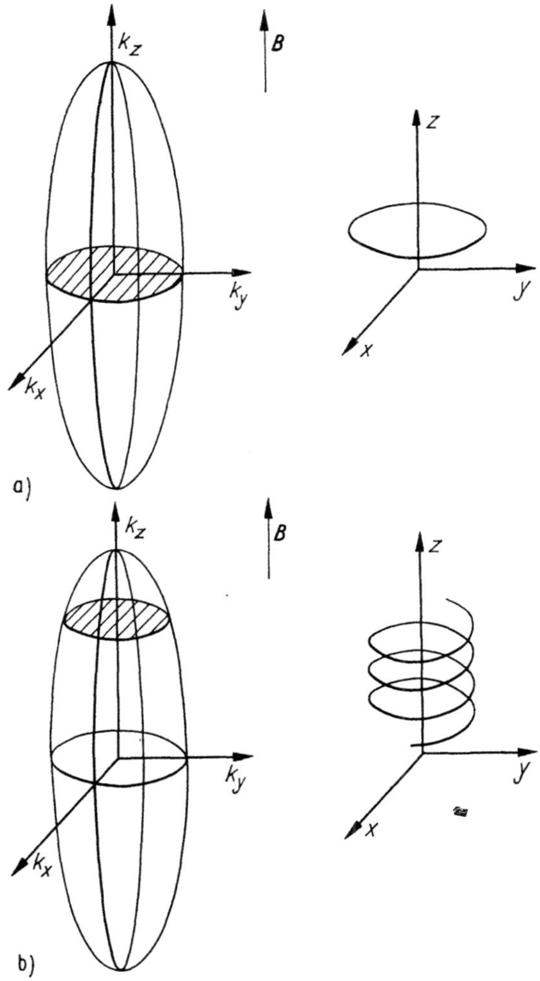

Abb. 5.7.
Zyklotronbahn im reziproken Raum und wirkliche Elektronenbahn im dreidimensionalen Ortsraum
a) Zyklotronbahn fällt mit einer Symmetrieebene der Isoenergiefläche zusammen
b) allgemeiner Fall

ausgedrückt, die Projektion der Elektronenbahn auf die (x,y)-Ebene im Ortsraum zieht sich mit steigendem Magnetfeld zusammen.

Bisher haben wir die Zyklotronbahn immer nur mit der Projektion der wirklichen Elektronenbewegung auf die (x,y)-Ebene verglichen. Solange die Zyklotronbahn geschlossen ist, ist diese Projektion ebenfalls eine geschlossene Kurve.

Um nun die Frage nach der wirklichen Bewegung im dreidimensionalen Ortsraum (und damit im Festkörper) beantworten zu können, betrachten wir zunächst Zyklotronbahnen, die mit Symmetrieebenen der Isoenergieflächen zusammenfallen. Diese Bahnen sind durch $k_B = 0$ charakterisiert. Sie entsprechen somit den Bahnen der Elektronen, die keinen Quasiimpuls in Magnetfeldrichtung und demzufolge im Ortsraum auch keine Bewegungskomponente in Magnetfeldrichtung besitzen ($\hbar \boldsymbol{k}_B = \boldsymbol{0}$; $\boldsymbol{v}_B = \boldsymbol{0}$). In diesem Fall erfolgt also die wirkliche Bewegung der Elektronen im Ortsraum auf geschlossenen Bahnen in der Ebene senkrecht zum Magnetfeld. Abbildung 5.7a illustriert diesen Sachverhalt, ausgehend von einer ellipsoidalen Isoenergiefläche.

Für alle anderen Bahnen gilt $k_B \neq 0$. Damit besitzen die entsprechenden Elektronen einen nichtverschwindenden Quasiimpuls und somit eine nichtverschwindende

Geschwindigkeitskomponente in Magnetfeldrichtung ($\hbar \boldsymbol{k}_B \neq \boldsymbol{0}$; $\boldsymbol{v}_B \neq \boldsymbol{0}$). In diesem Fall ist der Bewegung senkrecht zum Magnetfeld eine Bewegung in Feldrichtung überlagert. Die wirklichen Elektronenbahnen im Ortsraum sind nicht mehr geschlossen. In Abbildung 5.7b, bei der beispielsweise von einer ellipsoidalen Isoenergiefläche ausgegangen wird, ergibt sich eine „elliptische Schraube".

5.3. Die effektive Zyklotronmasse

Wir wollen jetzt versuchen, die in (5.41) eingeführte effektive Zyklotronmasse m_c^* genauer zu verstehen.

Ohne Beschränkung der Allgemeinheit gehen wir von einer ellipsoidalen Isoenergiefläche aus (siehe Abb. 5.8) und betrachten eine beliebige Zyklotronbahn auf ihr. Zum betrachteten Bahnpunkt P führe der Vektor $\boldsymbol{k}$, der sich durch einen dem Magnetfeld parallel gerichteten Vektor $\boldsymbol{k}_B$ und einen zum Feld senkrecht gerichteten Vektor $\boldsymbol{k}_\perp$ ausdrücken läßt. Es ist

$$\boldsymbol{k} = \boldsymbol{k}_B + \boldsymbol{k}_\perp \,. \tag{5.64}$$

Eine analoge Zerlegung gilt für die Geschwindigkeit $\boldsymbol{v}$ im Punkte P:

$$\boldsymbol{v} = \boldsymbol{v}_B + \boldsymbol{v}_\perp \,. \tag{5.65}$$

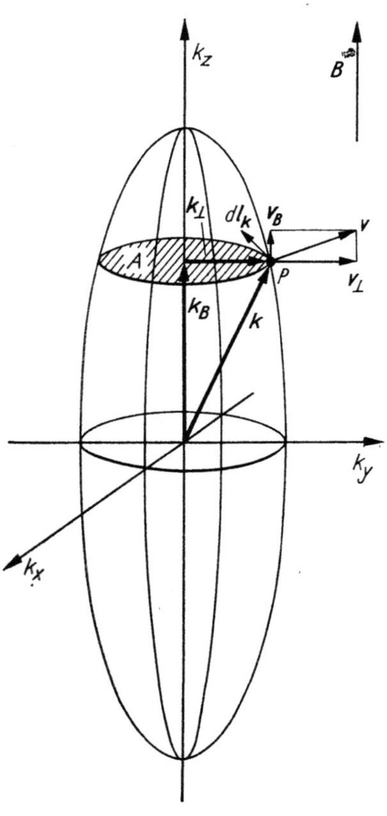

Abb. 5.8.
Zur Berechnung der effektiven Zyklotronmasse m_c^*

Mit (5.47) ist entsprechend dem in Abbildung 5.8 eingezeichneten Koordinatensystem

$$\left.\begin{aligned} v_{\boldsymbol{B}} &= v_z\,, \\ v_\perp &= \sqrt{v_x^2 + v_y^2}\,. \end{aligned}\right\} \tag{5.66}$$

Die Bewegung auf der Zyklotronbahn wird durch (5.59) beschrieben. Hieraus ergibt sich mit $dl_{\boldsymbol{k}} = \sqrt{\mathrm{d}l_{k_x}^2 + \mathrm{d}l_{k_y}^2}$ und unter Berücksichtigung von (5.61) die Betragsgleichung

$$\hbar \frac{\mathrm{d}l_{\boldsymbol{k}}}{\mathrm{d}t} = |e|\, v_\perp B\,. \tag{5.67}$$

Hiermit läßt sich die Zeit t_c, die der $\boldsymbol{k}$-Vektor für einen vollen Umlauf auf der Zyklotronbahn benötigt, folgendermaßen ausdrücken:

$$t_c = \oint \mathrm{d}t = \frac{\hbar}{|e|\, B} \oint \frac{\mathrm{d}l_{\boldsymbol{k}}}{v_\perp}. \tag{5.68}$$

Andererseits ist

$$t_c = \frac{2\pi}{\omega_c} = \frac{2\pi m_c^*}{|e|\, B}\,, \tag{5.69}$$

wobei hier für ω_c der Ausdruck (5.41) eingesetzt worden ist.

Aus dem Vergleich von (5.68) und (5.69) ergibt sich für die effektive Zyklotronmasse

$$m_c^* = \frac{\hbar}{2\pi} \oint \frac{\mathrm{d}l_{\boldsymbol{k}}}{v_\perp}. \tag{5.70}$$

Hieraus ersieht man, daß die effektive Zyklotronmasse bezüglich einer ganzen (geschlossenen) Bahnkurve im reziproken Raum definiert ist und nicht punktweise wie die „gewöhnliche“ effektive Masse. *Die effektive Zyklotronmasse stellt folglich eine entlang einer Zyklotronbahn gemittelte effektive Masse des Elektrons dar*; sie ist somit mehr eine *Eigenschaft der Bahn* als eine Eigenschaft eines einzelnen Elektrons. Es ist daher auch nicht verwunderlich, daß effektive Masse und effektive Zyklotronmasse eines Elektrons im allgemeinen nicht übereinstimmen.

Ausgehend von (5.70) wollen wir jetzt die effektive Zyklotronmasse in Abhängigkeit von der Fläche A ausdrücken, die von der Zyklotronbahn eingeschlossen wird. Anhand der Abbildung 5.8 (A ist hier schraffiert gezeichnet) vergewissert man sich, daß sich der Flächeninhalt zu

$$\mathrm{A} = \int \oint \mathrm{d}l_{\boldsymbol{k}}\, \mathrm{d}k_\perp \tag{5.71}$$

berechnen läßt. Aus (5.3) findet man

$$v_\perp = \frac{1}{\hbar} \frac{\mathrm{d}\varepsilon}{\mathrm{d}k_\perp}\,, \tag{5.72}$$

so daß hiermit (5.71) wird:

$$\mathrm{A}(k_{\boldsymbol{B}}, \varepsilon) = \frac{1}{\hbar} \int \mathrm{d}\varepsilon \oint \frac{\mathrm{d}l_{\boldsymbol{k}}}{v_\perp}. \tag{5.73}$$

Wir deuten hier an, daß A eine Funktion von $\boldsymbol{k_B}$ und der Energie ε (also abhängig von der Lage der Bahn auf der betrachteten Isoenergiefläche) ist. Aus (5.73) folgt

$$\frac{\partial \mathrm{A}(k_{\boldsymbol{B}}, \varepsilon)}{\partial \varepsilon} = \frac{1}{\hbar} \oint \frac{\mathrm{d}l_{\boldsymbol{k}}}{v_\perp} . \tag{5.74}$$

Setzt man diesen Ausdruck in (5.70) ein, so erhält man die für die Berechnung der effektiven Zyklotronmasse wichtige und nützliche Beziehung

$$m_c^*(k_{\boldsymbol{B}}, \varepsilon) = \frac{\hbar^2}{2\pi} \frac{\partial \mathrm{A}(k_{\boldsymbol{B}}, \varepsilon)}{\partial \varepsilon} . \tag{5.75}$$

Die effektive Zyklotronmasse hängt also im allgemeinen ebenfalls von $k_{\boldsymbol{B}}$ und ε ab. Mit der so dargestellten Zyklotronmasse kann man auch die Zyklotronfrequenz als Funktion von $k_{\boldsymbol{B}}$ und ε ausdrücken:

$$\omega_c(k_{\boldsymbol{B}}, \varepsilon) = \frac{2\pi\,|e|\,B}{\hbar^2} \left| \frac{\partial \mathrm{A}(k_{\boldsymbol{B}}, \varepsilon)}{\partial \varepsilon} \right|^{-1} . \tag{5.76}$$

(Der Sinn der Absolutstriche wird erst am Ende des Abschnittes klar.)

Wir wollen jetzt zur Übung m_c^* und ω_c für zwei wichtige Spezialfälle berechnen:
1. Es liege isotrope quadratische Dispersion vor:

$$\varepsilon(\boldsymbol{k}) = \frac{\hbar^2 \boldsymbol{k}^2}{2m^*} . \tag{5.77}$$

Die Isoenergieflächen sind Kugeln und die Zyklotronbahnen dementsprechend Kreise (siehe Abb. 5.9a).

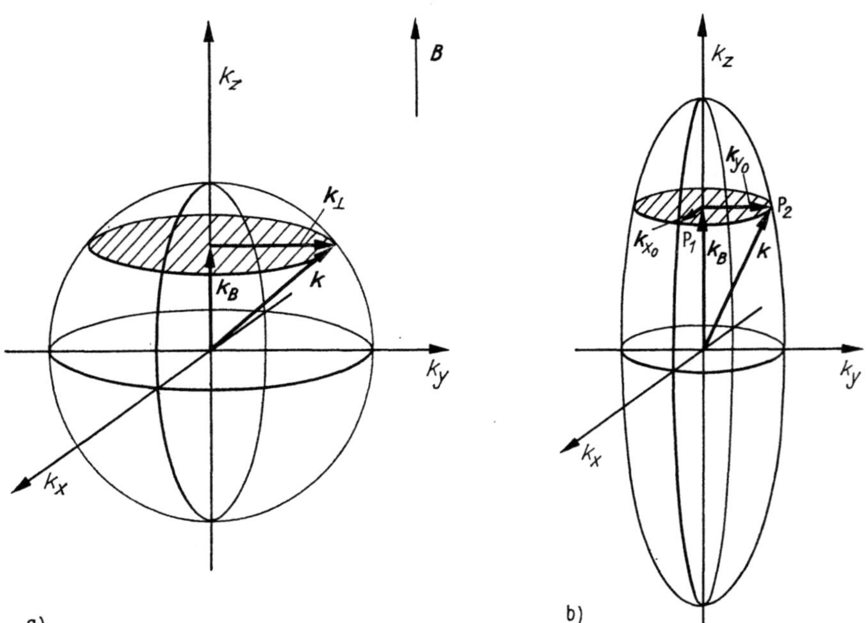

Abb. 5.9.
Zur Berechnung von m_c^* und ω_c auf speziellen Isoenergieflächen
a) Kugelförmige Isoenergiefläche
b) Ellipsoidale Isoenergiefläche

Um die effektive Zyklotronmasse nach (5.75) berechnen zu können, müssen wir zunächst $\mathrm{A}(k_{\boldsymbol{B}}, \varepsilon)$ ermitteln. Der Abbildung 5.9a entnimmt man

$$\mathrm{A}(k_{\boldsymbol{B}}, \varepsilon) = \pi k_{\perp}^2 = \pi(k^2 - k_{\boldsymbol{B}}^2)\,. \tag{5.78}$$

Mit Hilfe der Dispersionsbeziehung (5.77) wird

$$\mathrm{A}(k_{\boldsymbol{B}}, \varepsilon) = \pi\left(\frac{2m^*\varepsilon}{\hbar^2} - k_{\boldsymbol{B}}^2\right) \tag{5.79}$$

und somit

$$\frac{\partial \mathrm{A}(k_{\boldsymbol{B}}, \varepsilon)}{\partial \varepsilon} = \frac{2\pi m^*}{\hbar^2}. \tag{5.80}$$

Diesen Ausdruck in (5.75) sowie in (5.76) eingesetzt, ergibt

$$m_{\mathrm{c}}^* = \frac{\hbar^2}{2\pi}\frac{2\pi}{\hbar^2} m^* = m^* \tag{5.81}$$

und

$$\omega_{\mathrm{c}} = \frac{|e|\,B}{m^*}. \tag{5.82}$$

Wir bemerken:

> Im Falle isotroper quadratischer Dispersion stimmt die effektive Zyklotronmasse mit der effektiven Masse der Elektronen überein.
> Alle Zyklotronbahnen werden unabhängig von $k_{\boldsymbol{B}}$ mit derselben Zyklotronfrequenz durchlaufen.

2. Es liege quadratische Dispersion der Form

$$\varepsilon(\boldsymbol{k}) = \frac{\hbar^2}{2}\left(\frac{k_x^2}{m_{xx}} + \frac{k_y^2}{m_{yy}} + \frac{k_z^2}{m_{zz}}\right) \tag{5.83}$$

vor. Die Isoenergieflächen sind also Ellipsoide und die Zyklotronbahnen Ellipsen. Mit den Bezeichnungen in Abbildung 5.9b ergibt sich

$$\mathrm{A}(k_{\boldsymbol{B}}, \varepsilon) = \pi k_{x_0} k_{y_0}\,. \tag{5.84}$$

Mit Hilfe der Dispersionsbeziehung (5.83) kann man k_{x_0} und k_{y_0} berechnen, denn es gilt an den Punkten

$$P_1{:}\quad \varepsilon = \frac{\hbar^2}{2}\left(\frac{k_{x_0}^2}{m_{xx}} + \frac{k_{\boldsymbol{B}}^2}{m_{zz}}\right), \qquad P_2{:}\quad \varepsilon = \frac{\hbar^2}{2}\left(\frac{k_{y_0}^2}{m_{yy}} + \frac{k_{\boldsymbol{B}}^2}{m_{zz}}\right). \tag{5.85}$$

Hieraus erhält man

$$k_{x_0} = \sqrt{m_{xx}\left(\frac{2\varepsilon}{\hbar^2} - \frac{k_{\boldsymbol{B}}^2}{m_{zz}}\right)}, \qquad k_{y_0} = \sqrt{m_{yy}\left(\frac{2\varepsilon}{\hbar^2} - \frac{k_{\boldsymbol{B}}^2}{m_{zz}}\right)}. \tag{5.86}$$

Diese Werte in (5.84) eingesetzt, ergibt

$$\mathrm{A}(k_{\boldsymbol{B}}, \varepsilon) = \pi\sqrt{m_{xx}m_{yy}}\left(\frac{2\varepsilon}{\hbar^2} - \frac{k_{\boldsymbol{B}}^2}{m_{zz}}\right) \tag{5.87}$$

und

$$\frac{\partial \mathrm{A}(k_{\boldsymbol{B}}, \varepsilon)}{\partial \varepsilon} = \frac{2\pi}{\hbar^2}\sqrt{m_{xx}m_{yy}}\,. \tag{5.88}$$

Für die effektive Zyklotronmasse und die Zyklotronfrequenz der Ladungsträger erhält man hieraus mit (5.75) bzw. (5.76)

$$m_c^* = \sqrt{m_{xx} m_{yy}} \tag{5.89}$$

und

$$\omega_c = \frac{|e|\, B}{\sqrt{m_{xx} m_{yy}}}. \tag{5.90}$$

Im Falle allgemeiner quadratischer Dispersion stellt also die effektive Zyklotronmasse unabhängig von k_B das geometrische Mittel der Komponenten m_{xx} und m_{yy} der effektiven Masse dar. Ebenfalls unabhängig von k_B erfolgt die Bewegung (bei fest vorgegebener Magnetfeldkonfiguration) auf allen Zyklotronbahnen mit derselben Zyklotronfrequenz ω_c gemäß (5.90).

Sobald die Dispersionsbeziehung von der quadratischen abweicht, sind m_c^* und ω_c explizit von k_B abhängig. Das bedeutet, die verschiedenen Zyklotronbahnen werden mit unterschiedlicher Umlauffrequenz durchlaufen und die effektiven Zyklotronmassen ändern sich von Bahn zu Bahn.

Abschließend geben wir noch einige Bemerkungen zum Vorzeichen der effektiven Zyklotronmassen.

m_c^* ist gemäß (5.75) positiv, wenn $\frac{\partial A(k_B, \varepsilon)}{\partial \varepsilon} > 0$ ist, wenn sich also A mit zunehmender Energie vergrößert. Das ist der Fall, wenn die Zyklotronbahnen besetzte Zustände einschließen. Daher nennt man diese Zyklotronbahnen *Elektronenbahnen*, die entsprechende Isoenergiefläche *Elektronenfläche* und die zugehörige Zyklotronmasse *Elektronenmasse*.

Demgegenüber ist m_c^* negativ, wenn $\frac{\partial A(k_B, \varepsilon)}{\partial \varepsilon} < 0$ ist, wenn sich also A mit zunehmender Energie verkleinert. Die Zyklotronbahnen schließen in diesem Fall unbesetzte Zustände ein. Man spricht dann von *Löcherbahnen*. Analog bezeichnet man die entsprechende Isoenergiefläche als *Löcherfläche* und die zugehörige Zyklotronmasse als *Löchermasse*.

Zusammengefaßt gilt also:

$$m_c^* > 0: \text{Elektronenmasse}, \quad m_c^* < 0: \text{Löchermasse}\,. \tag{5.91}$$

Wir erinnern in diesem Zusammenhang daran, daß wir in völliger Übereinstimmung hiermit die spzielle Isoenergiefläche, die bei $T = 0$ K alle besetzten von den unbesetzten Zuständen trennt, *Elektronen-Fermi-Fläche* nennen, wenn die besetzten Zustände im Inneren dieser Fläche angeordnet sind. Befinden sich die besetzten Zustände außerhalb dieser Fläche, so sprechen wir von einer *Löcher-Fermi-Fläche* (vgl. Abschnitt 4.3.1.).

Im vorliegenden Kapitel haben wir uns mit der quasiklassischen Beschreibung der Bewegung der Kristallelektronen unter der Einwirkung einer äußeren Kraft befaßt. Dieses Herangehen ist für ein erstes Verständnis der Probleme angebracht und nützlich. Es zeichnet sich durch eine bequeme Handhabung aus, der mathematische Aufwand ist verhältnismäßig gering, die Anschaulichkeit ist hoch.

Die Beschreibung der Ladungsträger im Kristall als Teilchen, die sich auf bestimmten, exakt angebbaren Bahnen bewegen (nur in diesem Sinne ist von wirklichen Elektronenbahnen im Festkörper zu sprechen), hat sich in vielen Fällen bewährt und vermag sogar solche Effekte wie die diamagnetische Resonanz (siehe Kapitel 9) gut zu erklären. Sie berücksichtigt allerdings nicht, daß alle periodischen Bewegungen von Mikroteilchen gequantelt sind. Somit können mit ihr alle die Effekte nicht beschrieben werden, die auf der Quantisierung der Elektronenniveaus im Magnetfeld beruhen. Wir werden uns hiermit in Kapitel 7 befassen. Dort werden wir auch sehen und verstehen, daß die quasiklassische Beschreibung immer dann eine brauchbare Näherung darstellt, wenn die Quantisierungsenergie $\hbar\omega_c$ klein gegen die thermische Energie $k_B T$ (k_B: Boltzmann-Konstante) ist; wenn also

$$\hbar\omega_c \ll k_B T \qquad (5.92)$$

gilt. In jedem anderen Fall versagt sie jedoch. Mehr können wir an dieser Stelle zu den Grenzen der quasiklassischen Beschreibung nicht sagen.

Literaturhinweise

A. I. Anselm: Einführung in die Halbleitertheorie, [3], [3a]
J. M. Ziman: Prinzipien der Festkörpertheorie, [45]
W. Brauer: Einführung in die Elektronentheorie der Metalle, [11]

6. Die elektrische Leitfähigkeit

Wir befassen uns jetzt eingehend mit dem Verhalten der quasifreien Elektronen im Festkörper, wenn auf sie ein zeitlich konstantes oder langsam veränderliches äußeres elektrisches Feld wirkt („langsam veränderlich" bedeutet hierbei, daß die Elektronen bei ihrer Bewegung der Feldänderung zu jeder Zeit folgen können). Das führt uns auf das Studium der elektrischen Leitfähigkeit. Ihre Berechnung sowie ihre Beeinflussung durch das Energiespektrum und durch die Temperatur stehen im Mittelpunkt des Kapitels. Legt man zusätzlich an den Festkörper ein Magnetfeld an, so treten die sogenannten galvanomagnetischen Effekte in Erscheinung, von denen wir den Hall-Effekt und den Magnetowiderstand behandeln werden.

Die Beschreibung der hier umrissenen Probleme erfolgt quasiklassisch. Nach ein paar qualitativen Vorbemerkungen zum Ohmschen Gesetz im Abschnitt 6.1. widmen wir uns in Abschnitt 6.2. ausführlich der kinetischen Boltzmann-Gleichung. In den Abschnitten 6.3. und 6.4. untersuchen wir die elektrische Leitfähigkeit sowie galvanomagnetische Effekte in Metallen. Ausgangspunkt ist jeweils die Berechnung des Leitfähigkeitstensors mit Hilfe der kinetischen Boltzmann-Gleichung. Analog hierzu werden die elektrische Leitfähigkeit und galvanomagnetische Effekte in Halbleitern abgehandelt (Abschnitte 6.5. und 6.6.).

6.1. Das Ohmsche Gesetz

Die Betrachtungen zur elektrischen Leitfähigkeit im Festkörper werden wir mit ein paar qualitativen quasiklassischen Bemerkungen zum *Ohmschen Gesetz* beginnen.[1]

Auf einen unendlich ausgedehnten Kristall möge ein äußeres elektrisches Feld $\boldsymbol{E}$ wirken. Bekanntlich werden Elektronen unter dem Einfluß eines solchen Feldes beschleunigt. Das gilt natürlich auch für die Elektronen, die das Elektronengas des Kristalls bilden. Allerdings wird die beschleunigte Bewegung der Elektronen im Kristall durch Stöße mit Phononen, Störstellen sowie anderen Elektronen behindert. Auf Grund dieser Stöße stellt sich daher bei Anwesenheit eines (zeitlich konstanten) elektrischen Feldes im Kristall eine stationäre Bewegung der Elektronen im Gitter ein. Die Geschwindigkeit, mit der sich die Elektronen im stationären Zustand effektiv bewegen, heißt *Driftgeschwindigkeit* $\boldsymbol{v}_D$. Die Einführung dieser mittleren, die stationäre Bewegung der Elektronen charakterisierenden Geschwindigkeit $\boldsymbol{v}_D$ gestattet es, den ge-

[1]) Die Theorie geht auf P. Drude (1863–1906) zurück.

samten Bewegungsvorgang durch die Bewegungsgleichung

$$m^* \left(\frac{\mathrm{d}\boldsymbol{v}_\mathrm{D}}{\mathrm{d}t} + \frac{\boldsymbol{v}_\mathrm{D}}{\tau} \right) = -|e|\, \boldsymbol{E} \tag{6.1}$$

auszudrücken. Hierbei sind m^* die effektive Masse, t die Zeit, τ die sogenannte *Relaxationszeit* und e die Elementarladung. Der zweite Summand auf der linken Seite der Gleichung ist ein „Reibungsterm", der die Behinderung der Elektronenbewegung durch Störungen im Kristallgitter beschreibt.

Bevor wir uns der stationären Bewegung der Elektronen zuwenden, untersuchen wir kurz, was nach dem Abschalten des elektrischen Feldes geschieht. Wir erhalten hieraus nämlich Aussagen über die noch unbekannte Relaxationszeit τ.

Für $\boldsymbol{E} = \boldsymbol{0}$ wird (6.1)

$$\frac{\mathrm{d}\boldsymbol{v}_\mathrm{D}}{\mathrm{d}t} + \frac{\boldsymbol{v}_\mathrm{D}}{\tau} = \boldsymbol{0}\,, \tag{6.2}$$

woraus für die Driftgeschwindigkeit

$$\boldsymbol{v}_\mathrm{D}(t) = \boldsymbol{v}_\mathrm{D}(0)\, \mathrm{e}^{-t/\tau} \tag{6.3}$$

folgt. Die Driftgeschwindigkeit verringert sich also nach dem Abschalten des äußeren elektrischen Feldes (zur Zeit $t = 0$) exponentiell; und zwar sinkt sie innerhalb der Zeit τ auf den e-ten Teil ihres Wertes $\boldsymbol{v}_\mathrm{D}(0)$ ab. Verursacht wird das Abklingen der Driftgeschwindigkeit durch Stöße, die die Elektronen im Gitter erleiden. Da nun bereits wenige Stöße die Driftgeschwindigkeit erheblich vermindern, ist die Relaxationszeit größenordnungsmäßig der mittleren freien Flugzeit der Elektronen zwischen zwei Stößen gleich.

Nun zum stationären Vorgang: Stationäre Bewegung der Elektronen bedeutet, daß sich die Driftgeschwindigkeit zeitlich nicht ändert:

$$\frac{\mathrm{d}\boldsymbol{v}_\mathrm{D}}{\mathrm{d}t} = \boldsymbol{0}. \tag{6.4}$$

Geht man hiermit in die Bewegungsgleichung (6.1) ein, so erhält man explizit für die Driftgeschwindigkeit

$$\boldsymbol{v}_\mathrm{D} = -\frac{|e|\,\tau}{m^*} \boldsymbol{E} = -\mu \boldsymbol{E}\,. \tag{6.5}$$

Den absoluten Betrag des Proportionalitätsfaktors zwischen der Driftgeschwindigkeit und der elektrischen Feldstärke

$$\mu = \frac{|\boldsymbol{v}_\mathrm{D}|}{|\boldsymbol{E}|} = \frac{|e|\,\tau}{m^*} \tag{6.6}$$

nennt man *Beweglichkeit*. Sie ist eine wichtige Größe zur Charakterisierung eines Festkörpers. Gemessen wird sie in

$$[\mu] = \frac{\mathrm{m}^2}{\mathrm{Vs}}\,. \tag{6.7}$$

Die Beweglichkeit μ ist in demselben Maße temperaturabhängig wie die Relaxationszeit τ. Die Temperaturabhängigkeit von τ ergibt sich vorwiegend infolge der Wechselwirkung der Elektronen mit den Phononen, aber auch der Wechselwirkung der Elektronen untereinander sowie mit Störstellen. Als Beispiele seien die Beweglichkeitswerte für Kupfer bei Zimmertemperatur T_Z und bei $T = 4$ K angegeben: $\mu_{Cu}(T_Z) \approx 3 \cdot 10^{-3} \frac{m^2}{Vs}$; $\mu_{Cu}(4\,K) \approx 10 \frac{m^2}{Vs}$. Bei $T = 4$ K ist die Beweglichkeit der quasifreien Elektronen im Kupfer also etwa 1000mal größer als bei Zimmertemperatur. Die größten zur Zeit bekannten Beweglichkeitswerte hat man bei Halbleitern mit schmaler verbotener Zone und Halbmetallen gefunden $\left(\text{z. B.: } \mu_{\substack{max \\ (BiSb)}} \approx 10^3 \frac{m^2}{Vs}\right)$.

Die Stromdichte

$$j = -|e|\, n v_D \tag{6.8}$$

ergibt sich mit (6.5) zu

$$j = \frac{e^2 n \tau}{m^*} E\,, \tag{6.9}$$

wobei n die Elektronenkonzentration ist. Den so gefundenen linearen Zusammenhang zwischen der Stromdichte und der elektrischen Feldstärke

$$j = \sigma_0 E \tag{6.10}$$

nennt man *Ohmsches Gesetz*. Der Proportionalitätsfaktor

$$\sigma_0 = \frac{e^2 n \tau}{m^*} \tag{6.11}$$

heißt *elektrische Leitfähigkeit*; und hier speziell *Gleichstromleitfähigkeit*.[1]) Gemessen wird sie in

$$[\sigma_0] = \Omega^{-1}\, m^{-1}\,. \tag{6.12}$$

Ebenso wie die Beweglichkeit ist die elektrische Leitfähigkeit σ_0 über die Relaxationszeit τ temperaturabhängig (s. hierzu Abschnitt 6.3.3.).

Bei Kenntnis der Elektronenkonzentration n und der effektiven Masse m^* kann man aus der experimentell ermittelten elektrischen Leitfähigkeit die Relaxationszeit gemäß (6.11) berechnen. Kupfer beispielsweise besitzt bei Zimmertemperatur (T_Z) eine elektrische Leitfähigkeit von $\sigma_{Cu}(T_Z) = 6 \cdot 10^7\, \Omega^{-1}\, m^{-1}$, so daß sich hieraus eine Relaxationszeit $\tau_{Cu}(T_Z) \approx 2 \cdot 10^{-14}$ s ergibt. Infolge der höheren elektrischen Leitfähigkeit des Kupfers bei der Temperatur des flüssigen Heliums (4,2 K) vergrößert sich die Relaxationszeit um etwa vier Größenordnungen auf $\tau_{Cu}(4{,}2\,K) \approx 10^{-10}$ s.

Man kann die bisherigen Ausführungen für zeitunabhängige elektrische Felder auch auf bestimmte zeitabhängige (Wechselfelder) erweitern. Unter der Annahme, daß die Kreisfrequenz ω eines elektrischen Wechselfeldes $E \sim e^{i\omega t}$ so gering ist, daß die Elektronen der Feldänderung bei ihrer Bewegung noch folgen können, kann man für die Driftgeschwindigkeit

$$v_D \sim e^{i\omega t} \tag{6.13}$$

ansetzen. Man erhält dann mit $\frac{dv_D}{dt} = i\omega v_D$ aus der Bewegungsgleichung (6.1)

$$m^*\left(i\omega + \frac{1}{\tau}\right) v_D = -|e|\, E \tag{6.14}$$

[1]) Man müßte eigentlich noch genauer von der Gleichstromleitfähigkeit für den magnetfeldfreien Fall sprechen (s. hierzu auch Abschnitt 6.3.3.).

und hieraus

$$\boldsymbol{v}_{\mathrm{D}} = -\frac{|e|}{m^*(1 + i\omega\tau)}\boldsymbol{E}\,. \tag{6.15}$$

Mit (6.8) ergibt sich dann die Stromdichte zu

$$\boldsymbol{j} = \frac{e^2 n\,\tau}{m^*(1 + i\omega\tau)}\boldsymbol{E}\,. \tag{6.16}$$

Schließlich erhält man aus (6.15) und (6.16) unter Berücksichtigung von (6.6) bzw. (6.10) und (6.11) für die Beweglichkeit

$$\mu = \frac{|e|\tau}{m^*(1 + i\omega\tau)} \tag{6.17}$$

und für die elektrische Leitfähigkeit

$$\boxed{\sigma = \frac{e^2 n\tau}{m^*(1 + i\omega\tau)} = \frac{\sigma_0}{1 + i\omega\tau}}\,. \tag{6.18}$$

Bei Anwesenheit eines elektrischen Wechselfeldes werden folglich Beweglichkeit und elektrische Leitfähigkeit frequenzabhängig und komplex.

Im Unterschied zur Gleichstromleitfähigkeit σ_0 nennt man σ (gemäß (6.18)) *dynamische elektrische Leitfähigkeit.*

Der lineare Zusammenhang zwischen der Stromdichte und der elektrischen Feldstärke (6.10) gilt nur für schwache elektrische Felder. Er ist auf den Feldbereich beschränkt, in dem die Elektronen zwischen zwei Stößen nur einen gegenüber der Fermi-Energie geringen Energiezuwachs erhalten.

Das durch (6.10) formulierte Ohmsche Gesetz (skalare elektrische Leitfähigkeit und damit $\boldsymbol{j} \parallel \boldsymbol{E}$) ist überdies nur auf ein isotropes Medium anwendbar. In einem anisotropen Medium ist die elektrische Leitfähigkeit (im magnetfeldfreien Fall) ein *symmetrischer*[1]) *Tensor zweiter Stufe,* und das Ohmsche Gesetz (6.10) nimmt die Gestalt

$$\boldsymbol{j} = \boldsymbol{\sigma}\boldsymbol{E} \tag{6.19}$$

mit

$$\boldsymbol{\sigma} = \begin{pmatrix} \sigma_{xx} & \sigma_{xy} & \sigma_{xz} \\ \sigma_{yx} & \sigma_{yy} & \sigma_{yz} \\ \sigma_{zx} & \sigma_{zy} & \sigma_{zz} \end{pmatrix} \tag{6.20}$$

an. In Komponentendarstellung bedeutet dies:

$$j_l = \sum_i \sigma_{li} E_i \quad (l = x, y, z; \quad i = x, y, z)\,, \tag{6.21}$$

wobei

$$\sigma_{li} = \sigma_{il} \tag{6.22}$$

ist.

Neben dem Tensor der elektrischen Leitfähigkeit $\boldsymbol{\sigma}$ definiert man durch

$$E_i = \sum_k \varrho_{ik} j_k \quad (i = x, y, z\,; \quad k = x, y, z) \tag{6.23}$$

[1]) Die Symmetrie ist eine spezielle Folge der Onsagerschen Relationen und der Thermodynamik irreversibler Prozesse. (S. beispielsweise L. D. Landau, E. M. Lifschitz [28].)

den *Tensor des spezifischen Widerstandes*

$$\boldsymbol{\rho} = \begin{pmatrix} \varrho_{xx} & \varrho_{xy} & \varrho_{xz} \\ \varrho_{yx} & \varrho_{yy} & \varrho_{yz} \\ \varrho_{zx} & \varrho_{zy} & \varrho_{zz} \end{pmatrix}. \tag{6.24}$$

$\boldsymbol{\rho}$ ist der zu $\boldsymbol{\sigma}$ inverse Tensor

$$\boldsymbol{\rho} = \boldsymbol{\sigma}^{-1} ; \tag{6.25}$$

er ist ebenfalls (im magnetfeldfreien Fall) symmetrisch:

$$\varrho_{ik} = \varrho_{ki} . \tag{6.26}$$

Die Tensorkomponenten ϱ_{ik} kann man experimentell relativ einfach ermitteln, indem man einen Strom bekannter Stärke entlang nur einer einzigen Achse fließen läßt und die elektrische Feldstärke entlang aller drei Hauptachsen mißt. So kann man beispielsweise ϱ_{xx}, ϱ_{yx}, ϱ_{zx} ermitteln, wenn man einen bekannten Strom in x-Richtung fließen läßt und E_x, E_y, E_z bestimmt. Es gilt dann nämlich mit (6.23)

$$E_x = \varrho_{xx} j_x , \qquad E_y = \varrho_{yx} j_x , \qquad E_z = \varrho_{zx} j_x .$$

Läßt man den Strom in y-Richtung fließen, so erhält man ϱ_{xy}, ϱ_{yy}, ϱ_{zy} gemäß

$$E_x = \varrho_{xy} j_y , \qquad E_y = \varrho_{yy} j_y , \qquad E_z = \varrho_{zy} j_y .$$

Die restlichen drei Tensorkomponenten ϱ_{xz}, ϱ_{yz}, ϱ_{zz} ermittelt man aus

$$E_x = \varrho_{xz} j_z , \qquad E_y = \varrho_{yz} j_z , \qquad E_z = \varrho_{zz} j_z ,$$

wobei hier der bekannte Strom parallel zur z-Richtung fließen muß.

6.2. Die kinetische Boltzmann-Gleichung

Nach den vorbetrachtenden Bemerkungen zur elektrischen Leitfähigkeit im vorangegangenen Abschnitt gehen wir jetzt zur quantitativen Beschreibung der Transporterscheinungen im allgemeinen und zur elektrischen Leitfähigkeit im besonderen über. Wir bleiben weiterhin bei der quasiklassischen Beschreibung des Verhaltens der Kristallelektronen (Bloch-Elektronen). Aus Kapitel 5 ist uns bekannt, daß man in dieser Näherung dem Elektron eine Bahn zuordnen kann, auf der es sich mit der Geschwindigkeit

$$\boldsymbol{v}(\boldsymbol{k}) = \frac{1}{\hbar} \nabla_{\boldsymbol{k}}\, \varepsilon(\boldsymbol{k}) \tag{6.27}$$

bewegt.

($\boldsymbol{k}$: Wellenvektor des Elektrons; $\hbar = \frac{h}{2\pi}$, h: Plancksches Wirkungsquantum; ε: Energie.)

Der den Energiezustand des Elektrons charakterisierende Wellenvektor $\boldsymbol{k}$ genügt der Gleichung

$$\hbar \frac{\mathrm{d}\boldsymbol{k}}{\mathrm{d}t} = \boldsymbol{F} , \tag{6.28}$$

wobei $\boldsymbol{F}$ die auf das Elektron wirkende äußere Kraft ist.

Um das Verhalten der Gesamtheit der quasifreien Elektronen beschreiben zu können, suchen wir auch hier (analog dem Vorgehen in Kapitel 1) eine geeignete Verteilungsfunktion. Allerdings müssen wir jetzt beachten, daß bei einem Elektronengas, das äußeren Kräften unterliegt, die Besetzungswahrscheinlichkeit eines gegebenen Energieniveaus nicht mehr nur von der Energie $\varepsilon(\boldsymbol{k})$ dieses Niveaus, sondern auch vom Wellenvektor $\boldsymbol{k}$ abhängt. Letzteres folgt aus Gleichung (6.28), nach der sich $\boldsymbol{k}$ im Zeitintervall $\mathrm{d}t$ um $\mathrm{d}\boldsymbol{k}$ ändert. Bedenkt man überdies, daß die Gleichgewichtsverteilungsfunktion von der Temperatur und dem chemischen Potential abhängt, so wird die hier gesuchte Verteilungsfunktion, die die Gesamtheit der quasifreien Elektronen unter der Einwirkung äußerer Kräfte und Felder beschreibt, bei Vorhandensein von Temperatur- oder Konzentrationsgradienten auch eine Funktion des Ortes sein. Daher wird jetzt eine Beschreibung des Verhaltens der Elektronen im Ortsraum und im reziproken Raum erforderlich. Man führt dementsprechend eine Verteilungsfunktion $f(\boldsymbol{k}, \boldsymbol{r}, t)$ ein, die so definiert ist, daß die Zahl der Elektronen in dem sechsdimensionalen Volumenelement $\mathrm{d}\boldsymbol{k} \cdot \mathrm{d}\boldsymbol{r}$ zur Zeit t durch

$$\frac{1}{4\pi^3} f(\boldsymbol{k}, \boldsymbol{r}, t)\, \mathrm{d}\boldsymbol{k} \cdot \mathrm{d}\boldsymbol{r} \tag{6.29}$$

gegeben ist. Anders ausgedrückt,

$$\frac{1}{4\pi^3} f(\boldsymbol{k}, \boldsymbol{r}, t)\, \mathrm{d}\boldsymbol{k} \tag{6.30}$$

ist gleich der Zahl der in der Volumeneinheit zur Zeit t am Ort $\boldsymbol{r}$ vorhandenen Elektronen, deren Wellenvektoren zwischen $\boldsymbol{k}$ und $\boldsymbol{k} + \mathrm{d}\boldsymbol{k}$ betragen.

Die Verteilungsfunktion für das statistische (thermodynamische) Gleichgewicht kennen wir bereits aus Kapitel 1. Da es sich auch hier um Elektronen handelt, ist es die Fermi-Dirac-Verteilungsfunktion (1.30). Sie hängt nur von der Energie ε ab, so daß im thermodynamischen Gleichgewicht

$$f(\boldsymbol{k}, \boldsymbol{r}, t)\,\big|_{\text{Gleichgewicht}} = f_0(\varepsilon) = \frac{1}{\mathrm{e}^{(\varepsilon - \zeta)/k_\mathrm{B}T} + 1} \tag{6.31}$$

ist. Hierbei sind ζ das chemische Potential, k_B die Boltzmann-Konstante, T die absolute Temperatur und ε die Energie (ε ist eine durch die Dispersionsbeziehung vorgegebene Funktion von $\boldsymbol{k}$).

Bei Kenntnis der Verteilungsfunktion $f(\boldsymbol{k}, \boldsymbol{r}, t)$ kann man im Prinzip die elektronischen Eigenschaften eines Festkörpers vollständig angeben. Die für uns interessante Stromdichte $\boldsymbol{j}$ zur Zeit t am Ort $\boldsymbol{r}$ ergibt sich beispielsweise durch Summation über die Beiträge aller Elektronen. Jedes Elektron liefert bekanntlich den Beitrag $-|e|\, \boldsymbol{v}(\boldsymbol{k})$, so daß sich die Stromdichte unter Berücksichtigung der Verteilungsfunktion aus der Integration über alle $\boldsymbol{k}$ ergibt:

$$\boldsymbol{j}(\boldsymbol{r}, t) = -\frac{|e|}{4\pi^3} \int \boldsymbol{v}(\boldsymbol{k})\, f(\boldsymbol{k}, \boldsymbol{r}, t)\, \mathrm{d}\boldsymbol{k}\,. \tag{6.32}$$

Unsere Aufgabe besteht nun „nur“ darin, unter bestimmten Voraussetzungen die exakte Verteilungsfunktion zu finden. Dazu muß zunächst die Gleichung aufgestellt werden, der $f(\boldsymbol{k}, \boldsymbol{r}, t)$ genügen muß. Der nächste Schritt ist dann die Lösung dieser Gleichung unter gewissen Randbedingungen. Wie sich herausstellen wird, ist man dabei auf Modellvorstellungen und Näherungen angewiesen.

Zur Herleitung der Gleichung, der $f(\boldsymbol{k}, \boldsymbol{r}, t)$ genügen muß, betrachtet man die Änderung der Zahl der Elektronen, die sich zur Zeit t innerhalb des Volumenelements $\mathrm{d}\boldsymbol{k} \cdot \mathrm{d}\boldsymbol{r}$ befinden. Die Zahl dieser Elektronen ändert sich mit der Zeit

— infolge der Bewegung der Elektronen im Ortsraum,
— infolge der „Bewegung der Elektronen im reziproken Raum" (gemeint ist hiermit natürlich die zeitliche Änderung der entsprechenden $\boldsymbol{k}$-Vektoren),
— infolge von Stößen der Elektronen mit Phononen, Störstellen sowie mit anderen Elektronen.

Zur Erläuterung betrachten wir ein um den Punkt $(\boldsymbol{k}, \boldsymbol{r})$ gelegenes Volumenelement des sechsdimensionalen Phasenraumes. Infolge ihrer Bewegung (Diffusion) wandern laufend Elektronen aus diesem Volumenelement hinaus und neue kommen hinein. In der Zeit t legen sie dabei den Weg $t\boldsymbol{v}(\boldsymbol{k})$ zurück $\big(\boldsymbol{v}(\boldsymbol{k})$ siehe (6.27)$\big)$. Gemäß dem Liouvilleschen Theorem[1]) gilt dann für die Zahl der Elektronen

$$f(\boldsymbol{k}, \boldsymbol{r}, t) = f\big(\boldsymbol{k}, \boldsymbol{r} - t\boldsymbol{v}(\boldsymbol{k}), 0\big) , \tag{6.33}$$

so daß sich die Verteilungsfunktion infolge der Diffusion (Bewegung der Elektronen im Ortsraum) zeitlich folgendermaßen ändert:

$$\left[\frac{\partial f(\boldsymbol{k}, \boldsymbol{r}, t)}{\partial t}\right]_{\text{Diff.}} = -\boldsymbol{v}(\boldsymbol{k}) \cdot \nabla_{\boldsymbol{r}} f(\boldsymbol{k}, \boldsymbol{r}, t) . \tag{6.34}$$

Analog kann man die „Bewegung der Elektronen im reziproken Raum" behandeln. Nach (6.28) ist hier die Geschwindigkeit $\left(\frac{\mathrm{d}\boldsymbol{k}}{\mathrm{d}t} = \frac{1}{\hbar}\boldsymbol{F}\right)$ durch die äußere Kraft $\boldsymbol{F}$ gegeben. Unter Berücksichtigung des Liouvilleschen Theorems

$$f(\boldsymbol{k}, \boldsymbol{r}, t) = f(\boldsymbol{k} - t\frac{\mathrm{d}\boldsymbol{k}}{\mathrm{d}t}, \boldsymbol{r}, 0) \tag{6.35}$$

ergibt sich für die zeitliche Änderung der Verteilungsfunktion der Elektronen infolge äußerer Kräfte bzw. (allgemeiner ausgedrückt) infolge äußerer Felder

$$\begin{aligned}\left[\frac{\partial f(\boldsymbol{k}, \boldsymbol{r}, t)}{\partial t}\right]_{\text{Feld}} &= -\frac{\mathrm{d}\boldsymbol{k}}{\mathrm{d}t} \cdot \nabla_{\boldsymbol{k}} f(\boldsymbol{k}, \boldsymbol{r}, t) \\ &= -\frac{1}{\hbar}\boldsymbol{F} \cdot \nabla_{\boldsymbol{k}} f(\boldsymbol{k}, \boldsymbol{r}, t) .\end{aligned} \tag{6.36}$$

Mitunter wird dieser Ausdruck auch *Driftterm* genannt.

Schließlich muß noch die Streuung der Elektronen infolge von Stößen berücksichtigt werden. Da jeder Stoß im allgemeinen die Geschwindigkeit der Elektronen erheblich ändert, ist ihr Einfluß äußerst kompliziert. Man kann die Änderung der Verteilungsfunktion dann angeben, wenn man die Übergangswahrscheinlichkeit $W(\boldsymbol{k}, \boldsymbol{k}')$ einführt. $W(\boldsymbol{k}, \boldsymbol{k}')$ gibt die Wahrscheinlichkeit dafür an, daß pro Zeiteinheit ein Elektron aus dem besetzten Zustand $\boldsymbol{k}$ in den unbesetzten Zustand $\boldsymbol{k}'$ übergeht. Auf die spezielle Berechnung von $W(\boldsymbol{k}, \boldsymbol{k}')$ können wir im Rahmen dieses Buches nicht eingehen.[2])

[1]) Das Liouvillesche Theorem besagt, daß das im Phasenraum besetzte Volumen zu jedem Zeitpunkt gleich ist.

[2]) Wir verweisen diesbezüglich auf die im Literaturverzeichnis angegebenen Fachbücher.

Für die folgenden erläuternden Betrachtungen wollen wir einfach voraussetzen, $W(\boldsymbol{k}, \boldsymbol{k}')$ sei explizit bekannt. Dann beträgt die zeitliche Änderung der Verteilungsfunktion infolge von Stößen

$$\left[\frac{\partial f(\boldsymbol{k},\boldsymbol{r},t)}{\partial t}\right]_{\text{Stoß}} = \int \{W(\boldsymbol{k}',\boldsymbol{k})\, f(\boldsymbol{k}',\boldsymbol{r},t)\,[1 - f(\boldsymbol{k},\boldsymbol{r},t)] - W(\boldsymbol{k},\boldsymbol{k}')\, f(\boldsymbol{k},\boldsymbol{r},t)[1 - f(\boldsymbol{k}',\boldsymbol{r},t)]\}\, \mathrm{d}\boldsymbol{k}' . \tag{6.37}$$

Der erste Summand des Integranden repräsentiert die Anzahl der pro Zeiteinheit aus dem Volumenelement $\mathrm{d}\boldsymbol{k}'$ nach $\mathrm{d}\boldsymbol{k}$ gestreuten Elektronen, während der zweite gerade umgekehrt die Zahl der in der Zeiteinheit aus $\mathrm{d}\boldsymbol{k}$ nach $\mathrm{d}\boldsymbol{k}'$ gestreuten Elektronen angibt. Der erste Prozeß vergrößert den Wert der Verteilungsfunktion; der zweite verringert $f(\boldsymbol{k},\boldsymbol{r},t)$. Die Gesamtänderung der Verteilungsfunktion infolge von Stößen ergibt sich gemäß (6.37) durch Addition der beiden Streuanteile und Summation (Integration) über alle möglichen Zustände $\boldsymbol{k}'$.

Es ist selbstverständlich, wie auch aus (6.37) zu ersehen ist, daß die Anzahl der pro Zeiteinheit von $\boldsymbol{k}$ nach $\boldsymbol{k}'$ gestreuten Elektronen nicht nur von der Übergangswahrscheinlichkeit $W(\boldsymbol{k},\boldsymbol{k}')$ allein abhängt, sondern auch von der Anzahl der Elektronen im Zustand $\boldsymbol{k}$ (gegeben durch $f(\boldsymbol{k},\boldsymbol{r},t)$) sowie von der Anzahl der freien Plätze $\boldsymbol{k}'$ (gegeben durch $1 - f(\boldsymbol{k}',\boldsymbol{r},t)$). Entsprechendes gilt für die Streuung der Elektronen von $\boldsymbol{k}'$ nach $\boldsymbol{k}$.

Die bis hierher angestellten Betrachtungen gestatten es, die gesamte zeitliche Änderung der Verteilungsfunktion der Elektronen zu formulieren. Es ist

$$\frac{\partial f(\boldsymbol{k},\boldsymbol{r},t)}{\partial t} = \left[\frac{\partial f(\boldsymbol{k},\boldsymbol{r},t)}{\partial t}\right]_{\text{Diff.}} + \left[\frac{\partial f(\boldsymbol{k},\boldsymbol{r},t)}{\partial t}\right]_{\text{Feld}} + \left[\frac{\partial f(\boldsymbol{k},\boldsymbol{r},t)}{\partial t}\right]_{\text{Stoß}} . \tag{6.38}$$

Setzt man die unter (6.34) und (6.37) angegebenen Ausdrücke für den Diffusions-, den Feld- und den Stoßterm ein, so erhält man

$$\frac{\partial f(\boldsymbol{k},\boldsymbol{r},t)}{\partial t} = -\boldsymbol{v}(\boldsymbol{k})\cdot\nabla_{\boldsymbol{r}} f(\boldsymbol{k},\boldsymbol{r},t) + \frac{1}{\hbar}\boldsymbol{F}\cdot\nabla_{\boldsymbol{k}} f(\boldsymbol{k},\boldsymbol{r},t) + \int \{W(\boldsymbol{k}',\boldsymbol{k})\, f(\boldsymbol{k}',\boldsymbol{r},t)\,[1 - f(\boldsymbol{k},\boldsymbol{r},t)] - W(\boldsymbol{k},\boldsymbol{k}')\, f(\boldsymbol{k},\boldsymbol{r},t)\,[1 - f(\boldsymbol{k}',\boldsymbol{r},t)]\}\, \mathrm{d}\boldsymbol{k}' . \tag{6.39}$$

Üblicherweise schreibt man diese Gleichung in der Form

$$\boxed{\frac{\partial f(\boldsymbol{k},\boldsymbol{r},t)}{\partial t} + \boldsymbol{v}(\boldsymbol{k})\cdot\nabla_{\boldsymbol{r}} f(\boldsymbol{k},\boldsymbol{r},t) + \frac{1}{\hbar}\boldsymbol{F}\cdot\nabla_{\boldsymbol{k}} f(\boldsymbol{k},\boldsymbol{r},t) = \left[\frac{\partial f(\boldsymbol{k},\boldsymbol{r},t)}{\partial t}\right]_{\text{Stoß}}} . \tag{6.40}$$

Das ist die allgemeine Form der *kinetischen Boltzmann-Gleichung* (*Boltzmannsche Transportgleichung*). Dieser Integro-Differentialgleichung muß $f(\boldsymbol{k},\boldsymbol{r},t)$ genügen.

Der erste Summand auf der linken Seite der Gleichung ist dann von Null verschieden, wenn die äußere Kraft $\boldsymbol{F}$ selbst zeitabhängig ist (siehe auch Abschnitt 6.3.1.). Die explizite Zeitabhängigkeit von $f(\boldsymbol{k},\boldsymbol{r},t)$ ist also eine Folge irgendwelcher zeitlichen Inhomogenitäten eines elektrischen oder magnetischen Feldes, der Temperatur sowie der chemischen Zusammensetzung. Der zweite Summand erscheint auf Grund räumlicher Inhomogenitäten dieser physikalischen Größen. Anders ausgedrückt, er verschwindet, wenn sich die äußere Kraft räumlich nicht ändert. Der dritte Summand beschreibt ebenfalls die Änderung der Verteilungsfunktion unter dem Einfluß einer beliebigen äußeren Kraft; er verschwindet auch dann nicht, wenn diese räumlich und zeitlich konstant ist, also weder räumliche noch zeitliche Inhomogenitäten vorhanden sind.

Der auf der rechten Seite der Gleichung stehende Stoßterm wurde bereits erläutert.

Zur Lösung der Integro-Differentialgleichung (6.40) müssen die äußere Kraft $\boldsymbol{F}$, die Geschwindigkeit $\boldsymbol{v}(\boldsymbol{k})$ der Elektronen (bzw. die Dispersionsbeziehung $\varepsilon(\boldsymbol{k})$) und die Übergangswahrscheinlichkeiten $W(\boldsymbol{k}, \boldsymbol{k}')$ bekannt sein.

Wir wollen uns nun die kinetische Boltzmann-Gleichung (6.40) noch für drei Spezialfälle explizit aufschreiben:

1. *Stationärer Zustand*: Er ist allgemein dadurch gekennzeichnet, daß an jedem Ort $\boldsymbol{r}$ und für alle $\boldsymbol{k}$ keine zeitliche Änderung in der Verteilung der Elektronen auftritt; also

$$\frac{\partial f(\boldsymbol{k}, \boldsymbol{r}, t)}{\partial t} = 0\,. \tag{6.41}$$

Ein stationärer Zustand stellt sich beispielsweise immer dann ein, wenn sich die äußere Kraft $\boldsymbol{F}$, die auf den Festkörper einwirkt, zeitlich nicht ändert $\big(\boldsymbol{F} = \boldsymbol{F}(\boldsymbol{r})\big)$. Mit (6.41) lautet die kinetische Boltzmann-Gleichung (6.40) für den stationären Zustand

$$\boldsymbol{v}(\boldsymbol{k}) \cdot \nabla_{\boldsymbol{r}} f(\boldsymbol{k}, \boldsymbol{r}, t) + \frac{1}{\hbar} \boldsymbol{F} \cdot \nabla_{\boldsymbol{k}} f(\boldsymbol{k}, \boldsymbol{r}, t) = \left[\frac{\partial f(\boldsymbol{k}, \boldsymbol{r}, t)}{\partial t}\right]_{\text{Stoß}}. \tag{6.42}$$

Wir wollen an dieser Stelle hervorheben, daß der stationäre Zustand keinesfalls mit dem Gleichgewichtszustand identisch ist. Der Gleichgewichtszustand kann sich nur dann einstellen, wenn alle äußeren Kräfte Null sind. Für die Verteilungsfunktion gilt dann (6.31), und entsprechend dem Prinzip des detaillierten Gleichgewichts[1]) ist $W(\boldsymbol{k}', \boldsymbol{k}) = W(\boldsymbol{k}, \boldsymbol{k}')$.

2. Ist die *äußere Kraft räumlich* und *zeitlich konstant*, so nimmt die kinetische Boltzmann-Gleichung (6.40) wegen $\dfrac{\partial f(\boldsymbol{k}, \boldsymbol{r}, t)}{\partial t} = 0$ und $\nabla_{\boldsymbol{r}} f(\boldsymbol{k}, \boldsymbol{r}, t) = 0$ die Form

$$\frac{1}{\hbar} \boldsymbol{F} \cdot \nabla_{\boldsymbol{k}} f(\boldsymbol{k}, \boldsymbol{r}, t) = \left[\frac{\partial f(\boldsymbol{k}, \boldsymbol{r}, t)}{\partial t}\right]_{\text{Stoß}} \tag{6.43}$$

an.

3. *Sieht man von Stößen ab* $\left(\left[\dfrac{\partial f(\boldsymbol{k}, \boldsymbol{r}, t)}{\partial t}\right]_{\text{Stoß}} = 0\right)$, so wird (6.40)

$$\frac{\partial f(\boldsymbol{k}, \boldsymbol{r}, t)}{\partial t} + \boldsymbol{v}(\boldsymbol{k}) \cdot \nabla_{\boldsymbol{r}} f(\boldsymbol{k}, \boldsymbol{r}, t) + \frac{1}{\hbar} \boldsymbol{F} \cdot \nabla_{\boldsymbol{k}} f(\boldsymbol{k}, \boldsymbol{r}, t) = 0\,. \tag{6.44}$$

Diese Gleichung besagt nichts weiter, als daß die Elektronenzahl pro Volumenelement im Phasenraum bei der Bewegung auf den Phasenbahnen konstant bleibt.

[1]) Das allgemeine Prinzip des detaillierten Gleichgewichts besagt, daß die Wahrscheinlichkeit eines Prozesses gleich der Wahrscheinlichkeit des umgekehrten Prozesses ist.

Im Rahmen dieses Buches wollen wir nur Erscheinungen betrachten, bei denen die Verteilungsfunktion (im stationären Zustand) geringfügig von der des Gleichgewichtszustandes abweicht. Eine solche Voraussetzung stellt keine wesentliche Beschränkung dar, da die durch die äußeren Felder hervorgerufenen Kräfte im allgemeinen klein gegenüber den inneren, zwischenatomaren Kräften sind.

Für die praktische Lösung der kinetischen Boltzmann-Gleichung ist es dann zweckmäßig, die gesuchte Verteilungsfunktion $f(\boldsymbol{k}, \boldsymbol{r}, t)$ in der Form

$$f(\boldsymbol{k}, \boldsymbol{r}, t) = f_0(\varepsilon) + f_1(\boldsymbol{k}, \boldsymbol{r}, t) \tag{6.45}$$

anzusetzen, wobei

$$f_1(\boldsymbol{k}, \boldsymbol{r}, t) \ll f_0(\varepsilon) \tag{6.46}$$

ist. $f_1(\boldsymbol{k}, \boldsymbol{r}, t)$ ist die Abweichung von der Gleichgewichtsverteilungsfunktion.

Gewissermaßen zur Übung formulieren wir nun die kinetische Boltzmann-Gleichung für den stationären Zustand (6.42) unter Verwendung des Ansatzes (6.45). Neben der äußeren (zeitunabhängigen) Kraft $\boldsymbol{F}$ seien Temperatur- und Konzentrationsgradienten zugelassen (also $T(\boldsymbol{r})$, $\zeta(\boldsymbol{r})$, wobei ζ das chemische Potential ist).

Die Gleichgewichtsverteilungsfunktion (6.31) hat in diesem Fall die Gestalt

$$f_0\big(T(\boldsymbol{r}), \zeta(\boldsymbol{r}), \varepsilon(\boldsymbol{k})\big) = \frac{1}{e^{[\varepsilon(\boldsymbol{k}) - \zeta(\boldsymbol{r})]/k_B T(\boldsymbol{r})} + 1}. \tag{6.47}$$

Mit (6.45) und (6.47) werden

$$\begin{aligned}\nabla_{\boldsymbol{r}} f(\boldsymbol{k}, \boldsymbol{r}, t) &= \nabla_{\boldsymbol{r}} f_0\big(T(\boldsymbol{r}), \zeta(\boldsymbol{r}), \varepsilon(\boldsymbol{k})\big) + \nabla_{\boldsymbol{r}} f_1(\boldsymbol{k}, \boldsymbol{r}, t) \\ &= \frac{\partial f_0}{\partial T} \nabla_{\boldsymbol{r}} T(\boldsymbol{r}) + \frac{\partial f_0}{\partial \zeta} \nabla_{\boldsymbol{r}} \zeta(\boldsymbol{r}) + \nabla_{\boldsymbol{r}} f_1(\boldsymbol{k}, \boldsymbol{r}, t) \\ &= \frac{\partial f_0}{\partial \varepsilon}\left[\frac{\varepsilon(\boldsymbol{k}) - \zeta(\boldsymbol{r})}{T(\boldsymbol{r})} \nabla_{\boldsymbol{r}} T(\boldsymbol{r}) - \nabla_{\boldsymbol{r}} \zeta(\boldsymbol{r})\right] + \nabla_{\boldsymbol{r}} f_1(\boldsymbol{k}, \boldsymbol{r}, t)\end{aligned} \tag{6.48}$$

und

$$\begin{aligned}\nabla_{\boldsymbol{k}} f(\boldsymbol{k}, \boldsymbol{r}, t) &= \nabla_{\boldsymbol{k}} f_0\big(T(\boldsymbol{r}), \zeta(\boldsymbol{r}), \varepsilon(\boldsymbol{k})\big) + \nabla_{\boldsymbol{k}} f_1(\boldsymbol{k}, \boldsymbol{r}, t) \\ &= \frac{\partial f_0}{\partial \varepsilon} \nabla_{\boldsymbol{k}} \varepsilon(\boldsymbol{k}) + \nabla_{\boldsymbol{k}} f_1(\boldsymbol{k}, \boldsymbol{r}, t)\,.\end{aligned} \tag{6.49}$$

(6.48) und (6.49) in (6.44) eingesetzt, ergibt eine Integro-Differentialgleichung für die Funktion der Abweichung von der Gleichgewichtsverteilung:

$$\begin{aligned}&\frac{\partial f_0\big(T(\boldsymbol{r}), \zeta(\boldsymbol{r}), \varepsilon(\boldsymbol{k})\big)}{\partial \varepsilon(\boldsymbol{k})} \boldsymbol{v}(\boldsymbol{k}) \cdot \left[\boldsymbol{F} + \frac{\varepsilon(\boldsymbol{k}) - \zeta(\boldsymbol{r})}{T(\boldsymbol{r})} \nabla_{\boldsymbol{r}} T(\boldsymbol{r}) - \nabla_{\boldsymbol{r}} \zeta(\boldsymbol{r})\right] \\ &+ \boldsymbol{v}(\boldsymbol{k}) \cdot \nabla_{\boldsymbol{r}} f_1(\boldsymbol{k}, \boldsymbol{r}, t) + \frac{1}{\hbar} \boldsymbol{F} \cdot \nabla_{\boldsymbol{k}} f_1(\boldsymbol{k}, \boldsymbol{r}, t) = \left[\frac{\partial f(\boldsymbol{k}, \boldsymbol{r}, t)}{\partial t}\right]_{\text{Stoß}}.\end{aligned} \tag{6.50}$$

Diese Gleichung ist ebenso wie (6.42) in geschlossener Form nicht lösbar. Die Hauptprobleme bietet dabei der Stoßterm. Daher besteht hier wie ganz allgemein bei der Lösung der Boltzmann-Gleichung die Aufgabe, einen geeigneten Ausdruck für den Stoßterm anzusetzen.

Wir wollen aus diesem Grunde jetzt ein Näherungsverfahren angeben, das sehr häufig erfolgreich angewendet wird. Es ist dies die sogenannte *Relaxationszeit-Nähe-*

rung. Sie besteht in der rein phänomenologischen Annahme

$$\left[\frac{\partial f(\boldsymbol{k},\boldsymbol{r},t)}{\partial t}\right]_{\text{Stoß}} = -\frac{f(\boldsymbol{k},\boldsymbol{r},t)-f_0(\varepsilon)}{\tau(\boldsymbol{k})} = -\frac{f_1(\boldsymbol{k},\boldsymbol{r},t)}{\tau(\boldsymbol{k})}\,. \tag{6.51}$$

τ ist hierbei die bereits in Abschnitt 6.1. eingeführte Relaxationszeit; man läßt bei dem Ansatz (6.51) durchaus eine $\boldsymbol{k}$-Abhängigkeit der Relaxationszeit zu.

Zur anschaulichen Deutung der Relaxationszeit τ betrachtet man die Einstellung der Gleichgewichtsverteilung in einem System, das sich bis zur Zeit $t = 0$ infolge äußerer Kräfte nicht im Gleichgewicht befindet. Seit $t = 0$ mögen weder äußere Kräfte noch Felder auf das System einwirken $\left(\boldsymbol{F} = \boldsymbol{0}\ \text{und}\ \nabla_{\boldsymbol{r}} f(\boldsymbol{k},\boldsymbol{r},t) = \boldsymbol{0}\right)$. Dann erhält man aus der allgemeinen Form der kinetischen Boltzmann-Gleichung (6.40)

$$\frac{\partial f(\boldsymbol{k},\boldsymbol{r},t)}{\partial t} = \left[\frac{\partial f(\boldsymbol{k},\boldsymbol{r},t)}{\partial t}\right]_{\text{Stoß}}. \tag{6.52}$$

Berücksichtigt man $\dfrac{\partial f(\boldsymbol{k},\boldsymbol{r},t)}{\partial t} = \dfrac{\partial f_1(\boldsymbol{k},\boldsymbol{r},t)}{\partial t}$ und setzt (6.52) in (6.51) ein, so ergibt sich

$$\frac{\partial f_1(\boldsymbol{k},\boldsymbol{r},t)}{\partial t} = -\frac{f_1(\boldsymbol{k},\boldsymbol{r},t)}{\tau}\,. \tag{6.53}$$

Integration führt zu

$$f_1(\boldsymbol{k},\boldsymbol{r},t) = f_1(\boldsymbol{k},\boldsymbol{r},0)\,\mathrm{e}^{-t/\tau}\,. \tag{6.54}$$

Innerhalb der Zeit τ verringert sich die Abweichung von der Gleichgewichtsverteilungsfunktion auf den e-ten Teil ihres Wertes zur Zeit $t = 0$ (Zeitpunkt des Abschaltens der äußeren Störung). Hierin liegt die physikalisch-anschauliche Bedeutung der Relaxationszeit τ. Sie ist also die Zeitkonstante, mit der sich die gestörte Verteilung $f(\boldsymbol{k},\boldsymbol{r},t)$ der Gleichgewichtsverteilung $f_0(\varepsilon)$ annähert. Aus (6.54) folgt überdies, daß $\tau > 0$ sein muß, da sonst der Entropiesatz nicht erfüllt wäre.

Im allgemeinen ist bereits nach wenigen Stößen die Gleichgewichtsverteilung erreicht, so daß τ von derselben Größenordnung wie die mittlere freie Flugzeit der Elektronen zwischen zwei Stößen ist (wie wir auch schon in Abschnitt 6.1. festgestellt hatten).

Die Relaxationszeit ändert sich in weiten Grenzen. Während sie bei Zimmertemperatur größenordnungsmäßig 10^{-14} s beträgt, kann sie bei etwa 4 K bei reinen Metalleinkristallen bis auf 10^{-9} s ansteigen.

Die Darstellung des Stoßterms in der Relaxationszeit-Näherung (6.51) ist vorteilhaft bei der Streuung von Elektronen an Phononen oder Kristalldefekten in Halbleitern, Halbmetallen und stark verunreinigten Metallen sowie in reinen Metallen oberhalb der Debye-Temperatur Θ_D zu verwenden. Unterhalb Θ_D wird die Relaxationszeit-Näherung für reine Metalle mit abnehmender Temperatur ein eimmer schlechtere Näherung. Die kinetische Boltzmann-Gleichung (6.40) wird dann zweckmäßigerweise mit Hilfe der eleganteren, aber wesentlich aufwendigeren *Variationsmethode* gelöst. Die Variationsmethode setzt jedoch die Kenntnis der expliziten Ausdrücke für die Übergangswahrscheinlichkeiten $W(\boldsymbol{k},\boldsymbol{k}')$ voraus.

Beschränkt man sich auf isotrope Streuung (einschließlich elastischer Stöße) und isotrope quadratische Dispersion (kugelförmige Isoenergieflächen), so hängt die Relaxationszeit nur vom Betrag, nicht aber von der Richtung des $\boldsymbol{k}$-Vektors ab. Anders ausgedrückt, τ ist dann eine Funktion, die nur von der Energie abhängt $\left(\tau = \tau(\varepsilon)\right)$.

Im Falle anisotroper Elektronenstreuung ist $\tau = \tau(\boldsymbol{k})$. Bei komplizierten Dispersionsbeziehungen ist es im allgemeinen unmöglich, eine Relaxationszeit einzuführen.

Der Vorteil des Relaxationszeitansatzes (6.51) liegt darin, daß hierdurch die Boltzmann-Gleichung sehr einfach lösbar wird (siehe Abschnitt 6.3.1.). Die entscheidende Problematik für die Theorie besteht jedoch in der Berechnung der eigentlich streng nicht existierenden Relaxationszeit τ.

6.3. Die elektrische Leitfähigkeit in Metallen

Nachdem wir die kinetische Boltzmann-Gleichung kennengelernt haben, arbeiten wir von nun an praktisch mit ihr. In Abschnitt 6.3.1. berechnen wir zunächst den Tensor der elektrischen Leitfähigkeit für Metalle. Dabei beschränken wir uns, um die Rechnungen übersichtlich und durchsichtig gestalten zu können, auf einfache Modellvorstellungen. Danach befassen wir uns in Abschnitt 6.3.2. mit dem Einfluß des Energiespektrums der quasifreien Metallelektronen auf die elektrische Leitfähigkeit. Schließlich wird in Abschnitt 6.3.3. erläutert, wie die Temperaturabhängigkeit der Leitfähigkeit zu verstehen ist.

6.3.1. Berechnung des Leitfähigkeitstensors

Das im weiteren zu betrachtende Metall sei räumlich unendlich ausgedehnt, so daß wir Randstörungen und Oberflächeneffekte nicht zu berücksichtigen brauchen. Auch sollen weder Temperatur- noch Konzentrationsunterschiede im Metall vorhanden sein; also

$$\nabla_{\boldsymbol{r}} T(\boldsymbol{r}) = \boldsymbol{0}\,, \tag{6.55}$$

$$\nabla_{\boldsymbol{r}} \zeta(\boldsymbol{r}) = \boldsymbol{0}\,. \tag{6.56}$$

Lediglich ein elektrisches Feld möge auf das Metall einwirken. Dieses Feld beeinflußt durch seine Wirkung auf die Bewegung der quasifreien Elektronen den Stromfluß und damit die elektrische Leitfähigkeit bzw. den elektrischen Widerstand des Metalls. Die elektrische Feldstärke $\boldsymbol{E}$ möge jedoch das System der quasifreien Elektronen nur geringfügig aus dem Gleichgewicht auslenken, so daß wir den Ansatz (6.45) mit (6.46) anwenden können.

Zur Ermittlung der elektrischen Leitfähigkeit geht man grundsätzlich folgenden Weg:

1. Bestimmung der Verteilungsfunktion $f(\boldsymbol{k}, \boldsymbol{r}, t)$ aus der kinetischen Boltzmann-Gleichung;
2. Berechnung der Stromdichte $\boldsymbol{j}(\boldsymbol{r}, t)$ gemäß (6.32);
3. Ermittlung der Komponenten des Leitfähigkeitstensors $\boldsymbol{\sigma}$ aus (6.21).

In dieser Weise wollen wir auch stets vorgehen.

Im ersten Teil dieses Abschnittes beschränken wir unsere Betrachtungen auf den *stationären Zustand,* der sich unter der Wirkung eines zeitlich konstanten äußeren elektrischen Feldes einstellt. Es ist somit

$$\boldsymbol{E} = \boldsymbol{E}(\boldsymbol{r}) \; ; \qquad \frac{\partial f(\boldsymbol{k},\boldsymbol{r},t)}{\partial t} = 0 \, . \tag{6.57}$$

1. Bestimmung von $f(\boldsymbol{k},\boldsymbol{r})$[1]

Unter der Voraussetzung (6.57) kann man von der kinetischen Boltzmann-Gleichung der Form (6.42) ausgehen. Approximieren wir in (6.42) den Stoßterm durch den Relaxationszeit-Ansatz (6.51), so hat unsere Ausgangsgleichung folgendes Aussehen:

$$\boldsymbol{v}(\boldsymbol{k}) \cdot \nabla_{\boldsymbol{r}} f(\boldsymbol{k},\boldsymbol{r}) + \frac{1}{\hbar}\boldsymbol{F} \cdot \nabla_{\boldsymbol{k}} f(\boldsymbol{k},\boldsymbol{r}) = -\frac{f_1(\boldsymbol{k},\boldsymbol{r})}{\tau(\boldsymbol{k})} . \tag{6.58}$$

Mit der hier speziell auf die Elektronen wirkenden Kraft

$$\boldsymbol{F}(\boldsymbol{r}) = -|e|\,\boldsymbol{E}(\boldsymbol{r}) \tag{6.59}$$

wird (6.58)

$$\boldsymbol{v}(\boldsymbol{k}) \cdot \nabla_{\boldsymbol{r}} f(\boldsymbol{k},\boldsymbol{r}) - \frac{|e|}{\hbar}\boldsymbol{E}(\boldsymbol{r}) \cdot \nabla_{\boldsymbol{k}} f(\boldsymbol{k},\boldsymbol{r}) = -\frac{f_1(\boldsymbol{k},\boldsymbol{r})}{\tau(\boldsymbol{k})} . \tag{6.60}$$

Beschränkt man sich, wie vorausgesetzt, auf geringe Abweichungen von der Gleichgewichtsverteilung $\left(f_1(\boldsymbol{k},\boldsymbol{r}) \ll f_0(\varepsilon)\right)$, so kann man auf der linken Seite der Gleichung (6.60) in guter Näherung $f(\boldsymbol{k},\boldsymbol{r})$ durch $f_0(\varepsilon)$ ersetzen:[2]

$$\boldsymbol{v}(\boldsymbol{k}) \cdot \nabla_{\boldsymbol{r}} f_0(\varepsilon) - \frac{|e|}{\hbar}\boldsymbol{E}(\boldsymbol{r}) \cdot \nabla_{\boldsymbol{k}} f_0(\varepsilon) = -\frac{f_1(\boldsymbol{k},\boldsymbol{r})}{\tau(\boldsymbol{k})} . \tag{6.61}$$

Wegen

$$\nabla_{\boldsymbol{r}} f_0(\varepsilon) = \boldsymbol{0} \tag{6.62}$$

und

$$\nabla_{\boldsymbol{k}} f_0(\varepsilon) = \frac{\partial f_0(\varepsilon)}{\partial \varepsilon}\nabla_{\boldsymbol{k}}\varepsilon(\boldsymbol{k}) = \frac{\partial f_0(\varepsilon)}{\partial \varepsilon}\hbar\boldsymbol{v}(\boldsymbol{k}) \tag{6.63}$$

(wir haben hier (6.27) benutzt)

vereinfacht sich (6.61) zu

$$-|e|\frac{\partial f_0(\varepsilon)}{\partial \varepsilon}\boldsymbol{E}(\boldsymbol{r}) \cdot \boldsymbol{v}(\boldsymbol{k}) = -\frac{f_1(\boldsymbol{k},\boldsymbol{r})}{\tau(\boldsymbol{k})} . \tag{6.64}$$

Hieraus ergibt sich sofort

$$f_1(\boldsymbol{k},\boldsymbol{r}) = |e|\frac{\partial f_0(\varepsilon)}{\partial \varepsilon}\tau(\boldsymbol{k})\,\boldsymbol{E}(\boldsymbol{r}) \cdot \boldsymbol{v}(\boldsymbol{k}) \tag{6.65}$$

und damit die gesuchte Verteilungsfunktion

$$f(\boldsymbol{k},\boldsymbol{r}) = f_0(\varepsilon) + |e|\frac{\partial f_0(\varepsilon)}{\partial \varepsilon}\tau(\boldsymbol{k})\,\boldsymbol{E}(\boldsymbol{r}) \cdot \boldsymbol{v}(\boldsymbol{k}) \, . \tag{6.66}$$

[1] Die Variable t kann wegen (6.57) fortgelassen werden.

[2] Diese Näherung ist möglich, solange sich $\boldsymbol{E}$ innerhalb einer Entfernung, die etwa der mittleren freien Weglänge l der Elektronen entspricht, nur wenig ändert; solange also $|\nabla_{\boldsymbol{r}}\boldsymbol{E}| \ll |\boldsymbol{E}/l|$ gilt.

Diese Formel gilt voraussetzungsgemäß nur für den stationären Fall; Ein- und Abschaltvorgänge beschreibt sie natürlich nicht. Gemäß dem allgemeinen Vorgehen erfolgt jetzt:

2. Berechnung von $\boldsymbol{j}(\boldsymbol{r})$

Bei bekannter Verteilungsfunktion kann man die Stromdichte $\boldsymbol{j}(\boldsymbol{r})$ gemäß (6.23) berechnen. Es genügt aber bereits die Kenntnis der Funktion $f_1(\boldsymbol{k},\boldsymbol{r})$. Berücksichtigt man nämlich, daß der Gesamtstrom im Gleichgewichtsfall verschwindet, daß also

$$\int \boldsymbol{v}(\boldsymbol{k})\, f_0(\varepsilon)\, \mathrm{d}\boldsymbol{k} = 0 \tag{6.67}$$

sein muß, so wird aus (6.32)

$$\boldsymbol{j}(\boldsymbol{r}) = -\frac{|e|}{4\pi^3}\int \boldsymbol{v}(\boldsymbol{k})\, f_1(\boldsymbol{k},\boldsymbol{r})\, \mathrm{d}\boldsymbol{k}\,. \tag{6.68}$$

Mit (6.65) erhalten wir für die Stromdichte

$$\boldsymbol{j}(\boldsymbol{r}) = -\frac{e^2}{4\pi^3}\int \frac{\partial f_0(\varepsilon)}{\partial\varepsilon}\tau(\boldsymbol{k})\, \boldsymbol{v}(\boldsymbol{k})\, [\boldsymbol{E}(\boldsymbol{r})\cdot \boldsymbol{v}(\boldsymbol{k})]\, \mathrm{d}\boldsymbol{k}\,. \tag{6.69}$$

Die Integration ist über den gesamten reziproken Raum zu erstrecken. Die Komponenten der Stromdichte ergeben sich aus (6.69) zu

$$j_l = -\frac{e^2}{4\pi^3}\int \frac{\partial f_0(\varepsilon)}{\partial\varepsilon}\tau(\boldsymbol{k})\, v_l\left(\sum_i E_i v_i\right)\mathrm{d}\boldsymbol{k} \tag{6.70}$$

$(l = x, y, z;\; i = y, x, z)$.

Die hierin auftretenden Geschwindigkeitskomponenten lassen sich bei vorgegebener Dispersionsbeziehung aus (6.27) berechnen.

Damit können wir übergehen zu:

3. Ermittlung der Komponenten von $\boldsymbol{\sigma}$

Die Komponenten des Leitfähigkeitstensors $\boldsymbol{\sigma}$ ermittelt man durch Vergleich von (6.70) mit (6.21) und erhält

$$\left.\begin{aligned} &\sigma_{li} = -\frac{e^2}{4\pi^3}\int \frac{\partial f_0(\varepsilon)}{\partial\varepsilon}\,\tau(\boldsymbol{k})\, v_l v_i\, \mathrm{d}\boldsymbol{k} \\ &(l = x, y, z;\; i = x, y, z). \end{aligned}\right\} \tag{6.71}$$

Alle bis hierher erhaltenen Ergebnisse gelten ganz allgemein für beliebige Dispersion und in eingeschränktem Maße für einen beliebigen Streumechanismus. Die Einschränkung besteht darin, daß sich eine Relaxationszeit $\tau(\boldsymbol{k})$ angeben lassen muß.

Explizite Ausdrücke j_l und σ_{li} erhält man nur bei genauer Kenntnis der Dispersionsbeziehung $\varepsilon(\boldsymbol{k})$ und der $\boldsymbol{k}$-Abhängigkeit der Relaxationszeit. In der Praxis kennt man aber meist weder $\varepsilon(\boldsymbol{k})$ noch $\tau(\boldsymbol{k})$. Aus diesem Grunde ist man dann auf Modelle angewiesen. Selbst bei bekanntem $\varepsilon(\boldsymbol{k})$ und $\tau(\boldsymbol{k})$ sind die auftretenden Integrationen nur in speziellen Fällen geschlossen bzw. überhaupt ausführbar.

Wir wollen daher für die explizite Berechnung der Tensorkomponenten (6.71) das einfachste denkbare Modell annehmen; und zwar mögen isotrope quadratische Dispersion (kugelförmige Isoenergieflächen)

$$\varepsilon(\boldsymbol{k}) = \frac{\hbar^2 \boldsymbol{k}^2}{2m^*}; \qquad \boldsymbol{v}(\boldsymbol{k}) = \frac{1}{\hbar} \nabla_{\boldsymbol{k}} \varepsilon(\boldsymbol{k}) = \frac{\hbar \boldsymbol{k}}{m^*} \tag{6.72}$$

und isotrope Streuung der Elektronen

$$\tau(\boldsymbol{k}) = \tau(\varepsilon) \tag{6.73}$$

vorliegen.

In diesem Fall zerlegt man zweckmäßigerweise die Integration über den gesamten reziproken Raum in eine Integration über Flächen S konstanter Energie (Oberflächenintegral) und eine Integration über die Energie ε. Hierzu überlegt man sich mit (6.72) und mit den in Abbildung 6.1 angegebenen Bezeichnungen, daß

$$\frac{d\varepsilon}{dk_\perp} = \hbar v_\perp \tag{6.74}$$

ist. ($\boldsymbol{k}_\perp$ weist in die Richtung der Oberflächennormale der Isoenergiefläche S.)

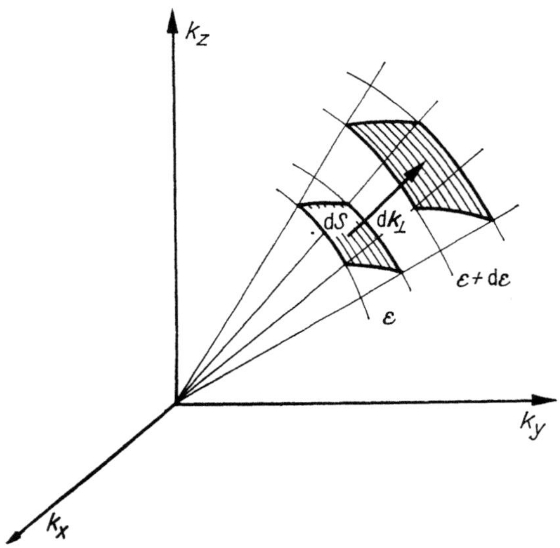

Abb. 6.1.
Zur Integration über den gesamten reziproken Raum

Aus (6.74) folgt

$$dk_\perp = \frac{d\varepsilon}{\hbar v_\perp}. \tag{6.75}$$

Die Tensorkomponenten (6.71) lassen sich dann zu

$$\left.\begin{aligned} \sigma_{li} &= -\frac{e^2}{4\pi^3\hbar} \int_0^\infty \oint_{S'} \frac{\partial f_0(\varepsilon)}{\partial \varepsilon} \tau(\varepsilon) \frac{v_l v_i}{v_\perp} \, dS \, d\varepsilon \\ &(l = x, y, z;\ i = x, y, z) \end{aligned}\right\} \tag{6.76}$$

berechnen.

Wegen $\frac{\partial f_0(\varepsilon)}{\partial \varepsilon} = -\delta(\varepsilon - \varepsilon_F)$ gemäß (1.35) kann die Integration über ε sofort ausgeführt werden, so daß nur noch

$$\left.\begin{aligned} &\sigma_{li} = \frac{e^2\tau(\varepsilon_F)}{4\pi^3\hbar} \oint_{S_F} \frac{v_l v_i}{v_F} \, dS \\ &(l = x, y, z; i = x, y, z) \end{aligned}\right\} \tag{6.77}$$

verbleibt. ε_F und v_F sind hierbei Fermi-Energie und Fermi-Geschwindigkeit. Die Integration ist jetzt über die Oberfläche S_F der Fermi-Fläche (hier speziell der Fermi-Kugel) zu erstrecken.

Das verbleibende Integral löst man günstigerweise, indem man die Kugelkoordinaten k, ϑ, φ einführt und die Geschwindigkeitskomponenten in diesen Koordinaten ausdrückt $\left(v_F = \frac{\hbar}{m^*} k_F;\ v_x = \frac{\hbar}{m^*} k_F \sin\vartheta \cos\varphi;\ v_y = \frac{\hbar}{m^*} k_F \sin\vartheta \sin\varphi;\ v_z = \frac{\hbar}{m^*} k_F \cos\vartheta\right)$. Die Integration über die Kugeloberfläche ergibt dann

$$\left.\begin{aligned} &\sigma_{li} = 0 \quad \text{für} \quad l \neq i\,, \\ &\sigma_{ll} = \frac{e^2\tau(\varepsilon_F)\, k_F^3}{3\pi^2 m^*}. \end{aligned}\right\} \quad (l = x, y, z; i = x, y, z) \tag{6.78}$$

Drückt man k_F mit Hilfe der Elektronenkonzentration n gemäß (1.23) aus, so erhält man

$$\left.\begin{aligned} &\sigma_{li} = 0 \quad \text{für} \quad l \neq i\,, \\ &\sigma_{ll} = \frac{e^2\tau(\varepsilon_F)\, n}{m^*} = \sigma_0\,, \end{aligned}\right\} \quad (l = x, y, z; i = x, y, z) \tag{6.79}$$

wobei σ_0 die in Abschnitt 6.1. eingeführte Gleichstromleitfähigkeit (für den magnetfeldfreien Fall) ist (vgl. (6.11)).

Hier speziell hat der Leitfähigkeitstensor $\boldsymbol{\sigma}$ gemäß (6.79) die einfache Gestalt

$$\boldsymbol{\sigma}_0 = \begin{pmatrix} \sigma_0 & 0 & 0 \\ 0 & \sigma_0 & 0 \\ 0 & 0 & \sigma_0 \end{pmatrix} = \sigma_0\, \mathbf{e} \tag{6.80}$$

($\mathbf{e}$: Einheitstensor).

Zusammenfassend läßt sich für den Fall, daß ein elektrisches Feld $\boldsymbol{E} = \boldsymbol{E}(\boldsymbol{r})$ auf ein unendlich ausgedehntes Metall einwirkt, feststellen:

Im Spezialfall kugelförmiger Isoenergieflächen und isotroper Streuung ist der Leitfähigkeitstensor dem Einheitstensor proportional; das heißt, die elektrische Leitfähigkeit ist eine skalare Größe.

Das Ergebnis (6.80) ist natürlich nur so lange gültig, wie das zugrunde gelegte einfache Modell den realen physikalischen Sachverhalt hinreichend gut widerspiegelt. Das ist näherungsweise für Alkali- und Edelmetalle erfüllt; nicht aber für mehrwertige Metalle. Bei letzteren muß man, ausgehend von (6.70) und (6.71), kompliziertere Modelle verwenden; insbesondere auch den Einfluß zweier oder mehrerer Leitfähigkeitsbänder berücksichtigen.

Der durch (6.80) gegebene Tensor der elektrischen Leitfähigkeit ist trivialerweise symmetrisch ($\sigma_{li} = \sigma_{il}$). Das gilt jedoch im magnetfeldfreien Fall allgemein. Die Symmetrie ist Ausdruck des aus der Thermodynamik irreversibler Prozesse folgenden Prinzips von der Symmetrie der kinetischen Koeffizienten. (S. z. B. [7].)

Die Hauptwerte des Leitfähigkeitstensors sind stets positiv; nur dann ist der Entropiesatz erfüllt.

Selbst im allgemeinen Fall braucht man nicht alle Tensorkomponenten einzeln zu berechnen, da sie nicht alle unabhängig voneinander sind. Die Anzahl der unabhängigen Komponenten wird durch die Kristallsymmetrie bestimmt; sie beträgt maximal sechs. Tabelle 6.1 enthält für die verschiedenen Kristallsysteme die zugehörigen Leitfähigkeitstensoren. Wir ersehen hieraus, daß $\boldsymbol{\sigma}$ bei kubischer Kristallstruktur in einen Skalar entartet. Bei hexagonaler, tetragonaler und rhomboedrischer (trigonaler) Struktur stimmen noch zwei Hauptwerte überein; es treten zwei unabhängige Komponenten auf. Bei den übrigen Kristallstrukturen sind jeweils alle drei Hauptwerte verschieden voneinander; mit abnehmender Symmetrie des Kristallsystems erhöht sich die Zahl der unabhängigen Leitfähigkeitskomponenten bis zu sechs.

Tabelle 6.1.

Die zu den sieben Kristallsystemen gehörigen Leitfähigkeitstensoren (magnetfeldfreier Fall)
In der letzten Spalte sind zur Übersicht die unabhängigen Tensorkomponenten aufgeführt

Kristallsystem	Leitfähigkeitstensor $\boldsymbol{\sigma}$	unabhängige Komponenten
kubisch	$\begin{pmatrix} \sigma_0 & 0 & 0 \\ 0 & \sigma_0 & 0 \\ 0 & 0 & \sigma_0 \end{pmatrix}$	σ_0
hexagonal tetragonal rhomboedrisch (trigonal)	$\begin{pmatrix} \sigma_{11} & 0 & 0 \\ 0 & \sigma_{11} & 0 \\ 0 & 0 & \sigma_{33} \end{pmatrix}$	σ_{11}, σ_{33}
rhombisch	$\begin{pmatrix} \sigma_{11} & 0 & 0 \\ 0 & \sigma_{22} & 0 \\ 0 & 0 & \sigma_{33} \end{pmatrix}$	$\sigma_{11}, \sigma_{22}, \sigma_{33}$
monoklin	$\begin{pmatrix} \sigma_{11} & 0 & \sigma_{31} \\ 0 & \sigma_{22} & 0 \\ \sigma_{31} & 0 & \sigma_{33} \end{pmatrix}$	$\sigma_{11}, \sigma_{22}, \sigma_{33}, \sigma_{31}$
triklin	$\begin{pmatrix} \sigma_{11} & \sigma_{12} & \sigma_{31} \\ \sigma_{12} & \sigma_{22} & \sigma_{23} \\ \sigma_{31} & \sigma_{23} & \sigma_{33} \end{pmatrix}$	$\sigma_{11}, \sigma_{22}, \sigma_{33}$ $\sigma_{12}, \sigma_{23}, \sigma_{31}$

6.3.2. Einfluß des Energiespektrums auf die elektrische Leitfähigkeit

Nachdem wir die elektrische Leitfähigkeit berechnet und festgestellt haben, daß sie im allgemeinen ein Tensor zweiter Stufe ist, wollen wir versuchen, die Verbindung zwischen ihr und dem Energiespektrum $\varepsilon(\boldsymbol{k})$ herzustellen. Dazu beschäftigen wir uns zunächst mit der Wirkung eines elektrischen Feldes (der Einfachheit halber wollen wir ein zeitlich konstantes Feld $\boldsymbol{E}(\boldsymbol{r})$ voraussetzen) auf die Verteilung der Elektronen bezüglich der möglichen Energieniveaus.

Im feldfreien Fall $(\boldsymbol{E}(\boldsymbol{r}) = \boldsymbol{0})$ wird die Verteilung der Elektronen auf die möglichen Energieniveaus durch die Gleichgewichtsverteilungsfunktion $f_0(\varepsilon)$ gemäß (6.31) bestimmt.

Legt man nun an das Metall ein elektrisches Feld $\boldsymbol{E}(\boldsymbol{r})$ an, so werden die Elektronen beschleunigt; sie nehmen Energie aus dem Feld auf. Aus Abschnitt 1.1.4. wissen wir aber, daß nicht alle quasifreien Elektronen im Metall energetisch angeregt werden können. Nur die Elektronen können angeregt werden, die Energieniveaus nahe der Fermi-Energie ($\varepsilon \approx \varepsilon_F$) besetzen, denn nur diese finden freie Plätze (oberhalb ε_F) vor. Das bedeutet hier speziell, daß die große Zahl der Elektronen, die die Energieniveaus im Inneren der Fermi-Fläche einnehmen, durch das elektrische Feld nicht beeinflußt werden kann. Diese wichtige Tatsache wollen wir bei den weiteren Betrachtungen nicht vergessen, denn hieraus folgt, daß nur ein kleiner Teil der im Metall vorhandenen quasifreien Elektronen zur elektrischen Leitfähigkeit beiträgt. Bevor wir diesen Teil der Elektronen genauer untersuchen, wollen wir nach der Verteilung der Elektronen auf die Energieniveaus bei vorhandenem elektrischen Feld $\boldsymbol{E}(\boldsymbol{r})$ fragen.

Das elektrische Feld übt auf ein quasifreies Elektron (mit $\varepsilon \approx \varepsilon_F$) die Kraft $\boldsymbol{F}(\boldsymbol{r}) = -|e|\,\boldsymbol{E}(\boldsymbol{r})$ aus und ändert damit nach (6.28) dessen Quasiimpuls gemäß

$$-|e|\,\boldsymbol{E}(\boldsymbol{r}) = \hbar\,\frac{\mathrm{d}\boldsymbol{k}}{\mathrm{d}t}\,. \tag{6.81}$$

Berücksichtigt man, daß das elektrische Feld nur während der kurzen Zeit zwischen zwei Stößen (also innerhalb der Relaxationszeit $\tau(\boldsymbol{k})$) auf das Elektron einwirken kann, so läßt sich die Änderung des $\boldsymbol{k}$-Vektors und damit die des Quasiimpulses des Elektrons aus (6.81) zu

$$\Delta\boldsymbol{k} = -\frac{|e|\,\tau(\boldsymbol{k})}{\hbar}\,\boldsymbol{E}(\boldsymbol{r}) \tag{6.82}$$

bzw.

$$\hbar\,\Delta\boldsymbol{k} = -|e|\,\tau(\boldsymbol{k})\,\boldsymbol{E}(\boldsymbol{r}) \tag{6.83}$$

berechnen. Wegen der negativen Ladung der Elektronen ändert sich der Quasiimpuls des Elektrons entgegen der Feldrichtung.

Die Verteilungsfunktion $f(\boldsymbol{k},\boldsymbol{r})$ für den stationären Zustand bei Vorhandensein eines elektrischen Feldes $\boldsymbol{E}(\boldsymbol{r})$ haben wir bereits im vorangegangenen Abschnitt berechnet; und zwar zu $f(\boldsymbol{k},\boldsymbol{r}) = f_0(\varepsilon) + \frac{\partial f_0(\varepsilon)}{\partial\varepsilon}\,|e|\,\tau(\boldsymbol{k})\,\boldsymbol{E}(\boldsymbol{r})\cdot\boldsymbol{v}(\boldsymbol{k})$. Wegen (1.35) ist der zweite Summand nur in der Umgebung der Fermi-Energie ε_F ungleich 0. Das bedeutet aber nichts weiter, als daß sich bei Anwesenheit eines elektrischen Feldes die Verteilung der Elektronen auf die Energieniveaus erwartungsgemäß nur bei den Niveaus

$\varepsilon \approx \varepsilon_F$ merklich gegenüber der Gleichgewichtsverteilung ändert. Abbildung 6.2 zeigt $f(\varepsilon)$ (dünne Linie) im Vergleich zu $f_0(\varepsilon)$ (dicke Linie) für die beiden Fälle $\boldsymbol{E}(\boldsymbol{r})$ parallel und antiparallel zu $\boldsymbol{v}(\boldsymbol{k})$. Im ersten Fall sind einige bei $\boldsymbol{E} = \boldsymbol{0}$ besetzte Energieniveaus unbesetzt, während im zweiten Fall vorher unbesetzte Niveaus eingenommen werden. Es tritt also eine Verschiebung in der Verteilung der Elektronen auf. Im reziproken Raum äußert sich das, wie die Abbildungen 6.3 bis 6.5 zeigen, in einer Verschiebung der Fermi-Fläche um $\Delta\boldsymbol{k}$ gemäß (6.82). Hierdurch entsteht der Eindruck, als ob alle Elektronen eine Impulsänderung erfahren würden. In Wirklichkeit kann das elektrische Feld die Elektronen, die die energetisch tieferen Zustände im Inneren der Fermi-Fläche besetzen, entsprechend dem oben Gesagten nicht beeinflussen.

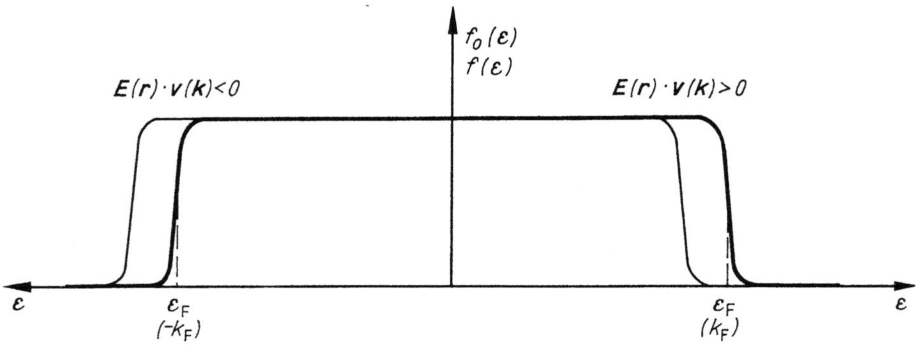

Abb. 6.2.

Verteilung der Elektronen auf die Energieniveaus bei Vorhandensein eines elektrischen Feldes $\boldsymbol{E}(\boldsymbol{r})$ und im feldfreien Fall

$f_0(\varepsilon)$: $\boldsymbol{E}(\boldsymbol{r}) = \boldsymbol{0}$: dicke Linie
$f(\varepsilon)$: $\boldsymbol{E}(\boldsymbol{r}) \neq \boldsymbol{0}$: dünne Linie

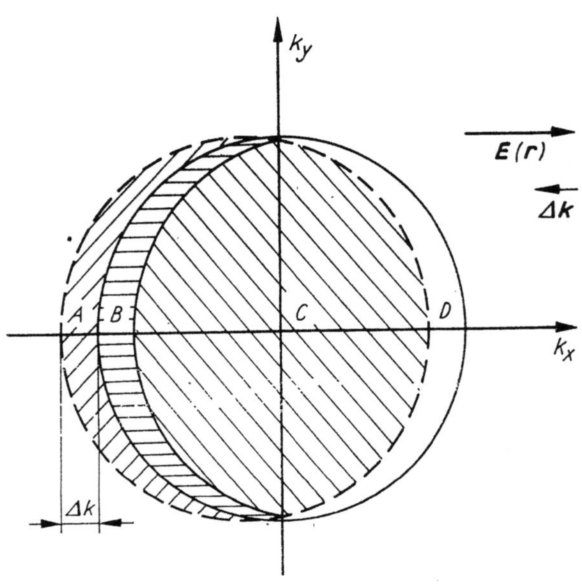

Abb. 6.3.
Projektion einer kugelförmigen Fermi-Fläche auf die (k_x,k_y)-Ebene für den feldfreien Fall (durchgezogene Linie) und bei Anwesenheit eines elektrischen Feldes $\boldsymbol{E}(\boldsymbol{r})$ (gestrichelte Linie). Die Elektronen, die die Niveaus in den Gebieten A und B besetzen, tragen zur elektrischen Leitfähigkeit bei.
Alle Elektronen in den Niveaus des Gebietes C geben keinen Beitrag zur elektrischen Leitfähigkeit.
Die Niveaus im Gebiet D sind nur im feldfreien Fall besetzt

Wir wollen jetzt die Abbildung 6.3 genauer betrachten. Hier ist die Projektion einer kugelförmigen Fermi-Fläche auf die (k_x,k_y)-Ebene dargestellt. Im feldfreien Fall besetzen die Elektronen die Niveaus innerhalb der durch die durchgezogene Kurve markierten Fermi-Fläche. Die Elektronen befinden sich hier im Gleichgewicht. Das bedeutet, daß zu jedem Elektron mit dem Quasiimpuls $\hbar \boldsymbol{k}_i$ genau ein Elektron mit dem Quasiimpuls $-\hbar \boldsymbol{k}_i$ existiert, so daß der Gesamtimpuls des Gases quasifreier Elektronen verschwindet. Für den Ortsraum heißt das, daß es jeweils zwei Elektronen mit betragsmäßig gleicher, aber entgegengesetzt gerichteter Geschwindigkeit gibt, so daß der Gesamtstrom Null ist.

Im Fall eines auf das Metall einwirkenden elektrischen Feldes $\boldsymbol{E}(\boldsymbol{r})$ liegt folgender Sachverhalt vor. Ohne Beschränkung der Allgemeinheit sei $\boldsymbol{E}(\boldsymbol{r})$ der x-Achse parallel gerichtet. Nach den vorangegangenen Ausführungen besetzen die Elektronen dann die Niveaus innerhalb der gestrichelt umrandeten Fermi-Fläche. Jetzt befinden sich nicht mehr alle, sondern nur noch die Elektronen im Gleichgewicht, die die Niveaus des Gebietes C (schraffiert) einnehmen. Alle diese Elektronen entfallen auch jetzt für die elektrische Leitfähigkeit. Zur elektrischen Leitfähigkeit tragen die Elektronen der Niveaus im Gebiet A bei, denn es gibt keine Elektronen mit betragsmäßig gleichen antiparallelen Quasiimpulsen. Aber auch die Elektronen, die die Niveaus in B besetzen, liefern einen Beitrag zur Leitfähigkeit, da die Niveaus in D bei vorhandenem elektrischen Feld unbesetzt sind und somit keine Elektronen existieren, die die Quasiimpulse der Elektronen aus dem Gebiet B kompensieren. Zusammengefaßt läßt sich feststellen:

> Das elektrische Feld stört das Gleichgewicht der Elektronen und bewirkt damit einen Stromfluß. Am Zustandekommen dieses Stromflusses sind jedoch nicht alle quasifreien Elektronen des Metalls beteiligt, sondern nur diejenigen, welche die Niveaus in den Gebieten A und B besetzen.

Welche der Elektronen (mit $\varepsilon \approx \varepsilon_F$) zur Leitfähigkeit beitragen, richtet sich auch nach der Lage des elektrischen Feldes bezüglich der Fermi-Fläche. Abbildung 6.4 illustriert dies an einer ellipsoidalen Fermi-Fläche. In Abbildung 6.4a ist $\boldsymbol{E}$ parallel zur k_x-Achse, in Abbildung 6.4b unter einem Winkel zu den Hauptachsen und in Abbildung 6.4c parallel zur k_y-Achse gerichtet. Die Gebiete A bis D sind in allen drei Fällen eingezeichnet.

Besonders deutlich wird das anisotrope Verhalten der elektrischen Leitfähigkeit am Beispiel einer offenen zylinderförmigen Fermi-Fläche, wie sie in Abbildung 6.5 für den zweidimensionalen Fall dargestellt ist. Die Zylinderachse ist der k_x-Achse parallel gerichtet. In diesem Fall ist es zweckmäßig, den Sachverhalt im periodischen Zonenschema zu betrachten.

Ist das elektrische Feld, wie in Abbildung 6.5a, parallel zur k_y-Achse orientiert, so tragen auch hier die Elektronen, die die Niveaus in den Gebieten A und B besetzen, zur Leitfähigkeit bei. Weist $\boldsymbol{E}(\boldsymbol{r})$ dagegen in k_x-Richtung ($\boldsymbol{E} \parallel$ Zylinderachse), so ergibt sich das in Abbildung 6.5b dargestellte Verhalten. Aus den Kapiteln 3 und 4 wissen wir, daß die Zustände in den hier speziell vorliegenden Gebieten A und D äquivalent sind. (Aus diesem Grunde ist in Abbildung 6.5b das Gebiet D ebenfalls schraffiert gezeichnet.) Da aber die Zustände in D und damit auch in A im feldfreien Fall besetzt sind, können die Elektronen bei Einschalten eines elektrischen Feldes natürlich nicht in die Zustände des Gebietes A angeregt werden. Wir können hieraus

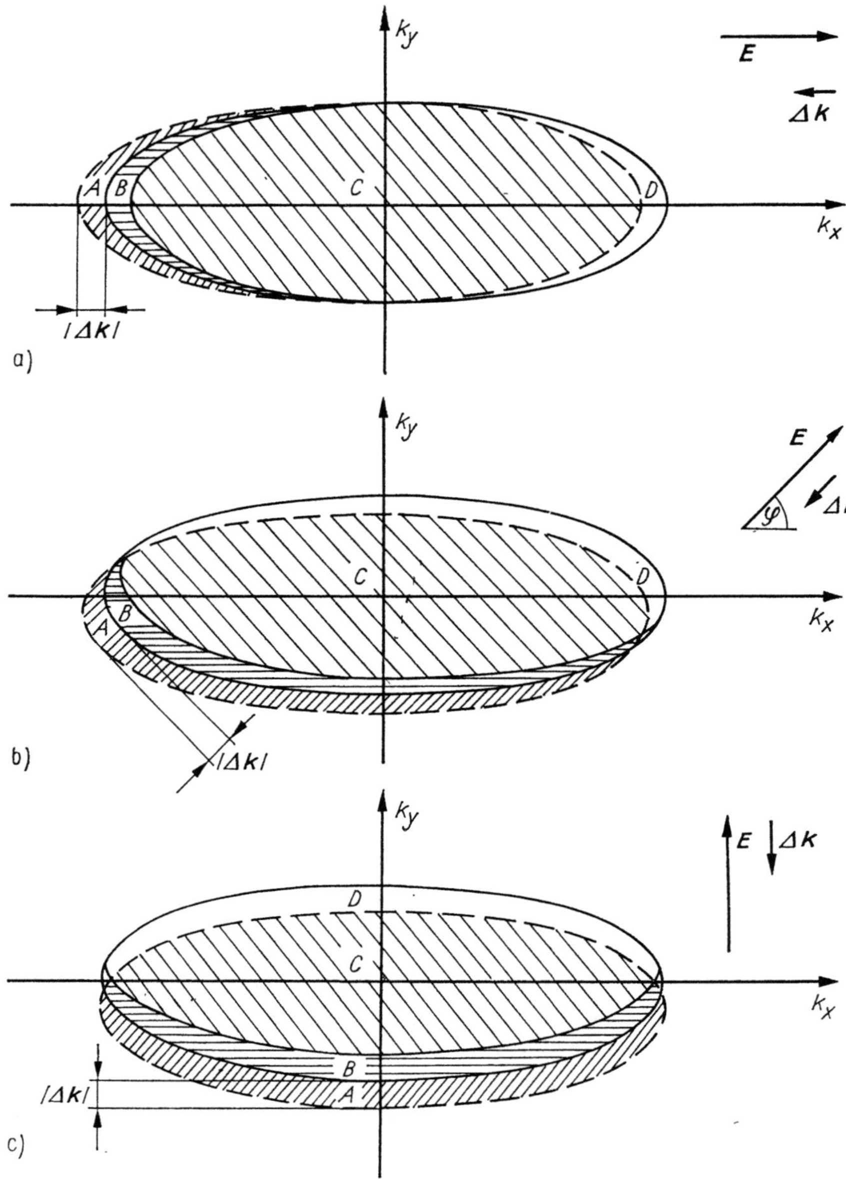

Abb. 6.4.
Zur Veranschaulichung der angeregten Elektronen bei unterschiedlicher Orientierung des elektrischen Feldes $\boldsymbol{E}$
(Zweidimensionale Darstellung)
a) $\boldsymbol{E} \parallel k_x$-Achse
b) $\sphericalangle(\boldsymbol{E}, k_x\text{-Achse}) = \varphi$
c) $\boldsymbol{E} \parallel k_y$-Achse

schlußfolgern: Ist das elektrische Feld der Zylinderachse einer offenen zylinderförmigen Fermi-Fläche parallel gerichtet, so kann sich die Elektronenverteilung nicht ändern. Die Elektronen bleiben kompensiert, und es kann kein Strom fließen. Die elektrische Leitfähigkeit ist gleich Null.

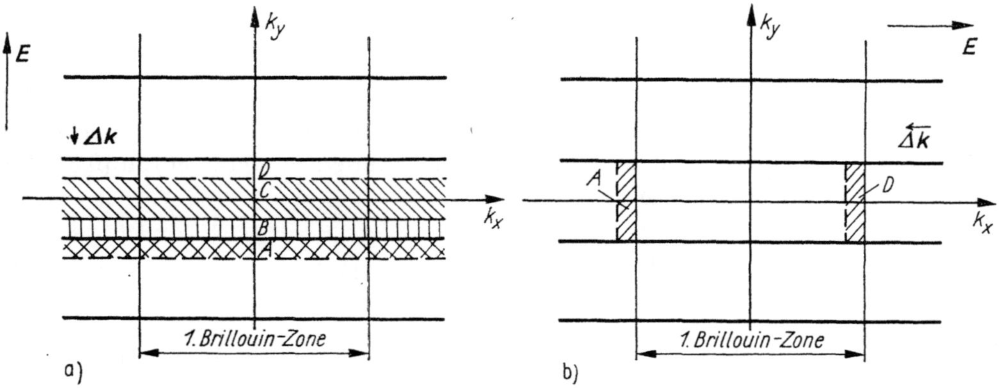

Abb. 6.5.
Zur Erläuterung der elektrischen Leitfähigkeit bei einer offenen Fermi-Fläche (in k_x-Richtung unendlich ausgedehnter Zylinder)
Zweidimensionale Darstellung innerhalb der ersten Brillouin-Zone (periodisches Zonenschema)
a) $\boldsymbol{E} \parallel k_y$-Achse ($\sigma = \sigma_{\max}$)
b) $\boldsymbol{E} \parallel k_x$-Achse ($\sigma = 0$)

Ausgehend von der Feststellung, daß nur die nichtkompensierten Elektronen, die die Zustände in den Gebieten A und B besetzen, zum Stromfluß beitragen, wollen wir jetzt die elektrische Leitfähigkeit berechnen. Da es uns einerseits nur auf den Rechengang ankommt und wir dann andererseits auch bessere Vergleichsmöglichkeiten haben, sollen isotrope quadratische Dispersion und isotrope Streuung $\big(\tau(\boldsymbol{k}) = \tau(\varepsilon)\big)$ vorausgesetzt werden.

Das elektrische Feld möge weiterhin ohne Beschränkung der Allgemeinheit in x-Richtung zeigen: $\boldsymbol{E} = (E, 0, 0)$.

Die erste Aufgabe besteht nun darin, den Beitrag zur Stromdichte $\boldsymbol{j}(\boldsymbol{r})$ zu berechnen, den die nichtkompensierten Elektronen liefern (vgl. Abb. 6.3, Gebiete A und B). Da in der Volumeneinheit des $\boldsymbol{k}$-Raumes $\frac{1}{(2\pi)^3}$ doppelt besetzbare Zustände vorhanden sind, können im Volumenelement $\mathrm{d}\Phi$ (unter Berücksichtigung der Spinentartung) $\frac{2}{(2\pi)^3}\,\mathrm{d}\Phi = \frac{1}{4\pi^3}\,\mathrm{d}\Phi$ Elektronen Platz finden. Mit den Kugelkoordinaten k, ϑ, φ ist der Beitrag der im Volumenelement $\mathrm{d}\Phi = k^2 \sin\vartheta\,\mathrm{d}k\,\mathrm{d}\vartheta\,\mathrm{d}\varphi$ enthaltenen Elektronen zur Stromdichte in Richtung des elektrischen Feldes

$$\mathrm{d}j_x = \mathrm{d}j = -\frac{|e|\,v_x}{4\pi^3}\,k^2 \sin\vartheta\,\mathrm{d}k\,\mathrm{d}\vartheta\,\mathrm{d}\varphi\,. \tag{6.84}$$

Die Stromdichtekomponenten in y- und z-Richtung verschwinden, da sich die Impulskomponenten (und damit die Geschwindigkeitskomponenten v_y, v_z) der Elektronen bezüglich dieser Richtungen gegenseitig aufheben (zu jedem $\hbar k_y$ und $\hbar k_z$ gibt es ein $-\hbar k_y$ bzw. $-\hbar k_z$). Unter der allgemeinen Voraussetzung, daß das elektrische Feld die Verteilung der Elektronen nur geringfügig ändert, gilt stets

$$\Delta k \ll k_{\mathrm{F}}\,, \tag{6.85}$$

so daß für die Geschwindigkeitskomponenten aller zur Stromdichte beitragenden Elektronen in Feldrichtung in guter Näherung

$$v_x \approx v_F \sin\vartheta \cos\varphi \tag{6.86}$$

gesetzt werden darf. Nimmt man wegen (6.85) außerdem an, daß die Volumina A und B näherungsweise gleich sind, so erhält man nach Einsetzen von (6.86) in (6.84) für den Betrag der Stromdichte in Feldrichtung

$$j = -2\,\frac{|e|\,v_F}{4\pi^3} \int\limits_{-\pi/2}^{+\pi/2} \int\limits_{0}^{\pi} \int\limits_{k_F}^{k_F+\Delta k \sin\vartheta\cos\varphi} k^2 \sin\vartheta \,\mathrm{d}k\,\mathrm{d}\vartheta\,\mathrm{d}\varphi\,. \tag{6.87}$$

Vernachlässigt man Glieder höherer Ordnung in Δk, so ergibt die Integration

$$j = -2\,\frac{|e|\,v_F}{4\pi^3}\,k_F^2\,\Delta k\,\frac{4\pi}{3^2} = -\frac{|e|\,v_F k_F^2}{3\pi^2}\,\Delta k\,. \tag{6.88}$$

Mit $\Delta k = -\frac{|e|\,\tau(\varepsilon_F)}{\hbar}\,E$ (vgl. (6.82)) erhält man für die Stromdichte

$$j = \frac{e^2\tau(\varepsilon_F)\,v_F k_F^2}{3\pi^2\hbar}\,E\,. \tag{6.89}$$

Wir wollen hierzu noch zwei äquivalente Formulierungen angeben. Mit der Oberfläche der speziell gewählten kugelförmigen Fermi-Fläche $S_F = 4\pi k_F^2$ läßt sich (6.89) in der Form

$$j = \frac{e^2\tau(\varepsilon_F)\,v_F S_F}{12\pi^3\hbar}\,E \tag{6.90}$$

schreiben. Führt man außerdem noch die durch

$$l = v_F\tau(\varepsilon_F) \tag{6.91}$$

definierte mittlere freie Weglänge[1]) l der Elektronen ein, wird (6.90)

$$j = \frac{e^2 l S_F}{12\pi^3\hbar}\,E\,. \tag{6.92}$$

Vergleicht man (6.89), (6.90) sowie (6.91) mit (6.19), so erhält man entsprechend für die elektrische Leitfähigkeit

$$\boxed{\sigma = \frac{e^2\tau(\varepsilon_F)\,v_F k_F^2}{3\pi^2\hbar} = \frac{e^2\tau(\varepsilon_F)\,v_F S_F}{12\pi^3\hbar} = \frac{e^2 l S_F}{12\pi^3\hbar}}\,. \tag{6.93}$$

Damit haben wir ein wichtiges Ergebnis erhalten. Die elektrische Leitfähigkeit hängt also nur von den Eigenschaften der wenigen Elektronen ab, die die Energieniveaus nahe der Fermi-Energie besetzen, nicht aber von der Gesamtzahl der quasifreien Elektronen im Metall. Sie ist um so größer,

— je größer die Oberfläche S_F der Fermi-Fläche ist,
— je größer die mittlere freie Weglänge l bzw. die mittlere freie Flugzeit (Relaxationszeit τ) der Elektronen ist,
— je größer die Fermi-Geschwindigkeit v_F bzw. der Fermi-Impuls $\hbar k_F$ der Elektronen ist.

[1]) S. Fußnote S. 3.

Der Ausdruck (6.93) gilt nicht nur für isotrope quadratische Dispersion, sondern immer dann, wenn ε eine beliebige stetige, in $\boldsymbol{k}$ quadratische Funktion ist.

Wir gelangen noch zu einer weiteren wichtigen Aussage, wenn wir in den ersten Ausdruck von (6.93) $v_F = \frac{\hbar k_F}{m^*}$ (isotrope quadratische Dispersion) und $k_F^3 = 3\pi^2 n$ (s. (1.23)) einsetzen, wobei n die Elektronenkonzentration ist. Es ergibt sich dann für die elektrische Leitfähigkeit

$$\sigma = \frac{e^2 \tau(\varepsilon_F)\, n}{m^*} = \sigma_0$$

in völliger Übereinstimmung mit dem Ausdruck (6.11), der unter der Annahme ermittelt wurde, daß sich im stationären Zustand alle quasifreien Elektronen des Metalls unter der Einwirkung eines elektrischen Feldes mit derselben (mittleren) Geschwindigkeit, der Driftgeschwindigkeit $\boldsymbol{v}_D$, bewegen.

Wir können hieraus schließen, daß die wenigen angeregten Elektronen mit $\varepsilon \approx \varepsilon_F$ einen Strom erzeugen, der gerade gleich dem Driftstrom ist, den alle quasifreien Elektronen des Metalls zusammen hervorbringen würden, wenn sie sich alle mit derselben Driftgeschwindigkeit $\boldsymbol{v}_D$ im Metall bewegten.

6.3.3. Temperaturabhängigkeit der elektrischen Leitfähigkeit

Wir verschaffen uns jetzt einen Überblick darüber, wie die elektrische Leitfähigkeit von der Temperatur abhängt. Zunächst fällt auf, daß in allen bisher angegebenen Ausdrücken für die elektrische Leitfähigkeit ((6.11), (6.18), (6.79), (6.93)) die Temperatur explizit nicht auftritt. Gemäß (6.11) gilt

$$\sigma_0 = \frac{e^2 \tau(\varepsilon_F)\, n}{m^*},$$

so daß σ_0 nur über die Relaxationszeit $\tau(\varepsilon_F)$, die Elektronenkonzentration n sowie die effektive Masse m^* von der Temperatur abhängen kann. Nun sind n und m^* aber nur in dem Maße Funktionen der Temperatur wie die Fermi-Energie. Da sich jedoch letztere bei Metallen unerheblich mit der Temperatur ändert (vgl. Abschnitt 1.1.4.), können n und m^* keineswegs das Temperaturverhalten von σ_0 entscheidend bestimmen. Die Änderung der elektrischen Leitfähigkeit mit der Temperatur wird daher durch die selbst stark temperaturabhängige Relaxationszeit τ bedingt. Aus den vorangegangenen Abschnitten wissen wir, daß sie sich um mehrere Größenordnungen ändern kann.

Die Ausdrücke (6.18) und (6.79) liefern keine anderen Aspekte. Zu demselben Ergebnis gelangt man naturgemäß aber auch ausgehend von der Formulierung (6.93)

$$\sigma = \frac{e^2 l S_F}{12\pi^3 \hbar}.$$

Hierin ist die mittlere freie Weglänge l die beherrschende temperaturabhängige Größe, denn die Oberfläche S_F der Fermi-Fläche ändert sich wegen der bereits angeführten unwesentlichen Temperaturabhängigkeit der Fermi-Energie vernachlässigbar gering mit der Temperatur.

Es ist nun völlig gleichgültig, ob man den Temperaturgang der elektrischen Leitfähigkeit auf die mittlere freie Weglänge l oder auf die Relaxationszeit τ zurückführt, denn beide sind gemäß (6.91) durch $l = v_F \tau(\varepsilon_F)$ miteinander verbunden. Wir werden daher zur Beschreibung immer die gerade zweckmäßigere der beiden Größen verwenden.

Ebenso wollen wir bei der Anwendung der Begriffe „elektrische Leitfähigkeit" und „spezifischer elektrischer Widerstand" verfahren. Wegen $\boldsymbol{\rho} = \boldsymbol{\sigma}^{-1}$ sind beide physikalischen Größen eindeutig miteinander verbunden.

Ursache für den elektrischen Widerstand eines Festkörpers ist die Streuung der Elektronen infolge von Stößen mit Phononen, Störstellen sowie anderen Elektronen. Den beherrschenden Beitrag zum Widerstand liefert bei nicht zu tiefen Temperaturen ($T \gtrapprox \Theta_D$; Θ_D: Debye-Temperatur) und hinreichend reinen Kristallen die Streuung der Elektronen an Phononen. Aus diesem Grunde wollen wir uns mit ihr jetzt ausführlicher befassen.

Nach Abschnitt 2.2. beträgt die Energie der energiereichsten Phononen

$$\left.\begin{aligned} \varepsilon_{Ph} &= k_B T \quad \text{für} \quad T \leqq \Theta_D\,, \\ \varepsilon_{Ph} &= k_B \Theta_D \quad \text{für} \quad T > \Theta_D\,, \end{aligned}\right\} \tag{6.94}$$

so daß wegen der Entartung des Elektronengases im Metall ($k_B T \ll \varepsilon_F$ bis hin zur Schmelztemperatur) stets die Ungleichung

$$\varepsilon_{Ph} \ll \varepsilon_F \tag{6.95}$$

erfüllt ist. Das bedeutet aber, daß sich bei der Wechselwirkung eines zur elektrischen Leitfähigkeit beitragenden Elektrons mit einem Phonon die Energie dieses Elektrons ($\varepsilon \approx \varepsilon_F$) nur geringfügig ändert. Das Elektron besetzt also auch nach der Wechselwirkung ein Energieniveau nahe der Fermi-Energie. Es erfährt lediglich eine Änderung seines Quasiimpulses, über deren Größe zunächst nichts ausgesagt werden kann.

Präzisieren wir diesen Sachverhalt für die elektrische Leitfähigkeit: Ist die Impulsänderung eines zur elektrischen Leitfähigkeit beitragenden Elektrons (es besetzt gemäß Abbildung 6.3 ein Niveau der Gebiete A, B) nach dem Stoß mit einem Phonon nur gering, so nimmt das Elektron weiterhin ein Niveau aus A oder B ein und trägt (wenn auch in verändertem Maße) weiter zur elektrischen Leitfähigkeit bei. Bewirkt demgegenüber ein Stoß mit einem Phonon eine so starke Änderung des Quasiimpulses, daß das Elektron danach ein dem Gebiet D entsprechendes Niveau besetzt, so liefert es keinen Beitrag zur elektrischen Leitfähigkeit mehr. Derartige Stöße beeinflussen den Stromfluß und damit die elektrische Leitfähigkeit also erheblich.

Stöße mit geringer Impulsänderung des Elektrons werden nur dann wesentlich, wenn sie, nacheinander ausgeführt, schließlich dazu führen, daß das Elektron ein Niveau des Gebietes D besetzt; ein einzelner solcher Stoß ist im allgemeinen unbedeutend.

Werden nun in der Zeiteinheit ebenso viele Elektronen in Niveaus des Gebietes D (Abb. 6.3), gestreut wie durch das elektrische Feld angeregt werden, so ist ein stationärer Zustand erreicht. In unserem Modell stellt er sich so dar, als ob sich die Fermi-Fläche im reziproken Raum für alle Zeiten t um den von der Relaxationszeit und der elektrischen Feldstärke abhängenden festen Wert $\Delta \boldsymbol{k}$ gemäß (6.82) verschoben hätte.

Da nun der Einfluß der Stöße mit Phononen auf das Temperaturverhalten der elektrischen Leitfähigkeit nicht im gesamten Temperaturbereich gleich ist, müssen wir einen Bereich hoher ($T > \Theta_D$) und einen tiefer Temperatur ($T \ll \Theta_D$) unterscheiden.

1. Bereich hoher Temperaturen: $T > \Theta_D$

Bei diesen Temperaturen ist das gesamte Phononenspektrum angeregt (vgl. Abschnitt 2.2.), die Energie der energiereichsten Phononen beträgt etwa $k_B\Theta_D$, und die Anzahl der Phononen nimmt unabhängig von ihrer Energie gemäß (2.63) proportional mit der Temperatur T zu. Hieraus ergibt sich eine schwer überschaubare Vielfalt von Wechselwirkungsmöglichkeiten zwischen den Elektronen und den unterschiedlichsten Phononen. Der Einfachheit halber wollen wir näherungsweise annehmen, es seien nur Phononen der Energie $\varepsilon_{Ph} = k_B\Theta_D$ vorhanden, deren Zahl proportional T ansteigt.[1] Der Betrag des Quasiimpulses dieser Phononen läßt sich mit (2.65) zu $|\hbar \boldsymbol{q}| \approx \frac{k_B\Theta_D}{v_S} = \frac{2\hbar}{a}$ (v_S: Schallgeschwindigkeit; a: Gitterkonstante; $\boldsymbol{q}$: Wellenvektor des Phonons) abschätzen und ist damit größenordnungsmäßig dem Quasiimpuls der zur elektrischen Leitfähigkeit beitragenden Elektronen gleich $\left(|\hbar k_F| \approx \pi\hbar/a\right)$. Wir können dann davon ausgehen, daß jedes Elektron aus A oder B nach der Wechselwirkung mit einem Phonon einen so stark veränderten Quasiimpuls besitzt, daß es bereits nach diesem einen Wechselwirkungsakt ein Niveau des Gebietes D einnimmt und somit nicht mehr zur elektrischen Leitfähigkeit beiträgt. Da nun die Zahl der Phononen proportional zu T wächst, nimmt auch die Anzahl der Stöße pro Zeiteinheit proportional mit der Temperatur zu. Für die Relaxationszeit τ, die ja gerade der Anzahl der Stöße umgekehrt proportional ist, folgt hieraus unmittelbar

$$\tau(\varepsilon) \sim \frac{1}{T}\,. \tag{6.96}$$

Entsprechend gilt mit (6.91) für die mittlere freie Weglänge

$$l \sim \frac{1}{T}\,. \tag{6.97}$$

Für die gesuchte Temperaturabhängigkeit der elektrischen Leitfähigkeit ergibt sich aus (6.96) und (6.11) bzw. aus (6.97) und (6.93)

$$\sigma \sim \frac{1}{T}\,. \tag{6.98}$$

Bei Temperaturen $T > \Theta_D$ ändert sich die elektrische Leitfähigkeit proportional T^{-1}. Eine dazu äquivalente Formulierung ist, daß in diesem Temperaturbereich der spezifische elektrische Widerstand eines Metalles mit der Temperatur ansteigt (siehe auch Abb. 6.7):

$$\varrho \sim T\,. \tag{6.99}$$

2. Bereich tiefer Temperaturen: $T \ll \Theta_D$

Bei diesen Temperaturen sind nur Phononen mit Energien

$$\varepsilon_{Ph} \lesssim k_B T \ll \varepsilon_F \tag{6.100}$$

[1]) Praktisch gehen wir bei dieser Näherung davon aus, daß das Einstein-Modell für hohe Temperaturen die Wirklichkeit gut widerspiegelt. Die Modifikation besteht darin, daß wir nicht Phononen der Energie $k_B\Theta_E$, sondern $k_B\Theta_D$ annehmen. Größenordnungsmäßig sind ja Θ_E und Θ_D gleich.

und Quasiimpulsen $|\hbar \boldsymbol{q}| \lessapprox \frac{k_B T}{v_S}$ vorhanden. Die Quasiimpulse dieser Phononen sind im Vergleich zu den Quasiimpulsen der zur elektrischen Leitfähigkeit beitragenden Elektronen ($|\hbar \boldsymbol{k}_F| \approx \frac{\pi\hbar}{a} \approx \frac{k_B \Theta_D}{v_S}$ gemäß der Abschätzung im vorausgegangenen Punkt) klein, und zwar gilt

$$\frac{|\hbar \boldsymbol{q}|}{|\hbar \boldsymbol{k}_F|} \approx \frac{T}{\Theta_D}, \tag{6.101}$$

Das bedeutet aber, daß sich der Quasiimpuls des Elektrons nach dem Stoß mit einem Phonon nur wenig geändert hat. Es verbleibt damit in A oder B und trägt auch weiterhin zur Leitfähigkeit bei. Erst dann liefert es keinen Beitrag mehr, wenn es nach mehreren aufeinanderfolgenden Stößen schließlich ein Niveau des Gebietes D einnimmt.

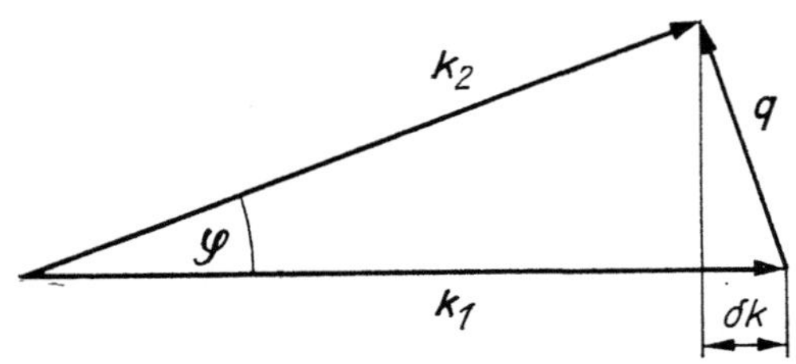

Abb. 6.6.
Wechselwirkung eines zur elektrischen Leitfähigkeit beitragenden Elektrons mit einem Phonon bei $T \ll \Theta_D$
Quasiimpuls des Elektrons vor dem Stoß: $\hbar \boldsymbol{k}_1$
Quasiimpuls des Elektrons nach dem Stoß: $\hbar \boldsymbol{k}_2$
Quasiimpuls des Phonons: $\hbar \boldsymbol{q}$

Wir wollen uns nun den Wechselwirkungsprozeß anhand der Abbildung 6.6 im reziproken Raum verdeutlichen. Es sei $\boldsymbol{k}_1$ ($\approx \boldsymbol{k}_F$) der $\boldsymbol{k}$-Vektor eines zur elektrischen Leitfähigkeit beitragenden Elektrons vor der Wechselwirkung und $\boldsymbol{k}_2$ ($\approx \boldsymbol{k}_F$) der nach der Wechselwirkung mit einem durch den Wellenvektor $\boldsymbol{q}$ charakterisierten Phonon. Wegen (6.100) und (6.101) ist zwar

$$\boldsymbol{k}_2 \approx \boldsymbol{k}_1 \approx \boldsymbol{k}_F\,, \tag{6.102}$$

aber der Beitrag des Elektrons zur elektrischen Leitfähigkeit hat sich verringert, wie aus der Projektion von $\boldsymbol{k}_2$ auf $\boldsymbol{k}_1$ zu ersehen ist. Entsprechend Abbildung 6.6 ist

$$\delta k = k_1 - k_2 \cos\varphi \approx k_1(1 - \cos\varphi) \tag{6.103}$$

und

$$\sin\varphi = \frac{q}{k_1} \ll 1\,. \tag{6.104}$$

Da φ sehr klein ist, gilt näherungsweise $\sin\varphi \approx \varphi$ und $1 - \cos\varphi \approx \varphi^2/2$, so daß aus (6.103) unter Berücksichtigung von (6.101)

$$\delta k \approx \frac{1}{2} k_1 \frac{q^2}{k_1^2} \approx \frac{k_1}{2}\left(\frac{T}{\Theta_D}\right)^2 \tag{6.105}$$

wird. Wegen $T \ll \Theta_D$ ist die Änderung des $\boldsymbol{k}$-Vektors $\delta\boldsymbol{k}$ nach einer einzigen Wechselwirkung zwischen Elektron und Phonon also sehr gering. Das Elektron trägt somit erst nach etwa $(\Theta_D/T)^2 \gg 1$ derartigen hintereinander ausgeführten Wechselwirkungen nicht mehr zur elektrischen Leitfähigkeit bei. Erst dann ist $\delta k_{\text{gesamt}} = \sum_i \delta k_i$ von der Größenordnung, daß das Elektron auf ein Niveau des Gebietes D verwiesen wird.

Nimmt man weiterhin an, daß auch in diesem Temperaturbereich die Elektron-Phonon-Wechselwirkung der beherrschende Streumechanismus ist, so erhält man die Temperaturabhängigkeit der mittleren freien Weglänge aus folgenden Überlegungen: Wie im vorangegangenen Punkt ist auch hier die mittlere freie Weglänge l (bzw. die Relaxationszeit τ) der Anzahl der Streuakte pro Zeiteinheit umgekehrt proportional, die ein Elektron aus einem Niveau der Gebiete A, B in ein Niveau des Gebietes D überführen. Die Anzahl solcher Streuakte ist naturgemäß der Zahl der Streuzentren, also der Phononenzahl, proportional. Im vorliegenden Temperaturbereich ist die Anzahl der angeregten Phononen bekanntlich proportional T^3. Außerdem wissen wir, daß gemäß obiger Abschätzung das Elektron erst nach größenordnungsmäßig $(\Theta_D/T)^2$ hintereinander ausgeführten Wechselwirkungen nicht mehr zur Leitfähigkeit beiträgt. Das bedeutet aber, daß nur der $(T/\Theta_D)^2$-te Teil aller Wechselwirkungen als Streuakt aufgefaßt werden kann. Damit ist die Anzahl der wirksamen Streuakte proportional $T^3(T/\Theta_D)^2$. Dementsprechend ergibt sich für die mittlere freie Weglänge

$$l \sim T^{-5}. \tag{6.106}$$

Gemäß (6.93) erhalten wir für die Temperaturabhängigkeit der elektrischen Leitfähigkeit

$$\sigma \sim T^{-5} \tag{6.107}$$

und hieraus für den spezifischen elektrischen Widerstand eines Metalls

$$\varrho \sim T^5. \tag{6.108}$$

Dieser Sachverhalt, der auch als *Bloch-Grüneisen-Gesetz* bekannt ist, enthält die wichtige Aussage, daß der spezifische elektrische Widerstand für $T \to 0$ K verschwindet. Abbildung 6.7 zeigt den Verlauf $\varrho(T)$.

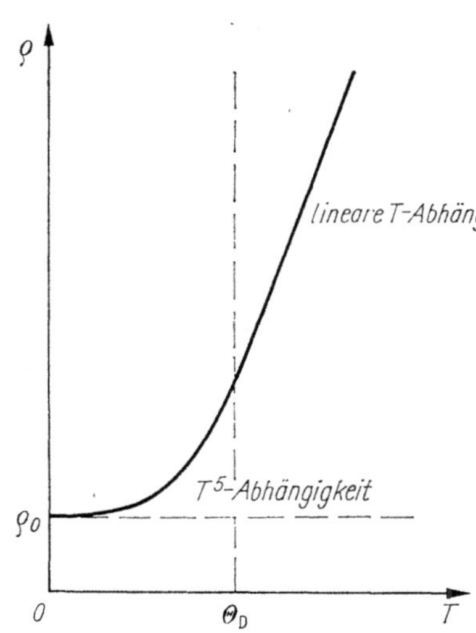

Abb. 6.7.
$\varrho = \varrho(T)$
ϱ_0: Restwiderstand

Der bisher angeführte Streumechanismus, die Elektron-Phonon-Wechselwirkung, bedingt den sogenannten *idealen* Widerstand $\varrho_{id}(T)$ des Metalls. Man nennt diesen Widerstand ideal, weil nur bei einem Idealkristall (fehlerfreie periodische Struktur) der Widerstand für $T \to 0$ K verschwindet. Bei einem realen Kristall (also einem Kristall, der Fehler in der periodischen Anordnung der Bausteine aufweist sowie Fremdatome enthält) ist der elektrische Widerstand auch bei $T = 0$ K ungleich Null. Infolge der Wechselwirkung der Elektronen mit den Störstellen im Kristallgitter tritt ein für Realkristalle charakteristischer temperaturunabhängiger zusätzlicher Widerstand auf, der sogenannte *Restwiderstand* ϱ_0. Dieser Restwiderstand bestimmt somit den Widerstand des Metalls bei $T = 0$ K (s. Abb. 6.7); sein Wert richtet sich völlig nach der Reinheit des Metalls und der Qualität des Einkristalls. Anders ausgedrückt, er ist von der Konzentration n_{St} der Störstellen (Versetzungen, Leerstellen, Zwischengitterplätze, Fremdatome und dgl.) abhängig.

Ist die Konzentration n_{St} der Störstellen nicht zu groß, so kann man den spezifischen elektrischen Widerstand eines Metalls in der Form

$$\varrho(T) = \varrho_0(n_{St}) + \varrho_{id}(T) \tag{6.109}$$

darstellen. Die Widerstandsänderung mit der Temperatur $\frac{d\varrho(T)}{dT}$ ist folglich unabhängig von der Störstellenkonzentration.

(6.109) ist die *Matthiessensche Regel*, die von der Modellvorstellung ausgeht, daß das Metall ein ideales Kristallgitter besitzt, in dem eine gewisse Anzahl zusätzlicher Streuzentren fest eingebaut ist. Mitunter formuliert man sie etwas allgemeiner als in (6.109): Ist ϱ_i der Widerstand, der durch den i-ten Streumechanismus bedingt wird, so ergibt sich der Gesamtwiderstand des Metalls als Summe aller Einzelwiderstände:

$$\varrho = \sum_{i=1}^{n} \varrho_i \,. \tag{6.110}$$

Bei der Bewertung der Matthiessenschen Regel müssen wir bedenken, daß sie nur näherungsweise gültig ist, da bei ihr Korrelationen zwischen den einzelnen Streuprozessen nicht berücksichtigt werden.

Wir wollen diesen Abschnitt mit einer Bemerkung abschließen, die für die Praxis von Bedeutung ist. Da der Restwiderstand von der Störstellenkonzentration n_{St} abhängig ist, stellt sein Wert ein Maß für die Reinheit und Perfektion des Kristalls dar. Nun ist $\varrho_0(n_{St})$ der Messung aber nicht zugänglich, denn nach (6.109) ist $\varrho_0(n_{St}) = \varrho(0\text{ K})$. Man benutzt daher zur Bewertung der Kristallgüte nicht den Restwiderstand selbst, sondern das folgende Widerstandsverhältnis:

$$\mathsf{r} = \frac{\varrho(300\text{ K})}{\varrho(4{,}2\text{ K})} \,. \tag{6.111}$$

Man bezeichnet r als *Restwiderstandsverhältnis*. Es ist um so größer, je reiner und perfekter das Kristallmaterial ist.

6.4. Galvanomagnetische Effekte in Metallen

Ab jetzt soll neben dem elektrischen zusätzlich ein magnetisches Feld auf das Metall einwirken. Die dadurch hervorgerufenen Erscheinungen nennt man *galvanomagne-*

tische Effekte. Damit wir diese Effekte quasiklassisch beschreiben können, müssen wir uns auf solche Magnetfelder beschränken, die gemäß (5.92) der Bedingung $\hbar\omega_c \ll k_B T$ genügen.

Die zu Beginn des Abschnittes 6.3.1. formulierten Voraussetzungen sollen im wesentlichen erhalten bleiben. Sie seien hier nur stichpunktartig wiederholt; räumlich unendlich ausgedehntes Metall; weder Temperatur- noch Konzentrationsunterschiede im Metall; geringfügige Auslenkung des Elektronensystems aus dem Gleichgewicht infolge der Felder; Beschränkung auf den stationären Zustand (zeitlich konstante Felder). Um das Wesen der Berechnungen zum Ausdruck bringen zu können, beschränken wir uns weitestgehend (in Abschnitt 6.4.1. vollständig) auf isotrope quadratische Dispersion und isotrope Streuung.

Gesucht ist zunächst wieder der Tensor der elektrischen Leitfähigkeit. Ihn berechnen wir in Abschnitt 6.4.1. gemäß dem in Abschnitt 6.3.1. (S. 213) angegebenen Schema. In den Abschnitten 6.4.2. und 6.4.3. diskutieren wir zwei wesentliche galvanomagnetische Effekte, den Magnetowiderstand und den Hall-Effekt.

6.4.1. Berechnung des Leitfähigkeitstensors

Gesucht ist in diesem Abschnitt der Tensor der elektrischen Leitfähigkeit $\boldsymbol{\sigma}$ bei vorhandenem elektrischem und magnetischem Feld. Wir wollen von vornherein isotrope Streuung $(\tau = \tau(\varepsilon))$ annehmen. Sind $\boldsymbol{E} = \boldsymbol{E}(\boldsymbol{r})$ die elektrische Feldstärke und $\boldsymbol{B} = \boldsymbol{B}(\boldsymbol{r})$ die magnetische Induktion, so ist die im vorliegenden Fall auf ein Elektron wirkende Kraft durch

$$\boldsymbol{F} = -|e| (\boldsymbol{E} + \boldsymbol{v} \times \boldsymbol{B}) \tag{6.112}$$

gegeben.

Wir berechnen nun die elektrische Leitfähigkeit gemäß dem auf S. 213 angegebenen Weg:

1. Bestimmung der Verteilungsfunktion $f(\boldsymbol{k}, \boldsymbol{r})$

Da wir uns auf den stationären Zustand beschränken wollen, können wir von der kinetischen Boltzmann-Gleichung der Form (6.42) ausgehen. Approximieren wir hierin den Stoßterm durch den Relaxationszeit-Ansatz (6.51) und setzen für die äußere Kraft (6.112) ein, so erhalten wir als Ausgangsgleichung für das vorliegende Problem:

$$\boldsymbol{v}(\boldsymbol{k}) \cdot \nabla_{\boldsymbol{r}} f(\boldsymbol{k}, \boldsymbol{r}) - \frac{|e|}{\hbar} \boldsymbol{E}(\boldsymbol{r}) \cdot \nabla_{\boldsymbol{k}} f(\boldsymbol{k}, \boldsymbol{r}) - \frac{|e|}{\hbar} (\boldsymbol{v}(\boldsymbol{k}) \times \boldsymbol{B}(\boldsymbol{r})) \cdot \nabla_{\boldsymbol{k}} f(\boldsymbol{k}, \boldsymbol{r})$$
$$= -\frac{f_1(\boldsymbol{k}, \boldsymbol{r})}{\tau(\varepsilon)}. \tag{6.113}$$

Wegen der vorausgesetzten geringen Abweichungen von der Gleichgewichtsverteilung $(f_1(\boldsymbol{k}, \boldsymbol{r}) \ll f_0(\varepsilon))$ kann man $f(\boldsymbol{k}, \boldsymbol{r})$ gemäß (6.45) in der Form $f(\boldsymbol{k}, \boldsymbol{r}) = f_0(\varepsilon) + f_1(\boldsymbol{k}, \boldsymbol{r})$

ansetzen. Beschränkt man sich in (6.113) auf lineare Terme in $f_1(\boldsymbol{k},\boldsymbol{r})$, so kann man in allen Summanden auf der linken Seite, die das Magnetfeld nicht enthalten, in guter Näherung $f(\boldsymbol{k},\boldsymbol{r})$ durch $f_0(\varepsilon)$ ersetzen:[1])

$$\boldsymbol{v}(\boldsymbol{k})\cdot\nabla_{\boldsymbol{r}}f_0(\varepsilon)-\frac{|e|}{\hbar}\boldsymbol{E}(\boldsymbol{r})\cdot\nabla_{\boldsymbol{k}}f_0(\varepsilon)-\frac{|e|}{\hbar}\big(\boldsymbol{v}(\boldsymbol{k})\times\boldsymbol{B}(\boldsymbol{r})\big)\cdot\nabla_{\boldsymbol{k}}f_0(\varepsilon)$$

$$-\frac{|e|}{\hbar}\big(\boldsymbol{v}(\boldsymbol{k})\times\boldsymbol{B}(\boldsymbol{r})\big)\cdot\nabla_{\boldsymbol{k}}f_1(\boldsymbol{k},\boldsymbol{r})=-\frac{f_1(\boldsymbol{k},\boldsymbol{r})}{\tau(\varepsilon)}\,. \qquad (6.114)$$

Mit (6.62) und (6.63) sowie unter Berücksichtigung von $\big(\boldsymbol{v}(\boldsymbol{k})\times\boldsymbol{B}(\boldsymbol{r})\big)\cdot\boldsymbol{v}(\boldsymbol{k})=0$ wird hieraus

$$-|e|\,\frac{\partial f_0(\varepsilon)}{\partial\varepsilon}\boldsymbol{E}(\boldsymbol{r})\cdot\boldsymbol{v}(\boldsymbol{k})-\frac{|e|}{\hbar}\big(\boldsymbol{v}(\boldsymbol{k})\times\boldsymbol{B}(\boldsymbol{r})\big)\cdot\nabla_{\boldsymbol{k}}f_1(\boldsymbol{k},\boldsymbol{r})=-\frac{f_1(\boldsymbol{k},\boldsymbol{r})}{\tau(\varepsilon)}. \qquad (6.115)$$

Zur Lösung dieser Gleichung sucht man gewöhnlich $f_1(\boldsymbol{k},\boldsymbol{r})$ in der Form

$$f_1(\boldsymbol{k},\boldsymbol{r})=-\frac{\partial f_0(\varepsilon)}{\partial\varepsilon}\boldsymbol{\chi}(\varepsilon,\boldsymbol{r})\cdot\boldsymbol{v}(\boldsymbol{k}); \qquad (6.116)$$

$\boldsymbol{\chi}(\varepsilon,\boldsymbol{r})$ ist eine noch zu bestimmende unbekannte, aber nicht mehr von $\boldsymbol{k}$ abhängige Vektorfunktion.

Für $\boldsymbol{B}(\boldsymbol{r})=\boldsymbol{0}$ erhält man aus (6.115) $f_1(\boldsymbol{k},\boldsymbol{r})=|e|\,\tau(\varepsilon)\,\dfrac{\partial f_0(\varepsilon)}{\partial\varepsilon}\,\boldsymbol{E}(\boldsymbol{r})\cdot\boldsymbol{v}(\boldsymbol{k})$ in Übereinstimmung mit (6.65), so daß speziell

$$\boldsymbol{\chi}(\varepsilon,\boldsymbol{r})|_{\boldsymbol{B}=\boldsymbol{0}}\equiv\boldsymbol{\chi}_0(\varepsilon,\boldsymbol{r})=-|e|\,\tau(\varepsilon)\,\boldsymbol{E}(\boldsymbol{r}) \qquad (6.117)$$

ist.

Wir wollen uns im weiteren auf isotrope quadratische Dispersion beschränken. Setzt man für diesen Fall ($\boldsymbol{v}=\dfrac{\hbar\boldsymbol{k}}{m^*}$ gemäß (6.72); m^*: effektive Masse) den Ansatz (6.116) in (6.115) ein, berechnet

$$\nabla_{\boldsymbol{k}}f_1(\boldsymbol{k},\boldsymbol{r})=-\frac{\hbar}{m^*}\frac{\partial f_0(\varepsilon)}{\partial\varepsilon}\boldsymbol{\chi}(\varepsilon,\boldsymbol{r})-\frac{\hbar}{m^*}\left[\frac{\partial}{\partial\varepsilon}\left(\frac{\partial f_0(\varepsilon)}{\partial\varepsilon}\boldsymbol{\chi}(\varepsilon,\boldsymbol{r})\right)\cdot\boldsymbol{k}\right]\nabla_{\boldsymbol{k}}\varepsilon(\boldsymbol{k}) \qquad (6.118)$$

und berücksichtigt

$$\frac{|e|}{\hbar}\big(\boldsymbol{v}(\boldsymbol{k})\times\boldsymbol{B}(\boldsymbol{r})\big)\cdot\left\{\frac{\hbar}{m^*}\left[\frac{\partial}{\partial\varepsilon}\left(\frac{\partial f_0(\varepsilon)}{\partial\varepsilon}\boldsymbol{\chi}(\varepsilon,\boldsymbol{r})\right)\cdot\boldsymbol{k}\right]\nabla_{\boldsymbol{k}}\varepsilon(\boldsymbol{k})\right\}$$

$$\sim\big(\boldsymbol{v}(\boldsymbol{k})\times\boldsymbol{B}(\boldsymbol{r})\big)\cdot\boldsymbol{v}(\boldsymbol{k})=0\,,$$

so erhält man eine Gleichung für $\boldsymbol{\chi}(\varepsilon,\boldsymbol{r})$, die man in der Form

$$-|e|\,\tau(\varepsilon)\,\boldsymbol{E}(\boldsymbol{r})\cdot\boldsymbol{v}(\boldsymbol{k})\frac{\partial f_0(\varepsilon)}{\partial\varepsilon}+\frac{|e|\,\tau(\varepsilon)}{m^*}\big(\boldsymbol{B}(\boldsymbol{r})\times\boldsymbol{\chi}(\varepsilon,\boldsymbol{r})\big)\cdot\boldsymbol{v}(\boldsymbol{k})\frac{\partial f_0(\varepsilon)}{\partial\varepsilon}$$

$$=\boldsymbol{\chi}(\varepsilon,\boldsymbol{r})\cdot\boldsymbol{v}(\boldsymbol{k})\,\frac{\partial f_0(\varepsilon,\boldsymbol{r})}{\partial\varepsilon} \qquad (6.119)$$

[1]) Wie in Abschnitt 6.3.1. müssen wir auch hier $|\nabla_{\boldsymbol{r}}\boldsymbol{E}|\ll|\boldsymbol{E}/l|$ fordern.

schreiben kann. Hieraus folgt für alle $\boldsymbol{v}(\boldsymbol{k})$:

$$-|e|\,\tau(\varepsilon)\,\boldsymbol{E}(\boldsymbol{r}) + \frac{|e|\,\tau(\varepsilon)}{m^*}\left(\boldsymbol{B}(\boldsymbol{r}) \times \boldsymbol{\chi}(\varepsilon,\boldsymbol{r})\right) = \boldsymbol{\chi}(\varepsilon,\boldsymbol{r})\,. \tag{6.120}$$

Lösung dieser Vektorgleichung ist:

$$\boldsymbol{\chi}(\varepsilon,\boldsymbol{r}) = -|e|\,\tau(\varepsilon)\frac{\boldsymbol{E}(\boldsymbol{r}) + \frac{|e|\,\tau(\varepsilon)}{m^*}\boldsymbol{B}(\boldsymbol{r})\times\boldsymbol{E}(\boldsymbol{r}) + \left(\frac{e\tau(\varepsilon)}{m^*}\right)^2\left(\boldsymbol{E}(\boldsymbol{r})\cdot\boldsymbol{B}(\boldsymbol{r})\right)\boldsymbol{B}(\boldsymbol{r})}{1+\left(\frac{e\tau(\varepsilon)}{m^*}\right)^2(\boldsymbol{B}(\boldsymbol{r}))^2}\,. \tag{6.121}$$

Für $\boldsymbol{B}(\boldsymbol{r}) = \boldsymbol{0}$ geht dieser Ausdruck in $\boldsymbol{\chi}_0(\varepsilon,\boldsymbol{r})$ gemäß (6.117) über.

Mit (6.121) wird (6.116)

$$f_1(\boldsymbol{k},\boldsymbol{r}) = |e|\,\tau(\varepsilon)\frac{\partial f_0(\varepsilon)}{\partial\varepsilon}\frac{\boldsymbol{E}(\boldsymbol{r}) + \frac{|e|\,\tau(\varepsilon)}{m^*}\boldsymbol{B}(\boldsymbol{r})\times\boldsymbol{E}(\boldsymbol{r}) + \left(\frac{e\tau(\varepsilon)}{m^*}\right)^2\left(\boldsymbol{E}(\boldsymbol{r})\cdot\boldsymbol{B}(\boldsymbol{r})\right)\boldsymbol{B}(\boldsymbol{r})}{1+\left(\frac{e\tau(\varepsilon)}{m^*}\right)^2(\boldsymbol{B}(\boldsymbol{r}))^2}\cdot\boldsymbol{v}(\boldsymbol{k}) \tag{6.122}$$

und schließlich die gesuchte Verteilungsfunktion

$$f(\boldsymbol{k},\boldsymbol{r}) = f_0(\varepsilon) + |e|\,\tau(\varepsilon)\frac{\partial f_0(\varepsilon)}{\partial\varepsilon}\frac{\boldsymbol{E}(\boldsymbol{r}) + \frac{|e|\,\tau(\varepsilon)}{m^*}\boldsymbol{B}(\boldsymbol{r})\times\boldsymbol{E}(\boldsymbol{r}) + \left(\frac{e\tau(\varepsilon)}{m^*}\right)^2\left(\boldsymbol{E}(\boldsymbol{r})\cdot\boldsymbol{B}(\boldsymbol{r})\right)\boldsymbol{B}(\boldsymbol{r})}{1+\left(\frac{e\tau(\varepsilon)}{m^*}\right)^2(\boldsymbol{B}(\boldsymbol{r}))^2}\cdot\boldsymbol{v}(\boldsymbol{k}). \tag{6.123}$$

2. Berechnung von $\boldsymbol{j}(\boldsymbol{r})$

Beachtet man, daß im thermodynamischen Gleichgewicht der Gesamtstrom verschwindet (s. (6.67)), so kann man ausgehend von (6.32) die Stromdichte mit (6.122) zu

$$\boldsymbol{j}(\boldsymbol{r}) = -\frac{e^2}{4\pi^3}\int\tau(\varepsilon)\frac{\partial f_0(\varepsilon)}{\partial\varepsilon}\boldsymbol{v}(\boldsymbol{k}) \cdot\left\{\frac{\boldsymbol{E}(\boldsymbol{r}) + \frac{|e|\,\tau(\varepsilon)}{m^*}\boldsymbol{B}(\boldsymbol{r})\times\boldsymbol{E}(\boldsymbol{r}) + \left(\frac{e\tau(\varepsilon)}{m^*}\right)^2\left(\boldsymbol{E}(\boldsymbol{r})\cdot\boldsymbol{B}(\boldsymbol{r})\right)\boldsymbol{B}(\boldsymbol{r})}{1+\left(\frac{e\tau(\varepsilon)}{m^*}\right)^2(\boldsymbol{B}(\boldsymbol{r}))^2}\cdot\boldsymbol{v}(\boldsymbol{k})\right\}\mathrm{d}\boldsymbol{k} \tag{6.124}$$

berechnen. Die Integration ist über den gesamten $\boldsymbol{k}$-Raum zu erstrecken.

Wir wollen jetzt ohne Beschränkung der Allgemeinheit festlegen, daß das Magnetfeld homogen sei und parallel zur z-Achse eines cartesischen Koordinatensystems gerichtet ist;[1]) es möge also gelten

$$\left.\begin{aligned} \boldsymbol{B} &= (0, 0, B)\,, \\ \boldsymbol{E} &= (E_x, E_y, E_z)\,. \end{aligned}\right\} \tag{6.125}$$

Hiermit ergeben sich aus (6.124) die Koordinatengleichungen

$$\left.\begin{aligned}
j_x &= -\frac{e^2}{4\pi^3}\int \tau(\varepsilon)\,\frac{\partial f_0(\varepsilon)}{\partial \varepsilon}\,v_x\left\{\frac{v_x + \dfrac{|e|\,\tau(\varepsilon)}{m^*}Bv_y}{1+\left(\dfrac{e\tau(\varepsilon)}{m^*}\right)^2 B^2}E_x + \frac{v_y - \dfrac{|e|\,\tau(\varepsilon)}{m^*}Bv_x}{1+\left(\dfrac{e\tau(\varepsilon)}{m^*}\right)^2 B^2}E_y + v_z E_z\right\}\mathrm{d}\boldsymbol{k}\,, \\
j_y &= -\frac{e^2}{4\pi^3}\int \tau(\varepsilon)\,\frac{\partial f_0(\varepsilon)}{\partial \varepsilon}\,v_y\left\{\frac{v_x + \dfrac{|e|\,\tau(\varepsilon)}{m^*}Bv_y}{1+\left(\dfrac{e\tau(\varepsilon)}{m^*}\right)^2 B^2}E_x + \frac{v_y - \dfrac{|e|\,\tau(\varepsilon)}{m^*}Bv_x}{1+\left(\dfrac{e\tau(\varepsilon)}{m^*}\right)^2 B^2}E_y + v_z E_z\right\}\mathrm{d}\boldsymbol{k}\,, \\
j_z &= -\frac{e^2}{4\pi^3}\int \tau(\varepsilon)\,\frac{\partial f_0(\varepsilon)}{\partial \varepsilon}\,v_z\left\{\frac{v_x + \dfrac{|e|\,\tau(\varepsilon)}{m^*}Bv_y}{1+\left(\dfrac{e\tau(\varepsilon)}{m^*}\right)^2 B^2}E_x + \frac{v_y - \dfrac{|e|\,\tau(\varepsilon)}{m^*}Bv_x}{1+\left(\dfrac{e\tau(\varepsilon)}{m^*}\right)^2 B^2}E_y + v_z E_z\right\}\mathrm{d}\boldsymbol{k}
\end{aligned}\right\} \tag{6.126}$$

mit

$$v_x = \frac{\hbar}{m^*}k_x; \qquad v_y = \frac{\hbar}{m^*}k_y; \qquad v_z = \frac{\hbar}{m^*}k_z \tag{6.127}$$

wegen der vorausgesetzten isotropen quadratischen Dispersion.

[1]) Das ist deshalb keine Einschränkung der Allgemeinheit, weil man das Koordinatensystem immer so legen kann, daß $\boldsymbol{B}$ parallel zur z-Achse gerichtet ist. $\boldsymbol{E}$ liegt bezüglich des Koordinatensystems beliebig, so daß auch $\boldsymbol{E}$ und $\boldsymbol{B}$ beliebig zueinander orientiert sind.

3. Ermittlung der Komponenten von $\boldsymbol{\sigma}$

Die Komponenten des Leitfähigkeitstensors $\boldsymbol{\sigma}$ lassen sich aus (6.126) durch Vergleich mit (6.21) ermitteln:

$$\left.\begin{aligned}
\sigma_{xx} &= -\frac{e^2}{4\pi^3}\int \frac{\tau(\varepsilon)}{1+\left(\frac{e\tau(\varepsilon)}{m^*}\right)^2 B^2}\,\frac{\partial f_0(\varepsilon)}{\partial\varepsilon}\left[v_x^2+\frac{|e|\,\tau(\varepsilon)}{m^*}\,Bv_xv_y\right]\mathrm{d}\boldsymbol{k}\,,\\
\sigma_{xy} &= -\frac{e^2}{4\pi^3}\int \frac{\tau(\varepsilon)}{1+\left(\frac{e\tau(\varepsilon)}{m^*}\right)^2 B^2}\,\frac{\partial f_0(\varepsilon)}{\partial\varepsilon}\left[v_xv_y-\frac{|e|\,\tau(\varepsilon)}{m^*}\,Bv_x^2\right]\mathrm{d}\boldsymbol{k}\,,\\
\sigma_{xz} &= -\frac{e^2}{4\pi^3}\int \tau(\varepsilon)\,\frac{\partial f_0(\varepsilon)}{\partial\varepsilon}\,v_xv_z\,\mathrm{d}\boldsymbol{k}\,,\\
\sigma_{yx} &= -\frac{e^2}{4\pi^3}\int \frac{\tau(\varepsilon)}{1+\left(\frac{e\tau(\varepsilon)}{m^*}\right)^2 B^2}\,\frac{\partial f_0(\varepsilon)}{\partial\varepsilon}\left[v_xv_y+\frac{|e|\,\tau(\varepsilon)}{m^*}\,Bv_y^2\right]\mathrm{d}\boldsymbol{k}\,,\\
\sigma_{yy} &= -\frac{e^2}{4\pi^3}\int \frac{\tau(\varepsilon)}{1+\left(\frac{e\tau(\varepsilon)}{m^*}\right)^2 B^2}\,\frac{\partial f_0(\varepsilon)}{\partial\varepsilon}\left[v_y^2-\frac{|e|\,\tau(\varepsilon)}{m^*}\,Bv_xv_y\right]\mathrm{d}\boldsymbol{k}\,,\\
\sigma_{yz} &= -\frac{e^2}{4\pi^3}\int \tau(\varepsilon)\,\frac{\partial f_0(\varepsilon)}{\partial\varepsilon}\,v_yv_z\,\mathrm{d}\boldsymbol{k}\,,\\
\sigma_{zx} &= -\frac{e^2}{4\pi^3}\int \frac{\tau(\varepsilon)}{1+\left(\frac{e\tau(\varepsilon)}{m^*}\right)^2 B^2}\,\frac{\partial f_0(\varepsilon)}{\partial\varepsilon}\left[v_xv_z+\frac{|e|\,\tau(\varepsilon)}{m^*}\,Bv_yv_z\right]\mathrm{d}\boldsymbol{k}\,,\\
\sigma_{zy} &= -\frac{e^2}{4\pi^3}\int \frac{\tau(\varepsilon)}{1+\left(\frac{e\tau(\varepsilon)}{m^*}\right)^2 B^2}\,\frac{\partial f_0(\varepsilon)}{\partial\varepsilon}\left[v_yv_z-\frac{|e|\,\tau(\varepsilon)}{m^*}\,Bv_xv_z\right]\mathrm{d}\boldsymbol{k}\,,\\
\sigma_{zz} &= -\frac{e^2}{4\pi^3}\int \tau(\varepsilon)\,\frac{\partial f_0(\varepsilon)}{\partial\varepsilon}\,v_z^2\,\mathrm{d}\boldsymbol{k}\,.
\end{aligned}\right\}\quad(6.128)$$

Berechnet man diese Tensorkomponenten genauso wie in Abschnitt 6.3.1., indem man die Integration über den gesamten reziproken Raum durch eine Integration über Flächen konstanter Energie und durch eine Integration über alle Energiewerte ersetzt, so erhält man im Falle isotroper quadratischer Dispersion und isotroper Streuung

$$\boldsymbol{\sigma}(\boldsymbol{B}) = \begin{pmatrix}
\frac{\sigma_0}{1+\left(\frac{e\tau(\varepsilon_\mathrm{F})}{m^*}\right)^2 B^2} & \frac{-|e|\,\tau(\varepsilon_\mathrm{F})\,B}{m^*}\,\frac{\sigma_0}{1+\left(\frac{e\tau(\varepsilon_\mathrm{F})}{m^*}\right)^2 B^2} & 0\\
\frac{|e|\,\tau(\varepsilon_\mathrm{F})\,B}{m^*}\,\frac{\sigma_0}{1+\left(\frac{e\tau(\varepsilon_\mathrm{F})}{m^*}\right)^2 B^2} & \frac{\sigma_0}{1+\left(\frac{e\tau(\varepsilon_\mathrm{F})}{m^*}\right)^2 B^2} & 0\\
0 & 0 & \sigma_0
\end{pmatrix}\quad(6.129)$$

σ_0 ist hierbei die Gleichstromleitfähigkeit (für den magnetfeldfreien Fall) gemäß (6.11) bzw. (6.79).

Mit der Abkürzung

$$\frac{|e|\,B}{m^*} = \omega_c \tag{6.130}$$

formuliert man (6.129) üblicherweise in der Form

$$\boldsymbol{\sigma}(\boldsymbol{B}) = \begin{pmatrix} \dfrac{\sigma_0}{1+(\omega_c\tau)^2} & -\dfrac{\omega_c\tau\sigma_0}{1+(\omega_c c)^2} & 0 \\ \dfrac{\omega_c\tau\sigma_0}{1+(\omega_c\tau)^2} & \dfrac{\sigma_0}{1+(\omega_c\tau)^2} & 0 \\ 0 & 0 & \sigma_0 \end{pmatrix}. \tag{6.131}$$

ω_c ist die durch (5.82) gegebene Zyklotronfrequenz im Falle isotroper quadratischer Dispersion.

Im Gegensatz zum magnetfeldfreien Fall ist der Tensor der elektrischen Leitfähigkeit bei Anwesenheit eines Magnetfeldes antisymmetrisch; es gilt folglich

$$\sigma_{ik}(\boldsymbol{B}) = \sigma_{ki}(-\boldsymbol{B})\,. \tag{6.132}$$

Vergleicht man ferner (6.131) mit (6.80), so erkennt man, daß sich die elektrische Leitfähigkeit in Richtung des Magnetfeldes nicht ändert ($\sigma_{zz} = \sigma_0$). Die beiden anderen Diagonalelemente werden um den Faktor $\dfrac{1}{1+(\omega_c\tau)^2}$ geändert. Außerdem verschwinden die Komponenten σ_{xy} und σ_{yx} nicht mehr. Wir wollen jetzt den Leitfähigkeitstensor für einige Spezial- und Grenzfälle formulieren:

1. Magnetfeldfreier Fall: $\boldsymbol{B} = \boldsymbol{0}$; $\boldsymbol{E} \neq \boldsymbol{0}$

Aus (6.129) folgt sofort

$$\boldsymbol{\sigma}(\boldsymbol{0}) = \begin{pmatrix} \sigma_0 & 0 & 0 \\ 0 & \sigma_0 & 0 \\ 0 & 0 & \sigma_0 \end{pmatrix}$$

in Übereinstimmung mit (6.80).

2. $\boldsymbol{B} \neq \boldsymbol{0}$; $\boldsymbol{E} = \boldsymbol{0}$

Nach (6.121) ist $\boldsymbol{\chi}(\varepsilon, \boldsymbol{r}) = \boldsymbol{0}$. Unter Berücksichtigung von (6.116) beträgt dann die Verteilungsfunktion $f(\boldsymbol{k}, \boldsymbol{r}) = f_0(\varepsilon)$, und gemäß (6.67) fließt auch bei eingeschaltetem Magnetfeld kein Strom. Diesen Fall haben wir in Kapitel 5 ausführlich untersucht.

3. $\boldsymbol{B} \parallel \boldsymbol{E}$

Es sei $\boldsymbol{E} = E\boldsymbol{e}$ und $\boldsymbol{B} = B\boldsymbol{e}$ ($\boldsymbol{e}$: Einheitsvektor in Feldrichtung). (5.121) wird dann

$$\boldsymbol{\chi}(\varepsilon, \boldsymbol{r})|_{\boldsymbol{B}\parallel\boldsymbol{E}} = -\,|e|\,\tau(\varepsilon)\,\frac{E + \left(\dfrac{e\tau(\varepsilon)}{m^*}\right)^2 B^2 E}{1 + \left(\dfrac{e\tau(\varepsilon)}{m^*}\right)^2 B^2}\,\boldsymbol{e}$$

$$= -\,|e|\,\tau(\varepsilon)\,\boldsymbol{E}(\boldsymbol{r}) = \boldsymbol{\chi}_0(\varepsilon, \boldsymbol{r})\,,$$

wie ein Vergleich mit (6.117) ergibt. Damit stimmt auch die Verteilungsfunktion $f(\boldsymbol{k},\boldsymbol{r})$ im vorliegenden Fall mit der des magnetfeldfreien Falls überein. Ergebnis ist somit: ein dem elektrischen Feld parallel gerichtetes Magnetfeld übt keinen Einfluß auf den Stromfluß beziehungsweise auf die elektrische Leitfähigkeit eines Metalles aus.

4. Grenzfälle schwacher und starker Magnetfelder

Mit (6.130) soll ein Magnetfeld als *schwach* bezeichnet werden, wenn

$$\omega_c \tau \ll 1 \tag{6.133}$$

gilt. Ist dagegen

$$\omega_c \tau \gg 1\,, \tag{6.134}$$

so wollen wir es *stark* nennen.

(6.133) und (6.134) sollen noch etwas erläutert werden. Berücksichtigt man, $l = v_F \tau$ gemäß (6.91) und $r_c = \dfrac{m^* v_F}{|e|\,B}$ analog zu (5.39), so kann man $\omega_c \tau$ durch die mittlere freie Weglänge l und den Zyklotronradius r_c (Radius der Kreisbahn, die die Elektronen in der zum Magnetfeld senkrechten Ebene durchlaufen) ausdrücken. Es ist

$$\omega_c \tau = \frac{|e|\,B\tau}{m^*} = \frac{v_F \tau}{r_c} = \frac{l}{r_c}\,. \tag{6.135}$$

Wir bezeichnen demnach ein Magnetfeld als schwach ($\omega_c \tau \ll 1$), wenn die mittlere freie Weglänge wesentlich kleiner als der Zyklotronradius ist $\left(\dfrac{l}{r_c} \ll 1\right)$. Im umgekehrten Fall $\left(\dfrac{l}{r_c} \gg 1\right)$ nennen wir es stark.

Wir können (6.134) auch so interpretieren, daß wir ein Magnetfeld dann als stark bezeichnen wollen, wenn die mittlere freie Flugzeit groß gegenüber der Zeit für einen vollen Umlauf des Elektrons ist, wenn das Elektron also zwischen zwei Stößen mehrere geschlossene Umläufe vollführen kann. Anderenfalls nennen wir das Magnetfeld schwach (6.133).

Im Falle schwacher Magnetfelder nimmt (6.131) die Form

$$\boldsymbol{\sigma}(\boldsymbol{B}) = \begin{pmatrix} \sigma_0 & -\omega_c\tau\sigma_0 & 0 \\ \omega_c\tau\sigma_0 & \sigma_0 & 0 \\ 0 & 0 & \sigma_0 \end{pmatrix} \tag{6.136}$$

$$(\omega_c \tau \ll 1)$$

an, so daß nur noch die Komponenten σ_{xy} und σ_{yx} magnetfeldabhängig sind; und zwar sind beide der magnetischen Induktion B proportional.

Für starke Magnetfelder gilt demgegenüber

$$\boldsymbol{\sigma}(\boldsymbol{B}) = \begin{pmatrix} \dfrac{\sigma_0}{(\omega_c\tau)^2} & -\dfrac{\sigma_0}{\omega_c\tau} & 0 \\ \dfrac{\sigma_0}{\omega_c\tau} & \dfrac{\sigma_0}{(\omega_c\tau)^2} & 0 \\ 0 & 0 & \sigma_0 \end{pmatrix}. \tag{6.137}$$

$$(\omega_c \tau \gg 1)$$

Die Diagonalelemente σ_{xx} und σ_{yy} sind proportional zu B^{-2}, während sich die Nichtdiagonalelemente σ_{xy} und σ_{yx} proportional zu B^{-1} ändern.

Abschließend wollen wir noch den Tensor des spezifischen elektrischen Widerstandes $\boldsymbol{\rho}(\boldsymbol{B})$ angeben, der dem Leitfähigkeitstensor (6.131) entspricht. Wegen $\boldsymbol{\rho} = \boldsymbol{\sigma}^{-1}$ ergibt sich

$$\boldsymbol{\rho}(\boldsymbol{B}) = \begin{pmatrix} \sigma_0^{-1} & \dfrac{\omega_c\tau}{\sigma_0} & 0 \\ -\dfrac{\omega_c\tau}{\sigma_0} & \sigma_0^{-1} & 0 \\ 0 & 0 & \sigma_0^{-1} \end{pmatrix} = \begin{pmatrix} \varrho_0 & \omega_c\tau\varrho_0 & 0 \\ -\omega_c\tau\varrho_0 & \varrho_0 & 0 \\ 0 & 0 & \varrho_0 \end{pmatrix} \tag{6.138}$$

mit $\varrho_0 = \sigma_0^{-1}$. Bemerkenswert ist, daß die Diagonalelemente nicht vom Magnetfeld abhängen. (Das gilt natürlich nur für das einfache Modell, das wir hier vorausgesetzt haben.)

In den nächsten beiden Abschnitten wollen wir zwei spezielle galvanomagnetische Effekte diskutieren, den Magnetowiderstand und den Hall-Effekt.

6.4.2. Magnetowiderstand

Ein äußeres Magnetfeld beeinflußt, wie wir gesehen haben, die Bewegung der quasifreien Elektronen erheblich und verändert damit die elektrische Leitfähigkeit des Metalls. Wir wollen uns jetzt mit dem Widerstandsanteil befassen, der infolge des äußeren Magnetfeldes hervorgerufen wird, dem sogenannten *Magnetowiderstand*. Dazu klären wir zunächst, was man überhaupt unter Magnetowiderstand versteht.

Wir knüpfen an unsere Erfahrungen an. Solange $\boldsymbol{E}$ und $\boldsymbol{j}$ parallel gerichtet sind, bezeichnet man das Verhältnis

$$\varrho_{(\boldsymbol{E}||\boldsymbol{j})} = \frac{E}{j} \tag{6.139}$$

als *spezifischen elektrischen Widerstand*. Sind jedoch $\boldsymbol{E}$ und $\boldsymbol{j}$ nicht mehr einander parallel (dieser Sachverhalt liegt bekanntlich im allgemeinen vor, wenn neben dem elektrischen auch noch ein Magnetfeld auf den Festkörper einwirkt), so sind $\boldsymbol{E}$ und $\boldsymbol{j}$ über den Tensor des spezifischen elektrischen Widerstandes $\boldsymbol{\rho}$ gemäß $\boldsymbol{E} = \boldsymbol{\rho}\boldsymbol{j}$ miteinander verknüpft. Man setzt nun in diesem Fall anstelle von E in (6.139) die Projektion E_j von $\boldsymbol{E}$ auf $\boldsymbol{j}$ ein. Die sich dann ergebende skalare Größe

$$\varrho = \frac{E_j}{j} = \frac{\boldsymbol{E}\cdot\boldsymbol{j}}{j^2} = \frac{(\boldsymbol{\rho}\boldsymbol{j})\cdot\boldsymbol{j}}{j^2} \tag{6.140}$$

bezeichnet man schlechthin als *spezifischen elektrischen Widerstand*. Für $\boldsymbol{E} \,||\, \boldsymbol{j}$ folgt sofort (6.139).

Unter *Magnetowiderstand* versteht man nun den Quotienten

$$\boxed{D(\boldsymbol{B}) = \frac{\varrho(\boldsymbol{B}) - \varrho(\boldsymbol{0})}{\varrho(\boldsymbol{0})}}\,. \tag{6.141}$$

wobei $\varrho(\boldsymbol{B})$ der spezifische elektrische Widerstand bei Vorhandensein der magnetischen Induktion $\boldsymbol{B}$ (gemäß (6.140)) und $\varrho(\boldsymbol{0})$ der spezifische elektrische Widerstand im magnetfeldfreien Fall ($\boldsymbol{B} = \boldsymbol{0}$) sind.

Wir müssen an dieser Stelle bemerken, daß $D(\boldsymbol{B})$ als dimensionslose Größe natürlich keinen eigentlichen Widerstand, sondern vielmehr die Änderung eines Widerstandes darstellt. Aus diesem Grunde bezeichnet man $D(\boldsymbol{B})$ häufig als *Magnetowiderstandsänderung*.

Man unterscheidet *longitudinalen* und *transversalen* Magnetowiderstand, je nachdem ob der Stromdichtevektor $\boldsymbol{j}$ parallel oder senkrecht zum Magnetfeld $\boldsymbol{B}$ gerichtet ist. Wir wollen hier beide Arten nur allgemein charakterisieren. Für detailliertere Betrachtungen verweisen wir auf die im Literaturverzeichnis angeführte Fachliteratur.

1. Longitudinaler Magnetowiderstand

Wir legen an einen stromdurchflossenen Leiter ein Magnetfeld derart an, daß $\boldsymbol{j}$ und $\boldsymbol{B}$ parallel gerichtet sind. Unter der Voraussetzung $\boldsymbol{B} = (0, 0, B)$ und $\boldsymbol{j} = (0, 0, j_z)$ erhält man nach (6.140) $\varrho = \frac{\varrho_{zz} j_z^2}{j_z^2} = \varrho_{zz}$, so daß (6.141) für den *longitudinalen* Magnetowiderstand

$$D_{||}(\boldsymbol{B}) = \frac{\varrho_{zz}(\boldsymbol{B}) - \varrho_{zz}(\boldsymbol{0})}{\varrho_{zz}(\boldsymbol{0})} \tag{6.142}$$

geschrieben werden kann. Man braucht somit nur die ϱ_{zz}-Komponente des jeweiligen Widerstandstensors zu ermitteln.

Beschränken wir uns auf eine einzige Ladungsträgersorte (Elektronen) sowie auf isotrope quadratische Dispersion und isotrope Streuung, so können wir ϱ_{zz} dem Tensor (6.138) entnehmen: $\varrho_{zz}(\boldsymbol{B}) = \varrho_0$, $\varrho_{zz}(\boldsymbol{0}) = \varrho_0$. Nach (6.142) ergibt sich hiermit

$$D_{||}(\boldsymbol{B}) = \frac{\varrho_0 - \varrho_0}{\varrho_0} = 0\,. \tag{6.143}$$

Der longitudinale Magnetowiderstand ist also unter den angegebenen Voraussetzungen gleich Null. Die physikalische Ursache für sein Verschwinden im Falle einer kugelförmigen Fermi-Fläche ist folgendermaßen zu verstehen: Das angelegte elektrische Feld verschiebt die Fermi-Kugel im reziproken Raum; es bewirkt somit eine Umbesetzung der Energieniveaus und damit eine starke Änderung der Verteilungsfunktion der Elektronen. Ein hinzukommendes Magnetfeld bewirkt ebenfalls eine Umverteilung der Elektronenzustände auf der Fermi-Fläche, aber stets auf Kreisbahnen senkrecht zur Magnetfeldrichtung. Wegen der Kugelsymmetrie ändert sich damit die Verteilungsfunktion der Elektronen nicht, und es tritt keine zusätzliche Leitfähigkeitsänderung (kein zusätzlicher Widerstand) auf.

Bei dieser Erklärung setzt man auch voraus, daß sich die Relaxationszeit durch die Anwesenheit des Magnetfeldes nicht ändert. Für schwache Magnetfelder ist diese Voraussetzung offenbar erfüllt. In starken Magnetfeldern ändert sich die Relaxationszeit für die Streuung an Phononen und Störstellen doch erheblich mit der Stärke des Feldes, so daß dann sogar bei isotroper quadratischer Dispersion ein von Null verschiedener longitudinaler Magnetowiderstand auftritt. (S. z. B. [52])

Experimentell stellt man meistens einen endlichen longitudinalen Magnetowiderstand fest; und zwar nimmt er im allgemeinen in schwachen Feldern $\sim B^2$ zu. In diesen Fällen sind unsere Voraussetzungen, die wir über $\varepsilon(\boldsymbol{k})$ und $\tau(\boldsymbol{k})$ getroffen haben, unzulässig.

Kann man in hinreichend guter Näherung isotrope Streuung der Elektronen annehmen, so deutet ein von Null verschiedener longitudinaler Magnetowiderstand in schwachen Magnetfeldern stets auf Abweichungen von der isotropen quadratischen Dispersion hin. Sein Auftreten ist somit in der experimentellen Festkörperphysik ein empfindlicher Indikator für kompliziertere Bandstrukturen.

Bei der konkreten Diskussion des Magnetowiderstandes muß man unterscheiden, ob die den Elektronenbahnen entsprechenden Zyklotronbahnen offen oder geschlossen sind, ob Elektronen und Löcher beziehungsweise mehrere Ladungsträgergruppen vorhanden sind und ob die entsprechenden Festkörper kompensiert oder nichtkompensiert sind. Es läßt sich zeigen, daß der longitudinale Magnetowiderstand für genügend starke Felder in allen Fällen einem Sättigungswert zustrebt. (Zur Theorie s. beispielsweise W. Brauer [11], Abschnitt 11.2..)

2. Transversaler Magnetowiderstand

Wir legen jetzt das Magnetfeld senkrecht zur Stromrichtung des stromführenden Leiters an und fragen nach dem transversalen Magnetowiderstand.

$\boldsymbol{j}$ muß wegen $\boldsymbol{B} = (0, 0, B)$ in der (x,y)-Ebene liegen. Ohne Beschränkung der Allgemeinheit soll $\boldsymbol{j}$ der x-Achse parallel gerichtet sein; also $\boldsymbol{j} = (j_x, 0, 0)$. Es bereitet keine Schwierigkeiten, das Koordinatensystem entsprechend anzuordnen.

Aus (6.140) folgt für die vorliegende Stromorientierung $\varrho = \frac{\varrho_{xx} j_x^2}{j_x^2} = \varrho_{xx}$, so daß sich mit (6.141) für den *transversalen* Magnetowiderstand

$$D_\perp(\boldsymbol{B}) = \frac{\varrho_{xx}(\boldsymbol{B}) - \varrho_{xx}(\boldsymbol{0})}{\varrho_{xx}(\boldsymbol{0})} \tag{6.144}$$

ergibt.

Im Falle einer einzigen Ladungsträgersorte sowie isotroper quadratischer Dispersion und isotroper Streuung folgt mit (6.138)

$$D_\perp(\boldsymbol{B}) = \frac{\varrho_0 - \varrho_0}{\varrho_0} = 0\,, \tag{6.145}$$

so daß nach diesem einfachen Modell weder longitudinaler noch transversaler Magnetowiderstand auftreten. Dieser Sachverhalt ist jedoch bei realen Metallen erfahrungsgemäß keineswegs der Fall. Gerade der transversale Magnetowiderstand äußert sich im Experiment sehr deutlich. Sein Auftreten ist somit auch ein Indikator für Abweichungen von der isotropen quadratischen Dispersion.

Ohne auf theoretische Herleitungen einzugehen,[1]) wollen wir einige wesentliche Merkmale des transversalen Magnetowiderstandes angeben:

Bereits für isotrope quadratische Dispersion und isotrope Streuung liefert das (schon früher andeutungsweise erwähnte) Zweibandmodell, das zwei Bänder und damit zwei verschiedene Ladungsträgergruppen berücksichtigt, anstelle von (6.145)

$$D_\perp(\boldsymbol{B}) = \frac{\sigma_1\sigma_2\left(e^*\,\dfrac{\tau_1}{m_1^*} - e^*\,\dfrac{\tau_2}{m_2^*}\right)^2 B^2}{(\sigma_1+\sigma_2)^2 + B^2\left(e^*\,\dfrac{\tau_1}{m_1^*}\,\sigma_1 + e^*\,\dfrac{\tau_2}{m_2^*}\,\sigma_2\right)^2}\,. \tag{6.146}$$

[1]) S. hierzu z. B. W. Brauer [11] und J. M. Ziman [45].

Hierbei sind σ_1, σ_2 die elektrischen Leitfähigkeiten, τ_1, τ_2 die Relaxationszeiten und m_1^*, m_2^* die effektiven Massen der Ladungsträger; außerdem ist für Elektronen $e^* = -|e|$ und für Löcher $e^* = +|e|$.

Man erkennt, daß $D_\perp(\boldsymbol{B}) \geqq 0$ ist, so daß sich der Widerstand des Metalls bei Anwesenheit eines Magnetfeldes im allgemeinen vergrößert. $D_\perp(\boldsymbol{B})$ verschwindet nur dann, wenn die Ladungsträgergruppen gleiches Vorzeichen haben und überdies $\frac{\tau_1}{m_1^*} = \frac{\tau_2}{m_2^*}$ gilt. (6.146) läßt sich auf mehrere Ladungsträgergruppen erweitern.

Liegt allgemeinere Dispersion vor, so kann man folgendes bemerken:
In schwachen Magnetfeldern ($\omega_c \tau \ll 1$) wächst $D_\perp(\boldsymbol{B}) \sim B^2$.
In starken Magnetfeldern ($\omega_c \tau \gg 1$) hängt $D_\perp(\boldsymbol{B})$ sehr stark von der Art der Isoenergieflächen ab. Im Falle geschlossener Zyklotronbahnen strebt $D_\perp(\boldsymbol{B})$ bei unkompensierten Metallen einem Sättigungswert zu, während für kompensierte Metalle $D_\perp(\boldsymbol{B}) \sim B^2$ zunimmt.

Sind die Zyklotronbahnen offen, muß man ebenfalls zwei Fälle unterscheiden: Erstrecken sich die offenen Bahnen senkrecht zur Stromrichtung, so sättigt sich $D_\perp(\boldsymbol{B})$. Sind sie dagegen in Stromrichtung gelegen, so wächst $D_\perp(\boldsymbol{B}) \sim B^2$.

Messungen des transversalen Magnetowiderstandes in starken Magnetfeldern liefern also Aussagen über das Vorhandensein offener oder geschlossener Fermi-Flächenteile entlang bestimmter Richtungen innerhalb der Brillouin-Zone.

6.4.3. Hall-Effekt

Der Hall-Effekt ist wie der transversale Magnetowiderstand im transversalen Magnetfeld beobachtbar. Er hat in der experimentellen Festkörperphysik eine große Bedeutung erlangt, weil man, wie wir sehen werden, mit seiner Hilfe unter bestimmten Bedingungen Aussagen über die Ladungsträgerkonzentration n sowie über die Ladungsträgerart treffen kann. Aus Abschnitt 6.1. wissen wir bereits, daß man aus Leitfähigkeitsmessungen allein nicht auf die Ladungsträgerart schließen kann ($\sigma_0 \sim e^2$). Ein Vergleich von (6.5) und (6.11) gibt überdies

$$\sigma_0 = |e| n \mu \,, \tag{6.147}$$

so daß Leitfähigkeitsmessungen nur das Produkt aus Ladungsträgerkonzentration und Beweglichkeit ergeben. Zur Bestimmung von n benötigt man also noch eine weitere unabhängige Messung. Hierzu bietet sich der Hall-Effekt an.

Die Meßanordnung ist in Abbildung 6.8 dargestellt. Ein elektrischer Strom durchfließt das Metall in x-Richtung. Senkrecht hierzu (parallel zur z-Richtung) ist ein homogenes Magnetfeld angeordnet. Man beobachtet nun in der zur Strom- und Magnetfeldrichtung senkrechten Richtung (also in y-Richtung) ein elektrisches Feld, das sogenannte *Hall-Feld* $\boldsymbol{E}_y$. Im Experiment äußert sich das so, daß zwischen den Punkten P_1 und P_2 eine Potentialdifferenz, die *Hall-Spannung* $U_H = E_y b$, auftritt (b: Abstand der gegenüberliegenden Punkte P_1, P_2). Ohne Magnetfeld befinden sich P_1 und P_2 auf gleichem Potential.

Das Zustandekommen des Hall-Feldes läßt sich so erklären, daß die Elektronen (und, falls vorhanden, auch die Löcher) im Magnetfeld die zu ihrer Bewegungsrichtung

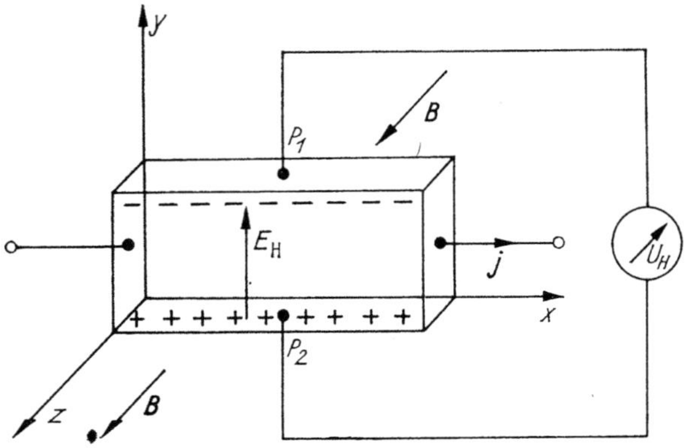

Abb. 6.8.
Meßanordnung zum Hall-Effekt

(x-Richtung) und zum Feld (z-Richtung) senkrecht gerichtete Lorentz-Kraft erfahren.

Für eine detailliertere Betrachtung des Hall-Effektes setzen wir ein ganz einfaches Modell voraus: Nur eine einzige Ladungsträgersorte (Elektronen) sei vorhanden; isotrope quadratische Dispersion und isotrope Streuung mögen vorliegen.

Gegeben sind $\boldsymbol{j} = (j_x, 0, 0)$ und $\boldsymbol{B} = (0, 0, B)$, so daß wir mit (6.131) folgende Ausgangssituation vorliegen haben:

$$\left.\begin{aligned} j_x &= \frac{\sigma_0}{1+(\omega_c\tau)^2} E_x - \frac{\omega_c\tau\sigma_0}{1+(\omega_c\tau)^2} E_y \,, \\ j_y &= \frac{\omega_c\tau\sigma_0}{1+(\omega_c\tau)^2} E_x + \frac{\sigma_0}{1+(\omega_c\tau)^2} E_y = 0 \,, \\ j_z &= \sigma_0 E_z = 0. \end{aligned}\right\} \tag{6.148}$$

Der dritten Gleichung entnimmt man sofort

$$E_z = 0 \tag{6.149}$$

und der zweiten

$$E_y = -\omega_c\tau E_x \,. \tag{6.150}$$

Setzt man (6.150) in die erste Gleichung von (6.148) ein, so erhält man

$$j_x = \sigma_0 E_x \,. \tag{6.151}$$

Damit liegt zusammengefaßt folgender Sachverhalt vor:

Der Strom wird, wie aus (6.151) zu ersehen ist, durch das Magnetfeld effektiv nicht beeinflußt. Obwohl die Tensorkomponenten der elektrischen Leitfähigkeit vom Magnetfeld abhängen, ist im vorliegenden Fall die tatsächliche elektrische Leitfähigkeit in x-Richtung magnetfeldunabhängig. Mit anderen Worten, es tritt keine Widerstandsänderung infolge des Magnetfeldes auf. Das ist uns aber bereits aus dem vorigen Abschnitt bekannt, denn für das zugrunde gelegte Modell ist der Magnetowiderstand gleich Null.

Das erwartete Hall-Feld ersehen wir aus (6.150), denn mit $E_x \neq 0$ ist auch $E_y \neq 0$. Es bildet sich somit eine Komponente des elektrischen Feldes in der zur Strom- und Magnetfeldrichtung senkrechten Richtung heraus. In Magnetfeldrichtung selber tritt keine Komponente des elektrischen Feldes auf ($E_z = 0$ gemäß (6.149)).

In der Praxis verwendet man anstelle von (6.150) die zweckmäßigere Form, die sich mit (6.151), (6.130) und (6.11) zu

$$E_y = -\frac{\omega_c \tau}{\sigma_0} j_x = -\frac{|e| B\tau}{m^* \sigma_0} j_x = -\frac{B}{|e|\, n} j_x \tag{6.152}$$

ergibt. Üblicherweise setzt man

$$E = R_H B j_x \tag{6.153}$$

mit

$$R_H = -\frac{1}{|e|\, n} = -\frac{|e|\, \tau}{m^* \sigma_0} \tag{6.154}$$

und bezeichnet R_H als *Hall-Koeffizienten.* Seine Maßeinheit ist $[R_H] = \frac{m^3}{As}$.

Der Hall-Koeffizient ist also der Elektronenkonzentration umgekehrt proportional. Wir wollen darauf hinweisen, daß (6.154) nicht nur für Elektronen, sondern auch für Löcher gilt, wenn man $-|e|$ durch $+|e|$ und die Elektronenkonzentration durch die der Löcher ersetzt. Das Vorzeichen von R_H ist stets dem Vorzeichen der Ladung der entsprechenden Quasiteilchenart gleich. Für Elektronen ist R_H also negativ (wie in (6.154) formuliert), für Löcher dagegen positiv.

Liegt nur eine Ladungsträgerart vor (wie bei uns: Elektronen) und ist das zugrunde gelegte einfache Modell anwendbar, so hat man die Möglichkeit, aus Messungen des Hall-Effektes Ladungsträgerart und -konzentration zu ermitteln. Hierin liegt auch der Sinn solcher Messungen.

Außerdem kann man in Verbindung mit Leitfähigkeitsmessungen die Beweglichkeit der Elektronen bestimmen. Man bezeichnet

$$\mu_H = |R_H|\, \sigma_0 \tag{6.155}$$

als *Hall-Beweglichkeit.* Mit der „gewöhnlichen" Beweglichkeit gemäß (6.6), die man im Unterschied zu μ_H häufig *Driftbeweglichkeit* nennt, folgt aus (6.154) und (6.155)

$$\mu_H = \mu\,. \tag{6.156}$$

Hall-Beweglichkeit μ_H und Driftbeweglichkeit μ sind im vorliegenden Fall gleich. Das liegt daran, daß wir isotrope Streuung vorausgesetzt haben, aus der sich eine für alle zur Leitfähigkeit beitragenden Elektronen gleiche Relaxationszeit $\tau(\varepsilon_F)$ ergibt. Sobald der Streumechanismus komplizierter ist, unterscheiden sich μ_H und μ. Der Hall-Koeffizient ist dann auch nicht mehr dem durch (6.154) gegebenen Wert gleich, sondern nur noch proportional. Wir werden hierauf noch im Abschnitt 6.6.3. zurückkommen.

Wegen $\boldsymbol{j} = j_x \boldsymbol{e}_x$ und $\boldsymbol{E} = E_x \boldsymbol{e}_x + E_y \boldsymbol{e}_y$ ($\boldsymbol{e}_x$, $\boldsymbol{e}_y$: Einheitsvektoren) sind $\boldsymbol{j}$ und $\boldsymbol{E}$ nicht mehr parallel gerichtet. Den Winkel, den beide miteinander einschließen, nennt man

Hall-Winkel Θ_H. Er ist im allgemeinen sehr klein und ergibt sich aus dem Verhältnis

$$\frac{E_y}{E_x} = \tan \Theta_H \approx \Theta_H \,. \tag{6.157}$$

Mit (6.153) und (6.151) sowie (6.6) und (6.154) ist

$$\Theta_H \approx \frac{E_y}{E_x} = R_H B \sigma_0 = -B\mu_H \,. \tag{6.158}$$

Zur Temperaturabhängigkeit des Hall-Koeffizienten können wir bemerken, daß sie gemäß (6.154) nur durch die Elektronenkonzentration n bestimmt wird. Aus Abschnitt 1.1.4. wissen wir aber, daß n bei Metallen nahezu temperaturunabhängig ist.

Ohne auf die Rechnungen einzugehen,[1] wollen wir den Hall-Koeffizienten (6.154) für den Fall verallgemeinern, daß zwei teilweise gefüllte Bänder und somit zwei Ladungsträgergruppen vorhanden sind. Das müssen nicht unbedingt Elektronen und Löcher sein; es können durchaus verschiedene Elektronen- oder verschiedene Löchergruppen vorliegen. Allerdings soll auch hier in beiden Fällen isotrope quadratische Dispersion und isotrope Streuung vorausgesetzt werden. Dann ergeben sich die elektrische Leitfähigkeit und der Hall-Koeffizient zu

$$\sigma = \sigma_1 + \sigma_2 \tag{6.159}$$

und

$$R_H = \frac{R_{H1}\sigma_1^2 + R_{H2}\sigma_2^2}{(\sigma_1 + \sigma_2)^2} \,. \tag{6.160}$$

σ_1, σ_2 sind die elektrischen Leitfähigkeiten beider Ladungsträgergruppen, R_{H1}, R_{H2} die entsprechenden Hall-Koeffizienten; also

$$\sigma_i = \frac{e^2 \tau_i n_i}{m_i^*} \qquad (i = 1, 2) \tag{6.161}$$

und

$$\left.\begin{aligned} R_{H_i} &= -\frac{1}{|e|\, n_i} \text{ für Elektronen} \,, \\ R_{H_i} &= +\frac{1}{|e|\, n_i} \text{ für Löcher} \,. \end{aligned}\right\} \quad (i = 1, 2) \tag{6.162}$$

Spezialisieren wir (6.160) für eine Elektronen- und eine Löchersorte ($R_H^{(n)} = -\frac{1}{|e|\, n_n}$, $R_H^{(p)} = \frac{1}{|e|\, n_p}$), so erhalten wir mit (6.161) und (6.6)

$$R_H = \frac{n_p \mu_p^2 - n_n \mu_n^2}{|e|\,(n_p \mu_p + n_n \mu_n)} \,, \tag{6.163}$$

wobei n_n, n_p die Konzentrationen und μ_n, μ_p die Beweglichkeiten der Elektronen beziehungsweise der Löcher sind.

Anhand des bei uns nur angedeuteten Zweibandmodells läßt sich zeigen, daß im Falle starker Magnetfelder R_H für kompensierte Metalle ($n_p = n_n$) verschwindet. Ein Analogon hierzu finden wir in Abschnitt 6.6.3.

[1]) S. hierzu z. B. J. M. Ziman [45].

6.5. Die elektrische Leitfähigkeit in Halbleitern

Die elektrische Leitfähigkeit in Halbleitern läßt sich in ähnlicher Weise behandeln wie die in Metallen. In Abschnitt 6.5.1. geben wir zunächst wieder den Leitfähigkeitstensor an, weisen dabei auf den Einfluß der verschiedenen Streumechanismen hin und diskutieren danach in Abschnitt 6.5.2. die Temperaturabhängigkeit der elektrischen Leitfähigkeit.

Zugunsten möglichst übersichtlicher Verhältnisse beschränken wir uns auch hier häufig auf sehr einfache Modelle. Es kommt uns nur darauf an, das allgemeine Vorgehen zu verdeutlichen.

Der Leitfähigkeitstensor wird im vorliegenden Fall nach genau demselben Schema berechnet wie der für Metalle. Wir wiederholen hier die Rechnungen nicht noch einmal, sondern verweisen nur auf die Besonderheiten, die ein Halbleiter gegenüber einem Metall besitzt.

Eine dieser Besonderheiten besteht darin, daß wir von Anfang an Elektronen (Quasiteilchen der Ladung $-|e|$ und der Masse m_{n}^*) und Löcher (Quasiteilchen der Ladung $+|e|$ und der Masse m_{p}^*) gleichberechtigt betrachten müssen, denn im allgemeinen tragen beide Ladungsträgerarten zum Stromfluß bei.

Entsprechend dem Standardmodell (vgl. Abschnitt 1.3.) existieren zwei parabolische Bänder,

$$\left.\begin{array}{lll} & \text{ein Leitungsband} & \varepsilon^{(\mathrm{LB})}(\boldsymbol{k}) = \varepsilon_{\mathrm{L}} + \dfrac{\hbar^2 \boldsymbol{k}^2}{2m_{\mathrm{n}}^*} = \varepsilon_{\mathrm{L}} + \varepsilon^{(\mathrm{n})}(\boldsymbol{k}) \\ \text{und} & & \\ & \text{ein Valenzband} & \varepsilon^{(\mathrm{VB})}(\boldsymbol{k}) = \varepsilon_{\mathrm{V}} - \dfrac{\hbar^2 \boldsymbol{k}^2}{2m_{\mathrm{p}}^*} = \varepsilon_{\mathrm{V}} - \varepsilon^{(\mathrm{p})}(\boldsymbol{k}) \end{array}\right\} \tag{6.164}$$

(ε_{L} und ε_{V} sind die Energien der Leitungs- bzw. Valenzbandkante).

Da der Beitrag der Ladungsträger zur Stromdichte proportional ihrer Geschwindigkeit $\big(\boldsymbol{j} \sim V_{\boldsymbol{k}}\, \varepsilon(\boldsymbol{k})\big)$ ist, spielt erwartungsgemäß die energetische Lage der Bänder bezüglich dem (gemäß Abschnitt 1.3. beliebig wählbaren) Energienullpunkt keine Rolle. Man kann daher die von den Elektronen im Leitungsband und den Löchern im Valenzband herrührenden Strombeiträge einzeln berechnen, indem man die Dispersionsbeziehungen

$$\left.\begin{array}{ll} & \varepsilon^{(\mathrm{n})}(\boldsymbol{k}) = \dfrac{\hbar^2 \boldsymbol{k}^2}{2m_{\mathrm{n}}^*} \quad \text{für Elektronen} \\ \text{und} & \\ & \varepsilon^{(\mathrm{p})}(\boldsymbol{k}) = \dfrac{\hbar^2 \boldsymbol{k}^2}{2m_{\mathrm{p}}^*} \quad \text{für Löcher} \end{array}\right\} \tag{6.165}$$

zugrunde legt. Die Gesamtstromdichte in einem Halbleiter erhält man dann, indem man die beiden Stromanteile addiert:

$$\boldsymbol{j} = \boldsymbol{j}^{(\mathrm{n})} + \boldsymbol{j}^{(\mathrm{p})}\,, \tag{6.166}$$

$\boldsymbol{j}^{(\mathrm{n})}$ und $\boldsymbol{j}^{(\mathrm{p})}$ sind die Stromdichten, die von den Elektronen beziehungsweise von den Löchern herrühren.

Die grundlegende Formel (6.32) zur Berechnung der Stromdichte nimmt beim Halbleiter die Gestalt

$$\boldsymbol{j}(\boldsymbol{r}, t) = -\frac{|e|}{4\pi^3}\int \boldsymbol{v}^{(\mathrm{n})}(\boldsymbol{k})\, f^{(\mathrm{n})}(\boldsymbol{k}, \boldsymbol{r}, t)\,\mathrm{d}\boldsymbol{k} + \frac{|e|}{4\pi^3}\int \boldsymbol{v}^{(\mathrm{p})}(\boldsymbol{k})\, f^{(\mathrm{p})}(\boldsymbol{k}, \boldsymbol{r}, t)\,\mathrm{d}\boldsymbol{k} \tag{6.167}$$

an. Der erste Summand stellt $\boldsymbol{j}^{(\mathrm{n})}$, der zweite $\boldsymbol{j}^{(\mathrm{p})}$ dar. Die Integrationen sind über den gesamten reziproken Raum zu erstrecken. $f^{(\mathrm{n})}(\boldsymbol{k}, \boldsymbol{r}, t)$ und $f^{(\mathrm{p})}(\boldsymbol{k}, \boldsymbol{r}, t)$ sind die jeweiligen Verteilungsfunktionen der Elektronen und der Löcher. Die Geschwindigkeiten der Elektronen und Löcher $\boldsymbol{v}^{(\mathrm{n})}(\boldsymbol{k})$ und $\boldsymbol{v}^{(\mathrm{p})}(\boldsymbol{k})$ lassen sich aus (6.165) gemäß (6.27) berechnen.

Wir wollen für den gesamten Abschnitt 6.5. einen räumlich unendlich ausgedehnten Halbleiter voraussetzen, in dem weder Temperatur- noch Konzentrationsunterschiede vorhanden sind. Dementsprechend gelten auch hier (6.55) und (6.56). Lediglich ein zeitlich konstantes elektrisches Feld $\boldsymbol{E} = \boldsymbol{E}(\boldsymbol{r})$ möge auf den Halbleiter einwirken. Wie in den vorangegangenen Abschnitten untersuchen wir nur stationäre Zustände; Ein- und Ausschaltvorgänge betrachten wir nicht.

Auf einen weiteren wichtigen Unterschied zum Metall wollen wir bereits jetzt aufmerksam machen. Nach Abschnitt 1.3.2. unterliegen die Ladungsträger in einem „normalen" (nichtentarteten) Halbleiter der klassischen Maxwell-Boltzmann-Statistik. Die Gleichgewichtsverteilungsfunktionen für die Elektronen und Löcher lauten, wenn man (1.61) verallgemeinert:

$$\left.\begin{aligned} f_0^{(\mathrm{n})}(\varepsilon^{(\mathrm{n})}) &= n_\mathrm{n}\left(\frac{2^{1/3}\pi\hbar^2}{m_\mathrm{n}^* k_\mathrm{B} T}\right)^{3/2} \mathrm{e}^{-\frac{\varepsilon^{(\mathrm{n})}(\boldsymbol{k})}{k_\mathrm{B} T}}, \\ f_0^{(\mathrm{p})}(\varepsilon^{(\mathrm{p})}) &= n_\mathrm{p}\left(\frac{2^{1/3}\pi\hbar^2}{m_\mathrm{p}^* k_\mathrm{B} T}\right)^{3/2} \mathrm{e}^{-\frac{\varepsilon^{(\mathrm{p})}(\boldsymbol{k})}{k_\mathrm{B} T}}. \end{aligned}\right\} \tag{6.168}$$

Hierbei ist überdies zu vermerken, daß die Ladungsträgerkonzentrationen n_n und n_p im Gegensatz zur Elektronenkonzentration n bei Metallen stark temperaturabhängig sind. Es sind daher interessante Unterschiede im Temperaturverhalten der Stromdichte, der elektrischen Leitfähigkeit sowie der Beweglichkeiten der Ladungsträger im Halbleiter zu den entsprechenden Größen im Metall zu erwarten.

6.5.1. Berechnung des Leitfähigkeitstensors

Wir haben bereits angedeutet, daß wir die Rechnungen, die wir für die Metalle ausgeführt haben, so weit wie möglich übernehmen und hier nur die Besonderheiten und Verallgemeinerungen sowie die Ergebnisse herausstellen. Die dadurch fehlenden Zwischenrechnungen möge der Leser selber nachvollziehen.

Wir folgen wieder dem auf S. 213 angegebenen allgemeinen Lösungsweg. Zunächst brauchen wir keine Forderungen an die Dispersionsbeziehungen $\varepsilon^{(\mathrm{n})}(\boldsymbol{k})$ und $\varepsilon^{(\mathrm{p})}(\boldsymbol{k})$ zu stellen, obwohl wir wissen, daß die quadratische Dispersion bei Halbleitern meist eine gute Näherung darstellt. Auch bezüglich der Relaxationszeiten $\tau^{(\mathrm{n})}(\boldsymbol{k})$ und $\tau^{(\mathrm{p})}(\boldsymbol{k})$ brauchen wir für den ersten Teil der Rechnungen nur zu fordern, daß sie überhaupt angebbar sind. Um später jedoch die Tensorkomponenten der elektrischen Leitfähigkeit angeben zu können, werden wir uns auf einfache Modelle beschränken müssen.

1. Bestimmung der Verteilungsfunktionen $f^{(n)}(\boldsymbol{k}, \boldsymbol{r})$ und $f^{(p)}(\boldsymbol{k}, \boldsymbol{r})$

Die infolge des elektrischen Feldes auf die Ladungsträger wirkende Kraft beträgt

$$\left.\begin{aligned} \boldsymbol{F}(\boldsymbol{r}) &= -|e|\, \boldsymbol{E}(\boldsymbol{r}) \quad \text{für Elektronen}\,, \\ \boldsymbol{F}(\boldsymbol{r}) &= +|e|\, \boldsymbol{E}(\boldsymbol{r}) \quad \text{für Löcher}\,. \end{aligned}\right\} \tag{6.169}$$

Sie soll die Verteilung der Ladungsträger nur geringfügig gegenüber der Gleichgewichtsverteilung verändern, so daß auch hier der Ansatz

$$\left.\begin{aligned} f^{(n)}(\boldsymbol{k}, \boldsymbol{r}) &= f_0^{(n)}(\varepsilon^{(n)}) + f_1^{(n)}(\boldsymbol{k}, \boldsymbol{r})\,; \qquad f_1^{(n)}(\boldsymbol{k}, \boldsymbol{r}) \ll f_0^{(n)}(\varepsilon^{(n)})\,, \\ f^{(p)}(\boldsymbol{k}, \boldsymbol{r}) &= f_0^{(p)}(\varepsilon^{(p)}) + f_1^{(p)}(\boldsymbol{k}, \boldsymbol{r})\,; \qquad f_1^{(p)}(\boldsymbol{k}, \boldsymbol{r}) \ll f_0^{(p)}(\varepsilon^{(p)})\,, \end{aligned}\right\} \tag{6.170}$$

gerechtfertigt ist. Unter Berücksichtigung des Ladungsvorzeichens übernehmen wir die entsprechenden Rechnungen aus Abschnitt 6.3.1. für jede Ladungsträgerart einzeln und erhalten mit (6.65) und (6.170) für die gesuchten Verteilungsfunktionen

$$\left.\begin{aligned} f^{(n)}(\boldsymbol{k}, \boldsymbol{r}) &= f_0^{(n)}(\varepsilon^{(n)}) + |e| \frac{\partial f_0^{(n)}(\varepsilon^{(n)})}{\partial \varepsilon^{(n)}} \tau^{(n)}(\boldsymbol{k})\, \boldsymbol{E}(\boldsymbol{r}) \cdot \boldsymbol{v}^{(n)}(\boldsymbol{k})\,, \\ f^{(p)}(\boldsymbol{k}, \boldsymbol{r}) &= f_0^{(p)}(\varepsilon^{(p)}) - |e| \frac{\partial f_0^{(p)}(\varepsilon^{(p)})}{\partial \varepsilon^{(p)}} \tau^{(p)}(\boldsymbol{k})\, \boldsymbol{E}(\boldsymbol{r}) \cdot \boldsymbol{v}^{(p)}(\boldsymbol{k})\,. \end{aligned}\right\} \tag{6.171}$$

2. Berechnung der Stromdichte $\boldsymbol{j}(\boldsymbol{r})$

Mit den Verteilungsfunktionen (6.171) und den aus (6.168) zu berechnenden Ausdrücken für $\frac{\partial f_0^{(n)}(\varepsilon^{(n)})}{\partial \varepsilon^{(n)}}$ und $\frac{\partial f_0^{(p)}(\varepsilon^{(p)})}{\partial \varepsilon^{(p)}}$ ergibt sich die Stromdichte $\boldsymbol{j}(\boldsymbol{r})$ gemäß (6.167) zu

$$\left.\begin{aligned} \boldsymbol{j}(\boldsymbol{r}) &= \frac{e^2 n_n}{4\pi^3 k_B T} \left(\frac{2^{1/3} \pi \hbar^2}{m_n^* k_B T}\right)^{3/2} \int \mathrm{e}^{-\frac{\varepsilon^{(n)}(\boldsymbol{k})}{k_B T}} \tau^{(n)}(\boldsymbol{k})\, \boldsymbol{v}^{(n)}(\boldsymbol{k})\, [\boldsymbol{E}(\boldsymbol{r}) \cdot \boldsymbol{v}^{(n)}(\boldsymbol{k})]\, \mathrm{d}\boldsymbol{k} \\ &+ \frac{e^2 n_p}{4\pi^3 k_B T} \left(\frac{2^{1/3} \pi \hbar^2}{m_p^* k_B T}\right)^{3/2} \int \mathrm{e}^{-\frac{\varepsilon^{(p)}(\boldsymbol{k})}{k_B T}} \tau^{(p)}(\boldsymbol{k})\, \boldsymbol{v}^{(p)}(\boldsymbol{k})\, [\boldsymbol{E}(\boldsymbol{r}) \cdot \boldsymbol{v}^{(p)}(\boldsymbol{k})]\, \mathrm{d}\boldsymbol{k}\,. \end{aligned}\right\} \tag{6.172}$$

Bei beliebigen vorgegebenen Dispersionsbeziehungen $\varepsilon^{(n)}(\boldsymbol{k})$ und $\varepsilon^{(p)}(\boldsymbol{k})$ kann man nach (6.27) die Geschwindigkeiten $\boldsymbol{v}^{(n)}(\boldsymbol{k})$ und $\boldsymbol{v}^{(p)}(\boldsymbol{k})$ errechnen. Kennt man außerdem noch $\tau^{(n)}(\boldsymbol{k})$ und $\tau^{(p)}(\boldsymbol{k})$ sowie $\boldsymbol{E}(\boldsymbol{r})$, so kann man nach (6.172) die Stromdichte (im stationären Zustand) für jede beliebige Temperatur T im Halbleiter berechnen. Eine geschlossene Lösung erhält man jedoch nur in speziellen Fällen.

Im weiteren wollen wir uns auf ein einfaches Modell beschränken. Für die Elektronen und Löcher möge isotrope quadratische Dispersion gemäß (6.165) vorliegen. Außerdem sollen die Relaxationszeiten nur vom Betrag des $\boldsymbol{k}$-Vektors abhängen $\left(\tau^{(n)}(k),\ (\tau^{(p)}(k)\right)$. Wie wir später sehen werden, stellt gerade die letztgenannte Forderung keine besondere Einschränkung dar. Unter diesen Voraussetzungen wird (6.172)

$$\left.\begin{aligned} \boldsymbol{j}(\boldsymbol{r}) &= A^{(n)} \int \mathrm{e}^{-\frac{\varepsilon^{(n)}(k)}{k_B T}} \tau^{(n)}(k)\, \boldsymbol{k}[\boldsymbol{E}(\boldsymbol{r}) \cdot \boldsymbol{k}]\, \mathrm{d}\boldsymbol{k} \\ &+ A^{(p)} \int \mathrm{e}^{-\frac{\varepsilon^{(p)}(k)}{k_B T}} \tau^{(p)}(k)\, \boldsymbol{k}[\boldsymbol{E}(\boldsymbol{r}) \cdot \boldsymbol{k}]\, \mathrm{d}\boldsymbol{k} \end{aligned}\right\} \tag{6.173}$$

mit

$$\left.\begin{aligned} A^{(\mathrm{n})} &\equiv \frac{e^2 n_\mathrm{n}}{4\pi^3 k_\mathrm{B} T} \left(\frac{2^{1/3}\pi\hbar^2}{m_\mathrm{n}^* k_\mathrm{B} T}\right)^{3/2} \left(\frac{\hbar}{m_\mathrm{n}^*}\right)^2, \\ A^{(\mathrm{p})} &\equiv \frac{e^2 n_\mathrm{p}}{4\pi^3 k_\mathrm{B} T} \left(\frac{2^{1/3}\pi\hbar^2}{m_\mathrm{p}^* k_\mathrm{B} T}\right)^{3/2} \left(\frac{\hbar}{m_\mathrm{p}^*}\right)^2. \end{aligned}\right\} \tag{6.174}$$

Geht man zu Kugelkoordinaten k, ϑ, φ über, so lassen sich die Integrationen über ϑ und φ sofort ausführen. Von der Integration über den gesamten reziproken Raum bleibt nur noch eine Integration über die Koordinate k übrig.[1]) (6.173) wird dann

$$\begin{aligned} \boldsymbol{j}(\boldsymbol{r}) = \frac{4\pi}{3} \Bigg[& A^{(\mathrm{n})} \int_0^\infty \mathrm{e}^{-\frac{\varepsilon^{(\mathrm{n})}(k)}{k_\mathrm{B} T}} \tau^{(\mathrm{n})}(k)\, k^4 \,\mathrm{d}k \\ & + A^{(\mathrm{p})} \int_0^\infty \mathrm{e}^{-\frac{\varepsilon^{(\mathrm{p})}(k)}{k_\mathrm{B} T}} \tau^{(\mathrm{p})}(k)\, k^4 \,\mathrm{d}k \Bigg] \boldsymbol{E}(\boldsymbol{r})\,. \end{aligned} \tag{6.175}$$

Bei vorgegebenen Relaxationszeiten und bekannter elektrischer Feldstärke kann man hiernach die Stromdichte in Abhängigkeit von der Temperatur berechnen.

3. Ermittlung der Komponenten des Leitfähigkeitstensors

Aus (6.175) ersieht man, daß der Tensor der elektrischen Leitfähigkeit $\boldsymbol{\sigma}$ für das angenommene einfache Modell in einen Skalar entartet; seine Komponenten lauten nämlich

$$\left.\begin{aligned} \sigma_{il} &= 0 \quad \text{für} \quad i \neq l\,, \\ \sigma_{ll} &= \frac{4\pi}{3} \Bigg[A^{(\mathrm{n})} \int_0^\infty \mathrm{e}^{-\frac{\varepsilon^{(\mathrm{n})}(k)}{k_\mathrm{B} T}} \tau^{(\mathrm{n})}(k)\, k^4 \,\mathrm{d}k \\ &\qquad + A^{(\mathrm{p})} \int_0^\infty \mathrm{e}^{-\frac{\varepsilon^{(\mathrm{p})}(k)}{k_\mathrm{B} T}} \tau^{(\mathrm{p})}(k)\, k^4 \,\mathrm{d}k \Bigg] \\ &\big(i = x, y, z;\ j = x, y, z;\ A^{(\mathrm{n})}, A^{(\mathrm{p})} \text{ gemäß (6.174)}\big). \end{aligned}\right\} \tag{6.176}$$

Die hierin auftretenden Integrationen sind nur dann ausführbar, wenn man spezielle Angaben über $\tau^{(\mathrm{n})}(k)$ und $\tau^{(\mathrm{p})}(k)$ macht.

Für den Trivialfall konstanter Relaxationszeiten $\big(\tau^{(\mathrm{n})}(k) = \tau^{(\mathrm{n})};\ \tau^{(\mathrm{p})}(k) = \tau^{(\mathrm{p})}\big)$ ergibt sich aus (6.176)

$$\left.\begin{aligned} \sigma_{il} &= 0 \quad \text{für} \quad i \neq l\,, \\ \sigma_{ll} &= \sigma_0^{(\mathrm{n})} + \sigma_0^{(\mathrm{p})} \end{aligned} \qquad (i = x, y, z;\ l = x, y, z) \right\} \tag{6.177}$$

[1]) Sind $F(k)$ und $b(k)$ zwei beliebige, aber nur vom Betrag des $\boldsymbol{k}$-Vektors abhängige Funktionen, so gilt

$$\int F(k)\, \boldsymbol{k}[b(k) \cdot \boldsymbol{k}]\, \mathrm{d}\boldsymbol{k} = \frac{4\pi}{3} \int_0^\infty F(k)\, b(k)\, k^4\, \mathrm{d}k\,.$$

(S. z. B. Anhang XXIV in: A. I. Anselm [3].)

mit

$$\left.\begin{aligned} \sigma_0^{(n)} &= \frac{e^2 n_n \tau^{(n)}}{m_p^*}, \\ \sigma_0^{(p)} &= \frac{e^2 n_p \tau^{(p)}}{m_p^*} \end{aligned}\right\} \qquad (6.178)$$

analog zu (6.11)).

Physikalisch ist dieser Fall für den Halbleiter jedoch bedeutungslos. $\tau = \text{const}$ stellt zwar bei Metallen eine mögliche erste Näherung für die Relaxationszeit dar, da bei ihnen nur Elektronen mit $\varepsilon \approx \varepsilon_F$ (also mit etwa derselben Energie) einen Beitrag zur elektrischen Leitfähigkeit liefern. Bei Halbleitern tragen demgegenüber alle quasifreien Ladungsträger zum Stromfluß und somit zur elektrischen Leitfähigkeit bei. Die Streuung der Ladungsträger wird daher von ihrer Energie abhängen. Da die Zahl der vorhandenen quasifreien Ladungsträger überdies durch die Temperatur bestimmt wird, werden die Streuung und dementsprechend auch die Relaxationszeiten stark von der Temperatur und der Ladungsträgerenergie abhängig sein. Eine Aufgabe der Theorie ist nun, die möglichen Streumechanismen sorgfältig zu untersuchen. Es hat sich herausgestellt, daß die Relaxationszeiten sehr empfindlich von der Art des zugrunde gelegten Streumechanismus abhängen. Sie unterscheiden sich grundlegend je nachdem, ob man die Streuung an akustischen oder optischen Phononen, an ionisierten oder neutralen Störstellen u.a.m. betrachtet.

Im Rahmen dieses Buches befassen wir uns nicht mit den einzelnen Streumechanismen, sondern verweisen diesbezüglich auf die Literatur (z. B. [3]). Nur so viel: Man nimmt an, daß sich die Relaxationszeit für jeden praktisch interessierenden Streumechanismus in der Form

$$\tau = \tau_0 \varepsilon^r \qquad (6.179)$$

darstellen läßt, wobei τ_0 im allgemeinen temperaturabhängig ist und r den speziellen Streumechanismus charakterisiert.

Wirken mehrere Streumechanismen gleichzeitig und ist τ_i die dem i-ten Streumechanismus entsprechende Relaxationszeit, so ist die resultierende effektive Relaxationszeit durch

$$\tau_{\text{eff}} = \left(\sum_{i=1}^{N} \frac{1}{\tau_i} \right)^{-1} \qquad (6.180)$$

gegeben. Da sich die Reziprokwerte von τ_i addieren, wird τ_{eff} weitestgehend durch die kürzeste Relaxationszeit bestimmt. Das bedeutet, wenn mehrere Streumechanismen gleichzeitig wirksam sind, ist der der vorherrschende, dem die kürzeste Relaxationszeit entspricht.

Ohne Herleitung wollen wir jetzt die Relaxationszeiten für die beiden sehr wichtigen Relaxationsmechanismen angeben. Die Theorie (z. B. [3]) liefert im Falle isotroper quadratischer Dispersion

— für die Streuung an akustischen Phononen

$$\tau^{(\text{Ph})} = \frac{\tau_0^{(\text{Ph})}}{k_B T} \varepsilon^{-1/2} = \frac{\tau_0^{(\text{Ph})}}{k_B T} \frac{\sqrt{2m^*}}{\hbar k} = \tau^{(\text{Ph})}(k)\,, \qquad (6.181)$$

— für die Streuung an ionisierten Störstellen

$$\tau^{(I)} = \tau_0^{(I)}\varepsilon^{3/2} = \tau_0^{(I)} \frac{\hbar^3 k^3}{(2m^*)^{3/2}} = \tau^{(I)}(k) \,. \tag{6.182}$$

$\tau_0^{(Ph)}$ und $\tau_0^{(I)}$ sind energie- und temperaturunabhängige Größen, die allein durch die Art der Wechselwirkung bestimmt sind.

Für diese beiden Streumechanismen ergeben sich nachfolgende Komponenten des Leitfähigkeitstensors:

1. Streuung an akustischen Phononen

Setzt man für die Relaxationszeiten beider Ladungsträgerarten (6.181) an, so erhält man nach (6.176)

$$\left.\begin{aligned} &\sigma_{li} = 0 \quad \text{für} \quad i \neq l \,, \\ &\sigma_{ll} = \frac{4n_\mathrm{n}e^2\tau_{0\mathrm{n}}^{(Ph)}}{3\pi^{1/2}m_\mathrm{n}^*(k_\mathrm{B}T)^{3/2}} + \frac{4n_\mathrm{p}e^2\tau_{0\mathrm{p}}^{(Ph)}}{3\pi^{1/2}m_\mathrm{p}^*(k_\mathrm{B}T)^{3/2}} \\ &(i = x, y, z;\ l = x, y, z) \,. \end{aligned}\right\} \tag{6.183}$$

2. Streuung an ionisierten Störstellen

Ausgehend von (6.182) für die Relaxationszeiten beider Ladungsträgerarten erhält man nach (6.176)

$$\left.\begin{aligned} &\sigma_{li} = 0 \quad \text{für} \quad i \neq l \,, \\ &\sigma_{ll} = \frac{8n_\mathrm{n}e^2\tau_{0\mathrm{n}}^{(I)}(k_\mathrm{B}T)^{3/2}}{\pi^{1/2}m_\mathrm{n}^*} + \frac{8n_\mathrm{p}e^2\tau_{0\mathrm{p}}^{(I)}(k_\mathrm{B}T)^{3/2}}{\pi^{1/2}m_\mathrm{p}^*} \\ &(i = x, y, z;\ l = x, y, z) \,. \end{aligned}\right\} \tag{6.184}$$

Abschließend ist zu bemerken: Wirken beide Streumechanismen gleichzeitig, so ergibt sich aus (6.180), (6.181) und (6.182) eine effektive Relaxationszeit

$$\tau_\mathrm{eff}^{(Ph,I)} = \frac{\tau_0^{(Ph)}\tau_0^{(I)}\varepsilon^{3/2}}{\tau_0^{(Ph)} + \tau_0^{(I)}k_\mathrm{B}T\varepsilon^2} \,, \tag{6.185}$$

die nicht mehr die einfache Struktur (6.179) besitzt. Will man für diesen Fall die elektrische Leitfähigkeit berechnen, so muß man (6.185) in (6.176) einsetzen. Wir wollen das hier nicht tun.

6.5.2. Temperaturabhängigkeit der elektrischen Leitfähigkeit

Unsere Aufgabe besteht jetzt darin, die Temperaturabhängigkeit der Tensorkomponenten (6.183) und (6.184) zu diskutieren. Wegen der vorausgesetzten isotropen quadratischen Dispersion ist in beiden Fällen

$$\boldsymbol{\sigma} = \sigma \mathbf{e} \,, \tag{6.186}$$

wobei $\mathbf{e}$ der Einheitstensor ist. Wir können uns daher auf die Betrachtung der skalaren elektrischen Leitfähigkeit σ beschränken.

Anders als bei den Metallen ist hier in den Ausdrücken (6.183) und (6.184) die Temperatur explizit enthalten. Es treten aber auch die Ladungsträgerkonzentrationen n_n und n_p auf, von denen wir aus Abschnitt 1.3. wissen, daß sie ebenfalls stark von der Temperatur, aber auch von der Art des Halbleiters abhängen. Daher muß man für die Darlegung der Temperaturabhängigkeit der elektrischen Leitfähigkeit zwischen Eigen- und Störstellenhalbleitern unterscheiden. Bei den Eigenhalbleitern werden die Ladungsträger durch Band-Band-Übergänge freigesetzt (s. Abschnitt 1.3.3.), während sie bei den Störstellenhalbleitern aus Störstellenniveaus stammen (s. Abschnitt 1.3.4.). Die im ersten Fall hervorgerufene Leitfähigkeit nennt man *Eigenleitung*, die im zweiten Fall *Fremdleitung*.

Bezüglich der Temperaturabhängigkeit der elektrischen Leitfähigkeit muß man bei einem realen Halbleiter, der naturgemäß Verunreinigungen (Störstellen, Fremdatome) besitzt, zwei Temperaturbereiche betrachten:

Bereich tiefer Temperaturen ($k_B T < \varepsilon_g$)

Hier ist die Temperatur so niedrig, daß die thermische Energie $k_B T$ der Ladungsträger kleiner ist als die Breite der verbotenen Zone ε_g. Wegen der hierdurch bedingten geringen Wahrscheinlichkeit von Band-Band-Übergängen dominiert die Fremdleitung. Man nennt diesen Bereich daher auch *Fremdleitungsbereich*.

Für die Ladungsträgerkonzentration in den Bändern gilt gemäß (1.75) und (1.76)

$$\left.\begin{aligned} n_n &\sim n_D^{1/2} T^{3/4}\, e^{-\frac{\varepsilon_D}{2k_B T}} \quad \text{für} \quad n_A = 0\,, \\ n_p &\sim n_A^{1/2} T^{3/4}\, e^{-\frac{\varepsilon_A}{2k_B T}} \quad \text{für} \quad n_D = 0\,, \end{aligned}\right\} \tag{6.187}$$

wobei n_D, n_A und ε_D, ε_A die Konzentrationen beziehungsweise die Aktivierungsenergien der Donatoren und Akzeptoren sind. Die Ladungsträgerkonzentrationen sind also nicht nur von der Temperatur, sondern überdies auch empfindlich von den Störstellenkonzentrationen abhängig.

Bereich hoher Temperaturen ($k_B T \geqq \varepsilon_g$)

Die thermische Energie der Ladungsträger reicht hier zur Überwindung der verbotenen Zone aus; die Eigenleitung bestimmt die elektrische Leitfähigkeit. Man nennt diesen Bereich *Eigenleitungsbereich*.

Die Ladungsträgerkonzentrationen in den Bändern ergeben sich gemäß (1.68) und (1.69) unter Verwendung von (1.70) zu

$$\left.\begin{aligned} n_n &\sim T^{3/2}\, e^{-\frac{\varepsilon_g}{2k_B T}}\,, \\ n_p &\sim T^{3/2}\, e^{-\frac{\varepsilon_g}{2k_B T}}\,. \end{aligned}\right\} \tag{6.188}$$

Nach diesen Vorbetrachtungen erhalten wir für die Temperaturabhängigkeit der elektrischen Leitfähigkeit im Falle der beiden im vorigen Abschnitt betrachteten Streumechanismen:

1. Streuung der Ladungsträger an akustischen Phononen

Dieser Streumechanismus dominiert bei höheren Temperaturen (gegenüber der Streuung an ionisierten Störstellen). Daher ist es hier besonders interessant, $\sigma(T)$ für den Eigenleitungsbereich zu bestimmen. Berücksichtigt man (6.188) in (6.183), so erhält man

$$\sigma(T) \sim e^{-\frac{\varepsilon_g}{2k_BT}} . \tag{6.189}$$

Auf diese wichtige Tatsache werden wir noch zurückkommen.
Im Fremdleitungsbereich ergibt sich mit (6.187) und (6.183)

$$\left.\begin{aligned} &\sigma(T) \sim T^{-3/4}\, e^{-\frac{\varepsilon_D}{2k_BT}} \\ &\text{beziehungsweise} \\ &\sigma(T) \sim T^{-3/4}\, e^{-\frac{\varepsilon_A}{2k_BT}} . \end{aligned}\right\} \tag{6.190}$$

2. Streuung der Ladungsträger an ionisierten Störstellen

Dieser Streumechanismus dominiert im Bereich tiefer Temperaturen. Daher ist hier $\sigma(T)$ im Fremdleitungsbereich von besonderem Interesse. Berücksichtigt man (6.187) in (6.184), so ergibt sich

$$\left.\begin{aligned} &\sigma(T) \sim T^{9/4}\, e^{-\frac{\varepsilon_D}{2k_BT}} \\ &\text{beziehungsweise} \\ &\sigma(T) \sim T^{9/4}\, e^{-\frac{\varepsilon_A}{2k_BT}} . \end{aligned}\right\} \tag{6.191}$$

Im Eigenleitungsbereich erhält man hier mit (6.188) und (6.184)

$$\sigma(T) \sim T^3\, e^{-\frac{\varepsilon_g}{2k_BT}} . \tag{6.192}$$

Wir wollen die erhaltenen Ergebnisse noch etwas aus experimenteller Sicht erläutern: Nehmen wir an, daß im Eigenleitungsgebiet die Streuung der Ladungsträger an akustischen Phononen dominiert, so ist $\sigma(T)$ durch (6.189) gegeben. Man hat in diesem Fall die Möglichkeit, aus den gemessenen Werten für die elektrische Leitfähigkeit die Breite der verbotenen Zone ε_g zu ermitteln. Aus (6.189) folgt

$$\ln\frac{\sigma}{\sigma_0} \sim -\frac{\varepsilon_g}{2k_BT} . \tag{6.193}$$

Trägt man gemäß Abbildung 6.9 $\ln\frac{\sigma}{\sigma_0}$ über T^{-1} auf, so erhält man eine Gerade, aus deren Anstieg $-\frac{\varepsilon_g}{2k_B}$ die Energielücke ε_g bestimmt werden kann.

Die aus experimentellen Daten ermittelten Kurven $\ln\frac{\sigma}{\sigma_0} = f(1/T)$ ergeben nicht immer eine so strenge Gerade, wie durch (6.193) gefordert. Die Ursache ist darin zu

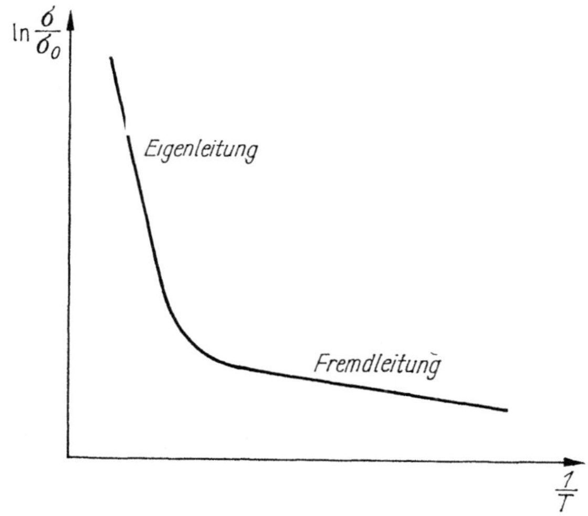

Abb. 6.9.
ln σ/σ_0 als Funktion von $\frac{1}{T}$

suchen, daß die Breite der verbotenen Zone ε_g selber geringfügig von der Temperatur abhängt.

Unter der vertretbaren Voraussetzung, daß im Fremdleitungsbereich die Streuung der Ladungsträger an ionisierten Störstellen überwiegt, ist $\sigma(T)$ durch (6.191) gegeben. In der logarithmischen Darstellung von $\frac{\sigma}{\sigma_0}$ über T^{-1} ergibt sich bei tiefen Temperaturen näherungsweise eine Gerade, aus deren Anstieg man die Akzeptor- bzw. Donatoraktivierungsenergien ε_D, ε_A grob abschätzen kann (vgl. Abb. 6.9).

Zusammenfassend wollen wir betonen, daß die elektrische Leitfähigkeit im gesamten betrachteten Temperaturbereich mit zunehmender Temperatur wächst. Das ist ein typisches Merkmal für einen Halbleiter. Bei Metallen zeigt die elektrische Leitfähigkeit gerade ein entgegengesetztes Temperaturverhalten (vgl. Abschnitt 6.3.3.). Die Erhöhung der elektrischen Leitfähigkeit beim Halbleiter mit zunehmender Temperatur ist plausibel, denn mit steigender Temperatur vergrößert sich die Anzahl der den Strom bewirkenden quasifreien Ladungsträger.

6.6. Galvanomagnetische Effekte in Halbleitern

Wir wollen uns jetzt mit einigen Erscheinungen in Halbleitern befassen, die unter der gleichzeitigen Einwirkung eines elektrischen und eines magnetischen Feldes hervorgerufen werden. Dabei sollen die in Abschnitt 5.6. formulierten Voraussetzungen weiterhin gültig bleiben: Unendlich ausgedehnter Halbleiter (solange nichts anderes angegeben ist); keine Temperatur- und keine Konzentrationsunterschiede im Material; geringfügige Auslenkung der Ladungsträgersysteme aus dem Gleichgewicht infolge der Felder; Beschränkung auf den stationären Zustand (zeitlich konstante Felder); quasiklassische Beschreibung soll möglich sein. Das Koordinatensystem möge so angeordnet sein, daß das als homogen vorausgesetzte Magnetfeld parallel zur z-Richtung orientiert ist. Es sei also $\boldsymbol{B} = (0, 0, B)$; $\boldsymbol{E} = (E_x, E_y, E_z)$. Wir wollen im gesamten Abschnitt von vornherein isotrope quadratische Dispersion für Elektronen und Löcher sowie nur vom Betrag des $\boldsymbol{k}$-Vektors abhängige Relaxationszeiten $\tau^{(n)}(k)$ und $\tau^{(p)}(k)$ annehmen.

In Abschnitt 6.6.1. ermitteln wir zunächst wieder den Tensor der elektrischen Leitfähigkeit nach dem auf S. 213 angegebenen Schema. Wir beschränken uns auf die Angabe der Ergebnisse, da die Rechnungen den in Abschnitt 6.4.1. durchgeführten ähnlich sind. Die fehlenden Zwischenrechnungen, die gerade im vorliegenden Fall mitunter äußerst arbeitsaufwendig, aber prinzipiell nicht schwer sind, möge der Leser selber nachvollziehen. Auch beschränken wir uns wegen der zunehmend aufwendiger werdenden Rechnungen im gesamten vorliegenden Abschnitt nur auf einen einzigen Streumechanismus, und zwar auf die Streuung der Ladungsträger an akustischen Phononen.

6.6.1. Berechnung des Leitfähigkeitstensors

Unter den angegebenen Voraussetzungen wirkt auf die Elektronen die Kraft

$$\left.\begin{array}{l} \boldsymbol{F} = -|e|\,(\boldsymbol{E} + \boldsymbol{v} \times \boldsymbol{B}) \\ \text{und auf die Löcher} \\ \boldsymbol{F} = +|e|\,(\boldsymbol{E} + \boldsymbol{v} \times \boldsymbol{B})\,. \end{array}\right\} \qquad (6.194)$$

1. Bestimmung der Verteilungsfunktionen $f^{(\mathrm{n})}(\boldsymbol{k},\boldsymbol{r})$ und $f^{(\mathrm{p})}(\boldsymbol{k},\boldsymbol{r})$

Berücksichtigt man das Ladungsvorzeichen, so lassen sich die in Abschnitt 6.4.1. durchgeführten Rechnungen und Überlegungen für jede Ladungsträgerart einzeln übernehmen. Ausgehend von dem Ansatz (6.170) erhält man für die gesuchten Verteilungsfunktionen der Ladungsträger

$$\left.\begin{array}{l} f^{(\mathrm{n})}(\boldsymbol{k},\boldsymbol{r}) = f_0^{(\mathrm{n})}(\varepsilon^{(\mathrm{n})}) + |e|\,\dfrac{\partial f_0^{(\mathrm{n})}(\varepsilon^{(\mathrm{n})})}{\partial \varepsilon^{(\mathrm{n})}}\,\boldsymbol{b}^{(\mathrm{n})}(k)\cdot\boldsymbol{v}^{(\mathrm{n})}(\boldsymbol{k})\,, \\[2ex] f^{(\mathrm{p})}(\boldsymbol{k},\boldsymbol{r}) = f_0^{(\mathrm{p})}(\varepsilon^{(\mathrm{p})}) - |e|\,\dfrac{\partial f_0^{(\mathrm{p})}(\varepsilon^{(\mathrm{p})})}{\partial \varepsilon^{(\mathrm{p})}}\,\boldsymbol{b}^{(\mathrm{p})}(k)\cdot\boldsymbol{v}^{(\mathrm{p})}(\boldsymbol{k}) \end{array}\right\} \qquad (6.195)$$

mit

$$\left.\begin{array}{l} \boldsymbol{b}^{(\mathrm{n})}(k) = \dfrac{\tau^{(\mathrm{n})}(k)\left[\boldsymbol{E} + \dfrac{|e|\,\tau^{(\mathrm{n})}(k)}{m_\mathrm{n}^*}\,\boldsymbol{B}\times\boldsymbol{E} + \left(\dfrac{e\tau^{(\mathrm{n})}(k)}{m_\mathrm{n}^*}\right)^2 (\boldsymbol{E}\cdot\boldsymbol{B})\,\boldsymbol{B}\right]}{1 + \left(\dfrac{e\tau^{(\mathrm{n})}(k)}{m_\mathrm{n}^*}\right)\boldsymbol{B}^2}\,, \\[4ex] \boldsymbol{b}^{(\mathrm{p})}(k) = \dfrac{\tau^{(\mathrm{p})}(k)\left[\boldsymbol{E} + \dfrac{|e|\,\tau^{(\mathrm{p})}(k)}{m_\mathrm{p}^*}\,\boldsymbol{B}\times\boldsymbol{E} + \left(\dfrac{e\tau^{(\mathrm{p})}(k)}{m_\mathrm{p}^*}\right)^2 (\boldsymbol{E}\cdot\boldsymbol{B})\,\boldsymbol{B}\right]}{1 + \left(\dfrac{e\tau^{(\mathrm{p})}(k)}{m_\mathrm{p}^*}\right)^2 \boldsymbol{B}^2}\,. \end{array}\right\} \qquad (6.196)$$

Für den magnetfeldfreien Fall ($\boldsymbol{B} = \boldsymbol{0}$) ergibt sich erwartungsgemäß (6.171).

2. Berechnung der Stromdichte $\boldsymbol{j}(\boldsymbol{r})$

Mit den Verteilungsfunktionen (6.195), den aus (6.168) berechenbaren Ausdrücken für $\dfrac{\partial f_0^{(\mathrm{n})}(\varepsilon^{(\mathrm{n})})}{\partial \varepsilon^{(\mathrm{n})}}$ und $\dfrac{\partial f_0^{(\mathrm{p})}(\varepsilon^{(\mathrm{p})})}{\partial \varepsilon^{(\mathrm{p})}}$ und unter Berücksichtigung isotroper quadratischer Dispersion ergibt sich die Gesamtstromdichte $\boldsymbol{j}(\boldsymbol{r})$ gemäß (6.167) zu

$$\boldsymbol{j}(\boldsymbol{r}) = A^{(\mathrm{n})} \int \mathrm{e}^{\frac{-\varepsilon^{(\mathrm{n})}(k)}{k_{\mathrm{B}}T}} \boldsymbol{k}\left(\mathbf{b}^{(\mathrm{n})}(k) \cdot \boldsymbol{k}\right) \mathrm{d}\boldsymbol{k} + A^{(\mathrm{p})} \int \mathrm{e}^{\frac{-\varepsilon^{(\mathrm{p})}(k)}{k_{\mathrm{B}}T}} \boldsymbol{k}\left(\mathbf{b}^{(\mathrm{p})}(k) \cdot \boldsymbol{k}\right) \mathrm{d}\boldsymbol{k} \quad (6.197)$$

($A^{(\mathrm{n})}$, $A^{(\mathrm{p})}$ gemäß (6.174); $\mathbf{b}^{(\mathrm{n})}(k)$, $\mathbf{b}^{(\mathrm{p})}(k)$ gemäß (6.196)).

Die Integrationen über den gesamten reziproken Raum lassen sich beim Übergang zu Kugelkoordinaten k, ϑ, φ auf Integrationen über die Koordinate k reduzieren (s. Fußnote S. 248). Die Stromdichte kann man dann (zumindest prinzipiell) bei bekannten Relaxationszeiten und Feldstärken in Abhängigkeit von der Temperatur gemäß

$$\boldsymbol{j}(\boldsymbol{r}) = \frac{4\pi}{3} A^{(\mathrm{n})} \int_0^\infty \mathrm{e}^{-\frac{\varepsilon^{(\mathrm{n})}(k)}{k_{\mathrm{B}}T}} \mathbf{b}^{(\mathrm{n})}(k)\, k^4 \,\mathrm{d}k + \frac{4\pi}{3} A^{(\mathrm{p})} \int_0^\infty \mathrm{e}^{-\frac{\varepsilon^{(\mathrm{p})}(k)}{k_{\mathrm{B}}T}} \mathbf{b}^{(\mathrm{p})}(k)\, k^4 \,\mathrm{d}k \quad (6.198)$$

berechnen.

3. Ermittlung des Leitfähigkeitstensors

Wie bereits angekündigt, wollen wir uns nur mit der Streuung der Ladungsträger an akustischen Phononen befassen. Wir setzen dementsprechend die Relaxationszeiten in (6.198) für beide Ladungsträgerarten in der Form (6.181) an. Allerdings ist es auch dann noch nicht möglich, (6.198) für den gesamten Magnetfeldbereich geschlossen auszuwerten. Wir führen daher die Betrachtungen für schwache und starke Magnetfelder getrennt durch.

1. *Schwache Magnetfelder* ($\omega_{\mathrm{c}}^{(\mathrm{n})}\tau^{(\mathrm{n})} \ll 1$; $\omega_{\mathrm{c}}^{(\mathrm{p})}\tau^{(\mathrm{p})} \ll 1$)

Hierbei sind

$$\omega_{\mathrm{c}}^{(\mathrm{n})} = \frac{|e|\, B}{m_{\mathrm{n}}^*}; \qquad \omega_{\mathrm{c}}^{(\mathrm{p})} = \frac{|e|\, B}{m_{\mathrm{p}}^*} \quad (6.199)$$

die Zyklotronfrequenzen der Elektronen beziehungsweise der Löcher.
Für schwache Magnetfelder erhält man aus (6.196)

$$\left.\begin{aligned} \mathbf{b}^{(\mathrm{n})}(k) &= \tau^{(\mathrm{n})}(k)\left[\boldsymbol{E} + \frac{|e|\,\tau^{(\mathrm{n})}(k)}{m_{*}^{\mathrm{n}}} \boldsymbol{B} \times \boldsymbol{E} + \left(\frac{e\tau^{(\mathrm{n})}(k)}{m_{\mathrm{n}}^*}\right)(\boldsymbol{E} \cdot \boldsymbol{B})\,\boldsymbol{B}\right], \\ \mathbf{b}^{(\mathrm{p})}(k) &= \tau^{(\mathrm{p})}(k)\left[\boldsymbol{E} - \frac{|e|\,\tau^{(\mathrm{p})}(k)}{m_{\mathrm{p}}^*} \boldsymbol{B} \times \boldsymbol{E} + \left(\frac{e\tau^{(\mathrm{p})}(k)}{m_{\mathrm{p}}^*}\right)^2 (\boldsymbol{E} \cdot \boldsymbol{B})\,\boldsymbol{B}\right]. \end{aligned}\right\} \quad (6.200)$$

Setzt man hier die (6.181) entsprechenden Relaxationszeiten ein und geht dann mit (6.100) in (6.198) ein, so ergeben sich die folgenden Koordinatengleichungen:

$$\left.\begin{aligned} j_x &= |e|\,(n_{\mathrm{n}}\mu_{\mathrm{n}} + n_{\mathrm{p}}\mu_{\mathrm{p}})\,E_x - \frac{3\pi\,|e|}{8}\,(n_{\mathrm{n}}\mu_{\mathrm{n}}^2 - n_{\mathrm{p}}\mu_{\mathrm{p}}^2)\,BE_y\,, \\ j_y &= \frac{3\pi\,|e|}{8}\,(n_{\mathrm{n}}\mu_{\mathrm{n}}^2 - n_{\mathrm{p}}\mu_{\mathrm{p}}^2)\,BE_x + |e|\,(n_{\mathrm{n}}\mu_{\mathrm{n}} + n_{\mathrm{p}}\mu_{\mathrm{p}})\,E_y\,, \\ j_z &= |e|\,(n_{\mathrm{n}}\mu_{\mathrm{n}} + n_{\mathrm{p}}\mu_{\mathrm{p}})\,E_z\,. \end{aligned}\right\} \quad (6.201)$$

Hierbei sind

$$\mu_n = \frac{4\,|e|\,\tau_{0n}^{(\mathrm{Ph})}}{3\pi^{1/2} m_n^* (k_B T)^{3/2}}\,; \qquad \mu_p = \frac{4\,|e|\,\tau_{0p}^{(\mathrm{Ph})}}{3\pi^{1/2} m_p^* (k_B T)^{3/2}} \tag{6.202}$$

die Beweglichkeiten der Elektronen beziehungsweise der Löcher. $\tau_{0n}^{(\mathrm{Ph})}$ und $\tau_{0p}^{(\mathrm{Ph})}$ sind temperatur- und energieunabhängige Größen, die durch die Art der Wechselwirkung zwischen den Ladungsträgern und den Phononen bestimmt sind.
Vergleicht man (6.201) mit (6.21), so erhält man

$$\boldsymbol{\sigma}(\boldsymbol{B}) = \begin{pmatrix} |e|\,(n_n\mu_n + n_p\mu_p) & -\frac{3\pi\,|e|}{8}(n_n\mu_n^2 - n_p\,\mu_p^2)\,B & 0 \\ \frac{3\pi\,|e|}{8}(n_n\mu_n^2 - n_p\mu_p^2)\,B & |e|\,(n_n\mu_n + n_p\mu_p) & 0 \\ 0 & 0 & |e|\,(n_n\mu_n + n_p\mu_p) \end{pmatrix}. \tag{6.203}$$

Dieser antisymmetrische Tensor beschreibt die elektrische Leitfähigkeit (für den stationären Zustand) in schwachen Magnetfeldern, wenn man annehmen kann, daß die Streuung der Ladungsträger im wesentlichen an akustischen Phononen erfolgt. Außerdem ist für die Gültigkeit dieses Tensors isotrope quadratische Dispersion der Ladungsträger Voraussetzung.
Bemerkenswert ist, daß die Diagonalelemente magnetfeldunabhängig sind; die Nichtdiagonalelemente wachsen proportional zu B an. Für $\boldsymbol{B} = \boldsymbol{0}$ geht (6.203) in (6.177) über.
Unter den angegebenen Voraussetzungen zeigt die elektrische Leitfähigkeit in schwachen Feldern bei Halbleitern dieselbe Magnetfeldabhängigkeit wie bei Metallen unter der Voraussetzung isotroper quadratischer Dispersion und isotroper Streuung der Elektronen (vgl. (6.136)).

2. *Starke Magnetfelder* ($\omega_c^{(n)}\tau^{(n)} \gg 1$, $\omega_c^{(p)}\tau^{(p)} \gg 1$)
In diesem Fall wird (6.196):

$$\left.\begin{aligned} \boldsymbol{b}^{(n)}(k) &= \tau^{(n)}(k)\left[\frac{\boldsymbol{E}}{\left(\frac{e\tau^{(n)}(k)}{m_n^*}\right)^2 \boldsymbol{B}^2} + \frac{\boldsymbol{B}\times\boldsymbol{E}}{\frac{|e|\,\tau^{(n)}(k)}{m_n^*}\boldsymbol{B}^2} + \frac{(\boldsymbol{E}\cdot\boldsymbol{B})\boldsymbol{B}}{\boldsymbol{B}^2}\right], \\ \boldsymbol{b}^{(p)}(k) &= \tau^{(p)}(k)\left[\frac{\boldsymbol{E}}{\left(\frac{e\tau^{(p)}(k)}{m_p^*}\right)^2 \boldsymbol{B}^2} - \frac{\boldsymbol{B}\times\boldsymbol{E}}{\frac{|e|\,\tau^{(p)}(k)}{m_p^*}\boldsymbol{B}^2} + \frac{(\boldsymbol{E}\cdot\boldsymbol{B})\boldsymbol{B}}{\boldsymbol{B}^2}\right]. \end{aligned}\right\} \tag{6.204}$$

Setzt man diese Ausdrücke zusammen mit den Relaxationszeiten gemäß (6.181) in (6.198) ein, so erhält man für die Stromdichte die Koordinatengleichungen

$$\left.\begin{aligned} j_x &= \frac{32}{9}\frac{|e|}{\pi B^2}\left(\frac{n_n}{\mu_n} + \frac{n_p}{\mu_p}\right)E_x - \frac{|e|}{B}(n_n - n_p)\,E_y\,, \\ j_y &= \frac{|e|}{B}(n_n - n_p)\,E_x + \frac{32}{9}\frac{|e|}{\pi B^2}\left(\frac{n_n}{\mu_n} + \frac{n_p}{\mu_p}\right)E_y\,, \\ j_z &= |e|\,(n_n\mu_n + n_p\mu_p)\,E_z\,. \end{aligned}\right\} \tag{6.205}$$

μ_n und μ_p sind auch hier die Beweglichkeiten der Ladungsträger gemäß (6.202).

Vergleicht man (6.205) mit (6.21), so erhält man

$$\boldsymbol{\sigma}(\boldsymbol{B}) = \begin{pmatrix} \frac{32}{9}\frac{|e|}{\pi B^2}\left(\frac{n_n}{\mu_n}+\frac{n_p}{\mu_p}\right) & -\frac{|e|}{B}(n_n - n_p) & 0 \\ \frac{|e|}{B}(n_n - n_p) & \frac{32}{9}\frac{|e|}{\pi B^2}\left(\frac{n_n}{\mu_n}+\frac{n_p}{\mu_p}\right) & 0 \\ 0 & 0 & |e|\,(n_n\mu_n + n_p\mu_p) \end{pmatrix} . \tag{6.206}$$

Bei starken Magnetfeldern werden die Komponenten σ_{xx} und σ_{yy} magnetfeldabhängig; und zwar sind beide proportional zu B^{-2}. Die Komponente σ_{zz} bleibt nach wie vor unbeeinflußt; die elektrische Leitfähigkeit längs des Magnetfeldes ändert sich also nicht.

Die Nichtdiagonalelemente σ_{xy} und σ_{yx} sind proportional zu B^{-1}. Bemerkenswert ist, daß σ_{xy} und σ_{yx} im Falle gleicher Ladungsträgerkonzentrationen ($n_n = n_p$) verschwinden.

Abschließend geben wir noch die Tensoren des spezifischen elektrischen Widerstandes $\boldsymbol{\rho} = \boldsymbol{\sigma}^{-1}$ für schwache und für starke Magnetfelder an:

Schwache Magnetfelder

$$\boldsymbol{\rho}(\boldsymbol{B}) = \frac{1}{A_1^2 + A_2^2 B^2}\begin{pmatrix} A_1 & A_2 B & 0 \\ -A_2 B & A_1 & 0 \\ 0 & 0 & \frac{A_1^2 + A_2^2 B^2}{A_1} \end{pmatrix} \tag{6.207}$$

mit $A_1 = |e|\,(n_n\mu_n + n_p\mu_p)$, $\quad A_2 = \frac{3\pi}{8}|e|\,(n_n\mu_n^2 - n_p\mu_p^2)$.

Starke Magnetfelder

$$\boldsymbol{\rho}(\boldsymbol{B}) = \frac{1}{A_5(A_3^2 + A_4^2)}\begin{pmatrix} A_3A_5 & A_4A_5 & 0 \\ -A_4A_5 & A_3A_5 & 0 \\ 0 & 0 & A_3^2 + A_4^2 \end{pmatrix} \tag{6.208}$$

mit $A_3 = \frac{32}{9}\frac{|e|}{\pi B^2}\left(\frac{n_n}{\mu_n}+\frac{n_p}{\mu_p}\right)$; $\quad A_4 = \frac{|e|}{B}(n_n - n_p)$,

$A_5 = |e|\,(n_n\mu_n + n_p\mu_p) = A_1$.

6.6.2. Magnetowiderstand

Wir können uns hier kurz fassen, denn was unter Magnetowiderstand zu verstehen ist, haben wir bereits in Abschnitt 6.4.2. dargelegt. Im vorangegangenen Abschnitt haben wir überdies für den Fall, daß die Streuung der Ladungsträger an akustischen Phononen erfolgt, den spezifischen elektrischen Widerstand des halbleitenden Materials berechnet. Davon ausgehend, geben wir jetzt den longitudinalen und transversalen Magnetowiderstand (getrennt für schwache und starke Magnetfelder) an.

1. Schwache Magnetfelder ($\omega_c^{(n)}\tau^{(n)} \ll 1$; $\omega_c^{(p)}\tau^{(p)} \ll 1$)

Der *longitudinale* Magnetowiderstand berechnet sich gemäß (6.142). Setzt man die Tensorkomponenten entsprechend (6.207) ein, so erhält man

$$D_{||}(\boldsymbol{B}) = \frac{\varrho_{zz}(\boldsymbol{B}) - \varrho_{zz}(\boldsymbol{0})}{\varrho_{zz}(\boldsymbol{0})} = 0 \,. \tag{6.209}$$

Wie bei den Metallen verschwindet auch hier der longitudinale Magnetowiderstand für das vorausgesetzte einfache Modell. Sein Auftreten ist stets ein Indikator für Abweichungen von der isotropen quadratischen Dispersion.

Berechnet man gemäß (6.144) mit (6.207) den *transversalen* Magnetowiderstand, so ergibt sich folgende Feld- und Temperaturabhängigkeit:

$$D_{\perp}(\boldsymbol{B}) = \frac{\varrho_{xx}(\boldsymbol{B}) - \varrho_{xx}(\boldsymbol{0})}{\varrho_{xx}(\boldsymbol{0})} \sim B^2 T^{-3} \,. \tag{6.210}$$

Zum Vergleich ergibt sich für die Streuung der Ladungsträger an ionisierten Störstellen

$$D_{\perp}(\boldsymbol{B}) \sim B^2 T^3 \,. \tag{6.211}$$

Die Magnetfeldabhängigkeit des transversalen Magnetowiderstandes ist in beiden Fällen gleich; $D_{\perp} \sim B^2$. Der Temperaturverlauf ist jedoch grundsätzlich verschieden.

2. Starke Magnetfelder ($\omega_c^{(n)}\tau^{(n)} \gg 1$; $\omega_c^{(p)}\tau^{(p)} \gg 1$)

Im Falle der Streuung der Ladungsträger an akustischen Phononen sind jetzt in (6.142) beziehungsweise (6.144) die entsprechenden Komponenten des Tensors (6.208) einzusetzen.

Für den *longitudinalen* Magnetowiderstand ergibt sich

$$D_{||}(\boldsymbol{B}) = 0 \,. \tag{6.212}$$

Dieses Ergebnis gilt selbst bei isotroper quadratischer Dispersion nur dann, wenn die Relaxationszeiten der Ladungsträger nicht vom Magnetfeld abhängen.

Bei der Berechnung des *transversalen* Magnetowiderstandes muß man zwei Fälle unterscheiden:

Für $n_n \neq n_p$ erhält man

$$D_{\perp}(\boldsymbol{B}) = \text{const} > 0 \,. \tag{6.213}$$

Ein analoges Ergebnis liefert die Streuung der Ladungsträger an ionisierten Störstellen.

Zu bemerken ist, daß der Widerstand bei vorhandenem Magnetfeld größer ist als im magnetfeldfreien Fall. Das gilt jedoch nicht mehr, wenn die Relaxationszeiten der Ladungsträger in starken Magnetfeldern magnetfeldabhängig sind. Im letzteren Fall kann $D_{\perp}(\boldsymbol{B})$ sowohl bei Metallen als auch hier bei Halbleitern negativ werden.

Für $n_n = n_p$ erhält man

$$D_{\perp}(\boldsymbol{B}) \sim B^2 T^{-3} \tag{6.214}$$

und damit die gleiche Feld- und Temperaturabhängigkeit wie bei schwachen Magnetfeldern (s. (6.210)). Daß $D_{\perp}(\boldsymbol{B})$ hier theoretisch unendlich groß werden kann, liegt daran, daß die quasiklassische Beschreibung für sehr starke Magnetfelder falsche Aussagen liefert (s. hierzu auch Kapitel 7).

Für die Streuung der Ladungsträger an ionisierten Störstellen ergibt sich ebenfalls eine Feld- und Temperaturabhängigkeit gemäß (6.211).

6.6.3. Hall-Effekt

Mit dem Hall-Effekt haben wir uns bereits inAbschnittt 6.4.3. befaßt. Er tritt gleichermaßen in Metallen und Halbleitern auf. Wir können daher die in Abbildung 6.8 angegebene Meßanordnung vollständig übernehmen, wenn wir das zu untersuchende Metall durch eine Halbleiterprobe ersetzen.

Gemäß Abbildung 6.8 ist: $\boldsymbol{j} = (j_x, 0, 0)$; $\boldsymbol{B} = (0, 0, B)$. Wir führen auch hier die Diskussion für schwache und starke Magnetfelder getrennt durch. Alle Aussagen beziehen sich auf die Streuung der Ladungsträger an akustischen Phononen.

1. Schwache Magnetfelder ($\omega_c^{(n)}\tau^{(n)} \ll 1$, $\omega_c^{(p)}\tau^{(p)} \ll 1$)

Den Ausgangspunkt der Betrachtungen bilden die Gleichungen (6.201). Wegen $j_z = 0$ folgt unmittelbar

$$E_z = 0\,, \tag{6.215}$$

und mit $j_y = 0$ ergibt sich das gesuchte Hall-Feld zu

$$E_y = \frac{3\pi}{8|e|} \frac{n_p\mu_p^2 - n_n\mu_n^2}{(n_p\mu_p + n_n\mu_n)^2} B j_x\,. \tag{6.216}$$

Hieraus folgt wegen $E_y = R_H B j_x$ (s. (6.153)) der Hall-Koeffizient:

$$R_H = \frac{3\pi}{8|e|} \frac{n_p\mu_p^2 - n_n\mu_n^2}{(n_p\mu_p + n_n\mu_n)^2}\,. \tag{6.217}$$

R_H nimmt das Vorzeichen der Ladungsträgerart an, für die das Produkt aus der Ladungsträgerkonzentration und dem Quadrat der Beweglichkeit den größeren Wert besitzt.

Liegt speziell nur eine Ladungsträgerart vor (realisiert bei reinen Störstellenhalbleitern), so erhält man aus (6.217)

$$R_H^{(n)} = -\frac{3\pi}{8|e|\,n_n}; \qquad R_H^{(p)} = +\frac{3\pi}{8|e|\,n_p}\,. \tag{6.218}$$

Der jeweilige Hall-Koeffizient ist der entsprechenden Ladungsträgerkonzentration umgekehrt proportional. Außerdem wird deutlich, daß sich bei Elektronen ein negativer, bei Löchern ein positiver Hall-Koeffizient ergibt. Das gibt uns die Möglichkeit, in diesem Fall aus dem Betrag des experimentell ermittelten Hall-Koeffizienten die Ladungsträgerkonzentration und aus seinem Vorzeichen die Ladungsträgerart zu bestimmen.

Die Hall-Beweglichkeiten (6.155) ergeben sich mit (6.178) aus (6.218) zu

$$\left.\begin{aligned} \mu_H^{(n)} &= |R_H^{(n)}|\,\sigma_0^{(n)} = \frac{3\pi}{8}\mu_n \approx 1{,}18\mu_n\,, \\ \mu_H^{(p)} &= |R_H^{(p)}|\,\sigma_0^{(p)} = \frac{3\pi}{8}\mu_p \approx 1{,}18\mu_p\,. \end{aligned}\right\} \tag{6.219}$$

Die Hall-Beweglichkeiten der Ladungsträger sind also etwas größer als ihre Driftbeweglichkeiten. Der Unterschied zwischen beiden hängt vom zugrunde gelegten Streumechanismus (d. h. von τ) ab.

Ebenso ist dann auch der Hall-Winkel Θ_H (6.158) vom Streumechanismus abhängig. Mit (6.218) und (6.178) wird:

$$\Theta_H^{(n)} \approx -\frac{3\pi}{8}\mu_n B\,; \qquad \Theta_H^{(p)} \approx +\frac{3\pi}{8}\mu_p B\,. \tag{6.220}$$

Im Gegensatz zu den Metallen ist die Temperaturabhängigkeit des Hall-Koeffizienten bei Halbleitern sehr kompliziert. Solange Fremdleitung vorliegt (tiefe Temperaturen), ist R_H im wesentlichen nur über die Ladungsträgerkonzentration von der Temperatur abhängig (s. (6.218)). Im Eigenleitungsbereich dagegen ändert sich R_H gemäß (6.217) über die Ladungsträgerkonzentrationen und Beweglichkeiten mit der Temperatur. Sofern mehrere Ladungsträgerarten beteiligt sind, ergibt sich ein sehr kompliziertes Bild.

2. Starke Magnetfelder ($\omega_c^{(n)}\tau^{(n)} \gg 1$; $\omega_c^{(p)}\tau^{(p)} \gg 1$)

In diesem Fall gehen wir von den Gleichungen (6.205) aus. Auch hier gibt es wegen $j_z = 0$ keine Komponente des elektrischen Feldes in Magnetfeldrichtung:

$$E_z = 0\,. \tag{6.221}$$

Mit $j_y = 0$ ergibt sich im Falle $n_n \neq n_p$ für das Hall-Feld

$$E_y = \frac{1}{|e|\,(n_p - n_n)}\,B j_x \tag{6.222}$$

und hieraus mit (6.153) für den Hall-Koeffizienten

$$R_H = \frac{1}{|e|\,(n_p - n_n)}\,. \tag{6.223}$$

R_H nimmt das Vorzeichen der Ladungsträgerart mit der höheren Konzentration an. Von besonderer Bedeutung ist jedoch, daß R_H unabhängig vom Streumechanismus den Wert (6.223) besitzt. Allerdings bedeutet das auch, daß man aus Messungen des Hall-Effektes in starken Magnetfeldern nichts über den Streumechanismus aussagen kann.

Im Falle gleicher Ladungsträgerkonzentrationen ($n_n = n_p$) verlieren (6.222) und (6.223) ihren Sinn. Gemäß (6.205) tritt gar kein Hall-Feld auf, so daß wegen $E_y = 0$ auch $R_H = 0$ ist. Man kann sich diesen Sachverhalt so vorstellen, daß sich die von den Elektronen und Löchern hervorgerufenen Hall-Felder gerade gegenseitig kompensieren.

Spezialisiert man (6.223) auf eine einzige Ladungsträgerart (Störstellenhalbleiter), so erhält man

$$R_H^{(n)} = -\frac{1}{|e|\,n_n}\,; \qquad R_H^{(p)} = +\frac{1}{|e|\,n_p}\,. \tag{6.224}$$

Aus dem Betrag und dem Vorzeichen des Hall-Koeffizienten kann man auch hier die Ladungsträgerkonzentration und -art bestimmen.

Aus (6.155), (6.178) und (6.224) ergibt sich

$$\mu_{\mathrm{H}}^{(\mathrm{n})} = \mu_{\mathrm{n}} ; \qquad \mu_{\mathrm{H}}^{(\mathrm{p})} = \mu_{\mathrm{p}} . \tag{6.225}$$

Hall- und Driftbeweglichkeiten stimmen überein.

So wie der Hall-Koeffizient ist auch der Hall-Winkel unabhängig vom Streumechanismus. (6.158) und (6.224) liefern

$$\Theta_{\mathrm{H}}^{(\mathrm{n})} \approx -\mu_{\mathrm{n}} B ; \qquad \Theta_{\mathrm{H}}^{(\mathrm{p})} \approx +\mu_{\mathrm{p}} B . \tag{6.226}$$

Die Temperaturabhängigkeit des Hall-Koeffizienten wird gemäß (6.223) und (6.224) durch den Temperaturgang der Ladungsträgerkonzentrationen n_{n} und n_{p} bestimmt.

Literaturhinweise

A. I. Anselm: Einführung in die Halbleitertheorie, [3], [3a]
W. Brauer: Einführung in die Elektronentheorie der Metalle, [11]
F. J. Blatt: Physics of Electronic Conduction in Solids, [7]
F. J. Blatt: Theory of Mobility of Electrons in Solids, [8]
J. M. Ziman: Prinzipien der Festkörpertheorie, [45]
N. B. Brandt, S. M. Tschudinow: (russ.), [10]
A. A. Abrikossow: Einführung in die Theorie normaler Metalle, [1]
I. M. Lifschitz, M. Ja. Asbel, M. I. Kaganow: Elektronentheorie der Metalle, [30]
W. Brauer, H.-W. Streitwolf: Theoretische Grundlagen der Halbleiterphysik, [12]

7. Ladungsträger im homogenen Magnetfeld (Quantenmechanische Beschreibung)

Dieses Kapitel ist das letzte der drei Kapitel, in denen wir uns vorrangig mit der Wirkung zeitunabhängiger Kräfte und Felder auf die Bewegung der quasifreien Ladungsträger beschäftigen.

In den vorangegangenen beiden Kapiteln haben wir das Verhalten der Ladungsträger in äußeren Feldern und damit unter dem Einfluß äußerer Kräfte vom quasiklassischen Standpunkt aus betrachtet. Das ist unter der Voraussetzung möglich, daß die Ladungsträger als Teilchen aufgefaßt werden, die sich nach den Gesetzen der klassischen Physik auf bestimmten Bahnkurven im Ortsraum bewegen.

Die quasiklassische Beschreibung ist in vielen Fällen mit Erfolg anwendbar. Wir haben uns davon in Kapitel 6 anhand der Betrachtungen zur Leitfähigkeit und zu einigen galvanomagnetischen Effekten überzeugt. Überdies haben wir aber auch die Grenzen dieser Beschreibung angedeutet. Sie liefert keine sinnvollen Ergebnisse mehr, wenn die Temperatur so tief und die Magnetfelder so hoch sind, daß die Quantenenergie ($\hbar\omega_c$) mit der thermischen Energie ($k_B T$) vergleichbar wird beziehungsweise diese übersteigt. In diesem Fall muß unbedingt der Quantencharakter der Ladungsträgerbewegung berücksichtigt werden.

Quantenmechanisch hat erstmals L. D. Landau [88] die Bewegung der Ladungsträger (speziell der Elektronen) im homogenen Magnetfeld beschrieben. Er hat gezeigt, daß das Energiespektrum der Elektronen infolge des Magnetfeldes diskret wird. Diese sogenannte *Landau-Quantisierung* behandeln wir in Abschnitt 7.1., ihre Auswirkung auf die Zustandsdichte in Abschnitt 7.2. und zwei auf ihr beruhende charakteristische Effekte, den *Schubnikow-de-Haas-* und den *De-Haas-van-Alphen*-Effekt, in den Abschnitten 7.3. und 7.4.

Mit den Betrachtungen zum Schubnikow-de-Haas-Effekt erweitern wir die Ausführungen des Kapitels 6 auf einer qualitativ höheren Stufe. Den De-Haas-van-Alphen-Effekt deuten wir vor allem deshalb kurz an, weil er einer der am meisten untersuchten Effekte ist, die infolge der quantisierenden Wirkung des Magnetfeldes auftreten.

7.1. Landau-Quantisierung

Die Landau-Quantisierung ist kein Effekt, der primär eine Eigenschaft irgendeines Festkörpers ist. Er tritt bei einem Gas freier Elektronen genauso auf wie in Metallen oder Halbleitern (einschließlich ihres Grenzfalles, der Isolatoren). Dennoch gibt es in jedem Falle einige Besonderheiten, die wir in den nächsten beiden Abschnitten herausarbeiten wollen.

7.1.1. Landau-Quantisierung in Metallen

Um das Wesen der Landau-Quantisierung verdeutlichen zu können, gehen wir von dem sehr einfachen (in Kapitel 1 eingeführten) Modell für ein Metall aus: Innerhalb des Metalls bildet die Gesamtheit der Valenzelektronen ein Gas quasifreier Elektronen, also ein Gas nicht miteinander wechselwirkender Elektronen der effektiven Masse m^*. Hierbei ist m^* eine skalare Größe, die im Rahmen dieses einfachen Modells alle Eigenschaften der Kristallelektronen enthält, die sie gegenüber den freien besitzen. Der Quantenzustand der Elektronen wird durch ihren Wellenvektor $\boldsymbol{k}$ charakterisiert. Im magnetfeldfreien Fall gilt

$$\varepsilon(\boldsymbol{k}) = \frac{\hbar^2 \boldsymbol{k}^2}{2m^*}, \tag{7.1}$$

so daß isotrope quadratische Dispersion vorliegt. Entsprechend dem Pauli-Prinzip können immer nur zwei Elektronen mit entgegengesetztem Spin denselben $\boldsymbol{k}$-Vektor besitzen.

Wir untersuchen nun das Verhalten eines solchen Gases quasifreier Elektronen im Magnetfeld.

Ausgangspunkt für die quantenmechanische Beschreibung der Elektronenbewegung im zeitlich konstanten Magnetfeld ist die stationäre Schrödinger-Gleichung

$$\frac{1}{2m^*}\left(\frac{\hbar}{i}\nabla + |e|\,\boldsymbol{A}\right)^2 \psi_{\boldsymbol{k}}(\boldsymbol{r}) = \varepsilon(\boldsymbol{k})\,\psi_{\boldsymbol{k}}(\boldsymbol{r})\,. \tag{7.2}$$

Hierbei sind ε die Energie, ψ die Wellenfunktion, $\boldsymbol{r} = (x, y, z)$ der Ortsvektor, $\nabla = \frac{\partial}{\partial x}\boldsymbol{e}_x + \frac{\partial}{\partial y}\boldsymbol{e}_y + \frac{\partial}{\partial z}\boldsymbol{e}_z$ ($\boldsymbol{e}_x, \boldsymbol{e}_y, \boldsymbol{e}_z$: Einheitsvektoren), $\boldsymbol{A}$ das Vektorpotential des äußeren Magnetfeldes, $|e|$ die Elementarladung, $\hbar = \frac{h}{2\pi}$ (h: Plancksches Wirkungsquantum) und i die imaginäre Einheit.

Das Vektorpotential $\boldsymbol{A}$ ist mit der magnetischen Induktion $\boldsymbol{B}$ durch

$$\boldsymbol{B} = \nabla \times \boldsymbol{A} \tag{7.3}$$

verbunden. Bei der vorgegebenen Magnetfeldorientierung $\boldsymbol{B} = (0, 0, B)$ kann daher als Vektorpotential

$$\boldsymbol{A} = (0, Bx, 0) \tag{7.4}$$

gewählt werden. Hiermit nimmt (7.2) die Form

$$\frac{1}{2m^*}\left[-\hbar^2\frac{\partial^2}{\partial x^2} + \left(\frac{\hbar}{i}\frac{\partial}{\partial y} + |e|Bx\right)^2 - \hbar^2\frac{\partial^2}{\partial z^2}\right]\psi_{\boldsymbol{k}}(\boldsymbol{r}) = \varepsilon(\boldsymbol{k})\,\psi_{\boldsymbol{k}}(\boldsymbol{r}) \tag{7.5}$$

an. Mit dem Lösungsansatz

$$\psi_{\boldsymbol{k}}(x, y, z) = \mathrm{e}^{i(k_y y + k_z z)}\,\varphi_{\boldsymbol{k}}(x) \tag{7.6}$$

erhält man aus (7.5) die Differentialgleichung

$$-\frac{\hbar^2}{2m^*}\frac{\partial^2\varphi_{\boldsymbol{k}}(x)}{\partial x^2} + \frac{\hbar^2}{2m^*}\left(k_y + \frac{|e|Bx}{\hbar}\right)^2\varphi_{\boldsymbol{k}}(x) + \frac{\hbar^2 k_z^2}{2m^*}\varphi_{\boldsymbol{k}}(x) = \varepsilon(\boldsymbol{k})\,\varphi_{\boldsymbol{k}}(x)\,, \tag{7.7}$$

der $\varphi_{\boldsymbol{k}}(x)$ genügen muß. Setzt man hierin

$$\varepsilon'(\boldsymbol{k}) = \varepsilon(\boldsymbol{k}) - \frac{\hbar^2 k_z^2}{2m^*} \tag{7.8}$$

und

$$\omega_c = \frac{|e|\, B}{m^*}, \tag{7.9}$$

so läßt sie sich schreiben:

$$-\frac{\hbar^2}{2m^*}\frac{\partial^2 \varphi_{\boldsymbol{k}}(x)}{\partial x^2} + \frac{1}{2} m^* \omega_c^2 \left(x + \frac{\hbar k_y}{\omega_c m^*}\right)^2 \varphi_{\boldsymbol{k}}(x) = \varepsilon'(\boldsymbol{k})\, \varphi_{\boldsymbol{k}}(x)\,. \tag{7.10}$$

Diese Gleichung ist der eines eindimensionalen linearen harmonischen Oszillators mit dem Potential

$$V(x) = \frac{1}{2} m^* \omega_c^2 (x - x_0)^2 \tag{7.11}$$

und der Mittelpunktskoordinate

$$x_0 = -\frac{\hbar k_y}{\omega_c m^*} = -\frac{\hbar k_y}{|e|\, B} \tag{7.12}$$

analog ($V(x)$ s. Abb. 7.1). Die zugehörigen Energieeigenwerte sind dementsprechend

$$\varepsilon_n'(\boldsymbol{k}) = (n + 1/2)\, \hbar\omega_c = \varepsilon_n'(B) \qquad (n = 0, 1, 2, \ldots)\,. \tag{7.13}$$

Für die Bewegung eines Elektrons in einem parallel zur z-Achse gerichteten Magnetfeld ergeben sich mit (7.8) die Energiewerte

$$\boxed{\varepsilon_n(\boldsymbol{k}) = \varepsilon_n(B, k_z) = \left(n + \frac{1}{2}\right)\hbar\omega_c + \frac{\hbar^2 k_z^2}{2m^*}} \tag{7.14}$$

$(n = 0, 1, 2, \ldots)$.

Die Energie der Elektronenzustände setzt sich also summarisch aus der quantisierten Energie der Zyklotronbewegung in der zum Magnetfeld senkrechten Ebene und der Translationsenergie der (freien) Bewegung in Feldrichtung zusammen.

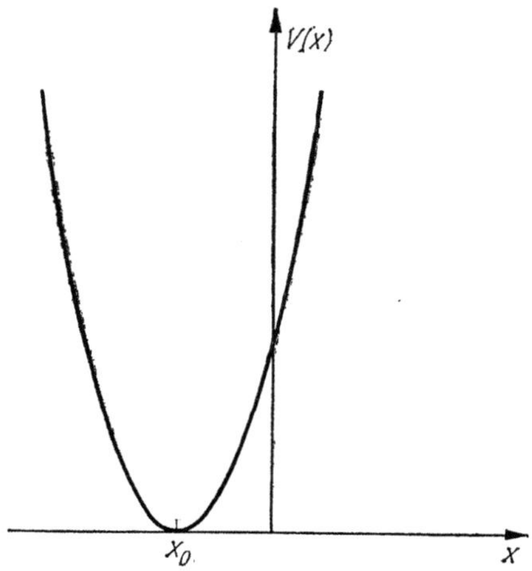

Abb. 7.1.
$V = V(x)$ gemäß (7.11)

Die hier durch das Magnetfeld hervorgerufene Quantisierung der Energieniveaus nennt man *Landau-Quantisierung*; die quantisierten Energieniveaus (7.14) selbst *Landau-Niveaus*.

Die für ein Gas quasifreier Elektronen angegebene Darstellung der Energieniveaus (7.14) läßt sich für Kristallelektronen (Bloch-Elektronen) verallgemeinern, wenn man den tensoriellen Charakter der effektiven Masse berücksichtigt. Das bedeutet, man muß im ersten Summanden die durch (7.9) gegebene Zyklotronfrequenz durch

$$\omega_c = \frac{|e|\, B}{m_c^*} \tag{7.15}$$

ersetzen, wobei m_c^* die effektive Zyklotronmasse ist. Im zweiten Summanden ist die entsprechende Tensorkomponente einzusetzen. Allgemein gilt also für die Landau-Niveaus:

$$\boxed{\varepsilon_n(B, k_z) = \left(n + \frac{1}{2}\right)\hbar\omega_c + \frac{\hbar^2 k_z^2}{2m_{zz}}} \tag{7.16}$$

$$(n = 0, 1, 2, \ldots)\,.$$

Für isotrope quadratische Dispersion (kugelförmige Isoenergieflächen) folgt hieraus unmittelbar (7.14).

Anhand verschiedener Darstellungsformen wollen wir die Landau-Niveaus charakterisieren und diskutieren.

Aus (7.16) kann man sofort ersehen, daß bei vorhandenem Magnetfeld die möglichen Energieniveaus nicht mehr (wie im feldfreien Fall) durch k_x, k_y, k_z bestimmt werden, sondern bei vorgegebenem Magnetfeld durch n und k_z. Das bedeutet einerseits, daß die k_x, k_y, k_z ihre Rolle als Quantenzahlen (gemäß Abschnitt 1.1.2.) verlieren, und andererseits, daß bei Anlegen eines Magnetfeldes sprunghaft eine Umverteilung der Elektronen von den ursprünglichen Niveaus auf die durch (7.16) gegebenen erfolgen muß. Dieser Sachverhalt wird durch Abbildung 7.2 am Beispiel isotroper quadratischer Dispersion erläutert. Abbildung 7.2a zeigt die Fermi-Kugel in der (k_x, k_y)-Ebene für den magnetfeldfreien Fall. Die von den Elektronen in dieser Ebene (doppelt) besetzbaren Niveaus sind durch k_x, k_y gemäß (1.9) bestimmt und liegen in jeder Richtung äquidistant verteilt. Die bei der Temperatur $T = 0$ K wirklich besetzten Zustände sind durch gefüllte Kreise angedeutet. Zur besseren Übersicht sind die Abstände zwischen den Niveaus übertrieben groß gezeichnet.

Bei eingeschaltetem Magnetfeld ergibt sich die in Abbildung 7.2b dargestellte Situation. Gemäß (7.16) liegen die (doppelt) besetzbaren Niveaus in der zum Magnetfeld senkrechten Ebene ($k_z = 0$) auf diskreten Kreisen, deren Radien sich aus

$$\left.\begin{aligned} &\varepsilon_n = \frac{\hbar^2 k_n^2}{2m^*} = \left(n + \frac{1}{2}\right)\hbar\omega_c \\ &(n = 0, 1, 2, \ldots) \end{aligned}\right\} \tag{7.17}$$

zu

$$\left.\begin{aligned} &k_n = \sqrt{(2n + 1)\frac{|e|\, B}{\hbar}} \\ &(n = 0, 1, 2, \ldots) \end{aligned}\right\} \tag{7.18}$$

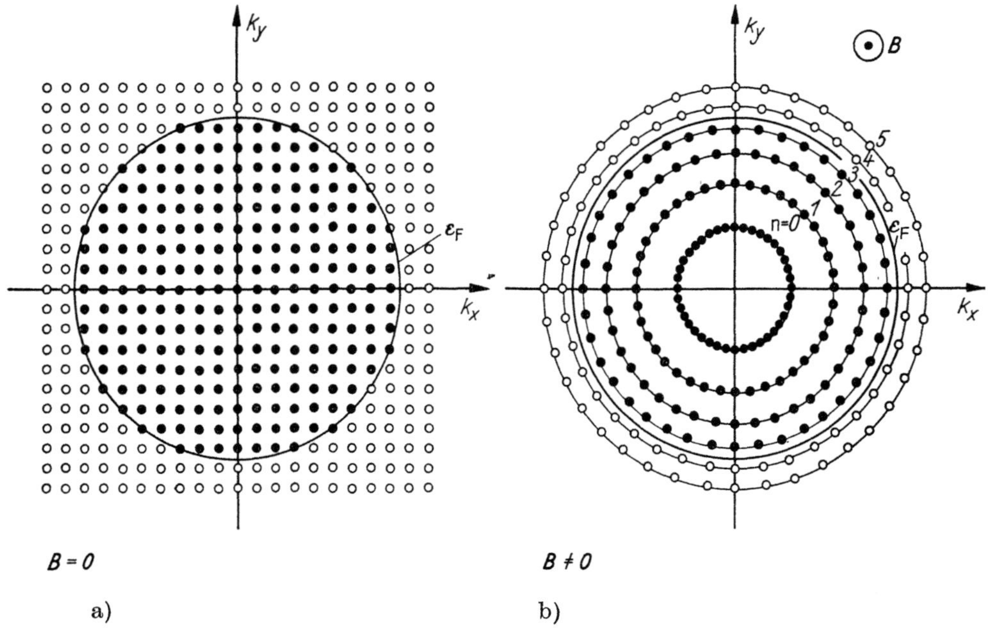

Abb. 7.2.
Doppelt besetzbare Zustände im magnetfeldfreien Fall und bei Anwesenheit eines Magnetfeldes (Darstellung in der zum Magnetfeld senkrechten Ebene $k_z = 0$; die eingezeichnete Fermi-Fläche entspricht isotroper quadratischer Dispersion)

berechnen, wenn man $m_c^* = m^*$ für isotrope quadratische Dispersion beachtet. Zwischen diesen Kreisen existieren keine besetzbaren Zustände mehr; also auch der Zustand $\boldsymbol{k} = \boldsymbol{0}$ ist nicht besetzbar.

Abbildung 7.2b zeigt eine Momentaufnahme, denn die Zustände sind auf den Kreisen nicht lokalisiert, sondern rotieren auf ihnen mit der Zyklotronfrequenz ω_c um die Magnetfeldrichtung. In diesem Sinne stellt jeder Kreis ein einziges Niveau dar, das entsprechend vielfach entartet ist.

Wie man aus (7.18) ersieht, vergrößern sich die Radien der Kreise mit zunehmendem n ($k_n \sim \sqrt{2n+1}$), aber auch mit steigendem Magnetfeld ($k_n \sim \sqrt{B}$). Gerade auf die zuletzt genannte wichtige Tatsache werden wir noch zurückkommen.

Halten wir fest: Die Elektronen, die im magnetfeldfreien Fall die Zustände besetzen, die gleichmäßig über die gesamte in Abbildung 7.2a gezeigte Kreisfläche verteilt sind, müssen sich bei eingeschaltetem Magnetfeld auf die in Abbildung 7.2b angegebenen Kreislinien (Zustandslinien) konzentrieren. Die bei $T = 0$ K besetzten Zustände sind jeweils durch gefüllte Kreise angedeutet.

Die Quantisierung der Energeniveaus erfolgt unabhängig davon, ob die Zustände besetzt oder leer sind. Folglich unterliegen alle Energiebänder, die gefüllten, die teilweise gefüllten und auch die leeren, der Landau-Quantisierung.

Bisher haben wir nur die zum Magnetfeld senkrechte Ebene ($k_z = 0$) betrachtet. Geht man zum dreidimensionalen $\boldsymbol{k}$-Raum über und stellt hier $\varepsilon_n(\boldsymbol{k})$ gemäß (7.16) dar, so liegen die möglichen Energieniveaus auf den Mantelflächen konzentrischer Kreiszylinder (*Landau-Zylinder*), deren Achsen mit der Magnetfeldrichtung zusammenfallen

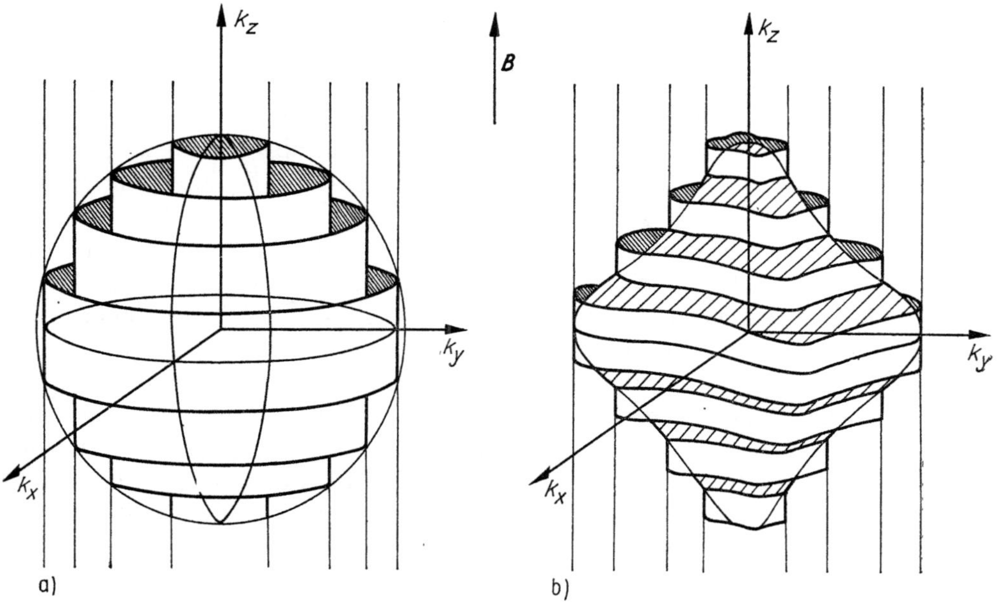

Abb. 7.3.
Anordnung der Landau-Niveaus im reziproken Raum
a) isotrope quadratische Dispersion (Landau-Zylinder)
b) spezielle nichtquadratische Dispersion

(s. Abb. 7.3a). Liegt keine isotrope quadratische Dispersion vor, so sind die möglichen Energieniveaus (7.16) auf Röhren parallel zur Magnetfeldrichtung angeordnet, deren Querschnittsfläche sich nach der Form der Isoenergieflächen richtet. Ein spezielles Beispiel dafür gibt Abbildung 7.3b.

Nachdem wir nun die Lage der Landau-Niveaus im reziproken Raum kennen, wollen wir ihren energetischen Abstand in der zum Magnetfeld senkrechten Richtung betrachten.

Aus (7.16) ersieht man, daß $\varepsilon = 0$ kein Landau-Niveau ist. Der energetische Abstand des ersten Landau-Niveaus ($n = 0$) zum Energienullpunkt beträgt

$$\varepsilon_0 = \frac{1}{2}\,\hbar\omega_c\,. \tag{7.19}$$

Die weiteren Niveaus

$$\left.\begin{array}{l}\varepsilon_n = (n + \frac{1}{2})\,\hbar\omega_c \\ (n = 1, 2, 3, \ldots)\end{array}\right\} \tag{7.20}$$

folgen dann in äquidistanten Abständen aufeinander.

Der energetische Abstand zwischen jeweils zwei Landau-Niveaus ergibt sich somit zu

$$\left.\begin{array}{l}\varepsilon_{n+1} - \varepsilon_n = \hbar\omega_c \\ (n = 0, 1, 2, \ldots)\,.\end{array}\right\} \tag{7.21}$$

Wir kehren zur Frage der Umverteilung der Elektronen beim Einschalten eines Magnetfeldes zurück. Bisher haben wir noch nicht geklärt, ob alle Elektronen, die im magnetfeldfreien Fall die quasikontinuierlich verteilten Zustände innerhalb der Fermi-Kugel besetzen, auch auf den Landau-Niveaus tatsächlich Platz finden. Anders ausgedrückt, es soll der Entartungsgrad der Landau-Niveaus abgeschätzt werden. Dazu betrachten wir die Elektronenzustände innerhalb eines Metallquaders der Kantenlänge l_x, l_x, l_z.

k_z ist nach wie vor gemäß (1.9) quantisiert, so daß hier wegen $k_z = (2\pi/l_z)\, n_z$ $(n_z = 0, \pm 1, \pm 2, \ldots)$ der Abstand benachbarter Niveaus $2\pi/l_z$ beträgt. Da die Wellenfunktion (7.6) des vorliegenden Problems die Form $\psi_{\boldsymbol{k}} \sim e^{i(k_y y + k_z z)}$ hat, könnte man annehmen, daß für k_y die gleiche Quantisierung wie für k_z gilt. Das trifft jedoch nicht zu. Gleichgültig, ob mit oder ohne Magnetfeld, müssen sich die Elektronen innerhalb des vorgegebenen Quaders bewegen, so daß die möglichen Werte für k_y von der Lage des Potentialminimums $|x_0|$ (s. (7.12)) abhängig und, wie wir gleich sehen werden, gegenüber (1.9) anzahlmäßig eingeschränkt sind. Zur Erläuterung zeigt Abbildung 7.4 die Bahn eines Elektrons in der (x,y)-Ebene innerhalb des gegebenen Quaders. Damit $|x_0|$ überhaupt innerhalb des Quaders liegt und eine Bewegung um $|x_0|$ möglich ist, muß die Ungleichung

$$0 < |x_0| < l_x \tag{7.22}$$

erfüllt sein. Setzt man hier (7.12) ein, so wird diese Bedingung zu einer Beschränkung für k_y, denn man erhält

$$0 < k_y < \frac{|e|\, B}{\hbar}\, l_x \,. \tag{7.23}$$

Unter Berücksichtigung von (1.9) kann k_y nur

$$n' = \frac{l_y}{2\pi}\, \frac{|e|\, B}{\hbar}\, l_x = \frac{l_y l_x}{2\pi \lambda_B^2} \tag{7.24}$$

verschiedene Werte annehmen. $\lambda_B = \sqrt{\frac{\hbar}{|e|\, B}}$ nennt man *magnetische Länge.*

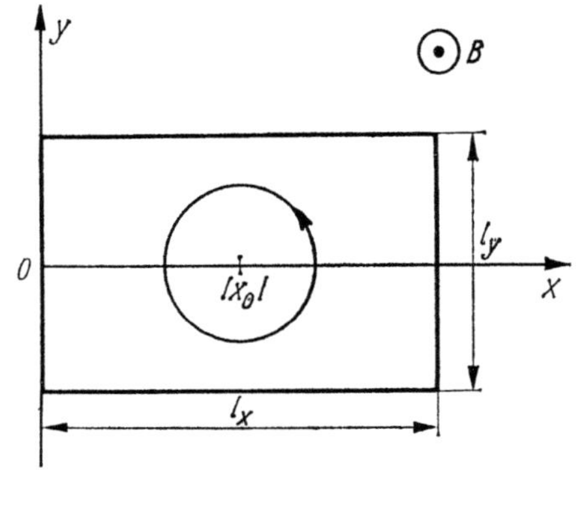

Abb. 7.4.
Zur Abschätzung des Entartungsgrades der Landau-Niveaus

Man kann (7.24) auch so interpretieren, daß k_y zu jedem vorgegebenen n und k_z die angegebenen n'-Werte annehmen kann. Hieraus folgt der wichtige Satz:

> Jedes Landau-Niveau (7.16) ist bei fest vorgegebenem k_z n'-fach entartet. Gemäß (7.24) nimmt die Entartung mit steigendem Magnetfeld proportional B zu.

Damit wissen wir jetzt, daß auf jedem Landau-Niveau n' (doppelt) besetzbare Zustände existieren. Wir brauchen nun nur noch die Zahl n'' der Zustände zu berechnen, die für die Unterbringung der Elektronen in den einzelnen Landau-Niveaus erforderlich ist.

Beim Einschalten des Magnetfeldes gehen die Elektronen stets auf das ihnen energetisch nächstgelegene Landau-Niveau über. Der energetische Abstand jeweils zweier aufeinanderfolgender Landau-Niveaus ist bekanntlich nach (7.21) äquidistant; und zwar $\hbar\omega_c$. Somit muß jedes dieser Niveaus gerade die Elektronen aufnehmen, die im feldfreien Fall die Zustände innerhalb des Energieintervalls $\hbar\omega_c$ besetzen. Auf die (k_x,k_y)-Ebene übertragen, bedeutet das, man muß die Anzahl der Zustände ermitteln, die im feldfreien Fall zwischen zwei aufeinanderfolgenden Landau-Niveaus besetzbar sind. Dazu berechnet man zunächst die Fläche zwischen dem n-ten und $(n+1)$-ten Landau-Niveau. Sie ergibt sich mit (7.18) zu

$$A_{n+1} - A_n = \pi(k_{n+1}^2 - k_n^2) = \frac{2\pi\,|e|\,B}{\hbar}. \tag{7.25}$$

Unter Berücksichtigung von (1.9) sind im feldfreien Fall in dieser Fläche

$$n'' = \frac{l_x}{2\pi}\frac{l_y}{2\pi}(A_{n+1} - A_n) \tag{7.26}$$

(doppelt) besetzbare Zustände vorhanden. Dementsprechend muß jedes Landau-Niveau mit (7.25) die Elektronen von

$$n'' = \frac{l_x l_y}{2\pi}\frac{|e|\,B}{\hbar} \tag{7.27}$$

Zuständen aufnehmen. Ein Vergleich mit (7.24) zeigt, daß

$$n'' = n' \tag{7.28}$$

ist. Der Entartungsgrad der Landau-Niveaus ist also gerade so hoch, daß genau alle Elektronen beim Einschalten des Magnetfeldes auf ihnen Platz finden.

Wir diskutieren jetzt die Landau-Niveaus im Rahmen der Energiebanddarstellung. Dazu gibt Abbildung 7.5 eine graphische Veranschaulichung der $\varepsilon(\boldsymbol{k})$-Darstellung für $\boldsymbol{B} = \boldsymbol{0}$ und der Landau-Niveaus für $\boldsymbol{B} \neq \boldsymbol{0}$ gemäß (7.16); und zwar jeweils $\varepsilon(k_z)$. Man erkennt, daß das eine sich für $\boldsymbol{B} = \boldsymbol{0}$ ergebende parabolische Energieband bei vorhandenem Magnetfeld in eine Serie unendlich vieler Unterbänder aufspaltet. Jede einzelne Parabel stellt ein Landau-Niveau dar. Dementsprechend ist der energetische Abstand zweier Parabeln vom Magnetfeld abhängig. Solange m_{zz} nicht explizit von $\boldsymbol{k}$ abhängt (also bei quadratischer Dispersion), ist er an jeder beliebigen Stelle k_z stets $\hbar\omega_c$. Liegt keine quadratische Dispersion vor, so ändert sich der Parallelabstand mit k_z.

In der Abbildung deuten die dick gezeichneten Linien besetzte, die dünnen unbesetzte Zustände an.

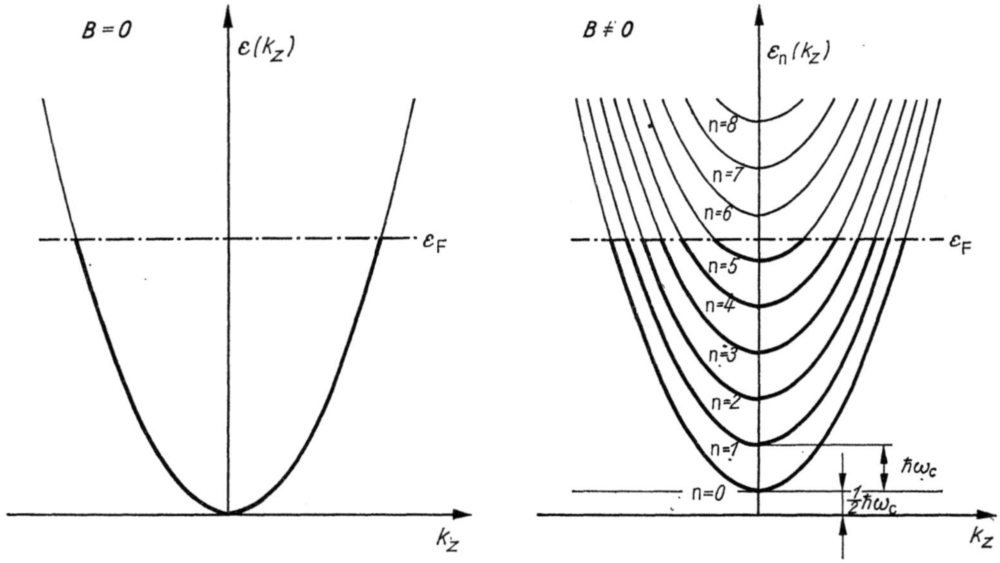

Abb. 7.5.
$\varepsilon = \varepsilon(k_z)$ im magnetfeldfreien Fall und bei Anwesenheit eines Magnetfeldes (Landau-Niveaus) gemäß (7.16) (Die dicken Linien deuten besetzte, die dünnen unbesetzte Zustände an)

Mit steigendem Magnetfeld werden die Landau-Niveaus energetisch angehoben, wie aus (7.16) folgt und wie man sich anhand der Abbildung 7.5 leicht vorstellen kann. Immer wenn ein Landau-Niveau (eine Parabel) über die Fermi-Energie „hinauswandert", werden die Elektronen, die dieses Niveau besetzt hatten, auf das nächstniedere umverteilt. Da einerseits mit zunehmendem Magnetfeld die Zahl der Landau-Niveaus, die energetisch unterhalb der Fermi-Energie liegen, immer geringer wird, andererseits aber die Anzahl der besetzbaren Zustände unabhängig vom Magnetfeld konstant bleibt, steigt die Zustandsdichte auf den verbleibenden Niveaus entsprechend an. Bereits weiter oben hatten wir gesehen, daß sich der Entartungsgrad der Landau-Niveaus mit zunehmendem Magnetfeld erhöht.

Betrachten wir den Einfluß des Magnetfeldes noch einmal speziell am Beispiel der Fermi-Kugel (Abb. 7.3a): Mit steigendem Magnetfeld vergrößern sich die Radien der Fermi-Zylinder gemäß (7.18), und die Höhen der in der Fermi-Kugel befindlichen Teile der Zylinder nehmen ab. Wird der Radius eines Zylinders gleich dem Kugelradius, so entartet der zur Fermi-Kugel gehörende Teil dieses Zylinders in eine Kreislinie. Bei weiterer Steigerung des Magnetfeldes „wandert" dieser Landau-Zylinder aus der Fermi-Kugel hinaus.

Abbildung 7.6 zeigt einige Landau-Niveaus als Funktionen von B für einen fest vorgegebenen k_z-Wert. Jede der sich ergebenden Geraden repräsentiert ein solches Niveau. Die dicken Linien deuten wieder besetzte, die dünnen unbesetzte Zustände an. Der gemeinsame Schnittpunkt der Geraden mit der ε-Achse liegt gemäß (7.16) bei $\varepsilon = \dfrac{\hbar^2 k_z^2}{2m_{zz}}$. Man erkennt auch hier deutlich die energetische Anhebung der Landau-Niveaus mit steigendem Magnetfeld. Von einem bestimmten Magnetfeld an ist das

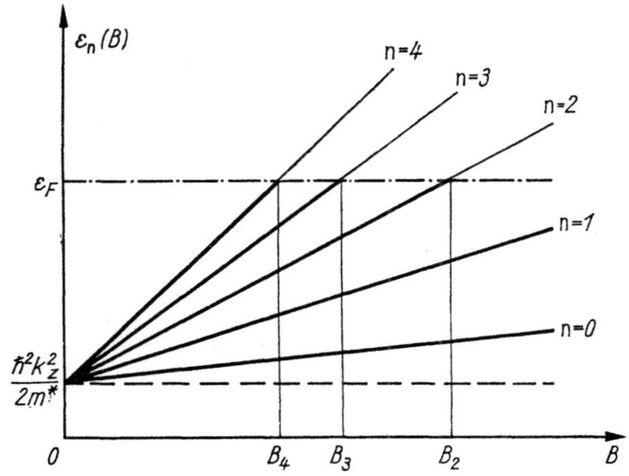

Abb. 7.6.
Darstellung der Landau-Niveaus in Abhängigkeit vom Magnetfeld für einen fest vorgegebenen k_z-Wert
(Die dicken Linien deuten besetzte, die dünnen unbesetzte Zustände an)

entsprechende Landau-Niveau unbesetzt; in der Abbildung 7.6 beispielsweise das Niveau ε_4 für $B > B_4$, das Niveau ε_3 für $B > B_3$ usw. Je stärker das Magnetfeld wird, um so weniger Landau-Niveaus liegen energetisch unter der Fermi-Energie ε_F.

Ganz allgemein kann man feststellen: Für ein festgehaltenes k_z hängt die Anzahl der im Fermi-Körper enthaltenen Landau-Niveaus von der Größe der Fermi-Energie und der Stärke des Magnetfeldes ab.

Zur Illustration wollen wir für normale und für Halbmetalle die Anzahl n' der innerhalb des Fermi-Körpers gelegenen Landau-Niveaus (für einen festen Wert von k_z) abschätzen. Für $k_z = 0$ ergibt sich wegen

$$(n' + \tfrac{1}{2})\,\hbar\omega_c = \varepsilon_F \tag{7.29}$$

die gesuchte Anzahl n' zu

$$n' \approx \frac{\varepsilon_F}{\hbar\omega_c} = \frac{\varepsilon_F m_c^*}{\hbar\,|e|\,B}\,. \tag{7.30}$$

1. Normale Metalle

Gemäß Abschnitt 1.1. beträgt die Fermi-Energie bei normalen Metallen einige eV. Setzen wir daher für die Abschätzung an:

$$\varepsilon_F = 5\ \text{eV} \approx 8 \cdot 10^{-19}\ \text{J}\,,$$
$$m_c^* \approx m_0 = 9{,}1 \cdot 10^{-31}\ \text{kg}\,.$$

Mit $|e| = 1{,}6 \cdot 10^{-19}$ C und $\hbar = 1{,}05 \cdot 10^{-34}$ Js ergibt sich nach (7.30) bei einer magnetischen Induktion $B = 0{,}1$ T ($= 1$ kG)

$$n'|_{0,1T} \approx 430\,000 \tag{7.31}$$

und bei einer magnetischen Induktion $B = 10$ T ($= 100$ kG)

$$n'|_{10T} \approx 4300\,. \tag{7.32}$$

Bei normalen Metallen sind also selbst bei starken Magnetfeldern noch immer sehr viele Landau-Niveaus im Fermi-Körper enthalten.

2. Halbmetalle

Wegen ihrer gegenüber normalen Metallen geringen Elektronenkonzentration ist ihre Fermi-Energie ebenfalls erheblich niedriger als die der normalen Metalle. Für Wismut können wir beispielsweise voraussetzen:

$$\varepsilon_F \approx 30 \text{ meV} \approx 4{,}8 \cdot 10^{-21} \text{ J} ,$$

$$m_c^* \approx 0{,}1 m_0 = 0{,}91 \cdot 10^{-31} \text{ kg} .$$

Dementsprechend erhält man nach (7.30) für $B = 0{,}1$ T ($= 1$ kG)

$$n'|_{0,1\text{T}} \approx 259 \tag{7.33}$$

und für $B = 10$ T ($= 100$ kG)

$$n'|_{10\text{T}} \approx 2 . \tag{7.34}$$

Für $B = 10$ T sind also nur noch 2 Landau-Niveaus innerhalb des Fermi-Körpers.

Man kann hieraus mühelos abschätzen, daß für Festkörper mit einer Fermi-Energie $\varepsilon_F \lessapprox 10$ meV und $m_c^* \lessapprox 0{,}1 m_0$ bereits bei Magnetfeldern von wenigen T nur noch ein einziges Landau-Niveau im Fermi-Körper vorhanden ist, so daß alle Elektronen dieses eine Niveau besetzen. Solche Festkörper gibt es tatsächlich. Als Beispiel seien die halbmetallischen Wismut-Antimon-Legierungen genannt.

Wir wenden uns noch einem weiteren Aspekt der Quantisierung der Energieniveaus im Magnetfeld zu. Bisher haben wir (sowohl im vorliegenden als auch in allen vorangegangenen Kapiteln) vorausgesetzt, daß alle Energiezustände zweifach entartet sind, also durch zwei Elektronen unterschiedlichen Spins ($m_s = +1/2$; $m_s = -1/2$) besetzt werden können. Das ist im magnetfeldfreien Fall auch völlig richtig. Tritt jedoch ein Magnetfeld auf, so hebt es diese Entartung der Energieniveaus auf. Die *Aufspaltungsenergie* beträgt

$$\Delta\varepsilon_s = g\,|\mu_B|\,B . \tag{7.35}$$

Hierbei sind g der sogenannte *Lande'-Faktor* (*Aufspaltungsfaktor*), der für freie Elektronen gleich 2 ist, für Kristallelektronen aber erheblich von 2 abweichen kann, und

$$|\mu_B| = \frac{\hbar\,|e|}{2m_0} = 0{,}927 \cdot 10^{-23}\,\text{JT}^{-1} = 0{,}927 \cdot 10^{-20}\,\text{ergG}^{-1} \tag{7.36}$$

das *Bohrsche Magneton.*

Da jedes einzelne Landau-Niveau dieser sogenannten *Spinaufspaltung* unterliegt, erhält man ausgehend von (7.16) als erlaubte Energieniveaus

$$\left.\begin{array}{l} \boxed{\varepsilon_n(B, k_z) = \left(n + \frac{1}{2}\right)\hbar\omega_c + \frac{\hbar^2 k_z^2}{2m_{zz}} + m_s g \mu_B B} \\ (n = 0, 1, 2, \ldots ;\ m_s = \pm 1/2) . \end{array}\right\} \tag{7.37}$$

Wir diskutieren hierzu drei Spezialfälle:

1. Freie Ladungsträger

Mit $m^* = m_0$, $m_c^* = m_0$, $\omega_c = \frac{|e|\ B}{m_0}$ und $g = 2$ ergibt sich der energetische Abstand der Landau-Niveaus zu $\hbar\omega_c = \frac{\hbar\ |e|\ B}{m_0}$, so daß also

$$\Delta\varepsilon_s = \hbar\omega_c \tag{7.38}$$

ist und (7.37) die Form

$$\left.\begin{aligned} &\varepsilon_n(B, k_z) = \left(n + \frac{1}{2} + m_s\right)\hbar\omega_c + \frac{\hbar^2 k_z^2}{2m_0} \\ &(n = 0, 1, 2, \dots;\ m_s = \pm 1/2) \end{aligned}\right\} \tag{7.39}$$

annimmt.

Die Energieniveaus (7.39) sind für $k_z = 0$ im rechten Teil der Abbildung 7.7a schematisch dargestellt. Links davon sind die Landau-Niveaus ohne Berücksichtigung der Spinaufspaltung eingetragen. Man erkennt, daß die Anzahl der Energieniveaus in beiden Fällen dieselbe ist. Die durch Spinaufspaltung hervorgerufenen Niveaus sind hier auch zweifach entartet; die beiden jeweils miteinander entarteten Niveaus gehören jedoch nicht nur zu verschiedenen Spinquantenzahlen, sondern auch zu unterschiedlichem n. Bemerkenswert ist noch, daß das niedrigste Spinniveau ($n = 0$, $m_s = -1/2$) bei $\varepsilon = 0$ liegt.

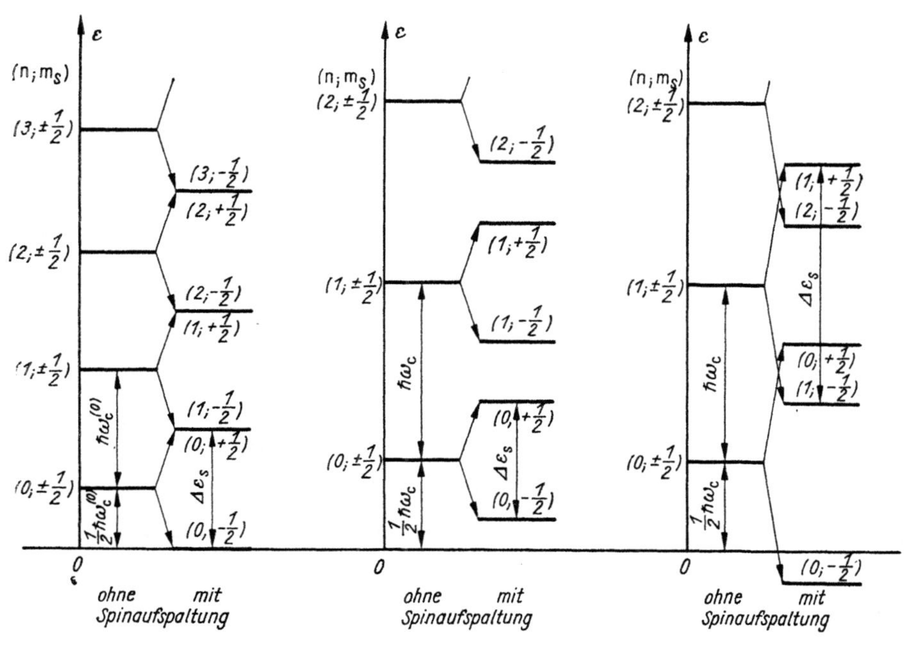

Abb. 7.7.
Schematische Darstellung der Energieniveaus mit und ohne Berücksichtigung der Spinaufspaltung
a) $\hbar\omega_c = \Delta\varepsilon_s$ (freie Elektronen) b) $\hbar\omega_c > \Delta\varepsilon_s$ c) $\hbar\omega_c < \Delta\varepsilon_s$

2. $\hbar\omega_c > \Delta\varepsilon_s$

Ist der energetische Abstand der Landau-Niveaus größer als die Aufspaltungsenergie, so ergibt sich das in Abbildung 7.7b skizzierte Niveauschema. Die Entartung der Niveaus ist vollständig aufgehoben.

3. $\hbar\omega_c < \Delta\varepsilon_s$

Diese Situation veranschaulicht Abbildung 7.7c schematisch. Die Niveaus überlappen einander, die Entartung ist auch hier vollständig aufgehoben.

So wie die Elektronen von einem Band in ein anderes angeregt werden können, so können sie auch von einem Energieniveau (7.37) in ein anderes übergehen. Man muß hierbei jedoch zwei Arten von Übergängen unterscheiden. Die erste Art sind Übergänge zwischen den reinen Landau-Niveaus, für die die Auswahlregel $\Delta n = \pm 1$ erfüllt sein muß. Sie vollziehen sich stets unter der Nebenbedingung $\Delta m_s = 0$, d. h. unter Spinerhaltung. Derartigen Übergängen entspricht die *Zyklotronresonanz*, die wir im Kapitel 9 ausführlich behandeln.

Die zweite Art der hier möglichen Übergänge der Elektronen sind die zwischen zwei Spinniveaus ein und desselben Landau-Niveaus (also $\Delta n = 0$). Hierbei gilt dann $\Delta m_s = \pm 1$. Diesen Übergängen entspricht ebenfalls ein Resonanzeffekt, die sogenannte *Elektronen-Spin-Resonanz* (*ESR*) [1]. Leider können wir im Rahmen dieses Buches hierauf nicht genauer eingehen. Zur Erläuterung zeigt die Abbildung 7.8 die Spinaufspaltung der Landau-Niveaus für $\hbar\omega_c > \Delta\varepsilon_s$ (Abb. 7.8a) und $\hbar\omega_c < \Delta\varepsilon_s$ (Abb. 7.8b). Dargestellt ist jeweils ε_n gemäß (7.37) als Funktion von B für $k_z = 0$. Die ohne Berücnsichtigung der Spinaufspaltung auftretenden Landau-Niveaus sind dünn eingezeichnet.

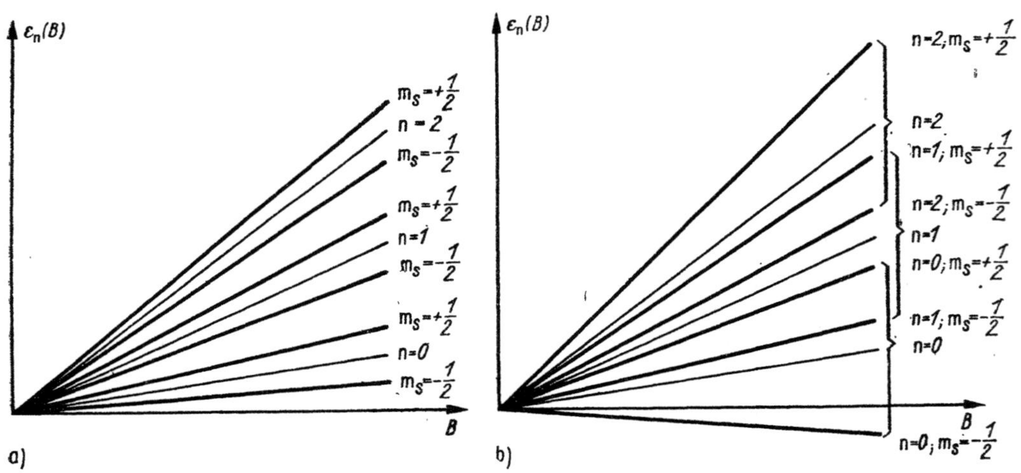

Abb. 7.8.
$\varepsilon_n(B)$ gemäß (7.37) für $k_z = 0$
a) $\hbar\omega_c > \Delta\varepsilon_s$ b) $\hbar\omega_c < \Delta\varepsilon_s$

[1]) In der angelsächsischen Literatur wird sie EPR genannt (von Electron Paramagnetic Resonance).

Zum Abschluß wollen wir entsprechend den Ausführungen in diesem Abschnitt die in Kapitel 5 aufgeworfene Frage nach den Grenzen der Anwendbarkeit der quasiklassischen Beschreibung präziser beantworten:

Solange sich sehr viele Landau-Niveaus im Fermi-Körper befinden (solange also n sehr groß ist), kann das entsprechende Elektronensystem gemäß dem Korrespondenzprinzip quasiklassisch betrachtet und behandelt werden. Dieser Sachverhalt läßt sich quantitativ durch die Bedingung

$$\varepsilon_{\mathrm{F}} \gg \hbar\omega_{\mathrm{c}} \tag{7.40}$$

ausdrücken. Die Fermi-Energie muß also groß gegenüber dem gegenseitigen energetischen Abstand der Landau-Niveaus sein. Außerdem muß (wie in Kapitel 5 bereits bemerkt) die thermische Energie $k_{\mathrm{B}}T$ groß gegenüber der Quantenenergie $\hbar\omega_{\mathrm{c}}$ sein:

$$k_{\mathrm{B}}T \gg \hbar\omega_{\mathrm{c}}\,. \tag{7.41}$$

Da der Fermi-Körper bei der Temperatur T gerade in einem Bereich der Größenordnung $k_{\mathrm{B}}T$ thermisch „aufgeweicht" ist (vgl. Abschnitt 1.1.), bedeutet Bedingung (7.41), daß sich selbst innerhalb dieses Bereiches noch mehrere Landau-Niveaus befinden.

Ganz grob kann man hieraus schließen, daß bei schwachen Magnetfeldern $\left(\omega_{\mathrm{c}}\tau \ll 1;\right.$ s. $\left.(6.133)\right)$ und hinreichend hohen Temperaturen das Elektronensystem im Metall quasiklassisch beschrieben werden kann. Man muß jedoch in jedem einzelnen Fall überprüfen, ob die Bedingungen (7.40) und (7.41) erfüllt sind. Es läßt sich kein für alle Metalle gleichermaßen verbindlicher Magnetfeldwert angeben, der bei einer bestimmten Temperatur T nicht zu überschreiten ist, denn die Bedingung $\omega_{\mathrm{c}}\tau = \dfrac{|e|\,B}{m_{\mathrm{c}}^*}\,\tau \ll 1$ legt den Wert für B nicht eindeutig fest. ($\omega_{\mathrm{c}}\tau$ hängt nicht nur von B, sondern auch noch von der effektiven Zyklotronmasse m_{c}^* der Elektronen und von der Relaxationszeit τ ab.)

Unserem auf S. 271 betrachteten Beispiel entnimmt man, daß bei normalen Metallen die Bedingung (7.40) selbst bei relativ starken Magnetfeldern noch immer sehr gut erfüllt ist ($B = 10$ T; $\varepsilon_{\mathrm{F}} \approx 4300\ \hbar\omega_{\mathrm{c}}$). Allerdings gilt bei genügend tiefen Temperaturen $k_{\mathrm{B}}T \lesssim \hbar\omega_{\mathrm{c}}$; (7.41) ist somit nicht mehr erfüllt. Ergebnis dieser Betrachtung ist:

> Bei hinreichend tiefen Temperaturen und starken Magnetfeldern muß die Bewegung der Elektronen im Metall unbedingt quantenmechanisch behandelt werden.

7.1.2. Landau-Quantisierung in Halbleitern

Wird ein Halbleiter einem Magnetfeld ausgesetzt, so unterliegen seine Energiebänder genau wie die eines Metalls der Landau-Quantisierung. Aufgrund der Besonderheiten, die ein Halbleiter gegenüber einem Metall aufweist, erwarten wir jedoch dennoch einige gerade für ihn charakteristische Merkmale infolge dieser Quantisierung.

Wir legen den folgenden Betrachtungen das in Abschnitt 1.3. skizzierte Standardmodell für den Halbleiter zugrunde (s. Abb. 1.10). Es existieren demnach zwei parabolische Bänder (ein Leitungs- und ein Valenzband), die im magnetfeldfreien Fall die Form

$$\left.\begin{aligned} \varepsilon^{\mathrm{LB}}(\boldsymbol{k}) &= \varepsilon_{\mathrm{L}} + \frac{\hbar^2}{2}\left(\frac{k_x^2}{m_{xx}^{(\mathrm{n})}} + \frac{k_y^2}{m_{yy}^{(\mathrm{n})}} + \frac{k_z^2}{m_{zz}^{(\mathrm{n})}}\right), \\ \varepsilon^{\mathrm{VB}}(\boldsymbol{k}) &= \varepsilon_{\mathrm{V}} - \frac{\hbar^2}{2}\left(\frac{k_x^2}{m_{xx}^{(\mathrm{p})}} + \frac{k_y^2}{m_{yy}^{(\mathrm{p})}} + \frac{k_z^2}{m_{zz}^{(\mathrm{p})}}\right) \end{aligned}\right\} \tag{7.42}$$

besitzen, wobei ε_{L} und ε_{V} die Energien der Leitungs- und Valenzbandkante sind. Für beide Ladungsträgerarten liegt also quadratische Dispersion vor. Auch in diesem Abschnitt fassen wir die Elektronen als Quasiteilchen mit der Ladung $-|e|$ und positiver effektiver Masse und die Löcher als Quasiteilchen mit der Ladung $+|e|$ und ebenfalls positiver effektiver Masse auf. Die entsprechenden Tensorkomponenten der reziproken effektiven Massen sind $\left(m_{ii}^{(\mathrm{n})}\right)^{-1}$ beziehungsweise $\left(m_{ii}^{(\mathrm{p})}\right)^{-1}$ mit $i = x, y, z$.

Schaltet man ein Magnetfeld hinzu, das wieder ohne Beschränkung der Allgemeinheit der z-Achse parallel gerichtet sein soll ($\boldsymbol{B} = (0, 0, B)$), so ändert sich das Energiespektrum grundsätzlich. Jedes Band unterliegt für sich der Landau-Quantisierung. Man erhält durch analoge Überlegungen, wie wir sie am Anfang des vorangegangenen Abschnittes angestellt haben, die Landau-Niveaus

$$\left.\begin{aligned} &\varepsilon_n^{\mathrm{LB}}(B, k_z) = \varepsilon_{\mathrm{L}} + \left(n + \frac{1}{2}\right)\hbar\omega_{\mathrm{c}}^{(\mathrm{n})} + \frac{\hbar^2 k_z^2}{2\left(m_{zz}^{(\mathrm{n})}\right)^2} \\ &(n = 0, 1, 2, \ldots) \\ &\text{für die Elektronen und} \\ &\varepsilon_n^{\mathrm{VB}}(B, k_z) = \varepsilon_{\mathrm{V}} - \left(n + \frac{1}{2}\right)\hbar\omega_{\mathrm{c}}^{(\mathrm{p})} - \frac{\hbar^2 k_z^2}{2\left(m_{zz}^{(\mathrm{p})}\right)^2} \\ &(n = 0, 1, 2, \ldots) \end{aligned}\right\} \tag{7.43}$$

für die Löcher. Hierbei sind n die Bahnquantenzahl,

$$\omega_{\mathrm{c}}^{(\mathrm{n})} = \frac{|e|\, B}{m_{\mathrm{c}}^{*(\mathrm{n})}}; \quad \omega_{\mathrm{c}}^{(\mathrm{p})} = \frac{|e|\, B}{m_{\mathrm{c}}^{*(\mathrm{p})}} \tag{7.44}$$

die Zyklotronfrequenzen und $m_{\mathrm{c}}^{*(\mathrm{n})}$, $m_{\mathrm{c}}^{*(\mathrm{p})}$ die effektiven Zyklotronmassen der Elektronen und der Löcher.

Abbildung 7.9 zeigt $\varepsilon = \varepsilon(k_z)$ für den magnetfeldfreien Fall nach (7.42) und bei vorhandenem Magnetfeld gemäß (7.43). Es ist deutlich zu erkennen, daß das Magnetfeld eine Aufspaltung der Bänder in jeweils eine Serie von Unterbändern und damit verbunden eine Verbreiterung der verbotenen Zone ε_{g} bewirkt. Im magnetfeldfreien Fall ergibt sich die Breite der verbotenen Zone zu

$$\varepsilon_{\mathrm{g}}(0) = \varepsilon_{\mathrm{L}} - \varepsilon_{\mathrm{V}}\,, \tag{7.45}$$

wie man sofort der Abbildung 7.9 entnimmt beziehungsweise wie aus (7.42) für $\boldsymbol{k} = \boldsymbol{0}$ folgt. Bei eingeschaltetem Magnetfeld liefern Abbildung 7.9 beziehungsweise (7.43) für $k_z = 0$ und $n = 0$:

$$\begin{aligned} \varepsilon_{\mathrm{g}}(B) &= \left(\varepsilon_{\mathrm{L}} + \tfrac{1}{2}\,\hbar\omega_{\mathrm{c}}^{(\mathrm{n})}\right) - \left(\varepsilon_{\mathrm{V}} - \tfrac{1}{2}\,\hbar\omega_{\mathrm{c}}^{(\mathrm{p})}\right) \\ &= \varepsilon_{\mathrm{g}}(0) + \tfrac{1}{2}\,\hbar\left(\omega_{\mathrm{c}}^{(\mathrm{n})} + \omega_{\mathrm{c}}^{(\mathrm{p})}\right). \end{aligned} \tag{7.46}$$

Mit (7.44) erhält man

$$\varepsilon_{\mathrm{g}}(B) = \varepsilon_{\mathrm{g}}(0) + \frac{1}{2}\hbar\,|e|\,B\,\frac{m_{\mathrm{c}}^{*(\mathrm{n})} + m_{\mathrm{c}}^{*(\mathrm{p})}}{m_{\mathrm{c}}^{*(\mathrm{n})} m_{\mathrm{c}}^{*(\mathrm{p})}}. \tag{7.47}$$

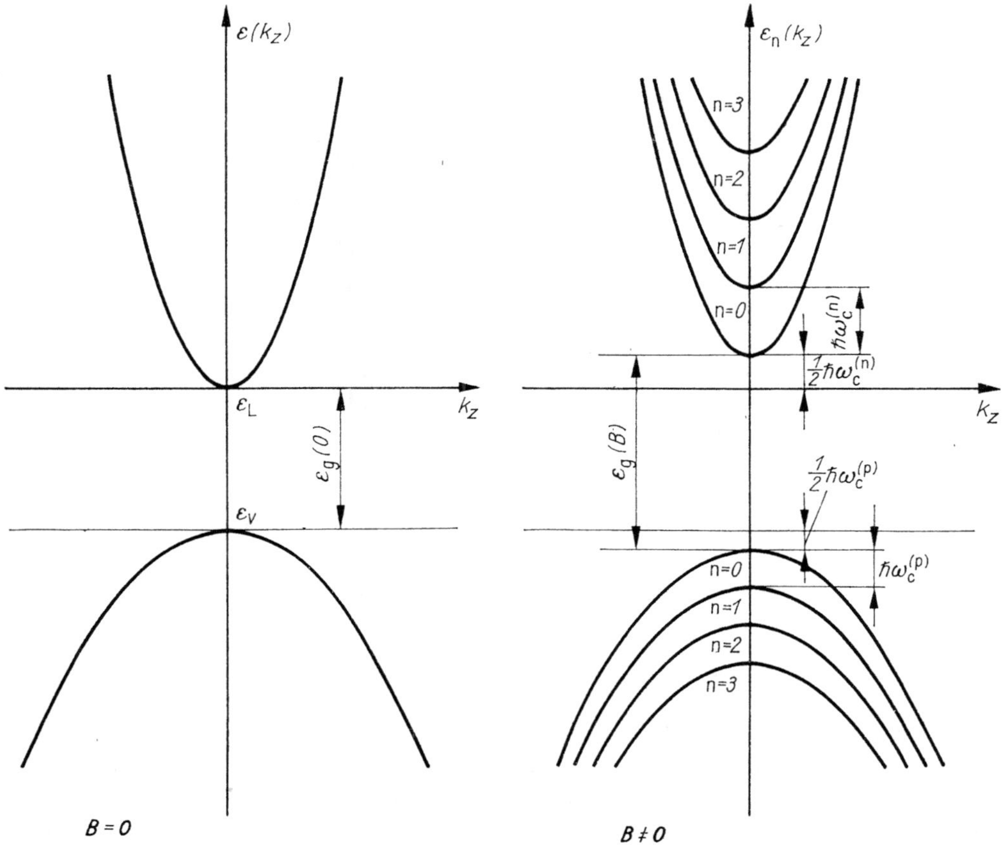

Abb. 7.9.
$\varepsilon = \varepsilon(k_z)$
a) im magnetfeldfreien Fall
b) bei Anwesenheit eines Magnetfeldes

Die verbotene Zone verbreitert sich also proportional zu B. Ihre Verbreiterung tritt deshalb auf, weil das erste Landau-Niveau ($n = 0$) im Leitungsband gegenüber dem feldfreien Fall um $\frac{1}{2}\hbar\omega_c^{(n)}$ energetisch angehoben und das erste Landau-Niveau ($n = 0$) im Valenzband um $\frac{1}{2}\hbar\omega_c^{(p)}$ abgesenkt ist. Die weiteren Niveaus folgen im Leitungsband in äquidistantem Abstand $\hbar\omega_c^{(n)}$ und die Niveaus im Valenzband im Abstand $\hbar\omega_c^{(p)}$ aufeinander. Dabei werden $\hbar\omega_c^{(n)}$ und $\hbar\omega_c^{(p)}$ durchaus verschieden voneinander sein, da im allgemeinen $m_c^{*(n)} \neq m_c^{*(p)}$ gilt. Wegen der vorausgesetzten quadratischen Dispersion ist jedoch der jeweilige energetische Abstand zweier Landau-Niveaus in den Bändern unabhängig von k_z (vgl. Kapitel 5; ω_c ist in diesem Fall unabhängig von $k_{\boldsymbol{B}} = k_z$).

Wir wollen uns jetzt den Übergängen der Ladungsträger zwischen den Landau-Niveaus zuwenden. Generell hängt die Übergangswahrscheinlichkeit von der Besetzung des Anfangs- und des Endzustandes sowie von der Zustandsdichte in den Niveaus ab.

Wie bei den Metallen können Übergänge der Ladungsträger von einem Landau-Niveau zu einem anderen innerhalb eines Bandes stattfinden (Intrabandübergänge),

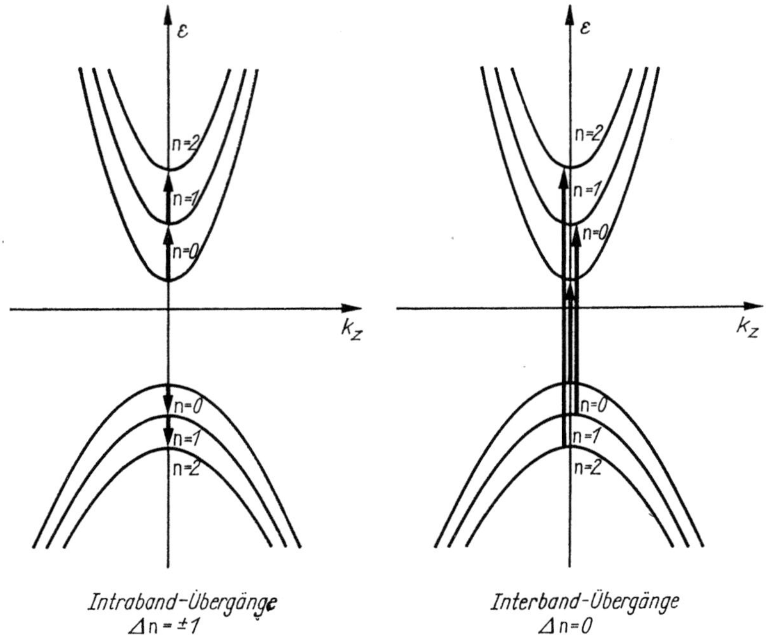

Abb. 7.10.
Intra- und Interband-Landau-Übergänge

die der Auswahlregel $\Delta n = \pm 1$ genügen. Solche Übergänge führen auch hier zur *Zyklotronresonanz* (diamagnetische Resonanz). Da wir diese in Kapitel 9 ausführlich betrachten, wollen wir hier nicht weiter darauf eingehen.

Bei Halbleitern sind aber auch Übergänge zwischen den Landau-Niveaus verschiedener Bänder möglich (Interbandübergänge). Sie unterliegen der Auswahlregel $\Delta n = 0$. Auf diesen Band-Band-Landau-Übergängen beruhen die *magnetooptischen Effekte*. So wie man im allgemeinen mit der diamagnetischen Resonanz im Mikrowellengebiet die Landau-Übergänge innerhalb eines Bandes untersuchen kann, beobachtet man die Band-Band-Übergänge mit Hilfe optischer Methoden.

In Abbildung 7.10 sind einige mögliche Intra- und Interbandübergänge skizzenhaft für $k_z = 0$ angegeben.

Die Interbandübergänge äußern sich bei Messungen der optischen Absorption so, daß entsprechend (7.43) immer dann Absorptionslinien auftreten, wenn die Energie ε des eingestrahlten Lichtes

$$\left.\begin{aligned} \varepsilon = \hbar\omega &= \varepsilon_g(0) + \left(n + \frac{1}{2}\right)\hbar\left(\omega_c^{(n)} + \omega_c^{(p)}\right) \\ &= \varepsilon_g(0) + \left(n + \frac{1}{2}\right)\hbar\,|e|\,B\,\frac{m_c^{*(n)} + m_c^{*(p)}}{m_c^{*(n)} m_c^{*(p)}} \\ (n &= 0, 1, 2, \ldots) \end{aligned}\right\} \tag{7.48}$$

beträgt (ω = Kreisfrequenz des eingestrahlten Lichtes). Man erhält somit nicht nur Aussagen über die Zyklotronfrequenzen und -massen der Ladungsträger, sondern auch über die Breite der verbotenen Zone $\varepsilon_g(0)$. Um letztere Aussage zu erhalten, muß man die Magnetfeldabhängigkeit der Absorptionslinien bestimmen. Trägt man gemäß

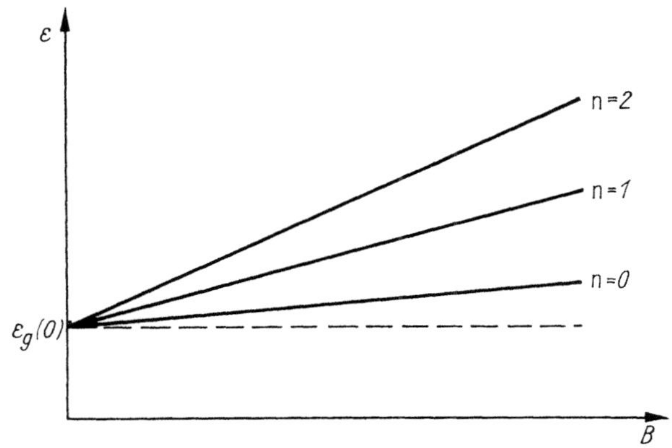

Abb. 7.11.
Zur Bestimmung von $\varepsilon_g(0)$ aus Messungen der optischen Absorption (ε: Energie der absorbierten Strahlung)

(7.48) ε als Funktion von B auf, so ergibt sich $\varepsilon_g(0)$ als Abschnitt auf der ε-Achse (s. Abb. 7.11).

In allgemeineren Fällen (nichtparabolische Bänder, mehr als zwei Bänder) ist das Resonanzlinienspektrum mitunter außerordentlich kompliziert. Allerdings liefert es sehr viele Aussagen über die Energiebandstruktur des Halbleiters. Außerdem verkompliziert sich das Resonanzlinienspektrum in allen Fällen durch die Aufhebung der Spinentartung erheblich. Bezüglich der Spinaufspaltung der Landau-Niveaus gilt bei Halbleitern für jedes Band einzeln dasselbe wie für die Spinaufspaltung in Metallen. Wir verweisen daher auf die entsprechenden Ausführungen in Abschnitt 7.1.1.

7.2. Die Zustandsdichte

In Abschnitt 1.1.3. haben wir für den magnetfeldfreien Fall die Zustandsdichte $g(\varepsilon)$ als Anzahl der durch k_x, k_y, k_z charakterisierten Energieniveaus pro Volumen- und Energieeinheit definiert. Da jedes dieser Energieniveaus durch zwei Elektronen unterschiedlichen Spins besetzt werden kann, ist die Zahl der Elektronenzustände (Quantenzustände) pro Volumen- und Energieeinheit $G(\varepsilon)$ gerade doppelt so groß wie die Zustandsdichte, also

$$G(\varepsilon) = 2g(\varepsilon)\,. \tag{7.49}$$

Wir wollen nun die Zustandsdichte $g_{\boldsymbol{B}}(\varepsilon)$ bei eingeschaltetem äußeren Magnetfeld berechnen. Dabei gehen wir zunächst von den durch (7.14) gegebenen Energieniveaus (Landau-Niveaus) aus. Wir setzen dementsprechend voraus, daß keine Spinaufspaltung eintritt beziehungsweise diese vernachlässigbar gering ist. Nach einer Abschätzung, unter welchen Bedingungen dieser Spezialfall berechtigt ist, wenden wir uns dem Fall zu, daß die Spinentartung durch das Magnetfeld aufgehoben ist.

Bei allen Betrachtungen setzen wir eine skalare effektive Masse m^* voraus (isotrope quadratische Dispersion im feldfreien Fall).

Für die Berechnung der Zustandsdichte $g_{\boldsymbol{B}}(\varepsilon)$ bei vorhandenem Magnetfeld gehen wir so vor, daß wir sie zunächst für ein einziges Landau-Niveau $g_{\boldsymbol{B}}(\varepsilon_n)$ bestimmen (n beliebig, aber fest). In Analogie zu (1.25) und (1.26) erhält man sie zu

$$g_{\boldsymbol{B}}(\varepsilon_n) = \frac{1}{V}\frac{dN}{d\varepsilon_n} = \frac{1}{V}\frac{dN}{dk}\left(\frac{d\varepsilon_n}{dk}\right)^{-1}, \tag{7.50}$$

wobei $\mathsf{V} = l_x l_y l_z$ das Volumen des vorgegebenen Festkörperquaders ist. Die Anzahl $\mathrm{d}N = \mathrm{d}N_x \mathrm{d}N_y \mathrm{d}N_z$ der doppelt besetzbaren Energiezustände, die dem Volumenelement $\mathrm{d}\boldsymbol{k} = \mathrm{d}k_x \mathrm{d}k_y \mathrm{d}k_z$ des $\boldsymbol{k}$-Raumes entsprechen, läßt sich durch folgende Überlegung ermitteln: Aus Abschnitt 7.1.1. wissen wir, daß auf jedem Landau-Niveau zu jedem möglichen k_z-Wert n' doppelt besetzbare Energieniveaus (in der (k_x, k_y)-Ebene) existieren. Mit n' nach (7.24) gilt daher

$$\mathrm{d}N_x \mathrm{d}N_y = n' = \frac{l_x l_y}{2\pi} \frac{|e|\, B}{\hbar}. \tag{7.51}$$

Außerdem ist uns bekannt, daß k_z gemäß (1.9) quantisiert ist, so daß sich

$$\mathrm{d}N_z = \frac{l_z}{2\pi} \mathrm{d}k_z \tag{7.52}$$

ergibt. Aus (7.51) und (7.52) läßt sich nun $\mathrm{d}N = \mathrm{d}N_x \mathrm{d}N_y \mathrm{d}N_z$ zu

$$\mathrm{d}N = \frac{l_x l_y l_z}{(2\pi)^2} \frac{|e|\, B}{\hbar} \mathrm{d}k_z = \frac{\mathsf{V}}{(2\pi)^2} \frac{|e|\, B}{\hbar} \mathrm{d}k_z \tag{7.53}$$

ermitteln. Hieraus folgt unmittelbar

$$\frac{\mathrm{d}N}{\mathrm{d}k} = \frac{\mathrm{d}N}{\mathrm{d}k_z} = \frac{\mathsf{V}}{(2\pi)^2} \frac{|e|\, B}{\hbar}. \tag{7.54}$$

Die für die Berechnung von (7.50) noch fehlende Ableitung $\frac{\mathrm{d}\varepsilon_n}{\mathrm{d}k}$ erhält man aus (7.14) zu

$$\frac{\mathrm{d}\varepsilon_n}{\mathrm{d}k} = \frac{\mathrm{d}\varepsilon_n}{\mathrm{d}k_z} = \frac{\hbar^2}{m^*} k_z. \tag{7.55}$$

(7.54) und (7.55) in (7.50) eingesetzt, ergibt die Zustandsdichte bezüglich eines einzigen Landau-Niveaus zu

$$g_{\boldsymbol{B}}(\varepsilon_n) = \frac{1}{(2\pi)^2} \frac{|e|\, B m^*}{\hbar^3} \frac{1}{k_z}. \tag{7.56}$$

Die gesuchte gesamte Zustandsdichte folgt hieraus durch Summation über die einzelnen Landau-Niveaus:

$$g_{\boldsymbol{B}}(\varepsilon) = \sum_n g_{\boldsymbol{B}}(\varepsilon_n). \tag{7.57}$$

Mit k_z aus (7.14) erhält man schließlich

$$g_{\boldsymbol{B}}(\varepsilon) = \frac{1}{\sqrt{2}\, 2\pi^2} \frac{|e|\, B \sqrt{m^*}}{\hbar^2} \sum_n \frac{1}{\sqrt{\varepsilon - (n + \frac{1}{2}) \hbar \omega_c}} \tag{7.58}$$

$$(n = 0, 1, 2, \ldots).$$

Die beiden möglichen Vorzeichen von k_z werden hierin durch Multiplikation mit dem Faktor 2 berücksichtigt.

Die Summation ist in (7.57) und (7.58) nur über solche ganzzahligen n zu erstrecken, für die der Radikand positiv ist.

Abbildung 7.12 zeigt die Zustandsdichte $g_{\boldsymbol{B}}(\varepsilon)$ in Abhängigkeit von der Energie. Immer, wenn ε mit der Energie eines Landau-Niveaus zusammenfällt, wird $g_{\boldsymbol{B}}(\varepsilon)$

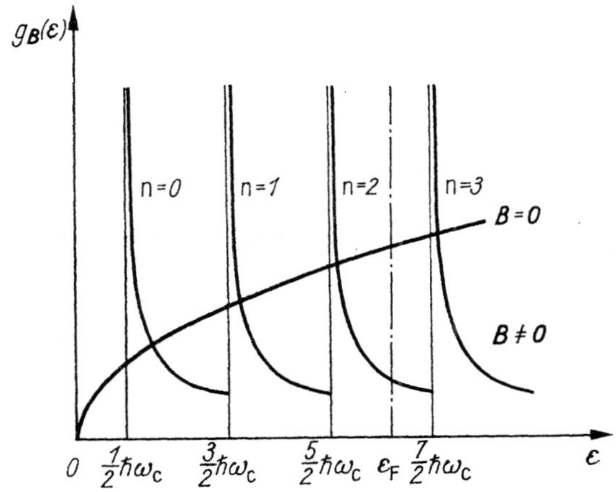

Abb. 7.12.
Die Zustandsdichte $g_B(\varepsilon)$ bei Anwesenheit eines äußeren Magnetfeldes als Funktion der Energie (Zum Vergleich ist auch $g(\varepsilon)$ für den magnetfeldfreien Fall eingezeichnet)

unendlich. Zum Vergleich ist in die Abbildung auch $g(\varepsilon)$ für den magnetfeldfreien Fall (gemäß (1.28)) eingezeichnet. Es wird sofort deutlich, daß sich $g_B(\varepsilon)$ und $g(\varepsilon)$ wesentlich unterscheiden.

Wie aus Abschnitt 7.1.1. bekannt ist, werden die Landau-Niveaus mit zunehmendem Magnetfeld energetisch angehoben und „überschreiten" somit nacheinander die Fermi-Energie („wandern aus dem Fermi-Körper hinaus"). Mit abnehmendem Magnetfeld vollzieht sich der umgekehrte Prozeß: Die Landau-Niveaus werden energetisch unter die Fermi-Energie abgesenkt („wandern in den Fermi-Körper hinein"). Anhand Abbildung 7.12 überlegt man sich leicht, daß bei stetiger Verstärkung (oder Verminderung) des Magnetfeldes die Zustandsdichte auf der Fermi-Fläche $g_B(\varepsilon_F)$ oszilliert.[1])

Das infolge der Quantisierung der Elektronenbewegung hervorgerufene Verhalten der Zustandsdichte in starken Magnetfeldern wirkt sich auf viele physikalische Eigenschaften der Festkörper aus. So zeigen alle für den Festkörper charakteristischen kinetischen und thermodynamischen Größen (wie spezifischer Widerstand (elektrische Leitfähigkeit), magnetische Suszeptibilität, Hall-Spannung, Kontaktpotentialdifferenzen, Austrittsarbeit der Elektronen, thermische Leitfähigkeit, Wärmekapazität, Entropie, spezifisches Volumen u.a.m.) Oszillationen in starken Magnetfedern; ihre Oszillationsperioden sind jeweils proportional zu $1/B$.

Die physikalische Natur der Oszillationen aller dieser verschiedenen Größen ist stets dieselbe: die periodische Änderung der Zustandsdichte $g_B(\varepsilon)$ an der Fermi-Fläche infolge der Landau-Quantisierung. Wir werden daher in den Abschnitten 7.3. und 7.4. zur Anwendung der bisherigen Darlegungen, aber auch zu deren Erweiterung und Vertiefung die Oszillationen des spezifischen elektrischen Widerstandes (Schubnikow-de Haas-Effekt) und der magnetischen Suszeptibilität (de Haas-van Alphen-Effekt) eingehender untersuchen. Auf die übrigen in Abhängigkeit vom Magnetfeld oszillierenden Größen gehen wir im Rahmen dieses Buches nicht ein. Das ist auch nicht erforderlich, denn die Messungen der Oszillationen aller kinetischen und thermodynamischen Größen liefern im wesentlichen dieselbe Information. In allen Fällen ist die Oszillationsperiode im reziproken Magnetfeld $\Delta(1/B)$ der extremalen Querschnittsfläche A_{extr} des Fermi-Körpers in der zur Magnetfeldrichtung senkrechten Ebene umgekehrt

[1]) Das gilt natürlich auch für jede andere Isoenergiefläche.

proportional; also

$$\Delta\left(\frac{1}{B}\right) \sim \frac{1}{A_{\text{extr}}}. \tag{7.59}$$

Man kann daher die extremalen Querschnittsflächen des Fermi-Körpers und bei vorgegebenem Modell auch k_F ermitteln.

Die Oszillationen können grundsätzlich nur beobachtet werden, wenn die beiden Bedingungen

$$\boxed{\varepsilon_F \gg k_B T} \tag{7.60}$$

und

$$\boxed{\hbar\omega_c \gg k_B T} \tag{7.61}$$

erfüllt sind.

Bedingung (7.60) fordert ein entartetes Elektronengas. Sie wird um so besser erfüllt, je höher die Elektronenkonzentration, je kleiner die effektive Masse der Elektronen und je tiefer die Temperaturen sind.

Bedingung (7.61) fordert ein quantisierendes, also ein starkes Magnetfeld. Auch sie wird um so besser erfüllt, je kleiner die effektive Masse der Elektronen und je tiefer die Temperaturen sind. Da $\hbar\omega_c$ gerade der energetische Abstand benachbarter Landau-Niveaus ist, schließt (7.61) überdies aus, daß Übergänge der Elektronen zwischen den Landau-Niveaus infolge thermischer Gitterschwingungen bewirkt werden.

In allen Fällen vergrößern sich bei Temperaturerniedrigung die Oszillationsamplituden. Aus der experimentell ermittelten Temperaturabhängigkeit der Oszillationsamplituden im Bereich $T \ll \frac{\hbar\omega_c}{k_B}$ kann man die effektive Zyklotronmasse bezüglich des betrachteten Extremalquerschnittes bestimmen (allerdings mit nur geringerer Genauigkeit als aus Zyklotronresonanzmessungen (s. Abschnitt 9.1.)).

Ein weiterer Effekt, der auf der oszillatorischen Änderung der Zustandsdichte infolge der Landau-Quantisierung beruht, ist die *quantenmechanische magneto-akustische Resonanz*, die auch unter der Bezeichnung *Riesenoszillationen der Ultraschallabsorption in starken Magnetfeldern* bekannt ist. Wir wollen hierauf jedoch nicht weiter eingehen. (S. dazu beispielsweise [98], [10].)

Kehren wir noch einmal zur Zustandsdichte $g_B(\varepsilon)$ gemäß (7.58) zurück. Sie gibt (wie $g(\varepsilon)$ nach (1.28) für den magnetfeldfreien Fall) unter der Voraussetzung fehlender Spinaufspaltung die Anzahl der doppelt besetzbaren Energiezustände pro Volumen- und Energieeinheit an. Da jeder Energiezustand mit zwei Elektronen unterschiedlichen Spins besetzt werden kann, ist die Zahl der Quantenzustände pro Volumen- und Energieeinheit $G_B(\varepsilon)$ genau doppelt so groß wie $g_B(\varepsilon)$; also

$$G_B(\varepsilon) = 2g_B(\varepsilon) = \frac{1}{\sqrt{2}\,\pi^2} \frac{|e|\,B\sqrt{m^*}}{\hbar^2} \sum_n \frac{1}{\sqrt{\varepsilon - (n + \frac{1}{2})\,\hbar\omega_c}}. \tag{7.62}$$

Eine solche einfache Berücksichtigung des Elektronenspins durch Verdoppelung der Zustandsdichte ist natürlich nur bei Spinentartung möglich beziehungsweise, wenn die Spinaufspaltung vernachlässigt werden kann; also in folgenden beiden Fällen:

1. Spinentartung liegt bei freien Elektronen ($m^* = m_0$) vor (s. Abb. 7.7a). Alle Energiezustände sind zweifach entartet; und zwar gehören jeweils die durch n, $m_s = +1/2$ und $n + 1$, $m_s = -1/2$ charakterisierten Niveaus zusammen

   (m_s: Spinquantenzahl; m_0: Masse des freien Elektrons).

2. Die Spinaufspaltung ist vernachlässigbar, wenn $m^* \ll m_0$ ist (der Landé-Faktor sei $g \approx 2$). Das wird klar, wenn man (7.37) in der Form

$$\left.\begin{aligned} \varepsilon_n(B, k_z) &= \frac{\hbar^2 k_z^2}{2m^*} + \hbar\,|e|\,B\left(\frac{n + \frac{1}{2}}{m^*} + \frac{m_s g}{2m_0}\right), \\ m_s &= \pm\tfrac{1}{2}, \end{aligned}\right\} \tag{7.63}$$

   schreibt, wobei für die Zyklotronfrequenz $\omega_c = \frac{|e|\,B}{m^*}$ und für das Bohrsche Magneton $|\mu_B| = \frac{\hbar\,|e|}{2m_0}$ eingesetzt wurden. Wegen $m^* \ll m_0$ ist der zweite Summand in der Klammer gegenüber dem ersten vernachlässigbar klein.

Ist die Spinentartung aufgehoben und die Spinaufspaltung nicht mehr zu vernachlässigen, so ergibt sich die Zustandsdichte $g_B(\varepsilon)$, zu

$$g_B(\varepsilon) = \frac{1}{\sqrt{2}\,2\pi^2}\,\frac{|e|\,B\sqrt{m^*}}{\hbar^2}\sum_n \frac{1}{\sqrt{\varepsilon - (n + \frac{1}{2})\,\hbar\omega_c - m_s g\,|\mu_B|\,B}}$$

$$(m_s = \pm\tfrac{1}{2};\ n = 0, 1, 2, \ldots)\,. \tag{7.64}$$

Die Summation ist nur über die ganzzahligen n zu erstrecken, für die der Radikand positiv ist. (Die beiden möglichen Vorzeichen von k_z wurden auch hier durch Multiplikation mit 2 berücksichtigt.)

Da $g_B(\varepsilon)$ gemäß (7.64) die Anzahl der Energiezustände pro Volumen- und Energieeinheit angibt, die nur durch ein einziges Elektron besetzt werden können, ist hier

$$G_B(\varepsilon) = g_B(\varepsilon)\,. \tag{7.65}$$

Diesen Unterschied zwischen (7.64) und (7.58) muß man stets beachten.

7.3. Schubnikow-de-Haas-Effekt

7.3.1. Vorbetrachtungen

Die im vorangegangenen Abschnitt angedeuteten *Oszillationen des spezifischen elektrischen Widerstandes* in starken Magnetfeldern (Oszillationen des Magnetowiderstandes) wurden erstmals von L. W. Schubnikow und W. J. de Haas [110] gefunden. Man nennt sie daher *Schubnikow-de-Haas-Oszillationen* beziehungsweise ihr Auftreten *Schubikow-de-Haas-Effekt*.

Voraussetzung für die Beobachtbarkeit der Schubnikow-de-Haas-Oszillationen sind die Bedingungen (7.60) und (7.61) ($\varepsilon_F \gg k_B T$; $\hbar\omega_c \gg k_B T$), also ein entartetes Elektronengas, hohe Elektronenkonzentration, starke Magnetfelder, kleine effektive Massen und tiefe Temperaturen. Aus diesem Grunde ist es nicht verwunderlich, daß die Schubnikow-de-Haas-Oszillationen zuerst an Wismut[1]) beobachtet und studiert wurden. Infolge der geringen effektiven Massen der Elektronen ($m^* \approx 0{,}01 m_0$) wird hier die Quantisierung schon bei Magnetfeldern wesentlich, bei denen sie an anderen Metallen noch nicht merklich hervortritt. In der Folgezeit hat man die Schubnikow-de-Haas-Oszillationen nicht nur an anderen Metallen (s. beispielsweise [48], [82]), sondern auch an entarteten Halbleitern,[2]) insbesondere an $A_{III}B_V$- und $A_{II}B_{VI}$-Verbindungen gefunden und untersucht.

Zur physikalischen Natur des Schubnikow-de-Haas-Effektes haben wir im vorangegangenen Abschnitt schon einiges im Rahmen der allgemeinen Erläuterung der Oszillationseffekte angeführt. Hier sei speziell noch hinzugefügt: Aus Abschnitt 6.3.2. wissen wir, daß nur diejenigen Elektronen zur elektrischen Leitfähigkeit beitragen, deren Energie ε etwa gleich der Fermi-Energie ε_F ist. Bei einer Verstärkung oder Verringerung des Magnetfeldes werden die Landau-Niveaus energetisch angehoben oder abgesenkt und „durchwandern" somit nacheinander das Fermi-Niveau ε_F. Gemäß (7.58) bzw. (7.64) ist die Zustandsdichte in den Landau-Niveaus extrem hoch, so daß die elektrische Leitfähigkeit des Materials immer dann sehr hoch sein wird, wenn ein Landau-Niveau mit der Fermi-Energie ε_F übereinstimmt. Hierdurch erklärt sich der oszillatorische Charakter der elektrischen Leitfähigkeit und damit auch der des spezifischen elektrischen Widerstandes des Materials im starken Magnetfeld.

In den Abschnitten 6.4.2. und 6.6.2. haben wir uns bereits mit dem Magnetowiderstand von Metallen und Halbleitern in starken Magnetfeldern befaßt, jedoch im Rahmen der quasiklassischen Beschreibung, so daß dort Oszillationen, die auf der Landau-Quantisierung beruhen, nicht gefunden werden konnten. Die quasiklassische Beschreibung ist gemäß (7.41) auf den Bereich $\hbar\omega_c \ll k_B T$ beschränkt und kann den Bereich der quantisierenden Magnetfelder ($\hbar\omega_c \gg k_B T$) nicht erfassen. Sobald $\hbar\omega_c \gtrapprox k_B T$ wird, verlieren die wesentlichen Voraussetzungen für eine quasiklassische Behandlung (wie Teilcheneigenschaft der Elektronen; Bahnkurve der Elektronen) ihren Sinn, und die Landau-Quantisierung tritt in den Vordergrund. Die Theorie des Magnetowiderstandes der Metalle und Halbleiter im Bereich der quantisierenden Magnetfelder ($\hbar\omega_c \gg k_B T$) muß die quantisierte Bewegung der Elektronen im starken Magnetfeld berücksichtigen und somit von den Gesetzen der Quantenmechanik ausgehen.

Eine erste Theorie des Magnetowiderstandes entwickelte S. Titeica [116]. Er ging von einem entarteten Elektronengas mit isotroper quadratischer Dispersionsbeziehung aus und ermittelte die Komponente σ_{xx} der elektrischen Leitfähigkeit durch unmittelbare Berechnung der Stromdichte.

Während die Theorie von Titeica noch auf einigen anschaulichen quasiklassischen Vorstellungen beruht, wurden in der Folgezeit Theorien entwickelt, die von allgemeinen quantenmechanischen Prinzipien ausgehen [46], [87].

Ohne die quantenmechanischen Rechnungen anzuführen, wollen wir die Ergebnisse angeben. Es sind dies die Tensorkomponenten der elektrischen Leitfähigkeit

$$\sigma_{yx} = \frac{|e|\, n}{B}, \tag{7.66}$$

[1]) Die ersten beiden Arbeiten sind von P. Alers und R. Webber [49], [50] publiziert.
[2]) Umfangreiche Literaturangaben findet man beispielsweise in [4].

wobei e die Elementarladung, n die Elektronenkonzentration und B die magnetische Induktion sind, und

$$\sigma_{xx} = e^2 \sum_{\alpha,\alpha'} \left(-\frac{\partial f_\alpha}{\partial \varepsilon_\alpha}\right) \frac{(x_{\alpha'} - x_\alpha)^2}{2} W_{\alpha\alpha'} . \tag{7.67}$$

α und α' repräsentieren jeweils einen vollständigen Satz von Quantenzahlen; f ist die Verteilungsfunktion und $W_{\alpha\alpha'}$ die Wahrscheinlichkeit für den Übergang eines Elektrons aus dem Zustand α in den Zustand α'.

Der quantenmechanisch ermittelte Ausdruck (7.66) für σ_{yx} ist mit dem quasiklassisch für starke Magnetfelder ($\omega_c\tau \gg 1$; τ: Relaxationszeit) berechneten identisch (s. entsprechende Komponente des Tensors (6.137)). Das sieht man, wenn man in die quasiklassisch berechnete Tensorkomponente $\sigma_{yx} = \frac{\sigma_0}{\omega_c\tau}$ (6.11) bzw. (6.79) für die Gleichstromleitfähigkeit σ_0 und (6.130) für die Zyklotronfrequenz ω_c einsetzt. Man erhält dann nämlich $\sigma_{yx} = \frac{e^2\tau n}{m^*}\frac{m^*}{|e|\,B\tau} = \frac{|e|\,n}{B}$, also gerade (7.66). Damit ist (7.66) in allen Magnetfeldbereichen gültig. Außerdem ist (7.66) für beliebige Struktur der Leitungsbänder sowie für beliebigen Entartungsgrad des Elektronengases anwendbar.

Es läßt sich ebenfalls zeigen, daß (7.67) für Magnetfelder, die der Bedingung (7.41) $\hbar\omega_c \ll k_B T$ genügen, denselben Wert ergibt wie eine entsprechende quasiklassische Berechnung für $\omega_c\tau \gg 1$. Auch dieses Ergebnis rechtfertigt eine quasiklassische Betrachtungsweise, solange $\hbar\omega_c \ll k_B T$ erfüllt ist. Für quantisierende Magnetfelder ($\hbar\omega_c \gg k_B T$) liefert (7.67) jedoch ein qualitativ anderes Ergebnis. Hierauf gehen wir in den folgenden beiden Abschnitten genauer ein.

7.3.2. Oszillationen des transversalen Magnetowiderstandes

Eine ausführliche Darstellung der Oszillationen des transversalen Magnetowiderstandes findet man in einer Reihe von Originalarbeiten (insbesondere in [46], [109], [81]); wir werden uns daher hier nur auf die Diskussion der wesentlichen Ergebnisse beschränken.

Für die weiteren Betrachtungen sei folgende Meßkonfiguration vorausgesetzt: $\boldsymbol{B} \perp \boldsymbol{j}$ ($\boldsymbol{B}$: magnetische Induktion; $\boldsymbol{j}$: Stromdichte); ohne Beschränkung der Allgemeinheit sei $\boldsymbol{B} = (0, 0, B)$; $\boldsymbol{j} = (j_x, 0, 0)$.

Für ein stark entartetes Elektronengas läßt sich (7.67) in der Form

$$\sigma_{xx} = \sum_{n,n'} \frac{G_{n,n'}(\varepsilon_F)}{\sqrt{\varepsilon_F - (n+\frac{1}{2})\,\hbar\omega_c}\,\sqrt{\varepsilon_F - (n' + \frac{1}{2})\,\hbar\omega_c}} \tag{7.68}$$

darstellen, wobei $G_{nn'}(\varepsilon_F)$ eine stetige Funktion ist, die von dem jeweils vorliegenden Streumechanismus abhängt. Die Summation erfolgt in (7.68) über alle ganzzahligen n und n', für die die Radikanden positiv sind.

Wichtig ist, daß (7.68) nur für den Fall der Spinentartung gilt, denn bei der Herleitung dieses Ausdruckes aus (7.67) wurde (7.14) benutzt. Dennoch lassen sich einige wesentliche Schlußfolgerungen treffen:

Immer, wenn ein Landau-Niveau mit der Fermi-Energie zusammenfällt, wird die Tensorkomponente σ_{xx} der elektrischen Leitfähigkeit maximal (theoretisch: unendlich groß). σ_{xx} hat also genau dann Maxima, wenn

$$\varepsilon_F = \left(n + \frac{1}{2}\right)\hbar\omega_c = \left(n + \frac{1}{2}\right)\frac{\hbar\,|e|\,B_n}{m^*} \tag{7.69}$$

ist. Das n-te Maximum ergibt sich somit bezüglich der magnetischen Induktion bei

$$B_n = \frac{m^*\varepsilon_F}{(n + \frac{1}{2})\,|e|\,\hbar}. \tag{7.70}$$

Gleichbedeutend hiermit ist

$$\frac{1}{B_n} = \left(n + \frac{1}{2}\right)\frac{|e|\,\hbar}{m^*\varepsilon_F}. \tag{7.71}$$

Mit (1.24) für ε_F erhält man schließlich

$$\frac{1}{B_n} = \left(n + \frac{1}{2}\right)\frac{2\,|e|}{\hbar}\,(3\pi^2 n)^{-2/3} \tag{7.72}$$

(n: Elektronenkonzentration).

Hieraus ersieht man, daß die Maxima von σ_{xx} bezüglich des reziproken Magnetfeldes äquidistant liegen. σ_{xx} ist somit eine in $1/B$ periodische Funktion; die Oszillationsperiode beträgt nach (7.72)

$$\Delta\left(\frac{1}{B}\right) = \frac{1}{B_{n+1}} - \frac{1}{B_n} = \frac{2\,|e|}{\hbar}\,(3\pi^2 n)^{-2/3} \tag{7.73}$$

$$= 3{,}2 \cdot 10^{14} n^{-2/3}\ \mathrm{T}_{-1}\,,$$

wenn die Elektronenkonzentration n in m^{-3} gemessen wird.

Unter den angegebenen Voraussetzungen (m^* skalar; Spinentartung) kann man also allein aus der Elektronenkonzentration n die Oszillationsperiode berechnen. Andererseits kann man aber auch aus der experimentell bestimmbaren Periode der Schubnikow-de Haas-Oszillationen die Elektronenkonzentration n ermitteln.

Bisher haben wir immer von den Oszillationen der Leitfähigkeitskomponente σ_{xx} gesprochen; das Experiment gibt jedoch unter der für diesen Abschnitt vorausgesetzten Meßkonfiguration die Oszillationen des transversalen Magnetowiderstandes; genauer formuliert: die Oszillationen der Tensorkomponente ϱ_{xx} des spezifischen elektrischen Widerstandes. Es ist daher notwendig, den Zusammenhang zwischen den Oszillationen des theoretisch ermittelten σ_{xx} und den gemessenen Oszillationen von ϱ_{xx} aufzufinden.

Es ist falsch, einfach anzunehmen, daß den Maxima von σ_{xx} die Minima von ϱ_{xx} entsprechen würden. Man muß vielmehr folgende Überlegungen anstellen: Wegen $\boldsymbol{\rho} = \boldsymbol{\sigma}^{-1}$ ist (unter Beachtung von $\sigma_{yy} = \sigma_{xx}$; $\sigma_{xy} = -\sigma_{yx}$; $\sigma_{xz} = \sigma_{yz} = \sigma_{zx} = \sigma_{zy} = 0$)

$$\varrho_{xx} = \frac{\sigma_{xx}}{\sigma_{yx}^2 + \sigma_{xx}^2}, \tag{7.74}$$

so daß ϱ_{xx} je nach dem Verhältnis von σ_{yx}/σ_{xx} mit steigendem σ_{xx} zu- oder abnehmen kann. Eine allgemeingültige Zuordnung der Extrema von σ_{xx} und ϱ_{xx} ist somit zunächst einmal nicht möglich. Entsprechend der Meßkonfiguration ($j_y = j_z = 0$) ist $\sigma_{yx}/\sigma_{xx} = -E_y/E_x$ und nach (6.157) $\sigma_{yx}/\sigma_{xx} \approx -\Theta_H$ (Θ_H: Hall-Winkel). Unter Berücksichtigung von (6.158), (6.154) und (6.130) ergibt sich $\sigma_{yx}/\sigma_{xx} \approx \omega_c\tau$. Da die Oszillationen jedoch nur in starken Magnetfeldern ($\omega_c\tau \gg 1$) auftreten, folgt $\sigma_{yx} \gg \sigma_{xx}$, so daß sich für ϱ_{xx} anstelle von (7.74)

$$\varrho_{xx} \approx \frac{\sigma_{xx}}{\sigma_{yx}^2} \tag{7.75}$$

ergibt. Damit haben wir das überraschende Ergebnis erhalten, daß ϱ_{xx} genau an denselben Stellen Maxima besitzt, an denen σ_{xx} maximal wird. σ_{yx} hat auf die Lage der Oszillationsmaxima keinen Einfluß, denn gemäß (7.66) ändert sich diese Leitfähigkeitskomponente monoton; und zwar proportional $1/B$. Zusammenfassend können wir feststellen: Die Oszillationsbilder von ϱ_{xx} und σ_{xx} stimmen qualitativ überein. Die durch (7.70) bestimmten Magnetfeldwerte entsprechen den Maxima der Schubnikow-de-Haas-Oszillationen.

Nachdem wir nun wissen, daß die Lage der über σ_{xx} berechneten Maxima im allgemeinen mit den gemessenen Schubnikow-de Haas-Maxima übereinstimmen, können wir die begonnene Diskussion fortsetzen. Die Ausdrücke (7.70), (7.71) und insbesondere (7.72) für die Lage der Oszillationsmaxima bezüglich der magnetischen Induktion sowie der Ausdruck (7.73) für die Oszillationsperiode im reziproken Magnetfeld sind zwar sehr übersichtlich, aber sie gelten nur unter Voraussetzungen, die praktisch nicht erfüllbar sind. So werden beispielsweise die immer vorhandene Magnetfeldabhängigkeit des chemischen Potentials, der Temperatureinfluß sowie die Aufhebung der Spinentartung im Magnetfeld nicht berücksichtigt. Wir geben daher jetzt die entsprechend erforderlichen Korrekturen an. Hinsichtlich der Berechnungen verweisen wir auf die eingangs erwähnten Originalarbeiten.

1. Bei Berücksichtigung der Magnetfeldabhängigkeit des chemischen Potentials ergibt sich die Lage der Oszillationsmaxima bezüglich der magnetischen Induktion zu

$$B_n = \frac{\hbar}{2\,|e|} \frac{(2\pi^2 n)^{2/3}}{\eta_n} \tag{7.76}$$

beziehungsweise

$$\frac{1}{B_n} = \frac{2\,|e|}{\hbar} (2\pi^2 n)^{-2/3}\, \eta_n \tag{7.77}$$

mit

$$\eta_n = \left(\sum_{s=0}^{n} \sqrt{s} \right)^{2/3}. \tag{7.78}$$

Aus $\eta_1 = 1$; $\eta_2 = 1{,}80$; $\eta_3 = 2{,}58$; $\eta_4 = 3{,}36$; ... ersieht man, daß die Differenz zweier aufeinanderfolgender η-Werte etwa konstant ($\approx 0{,}8$) ist und somit die Oszillationsmaxima im reziproken Magnetfeld gemäß (7.77) weiterhin nahezu äquidistant liegen. Infolge der Magnetfeldabhängigkeit der Fermi-Energie wird die Oszillationsperiode von σ_{xx} (und damit auch von ϱ_{xx}) nicht wesentlich, die Lage der Maxima bezüglich B bzw. $1/B$ allerdings erheblich verändert.

(7.76) beziehungsweise (7.77) geben die Lage der Oszillationsmaxima für $T = 0$ K sowie für den Fall an, daß das Elektronengas vollständig entartet ist. Da im entarteten Fall $\varepsilon_F > \frac{1}{2}\hbar\omega_c$ sein muß (mindestens 1 Landau-Niveau muß im Fermi-Körper sein), kann n den Wert 0 nicht annehmen, so daß das nullte Maximum im Oszillationsspektrum nicht auftritt.

2. Bei $T > 0$ K ist die Verteilungsfunktion keine Stufenfunktion mehr (vgl. Abschnitt 1.1.4.). Berücksichtigt man den Einfluß der Temperatur auf die Verteilung der Elektronen, so findet man die Maxima von σ_{xx} (und entsprechend von ϱ_{xx}) an den Stellen

$$B_n = \frac{(2\pi^2 n)^{2/3}}{\eta_n} \frac{\hbar}{2\,|e|} \left[1 - \frac{0{,}54}{\eta_n} \left(\frac{2k_B T m^*}{\hbar^2}\right)^{1/2} (2\pi^2 n)^{-1/3}\right]^{2/3} \tag{7.79}$$

beziehungsweise

$$\frac{1}{B_n} = \frac{2\,|e|\,\eta_n}{\hbar(2\pi^2 n)^{2/3}} \left[1 - \frac{0{,}54}{\eta_n} \left(\frac{2k_B T m^*}{\hbar^2}\right)^{1/2} (2\pi^2 n)^{-1/3}\right]^{-2/3} \tag{7.80}$$

mit η_n gemäß (7.78).

Aus (7.79) ist zu ersehen, daß sich die Oszillationsmaxima mit zunehmender Temperatur zur Seite schwächerer Felder verschieben.

Messungen zur Temperaturabhängigkeit der Oszillationsmaxima gestatten die Bestimmung der effektiven Masse m^* (beziehungsweise im allgemeineren Fall an ihrer Stelle die Zyklotronmasse m_c^*).

3. Berücksichtigt man schließlich noch den Einfluß des Elektronenspins, so stellt man fest, daß jedes einzelne Maximum von σ_{xx} in zwei Maxima aufspaltet, die an den Stellen

$$\left.\begin{aligned} B_n^- &= \frac{\hbar}{|e|} (\sqrt{2}\,\pi^2 n)^{2/3} \left[\sum_{s=1}^{n} \left(\sqrt{s} + \sqrt{s - \frac{m^*}{m_0}}\right) + 0{,}54 \sqrt{\frac{k_B T}{\hbar\omega_c^-}}\right]^{-2/3} \\ &(n = 1, 2, 3, \ldots)\,, \\ B_n^+ &= \frac{\hbar}{|e|} (\sqrt{2}\,\pi^2 n)^{2/3} \left[\sum_{s=0}^{n} \left(\sqrt{s} + \sqrt{s + \frac{m^*}{m_0}}\right) + 0{,}54 \sqrt{\frac{k_B T}{\hbar\omega_c^+}}\right]^{-2/3} \\ &(n = 0, 1, 2, 3, \ldots) \end{aligned}\right\} \tag{7.81}$$

zu finden sind. Hierbei sind m_0 die Masse des freien Elektrons und

$$\omega_c^- = \frac{|e|\,B_n^-}{m^*}; \quad \omega_c^+ = \frac{|e|\,B_n^+}{m^*}. \tag{7.82}$$

Die Aufhebung der Spinentartung führt einerseits zur Aufspaltung der einzelnen Oszillationsmaxima B_n in zwei Maxima (B_n^- und B_n^+) und andererseits zum Auftreten eines neuen zusätzlichen Maximums B_0^+.

Aus (7.81) wird sicher klar, daß das Oszillationsbild im Falle nicht zu vernachlässigender Spinaufspaltung außerordentlich kompliziert werden kann; insbesondere bei großer Aufspaltung, wenn die Maxima B_n^+ und B_{n+1}^- sehr nahe beieinander liegen oder gar $B_{n+1}^- < B_n^+$ ist.

Schließlich folgt auch aus (7.81), daß die Spinaufspaltung vernachlässigbar ist, wenn $m^* \ll m_0$ ist.

Abschließend zeigen wir, wie man aus Messungen der Schubnikow-de Haas-Oszillationen auf die extremalen Querschnittsflächen des Fermi-Körpers schließen kann.

Anhand der Fermi-Kugel haben wir uns in Abschnitt 7.1.1. überlegt, daß mit steigendem Magnetfeld ein Landau-Zylinder nach dem anderen die Kugel verläßt. Der n-te Landau-Zylinder tangiert gerade dann die Fermi-Kugel (Fermi-Fläche), wenn sein Radius gleich dem der Kugel k_F ist. In diesem Fall entartet der zur Fermi-Kugel gehörende Teil des Landau-Zylinders in einen Kreis, und Landau-Niveau und Fermi-Energie stimmen überein. Die von dem Kreis eingeschlossene Fläche im $\boldsymbol{k}$-Raum ist die extremale Querschnittsfläche der Fermi-Kugel in der zur Magnetfeldrichtung senkrechten Ebene.

Die von einer Zyklotronbahn eingeschlossene Fläche berechnet sich aus der Bohr-Sommerfeldschen Quantisierungsbedingung zu

$$\mathrm{A} = \frac{2\pi\,|e|\,B}{\hbar}\left(n + \frac{1}{2}\right). \tag{7.83}$$

Verallgemeinert man die Überlegungen anhand der Fermi-Kugel auf einen beliebigen Fermi-Körper, so kann man feststellen, daß immer dann, wenn ein Landau-Niveau mit der Fermi-Energie zusammenfällt, $\mathrm{A} = \mathrm{A}_{\mathrm{extr}}$ sein muß. Somit fällt das n-te Landau-Niveau mit der Fermi-Energie zusammen, wenn das Magnetfeld gerade den Wert

$$B_n = \frac{\mathrm{A}_{\mathrm{extr}}\,\hbar}{2\pi\,|e|}\left(n + \frac{1}{2}\right)^{-1} \tag{7.84}$$

annimmt. Wegen

$$\frac{1}{B_n} = \left(n + \frac{1}{2}\right)\frac{2\pi\,|e|}{\hbar \mathrm{A}_{\mathrm{extr}}} \tag{7.85}$$

geschieht das bezüglich des reziproken Feldes in äquidistanten Abständen mit der Periode

$$\Delta\left(\frac{1}{B}\right) = \frac{2\pi\,|e|}{\hbar \mathrm{A}_{\mathrm{extr}}}. \tag{7.86}$$

Hieraus folgt für die extremale Querschnittsfläche des Fermi-Körpers in der zur Magnetfeldrichtung senkrechten Ebene

$$\mathrm{A}_{\mathrm{extr}} = \frac{2\pi\,|e|}{\Delta\left(\dfrac{1}{B}\right)}. \tag{7.87}$$

Die Periode $\Delta(1/B)$ ist aus den Schubnikow-de-Haas-Oszillationen experimentell bestimmbar, denn wir wissen, daß σ_{xx} immer dann, wenn ein Landau-Niveau mit der Fermi-Energie übereinstimmt, maximal wird. In Abhängigkeit von $1/B$ ergeben sich Maxima von σ_{xx}, die sich im einfachsten Falle gemäß (7.73) im Abstand von $\Delta\ (1/B)$ periodisch wiederholen. $\Delta(1/B)$ in (7.87) eingesetzt, ergibt die gesuchten extremalen Querschnittsflächen des Fermi-Körpers.

7.3.3. Oszillationen des longitudinalen Magnetowiderstandes

Wir ändern die Meßkonfiguration gegenüber der im vorangegangenen Abschnitt angegebenen dahingehend ab, daß nur ein Strom in Magnetfeldrichtung fließen kann ($\boldsymbol{j} \parallel \boldsymbol{B}$). Ohne Beschränkung der Allgemeinheit mögen die Stromdichte $\boldsymbol{j}$ und die magnetische Induktion $\boldsymbol{B}$ der z-Achse eines cartesischen Koordinatensystems parallel gerichtet sein: $\boldsymbol{B} = (0, 0, B)$; $\boldsymbol{j} = (0, 0, j_z)$.

Aus Abschnitt 6.4.2. ist bekannt, daß das Magnetfeld gemäß der quasiklassischen Theorie im Falle isotroper quadratischer Dispersion und isotroper Streuung den spezifischen elektrischen Widerstand des Materials nicht beeinflußt; der longitudinale Magnetowiderstand ist Null.

Demgegenüber kann man zeigen[1]), daß der longitudinale Magnetowiderstand selbst unter den genannten einfachen Voraussetzungen durchaus nicht verschwindet, wenn

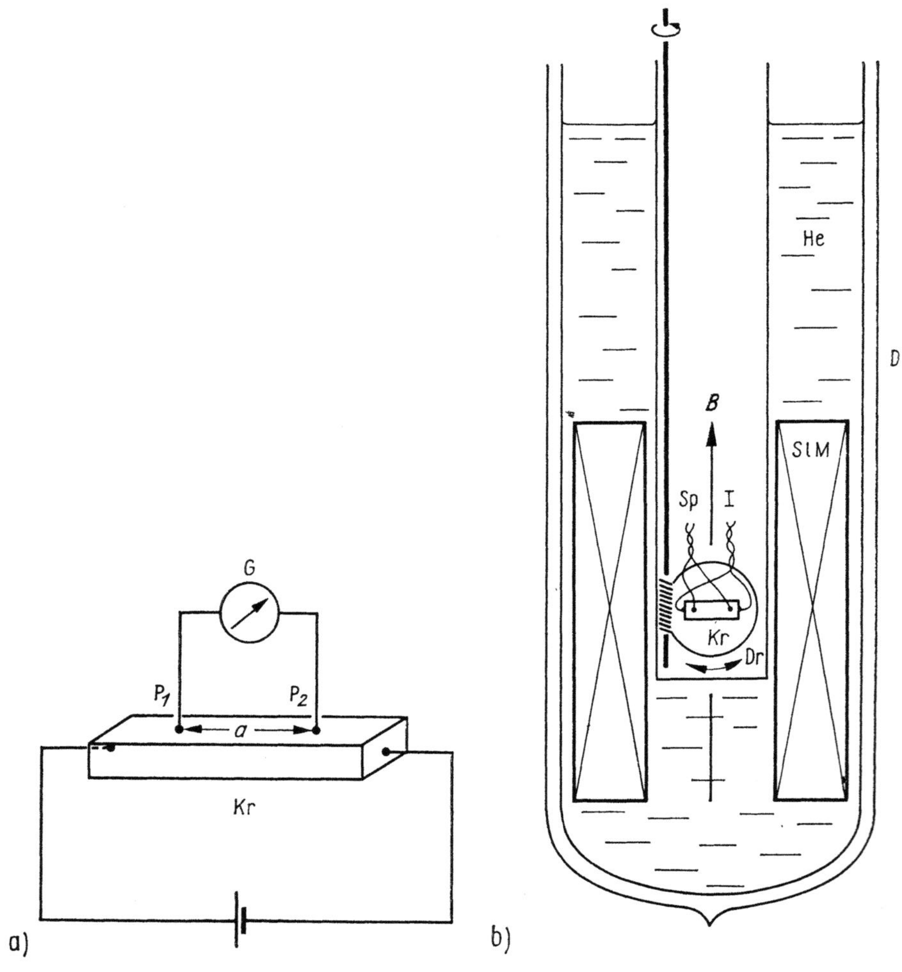

Abb. 7.13.
Zur Messung von Schubnikow-de-Haas-Oszillationen
a) Schematische Darstellung der Widerstandsmessung
Kr: Kristall; P_1, P_2: Potentialsonden; a: Abstand der Potentialsonden; G: Galvanometer
b) Schematische Darstellung der gesamten Meßanordnung
Kr: Kristall; SlM: supraleitender Magnet; D: Dewar-Gefäß; Dr: Drehvorrichtung; $\boldsymbol{B}$: magnetische Induktion; I: Zuführungen für den Kristallstrom; Sp: Potentialdrähte; He: flüssiges Helium

[1]) Wir wollen auf die Theorie des longitudinalen Magnetowiderstandes nicht eingehen und verweisen auf die Originalarbeiten [51], [52], [72].

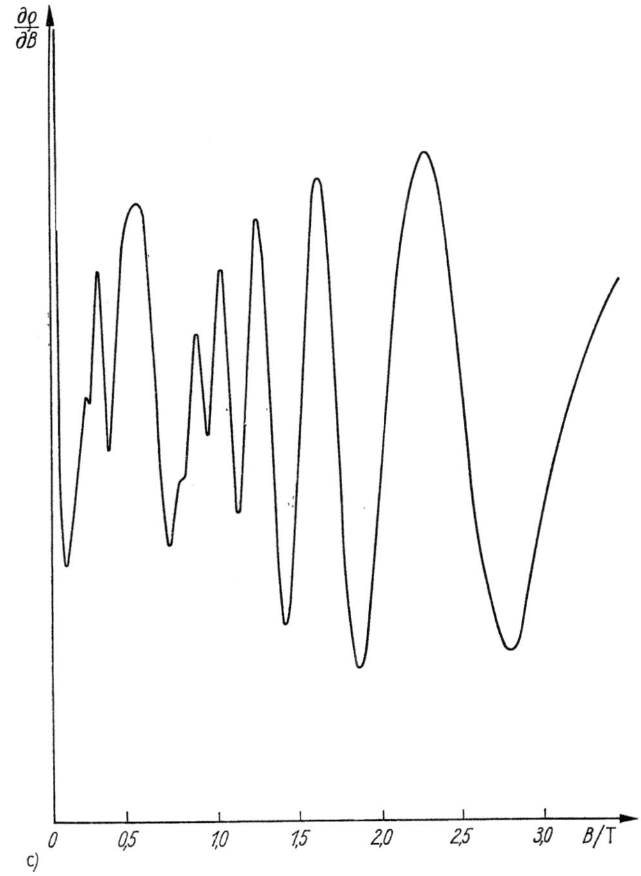

Abb. 7.13
c) Typische Schubnikow-de-Haas-Oszillationen, aufgenommen an einer Wismut-Antimon-Legierung
ϱ: spezifischer elektrischer Widerstand; B: Betrag der magnetischen Induktion

man den Quantencharakter der Bewegung der Elektronen berücksichtigt. Die physikalische Ursache für die Änderung des longitudinalen Magnetowiderstandes ist darin zu suchen, daß die Streuwahrscheinlichkeit der Elektronen und das chemische Potential im Bereich der quantisierenden Magnetfelder stark magnetfeldabhängig sind.

Im Falle eines entarteten Elektronengases wird die Komponente $\varrho_{zz} = 1/\sigma_{zz}$ des spezifischen elektrischen Widerstandes ebenso wie ϱ_{xx} immer dann maximal, wenn die Fermi-Energie mit einem Landau-Niveau zusammenfällt, wenn also die Bedingung (7.69) erfüllt ist.

Abschließend geben wir an, wie man Schubnikow-de Haas-Oszillationen experimentell nachweisen kann. Die Abbildungen 7.13 a und b zeigen schematisch den meßtechnischen Aufbau; Abbildung 7.13 c zeigt eine typische Meßkurve, aufgenommen an einer BiSb-Legierung.

Wie aus den vorangegangenen Ausführungen hervorgeht, läuft die Messung der Schubnikow-de-Haas-Oszillationen auf eine Messung der Komponenten des spezifischen elektrischen Widerstandes in Abhängigkeit von der magnetischen Induktion B hinaus, wobei die Bedingung $\hbar\omega_c \gg k_B T$ (also tiefe Temperaturen, starke Magnetfelder) erfüllt sein muß.

In Abbildung 7.13a ist angedeutet, wie die Widerstandsmessung realisiert werden kann. Man schickt einen konstanten Gleichstrom I durch den Kristall (Kr) und mißt die zwischen den Potentialsonden (P_1, P_2) abfallende Spannung U. Die entsprechende Widerstandskomponente ergibt sich dann zu $\varrho = AU/aI$, wenn A die Querschnittsfläche des Kristalls und a der Abstand der Potentialsonden sind.

Aus meßtechnischen Gründen ist es oftmals günstiger, anstelle von ϱ die Ableitungen $\partial\varrho/\partial B$ oder $\partial^2\varrho/\partial B^2$ in Abhängigkeit von der magnetischen Induktion B zu bestimmen. Solche Messungen sind möglich, wenn man dem magnetischen Gleichfeld ein schwaches magnetisches Wechselfeld (hervorgerufen durch gesondert angebrachte Modulationsspulen) überlagert. Auf diese Technik wollen wir hier jedoch nicht weiter eingehen.

Die für die Messungen erforderlichen starken Magnetfelder (einige T) erzeugt man üblicherweise durch supraleitende Solenoide, also durch Spulen, die aus supraleitendem Draht (z. B. Niob-Titan-Legierungen) gewickelt sind. In Abbildung 7.13b ist ein solches Solenoid schematisch angedeutet. Supraleiter haben die Eigenschaft, unterhalb einer für sie charakteristischen Temperatur, der Sprungtemperatur T_c, dem elektrischen Strom praktisch keinen Widerstand entgegenzusetzen. Da die Sprungtemperaturen aller bisher bekannten Supraleiter unterhalb der des siedenden Wasserstoffs liegen, müssen supraleitende Magnete mit flüssigem Helium gekühlt werden. Gegenüber gewöhnlichen Labormagneten haben supraleitende Magnete den Vorteil, daß man mit ihnen stärkere Magnetfelder erzeugen kann, aber den Nachteil, daß zu ihrem Betrieb eben gerade flüssiges Helium und damit verbunden eine Tieftemperaturausrüstung erforderlich ist (s. Abb. 7.13b). Für die Messung der Schubnikow-de-Haas-Oszillationen bereitet der Einsatz eines supraleitenden Magneten jedoch nur verhältnismäßig geringen zusätzlichen Aufwand, da diese ohnehin nur bei tiefen Temperaturen beobachtet werden können.

Zur Ausführung von Anisotropiemessungen (Variation von $\boldsymbol{B}$ bezüglich der kristallographischen Achsen des Kristalls) ist eine Vorrichtung erforderlich, die eine Drehung des Kristalls im Solenoid gestattet. In Abbildung 7.13b ist eine solche Drehvorrichtung angedeutet. So, wie der Kristall dort angeordnet ist, mißt man die Oszillationen des transversalen Magnetowiderstandes.

7.4. De-Haas-van-Alphen-Effekt

Den De-Haas-van-Alphen-Effekt führen wir hier nur deshalb explizit an, weil er einer der bekanntesten aller auf der Landau-Quantisierung beruhenden Oszillationseffekte ist. Er wurde von L. D. Landau [88] im Zusammenhang mit der Erarbeitung der Quantentheorie des Diamagnetismus theoretisch vorausgesagt und von W. J. de Haas und P. M. van Alphen [66] experimentell gefunden.

Als *De-Haas-van-Alphen-Effekt* bezeichnet man die *oszillatorische Änderung der magnetischen Suszeptibilität χ in starken (quantisierenden) Magnetfeldern.* Die Voraussetzungen für seine Beobachtbarkeit sind dieselben wie die für die Schubnikow-de-Haas-Oszillationen: Entartung, starke Magnetfelder, kleine effektive Massen und tiefe Temperaturen. Es müssen also auch hier die Bedingungen (7.60) und (7.61) erfüllt sein.

Eine endgültige theoretische Beschreibung des Effektes gelang I. M. Lifschitz und A. M. Kosewitsch [91]. Diese wollen wir hier nicht nachvollziehen, sondern verweisen auf die genannte Originalarbeit sowie auf die im Literaturverzeichnis angegebenen Monographien.

Die magnetische Suszeptibilität ist durch die Gleichung

$$\boldsymbol{M} = \chi\boldsymbol{B} \tag{7.88}$$

definiert, wobei $\boldsymbol{M}$ die Magnetisierung (magnetisches Moment pro Volumeneinheit) und $\boldsymbol{B}$ die magnetische Induktion sind. Sie ist eine dimensionslose Stoffkonstante. ($\chi < 0$: Diamagnetika; $\chi > 0$: Paramagnetika; bei Ferromagnetika wird χ magnetfeldabhängig.)

Den uns ausschließlich interessierenden oszillierenden Anteil der magnetischen Suszeptibilität gibt die sogenannte *Lifschitz-Kosewitsch-Formel* :

$$\chi_{\mathrm{osz}} = \frac{\hbar^2 \mathrm{A}}{4\pi^2 B^2 m_c^*} \left| \frac{\hbar}{2\pi e B} \frac{\partial^2 \mathrm{A}}{\partial k_z^2} \right|^{-1/2} \sum_{l=1}^{\infty} \frac{1}{\sqrt{l}} \frac{l 2\pi^2 k_B T}{\hbar\omega_c \operatorname{sh}\left(\dfrac{l 2\pi k_B T}{\hbar\omega_c}\right)}$$

$$\cdot \cos\left[l\left(\frac{\hbar \mathrm{A}}{|e|\, B} - 2\pi\gamma\right) \mp \frac{\pi}{4}\right] \cos\left(l\pi \frac{g m_c^*}{2 m_0}\right)\Bigg|_{\mathrm{A}=\mathrm{A}_{\mathrm{extr}}} \tag{7.89}$$

Dem Argument des ersten cos-Faktors unter dem Summenzeichen entnimmt man, daß sich die Suszeptibilität in Abhängigkeit vom reziproken Magnetfeld periodisch mit der Frequenz

$$\nu_{\mathrm{dHvA}} = \frac{\hbar \mathrm{A}_{\mathrm{extr}}}{2\pi\, |e|} \tag{7.90}$$

sowie deren ganzzahligen Vielfachen ändert. Die entscheidende Rolle spielen die Oszillationen mit der durch (7.90) gegebenen Grundfrequenz, da sie am schwächsten gedämpft auftreten. ν_{dHvA} wird allein durch die extremale Querschnittsfläche $\mathrm{A}_{\mathrm{extr}}$ des Fermi-Körpers bestimmt. Umgekehrt bedeutet dies: Aus der Messung der Oszillationsfrequenz ν_{dHvA} läßt sich $\mathrm{A}_{\mathrm{extr}}$ ermitteln. Bestimmt man nun $\mathrm{A}_{\mathrm{extr}}$ in Abhängigkeit von der Magnetfeldrichtung, so kann man sich praktisch ein Bild von der gesamten Fermi-Fläche des betrachteten Festkörpers verschaffen. Dabei kann bemerkt werden, daß die Ausnutzung des De-Haas-van-Alphen-Effektes eine der genauesten Methoden zur Ermittlung der Topologie der Fermi-Fläche ist.

Besonders einfach lassen sich De-Haas-van-Alphen-Effekt-Messungen an Halbmetallen durchführen. Wegen der geringen effektiven Massen der Elektronen ($m^* \approx 0{,}01 m_0$) treten bei $T \approx 1$ K die Oszillationen bereits in Feldern der Größenordnung 1 T auf. Bei normalen Metallen mit $m^* \approx m_0$ benötigt man demgegenüber mitunter Felder von 50 T. Aus diesem Grund eignen sich die Messungen der De-Haas-van-Alphen-Oszillationen insbesondere zur Ermittlung der Topologie der Fermi-Fläche, wenn die entsprechenden effektiven Massen (effektiven Zyklotronmassen) klein sind.

Wir wollen außerdem darauf verweisen, daß sich die Vorzeichen vor dem $\pi/4$ in (7.89) auf die Art der Extremalfläche beziehen. Ist $\mathrm{A}_{\mathrm{extr}}$ maximal, so gilt das Minuszeichen, während bei minimaler Querschnittsfläche das Pluszeichen zu wählen ist.

Aus der Messung der Temperaturabhängigkeit der De-Haas-van-Alphen-Amplituden lassen sich die effektiven Zyklotronmassen bestimmen, wie man aus dem Argument des Hyperbelsinus ersieht.

Auf den Einfluß der Ladungsträgerstöße wollen wir nicht eingehen und verweisen auf die Arbeit von R. B. DINGLE [68].

Ergänzend sei bemerkt:

— Bei fest vorgegebener Magnetfeldrichtung ist die Oszillationsperiode eine Konstante des betrachteten Festkörpers. Sie hängt jedoch äußerst empfindlich von der

Magnetfeldrichtung ab. Man kann daher den De-Haas-van-Alphen-Effekt nur an einkristallinen Proben beobachten. Bei polykristallinen Proben verschwindet der Gesamteffekt wegen der verschiedenen Phasenlagen der einzelnen Oszillationsbeiträge.

— Die Oszillationsamplituden vergrößern sich mit sinkender Temperatur sowie mit zunehmender Reinheit der Meßprobe.

Hieraus können wir zusammenfassen: Der De-Haas-van-Alphen-Effekt ist nur an sehr reinen einkristallinen Proben bei tiefen Temperaturen beobachtbar.

Literaturhinweise

W. Brauer: Einführung in die Elektronentheorie der Metalle, [11]
I. M. Lifschitz, M. Ja. Asbel, M. I. Kaganow: Elektronentheorie der Metalle, [30]
J. M. Ziman: Prinzipien der Festkörpertheorie, [45]
J. F. Blatt: Physics of Electronic Conduction in Solids, [7]
B. M. Askerow: (russ.), [4]
A. A. Abrikossow: Einführung in die Theorie normaler Metalle, [1]
C. Kittel: Quantentheorie der Festkörper, [24]
R. E. Peierls: Quantum Theory of Solids, [32]

8. Verhalten der Festkörper unter dem Einfluß eines elektromagnetischen Wechselfeldes

Nachdem wir bisher im wesentlichen nur den Einfluß zeitlich konstanter elektrischer und magnetischer Felder auf das Verhalten der quasifreien Ladungsträger behandelt haben, wenden wir uns in diesem Kapitel der Wirkung eines elektromagnetischen Wechselfeldes zu.

Anhand eines Beispiels haben wir in Kapitel 6 gezeigt, daß ein elektrisches Feld, das sich mit der Kreisfrequenz ω periodisch ändert, wesentliche Veränderungen gegenüber der Wirkung eines elektrischen Gleichfeldes ($\omega = 0$) hervorruft: Die elektrische Leitfähigkeit wird komplex und frequenzabhängig (vgl. (6.18)).

Wir setzen bei unseren Betrachtungen in diesem Kapitel die Grundzüge der klassischen Theorie elektromagnetischer Felder als bekannt voraus. Daher stellen wir hier nur einige wesentliche Zusammenhänge und Erscheinungen rekapitulierend und unter einheitlichem Gesichtspunkt dar. Im Mittelpunkt stehen dabei Ausführungen zur Ausbreitung elektromagnetischer Wellen in homogenen isotropen Festkörpern (Abschnitt 8.1.), zur Reflexion und Absorption (Abschnitt 8.2.) sowie zur Wechselwirkung elektromagnetischer Strahlung mit den Elektronen im Festkörper (Abschnitt 8.3.). Den Abschluß bilden ausführliche Überlegungen zum Skineffekt (Abschnitt 8.4.).

Tabelle 8.1.
Spektrum elektromagnetischer Wellen*)

Bezeichnung	λ_{Vak}/m	ν/s^{-1}	$h\nu$/eV
Radiowellen (LW, MW, KW, UKW, VHF, UHF)	$(10^{-1} \dots 10^{3})$	$3\,(10^{9} \dots 10^{5})$	$1{,}2\,(10^{-5} \dots 10^{-9})$
Mikrowellen	$(10^{-3} \dots 10^{-1})$	$3\,(10^{11} \dots 10^{9})$	$1{,}2\,(10^{-3} \dots 10^{-5})$
Submillimeterwellen	$(10^{-4} \dots 10^{-3})$	$3\,(10^{12} \dots 10^{11})$	$1{,}2\,(10^{-2} \dots 10^{-3})$
Infrarot	$7{,}8 \cdot 10^{-7} \dots 10^{-4}$	$3{,}8 \cdot 10^{14} \dots 3 \cdot 10^{12}$	$1{,}6 \dots 1{,}2 \cdot 10^{-2}$
Sichtbares Licht	$3{,}6 \cdot 10^{-7} \dots 7{,}8 \cdot 10^{-7}$	$8{,}3 \cdot 10^{14} \dots 3{,}8 \cdot 10^{14}$	$3{,}4 \dots 1{,}6$
Ultraviolett	$10^{-8} \dots 3{,}6 \cdot 10^{-7}$	$3 \cdot 10^{16} \dots 8{,}3 \cdot 10^{14}$	$1{,}2 \cdot 10^{2} \dots 3{,}4$
Röntgenstrahlung	$(10^{-11} \dots 10^{-8})$	$3\,(10^{19} \dots 10^{16})$	$1{,}2\,(10^{5} \dots 10^{2})$
Gammastrahlung	$(10^{-14} \dots 10^{-11})$	$3\,(10^{22} \dots 10^{19})$	$1{,}2\,(10^{8} \dots 10^{5})$
Kosmische Strahlung	$\approx 10^{-15}$	$\approx 3 \cdot 10^{23}$	$\approx 1{,}2 \cdot 10^{9}$

*) nach: Frank S. Crawford, jr. [15].

Das Spektrum der elektromagnetischen Wellen ist außerordentlich umfangreich, wovon man sich anhand der Tabelle 8.1 sofort überzeugt. Daher wird es erforderlich, die Diskussionen für verschiedene Frequenzbereiche gesondert durchzuführen

Wir wollen uns in diesem Kapitel nur mit solchen Festkörpern befassen, die weder ferroelektrisch noch ferromagnetisch noch supraleitend sind und in denen weder Temperatur- noch Konzentrationsgradienten vorhanden sind.

8.1. Ausbreitung elektromagnetischer Wellen in homogenen isotropen Festkörpern

Ausgehend von den Maxwell-Gleichungen und einfachen Modellvorstellungen sollen in diesem Abschnitt die grundlegenden frequenzabhängigen Eigenschaften (insbesondere die Hochfrequenz- und optischen Eigenschaften) in ihrem Zusammenhang dargestellt werden. Gleichzeitig werden die Grenzen der Anwendbarkeit klassischer Vorstellungen abgesteckt.

Aus der Erfahrung wissen wir, daß sich die verschiedenen Festkörper (Metalle, Halbleiter, Isolatoren) gegenüber auftreffender elektromagnetischer Strahlung sehr unterschiedlich verhalten. So reflektieren beispielsweise Metalle sichtbares Licht im allgemeinen sehr stark (daher der metallische Glanz!), während Isolatoren völlig durchsichtig sein können. Halbleiter zeigen sowohl die eine als auch die andere Eigenschaft.

Trifft elektromagnetische Strahlung auf einen Festkörper auf, so wird ganz allgemein ein Teil der Strahlung an der Oberfläche reflektiert, der verbleibende Teil durchdringt den Festkörper und wird dabei mehr oder weniger stark absorbiert. Die Höhe des jeweiligen Anteils hängt von der Frequenz der auffallenden Strahlung und vom Festkörper selbst ab.

Da Energie nicht „verlorengeht", muß die Summe des reflektierten, des absorbierten und des hindurchgelassenen (transmittierten) Energieanteils gleich der auftreffenden Energie sein. Insofern sind Reflexion, Absorption und Transmission eng miteinander verknüpft.

8.1.1. Wellengleichungen

Die Ausbreitung elektromagnetischer Wellen wird ganz allgemein (und damit auch in Festkörpern) durch die *Maxwell-Gleichungen*

$$\left.\begin{array}{llll} (1) & \operatorname{rot} \boldsymbol{E} = -\dfrac{\partial \boldsymbol{B}}{\partial t}, & (3) & \operatorname{div} \boldsymbol{D} = \varrho^*, \\ (2) & \operatorname{rot} \boldsymbol{H} = \boldsymbol{j} + \dfrac{\partial \boldsymbol{D}}{\partial t}, & (4) & \operatorname{div} \boldsymbol{B} = 0 \end{array}\right\} \tag{8.1}$$

beschrieben.[1])

[1]) Die Differentialoperatoren „rot" und „div" kann man mit Hilfe des Nabla-Operators $\left(\nabla = \dfrac{\partial}{\partial x}\boldsymbol{e}_x + \dfrac{\partial}{\partial y}\boldsymbol{e}_y + \dfrac{\partial}{\partial z}\boldsymbol{e}_z\right)$ ausdrücken. Es ist dann $\operatorname{rot} \boldsymbol{E} = \nabla \times \boldsymbol{E}$; $\operatorname{rot} \boldsymbol{H} = \nabla \times \boldsymbol{H}$; $\operatorname{div} \boldsymbol{D} = \nabla \cdot \boldsymbol{D}$; $\operatorname{div} \boldsymbol{B} = \nabla \cdot \boldsymbol{B}$. Bei allen Rechnungen gehen wir stets von der Darstellung mit dem Nabla-Operator aus.

Hierbei sind $\boldsymbol{E}$ die elektrische Feldstärke ($[E] = \mathrm{V/m}$), $\boldsymbol{H}$ die magnetische Feldstärke ($[H] = \mathrm{A/m}$), $\boldsymbol{D}$ die elektrische Verschiebung ($[D] = \mathrm{As/m^2} = \mathrm{C/m^2}$), $\boldsymbol{B}$ die magnetische Induktion ($[B] = \mathrm{Vs/m^2} = \mathrm{T}$), ϱ^* die Ladungsdichte ($[\varrho^*] = \mathrm{As}/m^3 = \mathrm{C/m^3}$), $\boldsymbol{j}$ die Leitungsstromdichte ($[j] = \mathrm{A/m^2}$), $\partial \boldsymbol{D}/\partial t$ die Verschiebungsstromdichte ($[\partial \boldsymbol{D}/\partial t] = \mathrm{A/m^2}$) und t die Zeit ($[t] = \mathrm{s}$).

Die Vektoren des elektromagnetischen Feldes sind durch die sogenannten *Materialgleichungen*

$$\boldsymbol{D} = \boldsymbol{\epsilon}\boldsymbol{E}\,, \qquad \boldsymbol{B} = \boldsymbol{\mu}\boldsymbol{H}\,, \qquad \boldsymbol{j} = \boldsymbol{\sigma}\boldsymbol{E} \tag{8.2}$$

verknüpft. Die letzte der drei Gleichungen stellt das uns bereits aus Kapitel 6 bekannte Ohmsche Gesetz dar. Die *Dielektrizitätsfunktion*[1] $\boldsymbol{\epsilon}$ ($[\epsilon] = \mathrm{As/Vm}$), die *Permeabilität* $\boldsymbol{\mu}$ ($[\mu] = \mathrm{Vs/Am}$) und die *elektrische Leitfähigkeit* $\boldsymbol{\sigma}$ ($[\sigma] = \Omega^{-1}\,\mathrm{m}^{-1}$) charakterisieren die elektrischen und magnetischen Eigenschaften des betreffenden Festkörpers und sind somit materialspezifische Größen; sie sind im allgemeinen *Tensoren zweiter Stufe*. Sieht man (wie wir hier) von speziellen Kristalleigenschaften ab und betrachtet nur homogene isotrope Festkörper, so gehen die Tensoren $\boldsymbol{\epsilon}$, $\boldsymbol{\mu}$, $\boldsymbol{\sigma}$ in die Skalare ϵ, μ, σ über.

Zweckmäßigerweise setzt man

$$\epsilon = \epsilon_0 \epsilon_r\,, \qquad \mu = \mu_0 \mu_r\,, \tag{8.3}$$

wobei ϵ_0 die *Influenzkonstante* (Dielektrizitätsfunktion des Vakuums) und μ_0 die *Induktionskonstante* (Permeabilität des Vakuums) mit den Werten

$$\left.\begin{aligned} \epsilon_0 &= \frac{10^7}{4\pi c^2}\frac{\mathrm{As}}{\mathrm{Vm}} = 8{,}859 \cdot 10^{-12}\,\frac{\mathrm{As}}{\mathrm{Vm}} = 8{,}859 \cdot 10^{-12}\,\frac{\mathrm{F}}{\mathrm{m}}\,,\\ \mu_0 &= 4\pi \cdot 10^{-7}\,\frac{\mathrm{Vs}}{\mathrm{Am}} = 12{,}56 \cdot 10^{-7}\,\frac{\mathrm{Vs}}{\mathrm{Am}} = 12{,}56 \cdot 10^{-7}\,\frac{\mathrm{H}}{\mathrm{m}} \end{aligned}\right\} \tag{8.4}$$

(c: Lichtgeschwindigkeit im Vakuum)

sind. Die materialspezifischen dimensionslosen Größen ϵ_r und μ_r nennt man *relative Dielektrizitätsfunktion* und *relative Permeabilität.*

Ausgehend von der Tatsache, daß im Falle eines auf den Festkörper einwirkenden elektromagnetischen Wechselfeldes ϵ_r, μ_r und σ von der Frequenz des Feldes abhängen, setzen wir von vornherein

$$\epsilon_r = \epsilon_r(\omega)\,, \qquad \mu_r = \mu_r(\omega)\,, \qquad \sigma = \sigma(\omega) \tag{8.5}$$

an. Die Frequenzabhängigkeit von σ kennen wir aus Kapitel 6. Hauptgrund für die Frequenzabhängigkeit von ϵ_r, μ_r und σ ist, daß die im Festkörper enthaltenen Elektronen mit zunehmender Frequenz dem Feld infolge ihrer Massenträgheit immer schwerer folgen können.

Bezüglich des Festkörpers wollen wir voraussetzen:

— Er erfülle den gesamten Raum (sei also räumlich unendlich ausgedehnt).
— Es sollen keine freien unkompensierten Ladungen vorhanden sein, so daß

$$\varrho^* = 0 \tag{8.6}$$

ist.

[1]) Häufig nennt man $\boldsymbol{\epsilon}$ Dielektrizitätskonstante. Wir gehen von dieser nicht sehr glücklich gewählten Bezeichnung ab, denn $\boldsymbol{\epsilon} = \boldsymbol{\epsilon}(\omega)$ ist keinesfalls eine Konstante. Nur im Falle $\boldsymbol{\epsilon} = \boldsymbol{\epsilon}(0)$ sprechen wir von einer Dielektrizitätskonstanten.
Ist $\boldsymbol{\epsilon}$ überdies feldabhängig, also $\boldsymbol{\epsilon} = \boldsymbol{\epsilon}(E, \omega)$, so heißt $\boldsymbol{\epsilon}$ Permittivität.

— Das Ohmsche Gesetz möge in seiner *lokalen* Form $\boldsymbol{j}(\boldsymbol{r}, t) = \sigma \boldsymbol{E}(\boldsymbol{r}, t)$ gelten, das heißt Stromdichte soll an jedem Ort $\boldsymbol{r}$ im Festkörper durch den Wert der elektrischen Feldstärke an diesem Ort $\boldsymbol{r}$ bestimmt werden.

Unter Berücksichtigung von (8.2) und (8.6) erhält man gemäß (8.1) als Ausgangsgleichungen für die weiteren Betrachtungen:

$$\left.\begin{aligned} &(1)\quad \operatorname{rot} \boldsymbol{E} = \nabla \times \boldsymbol{E} = -\mu \frac{\partial \boldsymbol{H}}{\partial t}, &&(3)\quad \operatorname{div} \boldsymbol{E} = \nabla \cdot \boldsymbol{E} = 0\,, \\ &(2)\quad \operatorname{rot} \boldsymbol{H} = \nabla \times \boldsymbol{H} = \sigma \boldsymbol{E} + \epsilon \frac{\partial \boldsymbol{E}}{\partial t}, &&(4)\quad \operatorname{div} \boldsymbol{H} = \nabla \cdot \boldsymbol{H} = 0\,. \end{aligned}\right\} \tag{8.7}$$

Die Gleichungen (1) und (2) enthalten sowohl $\boldsymbol{E}$ als auch $\boldsymbol{H}$. Es gelingt jedoch, jeweils eine der beiden Feldgrößen zu eliminieren. Dazu bildet man, ausgehend von (1), den Ausdruck $\nabla \times (\nabla \times \boldsymbol{E}) = -\mu\, (\partial/\partial t)\, (\nabla \times \boldsymbol{H})$ und setzt hier (2) für $\nabla \times \boldsymbol{H}$ ein. Man erhält dann

$$\nabla \times (\nabla \times \boldsymbol{E}) = -\mu\sigma \frac{\partial \boldsymbol{E}}{\partial t} - \mu\epsilon \frac{\partial^2 \boldsymbol{E}}{\partial t^2}. \tag{8.8}$$

Andererseits ist

$$\nabla \times (\nabla \times \boldsymbol{E}) = \nabla(\nabla \cdot \boldsymbol{E}) - \Delta \boldsymbol{E}\,, \tag{8.9}$$

wobei $\Delta \equiv \nabla \cdot \nabla$ den Laplace-Operator darstellt, der in cartesischen Koordinaten durch $\Delta = \frac{\partial^2}{\partial x^2} + \frac{\partial^2}{\partial y^2} + \frac{\partial^2}{\partial z^2}$ gegeben ist.

Aus (8.8) und (8.9) ergibt sich mit $\nabla \cdot \boldsymbol{E} = 0$ (s. (3)) die folgende Wellengleichung für $\boldsymbol{E}$:

$$\boxed{\mu\epsilon \frac{\partial^2 \boldsymbol{E}}{\partial t^2} + \mu\sigma \frac{\partial \boldsymbol{E}}{\partial t} = \Delta \boldsymbol{E}\,.} \tag{8.10}$$

Analog erhält man ausgehend von $\nabla \times (\nabla \times \boldsymbol{H})$ eine Wellengleichung für $\boldsymbol{H}$

$$\boxed{\mu\epsilon \frac{\partial^2 \boldsymbol{H}}{\partial t^2} + \mu\sigma \frac{\partial \boldsymbol{H}}{\partial t} = \Delta \boldsymbol{H}\,.} \tag{8.11}$$

Die Wellengleichungen (8.10) und (8.11) sind unter der Bezeichnung *Telegraphengleichungen* bekannt. Die hierin auftretenden, der ersten zeitlichen Ableitung proportionalen Terme sind (wie wir später sehen werden) Dämpfungsglieder. Die Telegraphengleichungen beschreiben demnach *gedämpfte* Wellen. Es handelt sich hierbei um eine Dämpfung infolge ohmscher Verluste, um eine Dämpfung also, die immer dann auftritt, wenn der Festkörper eine von Null verschiedene elektrische Leitfähigkeit besitzt. Für $\sigma = 0$ verschwindet jeweils das Dämpfungsglied, und die Telegraphengleichungen beschreiben ungedämpfte Wellen.

8.1.2. Ausbreitung elektromagnetischer Wellen in idealen Isolatoren

Wir betrachten zunächst die Wellenausbreitung in einem *idealen Isolator*. Als idealen Isolator bezeichnen wir einen Festkörper, dessen elektrische Leitfähigkeit gleich Null ist ($\sigma = 0$). In diesem Fall gehen die Gleichungen (8.10) und (8.11) über in

$$\left.\begin{aligned} &\mu\epsilon\,\frac{\partial^2 \boldsymbol{E}}{\partial t^2} = \Delta \boldsymbol{E} \\ \text{und} \quad & \\ &\mu\epsilon\,\frac{\partial^2 \boldsymbol{H}}{\partial t^2} = \Delta \boldsymbol{H}\,. \end{aligned}\right\} \tag{8.12}$$

Als Lösungsansatz wählen wir

$$\boldsymbol{E}(\boldsymbol{r}, t) = \boldsymbol{E}_0\, \mathrm{e}^{i(\omega t - \boldsymbol{q}\cdot\boldsymbol{r})}\,, \qquad \boldsymbol{H}(\boldsymbol{r}, t) = \boldsymbol{H}_0\, \mathrm{e}^{i(\omega t - \boldsymbol{q}\cdot\boldsymbol{r})}\,. \tag{8.13}$$

$\boldsymbol{E}$ und $\boldsymbol{H}$ sind somit *monochromatische ebene* Wellen[1]) der Kreisfrequenz $\omega = 2\pi\nu$ (ν: Frequenz). $\boldsymbol{E}_0$ und $\boldsymbol{H}_0$ sind die entsprechenden Wellenamplituden, und $\boldsymbol{q}$ ist der in Ausbreitungsrichtung weisende Wellenvektor ($q = |\boldsymbol{q}| = 2\pi/\lambda$ mit λ als Wellenlänge).

Ohne Beschränkung der Allgemeinheit mögen sich die Wellen in positiver z-Richtung eines cartesischen Koordinatensystems ausbreiten, so daß der Wellenvektor die Form

$$\boldsymbol{q} = (0, 0, q) \tag{8.14}$$

hat.

Entsprechend dem Lösungsansatz (8.13) betrachten wir hier und im weiteren nur monochromatische ebene Wellen im Festkörper. Da aber monochromatische Wellen räumlich und zeitlich nicht begrenzt sind, können die stets zeitlich und räumlich begrenzten, experimentell-technisch erzeugbaren elektromagnetischen Wellen niemals monochromatisch sein. Wir können uns die realen elektromagnetischen Wellen jedoch nach Fourier als Gesamtheiten (Überlagerung) monochromatischer Wellen denken (*Wellenpakete*). Unser Vorgehen läuft praktisch darauf hinaus, daß wir jede Fourier-Komponente einzeln betrachten. Die Verallgemeinerung für ein Wellenpaket ergibt sich dann durch Integration über alle Fourier-Komponenten.[2])

Die Lösungen (8.13) müssen natürlich den Maxwell-Gleichungen (8.7) und den Wellengleichungen (8.12) genügen.

Aus den Maxwell-Gleichungen folgt allgemein, daß elektromagnetische Wellen Transversalwellen sind,

$$\boldsymbol{E} = (E_x, E_y, 0)\,, \qquad \boldsymbol{H} = (H_x, H_y, 0)\,, \tag{8.15}$$

daß $\boldsymbol{E}$ und $\boldsymbol{H}$ also keine Komponente in Ausbreitungsrichtung der Welle haben und daß $\boldsymbol{E}$ und $\boldsymbol{H}$ senkrecht aufeinanderstehen. $\boldsymbol{E}$, $\boldsymbol{H}$, $\boldsymbol{q}$ bilden (in dieser Reihenfolge) ein Rechtssystem. Außerdem liefern die Maxwell-Gleichungen einen Zusammenhang zwischen den Amplituden $\boldsymbol{E}_0$ und $\boldsymbol{H}_0$.

Die Polarisation der Wellen kann linear, zirkular oder elliptisch sein.

Geht man mit dem Lösungsansatz (8.13) unter Berücksichtigung von (8.14) in die Wellengleichungen (8.12) ein, so erhält man eine Bedingung für den Wellenvektor, die als *Dispersionsbeziehung für elektromagnetische Wellen* in einem homogenen isotropen

[1]) Die ebene Welle ist natürlich nur eine partikuläre Lösung der Wellengleichungen (8.12). Andere Lösungen sind beispielsweise Kugel- oder Zylinderwellen.

[2]) Eine eingehendere Erläuterung dieses Vorgehens findet man beispielsweise bei R. Becker, F. Sauter [5].

idealen Isolator bekannt ist:

$$\boxed{q = \omega\sqrt{\mu\epsilon} = \omega\sqrt{\mu_0\mu_r\epsilon_0\epsilon_r}}\,. \tag{8.16}$$

Hieraus ergibt sich die Phasengeschwindigkeit[1]) der Wellen zu

$$v_{Ph} = \frac{\omega}{q} = \frac{1}{\sqrt{\mu\epsilon}} = \frac{1}{\sqrt{\mu_0\mu_r\epsilon_0\epsilon_r}}\,, \tag{8.17}$$

wobei speziell im Vakuum ($\mu_r = 1$, $\epsilon_r = 1$)

$$v_{Ph_{Vak}} = \frac{1}{\sqrt{\mu_0\epsilon_0}} = c \tag{8.18}$$

gilt (s. (8.4)).

Das Verhältnis der Ausbreitungsgeschwindigkeit c der Welle im Vakuum (Lichtgeschwindigkeit) zu ihrer Phasengeschwindigkeit v_{Ph} im Festkörper bezeichnet man als (*absoluten*) *Brechungsindex* n. Für den idealen Isolator ergibt sich die als Maxwell-Relation bekannte Beziehung

$$\mathsf{n} = \frac{c}{v_{Ph}} = \sqrt{\mu_r\epsilon_r} \approx \sqrt{\epsilon_r}\,. \tag{8.19}$$

Für alle nichtferromagnetischen Stoffe ($\mu_r \approx 1$) ist der Brechungsindex in guter Näherung gleich der Quadratwurzel aus der relativen Dielektrizitätsfunktion $\epsilon_r(\omega)$.

(8.19) und (8.18) in (8.16) eingesetzt, ergibt die häufig verwendete Formulierung der Dispersionsbeziehung

$$q = \frac{\omega}{c}\mathsf{n}\,. \tag{8.20}$$

Hierbei ist zu beachten, daß der Brechungsindex des Festkörpermaterials ebenso wie ϵ_r von der Frequenz der Welle abhängt.

$$\mathsf{n} = \mathsf{n}(\omega) \tag{8.21}$$

bezeichnet man mitunter (insbesondere in der Optik) ebenfalls als *Dispersionsbeziehung* für elektromagnetische Wellen.

Zusammenfassend können wir feststellen:

In einem idealen homogenen isotropen Isolator breiten sich elektromagnetische Wellen ungedämpft mit der Phasengeschwindigkeit v_{Ph} gemäß (8.17) aus. Die am Ort $\boldsymbol{r}$ zur Zeit t vorhandenen Feldstärkewerte ermittelt man aus (8.13) mit (8.14) und (8.20) zu

$$\boldsymbol{E} = \boldsymbol{E}_0\,\mathrm{e}^{i\omega\left(t - \frac{\mathsf{n}}{c}z\right)}, \qquad \boldsymbol{H} = \boldsymbol{H}_0\,\mathrm{e}^{i\omega\left(t - \frac{\mathsf{n}}{c}z\right)}. \tag{8.22}$$

Wir machen hier auf folgendes Problem aufmerksam: Wenn sich alle elektromagnetischen Wellen in Isolatoren ungedämpft ausbreiten können, so müssen alle Isolatoren durchsichtig sein. Das ist zwar in vielen Fällen richtig; es gibt aber auch eine ganze Reihe von Gegenbeispielen. Letztere sind im Rahmen der bisher dargelegten

[1]) Definition der Phasengeschwindigkeit s. (2.12).

Theorie nicht zu verstehen. Die Ursache für dieses „anomale" Verhalten ist, daß die relative Dielektrizitätsfunktion $\epsilon_r(\omega)$ für bestimmte Frequenzen ein Resonanzverhalten zeigt (s. Abschnitt 8.1.3.). In der unmittelbaren Umgebung einer Resonanzstelle wird $\epsilon_r(\omega)$ und damit wird auch der Brechungsindex komplex. Das hat zur Folge, daß elektromagnetische Wellen, deren Frequenzen nahe der Resonanzfrequenz liegen, auch im Isolator absorbiert werden. In (frequenzmäßig) hinreichend großem Abstand von einer solchen Resonanzstelle ist $\epsilon_r(\omega)$ in guter Näherung als reell anzusehen, und alle bisherigen Ausführungen sind voll gültig.

8.1.3. Ausbreitung elektromagnetischer Wellen in Leitern

Wir wenden uns jetzt der Ausbreitung elektromagnetischer Wellen in Festkörpern zu, deren elektrische Leitfähigkeit $\sigma \neq 0$ ist. Dieser Fall liegt praktisch bei allen Metallen und Halbmetallen stets sowie bei Halbleitern für $T > 0$ K vor. Wir gehen wieder von den Telegraphengleichungen (8.10) und (8.11) aus und setzen auch hier die Lösungen in Form monochromatischer ebener Wellen gemäß (8.13) an. Mit (8.13) ist

$$\left.\begin{aligned} &\frac{\partial \boldsymbol{E}}{\partial t} = i\omega \boldsymbol{E}; \qquad \frac{\partial \boldsymbol{H}}{\partial t} = i\omega \boldsymbol{H} \\ \text{und} \\ &\frac{\partial^2 \boldsymbol{E}}{\partial t^2} = -\omega^2 \boldsymbol{E}; \qquad \frac{\partial^2 \boldsymbol{H}}{\partial t^2} = -\omega^2 \boldsymbol{H}, \end{aligned}\right\} \tag{8.23}$$

so daß man jeweils die erste zeitliche Ableitung in (8.10) und (8.11) durch die entsprechende zweite gemäß

$$\frac{\partial \boldsymbol{E}}{\partial t} = -\frac{i}{\omega}\frac{\partial^2 \boldsymbol{E}}{\partial t^2}, \qquad \frac{\partial \boldsymbol{H}}{\partial t} = -\frac{i}{\omega}\frac{\partial^2 \boldsymbol{H}}{\partial t^2} \tag{8.24}$$

ausdrücken kann. Die Telegraphengleichungen gehen dann in

$$\left.\begin{aligned} &\left(\mu\epsilon - i\frac{\mu\sigma}{\omega}\right)\frac{\partial^2 \boldsymbol{E}}{\partial t^2} = \Delta \boldsymbol{E} \\ \text{und} \\ &\left(\mu\epsilon - i\frac{\mu\sigma}{\omega}\right)\frac{\partial^2 \boldsymbol{H}}{\partial t^2} = \Delta \boldsymbol{H} \end{aligned}\right\} \tag{8.25}$$

über. Schreibt man sie in der Form

$$\mu\tilde{\epsilon}\,\frac{\partial^2 \boldsymbol{E}}{\partial t^2} = \Delta \boldsymbol{E}, \qquad \mu\tilde{\epsilon}\,\frac{\partial^2 \boldsymbol{H}}{\partial t^2} = \Delta \boldsymbol{H} \tag{8.26}$$

mit

$$\tilde{\epsilon} = \epsilon - i\frac{\sigma}{\omega}, \tag{8.27}$$

so stimmen sie formal mit den Wellengleichungen (8.12) überein. Damit ist durch Einführung einer *komplexen Dielektrizitätsfunktion*[1]) gemäß (8.27) das Problem $\sigma \neq 0$

[1]) Im Falle anisotroper Medien lautet (8.27) $\tilde{\boldsymbol{\epsilon}} = \boldsymbol{\epsilon} - \frac{i}{\omega}\boldsymbol{\sigma}$. $\tilde{\boldsymbol{\epsilon}}$ nennt man dann Tensor der komplexen Dielektrizitätsfunktion (beziehungsweise häufig auch nur kurz Dielektrizitätstensor).

mathematisch auf das Problem $\sigma = 0$ zurückgeführt. Für eine sich in z-Richtung ausbreitende elektromagnetische Welle kann man daher formal die Formeln (8.16) bis (8.22) übernehmen, wenn man jeweils ϵ und die daraus resultierenden Größen q und n durch die entsprechenden komplexen Werte ersetzt. Wichtig ist in diesem Zusammenhang, welche physikalischen Konsequenzen sich daraus ergeben.

Mit (8.3) schreiben wir (8.27) in der Form

$$\tilde{\epsilon} = \epsilon_0 \left(\epsilon_r - i \frac{\sigma}{\epsilon_0 \omega} \right). \tag{8.28}$$

Hiermit lautet die zu (8.16) analoge Disperionsbeziehung für elektromagnetische Wellen in einem homogenen isotropen Festkörper

$$q = \omega \sqrt{\mu_0 \mu_r \epsilon_0 \left(\epsilon_r - i \frac{\sigma}{\epsilon_0 \omega} \right)} = \frac{\omega}{c} \sqrt{\mu_r \left(\epsilon_r - i \frac{\sigma}{\epsilon_0 \omega} \right)} \tag{8.29}$$

$\left(c = \frac{1}{\sqrt{\mu_0 \epsilon_0}} \text{ gemäß (8.18)} \right)$.

Der Wellenvektor wird im vorliegenden Fall komplex.

Andererseits entspricht hier der Beziehung (8.20)

$$q = \frac{\omega}{c} \tilde{\mathsf{n}} \tag{8.30}$$

mit dem *komplexen Brechungsindex* $\tilde{\mathsf{n}}$. Ein Vergleich von (8.29) und (8.30) liefert

$$\tilde{\mathsf{n}} = \sqrt{\mu_r \left(\epsilon_r - i \frac{\sigma}{\epsilon_0 \omega} \right)}. \tag{8.31}$$

Man setzt

$$\tilde{\mathsf{n}} \equiv \mathsf{n} - i\varkappa \tag{8.32}$$

($\mathsf{n}, \varkappa$: reell)

und bezeichnet n als *reellen Brechungsindex* und $\varkappa$ als *Extinktionskoeffizienten*. n und $\varkappa$ charakterisieren (wie im weiteren noch klar wird) die optischen Eigenschaften eines Festkörpers. Über (8.31) sind n und $\varkappa$ mit den die elektrischen und magnetischen Eigenschaften des Festkörpers charakterisierenden Größen ϵ, μ und σ verknüpft, so daß sich das optische Verhalten eines Festkörpers aus seinen elektrischen und magnetischen Eigenschaften erklären läßt.

Für die am Ort $\boldsymbol{r}$ zur Zeit t vorhandenen Feldstärkewerte einer elektromagnetischen Welle, die sich in einem homogenen isotropen Festkörper in z-Richtung ausbreitet, ergibt sich analog zu (8.22)

$$\boldsymbol{E} = \boldsymbol{E}_0 \, \mathrm{e}^{i\omega \left(t - \frac{\tilde{\mathsf{n}}}{c} z \right)}, \qquad \boldsymbol{H} = \boldsymbol{H}_0 \, \mathrm{e}^{i\omega \left(t - \frac{\tilde{\mathsf{n}}}{c} z \right)}, \tag{8.33}$$

und mit (8.32)

$$\boldsymbol{E} = \boldsymbol{E}_0 \, \mathrm{e}^{-\frac{\varkappa\omega}{c} z} \, \mathrm{e}^{i\omega \left(t - \frac{\mathsf{n}}{c} z \right)}, \qquad \boldsymbol{H} = \boldsymbol{H}_0 \, \mathrm{e}^{-\frac{\varkappa\omega}{c} z} \, \mathrm{e}^{i\omega \left(t - \frac{\mathsf{n}}{c} z \right)}. \tag{8.34}$$

Man erkennt hieraus, daß die Phasengeschwindigkeit der elektromagnetischen Welle durch den reellen Brechungsindex n bestimmt $\left(v_{\mathrm{Ph}} = \frac{c}{\mathsf{n}} \right)$ und daß die Welle längs ihrer Ausbreitungsrichtung gedämpft wird. Die Größe der Dämpfung hängt von der Frequenz der Welle und dem Extinktionskoeffizienten $\varkappa$ ab. Entlang der Strecke $z = \frac{c}{\varkappa\omega}$ sinken die Wellenamplituden jeweils auf den e-ten Teil ab.

Wir diskutieren nun anhand des komplexen Brechungsindex $\tilde{\mathsf{n}}$ das Dämpfungsverhalten der Festkörper für elektromagnetische Wellen aus unterschiedlichen Frequenzbereichen. Dazu ist zu bemerken, daß in (8.27) bis (8.31) jeweils die dynamischen (d. h. die der betrachteten Frequenz entsprechenden) Werte für μ_r, ϵ_r und σ einzusetzen sind. $\mu_r(\omega)$ und $\epsilon_r(\omega)$ setzen wir als reell voraus.[1]) Für die elektrische Leitfähigkeit $\sigma(\omega)$ können wir das nicht tun, denn nach (6.18) berechnet sich ihr dynamischer Wert[2]) zu

$$\sigma = \sigma(\omega) = \frac{\sigma_0}{1 + i\omega\tau}, \tag{8.35}$$

wobei $\sigma_0 = \frac{e^2 n\tau}{m^*}$ die Gleichstromleitfähigkeit, e die Elementarladung, n die Elektronenkonzentration, τ die Relaxationszeit und m^* die effektive Masse der Elektronen darstellen.

(8.35) in (8.31) eingesetzt, ergibt mit (8.32)

$$\tilde{\mathsf{n}} = \mathsf{n} - i\varkappa = \sqrt{\mu_r\left(\epsilon_r - i\,\frac{\sigma_0}{\epsilon_0\omega\,(1 + i\omega\tau)}\right)}. \tag{8.36}$$

Die Diskussion dieses Ausdrucks führen wir für drei Frequenzbereiche getrennt durch:

1. $\omega\tau \ll 1$

Aus Abschnitt 6.1. wissen wir, daß die Relaxationszeit sehr stark von der Temperatur abhängt und daher in einem großen Intervall von etwa 10^{-14} s bei Zimmertemperatur bis zu etwa 10^{-10} s bei tiefen Temperaturen (≈ 4 K) variiert. Dementsprechend betrachten wir im vorliegenden Bereich alle elektromagnetischen Wellen bis hin zum Mikrowellenbereich (bei Zimmertemperatur sogar bis zum Submillimeterwellenbereich). Der Brechungsindex $\tilde{\mathsf{n}}$ ergibt sich aus (8.36) in der Näherung $\omega\tau \ll 1$ zu

$$\tilde{\mathsf{n}} = \mathsf{n} - i\varkappa = \sqrt{\mu_r\left(\epsilon_r - i\,\frac{\sigma_0}{\epsilon_0\omega}\right)}. \tag{8.37}$$

Hieraus folgt wegen

$$\tilde{\mathsf{n}}^2 = \mathsf{n}^2 - i2\mathsf{n}\varkappa - \varkappa^2 = \mu_r\epsilon_r - i\,\frac{\mu_r\sigma_0}{\epsilon_0\omega} \tag{8.38}$$

[1]) Wir hatten bereits darauf hingewiesen, daß $\epsilon_r(\omega)$ in der Nähe sogenannter Resonanzstellen komplex werden kann. Wenn wir $\epsilon_r(\omega)$ als reell voraussetzen, so bedeutet das, daß wir alle elektromagnetischen Wellen, für die $\epsilon_r(\omega)$ komplex wird, aus unseren Betrachtungen ausschließen.

Experimentell hat sich herausgestellt, daß μ_r bei nichtferromagnetischen Substanzen in allen Fällen nahezu 1 (und damit reell) ist.

[2]) Der hier angegebene Wert (8.35) für die dynamische elektrische Leitfähigkeit ergibt sich unter der Voraussetzung, daß sich das elektrische Feld harmonisch ändert ($\boldsymbol{E} \sim e^{i\omega t}$). Andere Felder betrachten wir überhaupt nicht.

durch Koeffizientenvergleich

$$n^2 - \varkappa^2 = \mu_r \epsilon_r\,, \qquad 2n\varkappa = \frac{\mu_r \sigma_0}{\epsilon_0 \omega} \tag{8.39}$$

und damit

$$n = \sqrt{\frac{\mu_r}{2}\left(+\sqrt{\epsilon_r^2 + \left(\frac{\sigma_0}{\epsilon_0 \omega}\right)^2} + \epsilon_r\right)}, \qquad \varkappa = \sqrt{\frac{\mu_r}{2}\left(+\sqrt{\epsilon_r^2 + \left(\frac{\sigma_0}{\epsilon_0 \omega}\right)^2} - \epsilon_r\right)}. \tag{8.40}$$

Für zwei interessante Festkörpergruppen wollen wir diese Ausdrücke weiter spezialisieren.

Idealer Isolator

Für $\sigma_0 = 0$ erhält man aus (8.40) $n = \sqrt{\mu_r \epsilon_r}$ und $\varkappa = 0$, so daß sich $\tilde{n} = n = \sqrt{\mu_r \epsilon_r}$ in Übereinstimmung mit (8.19) ergibt.

Guter Leiter (Metall)

In Tabelle 8.2 sind für einige Festkörper die Gleichstromleitfähigkeitswerte σ_0 (für Zimmertemperatur) sowie die entsprechenden Verhältnisse $\frac{\sigma_0}{\epsilon_0}$ aufgeführt.

Tabelle 8.2.
Die elektrische Leitfähigkeit σ_0 und das Verhältnis σ_0/ϵ_0 für einige gute Leiter *)
(Zum Vergleich sind im unteren Teil der Tabelle die entsprechenden Werte für einige Halbmetalle sowie für einen Isolator angegeben)

Festkörper		$\sigma_0/\Omega^{-1}\,m^{-1}$ ($T = 20\,°C$)	$\frac{\sigma_0}{\epsilon_0}\Big/s^{-1}$
Metalle	Ag	$6{,}17 \cdot 10^7$	$6{,}97 \cdot 10^{18}$
	Cu	$5{,}81 \cdot 10^7$	$6{,}56 \cdot 10^{18}$
	Au	$4{,}13 \cdot 10^7$	$4{,}66 \cdot 10^{18}$
	Al	$3{,}55 \cdot 10^7$	$4{,}01 \cdot 10^{18}$
	W	$1{,}82 \cdot 10^7$	$2{,}06 \cdot 10^{18}$
	Mo	$1{,}79 \cdot 10^7$	$1{,}15 \cdot 10^{18}$
	Pt	$0{,}95 \cdot 10^7$	$1{,}07 \cdot 10^{18}$
Halbmetalle	Sb	$2{,}38 \cdot 10^{-1}$	$2{,}69 \cdot 10^{10}$
	C (Graphit)	$1{,}2 \cdot 10^{-1}$	$1{,}36 \cdot 10^{10}$
	Bi	$0{,}83 \cdot 10^{-1}$	$0{,}94 \cdot 10^{10}$
Nichtmetall	Porzellan	$4{,}2 \cdot 10^{-7}$	$4{,}74 \cdot 10^4$

*) Werte nach: N. I. Karjakin, K. I. Bystrow, P. S. Kirejew [20]

Vergleicht man die $\frac{\sigma_0}{\epsilon_0}$-Werte mit $\frac{1}{\tau}$ ($\approx 10^{14}$ s^{-1} für Zimmertemperatur), so stellt man fest, daß für Festkörper mit hinreichend hoher elektrischer Leitfähigkeit die Relation

$$\frac{\sigma_0}{\epsilon_0} \gg \frac{1}{\tau} \tag{8.41}$$

besteht. Da im vorliegenden Frequenzbereich $\frac{1}{\tau} \gg \omega$ ist, gilt für derartige leitende Festkörper überdies

$$\frac{\sigma_0}{\epsilon_0 \omega} \gg 1 . \tag{8.42}$$

Wir wollen definitionsgemäß einen Leiter dann als *gut* bezeichnen, wenn für ihn unter der Voraussetzung $\omega\tau \ll 1$ die Ungleichung

$$\frac{\sigma_0}{\epsilon_0 \omega} \gg \epsilon_r \tag{8.43}$$

erfüllt ist. Wie der Tabelle 8.2 zu entnehmen ist, sind somit die Halbmetalle nicht mehr zu den guten Leitern zu zählen.

Mit (8.43) erhält man unter Berücksichtigung von (8.42) aus (8.40)

$$\mathsf{n} \approx \varkappa \approx \sqrt{\frac{\mu_r \sigma_0}{2\epsilon_0 \omega}} \gg 1 . \tag{8.44}$$

Bei guten Leitern haben im vorliegenden Frequenzbereich der reelle Brechungsindex und der Extinktionskoeffizient etwa den gleichen Wert; beide nehmen außerdem große Werte an.

2. $\omega\tau \approx 1$

Diese Situation liegt in Abhängigkeit von der Größe der Relaxationszeit τ für elektromagnetische Wellen des Mikrowellenbereiches (bei tiefen Temperaturen) bis hin zu Wellen des fernen Infrarotbereiches (bei Zimmertemperatur) vor. Brechungsindex und Extinktionskoeffizient müssen direkt aus (8.36) ermittelt werden. Man erhält hier ebenfalls für den idealen Isolator $\tilde{\mathsf{n}} = \mathsf{n} = \sqrt{\mu_r \epsilon_r}$ (in Übereinstimmung mit (8.19)) und für gute Leiter $\mathsf{n} \approx \varkappa$ (solange auch im vorliegenden Frequenzbereich noch (8.43) erfüllt ist).

3. $\omega\tau \gg 1$

Diese Bedingung erfüllen elektromagnetische Wellen etwa vom Infrarotbereich an, bei tiefen Temperaturen bereits vom Submillimeterwellenbereich an.

Aus (8.36) wird hier

$$\begin{aligned} \tilde{\mathsf{n}} = \mathsf{n} - i\varkappa &\approx \sqrt{\mu_r \left(\epsilon_r - \frac{\sigma_0}{\epsilon_0 \omega^2 \tau}\right)} \\ &\approx \sqrt{\mu_r \left(\epsilon_r - \frac{\omega_p^2}{\omega^2}\right)} \end{aligned} \tag{8.45}$$

mit

$$\omega_p = +\sqrt{\frac{\sigma_0}{\epsilon_0 \tau}} = +\sqrt{\frac{e^2 n}{\epsilon_0 m^*}}. \tag{8.46}$$

Im letzten Teil der Gleichung haben wir σ_0 gemäß (8.35) eingesetzt. ω_p nennt man *Plasmafrequenz*[1]). Sie ist ein wesentlicher Parameter in der Festkörperphysik; ihr Wert hängt gemäß (8.46) von der Elektronenkonzentration und der effektiven Masse ab. Für normale Metalle ($n \approx 5 \cdot 10^{22}\,\mathrm{cm}^{-3} = 5 \cdot 10^{18}\,\mathrm{m}^{-3}$) mit $m^* \approx m_0 = 9{,}1 \cdot 10^{-31}\,\mathrm{kg}$ sowie $|e| = 1{,}602 \cdot 10^{-19}$ As und ϵ_0 gemäß (8.4) erhält man größenordnungsmäßig

$$\omega_p \approx 10^{16}\,\mathrm{s}^{-1}, \tag{8.47}$$

also eine Frequenz aus dem ultravioletten Spektralbereich.

Die folgende Diskussion des Brechungsindexes nach (8.45) läßt die physikalische Bedeutung der Plasmafrequenz erkennen. Zunächst sei jedoch bemerkt, daß im Falle $\frac{\omega_p^2}{\omega^2} = \epsilon_r$ folgt: $\tilde{\mathsf{n}} = \mathsf{n} = \varkappa = 0$.

Da bei normalen Metallen $\epsilon_r \approx 1$ gilt, ist $\tilde{n}$ für $\omega \ll \omega_p$ imaginär und für $\omega \gg \omega_p$ reell. (8.45) liefert für $\omega \ll \omega_p$

$$\mathsf{n} \approx 0, \qquad \varkappa \approx \sqrt{\mu_r}\,\frac{\omega_p}{\omega}. \tag{8.48}$$

Elektromagnetische Wellen dieses Frequenzbereiches werden folglich im Festkörper stark gedämpft; aber die Dämpfung wird mit zunehmender Frequenz geringer. Für $\omega \gg \omega_p$ erhält man dann gemäß (8.45) sogar

$$\mathsf{n} \approx \sqrt{\mu_r \epsilon_r}, \qquad \varkappa \approx 0. \tag{8.49}$$

Elektromagnetische Wellen dieser Frequenzen können sich nahezu ungedämpft im Festkörper ausbreiten; der Festkörper ist durchsichtig.

Wir können daher feststellen:

Während ein leitender Festkörper ($\sigma \neq 0$) elektromagnetische Wellen der Frequenzen $\omega < \omega_p$ stark absorbiert, verhält er sich gegenüber Wellen mit $\omega > \omega_p$ wie ein Isolator. Verursacht wird dieses Verhalten dadurch, daß im Falle $\omega \gg \omega_p$ der Verschiebungsstrom groß gegenüber dem Leitungsstrom ist. Speziell wollen wir uns merken, daß alle Metalle für elektromagnetische Strahlung mit $\omega \gg \omega_p$ durchlässig sind.

8.2. Reflexion und Absorption

Bisher haben wir nur räumlich unendlich ausgedehnte Festkörper behandelt. Von jetzt ab beziehen wir die Festkörperoberfläche in die Betrachtungen ein. Aus der Erfahrung wissen wir: Trifft eine elektromagnetische Welle auf die Oberfläche eines Festkörpers auf, so wird sie teils reflektiert, teils dringt sie in den Festkörper ein und pflanzt sich in ihm mehr oder weniger stark gedämpft fort. Unsere Aufgabe besteht nun darin, diesen Sachverhalt quantitativ zu fassen. Dabei beschränken wir uns auf den senkrechten Einfall der Welle.

[1]) Die Bedeutung der Plasmafrequenz wird insbesondere in Kapitel 10 deutlich werden.

8.2.1. Reflexion

Wir nehmen im folgenden einen homogenen isotropen Festkörper an, der entsprechend Abbildung 8.1 den Halbraum $z \geqq 0$ ausfüllt. Die Festkörperoberfläche fällt dementsprechend mit der (x,y)-Ebene zusammen. Das Festkörpermaterial sei durch $\mu(\omega) = \mu_0\mu_r(\omega)$, $\epsilon(\omega) = \epsilon_0\epsilon_r(\omega)$ und $\sigma(\omega)$ charakterisiert, woraus sich gemäß (8.31) der komplexe Brechungsindex $\tilde{\mathsf{n}} = \mathsf{n} - i\varkappa$ ergibt.

Der Halbraum $z < 0$ sei leer (Vakuum), so daß dort $\mu = \mu_0$, $\epsilon = \epsilon_0$, $\sigma = 0$ sowie $\mathsf{n} = 1$, $\varkappa = 0$ (und damit $\tilde{\mathsf{n}} = \mathsf{n} = 1$) gilt.

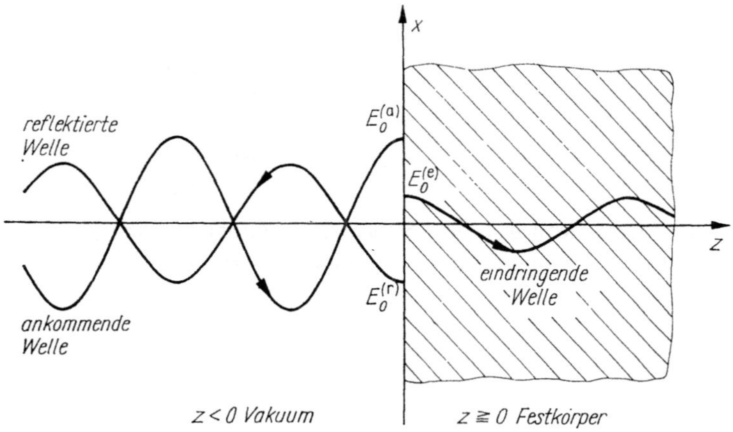

Abb. 8.1.
Zur Erläuterung der Reflexion

Bezüglich der ankommenden elektromagnetischen Welle sei vorausgesetzt:

— Sie breite sich in positiver z-Richtung aus $(\boldsymbol{q} = (0, 0, q))$ und treffe damit senkrecht auf die Festkörperoberfläche auf.
— Sie sei linear polarisiert. Ohne Beschränkung der Allgemeinheit möge der Vektor $\boldsymbol{E}$ der elektrischen Feldstärke in x-Richtung schwingen.

Dann können wir die ankommende Welle mit (8.22) folgendermaßen ausdrücken:

$$\left.\begin{aligned} \boldsymbol{E}^{(a)} &= (E_x^{(a)}, 0, 0) \quad \text{mit} \quad E_x^{(a)} = E_0^{(a)}\, e^{i\omega\left(t - \frac{1}{c} z\right)}, \\ \boldsymbol{H}^{(a)} &= (0, H_y^{(a)}, 0) \quad \text{mit} \quad H_y^{(a)} = H_0^{(a)}\, e^{i\omega\left(t - \frac{1}{c} z\right)}. \end{aligned}\right\} \tag{8.50}$$

$E_0^{(a)}$ und $H_0^{(a)}$ sind die entsprechenden Amplituden.

Für die reflektierte Welle gilt dann

$$\left.\begin{aligned} \boldsymbol{E}^{(r)} &= (E_x^{(r)}, 0, 0) \quad \text{mit} \quad E_x^{(r)} = E_0^{(r)}\, e^{i\omega\left(t + \frac{1}{c} z\right)}, \\ \boldsymbol{H}^{(r)} &= (0, H_y^{(r)}, 0) \quad \text{mit} \quad H_y^{(r)} = H_0^{(r)}\, e^{i\omega\left(t + \frac{1}{c} z\right)}, \end{aligned}\right\} \tag{8.51}$$

da sie sich in negativer z-Richtung ausbreitet. Die Amplituden $E_0^{(r)}$ und $H_0^{(r)}$ sind zunächst noch unbekannt.

Schließlich ergibt sich für die in den Festkörper eindringende Welle mit (8.33)

$$\left.\begin{aligned} \boldsymbol{E}^{(e)} &= (E_x^{(e)}, 0, 0) \quad \text{mit} \quad E_x^{(e)} = E_0^{(e)}\, e^{i\omega\left(t - \frac{\tilde{n}}{c} z\right)}, \\ \boldsymbol{H}^{(e)} &= (0, H_y^{(e)}, 0) \quad \text{mit} \quad H_y^{(e)} = H_0^{(e)}\, e^{i\omega\left(t - \frac{\tilde{n}}{c} z\right)}, \end{aligned}\right\} \tag{8.52}$$

wobei auch hier die Amplituden $E_0^{(e)}$ und $H_0^{(e)}$ noch unbekannt sind.

Wir wollen nun die unbekannten Amplituden $E_0^{(r)}$ und $E_0^{(e)}$ durch die bekannte $E_0^{(a)}$ der ankommenden Welle ausdrücken. Das gelingt in zwei Schritten:

1. Die erste der Maxwell-Gleichungen (8.7) liefert eine Beziehung zwischen den entsprechenden E_0 und H_0 der einzelnen Wellen. (8.50), (8.51) und (8.52) jeweils in (1) von (8.7) eingesetzt, ergibt unter Berücksichtigung von (8.3):

$$H_0^{(a)} = \frac{1}{\mu_0 c} E_0^{(a)}, \qquad H_0^{(r)} = -\frac{1}{\mu_0 c} E_0^{(r)}, \qquad H_0^{(e)} = \frac{\tilde{n}}{\mu_0 \mu_r c} E_0^{(e)}. \tag{8.53}$$

2. Beim Übergang vom Vakuum in den Festkörper bleiben die Tangentialkomponenten der elektrischen und der magnetischen Feldstärke stetig, so daß

$$E_0^{(e)} = E_0^{(a)} + E_0^{(r)} \tag{8.54}$$

und

$$H_0^{(e)} = H_0^{(a)} + H_0^{(r)} \tag{8.55}$$

erfüllt sein müssen.

(8.55) wird mit (8.53)

$$\frac{\tilde{n}}{\mu_r} E_0^{(e)} = E_0^{(a)} - E_0^{(r)}. \tag{8.56}$$

Hieraus ergeben sich mit (8.54) die gesuchten Amplituden zu

$$E_0^{(r)} = \frac{\mu_r - \tilde{n}}{\mu_r + \tilde{n}} E_0^{(a)} \tag{8.57}$$

und

$$E_0^{(e)} = \frac{2\mu_r}{\mu_r + \tilde{n}} E_0^{(a)}. \tag{8.58}$$

Damit sind die Anteile der reflektierten und der in den Festkörper eindringenden Welle bezüglich der ankommenden Welle bestimmt. Wir wollen diese jetzt im einzelnen betrachten.

Üblicherweise charakterisiert man den Anteil der reflektierten Welle an der ankommenden nicht durch (8.57), sondern durch den sogenannten *Reflexionskoeffizienten* R.

Der Reflexionskoeffizient ist als Verhältnis der Intensität $I^{(r)}$ der reflektierten Welle zu der der ankommenden Welle $I^{(a)}$ definiert:

$$\mathsf{R} = \frac{I^{(r)}}{I^{(a)}}. \tag{8.59}$$

Da die Intensität einer harmonischen Welle dem Quadrat der Wellenamplitude proportional ist, läßt sich R mit (8.57) zu

$$\mathsf{R} = \frac{|E_0^{(\mathrm{r})}|^2}{|E_0^{(\mathrm{a})}|^2} = \frac{|\mu_\mathrm{r} - \tilde{\mathsf{n}}|^2}{|\mu_\mathrm{r} + \tilde{\mathsf{n}}|^2} \tag{8.60}$$

berechnen. Wegen $\tilde{\mathsf{n}} = \mathsf{n} - i\varkappa$ erhält man schließlich

$$\mathsf{R} = \frac{(\mathsf{n} - \mu_\mathrm{r})^2 + \varkappa^2}{(\mathsf{n} + \mu_\mathrm{r})^2 + \varkappa^2}. \tag{8.61}$$

Für $\mu_\mathrm{r} \approx 1$ ergibt sich

$$\mathsf{R} \approx \frac{(\mathsf{n} - 1)^2 + \varkappa^2}{(\mathsf{n} + 1)^2 + \varkappa^2}. \tag{8.62}$$

Der Reflexionskoeffizient hängt also über n und $\varkappa$ von der Frequenz der elektromagnetischen Welle und von den elektrischen und magnetischen Eigenschaften (insbesondere von der elektrischen Leitfähigkeit) des Festkörpermaterials ab. Nicht zu erkennen ist aus den angegebenen Formeln, daß R auch in hohem Maße von der Beschaffenheit der Festkörperoberfläche abhängt.

Wir spezialisieren (8.61) bzw. (8.62) für zwei interessante Fälle:

1. Idealer Isolator

Wegen $\sigma = 0$ folgt aus (8.31) und (8.32) $\varkappa = 0$, so daß für alle Festkörper, in denen sich elektromagnetische Wellen ungedämpft ausbreiten können, also für alle durchsichtigen Materialien, gilt:

$$\mathsf{R} = \left(\frac{\mathsf{n} - \mu_\mathrm{r}}{\mathsf{n} + \mu_\mathrm{r}}\right)^2 \approx \left(\frac{\mathsf{n} - 1}{\mathsf{n} + 1}\right)^2. \tag{8.63}$$

2. Guter Leiter (Metall)

Für elektromagnetische Wellen, deren Kreisfrequenzen der Bedingung $\omega\tau \ll 1$ (τ: Relaxationszeit) genügen, gilt für einen durch (8.43) charakterisierten guten Leiter $\mathsf{n} \approx \varkappa \gg 1$. Quantitativ erhält man mit (8.44) und (8.62) die sogenannte *Hagen-Rubens-Relation*

$$\mathsf{R} \approx 1 - \frac{4\mathsf{n}}{(\mathsf{n} + 1)^2 + \varkappa^2} \approx 1 - \frac{2}{\mathsf{n}} \approx 1 - \sqrt{\frac{8\epsilon_0\omega}{\sigma_0}}. \tag{8.64}$$

Experimentelle Untersuchungen an verschiedenen Metallen haben ergeben, daß (8.64) für elektromagnetische Wellen mit Frequenzen bis hin zum langwelligen Infrarotbereich (bei Zimmertemperatur) gültig ist.

Zwei wichtige Folgerungen aus (8.64) seien angemerkt:

- Bis zum langwelligen Infrarotbereich kann das optische Verhalten der Metalle in guter Näherung durch die Gleichstromleitfähigkeit σ_0 beschrieben werden.

— Der zweite Summand in (8.64) ist (wegen $\mathsf{n} \gg 1$) klein gegenüber dem ersten. Das bedeutet, der Reflexionskoeffizient R ist nahezu 1. Hieraus wiederum folgt, daß die ankommende Welle fast vollständig an der Oberfläche eines guten Leiters reflektiert wird; nur ein geringfügiger Teil der Welle dringt in einen gut leitenden Festkörper ein.

Auch elektromagnetische Wellen, deren Kreisfrequenzen den Bedingungen $\omega\tau \gg 1$, $\omega \ll \omega_p$ genügen, werden noch nahezu vollständig reflektiert. Man überzeugt sich davon, indem man (8.48) in (8.61) einsetzt. Erst bei höheren Frequenzen ($\omega\tau \gg 1$, $\omega \gtrapprox \omega_p$) verringert sich der Reflexionskoeffizient. Er nimmt dann allerdings sehr schnell ab (beispielsweise beträgt R bei Silber für $\omega \approx 6 \cdot 10^{15}\,\mathrm{s}^{-1}$ bereits nur noch 0,04) und ist für $\omega \gg \omega_p$ nahezu Null. Im letzteren Fall dringt die ankommende Welle fast vollständig in den Festkörper ein.

Abschließend wollen wir noch auf folgende Tatsache aufmerksam machen: Ist der Brechungsindex reell ($\tilde{\mathsf{n}} = \mathsf{n} > 1$, $\varkappa = 0$), so gilt nach (8.57) $E_0^{(r)} \sim (-E_0^{(a)})$. Der $\boldsymbol{E}$-Vektor der reflektierten Welle ist somit dem der ankommenden Welle entgegengerichtet; auch an der Festkörperoberfläche. Mit anderen Worten, der $\boldsymbol{E}$-Vektor erleidet bei der Reflexion einen Phasensprung um 180°. Dieser Sachverhalt liegt auch noch in guter Näherung im gesamten Gültigkeitsbereich der Hagen-Rubens-Relation vor.

8.2.2. Absorption

Wir wenden uns jetzt der Frage zu, was mit dem Anteil A der elektromagnetischen Welle geschieht, der in den Festkörper eindringt. Ganz allgemein ergibt er sich wegen $\mathsf{R} + \mathsf{A} = 1$ zu

$$\mathsf{A} = 1 - \mathsf{R}\,. \tag{8.65}$$

Wir unterscheiden auch hier wieder zwischen Isolatoren und Leitern.

1. Idealer Isolator

Eine in einen idealen Isolator ($\sigma = 0$) eindringende elektromagnetische Welle pflanzt sich in ihm gemäß Abschnitt 8.1.2. ungedämpft fort. Das gilt für alle Frequenzen, für die ϵ_r und μ_r als reelle Größen betrachtet werden können. Der in den Isolator eindringende Anteil der ankommenden Welle läßt sich nach (8.65) mit (8.63) zu

$$\mathsf{A} = 1 - \mathsf{R} = 1 - \left(\frac{\mathsf{n} - 1}{\mathsf{n} + 1}\right)^2 = \frac{4\mathsf{n}}{(\mathsf{n} + 1)^2} \tag{8.66}$$

berechnen.

2. Leiter

Eine in einen leitenden Festkörper ($\sigma \neq 0$) eindringende elektromagnetische Welle pflanzt sich in ihm gedämpft fort (vgl. Abschnitt 8.1.3.). Für die elektrische Komponente[1]) gilt nach (8.34)

$$\boldsymbol{E}^{(e)} = \boldsymbol{E}_0^{(e)}\, \mathrm{e}^{-\left(\frac{\varkappa\omega}{c} z\right)}\, \mathrm{e}^{i\omega\left(t - \frac{n}{c} z\right)}. \tag{8.67}$$

[1]) Für die magnetische Komponente gelten alle Ausführungen gleichermaßen, so daß man allein durch die Betrachtung der elektrischen Komponente der Welle alle Informationen erhält.

Die Amplitude der eindringenden Welle hat an der Festkörperoberfläche ihren Maximalwert $|\boldsymbol{E}_0^{(e)}|$. An der Stelle z hat sie nur noch den Wert $|\boldsymbol{E}_0^{(e)}|\, e^{-\frac{\varkappa\omega}{c}z}$. Speziell gilt in der Entfernung einer Wellenlänge von der Festkörperoberfläche

$$\boldsymbol{E}_\lambda^{(e)} = \boldsymbol{E}_0^{(e)}\, e^{-\frac{\varkappa\omega}{c}\lambda} = \boldsymbol{E}_0^{(e)}\, e^{-\frac{2\pi\varkappa}{\mathsf{n}}}. \tag{8.68}$$

Hierbei ist $\omega = 2\pi\nu$ und $\nu\lambda = v_{\text{Ph}} = c/\mathsf{n}$ berücksichtigt.

Man definiert nun als *Eindringtiefe* einer elektromagnetischen Welle in einen leitenden Festkörper die Wegstrecke $z = \delta$, entlang derer die Wellenamplitude auf den e-ten Teil ihres Wertes bei $z = 0$ (Festkörperoberfläche) absinkt. Die so definierte Eindringtiefe bezeichnet man als *Skintiefe* [1]). Sie berechnet sich aus dem in (8.67) auftretenden Dämpfungsfaktor $e^{-\frac{\varkappa\omega}{c}z}$. An der Stelle $z = \delta$ muß

$$\frac{\varkappa\omega}{c}\delta = 1 \tag{8.69}$$

gelten. Hieraus ergibt sich sofort

$$\delta = \frac{c}{\varkappa\omega}. \tag{8.70}$$

Die Skintiefe ist somit dem Produkt aus dem (frequenzabhängigen) Extinktionskoeffizienten und der Frequenz der eingestrahlten elektromagnetischen Welle umgekehrt proportional.

Wir spezialisieren jetzt A gemäß (8.65) und δ gemäß (8.70) für einen guten Leiter $\left(\frac{\sigma_0}{\epsilon_0\omega} \gg \epsilon_r\right)$.

$\omega\tau \ll 1$

Hierfür gilt nach (8.44) $\mathsf{n} \approx \varkappa \approx \sqrt{\frac{\mu_r\sigma_0}{2\epsilon_0\omega}}$, und die Skintiefe (8.70) wird

$$\delta \approx c\sqrt{\frac{2\epsilon_0}{\mu_r\sigma_0\omega}} = \sqrt{\frac{2}{\omega\mu_0\mu_r\sigma_0}} \tag{8.71}$$

$\left(\text{wegen } c = \frac{1}{\sqrt{\mu_0\epsilon_0}}\right)$.

Die Skintiefe ist also proportional $\omega^{-1/2}$ und $\sigma_0^{-1/2}$. Ihre Größenordnung ersehen wir für einige Frequenzen aus Tabelle 8.3. Als Beispiel ist hier Kupfer gewählt.

Aus (8.68) folgt, daß die anfängliche Amplitude $E_0^{(e)}$ einer sich in einem guten Leiter ($\mathsf{n} \approx \varkappa$) ausbreitenden elektromagnetischen Welle in der Entfernung einer Wellenlänge von der Oberfläche bereits auf $e^{-2\pi} E_0^{(e)} \approx 2 \cdot 10^{-3} E_0^{(e)}$ abgesunken ist. Hieraus ist zu schließen, daß die Skintiefe kleiner als eine Wellenlänge ist:

$$\delta < \lambda. \tag{8.72}$$

Die Wellen werden also in einer sehr dünnen Schicht unterhalb der Festkörperoberfläche bereits stark gedämpft. Das bedeutet aber auch, daß die Energie der

[1]) skin (engl.): Haut.

Tabelle 8.3.
Skintiefe δ in Abhängigkeit von der Kreisfrequenz ω der eingestrahlten elektromagnetischen Welle am Beispiel von Kupfer

ω/s^{-1}	$\delta_{\mathrm{Cu}}/\mathrm{m}$ (bei Zimmertemperatur)
10^2	$1{,}6 \cdot 10^{-2}$
10^4	$1{,}6 \cdot 10^{-3}$
10^6	$1{,}6 \cdot 10^{-4}$
10^8	$1{,}6 \cdot 10^{-5}$
10^{10}	$1{,}6 \cdot 10^{-6}$
10^{12}	$1{,}6 \cdot 10^{-7}$
10^{14}	$1{,}6 \cdot 10^{-8}$

eindringenden Strahlung in dieser dünnen Schicht nahezu vollständig absorbiert wird. Wir wollen hier jedoch ausdrücklich betonen, daß sich diese Aussagen stets auf die in den Festkörper eindringende und nicht auf die ankommende Welle beziehen. Nach (8.64) und (8.65) dringt nur der geringe Anteil

$$\mathsf{A} \approx \sqrt{\frac{8\epsilon_0\omega}{\mu_r\sigma_0}} \ll 1 \tag{8.73}$$

der ankommenden Welle in den Festkörper ein; der wesentlich größere Anteil der Welle wird reflektiert.

In manchen Fällen ist es zweckmäßig, die Dämpfung einer Welle im Festkörper durch den sogenannten *Absorptionskoeffizienten* β zu beschreiben. Er wird durch

$$I(z) = I(0)\,\mathrm{e}^{-\beta z} \tag{8.74}$$

definiert, wobei $I(z)$ die Intensität der in den Festkörper eindringenden Welle an der Stelle z ist. Da die Intensität einer harmonischen ebenen Welle dem Quadrat der Amplitude proportional ist, erhält man mit (8.67) die folgende Beziehung zwischen β und $\varkappa$:

$$\beta = \frac{2\varkappa\omega}{c}\,. \tag{8.75}$$

$\omega\tau \approx 1$

Gegenüber elektromagnetischen Wellen dieses Frequenzbereiches zeigen die meisten guten Leiter ein ähnliches Absorptionsverhalten, wie wir es für $\omega\tau \ll 1$ beschrieben haben.

$\omega\tau \gg 1$

Im Falle $\omega \ll \omega_\mathrm{p}$ ergibt sich die Skintiefe, wenn man (8.48) in (8.70) einsetzt, zu

$$\delta \approx \frac{c}{\sqrt{\mu_r}\,\omega_\mathrm{p}} \approx \frac{c}{\omega_\mathrm{p}}. \tag{8.76}$$

Die Skintiefe ist hier unabhängig von der Frequenz der Welle; sie wird im wesentlichen nur durch die Plasmafrequenz bestimmt. Man bezeichnet sie daher auch als *Plasma-Skintiefe*.

Mit $\omega_p \approx 10^{16}\ s^{-1}$ gemäß (8.47) erhält man $\delta \approx 3 \cdot 10^{-8}$ m (bei Kupfer beispielsweise $\delta_{Cu} \approx 2 \cdot 10^{-8}$ m). Die eindringende Welle wird also sehr stark gedämpft. Entsprechend den Ausführungen im vorangegangenen Abschnitt wissen wir aber auch, daß die ankommende Welle nahezu vollständig reflektiert wird, so daß hier überhaupt nur ein äußerst geringer Anteil in den guten Leiter eindringen kann.

Diese Situation verändert sich für Wellen höherer Frequenzen ($\omega \gg \omega_p$) grundlegend. Hier kann die ankommende Welle wegen der geringen Reflexion nahezu vollständig in den Festkörper eindringen und sich wegen $\varkappa \approx 0$ (s. (8.49)) im wesentlichen ungedämpft ausbreiten ($\delta \to \infty$).

8.3. Wechselwirkung elektromagnetischer Strahlung mit den Elektronen des Festkörpers (Mikroskopisches Bild von Dispersion und Absorption)

Nachdem wir in den vorangegangenen Abschnitten dieses Kapitels den Einfluß elektromagnetischer Wellen auf isotrope Festkörper vom makroskopischen Standpunkt aus behandelt haben, untersuchen wir jetzt, wie sich speziell die Ladungsträger (Elektronen) des Festkörpers im Feld elektromagnetischer Wellen verhalten. Wir fragen also nach der Wechselwirkung elektromagnetischer Strahlung mit den Elektronen im Festkörper. An dieser Wechselwirkung nehmen nicht nur die quasifreien Leitungselektronen, sondern auch die an den entsprechenden Atomrümpfen gebundenen Elektronen teil. Natürlich erwarten wir infolge der verschiedenen Bindungsverhältnisse für beide Elektronenarten unterschiedliche Wirkungen.

Bei nichtleitenden Festkörpern (Isolatoren und Halbleitern bei $T = 0$ K) werden die optischen Eigenschaften durch die Wechselwirkung der elektromagnetischen Strahlung mit den gebundenen Elektronen bestimmt. Demgegenüber tritt bei leitenden Festkörpern (Metallen, Halbmetallen sowie Halbleitern bei höheren Temperaturen) die Wechselwirkung der Strahlung mit den quasifreien Leitungselektronen hinzu.

8.3.1. Wechselwirkung der Strahlung mit gebundenen Elektronen

Wir gehen von folgender Modellvorstellung aus:

Der Festkörper bestehe aus einer großen Anzahl unabhängiger, räumlich periodisch angeordneter neutraler Atome. An den ruhenden Atomrümpfen sei jeweils 1 Elektron quasielastisch gebunden.

Wir betrachten zunächst nur ein einziges, beliebig herausgegriffenes Elektron. Wählen wir das Koordinatensystem so, daß der Koordinatenursprung mit der Ruhelage des Elektrons zusammenfällt, so wird die Bewegung des Elektrons durch die Gleichung

$$m \frac{d^2\boldsymbol{r}}{dt^2} = -\alpha \boldsymbol{r} \tag{8.77}$$

beschrieben. Hierbei ist $-\alpha \boldsymbol{r}$ die der Auslenkung aus der Gleichgewichtslage proportionale rücktreibende Kraft (α: Koeffizient der quasielastischen Kraft; m: Masse des Elektrons). Die allgemeine Lösung von (8.77) ist

$$\boldsymbol{r} = \boldsymbol{r}_0 \, e^{i\omega_0 t} \tag{8.78}$$

mit

$$\omega_0 = \sqrt{\frac{\alpha}{m}}. \tag{8.79}$$

Das Elektron wird also harmonische Schwingungen mit der Amplitude r_0 und der für es charakteristischen Eigenfrequenz ω_0 vollführen. ω_0 liegt im allgemeinen etwa im optischen Bereich.

Auf das Elektron möge nun das harmonische Feld einer im Festkörper vorhandenen linear polarisierten elektromagnetischen Welle

$$\boldsymbol{E} = \boldsymbol{E}_0 \, e^{i(\omega t - \boldsymbol{q}\cdot\boldsymbol{r})}\,; \qquad \boldsymbol{H} = \boldsymbol{H}_0 \, e^{i(\omega t - \boldsymbol{q}\cdot\boldsymbol{r})} \tag{8.80}$$

einwirken.[1]) Die Folge ist, daß das Elektron zu erzwungenen Schwingungen angeregt wird. Die erregende Kraft ist durch

$$\boldsymbol{F}(t) = -|e|\, \boldsymbol{E}_0 \, e^{i\omega t} \tag{8.81}$$

gegeben.[2]) Da wir ein beliebig herausgegriffenes Elektron mit örtlich fixierter Gleichgewichtslage betrachten, das überdies nur Schwingungen geringer Amplitude ausführen möge, brauchen wir die Ortsabhängigkeit der Welle (8.80) nicht zu berücksichtigen. Außer der erregenden Kraft wirken noch die rücktreibende und eine geschwindigkeitsproportionale Dämpfungskraft $-\,m\gamma(\mathrm{d}\boldsymbol{r}/\mathrm{d}t)$ (γ: Dämpfungskonstante[3])) auf das Elektron ein. Letztere tritt auf, weil das Elektron seinerseits als bewegte Ladung elektromagnetische Wellen abstrahlt.

Die Bewegungsgleichung lautet dann

$$m\frac{\mathrm{d}^2\boldsymbol{r}}{\mathrm{d}t^2} = -\alpha\boldsymbol{r} - m\gamma\frac{\mathrm{d}\boldsymbol{r}}{\mathrm{d}t} - |e|\,\boldsymbol{E}_0\, e^{i\omega t}. \tag{8.82}$$

Unter Berücksichtigung von (8.79) wollen wir sie in der Form

$$\frac{\mathrm{d}^2\boldsymbol{r}}{\mathrm{d}t^2} + \gamma\frac{\mathrm{d}\boldsymbol{r}}{\mathrm{d}t} + \omega_0^2\boldsymbol{r} = -\frac{|e|}{m}\boldsymbol{E}_0\, e^{i\omega t} \tag{8.83}$$

schreiben. Da sich die erregende Kraft harmonisch mit der Kreisfrequenz ω ändert, muß das Elektron ebenfalls harmonische erzwungene Schwingungen derselben Kreisfrequenz vollführen. Sehen wir von Einschwingvorgängen ab und betrachten nur die „stationären“ erzwungenen Schwingungen, so genügt es, eine partikuläre Lösung von

[1]) Da wir uns in diesem und im nächsten Abschnitt weder mit der ankommenden noch mit der reflektierten, sondern ausschließlich mit der in den Festkörper bereits eingedrungenen Welle befassen, lassen wir jeweils den Index (e) fort.

[2]) Wir berücksichtigen nur die elektrische Komponente der elektromagnetischen Welle, da der von der magnetischen Komponente herrührende Beitrag vernachlässigbar gering ist.

[3]) Häufig bezeichnet man $\gamma/2$ als Dämpfungskonstante.

(8.83) zu finden.[1]) Wir suchen diese in der Form

$$\boldsymbol{r} = \boldsymbol{r}_0\, e^{i\omega t}\,. \tag{8.84}$$

Geht man mit diesem Lösungsansatz in (8.83) ein, so ergibt sich als Schwingungsamplitude der komplexe Vektor

$$\boldsymbol{r}_0 = \frac{-\dfrac{|e|}{m}\boldsymbol{E}_0}{\omega_0^2 - \omega^2 + i\gamma\omega}\,. \tag{8.85}$$

Führt man gemäß

$$\boldsymbol{r}_0 = \boldsymbol{s}_0\, e^{-i\varphi} = \boldsymbol{s}_0\,(\cos\varphi - i\sin\varphi) \tag{8.86}$$

den reellen Amplitudenvektor $\boldsymbol{s}_0$ und die reelle Phasenverschiebung φ ein, so erhält man

$$\tan\varphi = \frac{\gamma\omega}{\omega_0^2 - \omega^2} \quad \text{bzw.} \quad \varphi = \operatorname{arc\,tan}\frac{\gamma\omega}{\omega_0^2 - \omega^2} \tag{8.87}$$

und

$$\boldsymbol{s}_0 = \frac{-\dfrac{|e|}{m}\boldsymbol{E}_0}{\sqrt{(\omega_0^2 - \omega^2)^2 + \gamma^2\omega^2}}\,. \tag{8.88}$$

(8.86) in (8.84) eingesetzt, ergibt schließlich die Lösung von (8.83) in der Gestalt

$$\boldsymbol{r} = \boldsymbol{s}_0\, e^{i(\omega t - \varphi)} \tag{8.89}$$

mit φ und $\boldsymbol{s}_0$ gemäß (8.87) und (8.88).

Unter der Voraussetzung geringer Dämpfung ($\gamma \ll \omega_0$) wird der Betrag von $\boldsymbol{s}_0$ an der Stelle $\omega \approx \omega_0$ extremal. Das bedeutet: Nähert sich die Kreisfrequenz der erregenden Kraft (hier also die Kreisfrequenz der auf den Festkörper einwirkenden elektromagnetischen Welle) der Eigenfrequenz ω_0, so steigt die Amplitude der erzwungenen Schwingung stark an. Eine solche Erscheinung nennt man *Resonanz*; ω_0 heißt *Resonanzfrequenz*.

Für die beiden Grenzfälle $\omega \to 0$ und $\omega \to \infty$ sowie für den Spezialfall $\omega = \omega_0$ erhält man aus (8.88) und (8.87) für die Amplitude der erzwungenen Schwingung und für die Phasenverschiebung gegenüber der erregenden Kraft:

$$\left.\begin{aligned}
&\lim_{\omega\to 0} \boldsymbol{s}_0 = -\frac{|e|}{m\omega_0^2}\boldsymbol{E}_0\,, && \lim_{\omega\to 0}\varphi = 0\,,\\
&\boldsymbol{s}_0\big|_{\omega=\omega_0} = s_{\text{extr}}\boldsymbol{E}_0\,, && \varphi\big|_{\omega=\omega_0} = \pi/2\,,\\
&\lim_{\omega\to\infty} \boldsymbol{s}_0 = \boldsymbol{0}\,, && \lim_{\omega\to\infty}\varphi = \pi\,.
\end{aligned}\right\} \tag{8.90}$$

Wirkt also sehr langwellige elektromagnetische Strahlung ($\omega \ll \omega_0$) auf den Festkörper ein, so schwingt das Elektron mit der anregenden Welle in Phase; seine

[1]) Die allgemeine Lösung von (8.83) ergibt sich aus der Summe einer ihrer partikulären Lösungen und der allgemeinen Lösungen der ihr entsprechenden homogenen Gleichung. Die allgemeine Lösung der zu (8.83) gehörenden homogenen Gleichung stellt aber eine gedämpfte harmonische Schwingung dar, die für $t \to \infty$ gegen Null geht. Die „stationären" erzwungenen Schwingungen werden also allein durch die partikuläre Lösung von (8.83) beschrieben.

Amplitude hat etwa den in (8.90) angegebenen konstanten Wert. Ist demgegenüber die auf den Festkörper einwirkende Strahlung sehr kurzwellig ($\omega \gg \omega_0$), so kann das Elektron aufgrund seiner Massenträgheit der Welle nicht folgen; die Amplitude der erzwungenen Schwingung wird sehr klein (im Grenzfall 0); die Phasenverschiebung zur erregenden Welle beträgt π.

Wir wollen jetzt die Gesamtheit der Elektronen im Festkörper betrachten. Dabei setzen wir voraus, daß alle Elektronen gleich stark an den jeweiligen Atomrumpf gebunden sind.

Atomrumpf und Elektron bilden jeweils einen atomaren Dipol, dessen Dipolmoment $\boldsymbol{p} = -|e|\,\boldsymbol{r}$ beträgt. Alle in der Volumeneinheit enthaltenen Elektronen (atomaren Dipole) liefern eine Polarisation (Dipolmoment pro Volumen) von

$$\boldsymbol{P} = -|e|\,n\boldsymbol{r} \tag{8.91}$$

(n: Zahl der Elektronen pro Volumeneinheit).

Setzt man hier $\boldsymbol{r}$ gemäß (8.84) und (8.85) ein, so erhält man

$$\boldsymbol{P} = \frac{\frac{e^2 n}{m}}{\omega_0^2 - \omega^2 + i\gamma\omega}\boldsymbol{E}_0\,\mathrm{e}^{i\omega t} = \frac{\frac{e^2 n}{m}}{\omega_0^2 - \omega^2 + i\gamma\omega}\boldsymbol{E}\,. \tag{8.92}$$

Zwischen der Polarisation und der äußeren elektrischen Feldstärke besteht außerdem der bekannte Zusammenhang

$$\boldsymbol{P} = \epsilon_0\big(\epsilon_{\mathrm{r}}(\omega) - 1\big)\,\boldsymbol{E}\,, \tag{8.93}$$

so daß (8.92) und (8.93) gemeinsam den folgenden Ausdruck für die relative dielektrische Funktion liefern:[1])

$$\epsilon_{\mathrm{r}}(\omega) = 1 + \frac{\frac{e^2 n}{\epsilon_0 m}}{\omega_0^2 - \omega^2 + i\gamma\omega} = 1 + \frac{\omega_{\mathrm{p}}^2}{\omega_0^2 - \omega^2 + i\gamma\omega} \tag{8.94}$$

(ω_{p} ist hierbei die in Abschnitt 8.1.3. eingeführte Plasmafrequenz; s. (8.46)).

[1]) In $\boldsymbol{r}$ tritt die makroskopische elektrische Feldstärke $\boldsymbol{E} = \boldsymbol{E}_0\,\mathrm{e}^{i\omega t}$ auf. Diese Feldstärke wirkt (entsprechend den vorangegangenen Voraussetzungen) auf ein einzelnes isoliertes Atom ein. Betrachtet man jedoch ein beliebiges, innerhalb eines Systems von Atomen angeordnetes Atom (beispielsweise ein Atom eines Festkörpers), so wirkt auf dieses Atom nicht die makroskopische äußere elektrische Feldstärke $\boldsymbol{E}$, sondern infolge der Polarisation auch aller umliegenden Atome eine effektive (lokale mikroskopische) Feldstärke $\boldsymbol{E}_{\mathrm{eff}} = \boldsymbol{E} + \frac{1}{3\epsilon_0}\boldsymbol{P}$. Ersetzt man nun in $\boldsymbol{r}$ und damit auch in (8.92) $\boldsymbol{E}$ durch $\boldsymbol{E}_{\mathrm{eff}}$, so ergibt sich die *Clausius-Mosotti-Beziehung*

$$\frac{\epsilon_{\mathrm{r}}(\omega) - 1}{\epsilon_{\mathrm{r}}(\omega) + 2} = \frac{\omega_{\mathrm{p}}^2}{\omega_0^2 - \omega^2 + i\gamma\omega},$$

und anstelle von (8.94) erhält man den korrigierten Ausdruck:

$$\epsilon_{\mathrm{r}}(\omega) = 1 + \frac{\omega_{\mathrm{p}}^2}{\omega_0^2 - \omega^2 + i\gamma\omega - \frac{\omega_{\mathrm{p}}^2}{3}}.$$

Mit $\omega_0^2 - \frac{\omega_{\mathrm{p}}^2}{3} = \overline{\omega}_0^2$ geht dieser Ausdruck formal in (8.94) über: Ist die Zahl der Elektronen pro Volumeneinheit nicht zu groß, gilt $\overline{\omega}_0 \approx \omega_0$.

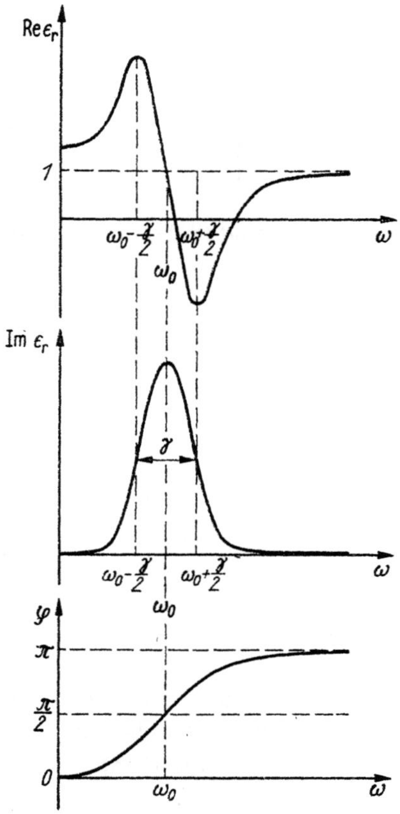

Abb. 8.2.
Frequenzabhängigkeit von Re ϵ_r, Im ϵ_r und φ

Die relative dielektrische Funktion ist also frequenzabhängig, komplex und zeigt für $\omega = \omega_0$ ein Resonanzverhalten. Real- und Imaginärteil ergeben sich zu

$$\mathrm{Re}\,\epsilon_r(\omega) = 1 + \omega_p^2 \frac{\omega_0^2 - \omega^2}{(\omega_0^2 - \omega^2)^2 + \gamma^2\omega^2}, \tag{8.95}$$

$$\mathrm{Im}\,\epsilon_r(\omega) = -\omega_p^2 \frac{\gamma\omega}{(\omega_0^2 - \omega^2)^2 + \gamma^2\omega^2}. \tag{8.96}$$

Mit (8.95), (8.96) und der Phasenverschiebung $\varphi(\omega)$ gemäß (8.87) läßt sich die Wechselwirkung einer elektromagnetischen Welle mit gebundenen Elektronen beschreiben. Abbildung 8.2 zeigt zusammenfassend die Frequenzabhängigkeiten dieser drei Größen.

Wir wollen an dieser Stelle gleich die Verbindung von Re $\epsilon_r(\omega)$ und Im $\epsilon_r(\omega)$ mit dem reellen Brechungsindex und dem Extinktionskoeffizienten herstellen. Aus

$$\tilde{\mathsf{n}}^2 = \mathsf{n}^2 - i2\mathsf{n}\varkappa - \varkappa^2 = \mu_r\epsilon_r(\omega) = \mu_r\,\mathrm{Re}\,\epsilon_r(\omega) + \mu_r\,\mathrm{Im}\,\epsilon_r(\omega) \tag{8.97}$$

ermittelt man

$$\left.\begin{aligned} \mathsf{n}^2 - \varkappa^2 &= \mu_r\,\mathrm{Re}\,\epsilon_r(\omega) = \mu_r\left(1 + \omega_p^2 \frac{\omega_0^2 - \omega^2}{(\omega_0^2 - \omega^2)^2 + \gamma^2\omega^2}\right), \\ 2\mathsf{n}\varkappa &= -\mu_r\,\mathrm{Im}\,\epsilon_r(\omega) = \mu_r\omega_p^2 \frac{\gamma\omega}{(\omega_0^2 - \omega^2)^2 + \gamma^2\omega^2} \end{aligned}\right\} \tag{8.98}$$

und hieraus

$$\left.\begin{aligned} \mathsf{n}(\omega) &= \sqrt{\frac{\operatorname{Re}\epsilon_r + \sqrt{(\operatorname{Re}\epsilon_r)^2 + (\operatorname{Im}\epsilon_r)^2}}{2}}, \\ \varkappa(\omega) &= \sqrt{\frac{-\operatorname{Re}\epsilon_r + \sqrt{(\operatorname{Re}\epsilon_r)^2 + (\operatorname{Im}\epsilon_r)^2}}{2}}. \end{aligned}\right\} \tag{8.99}$$

Es sollen nun die Ausdrücke (8.95), (8.96) sowie (8.98) und (8.99) für einige Spezialfälle diskutiert werden.

1. Elektromagnetische Wellen, deren Frequenzen sich stark von der Resonanzfrequenz unterscheiden:
   Mathematisch läßt sich dieser Sachverhalt durch

$$\gamma^2\omega^2 \ll (\omega_0^2 - \omega^2)^2 \tag{8.100}$$

ausdrücken. Damit folgt aus (8.95), (8.96) und (8.99)

$$\operatorname{Re}\epsilon_r(\omega) \approx 1 + \frac{\omega_p^2}{\omega_0^2 - \omega^2}; \qquad \operatorname{Im}\epsilon_r(\omega) \approx 0, \tag{8.101}$$

und

$$\mathsf{n} \approx \sqrt{\mu_r\left(1 + \frac{\omega_p^2}{\omega_0^2 - \omega^2}\right)}; \qquad \varkappa \approx 0. \tag{8.102}$$

Derartige elektromagnetische Wellen werden also kaum absorbiert; der Festkörper ist somit für solche Wellen durchsichtig. Man bezeichnet daher die durch (8.100) definierten Frequenzbereiche als *Gebiete der Durchsichtigkeit.* Speziell ergibt sich für $\omega = 0$

$$\operatorname{Re}\epsilon_r(0) = 1 + \frac{\omega_p^2}{\omega_0^2};\,^{1)} \qquad \operatorname{Im}\epsilon_r(0) = 0, \tag{8.103}$$

$$\mathsf{n}(0) = \sqrt{\mu_r\left(1 + \frac{\omega_p^2}{\omega_0^2}\right)}; \qquad \varkappa(0) = 0, \tag{8.104}$$

und für $\omega \to \infty$

$$\lim_{\omega\to\infty} \operatorname{Re}\epsilon_r(\omega) = 1; \qquad \lim_{\omega\to\infty} \operatorname{Im}\epsilon_r(\omega) = 0, \tag{8.105}$$

$$\lim_{\omega\to\infty} \mathsf{n}(\omega) = \sqrt{\mu_r} \approx 1; \qquad \lim_{\omega\to\infty} \varkappa(\omega) = 0. \tag{8.106}$$

2. Elektromagnetische Wellen, deren Frequenzen ungefähr mit der Resonanzfrequenz übereinstimmen:

$$\omega \approx \omega_0, \tag{8.107}$$

In diesem Fall ergeben sich unter Berücksichtigung von $(\omega_0^2 - \omega^2) = (\omega_0 - \omega)(\omega_0 + \omega) \approx (\omega_0 - \omega)\, 2\omega_0$ die Ausdrücke

$$\left.\begin{aligned} \operatorname{Re}\epsilon_r(\omega) &\approx 1 + \frac{\omega_p^2}{2\omega_0}\frac{\omega_0 - \omega}{(\omega_0 - \omega)^2 + \gamma^2/4}, \\ \operatorname{Im}\epsilon_r(\omega) &\approx -\frac{\gamma\omega_p^2}{4\omega_0}\frac{1}{(\omega_0 - \omega)^2 + \gamma^2/4}. \end{aligned}\right\} \tag{8.108}$$

1) $\operatorname{Re}\epsilon_r(0) = \epsilon_r(0)$ nennt man relative Dielektrizitäts*konstante.*

Der Imaginärteil der relativen dielektrischen Funktion wird für $\omega = \omega_0$ extremal. Bereits bei $\omega_1 = \omega_0 - \gamma/2$ bzw. $\omega_2 = \omega_0 + \gamma/2$ ist $\mathrm{Im}\,\epsilon_r(\omega)$ auf die Hälfte seines Wertes bei $\omega = \omega_0$ abgesunken, so daß die Halbwertsbreite dieser sogenannten *Absorptionslinie* $\Delta\omega = \gamma$ beträgt. Abbildung 8.2 veranschaulicht diesen Sachverhalt sehr deutlich. Man erkennt außerdem, daß $\mathrm{Im}\,\epsilon_r(\omega)$ nur in einem sehr schmalen Frequenzbereich nahe ω_0 große Werte annimmt. Außerhalb dieses Frequenzbereiches ist $\epsilon_r(\omega)$ somit im wesentlichen reell, und die Absorption ist vernachlässigbar gering.

Aus (8.108) ermittelt man außerdem, daß der Realteil der dielektrischen Funktion an den Stellen $\omega_{1/2} = \omega_0 \mp \gamma/2$ Extrema besitzt.

Bisher haben wir vorausgesetzt, daß alle Elektronen mit der gleichen quasielektrischen Kraft an ihren jeweiligen Atomrumpf gebunden sind und somit alle dieselbe Eigenfrequenz ω_0 besitzen. In dem allgemeineren Fall, daß n_1 Elektronen pro Volumeneinheit die Eigenfrequenz ω_1, n_2 die Eigenfrequenz ω_2 usw. haben und die entsprechenden Dämpfungskonstanten γ_1, γ_2 usw. sind, ergibt sich anstelle von (8.94)

$$\epsilon_r(\omega) = 1 + \sum_j \frac{(\omega_p^2)_j}{\omega_j^2 - \omega^2 + i\gamma_j\omega} \,. \tag{8.109}$$

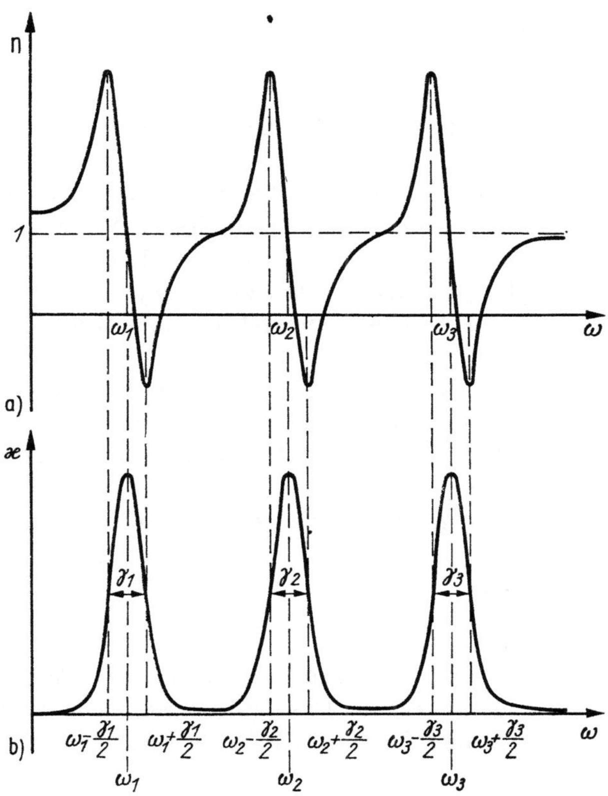

Abb. 8.3.
Frequenzabhängigkeit
a) des reellen Brechungsindexes n
b) des Extinktionskoeffizienten $\varkappa$

Berechnet man hieraus n und $\varkappa$, so erhält man die in Abbildung 8.3 angegebenen Frequenzabhängigkeiten dieser Größen. Mit zuenhmender Frequenz nimmt der reelle Brechungsindex $\mathsf{n}(\omega)$ zwischen jeweils zwei Resonanzstellen monoton zu, nimmt jedoch in unmittelbarer Nähe der Resonanzstellen stark ab. Aus der Darstellung $\varkappa(\omega)$ sind deutlich die Absorptionslinien zu erkennen. Nur in einem schmalen Frequenzbereich um ω_j ist $\varkappa(\omega)$ wesentlich von Null verschieden.

Die Abhängigkeit des reellen Brechungsindex von der Frequenz nennt man (genau wie die der relativen dielektrischen Funktion oder die des Wellenvektors) *Dispersion.* Man spricht von *normaler* Dispersion, wenn $\mathsf{n}(\omega)$ mit zunehmender Frequenz ebenfalls anwächst. Nimmt demgegenüber $\mathsf{n}(\omega)$ mit zunehmender Frequenz ab, so bezeichnet man diese Situation als *anomale* Dispersion. Die Gebiete normaler und anomaler Dispersion sind in Abbildung 8.3a eingezeichnet.

Eine quantentheoretische Berechnung liefert unter der Voraussetzung, daß nur eine einzige Atomsorte vorliegt, anstelle von (8.109)

$$\epsilon_r(\omega) = 1 + \sum_j \frac{\omega_p^2 \mathsf{f}_j}{\omega_j^2 - \omega^2 + i\gamma\omega} \quad \text{mit} \quad \sum_j \mathsf{f}_j = 1\,. \tag{8.110}$$

(8.110) unterscheidet sich von (8.109) nicht prinzipiell. Die ω_j sind hier die für das jeweilige Atom charakteristischen Resonanzfrequenzen und f_j die sogenannten Oszillatorstärken, die sich ebenfalls quantenmechanisch berechnen lassen.

8.3.2. Wechselwirkung der Strahlung mit quasifreien Elektronen

Wir haben bereits angedeutet, daß gerade bei Metallen die optischen Eigenschaften wesentlich durch die Wechselwirkung der elektromagnetischen Strahlung mit den quasifreien Elektronen mitbestimmt werden. Diese quasifreien Elektronen sind nicht mehr an bestimmte Atomrümpfe gebunden, so daß für sie $\omega_0 = 0$ gesetzt werden muß, wenn die im vorangegangenen Abschnitt angegebene Modellvorstellung beibehalten werden soll.

Außerdem ist uns aus Kapitel 6 bekannt, daß die quasifreien Elektronen bei ihrer Bewegung durch Phononen und Gitterstörungen behindert werden. Zur Beschreibung der Behinderung haben wir zweckmäßigerweise die Relaxationszeit τ eingeführt. Wir übernehmen sie auch hier und setzen $\gamma = 1/\tau$.

Unter den genannten Voraussetzungen lautet die Bewegungsgleichung (8.83)

$$\frac{\mathrm{d}^2\boldsymbol{r}}{\mathrm{d}t^2} + \frac{1}{\tau}\frac{\mathrm{d}\boldsymbol{r}}{\mathrm{d}t} = -\frac{|e|}{m^*}\boldsymbol{E}_0\,\mathrm{e}^{i\omega t}\,. \tag{8.111}$$

Hiervon ausgehend, können wir nun alle Überlegungen genauso anstellen, wie wir es im vorangegangenen Abschnitt getan haben. Ohne die Rechnungen noch einmal nachzuvollziehen, geben wir gleich die relative dielektrische Funktion an. Sie ergibt sich mit $\omega_0 = 0$, $\gamma = 1/\tau$ aus (8.94) zu

$$\epsilon_r(\omega) = 1 + \frac{\omega_p^2}{-\omega^2 + i\,\dfrac{\omega}{\tau}}\,. \tag{8.112}$$

Drückt man hierin ω_p durch die Gleichstromleitfähigkeit σ_0 aus (s. (8.46)), so erhält man

$$\epsilon_r(\omega) = 1 - \frac{i\sigma_0/\epsilon_0\omega}{1 + i\omega\tau} \tag{8.113}$$

und hieraus wiederum

$$\mathrm{Re}\,\epsilon_r(\omega) = 1 - \frac{\sigma_0\tau/\epsilon_0}{1 + \omega^2\tau^2}, \qquad \mathrm{Im}\,\epsilon_r(\omega) = -i\,\frac{\sigma_0/\epsilon_0\omega}{1 + \omega^2\tau^2}. \tag{8.114}$$

Für $\omega = 0$ folgt

$$\mathrm{Re}\,\epsilon_r(0) = 1 - \frac{\sigma_0\tau}{\epsilon_0}; \qquad \mathrm{Im}\,\epsilon_r(0) = -\infty\,. \tag{8.115}$$

Bei solchen niedrigen Frequenzen, für die $\epsilon_r(\omega)$ imaginär ist, sind $\mathsf{n} \approx 0$ und $\varkappa \approx \sqrt{\mu_r\epsilon_r(\omega)}$, so daß sich nach (8.61) $\mathsf{R} \approx 1$ ergibt. Das bedeutet aber, daß Totalreflexion an der Metalloberfläche stattfindet.

Für sehr hohe Frequenzen ($\omega \to \infty$) erhält man aus (8.114)

$$\lim_{\omega\to\infty} \mathrm{Re}\,\epsilon_r(\omega) = 1\,; \qquad \lim_{\omega\to\infty} \mathrm{Im}\,\epsilon_r(\omega) = 0 \tag{8.116}$$

und damit $\mathsf{n} = 1$ und $\varkappa = 0$.

Die Wechselwirkung einer elektromagnetischen Welle der Frequenz ω mit den quasifreien Elektronen des Metalls erfolgt (entsprechend dem vorgegebenen Modell) qualitativ genauso wie die einer elektromagnetischen Welle der Frequenz $\omega + \omega_{0_{\max}}$ mit den gebundenen Elektronen, wobei im Falle mehrerer Resonanzfrequenzen $\omega_{0_{\max}}$ die höchste ist.

Abschließend soll noch kurz auf die optischen Eigenschaften eines reinen Elektronengases eingegangen werden. Wegen der fehlenden Stöße mit Phononen und Gitterschwingungen ist hier die Stoßdämpfung gleich Null ($\tau \to \infty$). (8.112) nimmt daher die Gestalt

$$\epsilon_r(\omega) = 1 - \frac{\omega_p^2}{\omega^2} = \tilde{\mathsf{n}}^2 \tag{8.117}$$

($\mu_r = 1$) an.

Für eine elektromagnetische Welle, deren Frequenz kleiner als die Plasmafrequenz ist, wird $\tilde{\mathsf{n}}$ rein imaginär. Wegen $\mathsf{n} = 0$ ist dann $\mathsf{R} = 1$ gemäß (8.61).

Für eine elektromagnetische Welle der Frequenz $\omega > \omega_p$ wird $\tilde{\mathsf{n}}$ reell ($\varkappa = 0$) und damit das Elektronengas für solche Wellen völlig durchsichtig.

8.4. Skineffekt in Metallen

8.4.1. Vorbetrachtungen

Die in den vorangegangenen Abschnitten dieses Kapitels ausführlich diskutierte Erscheinung, daß sich eine in einen leitenden Festkörper ($\sigma \neq 0$) eindringende elektromagnetische Welle gedämpft und somit nur bis zu einer gewissen Tiefe δ unterhalb der Oberfläche ausbreitet, nennt man *Skineffekt.* Da δ mit zunehmender elektrischer Leitfähigkeit des Festkörpermaterials kleiner wird, spielt der Skineffekt insbesondere bei guten Leitern (Metallen) eine wesentliche Rolle. Wir gehen daher bei den folgenden Betrachtungen (wenn nicht ausdrücklich etwas anderes gesagt wird) stets von einem Metall aus.

Infolge des Skineffektes kann das elektromagnetische Feld der Welle nur mit den quasifreien Elektronen des Metalls wechselwirken, die sich innerhalb der sogenannten *Skinschicht* der Dicke δ unterhalb der Metalloberfläche bewegen. Außerdem ist uns bekannt (Kapitel 6), daß das elektromagnetische Feld der Welle nur während der mittleren freien Flugzeit der Elektronen, also der Zeit zwischen zwei Stößen, mit den Elektronen wechselwirken kann. Während dieser Zeit, die der Relaxationszeit größenordnungsmäßig gleich ist, legen die Elektronen durchschnittlich die Strecke $l = v_F \tau$ (s. (6.91)) zurück, die man daher auch als mittlere freie Weglänge bezeichnet. Hierbei ist v_F die Fermi-Geschwindigkeit, denn eine Wechselwirkung kann überdies nur mit den quasifreien Elektronen stattfinden, deren Energie ε etwa gleich der Fermi-Energie ε_F und deren Geschwindigkeit somit ungefähr gleich der Fermi-Geschwindigkeit ist.

Ist nun die mittlere freie Weglänge der Elektronen klein gegenüber der Skintiefe,

$$l \ll \delta\,, \tag{8.118}$$

so ändert sich die Amplitude des elektromagnetischen Feldes nur in vernachlässigbar geringem Maße während der Zeit, in der es auf die Elektronen einwirkt. Anders ausgedrückt: Trotz der inhomogenen Feldverteilung in der Skinschicht bewegen sich die Elektronen zwischen zwei Stößen in einem nahezu homogenen Feld. In diesem Fall wird die Stromdichte $\boldsymbol{j}$ am Ort $\boldsymbol{r}$ zur Zeit t durch das am Ort $\boldsymbol{r}$ zur Zeit t existierende elektrische Feld bestimmt, so daß das Ohmsche Gesetz in seiner lokalen Form $\boldsymbol{j} = \sigma \boldsymbol{E}$ gültig ist.

Liegt die hier beschriebene und insbesondere durch (8.118) charakterisierte Situation vor, so spricht man vom *normalen Skineffekt*. Ausführlichere Betrachtungen hierzu folgen in Abschnitt 8.4.3.

Bei sehr reinen Metalleinkristallen und tiefen Temperaturen kann die mittlere freie Weglänge der Elektronen so groß werden, daß sie mit der Skintiefe vergleichbar wird oder diese sogar übertrifft. Es gilt dann anstelle von (8.118)

$$l \gtrapprox \delta \quad \text{bzw. sogar} \quad l \gg \delta\,. \tag{8.119}$$

Da außerdem die Skintiefe mit zunehmender Frequenz des elektromagnetischen Wechselfeldes abnimmt, wird diese Ungleichung um so leichter erfüllbar, je höher die Frequenz ist.

Unter der Bedingung (8.119) bewegen sich die Elektronen zwischen zwei Stößen in einem Feld, dessen Amplitude sich im allgemeinen erheblich ändert, also in einem stark inhomogenen Feld. Überdies können sie sich in ein Gebiet des Festkörpers hineinbewegen, in dem gar kein Feld mehr auf sie einwirkt. In dem hier vorliegenden Fall kann daher kein lokaler Zusammenhang zwischen der Stromdichte und dem Feld mehr existieren. Die Stromdichte $\boldsymbol{j}$ am Ort $\boldsymbol{r}$ zur Zeit t wird jetzt nicht mehr nur vom elektrischen Feld am Ort $\boldsymbol{r}$ zur Zeit t, sondern auch von der Vorgeschichte der zu ihr beitragenden Elektronen abhängen.

Man nennt diese Erscheinung *anomalen Skineffekt*. Mit ihm beschäftigen wir uns in Abschnitt 8.4.4.

Häufig spricht man im Falle $l \gtrapprox \delta$ von *schwach* anomalem und im Falle $l \gg \delta$ von *stark* (oder *extrem*) anomalem Skineffekt.

Unter der Bedingung des normalen Skineffektes sind die in den Abschnitten 8.1. bis 8.3. angestellten Überlegungen bezüglich der optischen und der Hochfrequenzeigenschaften der Metalle voll gültig. Sie treffen jedoch nicht mehr im Falle des anomalen Skineffektes zu, da sie stets einen lokalen Zusammenhang zwischen der Stromdichte und dem Feld voraussetzen. Die Beschreibung der optischen und der Hochfrequenzeigenschaften kann nicht mehr durch die komplexe dielektrische Funktion beziehungsweise durch den komplexen Brechungsindex geschehen, sondern muß durch eine andere physikalische Größe erfolgen. Als zweckmäßig hat sich hierfür die sogenannte *Oberflächenimpedanz* erwiesen, mit der wir uns im nächsten Abschnitt befassen.

Wir wollen hier abschließend nur noch bemerken, daß die Elektronen während einer Periode des Hochfrequenzfeldes den Weg v_F/ω zurücklegen. Bei sehr hohen Frequenzen kann nun der Fall

$$\delta \gg \frac{v_F}{\omega} \tag{8.120}$$

eintreten und das Feld für die Berechnung des Stromes als hinreichend homogen betrachtet werden. Wegen der dann wieder existierenden lokalen Beziehung zwischen Stromdichte und Feld ist die angegebene Beschreibung mit der komplexen dielektrischen Funktion möglich.

8.4.2. Die Oberflächenimpedanz

Entsprechend den vorangegangenen Ausführungen ist es zweckmäßig und in bestimmten Fällen sogar unbedingt erforderlich, eine physikalische Größe zu finden, die, ohne daß von vornherein ein bestimmter Zusammenhang zwischen der Stromdichte $\boldsymbol{j}$ und der elektrischen Feldstärke $\boldsymbol{E}$ festgelegt werden muß, die Eigenschaften eines Metalls beschreibt, das sich unter der Wirkung eines elektromagnetischen Feldes befindet.

Wir betrachten dazu auch hier wieder ein den Halbraum $z \geqq 0$ ausfüllendes homogenes isotropes Metall (vgl. Abb. 8.4), auf dessen Oberfläche eine sich in z-Richtung ausbreitende $(\boldsymbol{q} = (0, 0, q))$ ebene elektromagnetische Welle der Kreisfrequenz ω senkrecht auftreffe. Der in das Metall eindringende Teil der Welle pflanzt sich dort innerhalb der (ebenfalls in Abb. 8.4 angedeuteten) Skinschicht fort. Ohne Beschränkung der Allgemeinheit sei die Welle linear polarisiert; und zwar sei $\boldsymbol{E} = (E_x, 0, 0)$ und $\boldsymbol{H} = (0, H_y, 0)$.

Zur Charakterisierung der Eigenschaften des Metalls, die sich aus der Wechselwirkung mit dem elektromagnetischen Feld der eindringenden Welle ergeben, eignet sich die durch

$$Z \equiv \frac{E(0)}{\int\limits_0^\infty J(z)\,\mathrm{d}z} \tag{8.121}$$

definierte *Oberflächenimpedanz*. Sie ist also der Quotient aus der elektrischen Feldstärke an der Metalloberfläche ($z = 0$) und der gesamten Stromdichte im Metall.

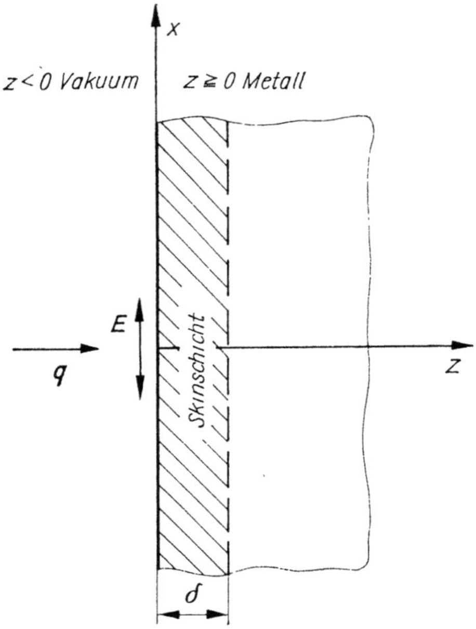

Abb. 8.4.
Zur Erläuterung der Oberflächenimpedanz

Mit Hilfe der Maxwell-Gleichungen kann man (8.121) noch anders formulieren: Unter Vernachlässigung des Verschiebungsstromes ist nach der zweiten Maxwell-Gleichung (8.1)

$$J_x = -\frac{\partial H_y}{\partial z} \tag{8.122}$$

und damit

$$\int_0^\infty j_x(z)\,\mathrm{d}z = H_y(0) - H_y(\infty) = H_y(0) \tag{8.123}$$

$\big(H_y(\infty) = 0$, da die Welle infolge der Dämpfung im Unendlichen verschwindet$\big)$. (8.123) in (8.121) eingesetzt, ergibt

$$\mathrm{Z} = \frac{E_x(0)}{H_y(0)}. \tag{8.124}$$

Die Oberflächenimpedanz läßt sich also aus den Tangentialkomponenten der elektrischen und der magnetischen Feldstärke an der Metalloberfläche ermitteln.

Eine weitere häufig verwendete Darstellung für Z findet man, wenn man berücksichtigt, daß bei einer harmonischen Welle (nur solche betrachten wir überhaupt) die Beziehung

$$i\omega H_y = \frac{\partial H_y}{\partial t} \tag{8.125}$$

zwischen der Feldstärke und ihrer zeitlichen Ableitung besteht $\big($s. (8.23)$\big)$. Aus der ersten Maxwell-Gleichung (8.1) findet man

$$\frac{\partial E_x}{\partial z} = -\mu_0\mu_r \frac{\partial H_y}{\partial t}, \tag{8.126}$$

so daß man mit (8.125)

$$H_y = -\frac{1}{i\omega\mu_0\mu_r}\frac{\partial E_x}{\partial z} \tag{8.127}$$

erhält. Hiermit läßt sich (8.124) folgendermaßen formulieren:

$$Z = -i\omega\mu_0\mu_r E_x(0)\bigg/\frac{\partial E_x(0)}{\partial z}. \tag{8.128}$$

Wir betonen noch einmal, daß die angegebenen Ausdrücke für die Oberflächenimpedanz (8.121), (8.124) und (8.128) für einen beliebigen Zusammenhang zwischen der Stromdichte $\boldsymbol{j}$ und der elektrischen Feldstärke $\boldsymbol{E}$ gültig sind. Während (8.121) die allgemeine Definition der Oberflächenimpedanz darstellt, sind (8.124) und (8.128) nur dann anwendbar, wenn der Verschiebungsstrom gegenüber dem Leitungsstrom vernachlässigbar ist.

Da die Oberflächenimpedanz komplex ist, schreiben wir

$$\mathrm{Z} = \mathrm{R} + i\mathrm{X}\,, \tag{8.129}$$

wobei R und X reell sind. Im allgemeinen ist sie überdies eine tensorielle Größe:

$$\mathbf{Z} = \begin{pmatrix} Z_{xx} & Z_{xy} \\ Z_{yx} & Z_{yy} \end{pmatrix} = \mathbf{R} + i\mathbf{X}\,. \tag{8.130}$$

Anstelle von (8.124) und (8.128) treten dann die allgemeineren Beziehungen

$$\boldsymbol{E}(0) = \mathbf{Z}\boldsymbol{H}(0)$$

und (8.131)

$$\boldsymbol{E}(0) = \frac{i}{\omega\mu_0\mu_r}\mathbf{Z}\frac{\partial \boldsymbol{E}(0)}{\partial z}.$$

Es muß nun noch gezeigt werden, daß die hier eingeführte Oberflächenimpedanz auch wirklich geeignet ist, die optischen und Hochfrequenzeigenschaften des Metalls zu beschreiben. Dazu führen wir ähnliche Überlegungen wie in Abschnitt 8.2.1. durch.

Wegen der Stetigkeit der Tangentialkomponenten an der Metalloberfläche gelten zwischen der ankommenden Welle[1])

$$E_x^{(a)} = E_0^{(a)}\,\mathrm{e}^{i\left(\omega t - \frac{\omega}{c}z\right)}; \qquad H_y^{(a)} = H_0^{(a)}\,\mathrm{e}^{i\left(\omega t - \frac{\omega}{c}z\right)}, \tag{8.132}$$

der reflektierten Welle[2])

$$E_x^{(r)} = E_0^{(r)}\,\mathrm{e}^{i\left(\omega t - \frac{\omega}{c}z\right)}; \qquad H_y^{(r)} = H_0^{(r)}\,\mathrm{e}^{i\left(\omega t - \frac{\omega}{c}z\right)} \tag{8.133}$$

sowie $E_x(0)$ und $H_y(0)$ die Beziehungen

$$E_x^{(a)} + E_x^{(r)} = E_x(0)\,, \tag{8.134}$$

$$H_y^{(a)} + H_y^{(r)} = H_y(0)\,. \tag{8.135}$$

[1]) Sie breitet sich im Vakuum aus, so daß $q = \frac{\omega}{c}$ ist.

[2]) Sie breitet sich ebenfalls im Vakuum aus, aber entgegen der ankommenden Welle. Daher ist hier $q = -\frac{\omega}{c}$.

Mit (8.127) erhält man unter Berücksichtigung von $\frac{\partial E_x^{(a)}}{\partial z} = -i \frac{\omega}{c} E_x^{(a)}$ und $\frac{\partial E_x^{(r)}}{\partial z} = i \frac{\omega}{c} E_x^{(r)}$ aus (8.135)

$$E_x^{(a)} - E_x^{(r)} = \frac{ic}{\omega} \frac{\partial E_x(0)}{\partial z}. \tag{8.136}$$

Mit Hilfe von (8.128) ergibt sich aus (8.134) und (8.136) der folgende Zusammenhang zwischen der reflektierten und der ankommenden Welle:

$$E_x^{(r)} = -\left(1 - \frac{Z}{\mu_0 \mu_r c}\right)\left(1 + \frac{Z}{\mu_0 \mu_r c}\right)^{-1} E_x^{(a)}. \tag{8.137}$$

Verallgemeinert lautet er

$$\boldsymbol{E}^{(r)} = -\left(\mathbf{e} - \frac{\mathbf{Z}}{\mu_0 \mu_r c}\right)\left(\mathbf{e} + \frac{\mathbf{Z}}{\mu_0 \mu_r c}\right)^{-1} \boldsymbol{E}^{(a)}, \tag{8.138}$$

wobei $\mathbf{e}$ der Einheitstensor ist.

Die Oberflächenimpedanz bestimmt also vollständig den Zusammenhang zwischen ankommender und reflektierter Welle und dementsprechend das Reflexionsverhalten des Metalls, sofern die Welle senkrecht auf die Metalloberfläche auftrifft. Der Realteil R beschreibt den Energieverlust, den die elektromagnetische Welle bei der Reflexion erleidet, und somit die Absorption im Metall. Der Imaginärteil X bestimmt die Phasendrehung der reflektierten Welle. Damit ist die Oberflächenimpedanz aber auch der experimentellen Untersuchung zugänglich. Durch eine geeignete Meßanordnung kann man Real- und Imaginärteil getrennt aus der Änderung der Amplitude beziehungsweise der Phase der reflektierten Welle ermitteln.

8.4.3. Normaler Skineffekt

Die wesentlichen Merkmale der Erscheinung, die man *normalen Skineffekt* nennt, haben wir in Abschnitt 8.4.1. angegeben. Danach muß zwischen der Stromdichte und dem elektrischen Feld der lokale Zusammenhang

$$\boldsymbol{j} = \sigma \boldsymbol{E} \tag{8.139}$$

bestehen. Dieser existiert aber nur dann, wenn sich die Elektronen zwischen zwei Stößen in einem nahezu homogenen Feld bewegen, wenn also

$$l \ll \delta \tag{8.140}$$

erfüllt ist.

Schätzen wir zunächst den Frequenzbereich ab, für den bei normalen Metallen $l \ll \delta$ ist. Dazu gehen wir von den schon mehrmals zitierten typischen Werten für die Relaxationszeit τ aus, die bekanntlich stark temperaturabhängig ist:

$$\tau(T_Z) \approx 10^{-14}\,\text{s}, \qquad \tau(4\,\text{K}) \approx 10^{-10}\,\text{s}. \tag{8.141}$$

Die mittleren freien Weglängen lassen sich dann aus $l = v_F \tau$ mit $v_F \approx 10^6\,\text{ms}^{-1}$ zu

$$l(T_Z) \approx 10^{-8}\,\text{m} = 10^{-5}\,\text{mm}, \qquad l(4\,\text{K}) \approx 10^{-4}\,\text{m} = 0{,}1\,\text{mm} \tag{8.142}$$

abschätzen.[1]) Zusammen mit Tabelle 8.3 kann man nun feststellen, daß (8.140) bei Zimmertemperatur für elektromagnetische Wellen erfüllt ist, deren Kreisfrequenzen $\omega \ll 10^{14}\,\mathrm{s}^{-1}$ sind (also bis hin zum Submillimeterwellenbereich). Bei tiefen Temperaturen gilt (8.140) nur noch für $\omega \ll 10^{6}\,\mathrm{s}^{-1}$, d. h., nur noch im Radiowellenbereich. In allen Fällen gilt jedoch $\omega\tau \ll 1$. Der normale Skineffekt herrscht dementsprechend im Bereich niedriger Frequenzen und hoher Temperaturen vor.

Wir wollen jetzt die Oberflächenimpedanz unter der Bedingung (8.139) berechnen. Ansonsten übernehmen wir die Voraussetzungen, die wir im vorangegangenen Abschnitt getroffen haben (linear polarisierte elektromagnetische Welle: $\boldsymbol{E} = (E_x, 0, 0)$, $\boldsymbol{H} = (0, H_y, 0)$, $\boldsymbol{q} = (0, 0, q)$; homogenes isotropes Metall im Halbraum $z \geqq 0$; Vernachlässigung des Verschiebungsstromes). Weiterhin wissen wir (s. Abschnitt 8.2.1.), daß im Bereich $\omega\tau \ll 1$ die dynamische elektrische Leitfähigkeit $\sigma(\omega)$ in guter Näherung durch die Gleichstromleitfähigkeit σ_0 ersetzt werden kann.

Im vorliegenden Fall nehmen dann die ersten beiden Maxwell-Gleichungen (8.1) die Form

$$\nabla \times \boldsymbol{E} = -\mu_0\mu_r \frac{\partial \boldsymbol{H}}{\partial t}, \qquad \nabla \times \boldsymbol{H} = \sigma_0 \boldsymbol{E} \tag{8.143}$$

an. Hieraus folgen mit

$$E_x = E_0\, \mathrm{e}^{i(\omega t - qz)}\,; \qquad H_y = H_0\, \mathrm{e}^{i(\omega t - qz)} \tag{8.144}$$

die Beziehungen

$$\left.\begin{aligned} &\frac{\partial E_x}{\partial z} = -\mu_0\mu_r \frac{\partial H_y}{\partial t}\,; \qquad -\frac{\partial H_y}{\partial z} = \sigma_0 E_x \\ &\text{und weiter} \\ &-iqE_x = -i\omega\mu_0\mu_r H_y\,; \qquad iqH_y = \sigma_0 E_x\,, \end{aligned}\right\} \tag{8.145}$$

so daß sich schließlich

$$\frac{E_x}{H_y} = \sqrt{\frac{-i\omega\mu_0\mu_r}{\sigma_0}} = \sqrt{\frac{\omega\mu_0\mu_r}{2\sigma_0}}\,(1 - i) \tag{8.146}$$

und mit (8.124) die gesuchte Oberflächenimpedanz ergibt:

$$\mathrm{Z} = \mathrm{R} + i\mathrm{X} = \sqrt{\frac{\omega\mu_0\mu_r}{2\sigma_0}}\,(1 + i)\,. \tag{8.147}$$

Damit gilt

$$\mathrm{R} = \mathrm{X} = \sqrt{\frac{\omega\mu_0\mu_r}{2\sigma_0}}. \tag{8.148}$$

Unter den Bedingungen des normalen Skineffektes sind Real- und Imaginärteil der Oberflächenimpedanz gleich. Beide sind proportional zu $\omega^{1/2}\sigma_0^{-1/2}$. Da $\sigma_0 \sim \tau \sim l$ temperaturabhängig ist, gilt dasselbe für R und X.

Abschließend soll nun noch die Skintiefe vermittelt werden. Dazu berechnet man zunächst q. Aus (8.145) folgt (mit $q = q_1 - iq_2$)

$$q = \sqrt{-i\omega\mu_0\mu_r\sigma_0} = \sqrt{\frac{\omega\mu_0\mu_r\sigma_0}{2}}\,(1 - i) = q_1 - iq_2\,. \tag{8.149}$$

[1]) Bei einigen Metallen (z. B. Bi, Sn, W) kann die mittlere freie Weglänge bei tiefen Temperaturen sogar bis zu mehreren Millimetern betragen.

Setzt man diesen Ausdruck in (8.144) ein, so erhält man

$$E_x = E_0 \, \mathrm{e}^{-q_2 z} \, \mathrm{e}^{i(\omega t - q_1 z)} = E_0 \, \mathrm{e}^{-\sqrt{\frac{\omega \mu_0 \mu_r \sigma_0}{2}} z} \, \mathrm{e}^{i\left(\omega t - \sqrt{\frac{\omega \mu_0 \mu_r \sigma_0}{2}} z\right)} \tag{8.150}$$

(Entsprechendes gilt für H_y).
Die Skintiefe[1]) ergibt sich aus dem Dämpfungsfaktor zu

$$\delta = \frac{1}{q_2}. \tag{8.151}$$

Die sich hier speziell ergebende Skintiefe bezeichnet man im allgemeinen als *klassische* Skintiefe:

$$\delta = \sqrt{\frac{2}{\omega \mu_0 \mu_r \sigma_0}}. \tag{8.152}$$

Sie ist proportional zu $(\omega\sigma_0)^{-1/2}$ und ebenso wie σ_0 temperaturabhängig.

Erwartungsgemäß (vgl. Abschnitt 8.4.1.) stimmt (8.152) mit dem in Abschnitt 8.2.2. erhaltenen Ausdruck (8.72) überein.

An dieser Stelle sei bemerkt, daß bei Halbleitern wegen ihrer gegenüber Metallen geringeren elektrischen Leitfähigkeit im gesamten Frequenzbereich die Bedingungen des normalen Skineffektes erfüllt sind. Wegen des stets vorhandenen lokalen Zusammenhanges zwischen $\boldsymbol{j}$ und $\boldsymbol{E}$ können wir die Ergebnisse des Abschnittes 8.2.2. übernehmen, so daß sich die Skintiefe bei Halbleitern für $\omega\tau \ll 1$ gemäß (8.71) und für $\omega\tau \gg 1$ gemäß (8.76) ergibt. Die Berechnungen der Oberflächenimpedanz Z gestaltet sich nicht immer so einfach wie bei den Metallen, da man bei Halbleitern im allgemeinen den Verschiebungsstrom nicht mehr vernachlässigen kann. Man muß Z daher nach (8.121) aus den speziellen Parametern des jeweils vorliegenden Halbleiters berechnen.

8.4.4. Anomaler Skineffekt

Der *anomale Skineffekt* ist dadurch charaktersiert (vgl. Abschnitt 8.4.1.), daß die mittlere freie Weglänge der Elektronen größer als die Eindringtiefe des elektromagnetischen Feldes ist und daß daher kein lokaler Zusammenhang zwischen der Stromdichte und der elektrischen Feldstärke existiert.

Diese Erscheinung wurde erstmals 1940 von H. London [93] gefunden. Eine Theorie dafür entwickelten A. B. Pippard [106] sowie G. E. H. Reuter und E. H. Sondheimer [108].

Bevor wir uns eingehender mit den Fragen der Oberflächenimpedanz und der Skintiefe befassen, stecken wir auch hier den Bereich ab, in dem der anomale Skineffekt auftritt. Gehen wir dazu wieder von den Werten (8.142) für die mittlere freie Weglänge der Elektronen in normalen Metallen aus, so sehen wir aus dem Vergleich mit Tabelle 8.3, daß die Bedingung $l \gtrsim \delta$ für Zimmertemperatur praktisch nicht erfüllbar ist.

[1]) Definition s. S. 311.

Wegen der erforderlichen großen mittleren freien Weglängen[1]) tritt der anomale Skineffekt nur bei hinreichend tiefen Temperaturen in Kristallen mit hoher Perfektion auf, also in „guten" Einkristallen. Außerdem setzt dieser Effekt sehr geringe Skintiefen voraus, die nur in guten Leitern[2]) bei entsprechend hohen Frequenzen des elektromagnetischen Feldes erzielt werden können. In Festkörpern mit geringer elektrischer Leitfähigkeit wird daher der anomale Skineffekt nicht beobachtbar sein.

Betrachtet man normale Metalle, so kann man aus Tab. 8.3 und (8.142) abschätzen, daß der anomale Skineffekt auch bei tiefen Temperaturen (einige Kelvin) im Frequenzbereich $\omega < 10^6\,\mathrm{s}^{-1}$ (also unterhalb des Megahertzbereiches) nicht auftritt. Eine obere Grenze für seine Beobachtbarkeit bildet die Frequenz $\omega \approx 10^{14}\,\mathrm{s}^{-1}$, denn für $\omega > 10^{14}\,\mathrm{s}^{-1}$ besteht (vgl. Abschnitt 8.4.1.) wieder eine lokale Beziehung zwischen der Stromdichte und der elektrischen Feldstärke.

Fassen wir noch einmal zusammen: Der anomale Skineffekt ist eine Erscheinung, die nur in einem gut leitenden, perfekten und hochreinen Festkörper bei tiefen Temperaturen auftritt, wenn auf ihn ein elektromagnetisches Wechselfeld einwirkt, dessen Kreisfrequenz ω zwischen dem Megahertz- und dem infraroten Bereich liegt ($10^6\,\mathrm{s}^{-1} < \omega < 10^{14}\,\mathrm{s}^{-1}$). In diesem Fall ist

$$\left.\begin{aligned} &l \gtrapprox \delta \qquad \text{bzw.} \qquad l \gg \delta \\ &\text{mit} \\ &\delta \ll \frac{v_\mathrm{F}}{\omega} \end{aligned}\right\} \tag{8.153}$$

erfüllt. Die Kreisfrequenz $\omega \approx 10^{10}\,\mathrm{s}^{-1}$ (Mikrowellenbereich) teilt den angegebenen großen Frequenzbereich in zwei Bereiche. Für $\omega \ll 10^{10}\,\mathrm{s}^{-1}$ gilt

$$\omega\tau \ll 1 \tag{8.154}$$

und für $\omega \gg 10^{10}\,\mathrm{s}^{-1}$

$$\omega\tau \gg 1\,. \tag{8.155}$$

Wir schätzen jetzt die Oberflächenimpedanz und die Skintiefe unter den Bedingungen des anomalen Skineffektes ab. Dazu sind einige Vorbetrachtungen erforderlich.

Die Elektronen durchlaufen im allgemeinen aufgrund ihrer großen mittleren freien Weglänge gegenüber der Skintiefe innerhalb der Skinschicht ein stark inhomogenes elektrisches Feld. Dabei können sie, wie in Abbildung 8.5 dargestellt, zwischen zwei Stößen innerhalb der Skinschicht verbleiben (s. (1) und (2)) oder aber auch den größten Teil der Wegstrecke außerhalb der Skinschicht verbringen (s. (3)). Der hierdurch bedingte nichtlokale Zusammenhang zwischen Stromdichte und elektrischem Feld hat zur Folge, daß die elektrische Leitfähigkeit des Festkörpermaterials nicht mehr nur von der Frequenz der eingestrahlten elektromagnetischen Welle, sondern auch von deren Wellenvektor abhängt:

$$\sigma = \sigma(\omega, \boldsymbol{q})\,. \tag{8.156}$$

[1]) Liegen mehrere Ladungsträgersorten vor, so sind für sie die Relaxationszeiten und damit auch die mittleren freien Weglängen im allgemeinen unterschiedlich und können überdies von $\boldsymbol{k}$ abhängig sein (vgl. Kap. 6). Wir betrachten hier der Einfachheit halber eine gemittelte mittlere freie Weglänge.

[2]) Dabei braucht es sich nicht nur um Metalleinkristalle zu handeln. Dasselbe gilt auch für Mischkristalle und Legierungen hoher Perfektion, wenn deren elektrische Leitfähigkeit nur hoch genug ist.

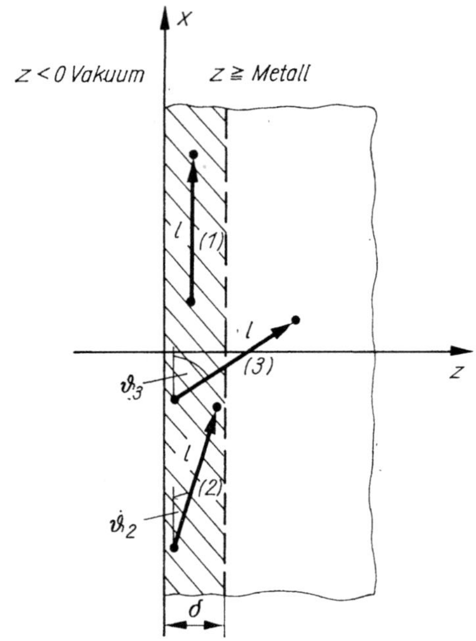

Abb. 8.5.
Zur Veranschaulichung der Bewegung der Elektronen unter den Bedingungen des anomalen Skineffektes

Die Abhängigkeit der elektrischen Leitfähigkeit von der Frequenz sowie vom Wellenvektor bezeichnet man als *Dispersion*[1]; und zwar die von der Frequenz als *zeitliche* und die vom Wellenvektor als *räumliche* Dispersion.

Eine strenge Theorie des anomalen Skineffektes können wir im Rahmen dieses Buches nicht darlegen und verweisen diesbezüglich auf die im Literaturverzeichnis angegebenen Fachbücher sowie auf die Originalarbeiten von A. B. PIPPARD [106], G. E. H. REUTER und E. H. SONDHEIMER [108]. Wir wollen hier vielmehr, ausgehend von anschaulichen Vorstellungen über diese Erscheinung, zu einigen Ergebnissen kommen. Wie wir sehen werden, stimmen diese zumindest qualitativ mit den exakt hergeleiteten überein.

Zunächst überlegen wir uns, daß der von den einzelnen Elektronen gelieferte Strombeitrag um so größer sein wird, je länger sie sich in der Skinschicht befinden. Anders ausgedrückt, der Beitrag zur Stromdichte ist um so größer, je kleiner der Winkel ϑ ist, den die Elektronenbahn mit der Festkörperoberfläche einschließt (s. Abb. 8.5). Den Hauptbeitrag werden dementsprechend die Elektronen (1) liefern, die sich etwa parallel zur Oberfläche bewegen.

Vereinfachend berücksichtigt man nun bei der Berechnung der Stromdichte nur die Elektronen, deren Bahnen einen Winkel

$$\vartheta \lessapprox \frac{\delta}{l} \tag{8.157}$$

[1]) Der Begriff *Dispersion* wird also in verschiedenster Form gebraucht. Bisher hatten wir beispielsweise Dispersion in der Form von $\varepsilon = \varepsilon(\boldsymbol{k})$; $\boldsymbol{q} = \boldsymbol{q}(\omega)$; $\epsilon = \epsilon(\omega)$; $\mathsf{n} = \mathsf{n}(\omega)$ kennengelernt. Sofern eine Frequenzabhängigkeit besteht, spricht man mitunter von einer *zeitlichen* Dispersion (*Zeitdispersion*), während man die Abhängigkeit vom Wellenvektor als *räumliche* Dispersion (*Raumdispersion*) bezeichnet.

mit der Oberfläche einschließt. Nur diese Elektronen sind in der Lage, genügend Energie aus dem elektrischen Feld aufzunehmen. Man bezeichnet sie als *wirksame* oder *effektive* Elektronen; alle übrigen betrachtet man als *unwirksam* (*nicht effektiv*).

Das hier angeführte Vorgehen zur genäherten Berechnung der Stromdichte, bei dem nur die effektiven Elektronen berücksichtigt und alle nicht effektiven vernachlässigt werden, wurde von A. B. PIPPARD [106] vorgeschlagen und ist als *Pippardsches ineffectiveness-concept* (*Unwirksamkeitskonzept*) bekannt.

Für die Elektronen, die sich parallel zur Oberfläche bewegen, ändert sich die Amplitude der elektrischen Feldstärke nicht, so daß man hier wieder einen lokalen Zusammenhang zwischen Stromdichte und Feld hat. Näherungsweise setzt man für alle effektiven Elektronen das Ohmsche Gesetz in seiner lokalen Form an, führt aber eine sogenannte *effektive* elektrische Leitfähigkeit σ_{eff} ein:

$$\boldsymbol{j} = \sigma_{\text{eff}} \boldsymbol{E} \,. \tag{8.158}$$

Man überlegt sich nun, daß die Anzahl der zur Stromdichte beitragenden (effektiven) Elektronen größenordnungsmäßig gleich δ/l ist, so daß sich

$$\sigma_{\text{eff}} \sim \sigma_0 \frac{\delta}{l} \tag{8.159}$$

ergibt. Da $\delta = 1/q_2$ (s. (8.151)) gilt und außerdem q_1 und q_2 von derselben Größenordnung sind, ist der Ansatz

$$\sigma_{\text{eff}} = \frac{\beta \sigma_0}{iql} \tag{8.160}$$

gerechtfertigt. β ist hierbei ein Proportionalitätsfaktor, der gleichzeitig die Funktion eines Korrekturfaktors übernimmt.

Wir betrachten nun wieder ein den Halbraum $z \geqq 0$ ausfüllendes homogenes isotropes Metall, auf dessen Oberfläche eine sich in z-Richtung ausbreitende linear polarisierte elektromagnetische Welle der Kreisfrequenz ω senkrecht auftrifft. Ohne Beschränkung der Allgemeinheit gelte für die Welle:

$$\boldsymbol{E} = (E_x, 0, 0) \; ; \qquad \boldsymbol{H} = (0, H_y, 0) \; ; \qquad \boldsymbol{q} = (0, 0, q) \tag{8.161}$$

mit

$$E_x = E_0 \, \mathrm{e}^{i(\omega t - qz)} \; ; \qquad H_y = H_0 \, \mathrm{e}^{i(\omega t - qz)} \,. \tag{8.162}$$

Setzt man (8.162) in die ersten beiden Maxwell-Gleichungen (8.1) ein, ersetzt σ durch die effektive Leitfähigkeit (8.160) und vernachlässigt den Verschiebungsstrom, so erhält man als Analogon zu (8.145)

$$-iqE_x = -i\omega\mu_0\mu_r H_y \; ; \qquad iqH_y = \frac{\beta\sigma_0}{iql} E_x \,. \tag{8.163}$$

Hieraus ergibt sich

$$\frac{E_x}{H_y} = \sqrt[3]{\frac{-\omega^2\mu_0^2\mu_r^2 l}{\beta\sigma_0}} = \sqrt[3]{\frac{\omega^2\mu_0^2\mu_r^2 l}{\beta\sigma_0}} \, \frac{1}{2} (1 + i\sqrt{3}) \tag{8.164}$$

und mit (8.124)

$$Z = \frac{1}{2} \sqrt[3]{\frac{\omega^2\mu_0^2\mu_r^2 l}{\beta\sigma_0}} (1 + i\sqrt{3}) \;, \tag{8.165}$$

so daß

$$X = \sqrt{3}\,R \tag{8.166}$$

gilt.

Ohne den genauen Wert des Korrekturfaktors β zu kennen (er ist größenordnungsmäßig etwa gleich 1), kann man die wesentlichen Merkmale der Oberflächenimpedanz im Falle des anomalen Skineffektes erkennen:

— Wegen $\sigma_0 \sim l$ ist Z (im Gegensatz zum normalen Skineffekt) nicht mehr von der mittleren freien Weglänge der Elektronen abhängig und somit temperaturunabhängig. Mit (6.11) und (6.91) ist $\frac{l}{\sigma_0} = \frac{v_F m^*}{e^2 n}$. Dieses Verhältnis ist also unabhängig von der speziellen Art des Streumechanismus; es wird allein durch die elektronische Struktur (genauer: durch die Fermi-Geschwindigkeit, die effektive Masse und die Elektronenkonzentration) bestimmt. Dasselbe gilt dementsprechend für die Oberflächenimpedanz. Aus diesem Grunde ist die Oberflächenimpedanz eine zweckmäßige Meßgröße zur Ermittlung der Parameter, die die elektronische Struktur des Metalls bestimmen.
— $Z \sim \omega^{2/3}$ (nach (8.147) hat sich $Z \sim \omega^{1/2}$ ergeben).
— Real- und Imaginärteil von Z sind nicht mehr gleich (s. (8.166)).

Für den Experimentator ist (8.165) noch aus folgendem Grunde interessant: Bestimmt man bei der Temperatur T_M experimentell den Real- oder Imaginärteil von Z und gleichzeitig die Gleichstromleitfähigkeit $\sigma_0(T_M)$ des Metalls, so kann man aus (8.165) die mittlere freie Weglänge $l(T_M)$ der Elektronen berechnen.

Es soll jetzt die Eindringtiefe eines elektromagnetischen Wechselfeldes ermittelt werden, die wir im Unterschied zur klassischen Skintiefe mit δ_{an} bezeichnen wollen. Dazu berechnen wir q aus (8.163). Als physikalisch sinnvolle Lösung (gedämpfte Welle im Metall) ergibt sich hier

$$q = q_1 - iq_2 = \sqrt[3]{-\frac{\beta\omega\mu_0\mu_r\sigma_0}{l}} = \sqrt[3]{\frac{\beta\omega\mu_0\mu_r\sigma_0}{l}}\,\frac{1}{2}\left(1 - i\sqrt{3}\right). \tag{8.167}$$

Die Skintiefe erhält man gemäß (8.151) zu

$$\delta_{an} = \frac{1}{q_2} = \frac{2}{\sqrt{3}}\sqrt[3]{\frac{l}{\beta\omega\mu_0\mu_r\sigma_0}}. \tag{8.168}$$

Charakteristisch für die Skintiefe im Bereich des anomalen Skineffektes ist:

— $\delta_{an} \sim \sigma_0^{-1/3}$.
— Wegen $\sigma_0 \sim l$ ist δ_{an} temperaturunabhängig.
— $\delta_{an} \sim \omega^{-1/3}$.

Für $\omega \approx 10^{10}\ \mathrm{s}^{-1}$ beträgt $\delta_{an} \approx 10^{-7}\ \mathrm{m} = 0{,}1\ \mu\mathrm{m}$.

Aus (8.168) und (8.152) läßt sich mit $\beta \approx 1$ folgende Beziehung abschätzen:

$$\delta_{an} \approx l^{1/3}\delta^{2/3}. \tag{8.169}$$

Abbildung 8.6 veranschaulicht die in diesem und im vorangegangenen Abschnitt erhaltenen Ergebnisse. Hier ist jeweils der qualitative Verlauf von 1/R (Abb. 8.6a) und von $1/\delta$ (Abb. 8.6b) als Funktion von $\sqrt{\sigma_0}$ dargestellt.

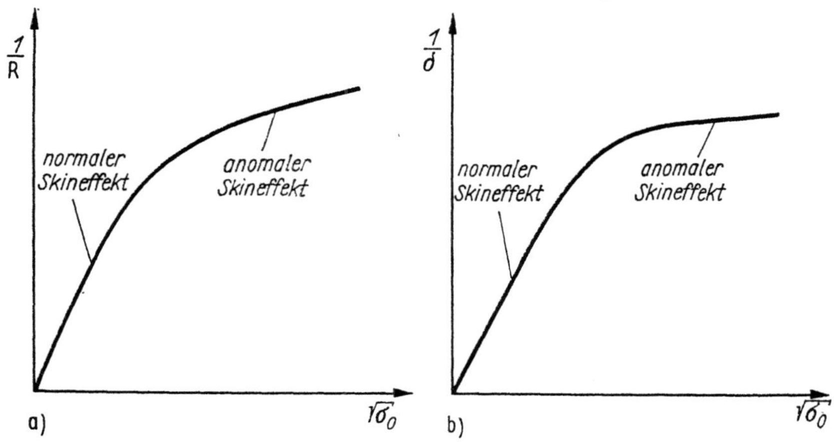

Abb. 8.6.
Qualitativer Verlauf der Funktionen

a) $\frac{1}{R} = \frac{1}{R}\left(\sqrt{\sigma_0}\right)$ b) $\frac{1}{\delta} = \frac{1}{\delta}\left(\sqrt{\sigma_0}\right)$

Unter den Bedingungen des normalen Skineffektes ergeben sich Geraden.

Der normale Skineffekt ist auf den Bereich geringer elektrischer Leitfähigkeit (bei hoher Tempera ur) beschränkt. Hier existiert ein linearer Zusammenhang von $1/R$ und $\sqrt{\sigma_0}$ bzw. $1/\delta$ und $\sqrt{\sigma_0}$. Deutlich unterscheidet sich davon das Verhalten im Bereich des anomalen Skineffektes, der bei höherer elektrischer Leitfähigkeit (bei tieferer Temperatur) vorliegt.

Streng theoretisch muß die Oberflächenimpedanz natürlich aus der kinetischen Boltzmann-Gleichung hergeleitet werden. Dabei sind sowohl die Eigenschaften der Metalloberfläche als auch eine mögliche Anisotropie des Metalls, also die aus der jeweilig vorliegenden Dispersionsbeziehung $\varepsilon(\boldsymbol{k})$ folgende Form der Fermi-Fläche, zu berücksichtigen.

Der Einfluß der Metalloberfläche besteht darin, daß infolge des dort herrschenden hohen Potentials (vgl. Abschnitt 4.2.3.) die Elektronen am Verlassen des Metallverbandes gehindert werden. Sie werden mehr oder weniger gut an der Oberfläche reflektiert und bewegen sich wieder in das Metallinnere hinein. Sicher wird sich der Einfluß der Metalloberfläche innerhalb der beiden folgenden Grenzfälle bewegen: Im ersten Fall werden die Elektronen spiegelnd reflektiert, im zweiten diffus gestreut. Der erste Grenzfall liegt bei einer idealen Oberfläche vor.

Berechnet man nun die Oberflächenimpedanz für beide Grenzfälle, so unterscheiden sich die Werte nur in einem unbedeutenden Zahlenfaktor. Es ist $Z_{sR}/Z_{dS} = 8/9$, wenn man die unter der Voraussetzung spiegelnder Reflexion berechnete Oberflächenimpedanz mit Z_{sR} und die unter vorausgesetzter diffuser Streuung mit Z_{dS} bezeichnet.

Will man die Anisotropie des Metalls berücksichtigen, so muß man zunächst, ausgehend von der vorliegenden Dispersionsbeziehung, die Komponenten des Tensors $\boldsymbol{\sigma}_{\text{eff}}(\boldsymbol{q}, \omega)$ berechnen. Hieraus ergeben sich dann entsprechend die Tensorkomponenten von $\mathbf{Z}$. Liegt isotrope quadratische Dispersion vor, so ergibt sich (8.165).

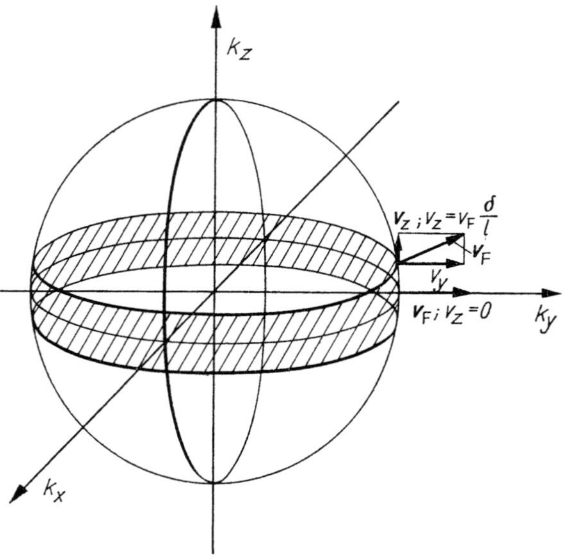

Abb. 8.7.
Effektive Zone (am Beispiel einer kugelförmigen Fermi-Fläche)

Abschließend sei noch auf folgenden Aspekt aufmerksam gemacht: Die Geschwindigkeitskomponente in z-Richtung ist bei den effektiven Elektronen nahezu Null; genauer, es ist $v_z \lessapprox v_F \frac{\delta}{l} \ll v_F$. Auf die Fermi-Fläche übertragen, bedeutet das, daß nur die Elektronen wesentlich zur Stromdichte beitragen (also effektiv sind), die die in Abbildung 8.7 gekennzeichneten Zustände an der Oberfläche der Fermi-Fläche einnehmen. Den Bereich, in dem $v_z \lessapprox v_F \frac{\delta}{l}$ ist, nennt man *effektive Zone*. Aus der Abbildung läßt sich schließen, daß die Anzahl der zur Stromdichte beitragenden Elektronen nicht nur klein gegenüber der Gesamtzahl der quasifreien Elektronen ist, sondern auch gegenüber der Zahl der Elektronen, deren Energie etwa gleich der Fermi-Energie ist.

Literaturhinweise

R. Becker, F. Sauter: Theorie der Elektrizität, Bd. 1, [5]
L. D. Landau, E. M. Lifschitz, Lehrbuch der Theoretischen Physik, Bd. VIII, [29]
A. W. Sokolow: (russ.), [37]
A. Sommerfeld: Vorlesungen über Theoretische Physik, Bd. IV, [38]
W. Brauer: Einführung in die Elektronentheorie der Metalle, [11]
J. M. Ziman: Prinzipien der Festkörpertheorie, [45]
A. A. Abrikossow: Einführung in die Theorie normaler Metalle, [1]
I. M. Lifschitz, M. Ja. Asbel, M. I. Kaganow: Elektronentheorie der Metalle, [30]

9. Hochfrequenzphänomene von Festkörpern im äußeren (statischen) Magnetfeld

Bisher haben wir die Wirkung eines äußeren Magnetfeldes (Kapitel 5 und 7) sowie die eines elektromagnetischen Wechselfeldes (Kapitel 8) auf die Bewegung der quasifreien Ladungsträger im Festkörper für sich allein betrachtet. Jetzt wollen wir uns den Effekten zuwenden, die bei gleichzeitig vorhandenem elektromagnetischem Hochfrequenzfeld und zeitlich konstantem äußeren homogenen Magnetfeld auftreten. Es sind das eine Reihe sogenannter zeitlicher und räumlicher Resonanzen, die dadurch bewirkt werden, daß das elektromagnetische Feld und die quasifreien Ladungsträger, die bekanntlich (s. Kapitel 5) unter der Wirkung eines äußeren Magnetfeldes periodische Bewegungen ausführen, miteinander wechselwirken.

In den Abschnitten 9.1. und 9.2. beschäftigen wir uns mit solchen Phänomenen, die als zeitliche Resonanzen zu bezeichnen sind. Hierzu gehören die in starken Magnetfeldern beobachtbaren Zyklotronresonanzen (diamagnetische Resonanz und Asbel-Kaner-Zyklotronresonanz) und die in schwachen Magnetfeldern auftretenden oszillatorischen Änderungen der Oberflächenimpedanz, verursacht durch quantenmechanische Übergänge zwischen magnetischen Oberflächenzuständen. Danach betrachten wir in den Abschnitten 9.3. und 9.4. Effekte, die auf räumliche Resonanzen zurückzuführen sind. Wir lernen dabei ein Phänomen kennen, das nach den bisherigen Ausführungen (insbesondere des Kapitels 8) nicht zu erwarten wäre; nämlich das anomale Eindringen eines hochfrequenten elektromagnetischen Feldes in ein Metall. Den Abschluß bilden Betrachtungen zu sogenannten Größeneffekten.

Alle hier genannten Erscheinungen werden erfolgreich zur Untersuchung der elektronischen Struktur von Festkörpern eingesetzt.

Bereits an dieser Stelle sei generell zur Orientierung der Felder bemerkt:
Sind $\boldsymbol{q}$ der Wellenvektor der elektromagnetischen Welle und $\boldsymbol{B}$ der Vektor der magnetischen Induktion, so spricht man im Falle

$\boldsymbol{B} \parallel \boldsymbol{q}$ von der *Faraday-Konfiguration*

und im Falle

$\boldsymbol{B} \perp \boldsymbol{q}$ von der *Voigt-Konfiguration.*

Der $\boldsymbol{E}$-Vektor des elektromagnetischen Feldes soll im weiteren bei beiden Konfigurationen in der zur Magnetfeldrichtung senkrechten Ebene schwingen.

9.1. Zyklotronresonanz

Wir beginnen unsere Betrachtungen mit der Zyklotronresonanz, weil gerade Zyklotronresonanzuntersuchungen die umfangreichsten, vollständigsten und auch zuverlässigsten Ergebnisse über das Energiespektrum der Ladungsträger in Festkörpern liefern.

9.1.1. Wesen der Zyklotronresonanz

Um das Wesen der Zyklotronresonanz verstehen zu können, müssen wir an die Ausführungen in Kapitel 5 anknüpfen. Dort haben wir festgestellt, daß sich die Ladungsträger in einem homogenen Magnetfeld im einfachsten Fall auf einer Schraubenbahn um die Magnetfeldrichtung bewegen. Die Projektionen der Ladungsträgerbahnen auf die zur Magnetfeldrichtung senkrechten Ebene sind dementsprechend Kreisbahnen. Die Kreisfrequenz, mit der die Ladungsträger diese Bahnen durchlaufen, ist die durch (5.41) gegebene Zyklotronfrequenz $\omega_c = \frac{|e|\,B}{m_c^*}$ (e: Elementarladung, B: Betrag der magnetischen Induktion, m_c^*: effektive Zyklotronmasse).

Läßt man nun auf den Festkörper zusätzlich ein elektromagnetisches Wechselfeld der Kreisfrequenz ω einwirken, dessen $\boldsymbol{E}$-Vektor in der zur Magnetfeldrichtung senkrechten Ebene schwingt, so werden die Ladungsträger durch das elektrische Feld beschleunigt und nehmen damit Energie aus dem Feld auf oder geben sie an das Feld ab. Ob die Ladungsträger Energie aufnehmen oder abgeben, hängt von der jeweils konkret vorliegenden Phasenbeziehung zwischen der Ladungsträgergeschwindigkeit ($\boldsymbol{v} \sim \mathrm{e}^{i\omega t}$) und dem elektrischen Feld ($\boldsymbol{E} \sim \mathrm{e}^{i\omega t}$) ab. Ist die Kreisfrequenz des elektromagnetischen Feldes gerade gleich der Zyklotronfrequenz,

$$\omega = \omega_c\,, \tag{9.1}$$

so werden diejenigen Ladungsträger, deren Geschwindigkeit sich phasengleich mit dem elektrischen Feld ändert, während ihrer Bewegung laufend beschleunigt; sie entziehen dem Feld somit ständig Energie. Da, anders ausgedrückt, die Ladungsträger bei $\omega = \omega_c$ gegenüber allen anderen Fällen ($\omega < \omega_c$, $\omega > \omega_c$) die höchstmögliche Energie aus dem Feld aufnehmen, spricht man von einer Resonanz[1]).

Da die hier beschriebene Bewegung der Ladungsträger der eines geladenen Teilchens in einem Zyklotron gleicht, nennt man sie *Zyklotronbewegung*. Der Effekt der dadurch bedingten Energieabsorption erhielt analog die Bezeichnung *Zyklotronresonanz*.[2])

Nun wird jedoch in jedem Festkörper die reine Zyklotronbewegung durch die Wechselwirkung der Ladungsträger mit Phononen, Gitterdefekten, Störstellen sowie anderen Ladungsträgern behindert. Ein Resonanzeffekt ist daher (auch wenn $\omega = \omega_c$ erfüllt ist) nur dann beobachtbar, wenn die mittlere freie Flugzeit (Relaxationszeit) τ zwischen zwei Stößen größer als die Zeit $t_c = \frac{2\pi}{\omega_c}$ ist, die die Ladungsträger für einen vollen Umlauf benötigen. Hieraus ergibt sich sofort eine zweite notwendige Bedingung

1) Zur Resonanz s. auch S. 315.

2) Eine solche Resonanzerscheinung im Festkörper wurde unabhängig voneinander von Ja. G. Dorfman [70] und R. B. Dingle [69] vorausgesagt.

für das Auftreten der Zyklotronresonanz:

$$\omega_c \tau \gg 1 \,. \tag{9.2}$$

Nach (5.38) und (5.39) läßt sich ω_c durch den Zyklotronradius r_c (Radius der Ladungsträgerbahn) ausdrücken $\left(\omega_c = \frac{v}{r_c}\right)$. Mit der mittleren freien Weglänge $l = v\tau$ ergibt sich dann $\omega_c \tau \approx \frac{l}{r_c}$, so daß man (9.2) auch in der Form

$$l \gg r_c \tag{9.3}$$

angeben kann. Zyklotronresonanz kann demzufolge nur dann auftreten, wenn die mittlere freie Weglänge der Ladungsträger groß gegenüber dem Zyklotronradius ist.

Aus (9.1) und (9.2) ergibt sich unmittelbar eine dritte Bedingung für die Beobachtbarkeit von Zyklotronresonanzen:

$$\omega \tau \gg 1 \,. \tag{9.4}$$

Die Bedingungen (9.1) bis (9.4) legen bereits fest, unter welchen experimentellen Voraussetzungen Zyklotronresonanzen nachweisbar sind: Die beiden äquivalenten Bedingungen (9.2) und (9.3) fordern große Relaxationszeiten und (wegen $\omega_c \sim B$) starke Magnetfelder. Da man aber experimentell nicht beliebig starke Magnetfelder erzeugen kann, werden diese Bedingungen um so besser erfüllt, je reiner und perfekter der Festkörper (Einkristall!) ist und je tiefer die Meßtemperatur liegt. (9.4) und (9.1) beschränken die Beobachtbarkeit von Zyklotronresonanzen unter Berücksichtigung der hochfrequenzseitigen Begrenzung von ω_c (und damit auch von ω) durch die experimentell handhabbaren Magnetfelder im wesentlichen auf den Mikrowellen- und Submillimeterwellenbereich.

Zusammenfassend setzen Zyklotronresonanzuntersuchungen im allgemeinen voraus:

- sehr reine Einkristalle,
- tiefe Temperaturen,
- Mikrowellen, Submillimeterwellen.

Aus dem vorangegangenen Kapitel wissen wir, daß ein elektromagnetisches Feld nur innerhalb der Skinschicht δ unterhalb der Festkörperoberfläche auf die Ladungsträger einwirken kann. Daher verwundert es nicht, daß die Art des Skineffektes die Zyklotronresonanz stark beeinflußt.

Im Falle des normalen Skineffektes gilt mit (8.118) und (9.3)

$$r_c \ll l \ll \delta \,. \tag{9.5}$$

Die Ladungsträger bewegen sich während des gesamten Umlaufes unter dem Einfluß eines nahezu homogenen elektromagnetischen Wechselfeldes (vgl. Abb. 9.1a). Unter der Voraussetzung $\delta \ll r_c$ gilt bei anomalem Skineffekt mit (8.119) und (9.3)

$$\delta \ll r_c \ll l \,. \tag{9.6}$$

Die Ladungsträger bewegen sich demgegenüber auf dem größten Teil ihrer Bahn im Inneren des Festkörpers ohne Beeinflussung durch das elektromagnetische Feld

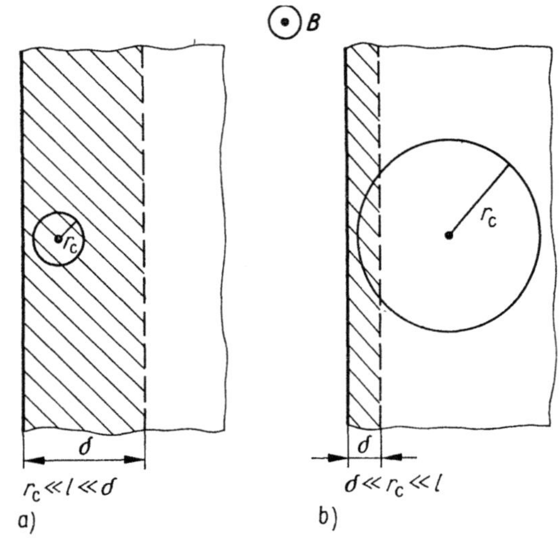

Abb. 9.1.
Die beiden Formen der Zyklotronresonanz
a) Diamagnetische Resonanz
b) Asbel-Kaner-Zyklotronresonanz

(vgl. Abb. 9.1b). Nur während des Durchganges durch die Skinschicht können sie mit dem elektromagnetischen Feld wechselwirken.

Aus diesen wenigen Bemerkungen wird bereits klar, daß die Zyklotronresonanz je nach der Art des vorliegenden Skineffektes charakteristische Besonderheiten besitzen wird. Man unterscheidet daher die unter den Bedingungen des normalen Skineffektes auftretende *diamagnetische Resonanz* (s. Abschnitt 9.1.2.) und die unter den Bedingungen des anomalen Skineffektes erscheinende *Asbel-Kaner-Zyklotronresonanz* (s. Abschnitt 9.1.3.). Während die diamagnetische Resonanz vorwiegend bei Halbleitern beobachtet werden kann, tritt die Asbel-Kaner-Zyklotronresonanz bei guten Leitern (Metallen) auf.

Entsprechend den Ausführungen im Kapitel 7 ist die Zyklotronresonanz ihrem Wesen nach ein Quanteneffekt. Das angelegte äußere Magnetfeld bewirkt eine Umverteilung der Energieniveaus. Es ergeben sich infolge der sogenannten Landau-Quantisierung die Landau-Niveaus ε_n (s. 7.16). Die Zyklotronresonanz entspricht nun den Übergängen zwischen jeweils zwei benachbarten Landau-Niveaus. Die Auswahlregel lautet unter der Voraussetzung der Spinerhaltung $\Delta n = \pm 1$. Unabhängig von n erfolgt der Übergang zwischen zwei benachbarten Niveaus stets mit derselben Energie

$$\varepsilon_{n+1} - \varepsilon_n = \hbar\omega_c \,. \tag{9.7}$$

In den meisten Fällen kann man sich jedoch eine strenge quantenmechanische Betrachtung der Zyklotronresonanz ersparen; und zwar immer dann, wenn man die Bewegung der Ladungsträger als klassische Bewegung im Sinne des Kapitels 5 behandeln kann. Voraussetzung dafür ist, daß die Bedingungen (7.40) und (7.41)[1]) erfüllt sind ($\varepsilon_F \gg \hbar\omega_c$ und $k_B T \gg \hbar\omega_c$)[2]). Es müssen also sehr viele Landau-Niveaus

[1]) Im Halbleiter nur (7.41).

[2]) Eingehendere Betrachtungen zeigen, daß eigentlich die viel schärfere Bedingung $\omega\tau \ll (\varepsilon_F/\hbar\omega)^{1/2}$ bzw. für sich selbst kreuzende Elektronenbahnen $\omega\tau \ll (\varepsilon_F/\hbar\omega)\, e^{-\omega_c/\omega} \ln 3(\varepsilon_F/\hbar\omega)$ erfüllt sein muß. (Vgl. z. B. I. M. Lifschitz, M. Ja. Asbel, M. I. Kaganow [30].

innerhalb des Fermi-Körpers, aber auch innerhalb der thermisch „aufgeweichten" Zone um die Fermi-Energie vorhanden sein.

Diese Voraussetzung führt dazu, daß für gute Metalle eine quasiklassische Betrachtungsweise unabhängig von der Größe der effektiven Massen der beteiligten Ladungsträger für $B \ll 10^3$ T immer möglich ist. Wir beschränken uns daher bei der eingehenderen Erläuterung der Zyklotronresonanz auf die quasiklassische Beschreibung. Dazu knüpfen wir an folgenden Satz aus Kapitel 5 an:

> Die der Ladungsträgerbewegung äquivalente Bewegung des $\boldsymbol{k}$-Vektors im $\boldsymbol{k}$-Raum erfolgt auf der Schnittkurve der Isoenergiefläche $\varepsilon(\boldsymbol{k}) = \text{const}$ mit der Ebene $k_{\boldsymbol{B}} = \text{const}$ senkrecht zum Magnetfeld $\boldsymbol{B}$, also auf einer Zyklotronbahn.[1]

Im weiteren betrachten wir ausschließlich geschlossene Zyklotronbahnen.

Da die Form der Zyklotronbahnen durch die Topologie der Isoenergieflächen bestimmt wird, ist zu erwarten, daß die Dispersionsbeziehung den Charakter der Zyklotronresonanz wesentlich beeinflußt:

Liegt quadratische Dispersion vor, so besitzen bei fest vorgegebener Magnetfeldkonfiguration alle Ladungsträger unabhängig von $k_{\boldsymbol{B}}$ die gleiche Zyklotronfrequenz ω_c (vgl. Abschnitt 5.3.).

Im Falle nichtquadratischer Dispersion ist ω_c eine Funktion von $k_{\boldsymbol{B}}$. Wie wir gleich sehen werden, können dann nur noch die Ladungsträger zur Resonanz beitragen, für die $\omega_c(k_{\boldsymbol{B}})$ einen Extremalwert $\omega_c^{(\text{extr})}$ annimmt. Allgemein gilt in der Nähe von $k_{\boldsymbol{B}_0}$:

$$\omega_c(k_{\boldsymbol{B}}) = \omega_c(k_{\boldsymbol{B}_0}) + \frac{\mathrm{d}\omega_c(k_{\boldsymbol{B}_0})}{\mathrm{d}k_{\boldsymbol{B}}}(k_{\boldsymbol{B}} - k_{\boldsymbol{B}_0}) + \frac{\mathrm{d}^2\omega_c(k_{\boldsymbol{B}_0})}{\mathrm{d}k_{\boldsymbol{B}}^2}\frac{1}{2}(k_{\boldsymbol{B}} - k_{\boldsymbol{B}_0}) + \dots. \tag{9.8}$$

Das bedeutet, bei geringer Änderung von $k_{\boldsymbol{B}}$ nahe $k_{\boldsymbol{B}_0}$ ändert sich ω_c im wesentlichen linear in $(k_{\boldsymbol{B}} - k_{\boldsymbol{B}_0})$. Wenn jedoch ω_c an der Stelle $k_{\boldsymbol{B}_0}$ einen Extremwert annimmt, also

$$\omega_c(k_{\boldsymbol{B}_0}) = \omega_c^{(\text{extr})} \tag{9.9}$$

gilt, ändert sich ω_c wegen $\dfrac{\mathrm{d}\omega_c(k_{\boldsymbol{B}_0})}{\mathrm{d}k_{\boldsymbol{B}}} = 0$ proportional zu $(k_{\boldsymbol{B}} - k_{\boldsymbol{B}_0})^2$ und damit schwächer als in allen anderen Fällen. Folglich gilt für bedeutend mehr Ladungsträger $\omega_c \approx \omega_c(k_{\boldsymbol{B}_0})$, was schließlich zu einer beobachtbaren Resonanz bei

$$\omega = \omega_c^{\text{extr})} \tag{9.10}$$

führt.

Zusammenfassend können wir feststellen:

> Während bei quadratischer Dispersion alle „sich auf den Zyklotronbahnen bewegenden Ladungsträger" infolge ihrer gleichen Zyklotronfrequenz ω_c zur Resonanz beitragen, sind im Falle nichtquadratischer Dispersion nur die Ladungsträger an der Resonanz beteiligt, deren Zyklotronfrequenz einen Extremwert annimmt.

[1]) Wir werden in diesem und in den folgenden Abschnitten des vorliegenden Kapitels anstelle dieser schwerfälligen, aber exakten Formulierung einfach von der „Bewegung der Ladungsträger auf Zyklotronbahnen" sprechen. Nach den Ausführungen in Kapitel 5 wird es diesbezüglich sicher nicht zu Mißverständnissen kommen.

9.1.2. Diamagnetische Resonanz (in Halbleitern)

Entsprechend den bisherigen Darlegungen verstehen wir unter diamagnetischer Resonanz die Form der Zyklotronresonanz, die unter den Bedingungen des normalen Skineffektes auftritt. Um ihre Eigenschaften erkennen zu können, betrachten wir jetzt einen den Halbraum $z \geqq 0$ ausfüllenden Festkörper (Halbleiter), auf den gleichzeitig ein homogenes Magnetfeld und ein elektromagnetisches Wechselfeld der Kreisfrequenz ω einwirken (vgl. auch Abb. 9.2). Die Felder seien so gewählt, daß $\omega_c \tau \gg 1$

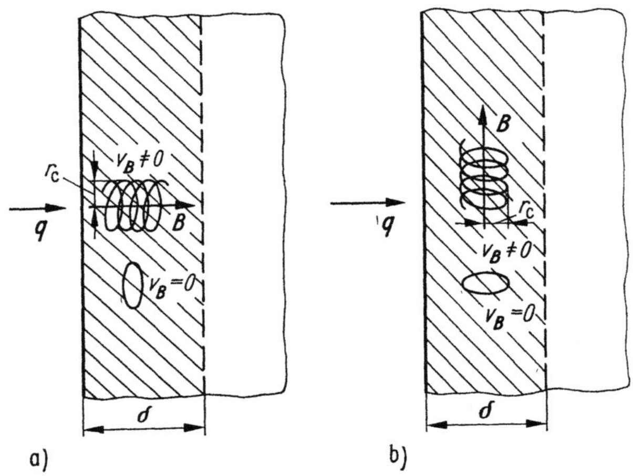

Abb. 9.2.
Zur diamagnetischen Resonanz
($v_{\boldsymbol{B}}$: Geschwindigkeitskomponente der Ladungsträger in Magnetfeldrichtung)
a) Faraday-Konfiguration ($\boldsymbol{q} \parallel \boldsymbol{B}$)
b) Voigt-Konfiguration ($\boldsymbol{q} \perp \boldsymbol{B}$)

erfüllt und $\omega\tau \gg 1$ erfüllbar ist. Überdies möge $r_c \ll l \ll \delta$ gelten, so daß zwischen der Stromdichte $\boldsymbol{j}$ und der elektrischen Feldstärke $\boldsymbol{E}$ im Festkörper der lokale Zusammenhang

$$\boldsymbol{j} = \sigma \boldsymbol{E} \tag{9.11}$$

besteht.

σ: elektrische Leitfähigkeit des Festkörpermaterials.

Bezüglich der Orientierung der Felder zueinander wollen wir uns bei den weiteren Ausführungen auf die Faraday-Konfiguration ($\boldsymbol{q} \parallel \boldsymbol{B}$) beschränken (s. Abb. 9.2a), obwohl diamagnetische Resonanz auch unter den Bedingungen der Voigt-Konfiguration auftritt (s. Abb. 9.2b).

Ohne Beschränkung der Allgemeinheit sei das homogene Magnetfeld der z-Achse parallel gerichtet; dementsprechend möge sich auch das elektromagnetische Feld (die elektromagnetische Welle) in z-Richtung ausbreiten. Es sei also:

$$\boldsymbol{B} = (0, 0, B)\,, \qquad \boldsymbol{q} = (0, 0, q)\,. \tag{9.12}$$

Gilt nun gemäß (9.1) $\omega = \omega_c$, so tritt unter den angegebenen Voraussetzungen diamagnetische Resonanz auf. Dabei ist es gleichgültig, ob die in den Festkörper eingestrahlte elektromagnetische Welle linear oder zirkular polarisiert ist. Arbeitet man im Experiment mit zirkular polarisierten Wellen, so kann man eindeutig feststellen, welche Ladungsträgersorten (Elektronen oder Löcher) an der Resonanz beteiligt sind. Aufgrund des unterschiedlichen Ladungsvorzeichens sind die Umlaufrichtungen der Elektronen und Löcher einander entgegengesetzt (s. Abb. 9.3a), so daß nur immer eine der beiden Ladungsträgersorten aus einer links- bzw. rechtszirkular polarisierten Welle Energie aufnehmen kann. Eine solche Unterscheidbarkeit ist bei der Arbeit mit linear polarisierten Wellen nicht möglich. Da man dennoch letztere im Experiment häufiger als zirkular polarisierte Wellen benutzt, wollen wir im folgenden eine linear polarisierte Welle voraussetzen, deren $\boldsymbol{E}$-Vektor in x-Richtung schwingt:

$$\boldsymbol{E} = (E_x, 0, 0) \quad \text{mit} \quad E_x = E_0 \, \mathrm{e}^{i(\omega t - qz)} = \overline{E}_0 \, \mathrm{e}^{i\omega t} . \tag{9.13}$$

Unter der Annahme isotroper quadratischer Dispersion (skalare effektive Masse m^*) und isotroper Streuung $(\tau = \tau(\varepsilon))$ läßt sich die Bewegung der Elektronen[1]) im Rahmen der quasiklassischen Näherung durch die Gleichung

$$m^* \frac{\mathrm{d}\boldsymbol{v}_\mathrm{D}}{\mathrm{d}t} = - \frac{\boldsymbol{v}_\mathrm{D} m^*}{\tau} - |e| \, (\boldsymbol{E} + \boldsymbol{v}_\mathrm{D} \times \boldsymbol{B}) \tag{9.14}$$

beschreiben. $\boldsymbol{v}_\mathrm{D}$ ist die in Abschnitt 6.1. eingeführte Driftgeschwindigkeit der Elektronen; (9.14) selber stellt nur die Verallgemeinerung von (6.1) auf die hier vorliegende Situation dar. Der Ausdruck $-\dfrac{m^* \boldsymbol{v}_\mathrm{D}}{\tau}$ repräsentiert eine „Reibungskraft", die die Behinderung der Elektronenbewegung durch Phononen, Störstellen u. ä. beschreibt. Die von der magnetischen Komponente des elektromagnetischen Feldes auf die Elektronen ausgeübte Kraftwirkung kann man gegenüber der der elektrischen vernachlässigen.

Unter der Voraussetzung, daß die Elektronen bei ihrer Bewegung stets dem elektrischen Wechselfeld „folgen" können ($\boldsymbol{v}_\mathrm{D} \sim \mathrm{e}^{i\omega t}$), sowie mit (9.12) und (9.13) folgt aus (9.14) für die Projektion der Elektronenbewegung auf die (x,y)-Ebene:

$$\left.\begin{aligned} m^* \left(i\omega + \frac{1}{\tau}\right) v_{\mathrm{D}x} &= - |e| \, (E_x + v_{\mathrm{D}y} B) \, , \\ m^* \left(i\omega + \frac{1}{\tau}\right) v_{\mathrm{D}y} &= + |e| \, v_{\mathrm{D}x} B \, . \end{aligned}\right\} \tag{9.15}$$

Eliminiert man hieraus $v_{\mathrm{D}y}$ und berücksichtigt mit (9.11), (9.13) und (6.8) im vorliegenden Fall

$$\boldsymbol{j} = j_x \boldsymbol{e}_x = \sigma E_x \boldsymbol{e}_x = - |e| \, n v_{\mathrm{D}x} \boldsymbol{e}_x \, , \tag{9.16}$$

so erhält man für die elektrische Leitfähigkeit

$$\sigma = \sigma_0 \frac{1 + i\omega\tau}{1 + (\omega_\mathrm{c}^2 - \omega^2) \, \tau^2 + 2i\omega\tau} \tag{9.17}$$

mit der Gleichstromleitfähigkeit $\sigma_0 = \dfrac{e^2 n \tau}{m^*}$ und der Zyklotronfrequenz $\omega_\mathrm{c} = \dfrac{|e| \, B}{m^*}$.

[1]) Unter Berücksichtigung des Ladungsvorzeichens gelten alle Betrachtungen gleichermaßen für Löcher.

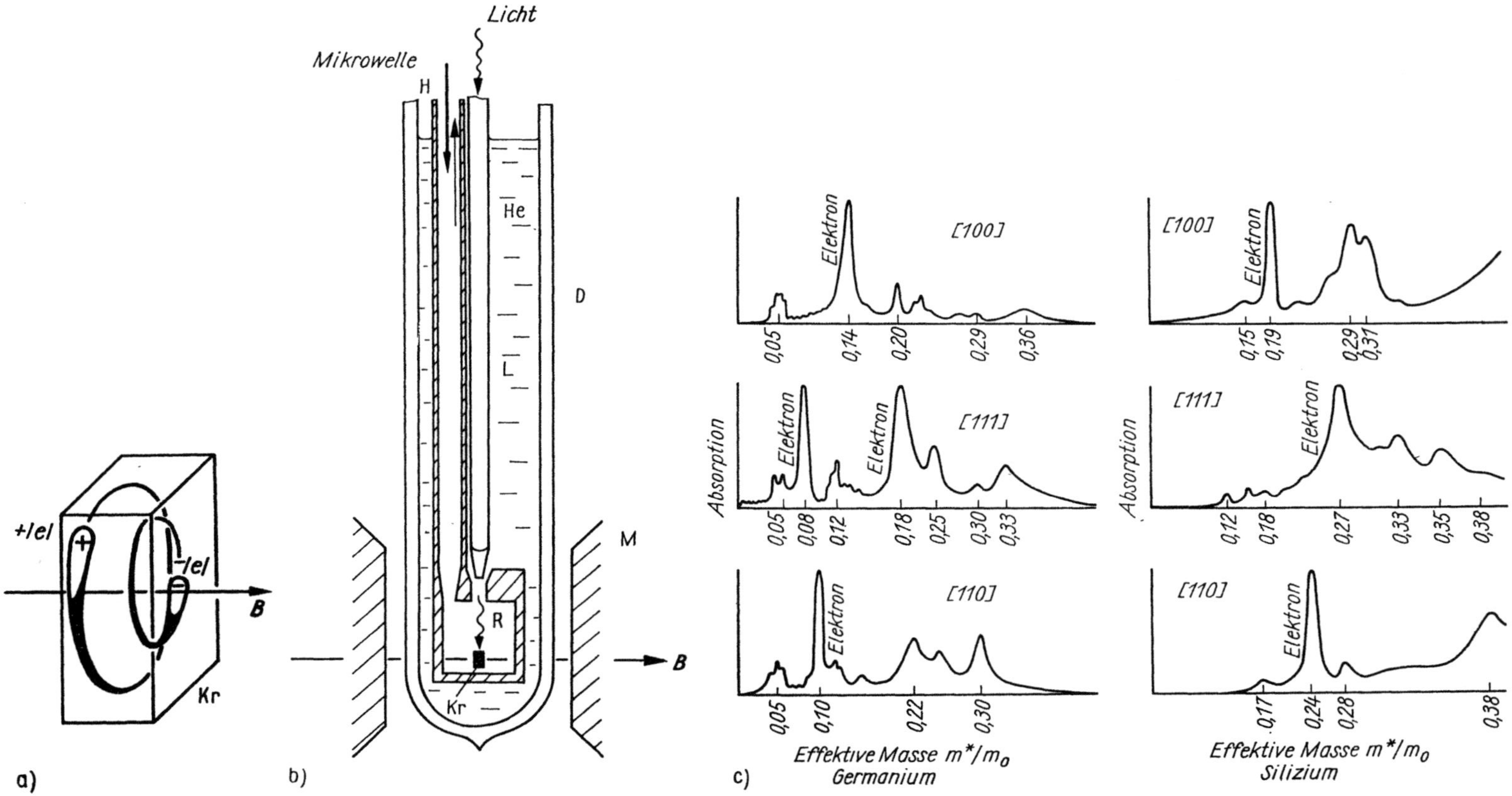

Abb. 9.3.
Zur Messung der diamagnetischen Resonanz

a) Umlaufrichtung der Ladungsträger
b) Schematische Darstellung der Meßanordnung
   Kr: Kristall; R: Hohlraumresonator; M: Magnet; H: Hohlleiter; L: Lichtleiter; D: Dewar-Gefäß; He: flüssiges Helium
c) Resonanzspektren, aufgenommen an Germanium und Silizium (nach [71])

Eine elektrische Welle wird im Festkörper um so stärker gedämpft (absorbiert), je größer der Realteil der elektrischen Leitfähigkeit σ des Materials ist.[1]) Aus (9.17) ergibt sich

$$\operatorname{Re} \sigma = \sigma_0 \frac{1 + (\omega_c^2 + \omega^2)\,\tau^2}{\left(1 + (\omega_c^2 - \omega^2)\,\tau^2\right)^2 + 4\omega\tau}. \tag{9.18}$$

Hieraus ist ersichtlich, daß $\operatorname{Re} \sigma$ für $\omega = \omega_c$ ein Resonanzverhalten zeigt. In diesem Fall wird dem elektromagnetischen Feld die höchste Energiemenge entzogen; die Welle wird am stärksten absorbiert. Die für $\omega = \omega_c$ auftretende diamagnetische Resonanz läßt sich also experimentell durch Messung der elektrischen Leitfähigkeit beziehungsweise der Oberflächenimpedanz (vgl. Abschnitt 8.4.3.) nachweisen. Es ist dabei jedoch zu beachten, daß man im Experiment nicht die Kreisfrequenz ω des elektromagnetischen Feldes bei fest vorgegebenem konstantem homogenem Magnetfeld verändert, bis ω mit ω_c übereinstimmt und der Resonanzeffekt beobachtbar wird. Eine solche Frequenzvariation ist experimentell nicht realisierbar. Man geht vielmehr so vor, daß man eine elektromagnetische Welle der Kreisfrequenz ω auf den Festkörper einwirken läßt und die Stärke des Magnetfeldes $\left(\text{und damit } \omega_c = \frac{|e|\, B_c}{m^*}\right)$ ändert. Hat das Magnetfeld die Stärke $B = B_c$ erreicht, so daß $\omega_c = \omega$ ist, tritt die Resonanz auf; B_c wollen wir Resonanzfeldstärke nennen. Bei einer vorgegebenen Kreisfrequenz $\omega \approx 2 \cdot 10^{11}\ \mathrm{s}^{-1}$ (Mikrowellenbereich) beispielsweise erscheint die Resonanz gemäß

$$\omega = \omega_c = \frac{|e|\, B_c}{m^*} \tag{9.19}$$

bei $B_c \approx 0{,}1\ \mathrm{T}\ (= 1\ \mathrm{kG})$, wenn man für die effektive Masse der Ladungsträger $m^* \approx 0{,}1 m_0$ annimmt. Wir können weiter abschätzen, daß sich bei derselben Meßfrequenz und $T = 4\ \mathrm{K}$ (v beträgt hier etwa $2 \cdot 10^4\ \mathrm{ms}^{-1}$) für den Zyklotronradius $r_c \approx \frac{v}{\omega_c}$ ein Wert von etwa 10^{-5} cm ergibt. Damit ist $r_c \ll l$ gut erfüllt.

Experimentell ermittelt man nun die elektrische Leitfähigkeit σ oder den Realteil R der Oberflächenimpedanz (oder manchmal auch nur den durch den Kristall hindurchtretenden Anteil der Mikrowelle) als Funktion der magnetischen Induktion B. Aus meßtechnischen Gründen ist es oft zweckmäßiger, die erste Ableitung von σ oder R nach der magnetischen Induktion $\left(\text{also } \frac{\mathrm{d}\sigma}{\mathrm{d}B}, \frac{\mathrm{dR}}{\mathrm{d}B}\right)$ als Funktion von B zu bestimmen.[2])

An dieser Stelle sei bemerkt, daß im Eigenhalbleiter bei tiefen Temperaturen kaum quasifreien Ladungsträger vorhanden sind und daß somit kein Skineffekt auftritt. Diamagnetische Resonanz kann in einem Eigenhalbleiter beobachtet werden, wenn der Halbleiter zusätzlich mit Licht bestrahlt wird, dessen Energie $h\nu$ ausreicht, um Elektronen aus dem Valenzband in das Leitungsband anzuregen. Im Valenzband werden damit gleichzeitig

[1]) Nach (8.31) und (8.32) gilt $\mathsf{n}^2 - i2\mathsf{n}\varkappa - \varkappa^2 = \mu_r\epsilon_r + \frac{\mu_r}{\epsilon_0\omega} \operatorname{Im} \sigma - i\,\frac{\mu_r}{\epsilon_0\omega} \operatorname{Re} \sigma$. Berechnet man hieraus $\varkappa$, so stellt man fest, daß $\varkappa$ mit zunehmendem $\operatorname{Re} \sigma$ auch größer wird. $\varkappa$ bestimmt aber gerade die Dämpfung der Welle s. ((8.34)).

[2]) Wir wollen hierauf nicht näher eingehen. Erwähnt sei nur, daß man damit eine höhere Empfindlichkeit erreicht.

Löcher erzeugt. Legt man ein Magnetfeld an, so bewegen sich die Ladungsträger um die Richtung des Feldes; die Elektronen in der einen, die Löcher in der entgegengesetzten Richtung (s. Abb. 9.3a). Erreicht man nun durch Variation des Magnetfeldes, daß die Umlauffrequenz einer Ladungsträgersorte ($\omega_c^{(n)}$ oder $\omega_c^{(p)}$) mit der Mikrowellenfrequenz ω übereinstimmt, so kommt es zur Resonanz.

Abbildung 9.3b zeigt eine Meßanordnung für die diamagnetische Resonanz in Halbleitern. Die Mikrowelle gelangt über einen Hohlleiter (H) in einen Hohlraumresonator (R), in dem sich der zu untersuchende Kristall (Kr) befindet. Ein Teil der Welle wird mit dem aufgeprägten Absorptionssignal reflektiert und gelangt über denselben Hohlleiter zum Detektor. Um die erforderlichen Ladungsträger im Kristall erzeugen zu können, ist er so im Resonator angeordnet, daß er über den Lichtleiter (L) mit Licht bestrahlt werden kann. Der Resonator und damit auch der Kristall werden auf tiefe Temperaturen ($T \lesssim 4$ K) gebracht, weil dann die Relaxationszeiten der Ladungsträger größer sind und damit die für die Resonanz notwendige Bedingung $\omega\tau \gg 1$ gut erfüllt ist.

In Abbildung 9.3c sind Resonanzspektren angegeben, die an Germanium und Silizium aufgenommen worden sind. Aufgetragen ist jeweils die relative Absorption über der effektiven Masse bezüglich der [100]-, [111]- und [110]-Richtungen. Die effektiven Zyklotronmassen sind in Einheiten von m_0 auf der x-Achse abgetragen; die Elektronenzyklotronresonanzen sind besonders gekennzeichnet.

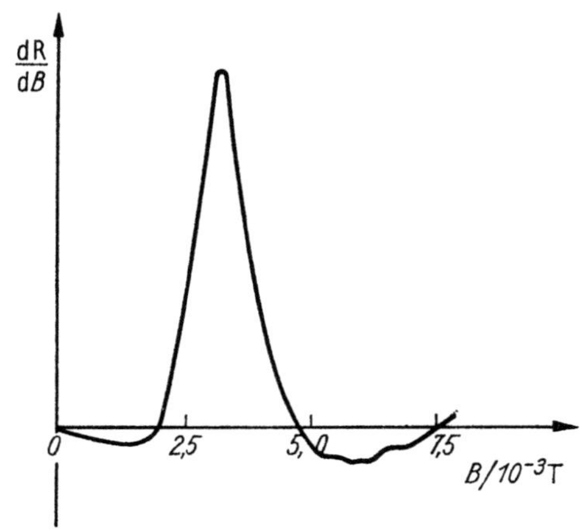

Abb. 9.4.
Diamagnetische Resonanz bei einer halbleitenden Wismut-Antimon-Legierung
($\boldsymbol{q} \parallel \boldsymbol{B}$)

Abbildung 9.4 zeigt eine typische Meßkurve $\frac{\mathrm{d}R}{\mathrm{d}B} = f(B)$ im Falle eines entarteten Halbleiters, eines Halbleiters also, bei dem von vornherein Ladungsträger im Leitungsband und damit auch eine Skinschicht vorhanden sind. Aufgenommen wurde die Kurve an einer halbleitenden Wismut-Antimon-Legierung. Bemerkenswert ist die sehr geringe Resonanzfeldstärke, die auf kleine Ladungsträgermassen schließen läßt. Aus der Halbwertsbreite ΔB, der Resonanzfeldstärke B_c und der Meßfrequenz kann man gemäß

$$\omega\tau \approx \frac{B_c}{\Delta B} \tag{9.20}$$

die Relaxationszeit τ abschätzen.

Besondere Bedeutung haben Zyklotronresonanzmessungen jedoch deshalb erlangt, weil man mit ihrer Hilfe die effektiven Zyklotronmassen m_c^* der Ladungsträger bestimmen kann. Bei bekanntem Modell für die energetische Struktur lassen sich hieraus die effektiven Massen der Ladungsträger ermitteln. Da man überdies, wie wir noch sehen werden, aus der Anisotropie der Zyklotronmassen Aussagen über die Topologie der Isoenergieflächen treffen kann, dienen Zyklotronresonanzmessungen überdies als Indikator dafür, inwieweit das zugrunde gelegte Modell den wirklichen physikalischen Sachverhalt richtig widerspiegelt.

Bisher hatten wir isotrope quadratische Dispersion angenommen. In diesem Fall stimmen effektive Masse und Zyklotronmasse überein (vgl. (5.81)), so daß die Zyklotronresonanzmessungen direkt die effektive Masse m^* liefern, wie auch aus (9.19) zu ersehen ist. Dieser Sachverhalt liegt bei Halbleitern meist vor. Sofern keine isotrope quadratische Dispersion vorliegt, unterscheiden sich effektive Masse und Zyklotronmasse. Wir wollen an einem einfachen Beispiel zeigen, wie man bei bekannter Dispersionsbeziehung einen Zusammenhang zwischen beiden Massen finden kann:
Wir setzen quadratische Dispersion der Form

$$\varepsilon(\boldsymbol{k}) = \frac{\hbar^2}{2}\left(\frac{k_x^2}{m_{xx}} + \frac{k_y^2}{m_{yy}} + \frac{k_z^2}{m_{zz}}\right) \tag{9.21}$$

voraus. Die Isoenergieflächen sind dann Ellipsoide mit den Halbachsen

$$\mathfrak{a} = \frac{1}{\hbar}\sqrt{2m_{xx}\varepsilon}\,; \quad \mathfrak{b} = \frac{1}{\hbar}\sqrt{2m_{yy}\varepsilon}\,; \quad \mathfrak{c} = \frac{1}{\hbar}\sqrt{2m_{zz}\varepsilon}\,. \tag{9.22}$$

Abbildung 9.5 zeigt eine derartige Isoenergiefläche.

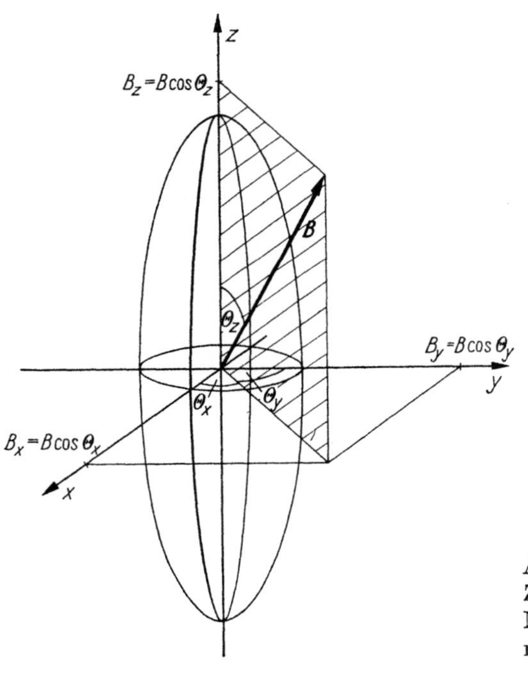

Abb. 9.5.
Zur Ermittlung der effektiven Massen aus Messungen der diamagnetischen Resonanz

Das durch (9.21) gegebene einfache Modell, bei dem die Energie parabolisch von $\boldsymbol{k}$ abhängt und bei dem die Flächen konstanter Energie Ellipsoide sind, nennt man *ellipsoidal-parabolisches Modell* (*EP-Modell*). Es wird zur Beschreibung der energetischen Struktur vieler Halbleiter erfolgreich verwendet; und zwar spiegelt es soweit den physikalischen Sachverhalt gut wider, wie der gegenseitige Einfluß von Valenz- und Leitungsband zu vernachlässigen ist.

Die allgemeine quasiklassische Bewegungsgleichung (5.7) lautet hier speziell unter der Annahme, daß das hochfrequente elektromagnetische Feld und die in (9.11) eingeführte „Reibungskraft" nur kleine Störungen sind,

$$\frac{\mathrm{d}\boldsymbol{v}(\boldsymbol{k})}{\mathrm{d}t} = -\mathrm{m}^{-1}\,|e|\,(\boldsymbol{v} \times \boldsymbol{B})\,. \tag{9.23}$$

Dabei hat der Tensor der reziproken effektiven Masse entsprechend dem vorgegebenen Modell die Form

$$\mathrm{m}^{-1} = \begin{pmatrix} \frac{1}{m_{xx}} & 0 & 0 \\ 0 & \frac{1}{m_{yy}} & 0 \\ 0 & 0 & \frac{1}{m_{zz}} \end{pmatrix}. \tag{9.24}$$

Das Magnetfeld sei bezüglich des Koordinatensystems beliebig orientiert; also

$$\left.\begin{aligned} &\boldsymbol{B} = (B_x, B_y, B_z) \\ \text{mit}\quad & \\ &B_x = B\cos\Theta_x\,; \qquad B_y = B\cos\Theta_y\,; \qquad B_z = B\cos\Theta_z \end{aligned}\right\} \tag{9.25}$$

entsprechend den Bezeichnungen in Abbildung 9.5.

Die Geschwindigkeit $\boldsymbol{v}$ ergibt sich gemäß $\boldsymbol{v} = \frac{1}{\hbar}\nabla_{\boldsymbol{k}}\varepsilon(\boldsymbol{k})$ aus (9.21). Unter der bereits mehrfach zugrunde gelegten Voraussetzung, daß die Elektronen bei ihrer Bewegung dem Wechsel des elektrischen Feldes „folgen" können ($\boldsymbol{v} \sim \mathrm{e}^{i\omega t}$), gilt

$$v_x = v_{x0}\,\mathrm{e}^{i\omega t}\,; \quad v_y = v_{y0}\,\mathrm{e}^{i\omega t}\,; \qquad v_z = v_{z0}\,\mathrm{e}^{i\omega t}\,. \tag{9.26}$$

Schreibt man nun (9.23) in Form der Koordinatengleichungen

$$\left.\begin{aligned} \frac{\mathrm{d}v_x}{\mathrm{d}t} &= -\frac{|e|}{m_{xx}}(v_yB_z - v_zB_y)\,, \\ \frac{\mathrm{d}v_y}{\mathrm{d}t} &= -\frac{|e|}{m_{yy}}(v_zB_x - v_xB_z)\,, \\ \frac{\mathrm{d}v_z}{\mathrm{d}t} &= -\frac{|e|}{m_{zz}}(v_xB_y - v_yB_x) \end{aligned}\right\} \tag{9.27}$$

und setzt hier (9.26) ein, so erhält man ein lineares homogenes algebraisches Gleichungssystem für die noch unbekannten Amplituden v_{x0}, v_{y0}, v_{z0}:

$$\left.\begin{aligned} i\omega m_{xx}v_{x0} + |e|\,B_zv_{y0} - |e|\,B_yv_{z0} &= 0\,, \\ -|e|\,B_zv_{x0} + i\omega m_{yy}v_{y0} + |e|\,B_xv_{z0} &= 0\,, \\ |e|\,B_yv_{x0} - |e|\,B_xv_{y0} + i\omega m_{zz}v_{z0} &= 0\,. \end{aligned}\right\} \tag{9.28}$$

Dieses Gleichungssystem hat genau dann nichttriviale Lösungen, wenn die Koeffizientendeterminante gleich Null ist. Berechnet man die Koeffizientendeterminante von (9.28) und setzt sie Null, so hat man eine Gleichung dritten Grades in ω, deren Lösungen

$$\omega_{\mathrm{I}} = 0 \tag{9.29}$$

und

$$\left.\begin{aligned} \omega_{\mathrm{II}}^2 &= \frac{e^2 B_x^2}{m_{yy} m_{zz}} + \frac{e^2 B_y^2}{m_{xx} m_{zz}} + \frac{e^2 B_z^2}{m_{xx} m_{yy}} \\ &= e^2 B^2 \left[\frac{\cos^2 \Theta_x}{m_{yy} m_{zz}} + \frac{\cos^2 \Theta_y}{m_{xx} m_{zz}} + \frac{\cos^2 \Theta_z}{m_{xx} m_{yy}}\right] \end{aligned}\right\} \tag{9.30}$$

sind. (Der zweite Teil von (9.30) ergibt sich mit (9.25).) Der Ausdruck (9.29) entspricht der Bewegung der Ladungsträger in Magnetfeldrichtung und der Ausdruck (9.30) der Bewegung in der zum Magnetfeld senkrechten Ebene. Es gilt folglich

$$\omega_{\mathrm{II}}^2 = \omega_{\mathrm{c}}^2 = \frac{e^2 B^2}{m_{\mathrm{c}}^{*2}}. \tag{9.31}$$

Ein Vergleich von (9.30) und (9.31) gibt den gesuchten Zusammenhang zwischen der effektiven Zyklotronmasse und den effektiven Massen der Ladungsträger:

$$m_{\mathrm{c}}^* = \left[\frac{\cos^2 \Theta_x}{m_{yy} m_{zz}} + \frac{\cos^2 \Theta_y}{m_{xx} m_{zz}} + \frac{\cos^2 \Theta_z}{m_{xx} m_{yy}}\right]^{-1/2}. \tag{9.32}$$

Die effektive Zyklotronmasse hängt also nicht nur von den effektiven Massen, sondern auch von den Winkeln Θ_x, Θ_y, Θ_z und damit von der Lage des Magnetfeldes bezüglich des Ellipsoids ab. Daraus können wir folgende wichtige Schlußfolgerung ziehen: Variiert man die Richtung des Magnetfeldes gegenüber den Kristallachsen (und damit gegenüber den Hauptachsen des Ellipsoids) und bestimmt für jede Magnetfeldorientierung aus der jeweiligen Resonanzfeldstärke B_{c} gemäß

$$\omega = \omega_{\mathrm{c}} = \frac{|e| B_{\mathrm{c}}(\Theta_x, \Theta_y, \Theta_z)}{m_{\mathrm{c}}^*} \tag{9.33}$$

die Zyklotronmasse m_{c}^*, so erhält man m_{c}^* als Funktion von Θ_x, Θ_y, Θ_z. Aus diesen sogenannten Anisotropiemessungen kann also die Form der Isoenergiefläche $\varepsilon(\boldsymbol{k}) = \mathrm{const}$ ermittelt werden. Da sich Zyklotronresonanzmessungen mit hoher Empfindlichkeit durchführen lassen, liefern sie sehr zuverlässige Ergebnisse über die Energiebandstruktur (insbesondere über die Topologie der Isoenergieflächen) der Festkörper.

Wir geben (9.32) noch für zwei Spezialfälle an:

1. Orientiert man das Magnetfeld parallel zu einer der Hauptachsen der ellipsoidalen Isoenergiefläche, so folgt aus (9.32):

$$\left.\begin{aligned} m_{\mathrm{c}}^* &= \sqrt{m_{yy} m_{zz}} \quad \text{für } \boldsymbol{B} \parallel x\text{-Achse}, \\ m_{\mathrm{c}}^* &= \sqrt{m_{xx} m_{zz}} \quad \text{für } \boldsymbol{B} \parallel y\text{-Achse}, \\ m_{\mathrm{c}}^* &= \sqrt{m_{xx} m_{yy}} \quad \text{für } \boldsymbol{B} \parallel z\text{-Achse}. \end{aligned}\right\} \tag{9.34}$$

2. Bei einigen Halbleitern (z. B. Germanium, Silizium) sind die Isoenergieflächen der Elektronen Rotationsellipsoide. Man setzt dann

$$m_{xx} = m_{yy} = m_{\perp}$$

und (9.35)

$$m_{zz} = m_{||} .$$

Berücksichtigt man

$$\cos^2 \Theta_x + \cos^2 \Theta_y = 1 - \cos^2 \Theta_z = \sin^2 \Theta_z , \tag{9.36}$$

so wird (9.32) für diesen Spezialfall

$$m_c^* = \left[\frac{\cos^2 \Theta_z}{m_\perp^2} + \frac{\sin^2 \Theta_z}{m_\perp m_{||}}\right]^{-1/2} . \tag{9.37}$$

Weicht im konkreten Fall die experimentell ermittelte Anisotropie der Zyklotronmassen von der theoretisch erwarteten ab, muß das Modell abgeändert werden. So hat B. LAX [89] für einige Festkörper, bei denen die Wechselwirkung zwischen Valenz- und Leitungsband nicht mehr vernachlässigbar ist (z. B. bei Halbleitern mit schmaler verbotener Zone ($\varepsilon_g < 0{,}2$ eV), bei den Halbmetallen der Arsengruppe und bei einigen binären und ternären Legierungssystemen), ein Modell entwickelt, das diese Wechselwirkung in gewisser Weise berücksichtigt. Die Energie hängt hierbei nicht mehr parabolisch von $\boldsymbol{k}$ ab; die Flächen konstanter Energie sind aber weiterhin Elliposide. Man nennt dieses Modell daher *ellipsoidal-nichtparabolisches Modell* (ENP-*Modell*). Speziell für langgestreckte ellipsoidähnliche Isoenergieflächen hat M. H. COHEN [64] ein *nichtellipsoidal-nichtparabolisches Modell* (NENP-*Modell*) entwickelt, bei dem weder die Energie parabolisch von $\boldsymbol{k}$ abhängt noch die Isoenergieflächen Ellipsoide sind.

Außerdem gibt es noch eine ganze Reihe anderer (mehr oder weniger einfacher) Modelle für konkrete Energiebandstrukturen, auf die wir jedoch nicht eingehen wollen. Hier sollte nur anhand eines einfachen Modells das prinzipielle Vorgehen aufgezeigt werden.

Abschließend sei noch auf folgende Tatsache hingewiesen: Damit im Experiment diamagnetische Resonanz überhaupt beobachtet werden kann, müssen hinreichend viele Elektronen im Leitungsband oder Löcher im Valenzband vorhanden sein. Reichen die thermisch angeregten Ladungsträger nicht aus, so müssen zusätzlich Ladungsträger optisch durch Band-Band-Übergänge angeregt werden. In dieser Weise wurden auch die ersten Zyklotronresonanzuntersuchungen von G. DRESSELHAUS u. a. [71] durchgeführt.

9.1.3. Asbel-Kaner-Zyklotronresonanz (in Metallen)

Aus Abschnitt 8.4. wissen wir, daß die mittlere freie Weglänge l der Ladungsträger in sehr reinen guten Leitern (Metallen) bei tiefen Temperaturen wesentlich größer als die Skintiefe δ sein kann. Es liegen dann die Bedingungen des anomalen Skineffektes vor.

Läßt man nun gleichzeitig ein konstantes homogenes Magnetfeld und ein hochfrequentes elektromagnetisches Feld auf ein Metall einwirken, so kann es zur sogenannten Asbel-Kaner-Zyklotronresonanz kommen, wenn die in Abschnitt 9.1.1. angegebenen allgemeinen Bedingungen für das Auftreten und die Beobachtbarkeit von Zyklotronresonanz erfüllt sind. Wie wir sehen werden, gibt es markante Unterschiede zwischen der diamagnetischen Resonanz und der hier zu diskutierenden Asbel-Kaner-Zyklotronresonanz.

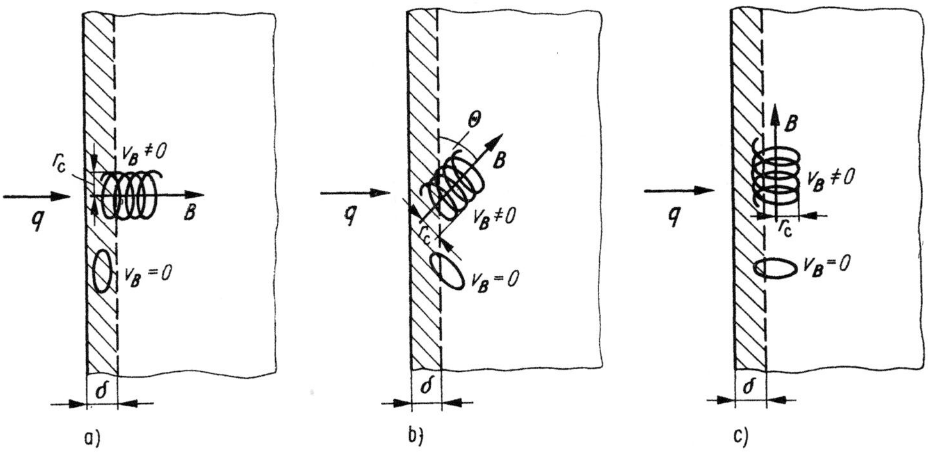

Abb. 9.6.
Zur Asbel-Kaner-Zyklotronresonanz
($v_{\boldsymbol{B}}$: Geschwindigkeitskomponente der Ladungsträger in Magnetfeldrichtung)

a) Faraday-Konfiguration ($\boldsymbol{q} \parallel \boldsymbol{B}$)
Asbel-Kaner-Zyklotronresonanz ist nicht möglich
(nur diagmagnetische Resonanz im Falle $v_{\boldsymbol{B}} = 0$)

b) Das Magnetfeld ist um den Winkel Θ gegen die Oberfläche geneigt

c) Voigt-Konfiguration ($\boldsymbol{q} \perp \boldsymbol{B}$)
Asbel-Kaner-Zyklotronresonanz ist möglich

Es liegt jetzt der durch (9.6) charakterisierte physikalische Sachverhalt ($\delta \ll r_c \ll l$) vor, so daß sich das in Abbildung 9.6 dargestellte Bild für die Bewegung der Ladungsträger ergibt. Gegenüber der in Abbildung 9.2 angegebenen Situation bewegen sich die Ladungsträger hier nicht mehr vollständig, sondern nur noch teilweise innerhalb der Skinschicht. Eine Wechselwirkung der Ladungsträger mit dem elektromagnetischen Feld ist aber nur innerhalb der Skinschicht möglich.

Im Falle der Faraday-Konfiguration (s. Abb. 9.6a) verlassen die Ladungsträger, die eine von Null verschiedene Geschwindigkeitskomponente in Magnetfeldrichtung besitzen, sehr schnell die Skinschicht und können daher nicht wesentlich mit dem elektromagnetischen Feld wechselwirken. Dasselbe gilt auch, wenn das Magnetfeld (wie in Abb. 9.6b dargestellt) um einen Winkel gegen die Metalloberfläche geneigt ist. Resonanz kann folglich in beiden Fällen nur durch die Ladungsträger hervorgerufen werden, für die $v_{\boldsymbol{B}} = 0$ ist.

Da sich die Ladungsträger im Falle $\boldsymbol{q} \parallel \boldsymbol{B}$ praktisch unter dem Einfluß eines homogenen elektromagnetischen Feldes bewegen, gelten für sie alle im vorangegangenen Abschnitt durchgeführten Überlegungen, so daß wir hierauf im weiteren nicht einzugehen brauchen.

Eine völlig andere Situation liegt im Falle der Voigt-Konfiguration vor. Die Ladungsträger bewegen sich, wie Abbildung 9.6c zeigt, auf dem größten Teil ihrer Bahn außerhalb der Skinschicht; kehren aber (unabhängig von der Größe ihrer Geschwindigkeitskomponente $v_{\boldsymbol{B}}$ in Magnetfeldrichtung) zeitlich periodisch in die Skinschicht zurück und können dort stets wieder mit dem elektromagnetischen Feld wechselwirken. Resonanz ist somit immer möglich.

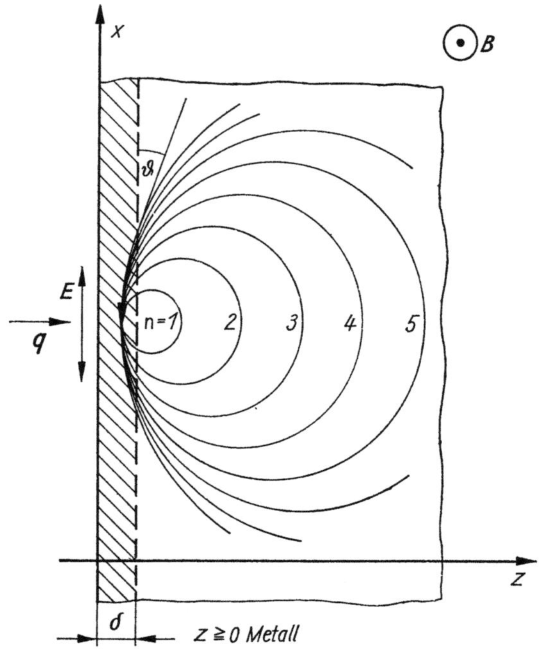

Abb. 9.7.
Zum Auftreten von Resonanzlinienserien

Zur genaueren Untersuchung dieses Resonanzeffektes setzen wir voraus:

— das Metall möge den Halbraum $z \geqq 0$ ausfüllen;
— die elektromagnetische Welle breite sich in z-Richtung aus: $\boldsymbol{q} = (0, 0, q)$;
— die Welle sei linear polarisiert: $\boldsymbol{E} = (E_x, 0, 0)$;
— das Magnetfeld sei parallel zur Metalloberfläche gerichtet: $\boldsymbol{B} = (0, B, 0)$. Damit ist die Voigt-Konfiguration gewährleistet.

Unter diesen und den vorher genannten Voraussetzungen kommt es dann zur Resonanz, wenn die in der Skinschicht beschleunigten Ladungsträger genau nach der Zeit $t = \frac{2\pi}{\omega}$, also nach einer Periode des Hochfrequenzfeldes, in die Skinschicht zurückkehren. In diesem Falle werden sie nämlich wiederum vom Feld beschleunigt. Anhand Abbildung 9.7 überlegen wir folgendes: Da sich die in der Skinschicht beschleunigten Ladungsträger größtenteils im Inneren des Metalls ohne Einfluß des Hochfrequenzfeldes bewegen, kommt es nicht nur dann zur Resonanz, wenn die Ladungsträger nach einer Periode des Hochfrequenzfeldes wieder in die Skinschicht gelangen ($\omega = \omega_c$), sondern auch nach ganzzahligen Vielfachen der Periode:

$$\omega = \mathrm{n}\omega_c = \mathrm{n}\frac{|e|\,B}{m_c^*} \qquad (\mathrm{n} = 1, 2, 3, \ldots)\,. \tag{9.38}$$

Die hier beschriebene Form der Zyklotronresonanz, die 1956 von M. Ja. Asbel und E. A. Kaner [55] theoretisch vorausgesagt wurde, nennt man entsprechend *Asbel-Kaner-Zyklotronresonanz.*[1]) Derartige Resonanzen treten gemäß (9.38) immer dann auf,

[1]) Da diese Resonanz nur im Falle $\boldsymbol{q} \perp \boldsymbol{B}$ auftritt, bezeichnet man die Voigt-Konfiguration mitunter auch als *Asbel-Kaner-Konfiguration.*

wenn die Kreisfrequenz des elektromagnetischen Feldes gleich einem ganzzahligen Vielfachen der Zyklotronfrequenz der Ladungsträger im Metall ist. Man erhält somit im allgemeinen nicht nur eine einzige Absorptionslinie (wie bei der diamagnetischen Resonanz), sondern eine ganze Serie. Dabei bezeichnet man die erste Linie ($\mathrm{n} = 1$) als *Grundresonanzlinie*, alle übrigen ($\mathrm{n} = 2, 3, \ldots$) als *Harmonische*. Für die Beobachtbarkeit der Harmonischen muß die Bedingung $\mathrm{n}\omega_{\mathrm{c}}\tau \gg 1$ erfüllt sein. Wegen (9.38) ist diese Bedingung aber identisch mit $\omega\tau \gg 1$.

In Abschnitt 9.2.2. haben wir bereits darauf aufmerksam gemacht, daß man im Experiment nicht die Frequenz der eingestrahlten elektromagnetischen Welle, sondern die Stärke des Magnetfeldes variiert. Die Resonanzen treten dann gemäß (9.38) an den Stellen

$$B_{\mathrm{n}} = \frac{1}{\mathrm{n}} \frac{\omega m_{\mathrm{c}}^*}{|e|} \tag{9.39}$$

auf. Hieraus folgt sofort

$$\frac{1}{B_{\mathrm{n}}} = \mathrm{n} \frac{|e|}{\omega m_{\mathrm{c}}^*} \tag{9.40}$$

und weiter

$$\Delta\left(\frac{1}{B}\right) = \frac{1}{B_{\mathrm{n}+1}} - \frac{1}{B_{\mathrm{n}}} = \frac{|e|}{\omega m_{\mathrm{c}}^*}. \tag{9.41}$$

Der Abstand der Resonanzlinien einer Serie ist bezüglich des reziproken Magnetfeldes äquidistant.

Anknüpfend an die Bemerkungen in Abschnitt 9.1.1. müssen wir noch etwas zur Interpretation von ω_{c} in (9.38) sagen:

Sofern quadratische Dispersion vorliegt, gilt (9.38) in der angegebenen Weise. Nun ist aber die Energiebandstruktur bei Metallen mitunter äußerst kompliziert (vgl. Abschnitt 4.4.), so daß im allgemeinen nichtquadratische Dispersion vorliegt. Dann nehmen nur die Ladungsträger an der Resonanz teil, deren Zyklotronfrequenz einen Extremwert annimmt. In (9.38) ist im Falle nichtquadratischer Dispersion also ω_{c} durch $\omega_{\mathrm{c}}^{(\mathrm{extr})}$ zu ersetzen, und man kann drei Typen von möglichen Resonanzen unterscheiden:[1])

— Resonanzen, an denen die Ladungsträger beteiligt sind, die „auf zentralen Extremalbahnen umlaufen". Diese Ladungsträger besitzen keine Geschwindigkeitskomponente in Magnetfeldrichtung ($v_{\boldsymbol{B}} = 0$).
— Resonanzen, an denen die Ladungsträger beteiligt sind, die „auf nichtzentralen Extremalbahnen umlaufen". In diesem Fall ist $v_{\boldsymbol{B}} \neq 0$.
— Grenzpunktresonanzen. In einem elliptischen Grenzpunkt hat $k_{\boldsymbol{B}}$ einen Extremwert. Da gemäß (9.8) $\omega_{\mathrm{c}}(k_{\boldsymbol{B}})$ auch für einen extremen $k_{\boldsymbol{B}}$-Wert einen Extremwert annimmt, ist Resonanz beobachtbar.

Während die ersten beiden Resonanztypen optimal angeregt werden, wenn der $\boldsymbol{E}$-Vektor des elektromagnetischen Hochfrequenzfeldes senkrecht zur Richtung des konstanten homogenen Magnetfeldes orientiert ist, sind Grenzpunktresonanzen nur dann optimal beobachtbar, wenn $\boldsymbol{E}$ parallel zu $\boldsymbol{B}$ gerichtet ist.

[1]) Man betrachte hierzu zweckmäßigerweise Abbildung 5.5.

Wir wollen an dieser Stelle bemerken, daß das Auftreten von Asbel-Kaner-Zyklotronresonanz sehr empfindlich von der Orientierung des Magnetfeldes zur Metalloberfläche abhängt. Experimente haben ergeben, daß bereits bei Magnetfeldern, die nur um einige Zehntel eines Grades gegen die Oberfläche geneigt sind, keine Resonanzen mehr beobachtbar sind. Außerdem tragen auch nur diejenigen Ladungsträger zur Resonanz bei, die unter einem Winkel $\vartheta \leqq \frac{\delta}{r_c}$ in die Skinschicht „eintauchen" (vgl. Abb. 9.7); alle übrigen kollidieren mit der Metalloberfläche.

Im folgenden wollen wir mit wenigen qualitativen Bemerkungen zur Berechnung der Oberflächenimpedanz im Falle der Asbel-Kaner-Zyklotronresonanz auf einige dabei auftretende Probleme aufmerksam machen.

Für die Berechnung der Oberflächenimpedanz beziehungsweise ihrer Ableitung nach der magnetischen Induktion muß man neben der Dispersionsbeziehung und dem Streuverhalten der Ladungsträger insbesondere auch den speziellen Wechselwirkungsmechanismus der Ladungsträger mit dem elektromagnetischen Feld kennen.

Wir wollen im Rahmen dieses Buches nicht die Rechnungen angeben, sondern verweisen auf die im Literaturverzeichnis angeführten Lehr- und Fachbücher sowie auf die in der folgenden qualitativen Darstellung zitierten Originalarbeiten.

M. Ja. Asbel und E. A. Kaner [54], [55] haben im Zusammenhang mit der Ausarbeitung der Theorie für die hier beschriebene Form der Zyklotronresonanz die Oberflächenimpedanz sowohl für quadratische als auch für nichtquadratische Dispersion unter der Annahme berechnet, daß die Ladungsträger an der Metalloberfläche nahezu diffus gestreut werden und daß die Relaxationszeit unendlich groß ist ($\omega\tau = \infty$). Überdies haben sie den Beitrag aller derjenigen Ladungsträger zur Oberflächenimpedanz vernachlässigt, die nicht an der Resonanz beteiligt sind. Unter diesen Voraussetzungen haben sie die in Abbildung 9.8 dargestellten Kurven erhalten.

Aus Abbildung 9.8a ist ersichtlich, daß der Realteil $\mathrm{R}(B)$ der Oberflächenimpedanz im Falle quadratischer Dispersion für $\omega\tau = \infty$ an der Resonanzstelle B_n eine Unstetigkeit besitzt. Während der Wert von R dort sehr klein ist, erhält man für die Funktion $\frac{\mathrm{dR}}{\mathrm{d}B} = f(B)$:

$$\lim_{B \to +B} \frac{\mathrm{dR}}{\mathrm{d}B} = 0 \quad \text{und} \quad \lim_{B \to +B} \frac{\mathrm{dR}}{\mathrm{d}B} = \infty . \tag{9.42}$$

Hier erkennt man deutlich, daß es nicht nur aus meßtechnischen Gründen, sondern auch von der Theorie her zweckmäßiger ist, anstelle von $\mathrm{R} = \mathrm{R}(B)$ die Funktion $\frac{\mathrm{dR}}{\mathrm{d}B} = f(B)$ zu messen. Analoge Betrachtungen gelten für den Imaginärteil der Oberflächenimpedanz.

Liegt nichtquadratische Dispersion vor, so muß man Resonanzen, die von Ladungsträgern mit minimaler Zyklotronmasse herrühren, von solchen unterscheiden, die von Ladungsträgern mit maximaler Zyklotronmasse hervorgerufen werden. Die zugehörigen Kurvenverläufe $\mathrm{R} = \mathrm{R}(B)$ und $\frac{\mathrm{dR}}{\mathrm{d}B} = f(B)$ sind für den Fall minimaler Masse

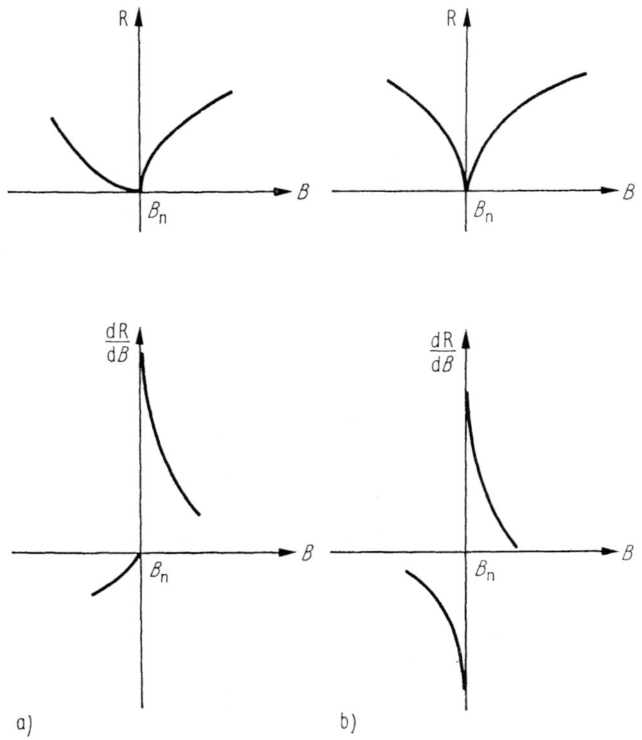

Abb. 9.8.

Linienform nach M. Ja. Asbel und E. A. Kaner [55], $R = R(B)$ und $\frac{dR}{dB} = f(B)$,

B_n: Resonanzfeldstärke

a) Quadratische Dispersion und minimale Zyklotronmasse bei nichtquadratischer Dispersion

b) Maximale Zyklotronmasse bei nichtquadratischer Dispersion

in Abbildung 9.8a (übereinstimmend mit quadratischer Dispersion) und für den Fall maximaler Masse in Abbildung 9.8b dargestellt.

Die Formen der experimentell ermittelten Zyklotronresonanzlinien unterscheiden sich mitunter erheblich von den so berechneten. Wesentlich besser entsprechen vielen experimentellen Ergebnissen die von R. G. Chambers [62] ermittelten Linienformen (s. Abb. 9.9). Der Grundgedanke seiner phänomenologischen Betrachtungen besteht darin, daß der Beitrag der an der Resonanz teilnehmenden Ladungsträger zur Stromdichte klein ist im Vergleich zum Beitrag, den die nicht an der Resonanz beteiligten Ladungsträger liefern. Ihre natürliche mikroskopische Erklärung findet die Chamberssche Vorstellung durch die Annahme einer nahezu spiegelnden Reflexion der Ladungsträger an der Metalloberfläche. Außerdem berücksichtigt Chambers den Einfluß einer endlichen Relaxationszeit auf die Form der Zyklotronresonanzlinien.

Für eine exakte Linienformanalyse ist auch noch die Verweilzeit der Ladungsträger innerhalb der Skinschicht in Rechnung zu stellen.

Asbel-Kaner-Zyklotronresonanz mißt man in ähnlicher Weise wie die im vorangegangenen Abschnitt beschriebene diamagnetische Resonanz. Der Metalleinkristall (Kr) bildet,

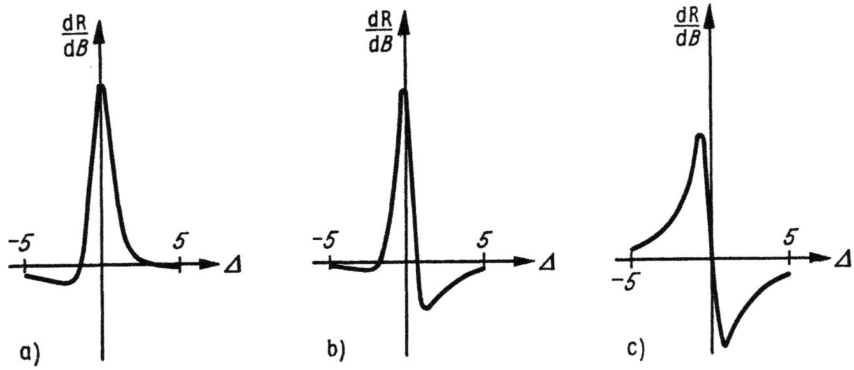

Abb. 9.9.

Linienform nach R. G. Chambers [62], $\frac{\mathrm{d}R}{\mathrm{d}B}$ als Funktion von $\Delta = \omega\tau\frac{B_n - B}{B_n}$

a) Nichtquadratische Dispersion (maximale Zyklotronmasse)
b) Quadratische Dispersion
c) Nichtquadratische Dispersion (minimale Zyklotronmasse)

wie in Abbildung 9.10a dargestellt, einen Teil eines Resonators (R) (hier speziell die Bodenplatte eines Hohlraumresonators). Hohlraumresonatoren benutzt man immer dann, wenn man mit Mikrowellen arbeitet. Verwendet man jedoch Submillimeterwellen, so treten an ihre Stelle offene Resonatoren (zwei sich gegenüberstehende Spiegel, wobei der zu untersuchende Metalleinkristall einen der beiden Spiegel bildet).

Die vom Generator ausgehenden Mikrowellen gelangen über einen Hohlleiter (H) in den Resonator (R), treten hier mit dem Metalleinkristall in Wechselwirkung und werden nach Verlassen des Resonators einem Detektor zugeführt.

Um Asbel-Kaner-Zyklotronresonanz optimal (beziehungsweise überhaupt) beobachten zu können, muß man dafür sorgen, daß das Magnetfeld streng parallel zur Kristalloberfläche gerichtet ist. Experimentell ist diese Forderung dadurch zu realisieren, daß man den Magneten auf einem Kipptisch anordnet, der eine Neigung beziehungsweise Drehung des Magneten um jede beliebige Achse zuläßt. Kipptisch und Tieftemperaturausrüstung (Dewar-Gefäße) sind in der Abbildung aus Gründen der Übersichtlichkeit nicht eingezeichnet.

Abbildung 9.10b zeigt ein experimentell ermitteltes Asbel-Kaner-Zyklotronresonanz-Spektrum, das an Kupfer aufgenommen wurde.
Dargestellt ist $\mathrm{d}R/\mathrm{d}B = f(B)$. Man sieht deutlich eine Vielzahl von Harmonischen ($n = 2, 3, \ldots$), die alle zu einer Resonanzserie gehören. Die Grundresonanzlinie ($n = 1$) liegt außerhalb des überstrichenen Magnetfeldbereiches.

Wie die Messungen der diamagnetischen Resonanz liefern auch die Asbel-Kaner-Zyklotronresonanz-Messungen die effektiven Zyklotronmassen der Ladungsträger. Aus der Anisotropie dieser Massen kann man bei vorhandenem Modell in gleicher Weise auf die Topologie der Isoenergieflächen (insbesondere der für Metalle so wichtigen Fermi-Fläche) schließen, wie in Abschnitt 4.1.2. beschrieben. Man muß jedoch berücksichtigen, daß bei Metallen mitunter starke Abweichungen von der quadratischen Dispersion auftreten, so daß die Auswertung der experimentellen Ergebnisse sehr kompliziert sein kann. Überdies folgt aus den vorangegangenen Ausführungen, daß man bei nichtquadratischer Dispersion jeweils nur Aussagen über die Teile der Fermi-Fläche gewinnt, deren Querschnittsfläche extremal ist (Resonanz tritt nur für $\omega_c = \omega_c^{(\mathrm{extr})}$ auf!).

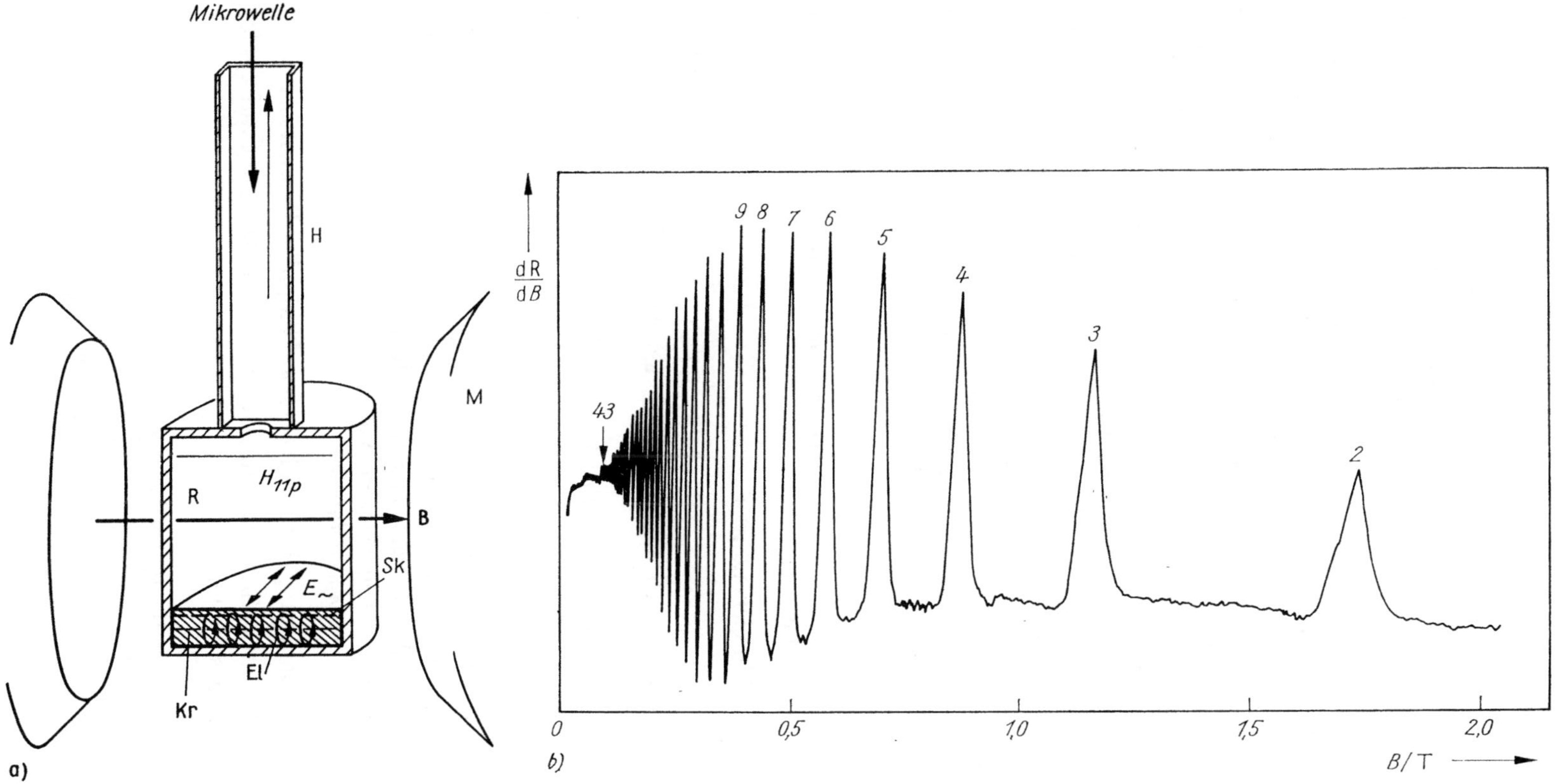

Abb. 9.10.
Zur Messung der Asbel-Kaner-Zyklotronresonanz
a) Schematische Darstellung der Meßanordnung
Kr: Kristall; R: Hohlraumresonator (H_{11p}); Sk: Skinschicht; El: Elektronenbahnen; H: Hohlleiter; M: Magnet (Der Übersichtlichkeit halber ist die Tieftemperaturausrüstung nicht eingezeichnet)
b) Asbel-Kaner-Zyklotronresonanz bei Kupfer (nach P. Goy, Laboratoire de Physique de l'Ecole Normale Superieure, Paris). Es ist eine Vielzahl von Harmonischen ($n = 2, 3, \ldots$) zu erkennen. Die Grundresonanz ($n = 1$) liegt außerhalb des überstrichenen Magnetfeldbereiches

9.2. Magnetische Oberflächenzustände

Die bisher betrachtete Zyklotronresonanz basiert auf der Wechselwirkung, die bei Anwesenheit eines hinreichend starken äußeren homogenen Magnetfeldes ($\omega_c\tau \gg 1$) zwischen einem hochfrequenten elektromagnetischen Feld ($\omega\tau \gg 1$) und den Ladungsträgern im Festkörper auftritt.

Verringert man die Stärke des äußeren Magnetfeldes derart, daß $\omega_c\tau < 1$ und dementsprechend der Zyklotronradius r_c größer als die mittlere freie Weglänge l der Ladungsträger wird ($r_c > l$), so kann es nicht mehr zur Zyklotronresonanz kommen. Interessanterweise kann man jedoch auch in sehr schwachen Magnetfeldern ($\omega_c\tau \ll 1$) oszillatorische Änderungen der Oberflächenimpedanz in Abhängigkeit von der Stärke des Magnetfeldes feststellen. Experimentell wurden derartige Oszillationen der Oberflächenimpedanz erstmals 1960 von M. S. Chaikin [58] nachgewiesen und 1967 theoretisch von T. W. Nee und R. E. Prange [102] gedeutet.

Rein empirisch kann man feststellen, daß Oszillationen der Oberflächenimpedanz in schwachen Magnetfeldern nur an sehr reinen Metall-Einkristallen mit optisch polierten Oberflächen bei tiefen Temperaturen ($\lessapprox 4$ K) beobachtbar sind. Wir wollen daher für die weiteren Betrachtungen folgende Voraussetzungen treffen:

— Auf die Ladungsträger (im weiteren wollen wir stets von Elektronen ausgehen) wirke ein schwaches homogenes Magnetfeld:

$$\omega_c\tau < 1 \quad \text{bzw.} \quad l < r_c \,. \tag{9.43}$$

Beispielsweise beträgt bei $B \approx 10^{-2}$ T $= 100$ G der Zyklotronradius $r_c \approx 10$ mm für Ladungsträger mit $m_c \approx m_0$ und $v = v_F$.

— Die Relaxationszeit sei hinreichend groß,

$$\omega\tau \gg 1 \,, \tag{9.44}$$

so daß die Elektronen erst nach mehreren Perioden des Hochfrequenzfeldes gestreut werden.

— Die Bedingung (8.119) des anomalen Skineffektes soll erfüllt sein:

$$\delta \ll l \,. \tag{9.45}$$

Nimmt man an, daß die mit der Metalloberfläche kollidierenden Elektronen spiegelnd reflektiert werden,[1]) und orientiert man das Magnetfeld parallel zur Metalloberfläche ($\boldsymbol{B} = (0, B, 0)$), so können sich die Elektronen unter den angegebenen Voraussetzungen auf den in Abbildung 9.11 dargestellten Kreisbogenbahnen („Girlandenbahnen") bewegen. Diese sehr flachen, völlig innerhalb der Skinschicht verlaufenden Bahnen nennt man *Skipping-Bahnen.*

Charakteristisch für die Bewegung der Elektronen auf Skipping-Bahnen ist:

— Der Bewegungsmittelpunkt befindet sich (im Gegensatz zur Bewegung auf Zyklotronbahnen) *außerhalb* des Metalls.

[1]) Damit die Elektronen an der Metalloberfläche spiegelnd reflektiert werden, muß das mittlere Quadrat der Oberflächenunebenheiten klein gegenüber dem Quadrat der De-Broglie-Wellenlänge der Elektronen sein (s. J. Mertsching, H. J. Fischbeck [100]). Anders ausgedrückt, die Oberflächenrauhigkeit muß äußerst gering sein. Experimentell hat sich gezeigt, daß die Spiegelwahrscheinlichkeit bei guten Einkristallen gar nicht so gering ist.

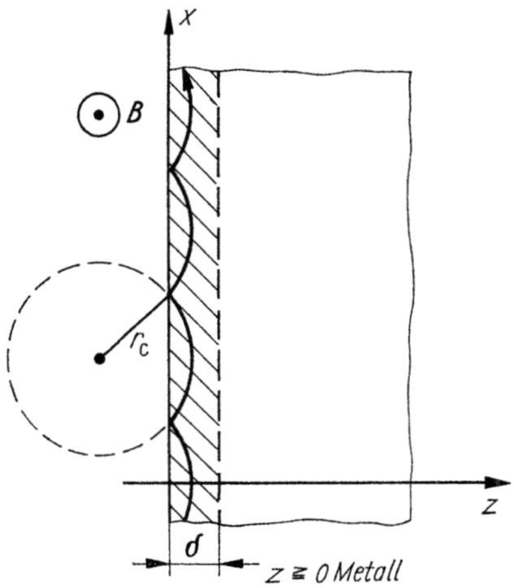

Abb. 9.11.
Skipping-Bahnen

— Während der gesamten Bewegung besitzen die Elektronen nur einen äußerst geringen Impuls in z-Richtung, wogegen ihr Impuls in x-Richtung etwa gleich dem Gesamtimpuls (Fermi-Impuls $\hbar k_F$) ist; also:

$$\hbar k_x \approx \hbar k_F\,, \qquad \hbar k_z \ll \hbar k_F\,. \tag{9.46}$$

— Den Hauptbeitrag zur Oberflächenimpedanz liefern die Elektronen, die sich auf sehr flachen Skipping-Bahnen innerhalb der Skinschicht bewegen, da sie während ihrer gesamten Bewegung mit dem elektromagnetischen Feld wechselwirken können.

— Die Bewegung setzt sich aus einer translatorischen Bewegung entlang der Oberfläche und einer periodischen in der zur Oberfläche senkrechten Richtung zusammen. Da jede periodische Bewegung von Mikroteilchen gequantelt ist, wollen wir das vorliegende Bewegungsproblem quantenmechanisch beschreiben.

Die Bewegung der Elektronen unter dem Einfluß eines homogenen Magnetfeldes haben wir in Kapitel 7 betrachtet. Entsprechend den Ausführungen in Abschnitt 7.1. läßt sich diese Bewegung durch eine Gleichung beschreiben, die der eines eindimensionalen linearen harmonischen Oszillators entspricht. Potential und Mittelpunktskoordinate ergeben sich für ein der y-Achse parallel gerichtetes Magnetfeld analog (7.11) und (7.12) zu

$$V(z) = \tfrac{1}{2} m_c^* \omega_c^2 (z - z_0)^2 \tag{9.47}$$

und

$$z_0 = -\frac{\hbar k_x}{|e|\,B}. \tag{9.48}$$

Energieeigenwerte sind die Landau-Niveaus.

Die Lage z_0 des Potentialminimums ist von der x-Koordinate $\hbar k_x$ des Elektronenimpulses abhängig. Besitzen die Elektronen beim Durchgang durch die Skinschicht eine Impulskomponente $\hbar k_x < 0$ (wie es gemäß Abbildung 9.7 bei der Bewegung auf

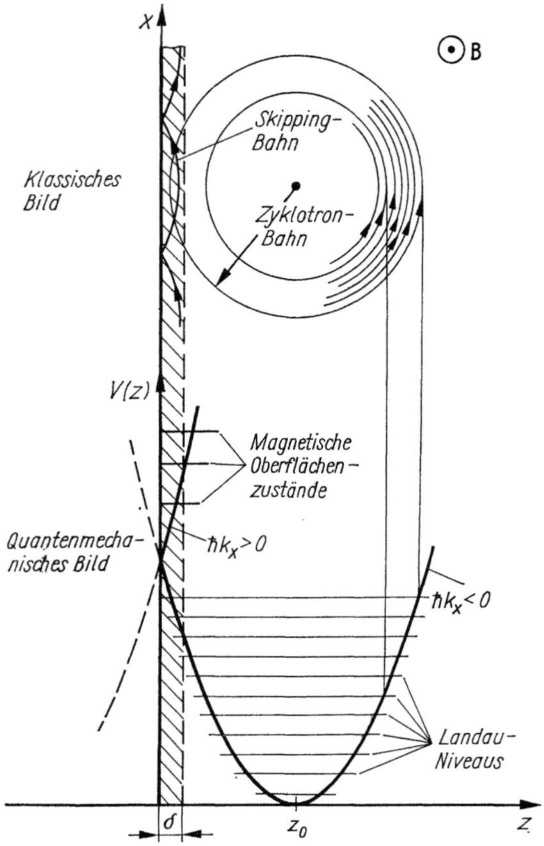

Abb. 9.12. Zusammenhang zwischen der Bewegung der Elektronen auf Skipping- und Zyklotronbahnen sowie den entsprechenden Potentialverläufen $V(z)$ (nach T. W. NEE und R. E. PRANGE [103])

Zyklotronbahnen[1]) der Fall ist), so befindet sich das Bewegungszentrum erwartungsgemäß im Metallinneren ($z_0 > 0$). Demgegenüber geht aus Abbildung 9.11 hervor, daß die Elektronen, die sich auf den Skipping-Bahnen bewegen, eine Impulskoordinate $\hbar k_x > 0$ besitzen; entsprechend befindet sich das Bewegungszentrum nach (9.48) außerhalb des Metalls ($z_0 < 0$).

In Abbildung 9.12 ist der Zusammenhang zwischen der Bewegung der Elektronen auf Skipping- und Zyklotronbahnen sowie den entsprechenden Potentialverläufen $V(z)$ dargestellt. Insbesondere erkennt man, daß für die quantenmechanische Beschreibung der sich im klassischen Bild auf Skipping-Bahnen bewegenden Elektronen ein Potential angenommen werden kann, das für $z = 0$ unendlich groß[2]) ist und das für $0 < z \leqq \delta$ angenähert linear mit z zunimmt.[3]) Unter Berücksichtigung dieses Potentials führt die Lösung der entsprechenden Schrödinger-Gleichung auf die Ener-

[1]) Als Zyklotronbahn bezeichnen wir hier zugunsten einer einfacheren Ausdrucksweise ausnahmsweise die Projektion der Elektronenbahn im Ortsraum auf die zur Magnetfeldrichtung senkrechte Ebene und nicht (wie in Kapitel 5 eingeführt) die entsprechende Bahn des $\boldsymbol{k}$-Vektors im $\boldsymbol{k}$-Raum.

[2]) An der Stelle $z = 0$ wirkt nach wie vor das für die Elektronen unüberwindbare Oberflächenpotential, dessen Größe bei normalen Metallen einige eV beträgt. Für die Rechnung kann man dieses Potential als unendlich hohe Barriere betrachten, an der die Elektronen spiegelnd reflektiert werden.

[3]) Man ersetzt den Parabelast im Bereich $0 < z \leqq \delta$ durch eine Gerade.

gieeigenwerte[1])

$$\varepsilon_n' = \frac{3}{2\sqrt{2}} \frac{(\hbar^2 |e| k_F)^{2/3}}{m_c^*} \left(n - \frac{1}{4}\right)^{2/3} B^{2/3}, \tag{9.49}$$

die man *magnetische Oberflächenzustände* nennt.

Hervorzuheben ist, daß diese Zustände (im Gegensatz zu den Landau-Niveaus) nicht mehr äquidistanten Abstand voneinander haben.

Die für den Übergang von einem magnetischen Oberflächenzustand in einen anderen erforderliche Energie

$$\left.\begin{aligned} &\varepsilon_m' - \varepsilon_n' = \frac{3}{2\sqrt{2}} \frac{(\hbar^2 |e| k_F)^{2/3}}{m_c^*} \left[\left(m - \frac{1}{4}\right)^{2/3} - \left(n - \frac{1}{4}\right)^{2/3}\right] B^{2/3} \\ &(n = 1, 2, \dots ; \; m = n + 1, n + 2, \dots) \end{aligned}\right\} \tag{9.50}$$

entnehmen die Elektronen dem elektromagnetischen Feld. Aus (9.50) ist unmittelbar ersichtlich, daß das Spektrum der Übergänge äußerst mannigfaltig ist. Man kann die sich ergebenden Resonanzlinien in Serien einteilen, ähnlich wie beim Wasserstoffatom. Jede Serie ist durch ein bestimmtes n charakterisiert. Zu ihr gehören alle Linien, die den Übergängen $\varepsilon_m' - \varepsilon_n'$ mit $m = n + 1, n + 2, \dots$ entsprechen. Die ersten Serien sind somit

$$\left.\begin{aligned} n = 1 ; \quad & m = 2, 3, 4, \dots , \\ n = 2 ; \quad & m = 3, 4, 5, \dots , \\ n = 3 ; \quad & m = 4, 5, 6, \dots . \end{aligned}\right\} \tag{9.51}$$

Da sich die Linien der einzelnen Serien überlagern, ergeben sich sehr komplizierte Spektren. Ein derartiges (an Wismut aufgenommenes Spektrum) zeigt Abbildung 9.13.

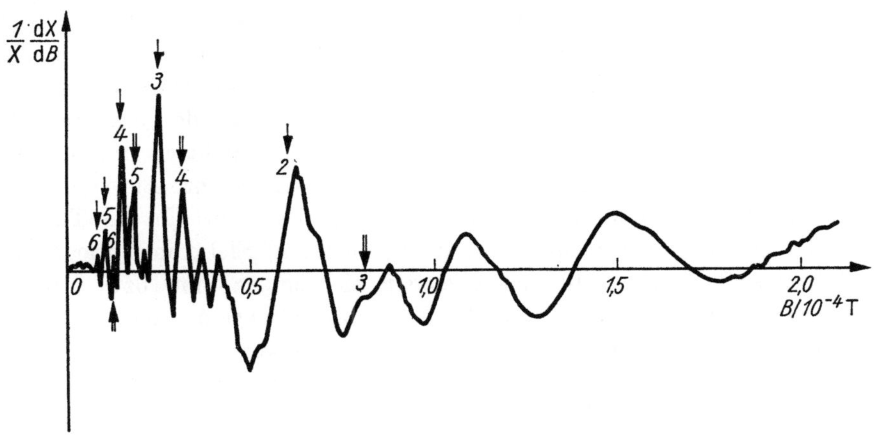

Abb. 9.13.
Oszillationen der Oberflächenimpedanz infolge magnetischer Oberflächenzustände in Wismut (nach M. S. Chaikin [59])

↓: Serie n = 1
⇓: Serie n = 2
} Die Ziffern unter den Pfeilen geben die jeweiligen m-Werte an

[1]) S. hierzu auch R. E. Prange und T. W. Nee [107].

Aus meßtechnischen Gründen, die wir hier nicht diskutieren wollen, ist $\frac{1}{\mathrm{X}} \frac{\mathrm{dX}}{\mathrm{d}B}$ als Funktion von B aufgetragen, wobei X der Imaginärteil der Oberflächenimpedanz ist. Einige Linien der durch $\mathrm{n} = 1$ und $\mathrm{n} = 2$ charakterisierten Serien sind durch Pfeile gekennzeichnet. Die Zahlen an den Pfeilen geben die jeweiligen Werte von m an.

Abschließend sei noch bemerkt, daß das Auftreten der hier diskutierten Oszillationen der Oberflächenimpedanz die Annahme rechtfertigt, daß die Elektronen an der Metalloberfläche spiegelnd reflektiert werden.

9.3. Anomales Eindringen eines hochfrequenten elektromagnetischen Feldes in ein Metall

Elektromagnetische Wellen dringen normalerweise um so weniger tief in einen Festkörper ein, je höher dessen elektrische Leitfähigkeit ist (vgl. Abschnitt 8.1.). Ein hochfrequentes elektromagnetisches Feld existiert nur innerhalb der Skinschicht, die in Metallen durchaus viel kleiner als die mittlere freie Weglänge der quasifreien Elektronen sein kann. Das übrige Metallvolumen ist feldfrei. Diese Situation wollen wir als normal bezeichnen. Sie ändert sich grundlegend bei Anwesenheit eines äußeren homogenen Magnetfeldes. Infolge der dann vorhandenen periodischen Bewegung der Elektronen in der zur Magnetfeldrichtung senkrechten Ebene ist ein Eindringen des hochfrequenten elektromagnetischen Feldes in gewisser Weise möglich. Wir wollen daher für die weiteren Überlegungen ein hinreichend starkes Magnetfeld auf ein den Halbraum $z \geqq 0$ ausfüllendes Metall einwirken lassen. Außerdem sollen die Bedingungen des anomalen Skineffektes vorliegen, so daß gemäß (9.6) $\delta \ll r_\mathrm{c} \ll l$ erfüllt ist.

Da sich Elektronen mit und ohne Geschwindigkeitskomponente in Magnetfeldrichtung unterschiedlich verhalten, betrachten wir sie getrennt voneinander:

1. Elektronen, deren Geschwindigkeitskomponente in Magnetfeldrichtung gleich Null ist, bewegen sich im Metall auf geschlossenen Bahnen mit der Zyklotronfrequenz ω_c (der Einfachheit halber wollen wir Kreisbahnen mit dem Durchmesser $d_\mathrm{c} = 2r_\mathrm{c}$ annehmen; das Magnetfeld sei der Metalloberfläche parallel gerichtet). Diejenigen Elektronen, deren Bahnen teilweise durch die Skinschicht verlaufen, werden innerhalb der Skinschicht beschleunigt und setzen danach ihre Bewegung im hochfrequenzfeldfreien Metallinneren auf den Kreisbahnen fort. In der Tiefe $z = d_\mathrm{c}$ bewegen sich diese beschleunigten (energiereicheren) Elektronen wieder parallel zur Metalloberfläche ($v_z = 0$) und erzeugen hier eine Strom- bzw. Feldschicht der Breite δ. Abbildung 9.14 veranschaulicht diese Situation. Innerhalb dieser hervorgerufenen Feldschicht im Metallinneren werden weitere Elektronen beschleunigt, die ihrerseits erneut eine Strom- und Feldschicht in der Tiefe $z = 2d_\mathrm{c}$ erzeugen. Dieser Vorgang wiederholt sich (wie in Abbildung 9.14 angedeutet), so daß jeweils in der Umgebung von

$$z_\mathrm{n} = \mathrm{n}\, d_\mathrm{c} \tag{9.52}$$

Feldschichten der Breite δ existieren.[1]) In den Punkten z_n ist $v_z = 0$; solche Punkte nennt man *effektive Punkte.*

[1]) Ausführliche Darstellung dieses Effektes s. M. Ja. Asbel [53].

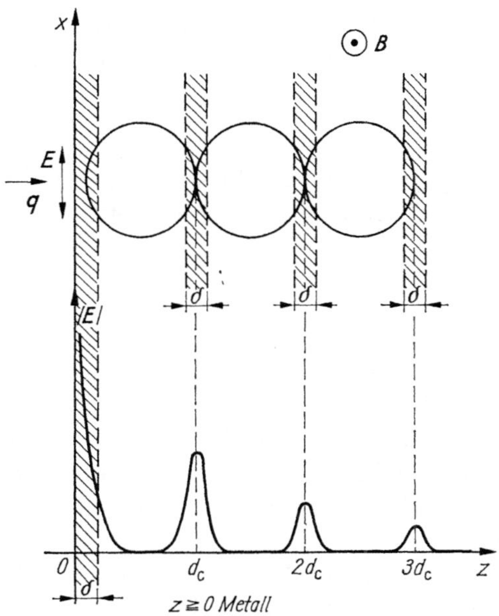

Abb. 9.14.
Anomales Eindringen eines hochfrequenten elektromagnetischen Feldes in ein Metall
(Die Elektronen bewegen sich im Metall auf geschlossenen Bahnen: $v_B = 0$)

2. Elektronen, deren Geschwindigkeitskomponente in Magnetfeldrichtung von Null verschieden ist, bewegen sich im einfachsten Fall auf einer Schraubenbahn mit dem Radius r_c. Auch sie können das hochfrequente elektromagnetische Feld in das Metallinnere „hineintragen". Ist das Magnetfeld parallel zur Oberfläche gerichtet, so entstehen (wie im Fall $v_B = 0$) Feldschichten in der Umgebung der effektiven Punkte $z_n = n d_c$. Im Falle eines um den Winkel Θ gegen die Metalloberfläche geneigten Magnetfeldes werden ebenfalls Feldschichten im Metallinneren erzeugt (s. Abb. 9.15); und zwar auch hier immer in der Umgebung effektiver Punkte. In

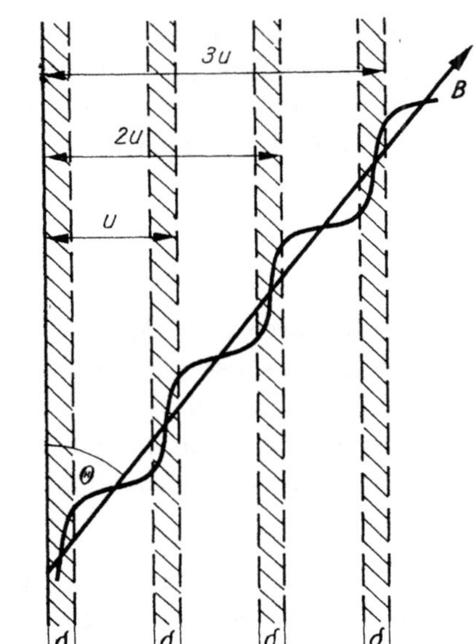

Abb. 9.15.
Anomales Eindringen eines hochfrequenten elektromagnetischen Feldes in ein Metall
(Die Elektronen bewegen sich im Metall auf periodischen offenen Bahnen: $v_B \neq 0$)

Abbildung 9.15 befindet sich beispielsweise der erste Punkt in der Entfernung u von der Metalloberfläche. Infolgedessen treten die einzelnen Feldschichten an den Stellen $z = u, 2u, 3u, \ldots$, allgemein

$$z_n = nu\,, \tag{9.53}$$

auf. Die Breite der Schichten beträgt jeweils δ. Die Entfernung u ergibt sich aus der Geschwindigkeitskomponente in z-Richtung und der Zyklotronfrequenz zu

$$u = 2\pi\frac{|v_z|}{\omega_c} = \frac{2\pi v_F \sin\Theta}{\omega_c}. \tag{9.54}$$

Wir können also allgemein feststellen:

Sobald ein äußeres Magnetfeld auf das Metall und damit auf die Bewegung der Elektronen einwirkt, ist das Innere des Metalls nicht mehr völlig für elektromagnetische Wellen durch den Skineffekt abgeschirmt. Das elektromagnetische Feld wird hierbei durch die *individuelle* Bewegung der Elektronen in das Metallinnere „hineingetragen".[1]) Wir wollen diese Art des Eindringens eines hochfrequenten elektromagnetischen Feldes als *anomal* bezeichnen.

Der tatsächliche physikalische Sachverhalt ist noch erheblich komplizierter als der hier beschriebene. Bisher haben wir nämlich angenommen, daß alle beteiligten Elektronen auf Bahnen mit gleichem Radius r_c umlaufen. Da jedoch die Projektionen der Elektronenbahnen im Metall auf die zur Magnetfeldrichtung senkrechte Ebene den entsprechenden Zyklotronbahnen auf der Fermi-Fläche ähnlich sind (vgl. Abschnitt 5.2.2. und Abb. 5.6), sind die Radien r_c der Elektronenbahnen von der Form der Fermi-Fläche (genauer gesagt: von $k_{\boldsymbol{B}}$) abhängig. Entsprechend gilt auch $u = u(k_{\boldsymbol{B}})$. Es werden daher in den verschiedensten Tiefen im Metallinneren Feldschichten gebildet, so daß eine schwer überschaubare (letztlich durch die Topologie der Fermi-Fläche bestimmte) Feldverteilung im Metall zu erwarten ist. Im Mittel dominieren jedoch die Elektronen, deren entsprechende Zyklotronbahnen im $\boldsymbol{k}$-Raum Extremalbahnen sind. Somit ergeben sich in der Umgebung von

$$z_n = nd_c^{(\mathrm{extr})} \quad \text{bzw.} \quad z_n = nu^{(\mathrm{extr})} \tag{9.55}$$

Schichten besonders hoher Feldstärke, deren Breite wiederum durch die Skintiefe bestimmt wird. Zwischen zwei benachbarten Feldschichten (ihr Abstand ist groß gegenüber ihrer Breite) herrscht ein wesentlich schwächeres elektromagnetisches Feld als innerhalb der Schichten; es ist jedoch merklich von Null verschieden.

9.4. Größeneffekte

Ersetzt man das halbunendlich ausgedehnte Metall durch eine Platte der Dicke D, so gibt es neben allen bisher diskutierten Effekten (unter sonst gleichen Bedingungen) eine ganze Reihe zusätzlicher Besonderheiten in der Oberflächenimpedanz. Obwohl die physikalische Natur dieser vielfältigen Erscheinungen sehr unterschiedlich sein kann, bezeichnet man sie, weil sie alle letztlich infolge der endlichen Metallabmessungen auftreten, als *Größeneffekte*.

[1]) Im folgenden Kapitel werden wir sehen, daß sich auch infolge des *kollektiven* Verhaltens der quasifreien Elektronen schwach gedämpfte elektromagnetische Wellen im Metallinneren ausbreiten können.

Wir wollen uns im weiteren auf zwei Größeneffekte beschränken, die unter folgenden Voraussetzungen beobachtbar sind:

— Auf eine planparallele Metallplatte der Dicke D mögen gleichzeitig ein hochfrequentes elektromagnetisches Feld und ein homogenes Magnetfeld einwirken. Das Magnetfeld sei den Plattenoberflächen parallel gerichtet (vgl. Abb. 9.16): $\boldsymbol{B} = (0, B, 0)$.

— Es sei stets $\delta \ll r_c \ll l$ (anomaler Skineffekt und hinreichend starke Magnetfelder).

Die beiden Größeneffekte, die unter diesen Voraussetzungen beobachtet werden können, sind der *Mikrowellen-* und der *Radiofrequenz-Größeneffekt.* Wie aus der Bezeichnung hervorgeht tritt der eine auf, wenn die Frequenz des elektromagnetischen Feldes sehr hoch ist (im Mikrowellen- oder Submillimeterwellenbereich liegt; $\omega\tau \gg 1$), und der andere, wenn sie geringer ist (Radiowellenbereich; $\omega\tau \ll 1$).

1. Der *Mikrowellen-Größeneffekt* zeigt sich in engem Zusammenhang mit der Asbel-Kaner-Zyklotronresonanz ($\omega\tau \gg 1, \omega_c\tau \gg 1$). Er wurde erstmals 1958 von E. A. Kaner [83] theoretisch untersucht und 1961 von M. S. Chaikin (ЖЭТФ **41**, 1773) nachgewiesen. In Abbildung 9.16a sind einige Bahnen eingezeichnet, auf denen sich die zur Resonanz beitragenden Elektronen bewegen. Mit zunehmendem n wird der Bahndurchmesser größer. Solange die Elektronen geschlossene Bahnen innerhalb der Metallplatte durchlaufen können, kommt es zur Resonanz und damit zur Ausbildung der für die Asbel-Kaner-Zyklotronresonanz charakteristischen Harmonischen. Von einem bestimmten n an (in Abb. 9.16a ab n = 4) übertrifft der Bahndurchmesser jedoch die Dicke der Metallplatte. Die Elektronen, die sich auf solchen Bahnen bewegen, kollidieren

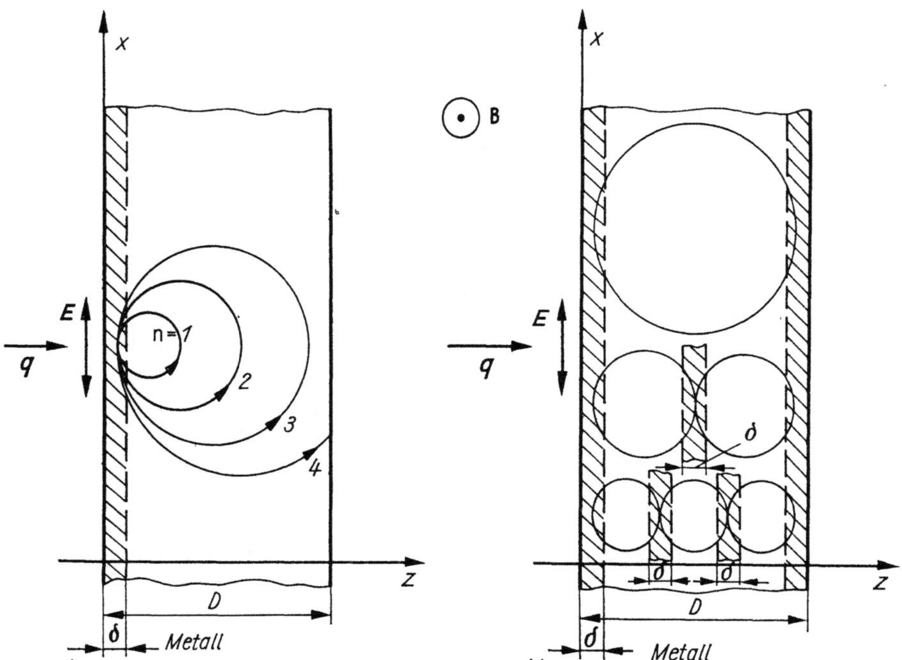

Abb. 9.16.
Zur Erläuterung der Größeneffekte

mit der Oberfläche und können nicht zur Resonanz beitragen. Das bedeutet aber, die Asbel-Kaner-Zyklotronresonanz-Serien brechen ab. Wir können dementsprechend festhalten: Der Mikrowellen-Größeneffekt äußert sich im Ausbleiben der Harmonischen einer Resonanzserie für $n > n^*$, wobei n^* der letzten, völlig im Metallinneren verlaufenden Bahn entspricht.

2. Der *Radiofrequenz-Größeneffekt* ist nicht an das Auftreten von Zyklotronresonanz gebunden (W. F. GANTMACHER [78]). Unter der von vornherein als erfüllt vorausgesetzten Bedingung $\delta \ll r_c \ll l$ kommt es gemäß den Ausführungen im vorangegangenen Abschnitt zur Ausbildung von Feldschichten im Metallinnern. Da im vorliegenden Fall die Frequenz des elektromagnetischen Feldes klein gegenüber der Zyklotronfrequenz ist,

$$\omega \ll \omega_c , \tag{9.56}$$

finden die Elektronen bei ihrer Rückkehr in die Skinschicht nahezu dieselbe Phase des elektromagnetischen Feldes vor und werden daher bei jedem Durchgang durch die Skinschicht beschleunigt. Sie liefern dementsprechend einen großen Beitrag zur Stromdichte, solange ihre Bahnen vollständig im Innern des Metalls verlaufen. Verringert man jedoch die Stärke des Magnetfeldes so weit, daß

$$2r_c d_c > D \tag{9.57}$$

wird, so kollidieren die Elektronen mit der rückseitigen Metalloberfläche, und ihr Beitrag zur Stromdichte wird wesentlich geringer. Experimentell stellt man demzufolge im Falle $d_c = D$ eine starke Änderung der Oberflächenimpedanz fest. Wegen des anomalen Eindringens eines elektromagnetischen Feldes in ein Metall tritt eine solche Oberflächenimpedanzänderung auch dann auf, wenn

$$\mathrm{n} d_c = D \tag{9.58}$$

erfüllt ist. Man überzeugt sich davon auch durch Abbildung 9.16b. Im folgenden sei angedeutet, welche Ergebnisse dieser Effekt liefert:

Ausgangspunkt ist die Bewegungsgleichung

$$\left.\begin{aligned} &\hbar \frac{\mathrm{d}\boldsymbol{k}}{\mathrm{d}t} = -|e| \frac{\mathrm{d}\boldsymbol{r}}{\mathrm{d}t} \times \boldsymbol{B} \\ &(\boldsymbol{B} = (0, B, 0)) . \end{aligned}\right\} \tag{9.59}$$

Berechnet man hieraus die Bahnkurve der Elektronen so, wie wir es in Abschnitt 5.2.2. getan haben (vgl. (5.58) bis (5.63)), erhält man hier speziell

$$x(t) - x_0 = -\frac{\hbar}{|e|\ B} k_z , \qquad z(t) - z_0 = +\frac{\hbar}{|e|\ B} k_x \tag{9.60}$$

(x_0, z_0: Anfangslagen).

Hieraus folgt mit (9.58) unter Berücksichtigung, daß die Feldschichten durch die auf Extremalbahnen umlaufenden Elektronen hervorgerufen werden (vgl. Abschnitt 9.3.),

$$D = \mathrm{n} d_c = \mathrm{n} \frac{\hbar}{|e|\ B} \left| k_{x_{\max}} - k_{x_{\min}} \right| . \tag{9.61}$$

Wegen der Zentralsymmetrie der Fermi-Fläche (s. (4.108)) ist

$$k_{x_{\max}} = -k_{x_{\min}} = k_{x_{\mathrm{extr.}}} , \tag{9.62}$$

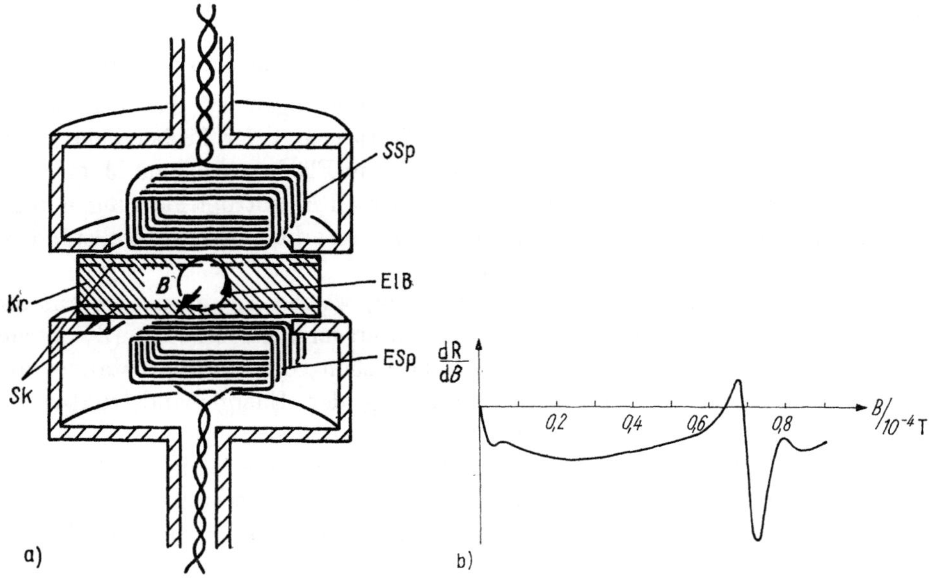

Abb. 9.17.
Zur Messung des Radiofrequenz-Größeneffektes
a) Schematische Darstellung der Meßanordnung
Kr: Kristall; ElB: Elektronenbahn; Sk: Skinschicht; SSp: Sendespule; ESp: Empfängerspule
(Der Übersichtlichkeit halber sind die Tieftemperaturausrüstung und der Magnet nicht eingezeichnet.)
b) Radiofrequenz-Größeneffekt-Spektrum, aufgenommen an Wismut

so daß man mit (9.61)

$$D = \mathrm{n}\,\frac{2\hbar}{|e|\,B}\,k_{x_{\text{extr.}}} \tag{9.63}$$

erhält.

Variiert man die Stärke des Magnetfeldes, so erscheinen die Impedanzbesonderheiten an den Stellen

$$B_{\mathrm{n}} = \mathrm{n}\,\frac{2\hbar}{|e|\,D}\,k_{x_{\text{extr.}}}\,. \tag{9.64}$$

Die Besonderheiten treten also bezüglich des Magnetfeldes in äquidistanten Abständen auf. (Ihre Amplitude nimmt dabei mit steigendem n ab.)

Hier sei noch angemerkt, wie man den Radiofrequenz-Größeneffekt messen kann. Abbildung 9.17a zeigt schematisch einen Teil der experimentellen Anordnung; Magnet und Tieftemperaturausrüstung sind der Übersichtlichkeit halber nicht eingezeichnet. Wichtig ist, daß das Magnetfeld streng parallel zur Kristalloberfläche gerichtet ist. Die Bedingung $\omega \ll \omega_c$ fordert, daß man mit elektromagnetischer Strahlung aus dem Megahertz-Bereich (Radiofrequenz-Bereich) arbeiten muß.

Die Radiofrequenzwellen werden mit Hilfe einer eng am Kristall (Kr) anliegenden Sendespule (SSp) in den Kristall eingekoppelt. Auf der gegenüberliegenden Kristalloberfläche ist eine zweite Spule, die Empfangsspule (ESp), angeordnet. Beide Spulen sind durch Metallgehäuse gegeneinander abgeschirmt. Ist die Bedingung (9.58) erfüllt, so tritt infolge der Änderung der Oberflächenimpedanz an der Empfangsspule ein entsprechendes Signal auf.

Abbildung 9.17b zeigt ein experimentell an Wismut aufgenommenes Spektrum.

Wichtigstes Ergebnis der hier angestellten Betrachtungen ist, daß man gemäß (9.64) aus den experimentell bestimmbaren B_n-Werten und der Probendicke D unmittelbar die extremalen Abmessungen $k_{x_{\text{extr.}}}$ der Fermi-Flächen in der zur Magnetfeldrichtung senkrechten Ebene ermitteln kann. Führt man Anisotropiemessungen durch (wie wir sie in Abschnitt 9.1.2. beschrieben haben), so erhält man ein vollständiges Bild über die Topologie der Fermi-Flächen.

Fassen wir abschließend noch einmal zusammen, welche Aussagen man aus den beschriebenen hochfrequenzspektroskopischen Untersuchungsmethoden (Zyklotronresonanzmessungen, Spektroskopie der magnetischen Oberflächenzustände und Größeneffektmessungen) für die Charakterisierung der Energiebandstruktur der Festkörper (insbesondere der Metalle) erhält:

Zyklotronresonanzuntersuchungen liefern die derzeitig zuverlässigsten Werte für die effektiven Zyklotronmassen der Ladungsträger. Aus der Anisotropie dieser Massen sind Rückschlüsse auf die Topologie der Isoenergieflächen $\varepsilon(\boldsymbol{k}) = \text{const}$ möglich.

Größeneffektmessungen ergeben die Absolutwerte der Elektronenimpulse $\hbar k_{x_{\text{extr}}} = \hbar k_F$. Aus Anisotropiemessungen kann man somit direkt die Topologie der Fermi-Fläche ermitteln.

Die Spektroskopie der magnetischen Oberflächenzustände gibt Aufschluß über das Spiegelverhalten der Metalloberfläche gegenüber den quasifreien Ladungsträgern. Außerdem kann man aus derartigen Messungen die Fermi-Geschwindigkeit bestimmen.

Alle drei Methoden liefern Aussagen über die Relaxationszeiten, deren Anisotropie sowie deren Abhängigkeit von äußeren Parametern wie Temperatur, Druck, Magnetfeld und Frequenz des elektromagnetischen Feldes.

Während Zyklotronresonanzuntersuchungen unter den Bedingungen des normalen und des anomalen Skineffektes durchgeführt werden können, sind die anderen beiden Methoden nur im Falle des anomalen Skineffektes anwendbar.

Kombiniert man die drei Untersuchungsmethoden, so erhält man ein gutes Bild über die Topologie der Fermi-Fläche und damit über die Energiebandstruktur der Metalle.

Literaturhinweise

A. I. Anselm: Einführung in die Halbleitertheorie, [3], [3a]
I. M. Lifschitz, M. Ja. Asbel, M. I. Kaganow: Elektronentheorie der Metalle, [30]
W. Brauer: Einführung in die Elektronentheorie der Metalle, [11]
A. A. Abrikossow: Einführung in die Theorie normaler Metalle, [1]
J. M. Ziman: Prinzipien der Festkörpertheorie, [45]

10. Das Festkörperplasma

Bisher haben wir die Ladungsträger (Elektronen und Löcher) des Festkörpers stets als untereinander nicht wechselwirkende Quasiteilchen betrachtet. Ausgehend von einer solchen Vorstellung, haben wir bereits viele elektronische Eigenschaften der Festkörper verstehen können. Eine ganze Reihe von Eigenschaften konnte aber noch nicht erklärt werden; und zwar alle diejenigen, die aus der kollektiven Bewegung der Ladungsträger resultieren, die also darauf beruhen, daß die Ladungsträger in ihrer Gesamtheit in gewisser Weise miteinander in Wechselwirkung stehen. Zum Beschreiben dieser Eigenschaften müssen wir unsere Modellvorstellung vom Festkörper erweitern.

Da die Ladungsträger in ihrem kollektiven Verhalten eine Reihe von Eigenschaften besitzen, die denen eines Gasplasmas ähnlich sind, ist es sinnvoll, sie in ihrer Gesamtheit als ein Festkörperplasma aufzufassen. In diesem Sinne dient das Festkörperplasma als Modell, mit dessen Hilfe man viele Festkörpereigenschaften beschreiben kann, die auf das kollektive Verhalten der Ladungsträger zurückzuführen sind. Wir wollen jedoch ausdrücklich darauf hinweisen, daß auch diesem Modell die Einteilchen-Näherung zugrunde liegt.

Wenn man den Begriff Plasma hört, denkt man zunächst an ein hoch angeregtes ionisiertes Gas. Unter einem Plasma versteht man jedoch viel mehr, und zwar:

Ein Plasma ist eine Gesamtheit relativ frei beweglicher geladener und (über Coulomb-Kräfte) miteinander wechselwirkender Teilchen. Dabei muß das Gesamtsystem, dem diese Gesamtheit geladener Teilchen als Teilsystem angehört,[1] *nach außen neutral sein.*

Da das Plasma eine Gesamtheit geladener Teilchen ist, kann es mit elektrischen und magnetischen Feldern wechselwirken.

Erfahrungsgemäß zeigen die Ladungsträger ein plasmaähnliches Verhalten, wenn die Bedingung

$$\frac{|\varepsilon_{\text{pot}}|}{\varepsilon_{\text{kin}}} \lessapprox 10 \tag{10.1}$$

erfüllt ist.[2] Im Falle $|\varepsilon_{\text{pot}}|/\varepsilon_{\text{kin}} < 10$ spricht man von einem *guten* Plasma.

Ist demgegenüber

$$\frac{|\varepsilon_{\text{pot}}|}{\varepsilon_{\text{kin}}} \gg 10\,, \tag{10.2}$$

[1]) Es kann durchaus sein, daß das Gesamtsystem nur aus dieser einen Gesamtheit geladener Teilchen besteht, wie es beispielsweise beim Gasplasma im allgemeinen der Fall ist, wenn man die positiven Ionen und Elektronen als eine einzige Gesamtheit betrachtet.

[2]) Vgl. P. M. Platzman, P. A. Wolff [33].

so sind die geladenen Teilchen örtlich weitestgehend fixiert; das entsprechende Ladungsträgersystem ist kristallisiert.

Entsprechend der angegebenen Definition ist das sogenannte Gasplasma nur ein spezielles Plasma. Man kann hierbei davon ausgehen, daß die Gesamtheit der positiven Ionen ebenso wie die Gesamtheit der Elektronen Plasmaeigenschaften besitzt. Damit das Gesamtsystem „Gas" (das überdies noch beliebig viele neutrale Gasatome enthalten kann) nach außen neutral ist, muß die Anzahl der positiven Ladungen gleich der der negativen sein. Eine andere (in der Physik der Gasplasmen üblichere) Betrachtungsweise ist, daß man die positiven Ionen und die Elektronen des ionisierten Gases als eine einzige, nach außen neutrale Ladungsträgergesamtheit auffaßt, die ihrerseits Plasmaeigenschaften besitzt. Entsprechend dieser Auffassung ist auch die vereinfachte Bezeichnung *Gasplasma* zu verstehen.

In Abschnitt 10.1. befassen wir uns mit den allgemeinen Eigenschaften eines Festkörperplasmas und weisen dabei auch auf einige seiner Besonderheiten gegenüber einem Gasplasma hin. Danach untersuchen wir in Abschnitt 10.2. das Verhalten sogenannter isotroper und anisotroper Festkörperplasmen im Magnetfeld und wenden uns in den Abschnitten 10.3. und 10.4. der Ausbreitung elektromagnetischer Wellen und einigen Resonanzerscheinungen im Festkörperplasma zu. Wir lernen in diesem Zusammenhang zusätzlich zu der uns bereits bekannten Stoßdämpfung (Dämpfung infolge der Stöße, die die Ladungsträger mit Phononen, Gitterdefekten, Störstellen sowie anderen Ladungsträgern erleiden) zwei andere Dämpfungsmechanismen, die Landau- und die Zyklotrondämpfung, kennen.

10.1. Allgemeine Eigenschaften des Festkörperplasmas

Das Ziel der folgenden Betrachtungen besteht darin, uns mit den wesentlichen Eigenschaften und Besonderheiten eines Festkörperplasmas vertraut zu machen.

Unter einem *Festkörperplasma* versteht man die *Gesamtheit der quasifreien Ladungsträger in einem Festkörper*. Man unterscheidet dementsprechend *Elektronen-*, *Löcher-* und *Elektron-Loch-Plasmen*, je nachdem, ob nur Elektronen oder nur Löcher oder Elektronen und Löcher als quasifreie Ladungsträger im Festkörper vorhanden sind.

Bei Metallen beeinflußt beispielsweise das Elektronenplasma entscheidend alle Kristalleigenschaften. Um insbesondere diejenigen Metalleigenschaften verstehen zu können, die wesentlich auf das kollektive Verhalten der Elektronen zurückzuführen sind, muß man die Eigenschaften des Elektronenplasmas kennen.

Zunächst müssen wir uns anhand der eingangs angegebenen Definition vergewissern, daß die Gesamtheit der quasifreien Ladungsträger (und auch nur sie) Plasmaeigenschaften besitzt.

Betrachten wir ein Metall; es besteht bekanntlich aus positiv geladenen Ionen (Atomrümpfen) und quasifreien Elektronen. Nach außen ist das Gesamtsystem, der Festkörper, neutral. Die quasifreien Elektronen, deren gegenseitige Wechselwirkung jetzt voraussetzungsgemäß nicht mehr vernachlässigt werden soll, sind relativ frei beweglich ($|\varepsilon_{\text{pot}}|/\varepsilon_{\text{kin}} < 10$)[1]. Die Gesamtheit der quasifreien Elektronen stellt somit ein Plasma dar. Demgegenüber zeigt die Gesamtheit der positiv geladenen Ionen kein

[1]) Abschätzung hierzu s. (10.7).

Plasmaverhalten. Die Ionen bilden das Kristallgitter (vgl. Kapitel 3), was man auch wegen $|\varepsilon_{\text{pot}}|/\varepsilon_{\text{kin}} \gg 10$ erwartet. Ihre Bewegung erfolgt nur in Form der in Kapitel 2 behandelten Gitterschwingungen; sie sind somit im wesentlichen örtlich fixiert. Damit ist auch gezeigt, daß nur die Gesamtheit quasifreier Elektronen im Metall Plasmaeigenschaften besitzt; man bezeichnet diese Gesamtheit als *Festkörperplasma.*

Analog ergibt sich, daß bei Halbleitern sowohl die Gesamtheit der quasifreien Elektronen als auch die der Löcher Plasmaverhalten zeigen.

Bei Kristallen mit Ionenbindung (z. B. NaCl) ist für beide Ionenarten $|\varepsilon_{\text{pot}}|/\varepsilon_{\text{kin}} \gg 10$; sie sind daher beide kristallisiert.

Existiert nur eine Art quasifreier Ladungsträger im Festkörper, so spricht man von einem *einkomponentigen* Plasma (z. B. Elektronenplasma, Löcherplasma). Demgegenüber liegt ein *mehrkomponentiges* Plasma vor, wenn mehrere Ladungsträgerarten (unterschieden durch die für sie geltenden Dispersionsbeziehungen) vorhanden sind.

Ist im Falle eines Elektron-Loch-Plasmas die Elektronenkonzentration gleich der der Löcher, so nennt man dieses Plasma *kompensiert.* Derartige Plasmen sind beispielsweise bei Halbmetallen zu finden, bei denen infolge Bandüberlagerungen die Zahl der Elektronen im Leitungsband gleich der der Löcher im Valenzband ist.

Nach diesen grundlegenden Feststellungen und Begriffserklärungen wollen wir uns nun den Eigenschaften eines Festkörperplasmas zuwenden, wobei wir gleichzeitig auf einige Unterschiede zum Gasplasma hinweisen.

Bemerkenswert ist zunächst, daß beim Festkörperplasma (abweichend vom Gasplasma) die positiven Ionen nicht zum Plasma gehören. Sie bilden nur den „Hintergrund", der die Neutralität des Gesamtsystems „Festkörper" bewirkt.

Das Festkörperplasma bildet zusammen mit dem Kristallgitter ein stabiles homogenes System, das nur durch erhebliche äußere Einwirkungen aus seinem Gleichgewicht gebracht werden kann. Ein Gasplasma befindet sich dagegen in einem stark angeregten Zustand und reagiert bereits auf geringste Störungen empfindlich.

Die Wechselwirkung der Ladungsträger mit dem Kristallgitter führt dazu, daß ihre Bewegung nicht in dem Maße frei erfolgt wie die der Ladungsträger im Gasplasma. Sie sind zwar noch im Sinne der Plasmadefinition frei beweglich, werden aber durch das Gitterpotential beeinflußt (vgl. Kapitel 4). In diesem Zusammenhang ist auch zu bemerken, daß die mittleren freien Weglängen der Ladungsträger, die ein Festkörperplasma bilden, im allgemeinen klein gegenüber den Linearabmessungen des Festkörpers sind. Beim Gasplasma sind demgegenüber die mittleren freien Weglängen der Ionen und der Elektronen meist von derselben Größenordnung wie die Linearausdehnungen des Plasmas.

Eine charakteristische physikalische Größe für ein Plasma ist die Ladungsträgerkonzentration. Während sie bei Gasplasmen $\lesssim 10^{14}\ \text{cm}^{-3}$ beträgt, variiert sie bei Festkörperplasmen zwischen $10^{13}\ \text{cm}^{-3}$ und $10^{22}\ \text{cm}^{-3}$.

Man bezeichnet Festkörperplasmen mit so geringen Konzentrationen, daß man bei ihnen (wie bei den Gasplasmen) noch die Boltzmann-Statistik anwenden kann, als *verdünnte* Plasmen. Derartige Plasmen liegen bei Halbleitern und teilweise auch bei Halbmetallen vor. Bei Plasmen höherer Konzentration ($n > 10^{15}\ \text{cm}^{-3}$) muß man die Fermi-Statistik zugrunde legen.

Zu den Plasmen höherer Konzentration gehören insbesondere die Elektronenplasmen der Metalle. Infolge ihrer hohen Elektronenkonzentration spielen diese Plasmen nicht nur eine entscheidende Rolle für die elektrischen, magnetischen, optischen und thermischen Eigenschaften des Festkörpers, sondern auch für die Bindungsenergie und für die Kristallstruktur. Verdünnte Plasmen üben demgegenüber keinen bestimmenden Einfluß auf die Kristallstruktur aus.

Es soll jetzt das Verhältnis aus der potentiellen und der kinetischen Energie der Ladungsträger ($|\varepsilon_{pot}|/\varepsilon_{kin}$) genauer diskutiert werden. Die kinetische Energie der Ladungsträger wird bei (nichtentarteten) Halbleitern (wie im Gasplasma) durch die thermische Energie bestimmt. Bei entarteten Halbleitern und Metallen ist sie gleich der Fermi-Energie. Die potentielle Energie ergibt sich in jedem Falle aus der Coulomb-Wechselwirkungsenergie.

1. Im Falle eines *Metalls* ist

$$|\varepsilon_{pot}| = \frac{e^2}{\epsilon_0 \epsilon_r r}, \qquad \varepsilon_{kin} = \varepsilon_F\,. \tag{10.3}$$

Hierbei sind r der mittlere gegenseitige Abstand der Ladungsträger, ϵ_0 die Influenzkonstante und ϵ_r die relative Dielektrizitätskonstante.

Berechnet man r näherungsweise aus der Elektronenkonzentration n zu

$$r \approx n^{-1/3}\,, \tag{10.4}$$

so ergibt sich hiermit aus (10.3)

$$\frac{|\varepsilon_{pot}|}{\varepsilon_{kin}} \approx \frac{e^2 n^{1/3}}{\epsilon_0 \epsilon_r \varepsilon_F}. \tag{10.5}$$

Wegen $\varepsilon_F \sim n^{2/3}$ (s. 1.43) ist folglich

$$\frac{|\varepsilon_{pot}|}{\varepsilon_{kin}} \sim n^{-1/3}, \tag{10.6}$$

so daß das Verhältnis von potentieller zu kinetischer Energie mit zunehmender Elektronenkonzentration kleiner wird. Mit $\epsilon_r \approx 1$ läßt sich aus (10.5) für $n \approx 10^{22}\ \text{cm}^{-3}$

$$\frac{|\varepsilon_{pot}|}{\varepsilon_{kin}} \ll 1 \tag{10.7}$$

abschätzen. Damit ist die Bedingung (10.1) bei hinreichend hoher Elektronenkonzentration und der damit verbundenen Entartung des Fermi-Gases stets erfüllt; auch dann, wenn die thermische Energie $k_B T$ (k_B: Boltzmann-Konstante) gegen Null geht.

Ein Plasma, das sich in der hier angegebenen Weise verhält, nennt man *kaltes Plasma hoher Dichte*. Derartige Plasmen findet man nicht nur in Metallen, sondern auch in Halbmetallen sowie in entarteten bzw. stark legierten Halbleitern.

Obwohl bei Halbmetallen und entarteten Halbleitern die Ladungsträgerkonzentration um Größenordnungen geringer als bei Metallen ist, bleibt (10.7) erfüllt, weil sich die potentielle Energie der Ladungsträger infolge der bei diesen Festkörpern hohen Dielektrizitätskonstanten ϵ_r stark verringert und außerdem die Fermi-Energie wegen der meist sehr geringen effektiven Massen der Ladungsträger noch ausreichend groß ist. Für das Halbmetall Wismut ($\varepsilon_F \approx 30$ meV; $n = 3 \cdot 10^{17}\ \text{cm}^{-3}$, $\epsilon_r \approx 100$) ergibt sich beispielsweise $|\varepsilon_{pot}|/\varepsilon_{kin} \approx 5 \cdot 10^{-2} \ll 1$.

2. Bei einem (nichtentarteten) *Halbleiter* gilt

$$|\varepsilon_{\text{pot}}| = \frac{e^2}{\epsilon_0 \epsilon_r r} = \frac{e^2 n^{1/3}}{\epsilon_0 \epsilon_r}, \qquad \varepsilon_{\text{kin}} = \frac{3}{2} k_B T, \tag{10.8}$$

so daß das Verhältnis

$$\frac{|\varepsilon_{\text{pot}}|}{\varepsilon_{\text{kin}}} = \frac{2}{3} \frac{e^2 n^{1/3}}{\epsilon_0 \epsilon_r k_B T} \tag{10.9}$$

mit abnehmender Ladungsträgerkonzentration zwar ebenfalls abnimmt, aber mit sinkender Temperatur größer wird. Von einem Ladungsträgerplasma kann man erst oberhalb einer bestimmten Temperatur sprechen. Bei Germanium ($n \approx 10^{13}$ cm^{-3}, $\epsilon_r = 16$) ist beispielsweise $|\varepsilon_{\text{pot}}|/\varepsilon_{\text{kin}} \ll 10$ erst für Temperaturen $T \gg 20$ K erfüllt, wie man sich leicht anhand von (10.9) überzeugt.

Ein Plasma, das sich derartig verhält, bezeichnet man als *verdünntes Hochtemperaturplasma.*

Jedes Ladungsträgerplasma kann aufgrund seiner Coulomb-Wechselwirkung mit dem Kristallgitter und der Massenträgheit der Ladungsträger Eigenschwingungen ausführen. Betrachten wir zunächst ein Elektronenplasma in einem Metall.

Wird das gesamte Plasma um $\boldsymbol{r}$ verschoben (aus seinem Gleichgewichtszustand ausgelenkt), so beträgt die resultierende Polarisation

$$\boldsymbol{P} = -|e|\, n\boldsymbol{r}.$$

Das sich aufbauende Depolarisationsfeld

$$\boldsymbol{E}_d = -\frac{1}{\epsilon_0}\boldsymbol{P} = \frac{|e|\, n}{\epsilon_0}\boldsymbol{r} \tag{10.11}$$

übt die Kraft $\boldsymbol{F}_d = -|e|\, \boldsymbol{E}_d$ auf die Elektronen aus, so daß sich die Bewegung durch

$$m^* \frac{d^2\boldsymbol{r}}{dt^2} = -\frac{e^2 n}{\epsilon_0}\boldsymbol{r} \tag{10.12}$$

beschreiben läßt, wenn m^* die effektive Masse der Elektronen ist. Diese Gleichung wird durch $\boldsymbol{r} = \boldsymbol{r}_0\, e^{i\omega t}$ ($\boldsymbol{r}_0$: Amplitude) gelöst, wobei sich als Frequenz die bereits aus Kapitel 8 bekannte Plasmafrequenz ergibt:

$$\omega = \omega_p = \sqrt{\frac{e^2 n}{\epsilon_0 m^*}}. \tag{10.13}$$

Erst hier wird klar, warum wir dort die Bezeichnung *Plasmafrequenz* gewählt haben. Es handelt sich dabei um die Frequenz der Plasmaeigenschwingungen. Für gute Metalle (z. B. Alkalimetalle; $n \approx 10^{22}$ cm^{-3}, $m^* \approx m_0$) beträgt $\omega_p \approx 10^{16}$ s^{-1} (vgl. (8.47)).

Eine etwas andere Situation liegt bei Halbleitern bei tiefen Temperaturen vor, da hier nur wenige (bzw. keine) thermisch erzeugten quasifreien Ladungsträger vorhanden sind. Werden in diesem Fall Ladungsträger durch Donatoren oder Akzeptoren geliefert, so ergeben sich die Plasmafrequenzen für die Elektronen zu

$$\omega_p^{(n)} = \sqrt{\frac{e^2 n_n}{\epsilon_0 \epsilon_r m_n^*}} \tag{10.14}$$

bzw. für die Löcher zu

$$\omega_p^{(p)} = \sqrt{\frac{e^2 n_p}{\epsilon_0 \epsilon_r m_p^*}}. \tag{10.15}$$

Hierbei sind n_n und n_p die Konzentrationen und m_n^* und m_p^* die effektiven Massen der Elektronen und der Löcher.

ϵ_r ist die relative Dielektrizitätskonstante des Festkörpermaterials. Sie tritt in (10.14) und (10.15) wegen der Polarisation des Materials auf.

Der gleiche Sachverhalt gilt auch für Halbmetalle, bei denen Elektronen und Löcher infolge der Überlappung des leeren Leitungsbandes mit dem gefüllten Valenzband vorhanden sind.

Zur allgemeinen Charakterisierung eines Festkörperplasmas gehören auch einige Bemerkungen zum dynamischen Verhalten seiner Ladungsträger. Erinnern wir uns der diesbezüglichen Ausführungen in den Kapiteln 4, 5 und 6, wonach die Bewegung der Ladungsträger durch die Dispersionsbeziehung und damit durch die Energiebandstruktur bestimmt wird. Wir haben dort die Bewegung der Ladungsträger in Abhängigkeit von der Form der Isoenergieflächen (bei Metallen speziell der Fermi-Fläche) diskutiert und können hier feststellen: Im Festkörper ist die Bewegung der Ladungsträger nur dann isotrop, wenn isotrope quadratische Dispersion (kugelförmige Isoenergieflächen) und isotrope Streuung vorliegen; in allen anderen Fällen ist sie anisotrop (im Gegensatz zum ungestörten Gasplasma).

Setzen wir der Einfachheit halber für alle weiteren Betrachtungen isotrope Streuung voraus, so können wir festlegen: Wir bezeichnen ein Plasma dann als *isotrop*, wenn für seine Ladungsträger isotrope quadratische Dispersion vorliegt, wenn die Flächen konstanter Energie also Kugeln sind. In allen anderen Fällen wollen wir von einem *anisotropen* Plasma sprechen.

Sobald auf das Plasma ein Magnetfeld einwirkt, vollführen die Ladungsträger in der zur Magnetfeldrichtung senkrechten Ebene die in den vorangegangenen Kapiteln beschriebene Zyklotronbewegung mit einer für sie charakteristischen Zyklotronfrequenz ω_c. Das Magnetfeld kann ein Plasma derart beeinflussen, daß sich elektromagnetische Wellen, deren Frequenzen kleiner als die Plasmafrequenz sind ($\omega < \omega_p$), im Plasma (nahezu ungedämpft) ausbreiten können. Hiermit befassen wir uns in Abschnitt 10.3. ausführlich.

Abschließend berechnen wir die elektrische Leitfähigkeit $\boldsymbol{\sigma}$ für den Fall, daß ein isotropes Festkörperplasma vorliegt. Ohne Beschränkung der Allgemeinheit gehen wir von einem zweikomponentigen Plasma aus; und zwar mögen Elektronen und Löcher vorhanden sein. Das vorgegebene Festkörperplasma wird dann charakterisiert durch

die Ladungsträgerkonzentrationen n_n, n_p,
die effektiven Massen der Ladungsträger m_n^*, m_p^*,
die Plasmafrequenzen der Ladungsträger $\omega_p^{(n)}, \omega_p^{(p)}$,
die Relaxationszeiten der Ladungsträger $\tau^{(n)}, \tau^{(p)}$.

Wir setzen einen lokalen Zusammenhang zwischen der Stromdichte $\boldsymbol{j}$ und der elektrischen Feldstärke $\boldsymbol{E}$ voraus und berücksichtigen den Tensorcharakter der elektrischen Leitfähigkeit:

$$\boldsymbol{j} = \boldsymbol{\sigma} \boldsymbol{E} . \tag{10.16}$$

Das auf das Plasma einwirkende elektrische Feld möge sich zeitlich harmonisch mit der Kreisfrequenz ω ändern[1]) ($\boldsymbol{E} = \boldsymbol{E}_0\, \mathrm{e}^{i\omega t}$), so wie es beispielsweise bei einer elektromagnetischen Welle der Fall ist.

Unter der Annahme, daß die Elektronen und Löcher der Feldänderung „folgen" können, ist der Ansatz

$$\boldsymbol{v}^{(\mathrm{n})} = \boldsymbol{v}_0^{(\mathrm{n})}\, \mathrm{e}^{i\omega t}; \qquad \boldsymbol{v}^{(\mathrm{p})} = \boldsymbol{v}_0^{(\mathrm{p})}\, \mathrm{e}^{i\omega t} \tag{10.17}$$

für die Ladungsträgergeschwindigkeiten (Driftgeschwindigkeiten!) gerechtfertigt.

Die Gesamtstromdichte setzt sich aus dem Beitrag der Elektronen $\boldsymbol{j}^{(\mathrm{n})} = -|e|\, n_\mathrm{n} \boldsymbol{v}^{(\mathrm{n})}$ und dem der Löcher $\boldsymbol{j}^{(\mathrm{p})} = |e|\, n_\mathrm{p} \boldsymbol{v}^{(\mathrm{p})}$ zusammen (vgl. Kapitel 6):

$$\boldsymbol{j} = \boldsymbol{j}^{(\mathrm{n})} + \boldsymbol{j}^{(\mathrm{p})} = -|e|\, (n_\mathrm{n} \boldsymbol{v}^{(\mathrm{n})} - n_\mathrm{p} \boldsymbol{v}^{(\mathrm{p})})\,. \tag{10.18}$$

Unter Berücksichtigung der (isotropen) Ladungsträgerstreuung lauten die Bewegungsgleichungen für die Elektronen und Löcher (analog (6.1)):

$$m_\mathrm{n}^* \left(\frac{\mathrm{d}\boldsymbol{v}^{(\mathrm{n})}}{\mathrm{d}t} + \frac{\boldsymbol{v}^{(\mathrm{n})}}{\tau^{(\mathrm{n})}}\right) = -|e|\, \boldsymbol{E}\,, \qquad m_\mathrm{p}^* \left(\frac{\mathrm{d}\boldsymbol{v}^{(\mathrm{p})}}{\mathrm{d}t} + \frac{\boldsymbol{v}^{(\mathrm{p})}}{\tau^{(\mathrm{p})}}\right) = +|e|\, \boldsymbol{E}\,. \tag{10.19}$$

Mit (10.17) erhält man

$$m_\mathrm{n}^* \left(i\omega + \frac{1}{\tau^{(\mathrm{n})}}\right) \boldsymbol{v}^{(\mathrm{n})} = -|e|\, \boldsymbol{E}, \qquad m_\mathrm{p}^* \left(i\omega + \frac{1}{\tau^{(\mathrm{p})}}\right) \boldsymbol{n}^{(\mathrm{p})} = +|e|\, \boldsymbol{E}\,. \tag{10.20}$$

Berechnet man hieraus $\boldsymbol{v}^{(\mathrm{n})}$ und $\boldsymbol{v}^{(\mathrm{p})}$ und setzt sie in (10.18) ein, so ergibt sich die Gesamtstromdichte zu

$$\left.\begin{aligned} \boldsymbol{j} &= \left(\frac{e^2 n_\mathrm{n} \tau^{(\mathrm{n})}}{m_\mathrm{n}^*(1 + i\omega\tau^{(\mathrm{n})})} + \frac{e^2 n_\mathrm{p} \tau^{(\mathrm{p})}}{m_\mathrm{p}^*(1 + i\omega\tau^{(\mathrm{p})})}\right) \boldsymbol{E} \\ &= \left(\frac{\sigma_0^{(\mathrm{n})}}{1 + i\omega\tau^{(\mathrm{n})}} + \frac{\sigma_0^{(\mathrm{p})}}{1 + i\omega\tau^{(\mathrm{p})}}\right) \boldsymbol{E}\,. \end{aligned}\right\} \tag{10.21}$$

$\sigma_0^{(\mathrm{n})}$ und $\sigma_0^{(\mathrm{p})}$ sind die jeweiligen Gleichstromleitfähigkeiten gemäß (6.178).

Ein Vergleich von (10.21) mit (10.16) ergibt für die elektrische Leitfähigkeit

$$\sigma_{xx} = \sigma_{yy} = \sigma_{zz} = \sigma = \frac{\sigma_0^{(\mathrm{n})}}{1 + i\omega\tau^{(\mathrm{n})}} + \frac{\sigma_0^{(\mathrm{p})}}{1 + i\omega\tau^{(\mathrm{p})}}\,. \tag{10.22}$$

Alle übrigen Tensorkomponenten sind gleich Null. Im isotropen Plasma ist die elektrische Leitfähigkeit somit eine skalare Größe. Im Spezialfall $\tau^{(\mathrm{n})} = \tau^{(\mathrm{p})} = \tau$ erhält man

$$\sigma = \frac{e^2 \tau}{1 + i\omega\tau}\, \frac{n_\mathrm{n} m_\mathrm{p}^* + n_\mathrm{p} m_\mathrm{n}^*}{m_\mathrm{n}^* m_\mathrm{p}^*}\,. \tag{10.23}$$

10.2. Festkörperplasma im Magnetfeld

Entsprechend den Ausführungen in Kapitel 6 erwarten wir, daß ein auf das Plasma einwirkendes Magnetfeld dessen Leitfähigkeitseigenschaften verändert. Sicherlich bleibt die elektrische Leitfähigkeit nicht mehr skalar, sondern wird von der Magnetfeldrichtung abhängig. Das ist unmittelbar einzusehen, da die Lorentz-Kraft senk-

[1]) Ein konstantes elektrisches Feld ist hierin als Spezialfall für $\omega = 0$ enthalten.

recht zur Magnetfeldrichtung wirkt. Sie beeinflußt folglich nur die Bewegungskomponenten der Ladungsträger in der zur Magnetfeldrichtung senkrechten Ebene, nicht aber die Komponente in Feldrichtung. Somit ist die Richtung des Magnetfeldes gegenüber allen anderen Richtungen ausgezeichnet, und die Bewegung der Ladungsträger kann auch beim isotropen Plasma nicht mehr isotrop sein.

Man bezeichnet allgemein ein Plasma, das sich unter der Wirkung eines Magnetfeldes befindet, als *Magnetoplasma*. Ein solches Plasma verhält sich infolge des Magnetfeldeinflusses auf die Bewegung der Ladungsträger stets anisotrop.

In den folgenden beiden Abschnitten untersuchen wir die Wirkung eines Magnetfeldes auf die elektrische Leitfähigkeit eines (im magnetfeldfreien Fall) isotropen sowie eines anisotropen Festkörperplasmas. Der Einfachheit und Übersichtlichkeit halber beschränken wir uns jeweils auf ein einkomponentiges Plasma; und zwar auf ein durch $-|e|$, n, m^*, ω_p und τ charakterisiertes Elektronenplasma[1]). Auf dieses Plasma möge wie im magnetfeldfreien Fall (s. Abschnitt 10.1.) ein elektrisches Feld $\boldsymbol{E} = \boldsymbol{E}_0\, e^{i\omega t}$ einwirken. Dabei nehmen wir auch hier an, daß die Elektronen stets der Feldänderung „folgen" können. Dann läßt sich für die Driftgeschwindigkeit der Elektronen

$$\boldsymbol{v} = (v_x, v_y, v_z) = \boldsymbol{v}_0\, e^{i\omega t} \tag{10.24}$$

ansetzen.

Das äußere Magnetfeld sei der z-Achse eines cartesischen Koordinatensystems parallelgerichtet:

$$\boldsymbol{B} = (0, 0, B)\,. \tag{10.25}$$

10.2.1. Isotropes Festkörperplasma im Magnetfeld

Bei einem isotropen Festkörperplasma besitzen die Ladungsträger (hier die Elektronen) eine skalare effektive Masse m^*. Ausgehend von der Bewegungsgleichung

$$m^*\left(\frac{d\boldsymbol{v}}{dt} + \frac{\boldsymbol{v}}{\tau}\right) = -|e|\,(\boldsymbol{E} + \boldsymbol{v} \times \boldsymbol{B}) \tag{10.26}$$

erhält man mit (10.24) und unter Beachtung von (10.25) die Koordinatengleichungen

$$\left.\begin{aligned} m^*\left(i\omega + \frac{1}{\tau}\right)v_x &= -|e|\,(E_x + v_y B)\,,\\ m^*\left(i\omega + \frac{1}{\tau}\right)v_y &= -|e|\,(E_y - v_x B)\,,\\ m^*\left(i\omega + \frac{1}{\tau}\right)v_z &= -|e|\,E_z\,. \end{aligned}\right\} \tag{10.27}$$

Aus diesem Gleichungssystem ist zu erkennen, daß die Bewegung der Elektronen in z-Richtung (also in Magnetfeldrichtung) vom Magnetfeld nicht beeinflußt wird.

[1]) Unter Beachtung des Ladungsvorzeichens gelten alle Überlegungen gleichermaßen für ein Löcherplasma.

Die Gleichungen (10.27) lassen sich einzeln nach E_x, E_y bzw. E_z auflösen. Berücksichtigt man dabei $\boldsymbol{j} = -|e|\, n\boldsymbol{v}$, $\omega_p^2 = \frac{e^2 n}{\epsilon_0 m^*}$ und $\omega_c = \frac{|e|\, B}{m^*}$, so erhält man

$$\left.\begin{aligned} E_x &= \frac{1+i\omega\tau}{\omega_p^2\epsilon_0\tau} j_x + \frac{\omega_c}{\omega_p^2\epsilon_0} j_y, \\ E_y &= -\frac{\omega_c}{\omega_p^2\epsilon_0} j_x + \frac{1+i\omega\tau}{\omega_p^2\epsilon_0\tau} j_y, \\ E_z &= \frac{1+i\omega\tau}{\omega_p^2\epsilon_0\tau} j_z. \end{aligned}\right\} \tag{10.28}$$

Durch Vergleich mit $\boldsymbol{E} = \boldsymbol{\rho}\boldsymbol{j}$ (gemäß (6.23)) ergibt sich hieraus unmittelbar der Tensor des spezifischen elektrischen Widerstandes

$$\boldsymbol{\rho} = \begin{pmatrix} \frac{1+i\omega\tau}{\omega_p^2\epsilon_0\tau} & \frac{\omega_c}{\omega_p^2\epsilon_0} & 0 \\ -\frac{\omega_c}{\omega_p^2\epsilon_0} & \frac{1+i\omega\tau}{\omega_p^2\epsilon_0\tau} & 0 \\ 0 & 0 & \frac{1+i\omega\tau}{\omega_p^2\epsilon_0\tau} \end{pmatrix} \tag{10.29}$$

und mit $\boldsymbol{\sigma} = \boldsymbol{\rho}^{-1}$ (s. (6.25)) der Tensor der elektrischen Leitfähigkeit für ein einkomponentiges Plasma

$$\boldsymbol{\sigma} = \omega_p^2\epsilon_0\tau \begin{pmatrix} \frac{1+i\omega\tau}{(1+i\omega\tau)^2+(\omega_c\tau)^2} & -\frac{\omega_c\tau}{(1+i\omega\tau)^2+(\omega_c\tau)^2} & 0 \\ \frac{\omega_c\tau}{(1+i\omega\tau)^2+(\omega_c\tau)^2} & \frac{1+i\omega\tau}{(1+i\omega\tau)^2+(\omega_c\tau)^2} & 0 \\ 0 & 0 & \frac{1}{1+i\omega\tau} \end{pmatrix}. \tag{10.30}$$

Hierbei ist $\omega_p^2\epsilon_0\tau = \frac{e^2 n\epsilon_0\tau}{\epsilon_0 m^*} = \sigma_0$ die Gleichstromleitfähigkeit, und $\sigma_{zz} = \sigma_0/1 + i\omega\tau$ stimmt mit dem Ergebnis (10.22) für den magnetfeldfreien Fall überein.

Wir geben den Tensor (10.30) für die Spezialfälle an, die im weiteren häufig diskutiert werden:

1. Das elektrische Feld möge sich mit einer Frequenz ändern, die der Bedingung $\omega\tau \ll 1$ genügt:

   Der Leitfähigkeitstensor (10.30) nimmt dann die Form

$$\boldsymbol{\sigma} \approx \omega_p^2\epsilon_0\tau \begin{pmatrix} \frac{1}{1+(\omega_c\tau)^2} & -\frac{\omega_c\tau}{1+(\omega_c\tau)^2} & 0 \\ \frac{\omega_c\tau}{1+(\omega_c\tau)^2} & \frac{1}{1+(\omega_c\tau)^2} & 0 \\ 0 & 0 & 1 \end{pmatrix}, \tag{10.31}$$

$$\omega_p^2\epsilon_0\tau = \sigma_0\,,$$

   an. Alle Tensorkomponenten sind reell.

2. Es möge weiterhin $\omega\tau \ll 1$ sein. Das angelegte Magnetfeld sei jetzt aber so stark, daß $\omega_c\tau \gg 1$ erfüllt ist:
   Dann gilt gleichzeitig $\omega \ll \omega_c$. Unter Berücksichtigung von

$$\frac{\omega_p^2\epsilon_0\tau}{(\omega_c\tau)^2} = \frac{\sigma_0}{(\omega_c\tau)^2} \quad \text{und} \quad \frac{\omega_p^2\epsilon_0\tau}{\omega_c\tau} = \frac{|e|\,n}{B} \text{ ist in diesem Falle}$$

$$\boldsymbol{\sigma} = \begin{pmatrix} \dfrac{\sigma_0}{(\omega_c\tau)^2} & -\dfrac{|e|\,n}{B} & 0 \\ \dfrac{|e|\,n}{B} & \dfrac{\sigma_0}{(\omega_c\tau)^2} & 0 \\ 0 & 0 & \sigma_0 \end{pmatrix}. \tag{10.32}$$

Während σ_{zz} erwartungsgemäß magnetfeldunabhängig ist, sind die Komponenten σ_{xx} und σ_{yy} proportional zu B^{-2}. Die Komponenten σ_{xy} und σ_{yx} (Hall-Leitfähigkeit) sind proportional zu B^{-1}.

3. Die Frequenz, mit der sich das elektrische Feld ändert, genüge der Bedingung $\omega\tau \gg 1$:
   Dieser Fall liegt offenbar bei hohen Frequenzen vor und wird durch tiefe Temperaturen begünstigt. Der Tensor (10.30) geht über in

$$\boldsymbol{\sigma} = \omega_p^2\epsilon_0 \begin{pmatrix} \dfrac{i\omega}{\omega_c^2 - \omega^2} & -\dfrac{\omega_c}{\omega_c^2 - \omega^2} & 0 \\ \dfrac{\omega_c}{\omega_c^2 - \omega^2} & \dfrac{i\omega}{\omega_c^2 - \omega^2} & 0 \\ 0 & 0 & \dfrac{1}{i\omega} \end{pmatrix}, \tag{10.33}$$

$$\omega_p^2\epsilon_0 = \frac{\sigma_0}{\tau}.$$

Die Diagonalelemente sind rein imaginär; die Nichtdiagonalelemente reell. Mit Ausnahme von σ_{zz} werden alle von Null verschiedenen Tensorkomponenten für $\omega = \omega_c$ singulär.

10.2.2. Anisotropes Festkörperplasma im Magnetfeld

In diesem Abschnitt betrachten wir ein Elektronenplasma, das bereits im magnetfeldfreien Fall anisotrop ist. Das bedeutet, für die Elektronen liegt keine isotrope quadratische Dispersion vor. Wir müssen dementsprechend jetzt eine tensorielle effektive Masse zugrunde legen. Die Streuung der Ladungsträger sei jedoch nach wie vor isotrop.

In der Anisotropie des Plasmas spiegeln sich die charakteristischen Eigenschaften des Festkörpers wider. Uns interessiert auch hier die elektrische Leitfähigkeit unter der Wirkung eines äußeren Magnetfeldes. Am einfachsten läßt sich das Problem lösen, wenn sich der Tensor der reziproken effektiven Masse in Hauptachsenform darstellen läßt (z. B. im Falle ellipsoidaler Isoenergieflächen):

$$\mathbf{m}^{-1} = \begin{pmatrix} \frac{1}{m_{xx}} & 0 & 0 \\ 0 & \frac{1}{m_{yy}} & 0 \\ 0 & 0 & \frac{1}{m_{zz}} \end{pmatrix}. \tag{10.34}$$

Die Bewegungsgleichungen lauten dann (analog zu (10.27)):

$$\left.\begin{aligned} \left(i\omega + \frac{1}{\tau}\right) v_x &= -\frac{|e|}{m_{xx}} (E_x + v_y B) \,, \\ \left(i\omega + \frac{1}{\tau}\right) v_y &= -\frac{|e|}{m_{yy}} (E_y - v_x B) \,; \\ \left(i\omega + \frac{1}{\tau}\right) v_z &= -\frac{|e|}{m_{zz}} E_z . \end{aligned}\right\} \tag{10.35}$$

Hieraus ergeben sich unter Berücksichtigung von $\boldsymbol{j} = -|e|\, n\boldsymbol{v}$ in derselben Weise wie im vorangegangenen Abschnitt die Komponenten des Leitfähigkeitstensors

$$\boldsymbol{\sigma} = \begin{pmatrix} \frac{e^2 n\tau}{m_{xx}} \frac{1 + i\omega\tau}{(1 + i\omega\tau)^2 \frac{(eB\tau)^2}{m_{xx} m_{yy}}} & \frac{e^2 n\tau}{m_{xx} m_{yy}} \frac{eB\tau}{(1 + i\omega\tau)^2 \frac{(eB\tau)^2}{m_{xx} m_{yy}}} & 0 \\ -\frac{e^2 n\tau}{m_{xx} m_{yy}} \frac{eB\tau}{(1 + i\omega\tau)^2 \frac{(eB\tau)^2}{m_{xx} m_{yy}}} & \frac{e^2 n\tau}{m_{yy}} \frac{1 + i\omega\tau}{(1 + i\omega\tau)^2 \frac{(eB\tau)^2}{m_{xx} m_{yy}}} & 0 \\ 0 & 0 & \frac{e^2 n\tau}{m_{zz}} \frac{1}{1 + i\omega\tau} \end{pmatrix}. \tag{10.36}$$

Gegenüber (10.30) ist hier $\sigma_{xx} \neq \sigma_{yy}$; es gilt jedoch weiterhin $\sigma_{yx} = -\sigma_{xy}$.

Läßt sich der Tensor der reziproken effektiven Massen nicht in Hauptachsenform darstellen, so muß man von der allgemeinen Form der Bewegungsgleichung

$$\frac{d\boldsymbol{v}}{dt} + \frac{\boldsymbol{v}}{\tau} = -|e|\, \mathbf{m}^{-1}(\boldsymbol{E} + \boldsymbol{v} \times \boldsymbol{B}) \tag{10.37}$$

ausgehen und erhält

$$\boldsymbol{\sigma} = \frac{e^2 n\tau}{1 + i\omega\tau} (\mathbf{m} + \mathfrak{b})^{-1} \tag{10.38}$$

mit

$$\mathfrak{b} = \frac{|e|\, B}{1 + i\omega\tau}\, \mathbf{e} \,,$$

wobei $\mathfrak{e}$ der Einheitstensor ist. Sind mehrere Ladungsträgersorten vorhanden, so sind die jeweiligen Beiträge zur elektrischen Leitfähigkeit¹) zu summieren:

$$\boldsymbol{\sigma} = \sum_j \frac{e^2 n_j \tau_j}{1 + i\omega\tau_j} (\mathfrak{m}_j + \mathfrak{b})^{-1} . \tag{10.39}$$

10.3. Ausbreitung elektromagnetischer Wellen im Festkörperplasma

Mit der Ausbreitung elektromagnetischer Wellen in Festkörpern haben wir uns sehr ausführlich in Kapitel 8 beschäftigt. Wir haben dort festgestellt, daß sich nur solche elektromagnetischen Wellen nahezu ungedämpft im Festkörper ausbreiten können, deren Kreisfrequenzen ω größer als die Plasmafrequenz ω_p sind. Diese Tatsache konnte R. Wood [120] 1933 experimentell bestätigen. Er hat nachgewiesen, daß die Alkalimetalle für ultraviolette Strahlung durchlässig sind. Mit derartigen Wellen wollen wir uns im weiteren jedoch nicht befassen.

Elektromagnetische Wellen mit $\omega < \omega_p$ werden im Festkörper stark gedämpft; sie können nur innerhalb der Skinschicht in das Material eindringen. Diese Situation ändert sich grundlegend, wenn auf den Festkörper ein hinreichend starkes Magnetfeld einwirkt. Infolge der Lorentz-Kraft werden die Ladungsträger senkrecht zur Magnetfeldrichtung abgelenkt und führen, sofern ihre mittlere freie Weglänge groß genug ist, in der zur Magnetfeldrichtung senkrechten Ebene periodische Bewegungen mit der Zyklotronfrequenz ω_c aus. Diese Bewegung der Ladungsträger um die Magnetfeldrichtung bildet die physikalische Grundlage dafür, daß sich auch Wellen mit Kreisfrequenzen $\omega < \omega_p$ im Festkörper schwach gedämpft fortpflanzen können. Sie können sich aber nur dann ausbreiten, wenn die Magnetfelder genügend stark und die Relaxationszeiten ausreichend groß sind, wenn also

$$\omega_c \tau \gg 1 \tag{10.40}$$

ist. Man kann (10.40) als notwendige Bedingung für eine Wellenausbreitung auffassen. Im allgemeinen müssen, wie wir später sehen werden, jedoch zusätzlich noch andere Bedingungen erfüllt sein.

Der Charakter der Wellen, die sich im Festkörperplasma unter der Wirkung eines äußeren Magnetfeldes ausbreiten können, hängt von der Orientierung der Ausbreitungsrichtung der Wellen bezüglich der Magnetfeldrichtung ab. Man kann die Wellen zunächst in zwei Gruppen einteilen. Die Wellen der einen Gruppe breiten sich senkrecht zur Magnetfeldrichtung aus (Voigt-Konfiguration: $\boldsymbol{q} \perp \boldsymbol{B}$) und die der anderen parallel zu $\boldsymbol{B}$ (Faraday-Konfiguration: $\boldsymbol{q} \parallel \boldsymbol{B}$). Für beide Fälle geben wir die Dispersionsbeziehungen an. Dazu müssen wir uns zuvor jedoch mit dem Dielektrizitätstensor befassen, denn die elektrischen Eigenschaften des Festkörpers beeinflussen wesentlich die Wellenausbreitung.

Aus der Vielzahl der im Festkörperplasma ausbreitungsfähigen Wellen wählen wir jeweils nur einen typischen Vertreter für $\boldsymbol{q} \parallel \boldsymbol{B}$ (Helikonwellen) und für $\boldsymbol{q} \perp \boldsymbol{B}$ (Alfvénsche Wellen) aus und betrachten diesen eingehender.

¹) Von B. Lax, K. J. Button, H. J. Zeiger, L. M. Roth [90] wird der Leitfähigkeitstensor für Wismut (ellipsoidale Fermi-Flächen) berechnet; für die Maxima des Leitungsbandes in PbTe von H. Numata, Y. Uemura [104].

Abschließend gehen wir auf die Dämpfung der Wellen ein und erläutern dabei insbesondere die Landau- und die Zyklotrondämpfung.

10.3.1. Der Dielektrizitätstensor

Wir treffen folgende Voraussetzungen für den Festkörper:

- Er sei weder ferromagnetisch noch ferroelektrisch. Insbesondere ist dann $\mu_r \approx 1$, so daß wir im weiteren stets $\mu = \mu_0$ setzen können.
- Zwischen der dielektrischen Verschiebung $\boldsymbol{D}$ und der elektrischen Feldstärke $\boldsymbol{E}$ möge der Zusammenhang $\boldsymbol{D} = \epsilon \boldsymbol{E}$ ($\epsilon = \epsilon_0 \epsilon_r$) bestehen; ϵ und ϵ_r seien also skalare Größen.
- Das Ohmsche Gesetz soll in seiner lokalen Form $\boldsymbol{j} = \boldsymbol{\sigma E}$ für das Festkörperplasma anwendbar sein.

Den Ausgangspunkt für die weiteren Betrachtungen bilden die Maxwell-Gleichungen (8.1). Die ersten beiden dieser Gleichungen lassen sich unter Berücksichtigung der Materialgleichungen (8.2) und unserer Voraussetzungen folgendermaßen schreiben:

$$\operatorname{rot} \boldsymbol{E} = \nabla \times \boldsymbol{E} = -\mu_0 \frac{\partial \boldsymbol{H}}{\partial t}, \qquad \operatorname{rot} \boldsymbol{H} = \nabla \times \boldsymbol{H} = \boldsymbol{\sigma E} + \epsilon \frac{\partial \boldsymbol{E}}{\partial t}. \tag{10.41}$$

Hierbei sind $\boldsymbol{\sigma E}$ die Leitungsstromdichte und $\epsilon \frac{\partial \boldsymbol{E}}{\partial t}$ die Verschiebungsstromdichte[1]).

Genauso wie in Kapitel 8 legen wir auch hier für $\boldsymbol{E}$ und $\boldsymbol{H}$ die Fourier-Komponenten einer elektromagnetischen Welle zugrunde, setzen also dementsprechend monochromatische ebene Wellen voraus:

$$\boldsymbol{E} = \boldsymbol{E}_0 \, \mathrm{e}^{i(\omega t - \boldsymbol{q}\cdot\boldsymbol{r})}, \qquad \boldsymbol{H} = \boldsymbol{H}_0 \, \mathrm{e}^{i(\omega t - \boldsymbol{q}\cdot\boldsymbol{r})}. \tag{10.42}$$

$\boldsymbol{E}_0$ und $\boldsymbol{H}_0$ sind die entsprechenden Amplituden der elektrischen und der magnetischen Komponente der Welle; $\boldsymbol{r}$ ist ein Ortsvektor.

Unter Berücksichtigung von (10.42) erhält man aus (10.41)

$$\left.\begin{aligned} \nabla \times (\nabla \times \boldsymbol{E}) &= -\mu_0 \boldsymbol{\sigma} \frac{\partial \boldsymbol{E}}{\partial t} - \mu_0 \epsilon \frac{\partial^2 \boldsymbol{E}}{\partial t^2} \\ &= -i\omega\mu_0 \boldsymbol{\sigma} \boldsymbol{E} + \omega^2 \mu_0 \epsilon \boldsymbol{E} \\ &= \omega^2 \mu_0 \tilde{\boldsymbol{\epsilon}} \boldsymbol{E} \end{aligned}\right\} \tag{10.43}$$

mit

$$\left.\begin{aligned} \tilde{\boldsymbol{\epsilon}} = \epsilon\, \mathbf{e} - i\frac{\boldsymbol{\sigma}}{\omega} &= \epsilon_0 \left(\epsilon_r\, \mathbf{e} - i\frac{\boldsymbol{\sigma}}{\epsilon_0 \omega}\right) \\ &\equiv \epsilon_0 \tilde{\boldsymbol{\epsilon}}_r \end{aligned}\right\} \tag{10.44}$$

($\mathbf{e}$: Einheitstensor).

Man kann daher mit $\mu_0 \epsilon_0 = \frac{1}{c^2}$ (s. (8.18)) anstelle von (10.43) schreiben:

$$\nabla \times (\nabla \times \boldsymbol{E}) = \frac{\omega^2}{c^2} \tilde{\boldsymbol{\epsilon}}_r \boldsymbol{E}. \tag{10.45}$$

[1]) Im kalten Plasma hoher Dichte, wie es in Metallen, Halbmetallen und entarteten Halbleitern vorliegt, ist der Verschiebungsstrom gegenüber dem Leitungsstrom vernachlässigbar gering.

Hierbei ist

$$\tilde{\boldsymbol{\epsilon}}_r = \epsilon_r \mathbf{e} - i\frac{\boldsymbol{\sigma}}{\epsilon_0\omega} = \begin{pmatrix} \epsilon_{xx} & \epsilon_{xy} & \epsilon_{xz} \\ \epsilon_{yx} & \epsilon_{yy} & \epsilon_{yz} \\ \epsilon_{zx} & \epsilon_{zy} & \epsilon_{zz} \end{pmatrix}$$

$$= \begin{pmatrix} \epsilon_r - i\frac{\sigma_{xx}}{\epsilon_0\omega} & -i\frac{\sigma_{xy}}{\epsilon_0\omega} & -i\frac{\sigma_{xz}}{\epsilon_0\omega} \\ -i\frac{\sigma_{yx}}{\epsilon_0\omega} & \epsilon_r - i\frac{\sigma_{yy}}{\epsilon_0\omega} & -i\frac{\sigma_{yz}}{\epsilon_0\omega} \\ -i\frac{\sigma_{zx}}{\epsilon_0\omega} & -i\frac{\sigma_{yz}}{\epsilon_0\omega} & \epsilon_r - i\frac{\sigma_{zz}}{\epsilon_0\omega} \end{pmatrix} \tag{10.46}$$

der *Tensor der komplexen relativen Dielektrizitätsfunktion,* der im allgemeinen kurz *Dielektrizitätstensor* genannt wird.[1]) Wir geben ihn für einige Spezialfälle explizit an:

1. Im Falle eines anisotropen Festkörperplasmas, bei dem sich jedoch der Tenor der reziproken effektiven Masse in Hauptachsenform (s. (10.34)) darstellen läßt, hat (10.46) die Gestalt

$$\tilde{\boldsymbol{\epsilon}} = \begin{pmatrix} \epsilon_r - i\frac{\sigma_{xx}}{\epsilon_0\omega} & -i\frac{\sigma_{xy}}{\epsilon_0\omega} & 0 \\ -i\frac{\sigma_{yx}}{\epsilon_0\omega} & \epsilon_r - i\frac{\sigma_{yy}}{\epsilon_0\omega} & 0 \\ 0 & 0 & \epsilon_r - i\frac{\sigma_{zz}}{\epsilon_0\omega} \end{pmatrix}, \tag{10.47}$$

   wobei die Leitfähigkeitskomponenten gemäß (10.36) einzusetzen sind.

2. Bei einem isotropen Plasma hat $\boldsymbol{\sigma}$ die spezielle Form (10.30). Damit hat $\tilde{\boldsymbol{\epsilon}}_r$ prinzipiell die gleiche Gestalt wie (10.47), aber es gilt hierbei $\epsilon_{yy} = \epsilon_{xx}$ wegen $\sigma_{yy} = \sigma_{xx}$.

3. Ist

$$\epsilon_r \ll \frac{|\sigma_{ll}|}{\omega\epsilon_0} \quad (l = x, y, z), \tag{10.48}$$

   wie es beispielsweise für Wellen mit Kreisfrequenzen $\omega \ll \frac{|(\sigma_{ll})_{\min}|}{\epsilon_r\epsilon_0}$ der Fall ist, so nimmt (10.46) die Gestalt

$$\tilde{\boldsymbol{\epsilon}}_r = -\frac{i}{\epsilon_0\omega}\begin{pmatrix} \sigma_{xx} & \sigma_{xy} & 0 \\ \sigma_{yx} & \sigma_{yy} & 0 \\ 0 & 0 & \sigma_{zz} \end{pmatrix} = -i\frac{\boldsymbol{\sigma}}{\epsilon_0\omega} \tag{10.49}$$

   an, wobei bei einem isotropen Plasma (10.30) und bei einem anisotropen (10.36) beziehungsweise (10.38) für $\boldsymbol{\sigma}$ einzusetzen sind. Wesentlich ist, daß sich hier der Dielektrizitätstensor vom Leitfähigkeitstensor nur durch den Faktor $-\frac{i}{\epsilon_0\omega}$ unterscheidet.

[1]) Wir sprechen im weiteren stets vom Dielektrizitätstensor, wenn wir den durch (10.46) gegebenen Tensor meinen.

4. Für elektromagnetische Wellen, deren Frequenzen der Bedingung $\omega\tau \gg 1$ genügen, wird im isotropen Plasma aus (10.46) unter Verwendung von (10.33), solange (10.48) erfüllt bleibt:

$$\tilde{\boldsymbol{\epsilon}}_\mathrm{r} = \begin{pmatrix} \dfrac{\omega_\mathrm{p}^2}{\omega_\mathrm{c}^2 - \omega^2} & -i\dfrac{\omega_\mathrm{c}}{\omega}\dfrac{\omega_\mathrm{p}^2}{\omega_\mathrm{c}^2 - \omega^2} & 0 \\ i\dfrac{\omega_\mathrm{c}}{\omega}\dfrac{\omega_\mathrm{p}^2}{\omega_\mathrm{c}^2 - \omega^2} & \dfrac{\omega_\mathrm{p}^2}{\omega_\mathrm{c}^2 - \omega^2} & 0 \\ 0 & 0 & -\dfrac{\omega_\mathrm{p}^2}{\omega^2} \end{pmatrix}. \tag{10.50}$$

10.3.2. Dispersionsbeziehungen

Das Ziel der folgenden Ausführungen besteht darin, die Dispersionsbeziehungen einiger prinzipiell möglicher Wellentypen im Festkörperplasma anzugeben. Dazu leiten wir zunächst, ausgehend von den Maxwell-Gleichungen, eine Gleichung her, die die grundlegende Beziehung zwischen dem Ausbreitungsvektor $\boldsymbol{q}$ und der elektrischen Feldstärke $\boldsymbol{E}$ der Welle sowie dem Dielektrizitätstensor $\boldsymbol{\epsilon}$ vermittelt.

Gemäß der Vektoranalysis ist $\nabla \times (\nabla \times \boldsymbol{E}) = \nabla(\nabla \cdot \boldsymbol{E}) - \Delta \boldsymbol{E}$. Setzt man $\boldsymbol{E} = \boldsymbol{E}_0\, \mathrm{e}^{i(\omega t - \boldsymbol{q}\cdot\boldsymbol{r})}$ an, so ist dieser Beziehung die folgende äquivalent:

$$i\boldsymbol{q} \times (i\boldsymbol{q} \times \boldsymbol{E}) = -\,\boldsymbol{q}(\boldsymbol{q}\cdot\boldsymbol{E}) + \boldsymbol{q}^2\boldsymbol{E}\,. \tag{10.51}$$

Mit (10.45) ergibt sich

$$\frac{\omega^2}{c^2}\,\tilde{\boldsymbol{\epsilon}}_\mathrm{r}\boldsymbol{E} = -\boldsymbol{q}(\boldsymbol{q}\cdot\boldsymbol{E}) + \boldsymbol{q}^2\boldsymbol{E}\,, \tag{10.52}$$

so daß wir schließlich als Grundgleichung für alle weiteren Betrachtungen

$$\frac{c^2}{\omega^2}\,[\boldsymbol{q}^2\boldsymbol{E} - \boldsymbol{q}(\boldsymbol{q}\cdot\boldsymbol{E})] - \tilde{\boldsymbol{\epsilon}}_\mathrm{r}\boldsymbol{E} = \boldsymbol{0} \tag{10.53}$$

formulieren können.

Für die Behandlung der hieraus folgenden grundsätzlichen Wellentypen wollen wir ganz allgemein voraussetzen:

- Das für die Wellenausbreitung im Festkörperplasma erforderliche äußere homogene Magnetfeld sei so stark, daß $\omega\tau_\mathrm{c} \gg 1$ erfüllt ist. Es sei der z-Achse eines cartesischen Koordinatensystems parallel gerichtet; also $\boldsymbol{B} = (0, 0, B)$.
- Der Ausbreitungsvektor $\boldsymbol{q}$ der jeweils betrachteten Welle liege ohne Beschränkung der Allgemeinheit in der (z,x)-Ebene (vgl. Abb. 10.1). Der Winkel zwischen $\boldsymbol{B}$ und $\boldsymbol{q}$ sei Θ. Speziell für die Voigt-Konfiguration ($\boldsymbol{q} \perp \boldsymbol{B}$) ist $\Theta = 90°$; entsprechend ist für die Faraday-Konfiguration ($\boldsymbol{q} \parallel \boldsymbol{B}$) $\Theta = 0°$.

Wir betrachten nun die Wellen im einzelnen:

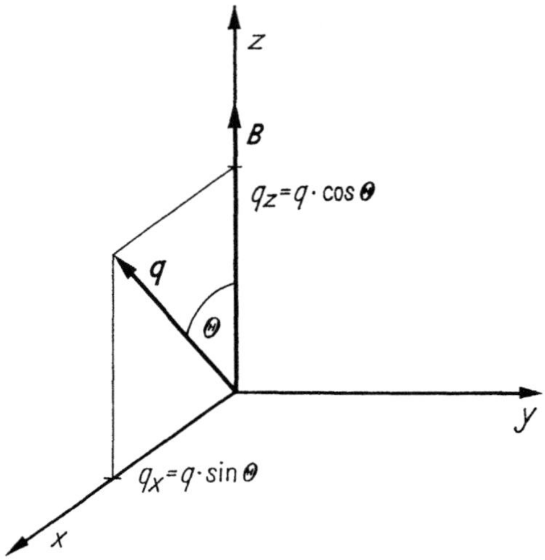

Abb. 10.1.
Zur Orientierung des äußeren homogenen Magnetfeldes und des Wellenvektors
Voigt-Konfiguration:
$\Theta = 90°$ ($\boldsymbol{q} \perp \boldsymbol{B}$)
Faraday-Konfiguration:
$\Theta = 0°$ ($\boldsymbol{q} \parallel \boldsymbol{B}$)

1. Wellen, die sich senkrecht zum Magnetfeld ausbreiten

Es liegt die Voigt-Konfiguration vor: $\boldsymbol{B} = (0, 0, B)$; $\boldsymbol{q} = (q_x, 0, 0)$. Mit dem hier vorgegebenen Wellenvektor $\boldsymbol{q}$ nimmt (10.52) die Form

$$\frac{c^2}{\omega^2}\left[q_x^2\begin{pmatrix}E_x\\E_y\\E_z\end{pmatrix} - \begin{pmatrix}q_x\\0\\0\end{pmatrix} q_x E_x\right] - \begin{pmatrix}\epsilon_{xx} & \epsilon_{xy} & 0\\ \epsilon_{yx} & \epsilon_{yy} & 0\\ 0 & 0 & \epsilon_{zz}\end{pmatrix}\begin{pmatrix}E_x\\E_y\\E_z\end{pmatrix} = \begin{pmatrix}0\\0\\0\end{pmatrix} \tag{10.54}$$

an. Hieraus erhält man folgendes Gleichungssystem für die Koordinaten der elektrischen Feldstärke (wir beachten dabei $q_x^2 = q^2$):

$$\left.\begin{aligned} \epsilon_{xx}E_x + \epsilon_{xy} E_y &= 0\,, \\ \epsilon_{yx}E_x + \left(\epsilon_{yy} - \frac{c^2}{\omega^2}\,q^2\right)E_y &= 0\,, \\ \left(\epsilon_{zz} - \frac{c^2}{\omega^2}\,q^2\right) E_z &= 0\,. \end{aligned}\right\} \tag{10.55}$$

Eine Welle kann nur dann existieren, wenn dieses Gleichungssystem eine nichttriviale Lösung besitzt. Eine solche Lösung hat es immer dann, wenn die Koeffizientendeterminante

$$\begin{vmatrix} \epsilon_{xx} & \epsilon_{xy} & 0 \\ \epsilon_{yx} & \epsilon_{yy} - \dfrac{c^2}{\omega^2} q^2 & 0 \\ 0 & 0 & \epsilon_{zz} - \dfrac{c^2}{\omega^2} q^2 \end{vmatrix} = 0 \tag{10.56}$$

ist, wenn also q der Gleichung

$$\left[\epsilon_{xx}\left(\epsilon_{yy} - \frac{c^2}{\omega^2}\,q^2\right) - \epsilon_{xy}\epsilon_{yx}\right]\left(\epsilon_{zz} - \frac{c^2}{\omega^2}\,q^2\right) = 0 \tag{10.57}$$

genügt. Lösungen von (10.57) sind

$$q_1^2 = \frac{\omega^2}{c^2} \epsilon_{zz}, \tag{10.58}$$

$$q_2^2 = \frac{\omega^2}{c^2} \left(\epsilon_{yy} - \frac{\epsilon_{xy}\epsilon_{yx}}{\epsilon_{xx}} \right). \tag{10.59}$$

Das Gleichungssystem (10.55) wird für $q^2 = q_1^2$ nur dann befriedigt, wenn das elektrische Feld der Welle dem äußeren magnetischen parallel gerichtet ist: $\boldsymbol{E} = (0, 0, E_z)$. Man bezeichnet Wellen, bei denen der Vektor der elektrischen Feldstärke $\boldsymbol{E}$ dem äußeren Magnetfeld $\boldsymbol{B}$ parallel gerichtet ist, als *ordentliche Wellen*. (10.58) stellt somit die Dispersionsbeziehung für eine ordentliche Welle dar, die sich senkrecht zum äußeren Magnetfeld $\boldsymbol{B}$ ausbreitet. Da ϵ_{zz} nicht von B abhängt, breiten sich derartige Wellen unabhängig vom Betrag des äußeren Magnetfeldes aus. Sie besitzen keine Komponente des elektrischen Feldes in Ausbreitungsrichtung ($E_x = 0$). Da nur $E_z \neq 0$ ist, sind sie linear polarisiert.

Für $q^2 = q_2^2$ wird das Gleichungssystem (10.55) nur dann befriedigt, wenn das elektrische Feld der Welle keine Komponente in Magnetfeldrichtung besitzt: $\boldsymbol{E} = (E_x, E_y, 0)$. Solche Wellen, für die $\boldsymbol{E} \perp \boldsymbol{B}$ gilt, nennt man *außerordentliche Wellen*. Daher ist (10.59) die Dispersionsbeziehung für eine sich senkrecht zum äußeren Magnetfeld ausbreitende außerordentliche Welle.

Außerordentliche Wellen besitzen eine Komponente des elektrischen Feldes in Ausbreitungsrichtung ($E_x \neq 0$); sie sind also keine Transversalwellen. Überdies müssen sie nicht linear polarisiert, sondern können durchaus auch zirkular oder gar elliptisch polarisiert sein. Ihre Ausbreitung ist vom Betrag des äußeren Magnetfeldes abhängig.

Für ein isotropes Plasma ($\epsilon_{yy} = \epsilon_{xx}$, $\epsilon_{yx} = -\epsilon_{xy}$) vereinfacht sich die Dispersionsbeziehung (10.59) für eine außerordentliche Welle zu

$$q_2^2 = \frac{\omega^2}{c^2} \left(\epsilon_{xx} + \frac{\epsilon_{xy}^2}{\epsilon_{xx}} \right). \tag{10.60}$$

Zusammenfassend können wir feststellen, daß man bezüglich der Wellen, die sich senkrecht zum Magnetfeld im Festkörperplasma ausbreiten können, zwei Wellentypen, ordentliche und außerordentliche Wellen, unterscheiden muß. Ob sich die Wellen im Einzelfall auch wirklich ausbreiten, hängt von den spezifischen Eigenschaften des jeweiligen Festkörperplasmas ab.

2. Wellen, die sich parallel zum Magnetfeld ausbreiten

Es liegt die Faraday-Konfiguration vor: $\boldsymbol{B} = (0, 0, B)$; $\boldsymbol{q} = (0, 0, q_z)$. In diesem Fall hat (10.53) die spezielle Form

$$\frac{c^2}{\omega^2} \left[q_z^2 \begin{pmatrix} E_x \\ E_y \\ E_z \end{pmatrix} - \begin{pmatrix} 0 \\ 0 \\ q_z \end{pmatrix} q_z E_z \right] - \begin{pmatrix} \epsilon_{xx} & \epsilon_{xy} & 0 \\ \epsilon_{yx} & \epsilon_{yy} & 0 \\ 0 & 0 & \epsilon_{zz} \end{pmatrix} \begin{pmatrix} E_x \\ E_y \\ E_z \end{pmatrix} = \begin{pmatrix} 0 \\ 0 \\ 0 \end{pmatrix}, \tag{10.61}$$

und als Koordinatengleichungen für die elektrische Feldstärke ergeben sich (unter Beachtung von $q_z^2 = q^2$):

$$\left.\begin{aligned} \left(\epsilon_{xx} - \frac{c^2}{\omega^2} q^2\right) E_x + \epsilon_{xy} E_y &= 0\,, \\ \epsilon_{yx} E_x + \left(\epsilon_{yy} - \frac{c^2}{\omega^2} q^2\right) E_y &= 0\,, \\ \epsilon_{zz} E_z &= 0\,. \end{aligned}\right\} \tag{10.62}$$

Nichttriviale Lösungen hat dieses Gleichungssystem nur dann, wenn

$$\begin{vmatrix} \epsilon_{xx} - \frac{c^2}{\omega^2} q^2 & \epsilon_{xy} & 0 \\ \epsilon_{yx} & \epsilon_{yy} - \frac{c^2}{\omega^2} q^2 & 0 \\ 0 & 0 & \epsilon_{zz} \end{vmatrix} = 0 \tag{10.63}$$

ist, wenn also

$$\left(\epsilon_{xx} - \frac{c^2}{\omega^2} q^2\right)\left(\epsilon_{yy} - \frac{c^2}{\omega^2} q^2\right) \epsilon_{zz} - \epsilon_{xy}\epsilon_{yx}\epsilon_{zz} = 0 \tag{10.64}$$

gilt. Hieraus folgt die Dispersionsbeziehung für eine sich in Magnetfeldrichtung ausbreitende Welle

$$q^2 = \frac{\omega^2}{c^2}\left\{\frac{\epsilon_{xx} + \epsilon_{yy}}{2} \pm \sqrt{\left(\frac{\epsilon_{xx} - \epsilon_{yy}}{2}\right)^2 + \epsilon_{xy}\epsilon_{yx}}\right\}. \tag{10.65}$$

Dieser Ausdruck für q^2 befriedigt das Gleichungssystem (10.62) nur dann, wenn die Welle keine Komponente der elektrischen Feldstärke in Richtung des äußeren Magnetfeldes hat: $\boldsymbol{E} = (E_x, E_y, 0)$.

Eine Welle, für die die Dispersionsbeziehung (10.65) gilt, ist wegen $\boldsymbol{E} \perp \boldsymbol{B}$ eine außerordentliche Welle. Charakteristisch ist, daß diese Welle keine Komponente des elektrischen Feldes in Ausbreitungsrichtung besitzt. Sie kann linear, zirkular oder elliptisch polarisiert sein.

Da das Gleichungssystem (10.62) für keine anderen (als die durch (10.65) angegebenen) q-Werte nichttriviale Lösungen hat, existiert keine ordentliche Welle ($\boldsymbol{E} \parallel \boldsymbol{B}$), die sich in Magnetfeldrichtung ausbreitet.

In Tabelle 10.1 sind die charakteristischen Merkmale der hier behandelten Wellen zusammengefaßt. Für beide Konfigurationen sind die möglichen Wellentypen einschließlich der für sie geltenden Dispersionsbeziehungen angegeben. Außerdem ist die Lage der elektrischen Komponente der Wellen zu erkennen.

Ohne die Rechnungen auszuführen, wollen wir hier nur angeben, daß sich im Falle $0 < \Theta < \pi/2$ ($\Theta = \sphericalangle(\boldsymbol{B}, \boldsymbol{q})$; s. Abb. 10.1) stets ordentliche und außerordentliche Wellen ergeben. Allerdings sind nicht immer alle gleichermaßen ausbreitungsfähig.

Wir müssen uns überhaupt darüber im klaren sein, daß eine Ausbreitung aller aus (10.53) folgenden Wellen nur prinzipiell möglich ist. Welche der Wellen sich wirklich ausbreiten können, hängt vom konkret vorliegenden Festkörperplasma ab.

Die unterschiedlichen speziellen Wellentypen, die sich in Metallen, Halbmetallen beziehungsweise Halbleitern (schwach gedämpft) ausbreiten können, erhält man, wenn

Tabelle 10.1
Überblick über die Grundtypen der Wellen im Magnetoplasma

Konfiguration	Wellentyp	Dispersionsbeziehung	Orientierung des elektrischen Feldes der Welle
$\boldsymbol{q} \perp \boldsymbol{B}$ (Voigt)	ordentliche Welle	$q^2 = \frac{\omega^2}{c^2} \epsilon_{zz}$	$\boldsymbol{E} \parallel \boldsymbol{B}$ ($E_{\boldsymbol{q}} = 0$; $E_{\boldsymbol{B}} \neq 0$)*)
	außerordentliche Welle	$q^2 = \frac{\omega^2}{c^2}\left(\epsilon_{yy} - \frac{\epsilon_{xy}\epsilon_{yx}}{\epsilon_{xx}}\right)$	$\boldsymbol{E} \perp \boldsymbol{B}$ ($E_{\boldsymbol{q}} \neq 0$; $E_{\boldsymbol{B}} = 0$)*)
$\boldsymbol{q} \parallel \boldsymbol{B}$	ordentliche Welle	existiert nicht	
(Faraday)	außerordentliche Welle	$q^2 = \frac{\omega^2}{c^2}\left[\frac{\epsilon_{xx} + \epsilon_{yy}}{2} \pm \sqrt{\left(\frac{\epsilon_{xx} - \epsilon_{yy}}{2}\right)^2 + \epsilon_{xy}\epsilon_{yx}}\right]$	$\boldsymbol{E} \perp \boldsymbol{B}$ ($E_{\boldsymbol{q}} = 0$; $E_{\boldsymbol{B}} = 0$)*)

*) $E_{\boldsymbol{q}}$ und $E_{\boldsymbol{B}}$ sind die Beträge der entsprechenden Feldstärkekomponenten in Ausbreitungsrichtung der Welle beziehungsweise in Richtung des äußeren Magnetfeldes.

man die ausgehend von den spezifischen Eigenschaften des jeweiligen Festkörperplasmas berechneten Komponenten des Dielektrizitätstensors in (10.58), (10.59) und (10.65) einsetzt. In die Tensorkomponenten gehen insbesondere auch die Frequenz der Welle und der Betrag des äußeren Magnetfeldes ein, so daß gerade auch sie für die Wellenausbreitung eine entscheidende Rolle spielen.

Insgesamt ergibt sich eine Vielfalt spezieller Wellentypen, die von E. A. Kaner und W. G. Skobow [84] sowie von J. Mertsching [99] eingehend behandelt worden sind. Wir beschränken uns hier auf die einfachsten Wellentypen.

Für $\boldsymbol{q} \parallel \boldsymbol{B}$ betrachten wir im nächsten Abschnitt die sogenannten Helikonwellen. Sie breiten sich (nicht nur für $\Theta = 0$, sondern auch für $0 < \Theta < \pi/2$) in einem einkomponentigen sowie in einem nichtkompensierten mehrkomponentigen Festkörperplasma schwach gedämpft aus, sofern das äußere Magnetfeld hinreichend stark ist. Als *relative Dämpfung* bezeichnen wir das Verhältnis $\left|\frac{\text{Im } q}{\text{Re } q}\right|$. Wie wir sehen werden, hängt dieses Verhältnis bei Helikonwellen nur von $\omega_c\tau$ ab.

Als Beispiel für Wellen, die sich senkrecht zum Magnetfeld ausbreiten ($\boldsymbol{q} \perp \boldsymbol{B}$), wählen wir die sogenannten Alfvénschen Wellen. Sie breiten sich nur in einem kompensierten Plasma ($n_n = n_p$) aus. Bei ihnen ist die relative Dämpfung um so geringer, je größer $\omega\tau$ ist. Deshalb muß man neben $\omega_c\tau \gg 1$ auch $\omega\tau \gg 1$ fordern. Gleichzeitig muß aber $\omega < \omega_c$ erfüllt bleiben (genaueres s. Abschnitt 10.3.4.).

Wir weisen an dieser Stelle noch auf einen weiteren wichtigen Wellentyp hin:

In Metallen und entarteten Halbleitern breiten sich senkrecht zum Magnetfeld ($\boldsymbol{q} \perp \boldsymbol{B}$) Wellen schwach gedämpft aus, die in engem Zusammenhang mit der Zyklotronresonanz stehen und daher als *Zyklotronwellen* bezeichnet werden.[1]) Sie sind auf

[1]) S. insbesondere den Anhang von W. G. Skobow in der russischen Übersetzung von [33].

die Frequenzbereiche $\omega \gtrless n\omega_c$ ($n = 1, 2, \ldots$) beschränkt, und sie werden wie die Alfvénschen Wellen um so stärker gedämpft, je geringer $\omega\tau$ ist. Für das Auftreten von Zyklotronwellen muß dementsprechend neben $\omega_c\tau \gg 1$ auch $\omega\tau \gg 1$ erfüllt sein.

10.3.3. Helikonwellen

Wir interessieren uns jetzt für die Dispersionsbeziehung sowie für die Eigenschaften solcher speziellen Wellen, die sich unter folgenden Voraussetzungen im Festkörperplasma ausbreiten:

(1) $\boldsymbol{q} \parallel \boldsymbol{B}$ (Die Wellen sollen sich in Magnetfeldrichtung ausbreiten.)

(2) $\omega_c\tau \gg 1$ (Die Zyklotronfrequenz ω_c soll groß gegenüber der Stoßfrequenz $1/\tau$ sein; nur dann ist eine Wellenausbreitung über die Skinschicht hinaus überhaupt möglich. Es möge jedoch $\omega_c \ll \omega_p$ gelten.)

(3) $\omega \ll \omega_c$ (Die Kreisfrequenz ω der Wellen sei klein gegenüber der Zyklotronfrequenz ω_c; wir wollen hier sogar $\omega\tau \ll 1$ fordern.)

(4) $n_n \neq n_p$ (Das Plasma sei unkompensiert.)

Der Einfachheit halber betrachten wir ein einkomponentiges isotropes Plasma; und zwar ohne Beschränkung der Allgemeinheit ein Elektronenplasma.

Wegen $\epsilon_{yy} = \epsilon_{xx}$ und $\epsilon_{yx} = -\epsilon_{xy}$ nimmt in diesem Fall die Dispersionsbeziehung (10.65) für die außerordentliche Welle ($\boldsymbol{E} \perp \boldsymbol{B}$) die Form

$$q^2 = \frac{\omega^2}{c^2}\{\epsilon_{xx} \pm i\epsilon_{xy}\} \tag{10.66}$$

an. Eine ordentliche Welle existiert für diese Konfiguration nicht.

Wir stellen zunächst die Frage, ob sich eine außerordentliche Welle in dem vorgegebenen Festkörperplasma ausbreiten kann. Zur Beantwortung dieser Frage berechnen wir die relative Dämpfung $\left|\frac{\mathrm{Im}\ q}{\mathrm{Re}\ q}\right|$.

Da wir uns voraussetzungsgemäß auf relativ geringe Frequenzen beschränken, ergeben sich die Tensorkomponenten ϵ_{xx} und ϵ_{xy} gemäß (10.49) zu

$$\epsilon_{xx} = -i\frac{\sigma_{xx}}{\epsilon_0\omega}; \qquad \epsilon_{xy} = -i\frac{\sigma_{xy}}{\epsilon_0\omega}. \tag{10.67}$$

Die Komponenten des Leitfähigkeitstensors kann man wegen (2) und (3) aus (10.32) übernehmen, so daß man

$$\epsilon_{xx} = -i\frac{\omega_p^2}{\omega\omega_c}\frac{1}{\omega_c\tau}; \qquad \epsilon_{xy} = -i\frac{\omega_p^2}{\omega\omega_c} \tag{10.68}$$

und damit

$$\epsilon_{xx} = \frac{\epsilon_{xy}}{\omega_c\tau}; \qquad |\epsilon_{xx}| \ll |\epsilon_{xy}| \tag{10.69}$$

erhält. Setzt man (10.68) in (10.66) ein und radiziert, so ergibt sich

$$q \sim \sqrt{\pm 1 - \frac{i}{\omega_c\tau}} \approx \left\{\begin{array}{ll} 1 - \dfrac{i}{2\omega_c\tau} & \text{für „+" und } \omega_c\tau \gg 1 \\ i - \dfrac{1}{2\omega_c\tau} & \text{für „−" und } \omega_c\tau \gg 1 \end{array}\right\}. \tag{10.70}$$

Damit beträgt die relative Dämpfung der Wellen

$$\left|\frac{\mathrm{Im}\; q}{\mathrm{Re}\; q}\right| = \frac{1}{2\,\omega_c\tau} \quad \text{für} \;\; „+“, \qquad \left|\frac{\mathrm{Im}\; q}{\mathrm{Re}\; q}\right| = 2\omega_c\tau \quad \text{für} \;„-“; \tag{10.71}$$

sie hängt also nur von der Relaxationszeit τ und der Stärke des Magnetfeldes ab. Entsprechend der Voraussetzung $\omega_c\tau \gg 1$ sind nur die Wellen im Plasma schwach gedämpft ausbreitungsfähig, für die in (10.66) das „+“ gilt. Für sie nimmt die Dämpfung mit zunehmendem $\omega_c\tau$ ab.

Nach diesen Bemerkungen können wir die Dispersionsbeziehung (10.66) für die ausbreitungsfähigen Wellen unter Berücksichtigung von (10.68) und (10.69) folgendermaßen formulieren:

$$q^2 = i\,\frac{\omega^2}{c^2}\,\epsilon_{xy} = \frac{\omega\omega_p^2}{c^2\omega_c}. \tag{10.72}$$

In der nach ω aufgelösten Form lautet diese Beziehung

$$\omega = \omega(q) = \frac{c^2\omega_c}{\omega_p^2}\,q^2\,. \tag{10.73}$$

Wellen, deren Dispersionsbeziehung durch (10.73) gegeben ist, nennt man *Helikonwellen.*

Mit der Berechnung der Dispersionsbeziehung für Helikonwellen haben O.W. Konstantinow und W. I. Perel [86] sowie P. Aigrain [47] 1960 theoretisch gezeigt, daß sich elektromagnetische Wellen mit $\omega < \omega_p$ im Festkörperplasma ausbreiten können. Experimentell haben R. Bowers u. a. [56] erstmals 1961 Helikonwellen im Festkörper nachgewiesen; und zwar als stehende Wellen in einer planparallelen

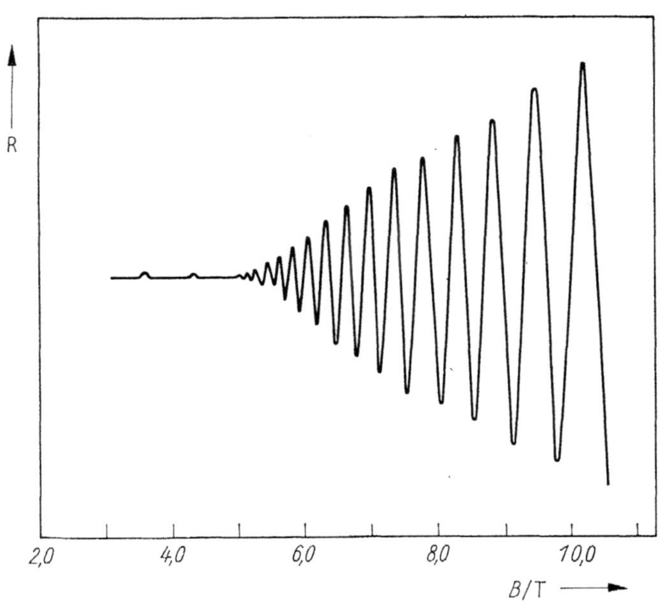

Abb. 10.2.
Spektrum stehender Helikonwellen in Natrium (nach C. C. Grimes, [80])

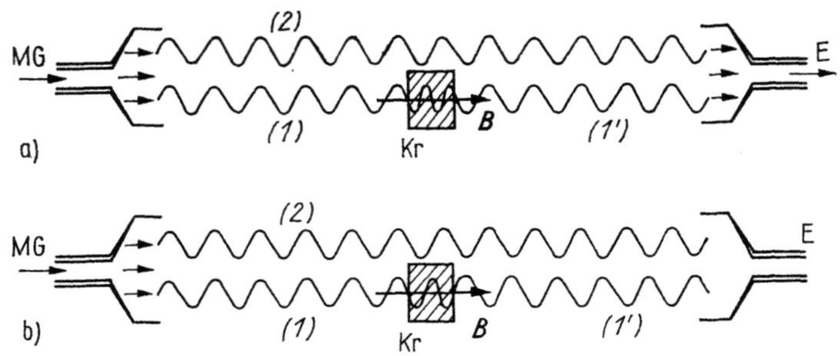

Abb. 10.3.
Zur Messung von Helikonwellen
Schematische Darstellung des Meßprinzips
Kr: Kristall; MG: Mikrowellengenerator; E: Empfänger
a) Maximales Signal
b) Minimales Signal

Natriumprobe. Abbildung 10.2 zeigt ein Helikonwellen-Spektrum. Man erkennt deutlich, daß die Amplitude der Wellen mit stärker werdendem Magnetfeld zunimmt (entsprechend der abnehmenden Dämpfung).

Das Zustandekommen der in Abbildung 10.2 angegebenen Meßkurve soll anhand der in Abbildung 10.3 gezeigten schematischen Darstellung erläutert werden.

Man erregt mit Hilfe geeigneter Mikrowellenstrahlung (1) der Frequenz $\nu = \omega/2\pi$ im Kristall Helikonwellen, die ihrerseits an der Rückseite des Kristalls im Außenraum wieder Mikrowellen (1′) der Frequenz ν anregen. Im Strahlungsempfänger (E) vergleicht man nun die Mikrowellenstrahlung (1′) mit der direkt vom Generator (MG) ausgehenden Strahlung (2) phasenmäßig.

Wegen $q = 2\pi/\lambda$ und (10.72) hängt die Wellenlänge der im Kristall angeregten Helikonwellen vom Betrag der magnetischen Induktion B ab,[1]) so daß sich im allgemeinen die Phasenlagen der Mikrowelle (1′) und der am Kristall „vorbeigeleiteten" Mikrowelle (2) unterscheiden werden; der Wert der Phasendifferenz ist von B abhängig. Variiert man den Betrag der magnetischen Induktion, so ändert sich das vom Empfänger abgegebene Signal entsprechend der jeweiligen Phasenlagen. Maximales Signal tritt immer dann auf, wenn beide Mikrowellen in Phase sind (→ Maxima in Abb. 10.2), während sich ein minimales Signal ergibt, wenn ihre Phasendifferenz gerade eine halbe Wellenlänge beträgt (→ Minima in Abb. 10.2). Der erstgenannte Fall ist in Abbildung 10.3a, der letztgenannte in Abbildung 10.3b dargestellt.

Helikonwellen breiten sich nicht nur parallel zum Magnetfeld ($\Theta = 0°$) aus, sondern auch unter einem Winkel Θ zur Magnetfeldrichtung. Anstelle von (1) sei daher ab jetzt vorausgesetzt: $\sphericalangle(\boldsymbol{B}, \boldsymbol{q}) = \Theta$ mit $0 < \Theta < \pi/2$. Dann hat q die Form (vgl. Abb. 10.1)

$$\boldsymbol{q} = (q_x, 0, q_z) = (q \sin\Theta, 0, q\cos\Theta) \,. \qquad (10.74)$$

Die Voraussetzungen (2) bis (4) seien weiterhin gültig.

In diesem Fall müssen wir die Dispersionsbeziehung aus der Grundgleichung (10.53) herleiten. (10.74) dort eingesetzt, ergibt die folgenden drei Koordinatengleichungen

[1]) S. auch (10.86).

für die elektrische Feldstärke der Welle:

$$\left.\begin{aligned} \left(\epsilon_{xx} - \frac{c^2}{\omega^2}\, q^2(1 - \sin^2\Theta)\right)E_x + \epsilon_{xy}E_y + \frac{c^2}{\omega^2} q^2 \sin\Theta \cos\Theta\, E_z = 0\,, \\ \epsilon_{yx}E_x + \left(\epsilon_{yy} - \frac{c^2}{\omega^2}\, q^2\right)E_y = 0\,, \\ \frac{c^2}{\omega^2} q^2 \sin\Theta \cos\Theta\, E_x + \left(\epsilon_{zz} - \frac{c^2}{\omega^2}\, q^2(1 - \cos^2\Theta)\right)E_z = 0\,. \end{aligned}\right\} \tag{10.75}$$

Wir wollen weiterhin ein isotropes Plasma betrachten, so daß $\epsilon_{yy} = \epsilon_{xx}$, $\epsilon_{yx} = -\epsilon_{xy}$ und (10.69) gelten. Vernachlässigen wir außerdem alle Glieder, die proportional zu $\sin\Theta \cos\Theta$ sind, so wird aus dem Gleichungssystem (10.75)

$$\left.\begin{aligned} -\frac{c^2}{\omega^2} q^2 \cos^2\Theta\, E_x + \epsilon_{xy}E_y = 0\,, \qquad -\epsilon_{xy}E_x - \frac{c^2}{\omega^2} q^2\, E_y = 0\,, \\ \left(\epsilon_{zz} - \frac{c^2}{\omega^2} q^2 \sin^2\Theta\right)E_z = 0\,. \end{aligned}\right\} \tag{10.76}$$

Eine Welle kann nur dann existieren, wenn dieses Gleichungssystem eine nichttriviale Lösung hat. Um diese zu finden, muß man

$$\begin{vmatrix} -\frac{c^2}{\omega^2} q^2 \cos^2\Theta & \epsilon_{xy} & 0 \\ -\epsilon_{xy} & -\frac{c^2}{\omega^2} q^2 & 0 \\ 0 & 0 & \epsilon_{zz} - \frac{c^2}{\omega^2} q^2 \sin^2\Theta \end{vmatrix} = 0 \tag{10.77}$$

berechnen. Die Lösungen von (10.77) sind

$$q_1^2 = \frac{\omega^2}{c^2} \frac{\epsilon_{zz}}{\sin^2\Theta}\,; \tag{10.78}$$

$$q_2^2 = \pm i\, \frac{\omega^2}{c^2} \frac{\epsilon_{xy}}{\cos\Theta}. \tag{10.79}$$

Das Gleichungssystem (10.76) wird nur dann von q_1^2 befriedigt, wenn $\boldsymbol{E} \parallel \boldsymbol{B}$ $(\boldsymbol{E} = (0, 0, E_z))$ ist. Demgegenüber ist es für q_2^2 nur dann erfüllt, wenn $\boldsymbol{E} \perp \boldsymbol{B}$ $(\boldsymbol{E} = (E_x, E_y, 0))$ gilt. (10.78) ist somit die Dispersionsbeziehung für eine ordentliche und (10.79) für eine außerordentliche Welle.

Berechnet man die Tensorkomponenten ϵ_{zz} und ϵ_{xy} entsprechend unseren Voraussetzungen aus (10.49) mit (10.32) zu

$$\epsilon_{zz} = -i\, \frac{\sigma_0}{\epsilon_0 \omega}\,; \qquad \epsilon_{xy} = -i\, \frac{\omega_p^2}{\omega \omega_c} \tag{10.80}$$

und setzt ϵ_{zz} in (10.78) ein, so ergibt sich

$$q_1^2 = -i\, \frac{\omega \sigma_0}{c^2 \epsilon_0 \sin^2\Theta} \tag{10.81}$$

und weiter

$$q_1 = \pm \frac{\sqrt{2}\,\omega\sigma_0}{2c^2\epsilon_0 \sin^2\Theta}(1-i)\,. \tag{10.82}$$

Hieraus folgt, daß die ordentliche Welle stark gedämpft wird und somit nicht ausbreitungsfähig ist.

Setzt man ϵ_{xy} gemäß (10.80) in (10.79) ein, so erhält man

$$q_2^2 = q^2 = \pm \frac{\omega\omega_p^2}{c^2\omega_c \cos\Theta}. \tag{10.83}$$

Das ist die Dispersionsbeziehung für Helikonwellen, die sich unter dem Winkel Θ zur Magnetfeldrichtung ausbreiten.

Analoge Überlegungen zum Dämpfungsverhalten, wie wir sie zu Beginn dieses Abschnittes angestellt haben, führen dazu, daß im Elektronenplasma nur die Wellen ausbreitungsfähig sind, für die das „+" gilt.

Berücksichtigt man in (10.83), daß im isotropen Plasma $\omega_p^2 = \frac{ne^2}{\epsilon_0 m^*}$ und $\omega_c = \frac{|e|\,B}{m^*}$ ist, so lautet die Dispersionsbeziehung

$$q^2 = \frac{n\,|e|}{c^2\epsilon_0} \cdot \frac{\omega}{B\cos\Theta}. \tag{10.84}$$

Ohne die Rechnungen auszuführen, wollen wir (10.84) für den Fall eines zweikomponentigen Plasmas, das aus Elektronen und Löchern der Konzentrationen n_n und n_p besteht, verallgemeinern. An die Stelle von n tritt die Differenz der Ladungsträgerkonzentrationen, und man erhält

$$q^2 = \pm \frac{(n_n - n_p)\,|e|}{c^2\epsilon_0} \frac{\omega}{B\cos\Theta}. \tag{10.85}$$

Ausbreitungsfähig ist nur immer die Welle, für die q reell ist. Man ersieht, daß es im kompensierten Plasma ($n_n = n_p$) keine Helikonwellen geben kann ($q^2 = 0$).

Bleiben wir weiter bei einem einkomponentigen Plasma. Dann lautet die (nach ω aufgelöste) Dispersionsbeziehung für Helikonwellen

$$\omega = \omega(q) = q^2 \frac{c^2\epsilon_0}{n\,|e|} B\cos\Theta\,. \tag{10.86}$$

Unter Berücksichtigung von (10.73) ist sie für alle Winkel $0 \leqq \Theta < \pi/2$ gültig.

Helikonwellen besitzen also quadratische Dispersion. Ihre Frequenz ist der Ladungsträgerkonzentration umgekehrt proportional.

Die Phasengeschwindigkeit $v_{Ph} = \omega/q$ der Helikonwellen ergibt sich mit

$$q = \sqrt{\frac{n\,|e|}{c^2\epsilon_0} \frac{\omega}{B\cos\Theta}}$$

(gemäß (10.84)) zu

$$v_{Ph} = \sqrt{\frac{\omega c^2\epsilon_0 B}{n\,|e|}} \cos\Theta\,. \tag{10.87}$$

Charakteristisch ist, daß v_{Ph} nicht von der effektiven Masse m^* der Ladungsträger abhängt und mit zunehmender Ladungsträgerkonzentration abnimmt. Bei einer

Welle der Frequenz $\nu = \omega/2\pi = 3$ GHz $= 3 \cdot 10^9\ \mathrm{s}^{-1}$ ergibt sich für $\boldsymbol{q} \parallel \boldsymbol{B}$ ($\Theta = 0°$) und $B = 1$ kG $= 0{,}1$ T beispielsweise

— in einem „normalen" Metall ($n = 10^{22}\ \mathrm{cm}^{-3} = 10^{28}\ \mathrm{m}^{-3}$)
  $v_{\mathrm{Ph}} \approx 1000$ m/s (also eine relativ geringe Geschwindigkeit);
— in einem Halbleiter ($n = 10^{14}\ \mathrm{cm}^{-3} = 10^{20}\ \mathrm{m}^{-3}$)
  $v_{\mathrm{Ph}} \approx 10^7$ m/s (fast 1/10 der Lichtgeschwindigkeit im Vakuum).

Die Phasengeschwindigkeit der Helikonwellen ist somit in Metallen wesentlich geringer als in Halbleitern.

Die Polarisation der Helikonwellen ergibt sich aus (10.76) mit (10.79).
Es ist

$$\frac{E_y}{E_x} = \pm\, i \cos \Theta\,, \tag{10.88}$$

so daß Helikonwellen im allgemeinen elliptisch polarisiert sind. Im Spezialfall $\boldsymbol{q} \parallel \boldsymbol{B}$ ($\Theta = 0°$) sind sie zirkular polarisiert.

Da sich in einem Elektronenplasma nur Helikonwellen ausbreiten können, denen das „+" entspricht, sind diese *linkselliptisch* (beziehungsweise *linkszirkular*) polarisiert. Abbildung 10.4 veranschaulicht diese Situation.

Ganz analoge Überlegungen und Berechnungen, wie wir sie hier durchgeführt haben, führen zu dem Ergebnis, daß in einem Löcherplasma nur rechtselliptisch (beziehungsweise rechtszirkular) polarisierte Helikonwellen ausbreitungsfähig sind. In einem mehrkomponentigen nichtkompensierten Plasma richtet sich der Charakter der Helikonwellen diesbezüglich nach der dominierenden Ladungsträgerart.

Experimentell läßt sich zeigen, daß eine auf einen Festkörper auftreffende linkszirkular polarisierte Welle in einem Elektronenplasma Helikonwellen anregt, während eine linkszirkular polarisierte Welle diese dort nicht anzuregen vermag.

Fassen wir zusammen:

> Helikonwellen sind außerordentliche Wellen, die sich in einkomponentigen oder in unkompensierten mehrkomponentigen Plasmen im Winkelbereich $0 \leq \Theta < \pi/2$ ausbreiten können. Sie sind im allgemeinen elliptisch polarisiert; ihre relative Dämpfung hängt nur von der Relaxationszeit und der Magnetfeldstärke ab.

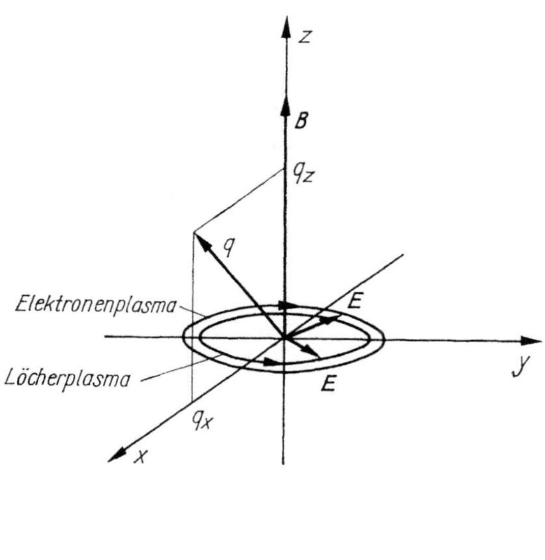

Abb. 10.4
Polarisation der Helikonwellen

10.3.4. Alfvénsche Wellen

In diesem Abschnitt diskutieren, wir die Dispersionsbeziehung und die Eigenschaften der Wellen die sich unter folgenden Voraussetzungen im Festkörperplasma ausbreiten können:

(1) $\boldsymbol{q} \perp \boldsymbol{B}$ (Die Wellen mögen sich senkrecht zur Magnetfeldrichtung ausbreiten.)

(2) $n_\mathrm{n} = n_\mathrm{p} = n$ (Das Festkörperplasma sei kompensiert.)

(3) $\left.\begin{array}{l}\omega_\mathrm{c}^{(\mathrm{n})}\tau^{(\mathrm{n})} \gg 1\\ \omega_\mathrm{c}^{(\mathrm{p})}\tau^{(\mathrm{p})} \gg 1\end{array}\right\}$ (Der Einfachheit halber sei $\tau^{(\mathrm{n})} = \tau^{(\mathrm{p})} = \tau$; die Zyklotronfrequenzen der Elektronen und der Löcher sollen groß gegenüber der Stoßfrequenz $1/\tau$ sein.)

(4) $\left.\begin{array}{l}\omega \ll \omega_\mathrm{c}^{(\mathrm{n})}\\ \omega \ll \omega_\mathrm{c}^{(\mathrm{p})}\end{array}\right\}$ (Die Frequenz der Welle sei klein gegenüber den Zyklotronfrequenzen der Ladungsträger.)

(5) $\omega\tau \gg 1$ (Diese Voraussetzung muß gefordert werden, da die Dämpfung der Wellen (wie später klar wird) um so geringer ist, je größer $\omega\tau$ ist.)

Die Voraussetzung (5) beschränkt den Frequenzbereich der in einem kompensierten Festkörperplasma ausbreitungsfähigen Wellen zu tiefen Frequenzen hin. Da die Relaxationszeit selbst bei perfekten Einkristallen und tiefen Temperaturen (≈ 1 K) im allgemeinen nicht größer als 10^{-9} s ist, können sich nur Wellen mit $\omega \gg 10^9\ \mathrm{s}^{-1}$ schwach gedämpft ausbreiten.

Die Voraussetzung (4) kann dementsprechend nur für sehr starke Magnetfelder beziehungsweise äußerst geringe Zyklotronmassen erfüllt werden. Günstige Bedingungen liegen beispielsweise beim Halbmetall Wismut vor. Infolge der sehr kleinen Ladungsträgermassen ist hier (4) bereits bei Magnetfeldern $B \gtrsim 0{,}1$ T erfüllt (s. [73]). Wir wollen daher im weiteren ein solches kompensiertes Plasma zugrunde legen, wie es in Halbmetallen und Halbleitern vorhanden ist. Außerdem setzen wir ein isotropes Plasma voraus.

Wegen $\epsilon_{yy} = \epsilon_{xx}$ und $\epsilon_{yx} = -\epsilon_{xy}$ nehmen dann die Dispersionsbeziehungen (10.58) und (10.59) der für $\boldsymbol{q} \perp \boldsymbol{B}$ prinzipiell möglichen Wellen die Formen

$$q_1^2 = \frac{\omega^2}{c^2}\epsilon_{zz}\,; \qquad \boldsymbol{E} \parallel \boldsymbol{B} \quad \text{(ordentliche Welle)} \tag{10.89}$$

$$q_2^2 = \frac{\omega^2}{c^2}\left(\epsilon_{xx} + \frac{\epsilon_{xy}^2}{\epsilon_{xx}}\right); \qquad \boldsymbol{E} \perp \boldsymbol{B} \quad \text{(außerordentliche Welle)} \tag{10.90}$$

an. Als erstes interessiert uns, welche dieser Wellen überhaupt in dem vorgegebenen Festkörperplasma ausbreitungsfähig sind. Dazu müssen wir die Tensorkomponenten ϵ_{xx}, ϵ_{xy} und ϵ_{zz} berechnen. Wegen $\omega\tau \gg 1$ können wir sie aus (10.50) ermitteln. Unter Berücksichtigung beider Ladungsträgerarten und Voraussetzung (4) erhält man:

$$\left.\begin{aligned}
\epsilon_{xx} &= \left(\frac{\omega_\mathrm{p}^{(\mathrm{n})}}{\omega_\mathrm{c}^{(\mathrm{n})}}\right)^2 + \left(\frac{\omega_\mathrm{p}^{(\mathrm{p})}}{\omega_\mathrm{c}^{(\mathrm{p})}}\right)^2,\\
\epsilon_{xy} &= i\left(\frac{\left(\omega_\mathrm{p}^{(\mathrm{n})}\right)^2}{\omega\omega_{\omega_\mathrm{c}}^{(\mathrm{n})}} - \frac{\left(\omega_\mathrm{p}^{(\mathrm{p})}\right)^2}{\omega\omega_\mathrm{c}^{(\mathrm{p})}}\right),\\
\epsilon_{zz} &= -\left(\frac{\omega_\mathrm{p}^{(\mathrm{n})}}{\omega}\right)^2 - \left(\frac{\omega_\mathrm{p}^{(\mathrm{p})}}{\omega}\right)^2.
\end{aligned}\right\} \tag{10.91}$$

Mit $\omega_p^{(n)}$ und $\omega_p^{(p)}$ gemäß (10.14) und (10.15) sowie $\omega_c^{(n)} = \frac{|e|\ B}{m_{(n)}^*}$ und $\omega_c^{(p)} = \frac{|e|\ B}{m_{(p)}^*}$ ergibt sich

$$\left.\begin{aligned} \epsilon_{xx} &= \frac{n_n m_n^*}{\epsilon_0 \epsilon_r B^2} + \frac{n_p m_p^*}{\epsilon_0 \epsilon_r B^2} = \frac{n}{\epsilon_0 \epsilon_r B^2}(m_n^* + m_p^*)\,, \\ \epsilon_{xy} &= i\left(\frac{n_n}{\epsilon_0 \epsilon_r B\omega} - \frac{n_p}{\epsilon_0 \epsilon_r B\omega}\right) = 0\,, \\ \epsilon_{zz} &= -\frac{(\omega_p^{(n)})^2 + (\omega_p^{(p)})^2}{\omega^2} \\ (n_n &= n_p = n)\,. \end{aligned}\right\} \tag{10.92}$$

Setzt man ϵ_{zz} in (10.89) ein, erhält man

$$q_1^2 = -\frac{1}{c^2}\left[(\omega_p^{(n)})^2 + (\omega_p^{(p)})^2\right] < 0\,. \tag{10.93}$$

Hieraus folgt, daß q_1 rein imaginär ist. Die ordentliche Welle ist daher nicht ausbreitungsfähig.

Die Dispersionsbeziehung (10.90) für die außerordentliche Welle nimmt mit (10.92) die Form

$$q_2^2 = q^2 = \frac{\omega^2}{c^2}\epsilon_{xx} = \frac{\omega^2 n}{c^2 \epsilon_0 \epsilon_r B^2}(m_n^* + m_p^*) \tag{10.94}$$

an. In diesem Fall ist q reell; und zwar

$$q = \frac{\omega}{cB}\sqrt{\frac{n}{\epsilon_0 \epsilon_r}(m_n^* + m_p^*)}\,. \tag{10.95}$$

Die außerordentliche Welle ist somit ausbreitungsfähig.

Zur Ermittlung der Polarisation dieser Welle muß man vom Gleichungssystem (10.55) ausgehen, das mit $\epsilon_{xy} = -\epsilon_{yx} = 0$ und $\epsilon_{yy} = \epsilon_{xx}$ die einfache Gestalt

$$\left.\begin{aligned} \epsilon_{xx} \qquad\qquad E_x &= 0\,, \\ \left(\epsilon_{xx} - \frac{c^2}{\omega^2}q^2\right)E_y &= 0\,, \\ \left(\epsilon_{zz} - \frac{c^2}{\omega^2}q^2\right)E_z &= 0 \end{aligned}\right\} \tag{10.96}$$

hat. Setzt man hier die Tensorkomponenten gemäß (10.92) ein, so erkennt man, daß dieses Gleichungssystem mit q gemäß (10.95) nur für $\boldsymbol{E} = (0, E_y, 0)$ befriedigt wird. Die im vorliegenden Plasma ausbreitungsfähige außerordentliche Welle ist folglich linear polarisiert.

(10.95) nach ω aufgelöst, ergibt

$$\omega = qcB\sqrt{\frac{\epsilon_0 \epsilon_r}{n(m_n^* + m_p^*)}}\,. \tag{10.97}$$

Wellen, deren Dispersionsbeziehung durch (10.97) gegeben ist, nennt man *Alfvénsche Wellen*. Charakteristisch für sie ist der lineare Zusammenhang zwischen ω und q.

Ihre Frequenz nimmt mit zunehmender Ladungsträgerkonzentration ab ($\omega \sim n^{-1/2}$) und mit stärker werdendem Magnetfeld zu ($\omega \sim B$).

Die Phasengeschwindigkeit v_{Ph} der Alfvénschen Wellen (die gleich ihrer Ausbreitungsgeschwindigkeit v_{A} ist) beträgt mit (10.97)

$$v_{\mathrm{Ph}} = v_{\mathrm{A}} = cB \sqrt{\frac{\epsilon_0 \epsilon_{\mathrm{r}}}{n(m_{\mathrm{n}}^* + m_{\mathrm{p}}^*)}} \tag{10.98}$$

und ist somit von der Konzentration und den Massen der Ladungsträger sowie vom Magnetfeld abhängig.

Alfvénsche Wellen können sich auch unter einem Winkel $\Theta \neq \pi/2$ (aber $\Theta \neq 0$) ausbreiten. Wir wollen daher im folgenden anstelle von (1) voraussetzen: $0 < \Theta < \pi/2$. Der Wellenvektor hat dann hier ebenfalls die Form (10.74), also $\boldsymbol{q} = (q_x, 0, q_z)$ $= (q \sin \Theta, 0, q \cos \Theta)$. Alle übrigen Voraussetzungen sollen erhalten bleiben. Ebenso wollen wir weiterhin ein isotropes Plasma zugrunde legen ($\epsilon_{yy} = \epsilon_{xx}$).

Geht man mit $\boldsymbol{q}$ in die Grundgleichung (10.53) ein, so erhält man das Gleichungssystem (10.75), das im vorliegenden Fall mit (10.92) und unter Vernachlässigung von Gliedern $\sim \sin \Theta \cos \Theta$ lautet:

$$\left.\begin{aligned} &\epsilon_{xx} - \frac{c^2}{\omega^2} q^2 \cos^2 \Theta \, E_x = 0 \,, \qquad \epsilon_{xx} - \frac{c^2}{\omega^2} q^2 \, E_y = 0 \,, \\ &\epsilon_{zz} - \frac{c^2}{\omega^2} q^2 \sin^2 \Theta \, E_z = 0 \,. \end{aligned}\right\} \tag{10.99}$$

Hieraus erhält man die Dispersionsbeziehungen für eine ordentliche Welle

$$q_1^2 = \frac{\omega^2}{c^2} \frac{\epsilon_{zz}}{\sin^2 \Theta} \,; \qquad \boldsymbol{E} = (0, 0, E_z) \parallel \boldsymbol{B} \tag{10.100}$$

und für zwei außerordentliche Wellen

$$q_2^2 = \frac{\omega^2}{c^2} \frac{\epsilon_{xx}}{\cos^2 \Theta} \,; \qquad \boldsymbol{E} = (E_x, 0, 0) \perp \boldsymbol{B} \,, \tag{10.101}$$

$$q_3^2 = \frac{\omega^2}{c^2} \epsilon_{xx} \,; \qquad \boldsymbol{E} = (0, E_y, 0) \perp \boldsymbol{B} \,. \tag{10.102}$$

Alle drei Wellen sind linear polarisiert.

Berechnet man q_1 mit ϵ_{zz} gemäß (10.92), so sieht man, daß die ordentliche Welle nicht ausbreitungsfähig ist ($q_1^2 < 0$; q_1 folglich rein imaginär). Demgegenüber können sich die beiden außerordentlichen Wellen im Plasma ausbreiten. Mit ϵ_{xx} gemäß (10.92) ergeben sich aus (10.101) und (10.102) als Dispersionsbeziehungen

$$\omega = qcB \cos \Theta \sqrt{\frac{\epsilon_0 \epsilon_{\mathrm{r}}}{n(m_{\mathrm{n}}^* + m_{\mathrm{p}}^*)}} \tag{10.103}$$

für eine Welle, die man mitunter als s-Welle bezeichnet[1]), und

$$\omega = qcB \sqrt{\frac{\epsilon_0 \epsilon_{\mathrm{r}}}{n(m_{\mathrm{n}}^* + m_{\mathrm{p}}^*)}} \tag{10.104}$$

[1]) Die Bezeichnungen s- und p-Welle sind von M. S. Chaikin, L. A. Falkowski, W. S. Edelman, R. T. Mina eingeführt worden, die diese Wellen erstmals untersucht haben [61].

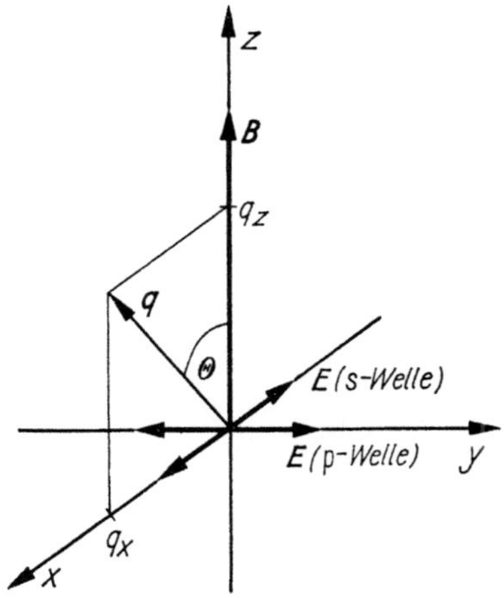

Abb. 10.5.
Polarisation der Alfvénschen Wellen

für eine Welle, die man auch p-Welle nennt. Im Falle $\Theta = \pi/2$ ($\boldsymbol{q} \perp \boldsymbol{B}$) existiert nur die p-Welle (in Übereinstimmung mit (10.97)).

Die Phasen- und Ausbreitungsgeschwindigkeiten betragen

$$v_{\mathrm{Ph}}^{(\mathrm{s})} = v_{\mathrm{A}}^{(\mathrm{s})} = cB\cos\Theta \sqrt{\frac{\epsilon_0\epsilon_{\mathrm{r}}}{n(m_{\mathrm{n}}^* + m_{\mathrm{p}}^*)}} \quad \text{für die s-Welle} \tag{10.105}$$

und

$$v_{\mathrm{Ph}}^{(\mathrm{p})} = v_{\mathrm{A}}^{(\mathrm{p})} = cB \sqrt{\frac{\epsilon_0\epsilon_{\mathrm{r}}}{n(m_{\mathrm{n}}^* + m_{\mathrm{p}}^*)}} \quad \text{für die p-Welle.} \tag{10.106}$$

Die Geschwindigkeit der s-Welle ist somit stets kleiner als die der p-Welle. Abbildung 10.5 zeigt die Polarisation der beiden Wellen.

Entsprechend den bisherigen Ausführungen würden sich die Alfvénschen Wellen ungedämpft im Plasma ausbreiten (q ist gemäß (10.101), (10.102) sowie (10.95) reell). Dieses Ergebnis ist aber nur eine Folge der angewandten Näherungen. Berechnet man die Komponenten des Dielektrizitätstensors unter Verwendung des Leitfähigkeitstensors (10.30), so sind die entsprechenden Wellenvektoren nicht mehr reell, sondern komplex. Als relative Dämpfung ergibt sich im wesentlichen

$$\frac{\operatorname{Im} q}{\operatorname{Re} q} \sim \frac{1}{\omega\tau}. \tag{10.107}$$

Die Wellen werden folglich um so stärker gedämpft, je kleiner ihre Frequenz und je kleiner die Relaxationszeit sind. Die Dämpfung der Wellen hängt nicht von der Stärke des Magnetfeldes ab. Aus (10.107) ersieht man, daß sich Alfvénsche Wellen nur dann ausbreiten können, wenn ihre Frequenzen so hoch sind, daß sie der Bedingung $\omega\tau \gg 1$ genügen.

In Festkörpern wurden Alfvénsche Wellen erstmals 1959 von J. K. Galt u. a. [77] beobachtet. Als Untersuchungssubstanz diente Wismut. Abbildung 10.6 zeigt ein Spektrum stehender Alfvénscher Wellen, die in einem Wismuteinkristall der Dicke $d = 0{,}5\,\mathrm{mm}$ angeregt wurden.

Aus den Dispersionsbeziehungen folgt, daß bei konstanter Frequenz ω die Wellenlänge $\left(\text{wegen } q = \dfrac{2\pi}{\lambda}\right)$ mit stärker werdendem Magnetfeld zunimmt ($\lambda \sim B$). Alfvénsche

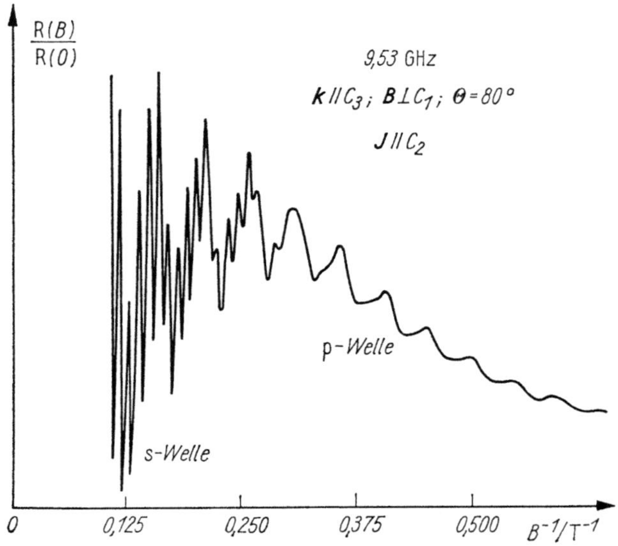

Abb. 10.6.
Spektrum stehender Alfvénscher Wellen in Wismut (nach [61])

s-Welle: $q \sim \frac{\omega}{B \cos \Theta}$ gemäß (10.103);

p-Welle: $q \sim \frac{\omega}{B}$ gemäß (10.104)

Wellen (p-Typ), deren Frequenzen größenordnungsmäßig $\nu = \frac{\omega}{2\pi} \approx 10$ GHz $= 10^{10}$ s^{-1} betragen, breiten sich beispielsweise in Wismut innerhalb des Magnetfeldbereiches (0, 1 ... 1) T mit Geschwindigkeiten zwischen 10^7 m/s und 10^8 m/s aus; die s-Wellen entsprechend langsamer. Die Wellenlängen λ liegen dabei zwischen 1 mm und 10 mm.

Fassen wir zusammen:

> Alfvénsche Wellen sind außerordentliche Wellen, die sich in kompensierten Plasmen im Winkelbereich $0 < \Theta \leqq \pi/2$ ausbreiten können. Sie treten für $0 < \Theta < \pi/2$ in Form zweier senkrecht zueinander linear polarisierter Wellen (s- und p-Welle) auf; im Falle $\Theta = \pi/2$ existiert nur die p-Welle. Die Dämpfung der Alfvénschen Wellen nimmt mit zunehmendem $\omega\tau$ ab.

10.3.5. Landau- und Zyklotrondämpfung

Elektromagnetische Wellen können sich in einem realen Festkörperplasma (auch bei Anwesenheit eines starken Magnetfeldes) nur mehr oder weniger stark gedämpft ausbreiten. Eine der Ursachen für die Dämpfung haben wir bereits kennengelernt: Es sind dies die Stöße der Ladungsträger mit Phononen oder Gitterdefekten während ihrer Bewegung. Eine Folge dieser Stöße ist die Endlichkeit der mittleren freien Weglänge und damit auch der Relaxationszeit der Ladungsträger.

Neben dieser sogenannten Stoßdämpfung gibt es noch andere Dämpfungsmechanismen. Hier soll im folgenden das Wesen der Landau- und das der Zyklotrondämpfung angedeutet werden.

1. Landau-Dämpfung

Auf das Festkörperplasma wirke ein starkes äußeres Magnetfeld in z-Richtung $(\boldsymbol{B} = (0, 0, B);\, \omega_c\tau \gg 1)$. Ein Ladungsträger, der sich in Magnetfeldrichtung mit der Geschwindigkeit $\boldsymbol{v}_z = v_z\boldsymbol{e}_z \neq \boldsymbol{0}$ ($\boldsymbol{e}_z$: Einheitsvektor) bewegt, wird von der Lorentz-Kraft nicht beeinflußt. Er verändert seine Lage im Raum gemäß

$$\boldsymbol{r}' = \boldsymbol{r} + \boldsymbol{v}_z t\,. \tag{10.108}$$

Eine sich im Festkörper ausbreitende elektromagnetische Welle, deren elektrische Komponente die Form $\boldsymbol{E} = \boldsymbol{E}_0\, \mathrm{e}^{i(\omega t - \boldsymbol{q}\cdot\boldsymbol{r})}$ hat, läßt sich im Ruhsystem eines sich in z-Richtung bewegenden Ladungsträgers folgendermaßen darstellen:

$$\boldsymbol{E}' = \boldsymbol{E}_0\, \mathrm{e}^{i(\omega t - \boldsymbol{q}\cdot\boldsymbol{r}')}\,. \tag{10.109}$$

Mit (10.108) ergibt sich

$$\boldsymbol{E}' = \boldsymbol{E}_0\, \mathrm{e}^{i\,[(\omega\, -\, \boldsymbol{q}\cdot\boldsymbol{v}_z)\,t\, -\, \boldsymbol{q}\cdot\boldsymbol{r}]}\,. \tag{10.110}$$

$\boldsymbol{E}'$ ist die elektrische Feldstärke, die auf einen solchen Ladungsträger wirkt, der sich mit der Geschwindigkeit $\boldsymbol{v}_z$ in Magnetfeldrichtung bewegt. Interessant ist nun, daß im Falle

$$\omega - \boldsymbol{q}\cdot\boldsymbol{v}_z = 0 \tag{10.111}$$

das Feld $\boldsymbol{E}'$ zeitunabhängig wird. Schreibt man (10.111) in der Form

$$\left.\begin{array}{l} \omega - q v_z \cos\Theta = 0 \\ \text{oder} \\ \dfrac{\omega}{q} = v_z \cos\Theta \\ (\Theta = \sphericalangle\,(\boldsymbol{q}, \boldsymbol{v}_z) = \sphericalangle\,(\boldsymbol{q}, \boldsymbol{B}))\,, \end{array}\right\} \tag{10.112}$$

so erkennt man, daß $\boldsymbol{E}'$ genau dann zeitunabhängig wird, wenn die Phasengeschwindigkeit der Welle gleich der Geschwindigkeitskomponente des Ladungsträgers in Ausbreitungsrichtung der Welle ist. Der Ladungsträger „reitet" also praktisch auf der Wellenfront und kann somit der Welle ständig Energie entziehen. Das bedeutet aber, die Welle wird gedämpft.

Eine solche Dämpfung der Wellen durch „wellenreitende" Ladungsträger heißt *Landau-Dämpfung*.

Ein Energieentzug infolge Landau-Dämpfung ist natürlich nur dann möglich, wenn

$$\boldsymbol{q}\cdot\boldsymbol{v}_z = q v_z \cos\Theta \neq 0 \tag{10.113}$$

und damit $\Theta \neq \pi/2$ ist, wenn folglich der Wellenvektor nicht senkrecht zur Magnetfeldrichtung orientiert ist.

Außerdem müssen wir berücksichtigen, daß nicht alle Ladungsträger die gleiche Geschwindigkeit $\boldsymbol{v}_z$ besitzen. Nehmen wir an, die schnellsten Ladungsträger bewegen sich mit der Geschwindigkeit $\boldsymbol{v}_{z0}$ in Magnetfeldrichtung. Sie bedämpfen gemäß (10.111)

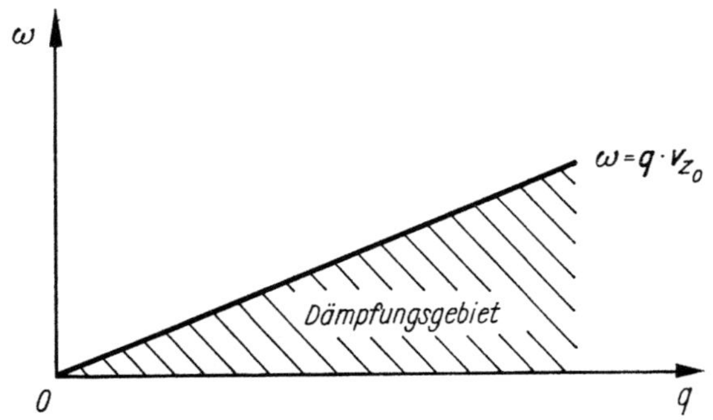

Abb. 10.7. Wirkungsbereich der Landau-Dämpfung $\left(\Theta \neq \frac{\pi}{2}\right)$

eine Welle der Frequenz $\omega = \boldsymbol{q} \cdot \boldsymbol{v}_{z0}$. Da es nun im Festkörper stets Ladungsträger gibt, die sich mit Geschwindigkeiten $\boldsymbol{v}_z < \boldsymbol{v}_{z0}$ im Magnetfeld ausbreiten, werden auch alle Wellen gedämpft, deren Frequenzen geringer als $\boldsymbol{q} \cdot \boldsymbol{v}_{z0}$ sind. Zusammenfassend können wir daher feststellen:

Der Landau-Dämpfung unterliegen alle Wellen mit Frequenzen

$$\omega \leqq \boldsymbol{q} \cdot \boldsymbol{v}_{z0} ; \qquad (10.114)$$

ausgenommen sind nur die Wellen, die sich senkrecht zur Magnetfeldrichtung ausbreiten.

Abbildung 10.7 zeigt das Gebiet in der (ω, q)-Ebene, in dem die Landau-Dämpfung wirksam ist.

Für Wellen, deren Frequenzen

$$\omega > \boldsymbol{q} \cdot \boldsymbol{v}_{z0} \qquad (10.115)$$

sind, gibt es keine „wellenreitenden" Ladungsträger mehr, die ihnen Energie entziehen könnten. Derartige Wellen können sich daher ungedämpft ausbreiten.

Zur Erläuterung fragen wir nun nach den Konsequenzen, die sich aus der Landau-Dämpfung für die Ausbreitung der in den Abschnitten 10.3.3. und 10.3.4. diskutierten Helikon- und Alfvénwellen ergeben.

Helikonwellen breiten sich im Festkörperplasma in einem Winkelbereich $0 \leqq \Theta < \pi/2$ aus. Infolge der Landau-Dämpfung können sich Helikonwellen mit Frequenzen $\omega \leqq \boldsymbol{q} \cdot \boldsymbol{v}_{z0} = \omega_0$ nicht ausbreiten. ω_0 stellt somit eine untere Grenzfrequenz dar.

Alfvénsche Wellen breiten sich im Festkörperplasma in einem Winkelbereich $0 < \Theta \leqq \pi/2$ aus. Für $\Theta = \pi/2$ tritt keine Landau-Dämpfung auf; in allen anderen Fällen können sich nur solche Alfvénschen Wellen ausbreiten, deren Frequenzen der Bedingung (10.115) genügen. Wegen $\omega \sim B$ gemäß (10.103) bzw. (10.104) ist dementsprechend eine Wellenausbreitung erst oberhalb einer gewissen Magnetfeldstärke möglich. Abbildung 10.8 bestätigt diesen Sachverhalt anhand eines Spektrums Alfvén-

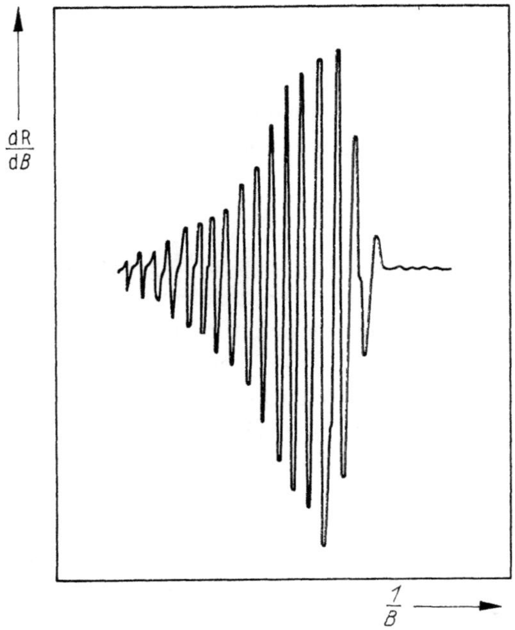

Abb. 10.8.
Zur Erläuterung der Landau-Dämpfung (Wellen in Wismut nach M. S. Chaikin, W. S. Edelman, [60])

scher Wellen, das an Wismut aufgenommen wurde. Dargestellt ist dR/dB als Funktion von $1/B$. (R ist der Realteil der in Abschnitt 8.4.2. eingeführten Oberflächenimpedanz.)

2. Zyklotrondämpfung

Stoßdämpfung und Landau-Dämpfung reichen zur Beschreibung des Dämpfungsverhaltens mancher Wellenerscheinungen nicht aus. Experimentelle Untersuchungen haben ergeben, daß gewisse Wellen ($\Theta \neq \pi/2$) mitunter stark gedämpft werden, obwohl dies entsprechend den genannten Dämpfungsmechanismen nicht zu erwarten wäre. Zur Klärung dieses Sachverhaltes knüpfen wir an unsere Ausführungen zur Zyklotronresonanz an (Abschnitt 9.1.).

Wir wissen, daß in Metallen bei Frequenzen

$$\omega = n\omega_c \qquad (n = 1, 2, \ldots) \tag{10.116}$$

Asbel-Kaner-Zyklotronresonanz auftritt, wenn das Magnetfeld $\boldsymbol{B}$ parallel zur Metalloberfläche orientiert ist. Infolge der hohen Ladungsträgerkonzentration ist in Metallen $\boldsymbol{q}$ stets senkrecht zur Oberfläche gerichtet, so daß dann $\boldsymbol{q} \perp \boldsymbol{B}$ gilt. Wir betrachten nun wieder die Ladungsträger, die sich in Magnetfeldrichtung mit der Geschwindigkeit $\boldsymbol{v}_z$ bewegen. Sie tragen zu den in Abschnitt 9.1. diskutierten Grenzpunktresonanzen bei.

Neigt man das Magnetfeld (geringfügig) aus der Oberfläche heraus, so wird $\Theta \neq \pi/2$ und damit $\boldsymbol{q} \cdot \boldsymbol{v}_z \neq 0$. Das auf die sich in z-Richtung bewegenden Ladungsträger wirkende elektrische Feld der Welle ist durch (10.110) gegeben. Die Grenzpunktresonanzen treten daher nicht mehr bei den durch (10.116) gegebenen Frequenzen auf, sondern bei $\omega - \boldsymbol{q} \cdot \boldsymbol{v}_z = n\omega_c$. Da sich aufgrund der Symmetrie der Fermi-Flächen stets genauso viele Ladungsträger mit der Geschwindigkeit $-\boldsymbol{v}_z$ (also entgegen der Magnetfeldrichtung) bewegen wie mit $+\boldsymbol{v}_z$ (in Magnetfeldrichtung), tritt Resonanz immer bei

$$\omega \pm \boldsymbol{q} \cdot \boldsymbol{v}_z = n\omega_c \qquad (n = 1, 2, \ldots) \tag{10.117}$$

auf. Die Grenzpunktresonanzen spalten also im geneigten Magnetfeld in zwei Resonanzen auf, die man als *dopplerverschobene Zyklotronresonanzen* bezeichnet.

Der geschilderte Sachverhalt hat nun (betrachtet man ihn in umgekehrter Richtung) folgende Konsequenzen: Immer dann, wenn (10.117) erfüllt ist, tritt dopplerverschobene Zyklotronresonanz auf. Die hieran beteiligten Ladungsträger entziehen der sich in Richtung $\boldsymbol{q}$ ausbreitenden Welle der Frequenz ω Energie, wodurch die Welle gedämpft wird. Eine derartige Dämpfung der Welle nennt man *Zyklotrondämpfung.*

Bezeichnet man die Geschwindigkeit der sich am schnellsten in Magnetfeldrichtung bewegenden Ladungsträger wieder mit $\boldsymbol{v}_{z0}$ und bedenkt, daß es stets Ladungsträger mit $v_z < v_{z0}$ gibt, so führen analoge Überlegungen, wie wir sie bei der Landau-Dämpfung angestellt haben, dazu, daß Zyklotrondämpfung in den Gebieten

$$\omega - \boldsymbol{q} \cdot \boldsymbol{v}_{z0} \leqq n\omega_c \leqq \omega + \boldsymbol{q} \cdot \boldsymbol{v}_{z0} \qquad (n = 1, 2, \ldots) \tag{10.118}$$

auftritt. Diese Gebiete sind in Abbildung 10.9 dargestellt. Für Wellen, die sich senkrecht zur Magnetfeldrichtung ausbreiten ($\Theta = \pi/2$), entarten die Dämpfungsgebiete in parallel zur q-Achse verlaufende Linien. Zyklotrondämpfung tritt dann gemäß (10.118) nur für Wellen mit $\omega = n\omega_c$ auf.

Abbildung 10.10 zeigt ein Spektrum Alfvénscher Wellen, die in Wismut unter der Wirkung eines geneigten Magnetfeldes ($\Theta \neq \pi/2$) angeregt wurden. Man erkennt deutlich einen Bereich, in dem eine Wellenausbreitung infolge Zyklotrondämpfung verhindert wird.

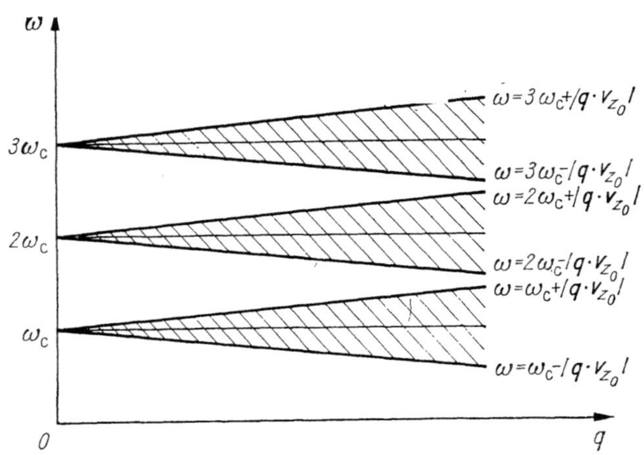

Abb. 10.9.

Wirkungsbereiche der Zyklotrondämpfung $\Theta \neq \dfrac{\pi}{2}$

(Die Dämpfungsgebiete sind schraffiert gezeichnet.)

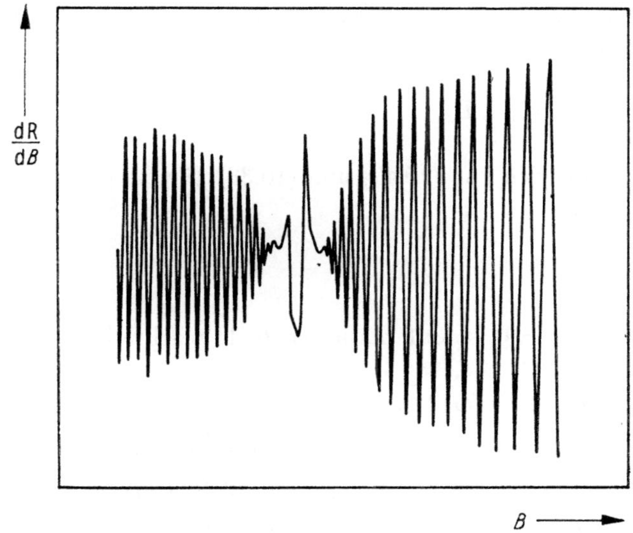

Abb. 10.10.
Zur Erläuterung der Zyklotrondämpfung (Alfvénsche Wellen in Wismut)
Nahe der Zyklotronresonanzlinie (Mitte) ist keine Wellenausbreitung möglich

10.4. Resonanzen und Anomalien im Festkörperplasma

Bei allen bisherigen Ausführungen zur Ausbreitung elektromagnetischer Wellen blieben die Grenzfälle $q = \infty$ und $q = 0$ unerwähnt. Im ersten Fall ist die Phasengeschwindigkeit $v_{\mathrm{Ph}} = \omega/q = 0$, im zweiten ist $v_{\mathrm{Ph}} = \infty$. Wir wenden uns jetzt diesen beiden Grenzfällen zu. Dazu sei folgende Definition vorangestellt: In der Plasmaphysik spricht man im Falle $v_{\mathrm{Ph}} = 0$ $(q = \infty)$ von einer *Resonanz* und im Falle $v_{\mathrm{Ph}} = \infty$ $(q = 0)$ von einem *Abschneiden* (*cut-off*) oder einer *Abbruchkante*.

Die Erscheinung, daß für eine bestimmte Kreisfrequenz ω der Betrag des Wellenvektors gleich Null wird, bezeichnet man als *dielektrische Anomalie*[1]); die Frequenz selbst nennt man *cut-off*-Frequenz.

Damit wir bei den folgenden Untersuchungen nicht ständig Dämpfungserscheinungen mitbehandeln müssen, gehen wir von den Dispersionsbeziehungen (10.58) für Wellen aus, die sich senkrecht zur Magnetfeldrichtung ausbreiten $\left(\boldsymbol{q} \perp \boldsymbol{B};\, \boldsymbol{q} = (q_x, 0, 0),\, \boldsymbol{B} = (0, 0, B)\right)$. Wir schließen damit von vornherein Landau- und Zyklotrondämpfung aus. Außerdem wollen wir uns auf Frequenzen beschränken, die der Bedingung $\omega\tau \gg 1$ genügen, so daß auch die Stoßdämpfung keine Rolle spielt. Alle Plasmen (ein- oder mehrkomponentige), die wir in diesem Abschnitt betrachten, sollen so hinreichend hohe Ladungsträgerkonzentrationen besitzen, daß im Falle $\omega \ll \omega_{\mathrm{p}}$ der Verschiebungsstrom vernachlässigbar ist und die Komponenten des Dielektrizitätstensors sich somit aus (10.50) ergeben.

[1]) Die Bezeichnung wurde deshalb so gewählt, weil mit $q = 0$ auch die Dielektrizitätsfunktion $\epsilon = \left(\frac{qc}{\omega}\right)^2 = 0$ ist.

1. Wir beginnen unsere Diskusstion anhand der Dispersionsbeziehung (10.58) für die ordentliche Welle ($\boldsymbol{E} \parallel \boldsymbol{B}$):

$$q^2 = \frac{\omega^2}{c^2} \epsilon_{zz} ; \qquad \boldsymbol{E} = (0, 0, E_z) . \tag{10.119}$$

Für $\omega\tau \gg 1$, $\omega \gg \omega_p$ ergibt sich aus (10.47) und (10.33) für ein einkomponentiges isotropes Plasma

$$\epsilon_{zz} = \epsilon_r - \frac{\omega_p^2}{\omega^2} . \tag{10.120}$$

An der Stelle $\epsilon_r = \frac{\omega_p^2}{\omega^2}$ wird $\epsilon_{zz} = 0$, so daß man mit (10.119) schreiben kann:

$$q = 0 \quad \text{für} \quad \omega = \omega_{\text{cut-off}} = \omega_p / \sqrt{\epsilon_r} . \tag{10.121}$$

Anhand von (10.119) und (10.120) überzeugt man sich, daß Wellen mit $\omega > \omega_p/\sqrt{\epsilon_r}$ ungedämpft ausbreitungsfähig sind ($q^2 > 0$), während Wellen mit $\omega < \omega_p/\sqrt{\epsilon_r}$ stark gedämpft werden ($q^2 < 0$). Die physikalische Bedeutung der durch (10.121) gegebenen cut-off-Frequenz besteht also darin, daß sie die Grenzfrequenz ist, oberhalb derer sich Wellen ungedämpft und unterhalb derer sich Wellen stark gedämpft ausbreiten.

Resonanzfrequenzen treten nicht auf, da stets $q \neq \infty$ für alle endlichen Frequenzen gilt.

Für $\omega\tau \gg 1$, $\omega \ll \omega_p$ ergibt sich gemäß (10.50) für ein einkomponentiges isotropes Plasma

$$\epsilon_{zz} = - \frac{\omega_p^2}{\omega^2} \tag{10.122}$$

und somit nach (10.119)

$$q^2 = - \frac{\omega_p^2}{\omega^2} . \tag{10.123}$$

Es treten also weder Resonanzen noch Anomalien auf. Dieses Ergebnis ändert sich auch dann nicht, wenn man ein mehrkomponentiges Plasma zugrunde legt.

Das Ausbleiben von Zyklotronresonanzen kann man sich anschaulich erklären: Anhand der in Abbildung 10.11a dargestellten Fermi-Kugel erkennt man, daß das elektrische Feld $\boldsymbol{E}$ der hier betrachteten Welle stets senkrecht zur Bewegungsrichtung der Elektronen orientiert ist ($\boldsymbol{E} \perp \boldsymbol{v}_F$); es kann somit die sich auf den Extremalbahnen bewegenden Elektronen nicht beschleunigen, und die Resonanz bleibt aus. Gehen wir zu einem anisotropen Plasma über, bei dem die Flächen konstanter Energie Ellipsoide seien (s. Abb. 10.11b). Es ergibt sich auch hier der geschilderte Sachverhalt, wenn das Magnetfeld $\boldsymbol{B}$ einer der Hauptachsen des Ellipsoids parallel gerichtet ist. Neigt man jedoch das Magnetfeld gegenüber einer der Hauptachsen, so besitzen die Elektronen (wie aus der Abbildung zu ersehen ist) stets eine Geschwindigkeitskomponente in Richtung des elektrischen Feldes der Welle. Infolge der jetzt möglichen Wechselwirkung zwischen Welle und Elektron kommt es bei $\omega = \omega_c$ zur Zyklotronresonanz. Man spricht dann von *Zyklotronresonanz auf geneigten Bahnen.*

Zusammenfassend können wir feststellen: Im isotropen Plasma tritt Zyklotronresonanz nicht auf und im anisotropen nur dann, wenn das Magnetfeld gegenüber den Hauptachsen einer ellipsoidalen Isoenergiefläche geneigt ist.

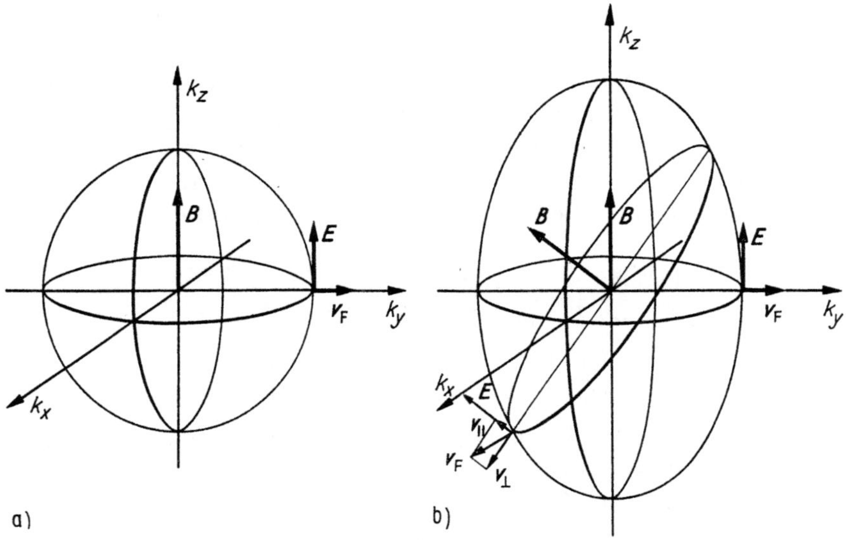

Abb. 10.11.
Zur Zyklotronresonanz auf geneigten Bahnen
a) isotropes Plasma (kugelförmige Isoenergiefläche)
b) anisotropes Plasma (ellipsoidale Isoenergiefläche)

2. Wir setzen jetzt die Diskussion der Resonanzen und Anomalien anhand der Dispersionsbeziehung (10.58) für eine außerordentliche Welle ($\boldsymbol{E} \perp \boldsymbol{B}$) im isotropen Plasma fort:

$$q^2 = \frac{\omega^2}{c^2}\left(\epsilon_{xx} + \frac{\epsilon_{xy}^2}{\epsilon_{xx}}\right); \qquad \boldsymbol{E} = (E_x, E_y, 0)\,. \tag{10.124}$$

Wir wollen uns hier ausschließlich auf den Frequenzbereich $\omega\tau \gg 1$, $\omega \ll \omega_p$ beschränken.

Für ein *einkomponentiges isotropes Plasma* (Elektronenplasma) berechnen sich die Komponenten des Dielektrizitätstensors gemäß (10.50) zu

$$\epsilon_{xx} = \frac{\omega_p^2}{\omega_c^2 - \omega^2}, \qquad \epsilon_{xy} = +i\,\frac{\omega_c}{\omega}\,\frac{\omega_p^2}{\omega_c^2 - \omega^2}. \tag{10.125}$$

Diese in (10.124) eingesetzt, ergibt

$$q^2 = -\frac{\omega_p^2}{c^2}. \tag{10.126}$$

Resonanzen und Anomalien treten nicht auf; bemerkenswerterweise auch keine Zyklotronresonanz bei $\omega = \omega_c$.

Das Ausbleiben der Zyklotronresonanz versteht man sofort, wenn man den Polarisationsgrad der Welle für $\omega = \omega_c$ untersucht. Gemäß (10.55) ergibt sich eine zirkular polarisierte Welle deren $\boldsymbol{E}$-Vektor genau entgegen dem Umlaufsinn der Elektronen rotiert. Es kann somit nicht zur Zyklotronresonanz kommen (vgl. auch Abb. 10.13a).

Es ist nur im anisotropen Plasma Zyklotronresonanz auf geneigten Bahnen möglich. (Vgl. [114].)

Eine völlig andere Situation liegt in einem *mehrkomponentigen Plasma* vor. Der Einfachheit halber wollen wir ein zweikomponentiges isotropes Plasma betrachten, das aus Elektronen der Konzentration n_n und Löchern der Konzentration n_p besteht.[1]) In diesem Fall ergeben sich die Tensorkomponenten ϵ_{xx} und ϵ_{xy} auch aus (10.50); allerdings müssen jetzt die Beiträge beider Ladungsträgerarten berücksichtigt werden. Man erhält

$$\begin{aligned}\epsilon_{xx} &= \frac{(\omega_\mathrm{p}^{(\mathrm{n})})^2}{(\omega_\mathrm{c}^{(\mathrm{n})})^2 - \omega^2} + \frac{(\omega_\mathrm{p}^{(\mathrm{p})})^2}{(\omega_\mathrm{c}^{(\mathrm{p})})^2 - \omega^2},\\ \epsilon_{xy} &= i\left[\frac{\omega_\mathrm{c}^{(\mathrm{n})}}{\omega}\frac{(\omega_\mathrm{p}^{(\mathrm{n})})^2}{(\omega_\mathrm{c}^{(\mathrm{n})})^2 - \omega^2} - \frac{\omega_\mathrm{c}^{(\mathrm{p})}}{\omega}\frac{(\omega_\mathrm{p}^{(\mathrm{p})})^2}{(\omega_\mathrm{c}^{(\mathrm{p})})^2 - \omega^2}\right],\end{aligned} \tag{10.127}$$

wobei $\omega_\mathrm{p}^{(\mathrm{n})}$, $\omega_\mathrm{p}^{(\mathrm{p})}$ und $\omega_\mathrm{c}^{(\mathrm{n})}$, $\omega_\mathrm{c}^{(\mathrm{p})}$ die entsprechenden Plasma- und Zyklotronfrequenzen der Elektronen und Löcher sind.

Die möglichen Resonanzfrequenzen ergeben sich nach (10.124) aus $\epsilon_{xx} = 0$ beziehungsweise $\epsilon_{xy} \to \infty$. Nur in diesen Fällen gilt $q \to \infty$ ($v_\mathrm{Ph} = 0$).

$\epsilon_{xx} = 0$ (mit ϵ_{xx} gemäß (10.127)) ist für

$$\omega = \omega_\mathrm{H} = \sqrt{\omega_\mathrm{c}^{(\mathrm{n})}\omega_\mathrm{c}^{(\mathrm{p})}\,\frac{n_\mathrm{n}m_\mathrm{n}^* + n_\mathrm{p}m_\mathrm{p}^*}{n_\mathrm{n}m_\mathrm{p}^* + n_\mathrm{p}m_\mathrm{n}^*}} \tag{10.128}$$

erfüllt. Die hier vorliegende Resonanz, die durch beide Ladungsträgergruppen gemeinsam hervorgerufen wird, nennt man *Hybridresonanz*. Sie ist eine Folge der gekoppelten Bewegung von Ladungsträgern mit unterschiedlichen Zyklotronfrequenzen. Das Vorzeichen der Ladung spielt dabei keine Rolle. Hybridresonanz tritt also sowohl zwischen Elektronen und Löchern als auch zwischen unterschiedlichen Elektronen- oder unterschiedlichen Löchergruppen auf.

Sind die Konzentrationen der Ladungsträgergruppen einander gleich (liegt also in unserem speziellen Fall ein kompensiertes Plasma vor: $n_\mathrm{n} = n_\mathrm{p} = n$), so ergibt sich ω_H nach (10.128) zu

$$\omega_\mathrm{H}(n_\mathrm{n} = n_\mathrm{p}) = \sqrt{\omega_\mathrm{c}^{(\mathrm{n})}\omega_\mathrm{c}^{(\mathrm{p})}}\,. \tag{10.129}$$

Ohne Beweis sei bemerkt, daß es in einem aus s Ladungsträgergruppen bestehenden Plasma insgesamt $(s - 1)$ Hybridresonanzen gibt.

Eine andere prinzipiell mögliche Gruppe von Resonanzen erhält man aus $\epsilon_{xy} \to \infty$. Man erwartet sie nach (10.127), wenn

$$\omega = \omega_\mathrm{c}^{(\mathrm{n})} \quad \text{bzw.} \quad \omega = \omega_\mathrm{c}^{(\mathrm{p})} \tag{10.130}$$

gilt. Es sind dies die uns bereits bekannten *Zyklotronresonanzen*. Sie treten jedoch nur im anisotropen Plasma auf.[2])

Abbildung 10.12a zeigt den Verlauf der Funktion $q^2(\omega)$, die sich mit (10.127) nach (10.124) für ein isotropes Elektron-Loch-Plasma ergibt. Der Einfachheit halber haben wir hierbei $n_\mathrm{n} = n_\mathrm{p} = n$ gesetzt. Für $\omega > \omega_\mathrm{H}$ ist $q^2 > 0$, und die entsprechende außerordentliche Welle ist ausbreitungsfähig; für $\omega < \omega_\mathrm{H}$ gilt $q^2 < 0$, und eine Wellenausbreitung ist nicht mehr möglich.

[1]) Alle Ergebnisse können unter Beachtung des jeweiligen Ladungsvorzeichens auf beliebig viele verschiedene Elektronen- und Löchergruppen erweitert werden.

[2]) Weiter unten werden wir explizit sehen, daß in dem hier betrachteten speziellen zweikomponentigen Plasma keine Zyklotronresonanzen auftreten können.

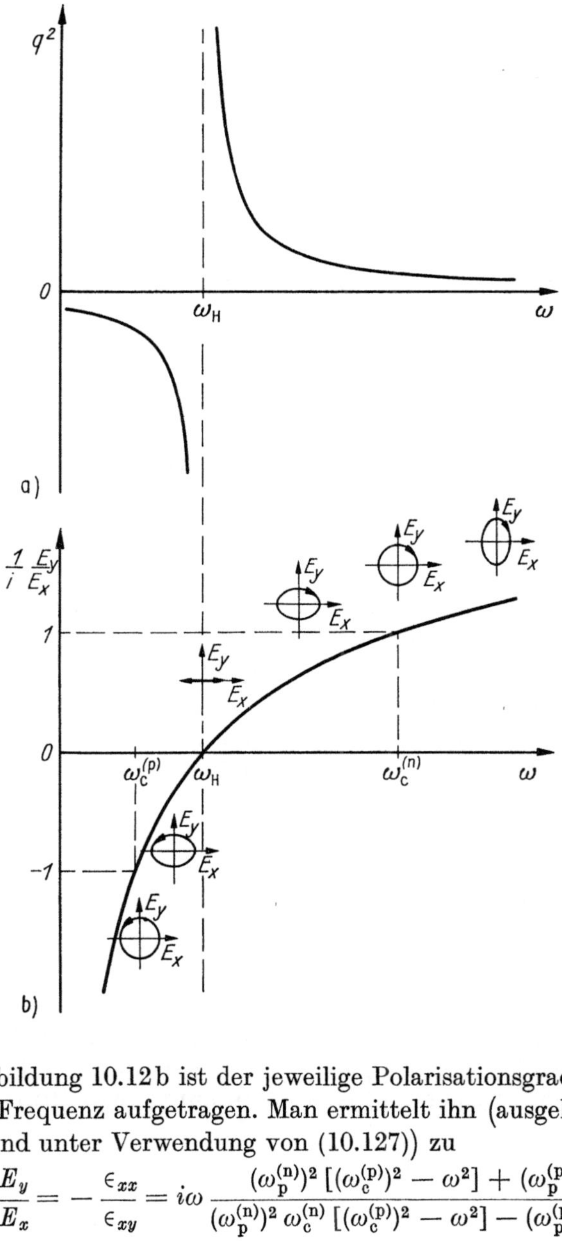

Abb. 10.12.
a) $q^2(\omega)$ für ein isotropes Elektron-Loch-Plasma ($n_n = n_p = n$)
b) Polarisationsgrad der Welle in Abhängigkeit von der Frequenz (ω_H: Hybridfrequenz; $\omega_c^{(n)}$, $\omega_c^{(p)}$: Zyklotronfrequenzen der Elektronen und der Löcher)

In Abbildung 10.12b ist der jeweilige Polarisationsgrad der Welle in Abhängigkeit von der Frequenz aufgetragen. Man ermittelt ihn (ausgehend vom Gleichungssystem (10.55) und unter Verwendung von (10.127)) zu

$$\frac{E_y}{E_x} = -\frac{\epsilon_{xx}}{\epsilon_{xy}} = i\omega \frac{(\omega_p^{(n)})^2 \left[(\omega_c^{(p)})^2 - \omega^2\right] + (\omega_p^{(p)})^2 \left[(\omega_c^{(n)})^2 - \omega^2\right]}{(\omega_p^{(n)})^2 \omega_c^{(n)} \left[(\omega_c^{(p)})^2 - \omega^2\right] - (\omega_p^{(p)})^2 \omega_c^{(p)} \left[(\omega_c^{(n)})^2 - \omega^2\right]} \tag{10.131}$$

und erhält für ein kompensiertes isotropes Plasma:

$$\left.\begin{aligned} &\omega = \omega_H: && \frac{E_y}{E_x} = 0: && \text{linear polarisiert, } \boldsymbol{E} = (E_x, 0, 0) \\ & && && \text{(in Ausbreitungsrichtung)} \\ &\omega = \omega_c^{(n)}: && \frac{E_y}{E_x} = +i: && \text{zirkular polarisiert,} \\ &\omega = \omega_c^{(p)}: && \frac{E_y}{E_x} = -i: && \text{zirkular polarisiert.} \end{aligned}\right\} \tag{10.132}$$

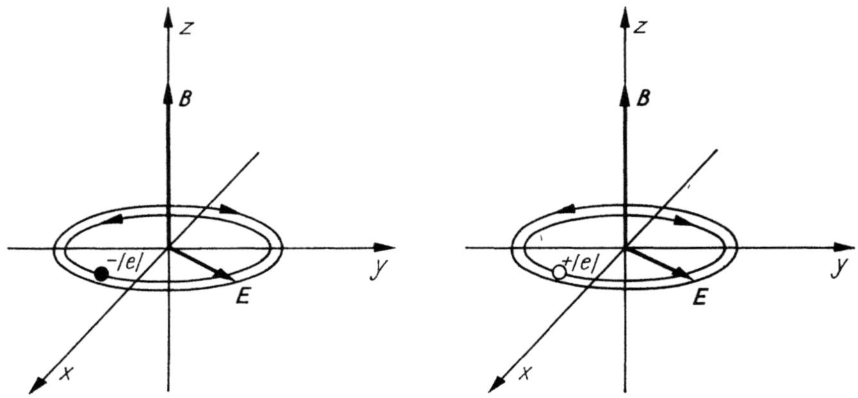

Abb. 10.13.
Zum Ausbleiben der Zyklotronresonanzen im isotropen Elektron-Loch-Plasma Ladungsträger und **E**-Vektor haben bei $\omega = \omega_c^{(p)}$ und $\omega = \omega_c^{(n)}$ jeweils entgegengesetzten Umlaufsinn

Nun wird klar, daß Zyklotronresonanzen nicht auftreten können. Der jeweilige Umlaufsinn des **E**-Vektors der Welle ist der entsprechenden Ladungsträgergbewegung genau entgegengerichtet. Abbildung 10.13 veranschaulicht diese Situation.

Wir befassen uns jetzt mit den dielektrischen Anomalien. Anders ausgedrückt, wir suchen die möglichen cut-off-Frequenzen. Definitionsgemäß ergeben sie sich aus der Forderung $q = 0$. Diese ist im vorliegenden Fall erfüllt, wenn in (10.124)

$$\epsilon_{xx} + \frac{\epsilon_{xy}^2}{\epsilon_{xx}} = 0 \tag{10.133}$$

gilt. Hier (10.125) eingesetzt und nach ω aufgelöst, ergibt

$$\omega = \omega_{\text{cut-off}} = \frac{|(\omega_p^{(n)})^2 \, \omega_c^{(p)} - (\omega_p^{(p)})^2 \, \omega_c^{(n)}|}{(\omega_p^{(n)})^2 + (\omega_p^{(p)})^2}. \tag{10.134}$$

Im Zähler erscheint ein Minuszeichen, weil eine Ladungsträgerart Löcher sind. Hätten wir zwei verschiedene Elektronengruppen betrachtet, stünde dort ein Pluszeichen.

Drückt man in (10.134) die Plasmafrequenzen durch (10.14) und (10.15) aus und setzt $\omega_c^{(n)} = \frac{|e| \, B}{m_n^*}$, $\omega_c^{(p)} = \frac{|e| \, B}{m_p^*}$ ein, so erhält man

$$\omega_{\text{cut-off}} = \frac{|n_n - n_p|}{\dfrac{n_n}{\omega_c^{(p)}} + \dfrac{n_p}{\omega_c^{(n)}}} \tag{10.135}$$

Hieraus ersieht man, daß es im kompensierten isotropen Plasma ($n_n = n_p$) keine cut-off-Frequenzen und damit keine dielektrischen Anomalien gibt.

Ohne Beweis wollen wir abschließend noch bemerken:

— Die cut-off-Oszillationen sind zirkular polarisiert.
— Sind s verschiedene Ladungsträgergruppen unterschiedlicher Konzentration vorhanden, so gibt es $(s - 1)$ cut-off-Frequenzen.

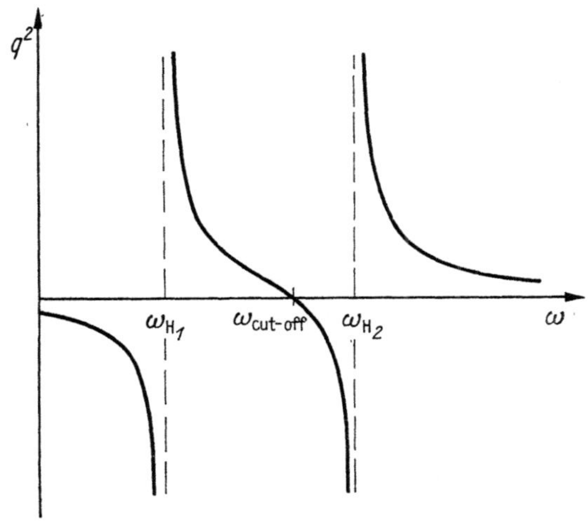

Abb. 10.14.
$q^2(\omega)$ für ein aus zwei verschiedenen Elektronengruppen der Konzentrationen $n_n^{(1)}$ und $n_n^{(2)}$ und einer Löchergruppe der Konzentration $n_p = n_n^{(1)}$ bestehendes Plasma
Hybridresonanzen bei ω_{H_1} und ω_{H_2}
Dielektrische Anomalie bei $\omega_{cut\text{-}off}$

Als zusammenfassendes Beispiel ist in Abbildung 10.14 $q^2(\omega)$ für den Fall aufgetragen, daß das Plasma aus zwei verschiedenen Elektronengruppen der Konzentrationen $n_n^{(1)}$ und $n_n^{(2)}$ und einer Löchergruppe der Konzentration $n_p = n_n^{(1)}$ besteht. Es existieren somit zwei Hybridfrequenzen und eine cut-off-Frequenz. Wellen können sich in einem solchen Plasma nur dann ausbreiten, wenn ihre Frequenzen ω den Bedingungen $\omega_{H_1} < \omega < \omega_{cut\text{-}off}$ bzw. $\omega_{H_2} < \omega$ genügen (nur dann ist $q^2 > 0$).

Literaturhinweise

P. M. Platzman, P. A. Wolff, Waves and Interactions in Solid State Plasmas, [53]

E. A. Kaner, V. G. Skobow: Electromagnetic Waves in Metals in a Magnetic Field, [85]

J. Mertsching, Theory of Electromagnetic Waves in Metals and their Interactions with Ultrasonic Waves (II), [99]

M. C. Steele, B. Vural: Wave Interactions in Solid State Plasmas, [41]

Physikalische Konstanten

Plancksches Wirkungsquantum	$h = (6{,}626196 \pm 0{,}000050) \cdot 10^{-34}$ Js
	$\hbar = h/2\pi = (1{,}0545919 \pm 0{,}0000080) \cdot 10^{-34}$ Js
Boltzmann-Konstante	$k_B = (1{,}380622 \pm 0{,}000059) \cdot 10^{-23}$ J K^{-1}
Loschmidtsche Zahl	$L = (6{,}022169 \pm 0{,}000040) \cdot 10^{23}$ mol^{-1}
Elementarladung	$e = (1{,}6021917 \pm 0{,}0000070) \cdot 10^{-19}$ As
Ruhmasse des Elektrons	$m_0 = (9{,}109558 \pm 0{,}000054) \cdot 10^{-31}$ kg
Lichtgeschwindigkeit im Vakuum	$c = (2{,}9979250 \pm 0{,}0000010) \cdot 10^{8}$ m s^{-1}
Universelle (molare) Gaskonstante	$R = (8{,}3143 \pm 0{,}0012)$ J mol^{-1} K^{-1}
Bohrsches Magneton	$\mu_B = (9{,}274096 \pm 0{,}000065) \cdot 10^{-24}$ A m^2
Influenzkonstante	$\epsilon_0 = \frac{10^7}{4\pi c^2}$ As V^{-1} m^{-1}
	$= 8{,}85416 \cdot 10^{-12}$ As V^{-1} m^{-1}
Induktionskonstante	$\mu_0 = 4\pi \cdot 10^{-7}$ Vs A^{-1} m^{-1}
	$= 1{,}25664$ Vs A^{-1} m^{-1}

nach: Б. М. Яворский, А. А. Детлаф (B. M. Jaworski, A. A. Detlaf): Справочник по физике. Издательство ,,Наука", Главная редакция физико-математической литературы, Москва 1974, und
nach: B. M. Jaworski, A. A. Detlaf [19].

Einheiten einiger physikalischer Größen

Energie	$1\,\mathrm{J} = 1\,\dfrac{\mathrm{m^2\,kg}}{\mathrm{s^2}}$	
	$1\,\mathrm{eV} = (1{,}60210 \pm 0{,}00007) \cdot 10^{-19}\,\mathrm{J}$	(Nicht systemgebundene Einheit)
Elektrische Ladung	$1\,\mathrm{C} = 1\,\mathrm{As}$	
Potential (Spannung)	$1\,\mathrm{V} = 1\,\dfrac{\mathrm{m^2\,kg}}{\mathrm{A\,s^3}}$	
Elektrische Leitfähigkeit	$1\,\Omega^{-1}\,\mathrm{m}^{-1} = 1\,\dfrac{\mathrm{A^2\,s^3}}{\mathrm{m^3\,kg}}$	
Spezifischer elektrischer Widerstand	$1\,\Omega\,\mathrm{m} = 1\,\dfrac{\mathrm{m^3\,kg}}{\mathrm{A^2\,s^3}}$	
Elektrische Feldstärke	$1\,\dfrac{\mathrm{V}}{\mathrm{m}} = 1\,\dfrac{\mathrm{kg\,m}}{\mathrm{A\,s^3}}$	
Magnetische Feldstärke	$1\,\dfrac{\mathrm{A}}{\mathrm{m}}$	
	$1\,\mathrm{Oe} = \dfrac{1000}{4\pi}\,\dfrac{\mathrm{A}}{\mathrm{m}} = 79{,}59\,\dfrac{\mathrm{A}}{\mathrm{m}}$	(Gaußsches Maßsystem)
Magnetische Induktion	$1\,\mathrm{T} = 1\,\dfrac{\mathrm{kg}}{\mathrm{A\,s^2}}$	
	$1\,\mathrm{G} = 10^{-4}\,\mathrm{T}$	(Gaußsches Maßsystem)

Literaturverzeichnis

Lehr- und Fachbücher

[1] Abrikossow, A. A.: Einführung in die Theorie normaler Metalle. Akademie-Verlag, Berlin 1976.

[2] American Institute of Physics Handbook. McGraw-Hill Book Company, New York 1963.

[3] Anselm, A. I.: Einführung in die Halbleitertheorie. Akademie-Verlag, Berlin 1964.

[3a] Anselm, A. I. (Ансельм, А. И.): Введение в теорию полупроводников. Издание второе. Издательство ,,Наука", Моска 1978.

[4] Askerow, B. M. (Аскеров, Б. М.): Кинетические эффекты в полупроводниках. Издательство ,,Наука", Ленинград 1970.

[5] Becker, R., F. Sauter: Theorie der Elektrizität, Bd. 1. B. G. Teubner, Stuttgart 1973.

[6] Blakemore, J. S.: Semiconductors Statistics. Pergamon Press, Oxford 1962.

[7] Blatt, F. J.: Physics of Electronic Conduction in Solids. McGraw-Hill Book Company, New York 1968 (Russische Übersetzung: Блатт, Ф. Дж.: Физика электронной проводимости в твёрдых телах. Издательство ,,Мир", Москва, 1971).

[8] Blatt, F. J.: Theory of Mobility of Electrons in Solids. Academic Press Inc., Publishers, New York 1957. (Russische Übersetzung: Блатт, Ф. Дж.: Теория подвижности электронов в твёрдых телах. Государственное издательство физико-математической литературы, Москва, Ленинград 1963).

[9] Born, M., K. Huang: Dynamical Theory of Cristal Lattices. Oxford University Press, London 1954.

[10] Brandt, N. B., S. M. Tschudinow (Брандт, Н. Б., С. М. Чудинов): Электронная структура металлов. Издательство московского университета, Москва 1973.

[11] Brauer, W., Einführung in die Elektronentheorie der Metalle. Akademische Verlagsgesellschaft Geest & Portig K.-G., Leipzig 1972.

[12] Brauer, W., H.-W. Streitwolf: Theoretische Grundlagen der Halbleiterphysik, WTB Bd. 119 (2. Auflage). Akademie-Verlag, Berlin 1977.

[13] Bronstein, I. N., K. A. Semendjajew: Taschenbuch der Mathematik. B. G. Teubner Verlagsgesellschaft, Leipzig 1977.

[14] Busch, G., H. Schade: Vorlesung über Festkörperphysik. Birkhäuser Verlag, Basel und Stuttgart 1973.

[15] Crawford, F. S., jr.: Schwingungen und Wellen. Friedrich Vieweg & Sohn, Braunschweig 1974.

[16] Fischer, E.: Einführung in die geometrische Kristallographie. Akademie-Verlag, Berlin 1956.

[17] Физический энциклопедический словарь. Государственное научное издательство ,,Советская энчиклопедия", Москва 1962.

[18] Harrison, W. A.: Pseudopotentials in the Theory of Metals. W. A. Benjamin, Inc., New York 1966.

[19] Jaworski, B. M., A. A. Detlaf: Physik griffbereit (2., unveränderte Auflage). Akademie-Verlag, Berlin 1977.
[20] Karjakin, N. I., K. I. Bystrow, P. S. Kirejew (Карякин, Н. И., К. И. Быстров, П. С. Киреев): Краткий справочник по физике. Издательство „высшая шюкола", Москва 1969.
[21] Kittel, C.: Introduction to Solid State Physics. John Wiley & Sons, Inc., New York, Chapman & Hall, Ltd., London 1956 (Russische Übersetzung: Киттель, Ч.: Введение в физику твёрдого тела. Государственное издательство физико-математической литературы, Москва 1962).
[22] Kittel, C.: Einführung in die Festkörperphysik. Akademische Verlagsgesellschaft Geest & Portig K.-G., Leipzig 1973.
[23] Kittel, C.: Physik der Wärme. R. Oldenbourg, München, Wien 1973.
[24] Kittel, C.: Quantentheorie der Festkörper. R. Oldenbourg, München 1970.
[25] Kleber, W.: Einführung in die Kristallographie. Akademie-Verlag, Berlin 1965.
[26] Kleber, W., K. Meyer, W. Schoenborn: Einführung in die Kristallphysik. Akademie Verlag, Berlin 1968.
[27] Landau, L. D., E. M. Lifschitz: Lehrbuch der Theoretischen Physik, Bd. III: Quantenmechanik (6., bearbeitete Auflage). Akademie-Verlag, Berlin 1977.
[28] Landau, L. D., E. M. Lifschitz: Lehrbuch der Theoretischen Physik, Bd. V: Statistische Physik (4. Auflage). Akademie-Verlag, Berlin 1975.
[29] Landau, L. D., E. M. Lifschitz: Lehrbuch der Theoretischen Physik, Bd. VIII: Elektrodynamik der Kontinua (3. Auflage). Akademie-Verlag, Berlin 1974.
[30] Lifschitz, I. M., M. Ja. Asbel, M. I. Kaganow: Elektronentheorie der Metalle. Akademie-Verlag, Berlin 1975.
[31] Madelung, O.: Grundlagen der Halbleiterphysik. Springer-Verlag, Berlin 1970.
[32] Peierls, R. E.: Quantum Theory of Solids. Oxford University Press, London 1955.
[33] Platzman, P. M., P. A. Wolff: Waves and Interactions in Solid State Plasmas. Academic Press, New York and London 1973 (Russische Übersetzung: Платцман, Ф., П. Вольф: Волны и взаимодействия в плазме твёрдого тела. Издательство „Мир", Москва, 1975).
[34] Schulze, G. E. R.: Metallphysik (2., bearbeitete Auflage). Akademie-Verlag, Berlin 1974.
[35] Semiconductors and Semimetals, herausgegeben von R. K. Willardson und A. C. Beer. Academic Press, New York 1966.
[36] Shockley, W.: Electrons and Holes in Semiconductors. Van Nostrand, New York 1960.
[37] Sokolow, A. W. (Соколов, А. В.): Оптические свойства металлов. Государственное издательство физико-матеметической литературы, Москва 1961.
[38] Sommerfeld, A.: Vorlesungen über Theoretische Physik, Bd. IV. Akademische Verlagsgesellschaft Geest & Portig K.-G., Leipzig 1959.
[39] Sommerfeld, A., H. Bethe: Elektronentheorie der Metalle. Handbuch der Physik Bd. 24/2. Springer-Verlag, Berlin 1933.
[40] Spenke, E.: Elektronische Halbleiter. Springer-Verlag, Berlin 1955.
[41] Steele, M. C., B. Vural: Wave Interactions in Solid State Plasmas. McGraw-Hill Book Company, New York 1969. (Russische Übersetzung: Стил, М., Б. Вюраль: Взаимодействие волн в плазме твёрдого тела. Атомиздат, Москва 1973).
[42] Streitwolf, H.-W.: Gruppentheorie in der Festkörperphysik. Akademische Verlagsgesellschaft Geest & Portig K.-G., Leipzig 1967.
[43] Zidilkowski, I. M. (Цидильковский, И. М.): Электроны и дырки в полупроводниках. Издательство „Наука", Москва 1972.
[44] Ziman, J. M.: Electrons and Phonons. Oxford University Press, London 1960.
[45] Ziman, J. M.: Prinzipien der Festkörpertheorie. Akademie-Verlag, Berlin 1974.

Originalarbeiten

[46] Adams, E. N., T. D. Holstein: J. Phys. Chem. Sol. **10** (1959) 254.
[47] Aigrain, P.: Proceedings of the International Conference on Semiconductor Physics. Prague 1960.

[48] Alers, P.: Phys. Rev. **101** (1956) 41.
[49] Alers, P., R. Webber: Phys. Rev. **84** (1951) 836.
[50] Alers, P., R. Webber: Phys. Rev. **91** (1953) 1060.
[51] Argyres, P. N., Phys. Chem. Solids **4** (1958) 19.
[52] Argyres, P. N., E. H. Adams: Phys. Rev. **104** (1956) 900.
[53] Asbel, M. Ja. (Азбель, М. Я.): ЖЭТФ **39** (1960) 400.
[54] Asbel, M. Ja., E. A. Kaner (Азбель, М. Я., Э. А. Канер): ЖЭТФ **30** (1956) 811.
[55] Asbel, M. Ja., E. A. Kaner (Азбель, М. Я., Э. А. Канер): ЖЭТФ **32** (1957) 896.
[56] Bowers, R., C. Legendy, F. Rose: Phys. Rev. Letters **7** (1961) 339.
[57] Brockhouse, B. N.: Phys. Rev. Letters **2** (1959) 256.
[58] Chaikin, M. S. (Хайкин, М. С.): ЖЭТФ **39** (1960) 212.
[59] Chaikin, M. S. (Хайкин, М. С.): УФН **96** (1968) 409.
[60] Chaikin, M. S., W. S. Edelman (Хайкин, М. С., В. С. Эдельман): ЖЭТФ **49** (1965) 1695.
[61] Chaikin, M. S., L. A. Falkowski, W. S. Edelman, R. T. Mina (Хайкин, М. С., Л. А. Фальковский, В. С. Эдельман, Р. Т. Мина): ЖЭТФ **45** (1963) 1704.
[62] Chambers, R. G.: Proc. Phys. Soc. **86** (1965) 305.
[63] Christensen, N. E.: The Electronic Structure of Silver and Gold as Calculated by the APW and RAPW-Methods. Report No. 75, Physics Laboratory I, The Technical University of Denmark, Lyngby 1970.
[64] Cohen, M. H.: Phys. Rev. **121** (1961) 387.
[65] Coope, G. S., A. W. Lawson: Phys. Rev. **B4** (1971) 3261.
[66] De Haas, J. W., P. M. van Alphen: Proc. Acad. Sci. Amsterdam **33** (1930) 1106, **35** (1932) 454.
[67] De Launay, J.: Theory of Specific Heats and Lattice Vibrations. Solid State Physics **2** (1956).
[68] Dingle, R. B.: Proc. Roy. Soc. **A170** (1939) 341.
[69] Dingle, R. B.: Proc. Roy. Soc. **A212** (1952) 38.
[70] Dorfman, Ja. G. (Дорфман, Я. Г.): ДАН СССР **81** (1951) 765.
[71] Dresselhaus, G., A. F. Kip, C. Kittel: Phys. Rev. **100** (1955) 618.
[72] Dubinskaja, L. S. (Дубинская, Л. С.): ФТТ **7** (1965) 2821.
[73] Edelman, W. S. (Эдельман, В. С.): УФН **102** (1970) 55.
[74] Edelman, W. S. (Эдельман, В. С.): ЖЭТФ **64** (1973) 1734, ЖЭТФ **68** (1975) 257.
[75] Firsow, A. (Фирсов, А.): ЖЭТФ **32** (1957) 1380, ЖЭТФ **27** (1957) 2212.
[76] Fujewara, K., O. Sueoka: J. Phys. Soc. Japan **21** (1966) 1947.
[77] Galt, J. K., W. A. Yager, F. R. Merritt, B. B. Cetlin, A. D. Brailsford: Phys. Rev. **114** (1959) 1396.
[78] Gantmacher, W. F. (Гантмахер, В. Ф.): ЖЭТФ **43** (1962) 345.
[79] Goy, P., G. Weisbuch: Phys. kondens. Materie **9** (1969) 200.
[80] Grimes, C. C.: Bull. Am. Phys. Soc. **9** (1964) 239.
[81] Gurewitsch, L. E., A. L. Efros (Гуревич, Л. Э., А. Л. Эфрос): ЖЭТФ **43** (1962) 561.
[82] Kahn, A. H., H. R. Frederikse: Solid State Phys. **9** (1959) 257.
[83] Kaner, E. A. (Канер, Э. А.): ДАН СССР **119** (1958) 471.
[84] Kaner, E. A., W. G. Skobow (Канер, Э. А., В. Г. Скобов): УФН **89** (1966) 367.
[85] Kaner, E. A., W. G. Skobow: Electromagnetic Waves in Metals in a Magnetic Field. Adv. in Phys. **17** (1968) 605.
[86] Konstantinow, O. W., W. I. Perel (Константинов, О. В., В. И. Перель): ЖЭТФ **38** (1960) 161.
[87] Kubo, R., H. Hasegawa, N. Hashitsume: J. Phys. Soc. Japan **14** (1959) 56.
[88] Landau, L. D.: Z. Phys. **64** (1930) 629.
[89] Lax, B., J. G. Mavroides, H. J. Zeiger, R. J. Keyes: Phys. Rev. Letters **5** (1960) 241.
[90] Lax, B., K. J. Button, H. J. Zeiger, L. M. Roth: Phys. Rev. **102** (1955) 715.
[91] Lifschitz, I. M., A. M. Kossewitsch (Лифшиц, И. М., А. М. Косевич): ЖЭТФ **29** (1955) 730.
[92] Lomer, W. M.: Proc. Phys. Soc. (London) **84** (1964) 327.

[93] London, H.: Proc. Roy. Soc. **A176** (1940) 522.
[94] Maradudin, A. A., E. W. Montroll, G. H. Weiss: Theory of Lattice Dynamics in the Harmonic Approximation. Solid State Physics, Suppl. **3** (1963).
[95] Mattheiss, L. F.: Phys. Rev. **138** (1965) A112.
[96] Mattheiss, L. F.: Phys. Rev. **B1** (1970) 373.
[97] McDougall, T., E. C. Stoner: Phil. Trans. Roy. Soc. **A237** (1938) 350.
[98] Mertsching, J.: Phys. stat. sol. **14** (1966) 3.
[99] Mertsching, J.: Theory of Electromagnetic Waves in Metals and their Interactions with Ultrasonic Waves (II). Phys. stat. sol. **26** (1968) 9.
[100] Mertsching, J., H. J. Fischbeck: Phys. stat. sol. (b) **41** (1970) 45.
[101] Mori, H., S. Mase: J. Phys. Soc. Japan **31** (1971) 738.
[102] Nee, T. W., R. E. Prange: Phys. Letters **25A** (1967) 582.
[103] Nee, T. W., R. E. Prange: Technical Report No. 668, University of Maryland 1967.
[104] Numata, H., Y. Uemura: J. Phys. Soc. Japan **19** (1964) 2140.
[105] Pippard, A. B.: Phil. Trans. Roy. Soc. **A250** (1957) 325.
[106] Pippard, A. B.: Proc. Roy. Soc. **A191** (1947) 385.
[107] Prange, R. E., T. W. Nee: Phys. Rev. **168** (1968) 779.
[108] Reuter, G. E. H., E. H. Sondheimer: Proc. Roy. Soc. **A195** (1948) 336.
[109] Schalyt, S. S., A. L. Efros (Шалыт, С. С., А. Л. Эфрос): ФТТ **4** (1962) 1233.
[110] Schubnikow, L. W., W. J. de Haas: Commun. Kamerlingh Onnes Lab. **207**, **207a)**, **210a)**, **210b)**, (1930).
[111] Schülke, W., O. Brümmer: Compton-Effekt- und Positronenvernichtungsuntersuchungen. Elektronenstruktur. VEB Deutscher Verlag für Grundstoffindustrie, Leipzig 1972.
[112] Sharma, P. K., R. P. Gupta: Z. Phys. Chem. **242** (1969) 341.
[113] Shoenberg, D.: Phil. Trans. Roy. Soc. **A255** (1962) 1.
[114] Smith, G. E., L. C. Hebel, S. J. Buchsbaum: Phys. Rev. **129** (1963) 154.
[115] Stoicheff, B. P., W. S. Gornall, H. Kiefte, D. Landheer, R. A. McLaren: Light Scattering in Solids. Paris 1971.
[116] Titeica, S.: Ann. Phys. **22** (1935) 128.
[117] Tscheglokow, I. (Чеглоков, И.): ФТТ **6** (1964) 1845.
[118] Wallis, R. F., u. a.: Lattice Dynamics. New York 1965.
[119] Welker, H.: Physica **20** (1954) 893.
[120] Wood, R.: Phys. Rev. **44** (1933) 353.

Sachverzeichnis

Flußspat (Fluorit, CaF_2)
Aus der Sammlung des Museums für Naturkunde (Mineralogisches Museum)
Fundort: Halsbrücke bei Freiberg

GPSR Compliance

The European Union's (EU) General Product Safety Regulation (GPSR) is a set of rules that requires consumer products to be safe and our obligations to ensure this.

If you have any concerns about our products, you can contact us on ProductSafety@springernature.com

In case Publisher is established outside the EU, the EU authorized representative is:

Springer Nature Customer Service Center GmbH
Europaplatz 3
69115 Heidelberg, Germany

Batch number: 10584556

Printed by Printforce, the Netherlands